數值分析．基礎篇
Numerical analysis

Timothy Sauer　原著
林其盛　翻譯
張康　審訂

東華書局

PEARSON 台灣培生教育出版股份有限公司
Pearson Education Taiwan Ltd.

國家圖書館出版品預行編目資料

數值分析. 基礎篇 / Timothy Sauer著；林其
盛譯. -- 初版. -- 臺北市：臺灣培生教育
出版：臺灣東華發行, 2008.09
　面；　公分
含索引
譯自：Numerical analysis
ISBN 978-986-154-780-0(平裝附光碟片)

1. 數值分析

318　　　　　　　　　　　97017962

數值分析. 基礎篇
Numerical analysis

原　　著	Timothy Sauer
譯　　者	林其盛
出 版 者	台灣培生教育出版股份有限公司
	地址／台北市重慶南路一段 147 號 5 樓
	電話／02-2370-8168
	傳真／02-2370-8169
	網址／www.PearsonEd.com.tw
	E-mail／hed.srv@PearsonEd.com.tw
發 行 所	台灣東華書局股份有限公司
	地址／台北市重慶南路一段 147 號 3 樓
	電話／02-2311-4027
	傳真／02-2311-6615
	網址／www.tunghua.com.tw
	E-mail／service@tunghua.com.tw
總 經 銷	台灣東華書局股份有限公司
出 版 日 期	2008 年 11 月初版一刷
I S B N	978-986-154-780-0

版權所有・翻印必究

Authorized Translation from the English language edition, entitled NUMERICAL ANALYSIS WITH CD-ROM, 1st Edition by SAUER, TIMOTHY, published by Pearson Education, Inc, publishing as Addison-Wesley, Copyright © 2006

All rights reserved. No part of this book may be reproduced or transmitted in any form or by any means, electronic or mechanical, including photocopying, recording or by any information storage retrieval system, without permission from Pearson Education, Inc.

CHINESE TRADITIONAL language edition published by PEARSON EDUCATION TAIWAN, Copyright © 2008

作者序

　　對於工程、科學、數學以及資訊等科系的學生來說，數值分析是一個介紹性的必讀科目。它的目的十分明確：描述解決科學和工程問題的演算法，以及討論演算法的數學基礎。本書假設讀者已有基礎微積分和矩陣代數的背景來幫助本課程的學習。

　　作為一個學科來說，數值分析是一門具備許多有用觀念的豐富課程，但是，危險性是將其表現成一袋很好但卻彼此無關的技巧。為了更深入的理解，讀者除了知道如何設計牛頓法、Runge-Kutta 法、快速傅立葉轉換等程式外，還需要學習其他更多的東西。他們必須吸收大觀念，也就是那些滲入數值分析，然後將其中互為對抗的部分加以整合統一的概念。

　　這些大觀念中最重要的，包含了收斂性、複雜度、條件性、壓縮以及正交性等概念。任何一個稱職的近似方法，在更多的運算資源協助下，必須收斂到正確解。而一個方法的複雜度，是它使用資源的度量。一個問題的條件性，或是對誤差放大的敏感性，是瞭解如何用它解決問題的基礎。許多數值分析的最新應用目標是將資料以較短或是壓縮的方式來呈現。最後，正交性在許多領域中的效率問題是很有決定性的，當條件性為議題，或是以資料壓縮為目標的情況下，它是不可取代的。

　　為強調現代數值分析中五個觀念的作用，我們插入了一些稱為「聚焦」的簡短標題。它們對正在說明的主題提供註解，且與書中其他相同概念的表達有著非正式的聯結。我們希望像希臘戲劇中合唱隊以重音讀出的方法，來凸顯這五個觀念，強調與理論相關的主要概念。

　　數值分析的概念對於現代科學和工程的實踐來說是不可缺的，雖然這已是常識，但其應用並非顯而易見。書中的實作，提供了關於數值方法求解科學和科技問題的具體範例。這些延伸的應用，都是一時之選，而且接近日常生活中的經歷。雖然它不可能 (或許是可能不需要) 呈現問題的所有細節，但在實作中嘗試盡量深入地說明一個技巧或演算法是如何發揮槓桿作用，以少量的數學

在科技的設計和功能上獲得廣大收益。

在本書中，MATLAB 被用在演算法的解說，也建議用來當學生作業和專案研究的平台。本書所提供的 MATLAB 程式碼數量，是經過相當仔細地控制，這是由於數量太多將導致學習上的不良後果。在前面幾個章節中可以發現有較多的 MATLAB 程式碼，讓讀者可以逐步地建立熟練度。當較精密的程式碼出現時 (例如在內插法、常微分和偏微分方程的探討)，是期望讀者利用所提供的資料，作為延伸和發展的起點。

本書雖然並不一定要使用某個特殊的運算平台，但越來越多的理工系所使用 MATLAB，顯示出一種共同的語言的確能夠削減差異。有了 MATLAB，所有的介面問題，例如資料輸出入以及繪圖等，都能夠很快地被解決。資料結構的問題 (例如：當討論稀疏矩陣方法時所產生的問題)，可以藉由適當的指令來加以標準化。而 MATLAB 也提供了針對聲音和影像檔案輸出入的工具。MATLAB 內建的動畫指令，也使得實現微分方程的模擬變得簡單。上述這些目標其實也能夠利用其他方法來達成，但是如果有一套完整的工具在所有的作業系統上幾乎都能夠使用，而且將細節簡化，這將幫助學生們專注在真正的數學議題上。附錄 B 是關於 MATLAB 的簡短導覽，協助初學者快速入門，而對於那些已經熟練此軟體的讀者也可用來作為參考。

隨書附上的 CD，包含了書中所討論過的 MATLAB 程式，這份 CD 可以在兩種平台上讀取。這些程式也刊登在網站 www.aw-bc.com/sauer，讀者也可以從這裡下載一些更新的內容和新資料。

本書的特別之處，在於同時提供了教師和學生所需的解答手冊。教師解答手冊 (ISBN: 0-321-28685-5) 包含了單數習題的詳細解法，與雙數習題的答案。學生解答手冊 (ISBN: 0-321-28686-3) 裡則有部分習題的完整解法，可以幫助學生們的學習研究。而這些手冊也教導如何使用 MATLAB 軟體來協助解決習題中的不同類型的問題。

Addison-Wesley 數學學習資源中心 (Math Tutor Center) 是由一群合格的數學和統計教師所組成，他們提供本書範例與單數習題的輔導。學生們可利用免付費電話、免付費傳真、電子郵件或網路來獲得這項服務。互動式教學加上網

路科技，讓教師和學生們可以透過網際網路，即時地檢視和討論問題，然後一同研究解決的方法。詳情請上網 www.aw-bc.com/tutorcenter，或來電 1-888-777-0463。

　　數值分析這本書的架構，是從基礎、初級的觀念開始，然後延伸到較精密的觀念。第 0 章提供了後面章節所需的基礎，有一些老師喜歡從本章開始；而也有一些 (包含作者) 則偏好從第 1 章教起，當需要時再加入第 0 章的內容。第 1 和第 2 章涵蓋了求解方程式的多種形式，第 3 章則用內插法來處理數據擬合問題，第 4 章介紹最小平方法的數據擬合，之後的第 5 到第 8 章裡，我們回到連續數學的傳統數值分析領域，也就是數值微分和積分，以及有初始值和邊界條件的常微分和偏微分方程式。

　　為了提供第 5 至 第 8 章一些互補的方法，第 9 章發展了隨機數：當模型中出現不確定性時，蒙地卡羅法可以替代標準數值積分及解隨機微分方程。

　　壓縮通常隱藏在內插法、最小平方法和傅立葉分析中不起眼的地方，即便如此，它仍然是數值分析的核心主題。第 10 和第 11 章中探討了現代壓縮技巧，第 10 章以快速傅立葉轉換來實現三角內插，不論是在精確或最小平方的概念下。第 11 章則是以離散餘弦轉換和霍夫曼編碼，來實現聲音的壓縮，而這也是現代聲音和影像壓縮的標準工具。在第 12 章裡介紹特徵值和奇異值，用來強調它們與數據壓縮的關聯，這在當代應用中日漸重要。最後的第 13 章則提供最佳化技巧的簡短介紹。

　　本書的主題經過挑選之後，亦可用來作為一學期的數值分析課程。第 0 到第 3 章是這個領域中所有課程的基礎，分別的一學期課程可以設計如下：

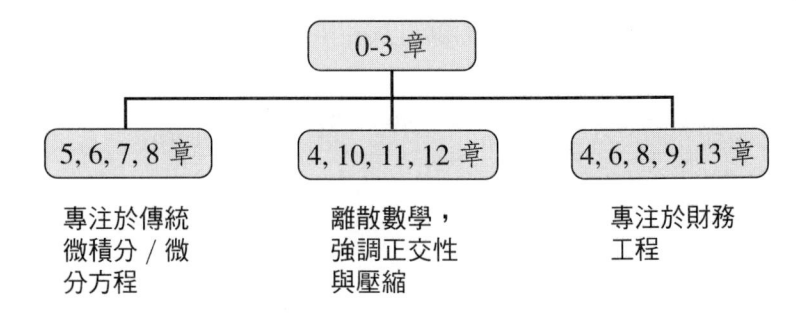

```
                   ┌─────────┐
                   │ 0-3 章  │
                   └────┬────┘
         ┌──────────────┼──────────────┐
    ┌─────────┐  ┌──────────────┐  ┌──────────────┐
    │5,6,7,8章│  │4, 10, 11, 12章│  │4, 6, 8, 9, 13章│
    └─────────┘  └──────────────┘  └──────────────┘
```

專注於傳統　　　離散數學，　　　專注於財務
微積分 / 微　　強調正交性　　　工程
分方程　　　　　與壓縮

　　在此也要感謝許多協助此書編寫的人，也包括了讀過先前幾個版本且提出

建議的學生們。還有 Frank Purcell, Paul Lorczak, Steve Whalen, Diana Watson, Joan Saniuk, Robert Sachs, David Walnut, Stephen Saperstone, Tom Wegleitner 和 Tjalling Ypma，有了他們的協助，我才可以避免一些尷尬的錯誤。以及 Addison Wesley 出版公司裡體貼又有智慧的員工們：William Hoffman, Joanne Ha, Peggy McMahon, Joe Vetere, Emily Portwood, Barbara Atkinson 和 Beth Anderson。另外還有協助出版本書的 Westwords 公司裡的 Melena Fenn。最後，感謝其他大學讀者們對此計畫的鼓勵，以及對於先前幾個版本的改進建議：

Eugene Allgower, *Colorado State University*

Jerry Bona, *University of Illinois at Chicago*

George Davis, *Georgia State University*

Alberto Delgado, *Bradley University*

Robert Dillon, *Washington State University*

Gregory Goeckel, *Presbyterian College*

Herman Gollwitzer, *Drexel University*

Don Hardcastle, *Baylor University*

David R. Hill, *Temple University*

Daniel Kaplan, *Macalester College*

Jorge Rebaza, *Southwest Missouri State University*

Jeffrey Scroggs, *North Carolina State University*

Sergei Suslov, *Arizona State University*

Lucia M. Kimball, *Bentley College*

Seppo Korpela, *Ohio State University*

William Layton, *University of Pittsburgh*

Doron Levy, *Stanford University*

Shankar Mahalingam, *University of California, Riverside*

Amnon Meir, *Auburn University*

Peter Monk, *University of Delaware*

Joseph E. Pasciak, *Texas A&M University*

Steven Pav, *University of California, San Diego*

Jacek Polewczak, *California State University*

Daniel Szyld, *Temple University*

Ahlam Tannouri, *Morgan State University*

Bruno Welfert, *Arizona State University*

—T. S.

contents

目　錄

第 *0* 章　基　礎　　　　　　　　　　　　　　　　　　　1

0.1　多項式求值　　　　　　　　　　　　　　　　　　2
0.2　二進制數　　　　　　　　　　　　　　　　　　　8
❖ 0.2.1　十進制到二進制　　　　　　　　　　　　　8
❖ 0.2.2　二進制到十進制　　　　　　　　　　　　　9
0.3　實數的浮點數表示法　　　　　　　　　　　　　11
❖ 0.3.1　浮點數格式　　　　　　　　　　　　　　11
❖ 0.3.2　機器表示法　　　　　　　　　　　　　　16
❖ 0.3.3　浮點數的加法　　　　　　　　　　　　　18
0.4　有效位失去　　　　　　　　　　　　　　　　　22
0.5　微積分複習　　　　　　　　　　　　　　　　　26
　　　 軟體和延伸閱讀　　　　　　　　　　　　　　　30

第 *1* 章　解方程式　　　　　　　　　　　　　　　　　33

1.1　二分法　　　　　　　　　　　　　　　　　　　34
❖ 1.1.1　找出含根區間　　　　　　　　　　　　　35
❖ 1.1.2　有多精準與多快速？　　　　　　　　　　39
1.2　定點迭代法　　　　　　　　　　　　　　　　　42
❖ 1.2.1　函數的定點　　　　　　　　　　　　　　42
❖ 1.2.2　定點迭代法的幾何意義　　　　　　　　　46
❖ 1.2.3　定點迭代法的線性收斂　　　　　　　　　47
❖ 1.2.4　停止準則　　　　　　　　　　　　　　　55

1.3 準確度的極限 59
- 1.3.1 前向與後向誤差 59
- 1.3.2 威金森多項式 64
- 1.3.3 求根的敏感度 65

1.4 牛頓法 70
- 1.4.1 牛頓法的二次收斂 72
- 1.4.2 牛頓法的線性收斂 75

1.5 不用導數的求根方法 83
- 1.5.1 割線法和其變形 84
- 1.5.2 布蘭特法 89

實作 1　史都華平台的運動學 91

軟體和延伸閱讀 94

第 2 章　聯立方程式　95

2.1 高斯消去法 96
- 2.1.1 單純高斯消去法 97
- 2.1.2 運算個數 99

2.2 LU 分解 106
- 2.2.1 高斯消去法的矩陣形式 107
- 2.2.2 LU 分解及後置法 110
- 2.2.3 LU 分解的複雜度 112

2.3 誤差來源 116
- 2.3.1 誤差放大與條件數 116
- 2.3.2 淹沒 125

2.4 PA＝LU 分解 129
- 2.4.1 部分換軸法 129
- 2.4.2 置換矩陣 132
- 2.4.3 PA＝LU 分解 134

2.5 迭代法　　140
- 2.5.1　Jacobi 法　　140
- 2.5.2　高斯-賽德法和 SOR 法　　144
- 2.5.3　迭代法的收斂性　　148
- 2.5.4　稀疏矩陣計算　　150
- 實作 2　尤拉樑理論　　156

2.6 共軛梯度法　　160
- 2.6.1　正定矩陣　　160
- 2.6.2　共軛梯度法　　161

2.7 非線性聯立方程組　　167
- 2.7.1　多變數牛頓法　　167
- 2.7.2　Broyden 法　　171

軟體和延伸閱讀　　176

第 3 章　內　插　　177

3.1 數據點與內插函數　　178
- 3.1.1　拉格朗奇內插法　　180
- 3.1.2　牛頓均差法　　182
- 3.1.3　通過 n 數據點有多少 d 次多項式？　　186
- 3.1.4　內插程式碼　　188
- 3.1.5　以近似多項式表示函數　　190

3.2 內插誤差　　196
- 3.2.1　內插誤差公式　　196
- 3.2.2　牛頓形式與誤差公式的證明　　198
- 3.2.3　Runge 現象　　202

3.3 Chebyshev 內插法　　205
- 3.3.1　Chebyshev 定理　　205
- 3.2.2　Chebyshev 多項式　　208

	❖ 3.3.3　區間變換	211
3.4	**三次樣條函數**	**217**
	❖ 3.4.1　樣條函數的性質	218
	❖ 3.4.2　端點條件	227
3.4	**貝茲曲線**	**234**
	實作 3　以貝茲曲線造 PostScript 字型	240
	軟體和延伸閱讀	243

第 4 章　最小平方　　245

4.1	**最小平方與正規方程**	**246**
	❖ 4.1.1　不相容方程組	247
	❖ 4.1.2　擬合數據模型	252
	❖ 4.1.3　最小平方問題的條件數	257
4.2	**數學模型概論**	**262**
	❖ 4.2.1　週期數據	262
	❖ 4.2.2　數據線性化	266
4.3	**QR 分解**	**276**
	❖ 4.3.1　Gram-Schmidt 正交化和最小平方	276
	❖ 4.3.2　Householder 反映矩陣	284
4.4	**非線性最小平方問題**	**291**
	❖ 4.4.1　高斯-牛頓法	292
	❖ 4.4.2　非線性係數模型	296
	實作 4　GPS、條件性和非線性最小平方	300
	軟體和延伸閱讀	304

第 5 章　數值微分與積分　　307

5.1	**數值微分**	**308**
	❖ 5.1.1　有限差分公式	309

- 5.1.2 捨入誤差 — 313
- 5.1.3 外插法 — 316
- 5.1.4 符號微分與積分 — 318

5.2 Newton-Cotes 公式求數值積分 — 323
- 5.2.1 梯形法 — 325
- 5.2.2 辛普森法 — 327
- 5.2.3 複合 Newton-Cotes 公式 — 330
- 5.2.4 開式 Newton-Cotes 法 — 334

5.3 Romberg 積分法 — 339

5.4 適應積分法 — 344

5.5 高斯積分法 — 350

實作 5 電腦輔助建模中的動作控制 — 358

軟體和延伸閱讀 — 360

第 6 章 常微分方程 — **361**

6.1 初始值問題 — 363
- 6.1.1 尤拉法 — 364
- 6.1.2 解的存在、唯一與連續性 — 371
- 6.1.3 一階線性方程 — 375

6.2 初始值問題解法分析 — 378
- 6.2.1 局部和整體截尾誤差 — 378
- 6.2.2 顯式梯形法 — 383
- 6.2.3 泰勒法 — 388

6.3 常微分方程組 — 390
- 6.3.1 高階方程式 — 393
- 6.3.2 電腦模擬：鐘擺問題 — 394
- 6.3.3 電腦模擬：軌道力學 — 399

6.4 Runge-Kutta 法及其應用 — 406

- 6.4.1 Runge-Kutta 法 　　406
- 6.4.2 電腦模擬：Hodgkin-Huxley 神經元 　　410
- 6.4.3 電腦模擬：Lorenz 方程 　　413
- 實作 6 塔科碼海峽吊橋 　　416

6.5 可變步長方法 　　419
- 6.5.1 Runge-Kutta 嵌入對 　　420
- 6.5.2 四/五階法 　　423

6.6 隱式法和剛性方程 　　429

6.7 多步法 　　434
- 6.7.1 多步法的產生 　　434
- 6.7.2 顯式多步法 　　438
- 6.7.3 隱式多步法 　　442

軟體和延伸閱讀 　　449

第 7 章　邊界值問題　　451

7.1 打靶法 　　452
- 7.1.1 邊界值問題的解 　　452
- 7.1.2 打靶法實作 　　457

實作 7 圓形環的彎曲問題 　　462

7.2 有限差分法 　　464
- 7.2.1 線性邊界值問題 　　465
- 7.2.2 非線性邊界值問題 　　468

7.3 配置法和有限元法 　　475
- 7.3.1 配置法 　　476
- 7.3.2 有限元法和 Galerkin 法 　　478

軟體和延伸閱讀 　　485

第 8 章　偏微分方程　　487

- 8.1 拋物型方程　489
  - 8.1.1 前向差分法　490
  - 8.1.2 前向差分法的穩定性分析　494
  - 8.1.3 後向差分法　496
  - 8.1.4 Crank-Nicolson 法　500
- 8.2 雙曲型方程　508
  - 8.2.1 波動方程　508
  - 8.2.2 CFL 條件　511
- 8.3 橢圓型方程　515
  - 8.3.1 橢圓型方程的有限差分法　517
  - 實作 8　散熱片的熱分布　524
  - 8.3.2 橢圓型方程的有限元法　528
  - 軟體和延伸閱讀　541

索引　　543

CHAPTER 0

基 礎

本書的目標是提供並討論利用電腦求解數學問題的各種方法。算術的基本運算是加法和乘法，而加法和乘法同時也是用來求多項式 $P(x)$ 在某一特定點 x 的值所需的運算。所以，我們建構許多計算技巧時，都把多項式函數值當作基本建構元件。

因此，如何計算多項式函數值便顯得十分重要。讀者可能已經知道如何求多項式值，或是覺得把時間花在這麼簡單的問題上有點可笑！但是，越基本的運算，越是需要把它做到最好，所以我們必須仔細思考，如何更有效率地執行多項式函數值計算。

0.1 多項式求值

令 $x=1/2$，求多項式值 $P(x)$ 的最佳作法為何？其中

$$P(x) = 2x^4 + 3x^3 - 3x^2 + 5x - 1,$$

假設多項式係數和數值 1/2 已經存在記憶體中，試著利用最少的加法和乘法個數來求得 $P(1/2)$。為了簡化問題，我們將不計算讀取或寫入記憶體的時間。

⊃ 方法一

第一個且非常直接的作法是：

$$P\left(\frac{1}{2}\right) = 2*\frac{1}{2}*\frac{1}{2}*\frac{1}{2}*\frac{1}{2} + 3*\frac{1}{2}*\frac{1}{2}*\frac{1}{2} - 3*\frac{1}{2}*\frac{1}{2} + 5*\frac{1}{2} - 1 = \frac{5}{4}. \quad (0.1)$$

用這個數學式求值一共需要 10 個乘法和 4 個加法。其中 2 個加法其實是減法，但減法可以看成是加上一個負數，二者其實並無差別。

當然，有一個比 (0.1) 式更好的方法可收事半功倍之效，在於我們可以減少 1/2 被重複相乘的次數。一個較好的策略是先計算 $(1/2)^4$，並且儲存每個步驟的乘積，這導致下列方法：

⊃ 方法二

先求輸入值 $x=1/2$ 的次方運算，並儲存備用：

$$\frac{1}{2} * \frac{1}{2} = \left(\frac{1}{2}\right)^2$$

$$\left(\frac{1}{2}\right)^2 * \frac{1}{2} = \left(\frac{1}{2}\right)^3$$

$$\left(\frac{1}{2}\right)^3 * \frac{1}{2} = \left(\frac{1}{2}\right)^4$$

再把整個式子組合起來：

$$P\left(\frac{1}{2}\right) = 2 * \left(\frac{1}{2}\right)^4 + 3 * \left(\frac{1}{2}\right)^3 - 3 * \left(\frac{1}{2}\right)^2 + 5 * \frac{1}{2} - 1 = \frac{5}{4}.$$

現在，只需要 3 個乘法來處理 1/2 的次方運算，外加另外的 4 個乘法。合起來，我們已經降低成 7 個乘法，還有和方法一同樣的 4 個加法。把運算次數從 14 次降到 11 次算是顯著改善嗎？如果你只需計算一回，那麼答案可能是否定的。因為不管你用方法一或方法二，在你的手指離開鍵盤前，結果都已經算出來了。然而，假設每秒必須對許多不同的輸入值 x 重複計算多項式函數值，那麼其中的差異便顯得重要了。

這是四次多項式求值的最佳作法嗎？你可能很難想像我們還可以再減少 3 個額外的運算。最好的基本方法如下：

方法三 （巢狀乘法）

重新組合多項式，使得它可以從內而外的計算：

$$\begin{aligned} P(x) &= -1 + x(5 - 3x + 3x^2 + 2x^3) \\ &= -1 + x(5 + x(-3 + 3x + 2x^2)) \\ &= -1 + x(5 + x(-3 + x(3 + 2x))) \\ &= -1 + x * (5 + x * (-3 + x * (3 + x * 2))). \end{aligned} \quad (0.2)$$

這裡多項式是由低次寫到高次，而且 x 是被分解到剩餘多項式之外。你若能把多項式改寫成這種形式，因為係數無須改變，不需額外重寫，只要由內而外用 $x = 1/2$ 來計算：

$$相乘 \frac{1}{2} * 2, \text{加上} +3 \rightarrow 4$$

$$相乘 \frac{1}{2} * 4, \text{加上} -3 \rightarrow -1$$

$$相乘 \frac{1}{2} * -1, \text{加上} +5 \rightarrow \frac{9}{2}$$

$$相乘 \frac{1}{2} * \frac{9}{2}, \text{加上} -1 \rightarrow \frac{5}{4}. \tag{0.3}$$

這個方法叫作**巢狀乘法** (nested multiplication) 或是 **Horner 法** (Honer's method)，只需要 4 個乘法和 4 個加法。推展到一般情形，則需要 d 個乘法和 d 個加法就可以計算 d 次多項式值。另外，巢狀乘法和多項式的綜合除法也有著密不可分的關係。

上面多項式求值的例子，道出了科學計算之計算方法整個主題的特性。第一，電腦執行很簡單的事情時是非常快速的；第二，即使簡單的工作也要很有效率的執行是非常重要的概念，因為它們可能會被重複執行許多次；第三，最好的方法不一定是個顯而易見的方法。最近半個世紀以來，數值分析和科學計算領域與電腦硬體科技攜手共進，已經發展了一些解決常見問題之有效率的技巧。

當多項式的標準形式 $c_1+c_2x+c_3x^2+c_4x^3+c_5x^4$ 可以改寫成巢狀形式

$$c_1 + x(c_2 + x(c_3 + x(c_4 + x(c_5)))), \tag{0.4}$$

之際，某些應用需要一種更一般化的形式。尤其在第 3 章的內插計算時，將會需要以下的形式

$$c_1 + (x-r_1)(c_2 + (x-r_2)(c_3 + (x-r_3)(c_4 + (x-r_4)(c_5)))), \tag{0.5}$$

其中 r_1、r_2、r_3 和 r_4 稱為**基點** (base points)。注意，當 (0.5) 式中的 $r_1=r_2=r_3=r_4=0$ 時，就是原本的巢狀形式 (0.4)。

下面是計算一般形式的巢狀乘法之 MATLAB 程式（請和 (0.3) 式對照）：

```
% 程式 0.1 巢狀乘法
% 用 Horner 法從巢狀形式求多項式值
% 輸入:多項式次數 d,
%      d+1 個係數之向量 c(常數項在前),
%      求值點之 x 軸座標,
%      包含 d 個基點的向量 b,(若需要時)
% 輸出:多項式在 x 點之 y 值
function y=nest(d,c,x,b) if nargin<4, b=zeros(d,1); end y=c(d+1);
for i=d:-1:1
  y = y.*(x-b(i))+c(i);
end
```

執行這個 MATLAB 函式相當於代入一些輸入值,它們包含次方、係數、求值點 x 和基點。例如,計算多項式 (0.2) 在 $x=1/2$ 之值的 MATLAB 指令為

```
>> nest(4,[-1 5 -3 3 2],1/2,[0 0 0 0])

ans =

   1.2500
```

答案和前面用手算的一樣。請注意檔案 nest.m 和本書中其餘的 MATLAB 程式碼,都必須放置於 MATLAB 可擷取的路徑下,才能正確的執行計算。

如果 nest 指令用在如 (0.2) 式之基點皆為 0 的情況下,可簡寫為

```
>> nest(4,[-1 5 -3 3 2],1/2)
```

也可執行得到相同的結果。這是因為在 nest.m 中使用了 nargin 語法,也就是說,如果輸入的參數少於 4 個時,最後一個參數,即基點,會被自動設為 0。

由於 MATLAB 可以不著痕跡地處理向量符號的連續表示法,nest 指令可以一次在一整個陣列的 x 值上求值,舉例如下:

```
>> nest(4,[-1 5 -3 3 2],[-2 -1 0 1 2])

ans =

   -15   -10   -1    6    53
```

最後，在第 3 章的 3 次插值多項式

$$P(x) = 1 + x\left(\frac{1}{2} + (x-2)\left(\frac{1}{2} + (x-3)\left(-\frac{1}{2}\right)\right)\right)$$

其基點為 $r_1=0, r_2=2, r_3=3$。當 $x=1$ 時，計算如下：

```
>> nest(3,[1 1/2,1/2,-1/2],1,[0 2 3])
ans =
     0
```

範例 0.1

試提出一個有效率的方法來計算多項式

$$P(x) = 4x^5 + 7x^8 - 3x^{11} + 2x^{14}.$$

某些重新組合多項式算式的方法可以幫助提高計算效率。作法是從每一項提出因式 x^5，並且轉變成以 x^3 為變數的多項式：

$$\begin{aligned}P(x) &= x^5(4 + 7x^3 - 3x^6 + 2x^9)\\ &= x^5 * (4 + x^3 * (7 + x^3 * (-3 + x^3 * (2)))).\end{aligned}$$

對每個輸入 x，我們必須先計算 $x*x=x^2$、$x*x^2=x^3$ 還有 $x^2*x^3=x^5$，一共 3 個乘法可以得到 x^5，加上以 x^3 為變數的 3 次多項式需要 3 個乘法和 3 個加法，加上將兩者相乘，所以這個 14 次多項式求值一共需要 7 個乘法和 3 個加法。

◆

0.1 習 題

1. 將下列多項式改寫為巢狀形式，並利用巢狀形式和原式分別計算在 $x=1/3$ 之值：

   (a) $P(x) = 6x^4 + x^3 + 5x^2 + x + 1$

   (b) $P(x) = -3x^4 + 4x^3 + 5x^2 - 5x + 1$

   (c) $P(x) = 2x^4 + x^3 - x^2 + 1$

2. 將下列多項式改寫為巢狀形式，並計算其在 $x=-1/2$ 之值：
   (a) $P(x) = 6x^3 - 2x^2 - 3x + 7$
   (b) $P(x) = 8x^5 - x^4 - 3x^3 + x^2 - 3x + 1$
   (c) $P(x) = 4x^6 - 2x^4 - 2x + 4$
3. 將 $P(x)=x^6-4x^4+2x^2+1$ 改寫成以 x^2 為多項式變數，並以巢狀乘法計算其在 $x=1/2$ 之值。
4. 計算含有基點的巢狀多項式 $P(x)=1+x(1/2+(x-2)(1/2+(x-3)(-1/2)))$ 當 (a) $x=5$ 與 (b) $x=-1$。
5. 計算含有基點的巢狀多項式 $P(x)=4+x(4+(x-1)(1+(x-2)(3+(x-3)(2))))$ 之值，當 (a) $x=1/2$ 與 (b) $x=-1/2$。
6. 說明如何使用最少的運算個數來計算以下的多項式函數值。並求出分別需要多少個乘法與加法。
   (a) $P(x) = a_0 + a_5 x^5 + a_{10} x^{10} + a_{15} x^{15}$
   (b) $P(x) = a_7 x^7 + a_{12} x^{12} + a_{17} x^{17} + a_{22} x^{22} + a_{27} x^{27}$
7. 利用一般巢狀乘法演算法來計算一個具基點的 n 次多項式函數值，共需要多少個乘法和加法？

0.1 電腦演算題

1. 令 $x=1.00001$，使用 nest 函式來計算 $P(x)=1+x+\cdots+x^{50}$ 之值。（提示：可利用 MATLAB 的 ones 指令來減少打字工作。）將所得數值與等價式 $Q(x)=(x^{51}-1)/(x-1)$ 之值比較，求其計算誤差。
2. 令 $x=1.00001$，用 nest.m 計算 $P(x)=1-x+x^2-\cdots+x^{98}-x^{99}$ 之值。找一個較簡單且等價的式子來估計巢狀乘法計算值的誤差。

0.2 二進制數

為準備好詳細研讀下一節的電腦運算，我們必須先瞭解**二進制數系** (binary number system)。為了將數字儲存在電腦中並且簡化電腦的加法和乘法計算，我們把輸入之以 10 為基底的**十進制數** (decimal number) 轉換成以 2 為基底的二進制數。同理，在輸出時要反轉過程，將儲存在電腦中的二進制數轉換成十進位表示法。本節中我們將討論如何進行十進制數與二進制數的互換。

二進制數可以表示成

$$\ldots b_2 b_1 b_0 . b_{-1} b_{-2} \ldots,$$

其中每一個 b_i 是二進位數字，或稱為**位元** (bit)，為 0 或 1。它的數值相當於以 10 為基底的數

$$\ldots b_2 2^2 + b_1 2^1 + b_0 2^0 + b_{-1} 2^{-1} + b_{-2} 2^{-2} \ldots.$$

舉例來說，十進制的 4 若轉換成以 2 為基底應寫成 $(100.)_2$，而 3/4 則轉換為 $(0.11)_2$。

❖ 0.2.1 十進制到二進制

我們把十進制數 53 寫成 $(53)_{10}$ 用以強調基底為 10。要轉換成二進制，最簡單的方式是把該數拆開為整數和小數兩部分，再分別轉換。例如，數字 $(53.7)_{10}$ ＝$(53)_{10}$＋$(0.7)_{10}$，我們將分開來做轉換再組合結果。

整數部分：轉換十進制整數成為二進制的方法是連續除以 2 並記錄每一次的餘數，記錄方式是將餘數 0 或 1 由小數點（更正確地說應為**基數點** (radix)）旁開始，依序往左記錄。以 $(53)_{10}$ 為例，

$$53 \div 2 = 26 \text{ 餘 } 1$$
$$26 \div 2 = 13 \text{ 餘 } 0$$
$$13 \div 2 = 6 \text{ 餘 } 1$$
$$6 \div 2 = 3 \text{ 餘 } 0$$
$$3 \div 2 = 1 \text{ 餘 } 1$$
$$1 \div 2 = 0 \text{ 餘 } 1$$

因此，以 10 為基底的數字 53 轉換成二位元數就成為 110101，寫成 $(53)_{10}=$ $(110101.)_2$。檢查一下結果，可得 $110101 = 2^5+2^4+2^2+2^0 = 32+16+4+1 = 53$。

小數部分：要轉換 $(0.7)_{10}$ 成為二進制的方法是顛倒上面的步驟。要連續乘以 2 並記錄每一次所得的整數部分，且從小數點右側依序向右填入。

$$.7 \times 2 = .4 + 1$$
$$.4 \times 2 = .8 + 0$$
$$.8 \times 2 = .6 + 1$$
$$.6 \times 2 = .2 + 1$$
$$.2 \times 2 = .4 + 0$$
$$.4 \times 2 = .8 + 0$$
$$\vdots$$

注意，第 5 步以後就不斷地重複相同的後四個步驟，永無止盡，因此

$$(0.7)_{10} = (.1011001100110\ldots)_2 = (.1\overline{0110})_2,$$

此處數字上線 (overbar) 表示不斷地重複該些位元。最後，把兩個部分結合在一起，我們可以得到

$$(53.7)_{10} = (110101.1\overline{0110})_2.$$

❖ 0.2.2　二進制到十進制

同樣地，要轉換二進制數成為十進制，最好的方式是把數字拆開成整數和小數部分。

整數部分：如同前面做過的一樣，很簡單地只要把 2 做次方運算並加總起來。二進制數字 $(10101)_2$ 便成了 $1 \cdot 2^4 + 0 \cdot 2^3 + 1 \cdot 2^2 + 0 \cdot 2^1 + 1 \cdot 2^0 = (21)_{10}$。

小數部分：如果小數部分是有限位數的（即以二進位展開小數部分會終止），則用同樣的方法。舉例來說，

$$(.1011)_2 = \frac{1}{2} + \frac{1}{8} + \frac{1}{16} = \left(\frac{11}{16}\right)_{10}.$$

唯一複雜的情況是當二進制數的小數部分不是有限位數時。轉換無窮重複二進制數成為十進制小數有好幾種方法，最簡單的方法可能是利用乘以 2 時的平移性質。

舉例來說，假設要轉換 $x = (0.\overline{1011})_2$ 成為十進制。把 x 乘以 2^4，相當於將二進制表示法往左平移四個位置，再減去原本的 x：

$$2^4 x = 1011.\overline{1011}$$
$$x = 0000.\overline{1011}.$$

相減後得到

$$(2^4 - 1)x = (1011)_2 = (11)_{10}.$$

於是可以解得十進制的 $x = (.\overline{1011})_2 = 11/15$。

再舉一例，假設小數部分不是馬上就出現重複位元，比如 $x=.10\overline{101}$。乘以 2^2 得到 $y=2^2 x=10.\overline{101}$，令 y 的小數部分為 $z=.\overline{101}$，就可以和前面的算法一樣：

$$2^3 z = 101.\overline{101}$$
$$z = 000.\overline{101}.$$

因此，若以 10 為基底，$7z=5$，而 $y=2 + 5/7$，$x=2^{-2} y=19/28$。這裡有個很好的練習，就是把 19/28 轉換成二進制，並且把答案和原來的 x 做比較。

二進制數是電腦計算的建構元件，但對人們來說卻是冗長不便又難以述說，有時使用 16 為基底來呈現數字顯得簡潔許多。**十六進制數** (hexadecimal number) 使用 16 個數字 0, 1, 2, 3, 4, 5, 6, 7, 8, 9, a, b, c, d, e, f 來表示。每一個十六位數又可以表示成 4 個二位元組合，例如 $(1)_{16}=(0001)_2$，$(8)_{16}=(1000)_2$，還有 $(f)_{16}=(1111)_2=(15)_{10}$。在下一節中，將介紹 MATLAB 的 `format hex` 指令來表示電腦內所儲存的數。

0.2 習題

1. 將下列十進制整數轉換為二進制表示法 (a) 64　(b) 17　(c) 79　(d) 227。

2. 將下列十進制數轉換成二進制數。請使用上線來表示無窮小數。
   (a) 10.5　(b) 1/3　(c) 57　(d) 2.8　(e) 55.4　(f) 0.1

3. 列出 π 的二進位表示法中前 15 個位元。

4. 將下列的二進位數轉換成以 10 為基底的數：(a) 1010101　(b) 1011.101　(c) $10111.\overline{01}$　(d) $110.\overline{10}$　(e) $10.\overline{110}$　(f) $110.1\overline{101}$　(g) $10.0101\overline{1101}$　(h) $111.\overline{1}$

0.3　實數的浮點數表示法

在這一節裡，我們將介紹一種浮點數的電腦運算模式。事實上計算模式有很多種，簡而化之，我們選擇一個特別模式來詳細介紹，這個模式稱為 IEEE 754 浮點標準 (IEEE 754 Floating Point Standard)。國際電機電子工程師學會 (Institute of Electrical and Electronic Engineers, IEEE) 在建立工業標準上扮演積極重要的角色，他們所制訂的浮點運算格式已經成為電腦工業上**單精準** (single-precision) 和**雙精準** (double-precision) 運算的共同標準。

利用有限位元的電腦記憶體空間來儲存無限精準位數的實數時，**捨入誤差** (rounding error) 是無可避免的。雖然我們希望這些微小的誤差在一長串計算後依舊只有些微的影響，但在許多情況下這都是一廂情願的想法。**一些簡單的演算法，例如高斯消去法或解微分方程的方法，都有可能將這些微小的誤差放大到肉眼可見**。事實上，本書的主旨之一就是要幫助讀者瞭解，什麼時候計算結果可能因為數位電腦造成計算誤差的放大而變得不可靠，以及如何避免或是將這些風險降到最小。

❖ 0.3.1　浮點數格式

IEEE 標準制定了實數的二進位表示法，一個**浮點數** (floating point number) 包

含三部分,即**符號** (sign;＋ 或 －)、**假數** (mantissa;包含一串有效的二位元)和**指數** (exponent),三部分合在一起儲存在一個電腦**字元** (word) 內。

　　浮點數有三種常用的精準度,即單精準、雙精準和**延伸精準** (extended precision),也稱為**長倍精準** (long-double precision)。三種精準度的浮點數格式其位元長度分別是 32、64 和 80,三部分位元數的分配如下:

精準度	符號	指數	假數
單精準	1	8	23
雙精準	1	11	52
長倍精準	1	15	64

三種精準度的運作本質上是相同的。**正規化** (normalized) IEEE 浮點數的形式為

$$\pm 1.bbb\ldots b \times 2^p, \qquad (0.6)$$

其中 N 個 b 各表示 0 或 1,p 是代表指數之 M 位元的二進位數,正規化的意思是帶頭的(最左邊的)位元一定得是 1,就如 (0.6) 式中一樣。

　　當一個二進位數以正規化浮點數格式儲存時,需要靠左對齊,意思是最左邊的 1 必須平移到正好在基數點的左邊,並改變指數來抵銷平移對該數的影響。舉例來說,十進位數 9,其二進位為 1001,正規化浮點數表示法應為

$$+1.001 \times 2^3,$$

平移 3 個位元或乘以 2^3,才能使最左邊的 1 置於正確位置。

　　為了具體化,在大部分的討論中我們將使用雙精準格式。單精準和長倍精準也是用一樣的方式處理,只是它們的指數長度 M 和假數長度 N 各有不同。多數的 C 語言和 MATLAB 都是用雙精準格式的 $M=11$ 和 $N=52$。

　　雙精準的 1 寫成

$$+1.\boxed{0000000000000000000000000000000000000000000000000000} \times 2^0,$$

其中我們把 52 位元的假數部分框起來。而比 1 大的下一個浮點數是

$$+1.\boxed{0000000000000000000000000000000000000000000000000001} \times 2^0,$$

相當於 $1+2^{-52}$。

定義 0.1 **機器常數** (machine epsilon)，寫成 ϵ_{mach}，指的是 1 和比 1 大的最小浮點數之間的距離。依據 IEEE 雙精準浮點數標準

$$\epsilon_{\text{mach}} = 2^{-52}.$$

■

十進位數 $9.4=(1001.\overline{0110})_2$ 向左對齊可得

$+1.\boxed{0010110011001100110011001100110011001100110011001100}110\ldots\times 2^3$，

此處我們把假數部分前 52 位元框起來，這產生一個新的問題：如何用有限的位元空間來表示一個無限位數的二進制數 9.4？

我們必須用某些方法截去一些位數，但這必然會產生一些微小的誤差。一個方法稱為**截去法** (chopping)，只要把結尾多餘的位元截掉就好，也就是小數點後 52 個位元以後的部分。這規則很簡單，但不妥之處在於這總是把數目變得較小。

另一個方法是**捨入法** (rounding)，它就像是十進位的四捨五入，如果下一位數為 5 或更大就會進位，否則不變，對應到二進位就是逢 1 進位。明確地說，在雙精準格式中，關鍵位元就是小數點後第 53 位，也就是框框外的第一個位元。IEEE 標準所遵循的是捨入法，當第 53 位元為 1 時就把第 52 位元加 1（進位），但是當第 53 位元為 0 時則維持第 52 位元不變（捨去）。但是有一點例外，那就是如果第 52 位元以後是 10000....，正好在進位或捨去之後兩數的正中間，那便取決於進位或捨去後讓第 52 位元為 0 而定。（這邊我們只考慮假數，不管符號位元。）

為什麼訂定這個奇怪的例外？除了這個例外情形，捨入規則會讓正規化浮點數和原本的數目最為接近，因此命名為**捨取最近數規則** (Rounding to Nearest Rule)。此例外所產生的誤差機會不管是向上還是向下都是一樣的。因此，這例外的狀況，必須有個不偏袒的方法來決定，這就是企圖避免可能因為過於輕率不公的在進位或捨去中擇一，在一長串運算後也許會產生不想要的偏差結

果。讓第 52 個位元等於 0 這種作法顯得有點獨斷，但至少這方法並不會造成偏袒進位或捨去的一方。習題 0.3 的問題 6，透露出一點為什麼正好一半時選擇 0 的訊息。

> **IEEE 捨取最近數規則**
>
> 對雙精準狀況來說，如果小數點後第 53 位元為 0 就捨去（截去第 52 個位元以後各位數），如果第 53 位元是 1 就進位（將第 52 位元加 1），除非當第 53 位元以後全都是 0，那麼只在第 52 位元也是 1 時才加 1。

之前討論過的 9.4，小數點後第 53 位元是 1，後面則有非 0 位元，根據捨取最近數規則便需進位，也就是將第 52 位元加 1，因此 9.4 的浮點數表示法為

$$+1.\overline{0010110011001100110011001100110011001100110011001101} \times 2^3. \qquad (0.7)$$

定義 0.2 以 fl(x) 來表示使用捨取最近數規則的 x 之 IEEE 雙精準浮點數。

電腦計算時，是以二位元數串 fl(x) 取代實數 x。根據定義，fl(9.4) 就是 (0.7) 式中的二進制數，此 fl(9.4) 浮點數是先把 9.4 的二進位表示法右邊無限循環尾部截去，即去掉 $.\overline{1100} \times 2^{-52} \times 2^3 = .\overline{0110} \times 2^{-51} \times 2^3 = .4 \times 2^{-48}$ 之大小，然後進行捨入步驟，也就是再加上 $2^{-52} \times 2^3 = 2^{-49}$，因此可得

$$\begin{aligned} \text{fl}(9.4) &= 9.4 + 2^{-49} - 0.4 \times 2^{-48} \\ &= 9.4 + (1 - 0.8)2^{-49} \\ &= 9.4 + 0.2 \times 2^{-49}. \end{aligned} \qquad (0.8)$$

換句話說，當電腦以雙精準表示法及捨取最近數規則來儲存 9.4 時，將產生 0.2×2^{-49} 的誤差，我們稱 0.2×2^{-49} 為**捨入誤差** (rounding error)。

重要的訊息是 9.4 的浮點數表示法雖然十分接近 9.4，但並不等於 9.4。為了量化其中的接近程度，我們必須給一個標準的誤差定義。

基 礎

定義 0.3 令 x_c 表示確切值 x 的計算值，則

$$\text{絕對誤差 (absolute error)} = |x_c - x|,$$

以及

$$\text{相對誤差 (relative error)} = \frac{|x_c - x|}{|x|}.$$

當此相除值存在時。

相對捨入誤差 (relative rounding error)

在 IEEE 機器運算模式中，fl(x) 的相對誤差不大於機器常數的一半：

$$\frac{|\text{fl}(x) - x|}{|x|} \leq \frac{1}{2}\epsilon_{\text{mach}}. \tag{0.9}$$

在 $x = 9.4$ 的例子裡，我們算出了捨入誤差如 (0.8) 式，也滿足 (0.9) 式：

$$\frac{|\text{fl}(9.4) - 9.4|}{9.4} = \frac{0.2 \times 2^{-49}}{9.4} = \frac{8}{47} \times 2^{-52} < \frac{1}{2}\epsilon_{\text{mach}}.$$

範例 0.2

令 $x = 0.4$，求其雙精準表示法 fl(x) 及捨入誤差。

因為 $(0.4)_{10} = (.\overline{0110})_2$，調整小數點位置可得

$$0.4 = 1.10\overline{0110} \times 2^{-2}$$
$$= +1.\boxed{1001100110011001100110011001100110011001100110011001}$$
$$100110\ldots \times 2^{-2}.$$

因此，根據捨入規則，fl(0.4) 等於

$$+1.\boxed{1001100110011001100110011001100110011001100110011010} \times 2^{-2}.$$

這裡第 52 位元已經加上 1，因進位導致第 51 位元也跟著改變。

仔細地觀察，我們因截尾而減少了 $2^{-53} \times 2^{-2} + .\overline{0110} \times 2^{-54} \times 2^{-2}$，再因捨入而增加了 $2^{-52} \times 2^{-2}$，因此可得

$$\begin{aligned}
\mathrm{fl}(0.4) &= 0.4 - 2^{-55} - 0.4 \times 2^{-56} + 2^{-54} \\
&= 0.4 + 2^{-54}(-1/2 - 0.1 + 1) \\
&= 0.4 + 2^{-54}(.4) \\
&= 0.4 + 0.1 \times 2^{-52}.
\end{aligned}$$

注意 0.4 的相對捨入誤差為 $0.1/0.4 \times \epsilon_{\text{mach}} = 1/4 \times \epsilon_{\text{mach}}$，符合 (0.9) 式。◆

❖ 0.3.2 機器表示法

到目前為止，我們只是摘要地介紹浮點數表示法。下面將增加一些細節來說明如何將這個浮點數存放在電腦中，本節同樣以雙精準為例，其他精準度之格式同理可推。

每個雙精準浮點數是用 8 個位元組 (byte) 或說 64 位元，來儲存所包含之三部分。該 64 位元字串形式如

$$\boxed{se_1e_2 \ldots e_{11}b_1b_2 \ldots b_{52}}, \quad (0.10)$$

其中包含了 1 個符號位元，接下來的 11 位元為指數部分，還有小數點後假數部分的 52 位元。符號位元 s 等於 0 表示正數，等於 1 表示負數。表示指數的 11 位元，存放把指數加上 $2^{10}-1=1023$ 所得的二進位正整數，所以指數範圍至少可表示 -1022 到 1023，那麼 $e_1 \cdots e_{11}$ 涵蓋的數目範圍就從 1 到 2046，而把 0 和 2047 保留作特殊用途，稍後再做說明。

數字 1023 稱為雙精準格式的**指數偏差** (exponent bias)，它是用來將不論正或負的指數轉換成二進位正整數再儲存於指數位元部分。在單精準和長倍精準格式中，指數偏差分別為 127 和 16383。

MATLAB 的 `format hex` 指令，很簡單地將 (0.10) 之 64 位元數轉換成 16 個十六進制數 (基底為 16) 來簡化表示法。因此，十六進制數的前 3 個位數包括符號位元和指數部分，剩下的 13 位數為假數部分。

舉例來說，數字 1，可寫成

$$1 = +1.\boxed{0000000000000000000000000000000000000000000000000000} \times 2^0,$$

它的雙精準機器數形式為

| 0 | 01111111111 | 0000000000000000000000000000000000000000000000000000 |

上列指數部分已經加上 1023，於是十六進制數的前 3 個位數

$$001111111111 = 3ff,$$

所以 format hex 將 1 的浮點數表示成 $3ff0000000000000$。你可在 MATLAB 中輸入 format hex 再輸入數字 1 來檢驗看看。

範例 0.3

以十六進制機器數來表示實數 9.4。

根據 (0.7) 式，可以得知符號位元 $s=0$，指數為 3，小數點後的 52 位元假數部分為

| 0010 | 1100 | 1100 | 1100 | 1100 | 1100 | 1100 | 1100 | 1100 | 1100 | 1100 | 1100 | 1101 |

$\rightarrow (2cccccccccccd)_{16}$.

將指數加上 1023 得到 $1026=2^{10}+2$，即 $(10000000010)_2$，符號位元和指數部分合起來是 $(010000000010)_2=(402)_{16}$，故所求之十六進制表示法為 $4022cccccccccccd$。◆

現在我們回到值為 0 和 2047 的特殊指數。後者，2047，當假數位元全為 0 時代表該數為 ∞ (無限大)，否則就代表 NaN (Not a Number; 該數不存在)。前者，0，即 $e_1\cdots e_{11}=0$，用來表示非正規化的浮點數，如

$$\pm 0.\boxed{b_1 b_2 \ldots b_{52}} \times 2^{-1022}. \tag{0.11}$$

也就是說最左邊的位元不再為 1 了，這些非正規化的數稱為**次正規** (subnormal) 浮點數，它們讓非常小數的範圍擴充了好幾**階次** (order)。因此，$2^{-52} \times 2^{-1022} = 2^{-1074}$ 成了雙精準格式中機器所能表示之最小數，它的字元內容為

| 0 | 00000000000 | 0000000000000000000000000000000000000000000000000001 |

請確實瞭解可儲存最小數 2^{-1074} 與 $\epsilon_{mach}=2^{-52}$ 二者的不同，許多比 ϵ_{mach} 小的數都可以被儲存，只是將它們加到 1 上時將毫無影響。但是另一方面，比 2^{-1074} 小的數卻是一定無法表示的。

次正規數包含了最重要的數，0。事實上，次正規數包含了 $+0$ 和 -0 兩個不同的浮點數，我們將它們認定為同樣的實數。$+0$ 的符號位元 $s=0$，指數位元為 $e_1\cdots e_{11}=00000000000$，假數部分 52 位元也皆為 0；簡言之，64 位元都是 0。以 16 進位表示 $+0$ 為 0000000000000000。而 -0，除了符號位元 $s=1$ 外，其餘都相同，以 16 進位表示 -0 則為 8000000000000000。

❖ 0.3.3　浮點數的加法

電腦加法的作法是，先對齊相加兩數的小數點，再將其相加，然後把結果存回成一個浮點數。通常加法是在加法器中執行，可以將其設計為更多位元 (假數在 52 位元以上) 以提高精準度，在此狀況下執行時，最後之加法計算結果必須捨入到 52 位元以存回成**機器數** (machine number)。

舉例來說，1 加上 2^{-53} 的計算方法如下：

$$
\begin{aligned}
&1.\boxed{00\ldots0} \times 2^0 + 1.\boxed{00\ldots0} \times 2^{-53} \\
=\ &1.\boxed{00000000000000000000000000000000000000000000000000000} \times 2^0 \\
+\ &0.\boxed{00000000000000000000000000000000000000000000000000000}1 \times 2^0 \\
\hline
=\ &1.\boxed{00000000000000000000000000000000000000000000000000000}1 \times 2^0
\end{aligned}
$$

根據捨入規則，此數將儲存為 $1.\times 2^0=1$，因此在雙精準的 IEEE 運算規則下，$1+2^{-53}$ 等於 1。注意 2^{-53} 是造成這個相等現象的最大浮點數；以電腦計算任何大於此數的數加 1，所得結果必定大於 1。

我們說 $\epsilon_{mach}=2^{-52}$ 的事實並不表示比 ϵ_{mach} 小的數在 IEEE 模式下是可忽略的。只要它們在 IEEE 模式下可被表示，這類小數目彼此的加減還是完全精確的，只要你不去和 1 以上的數加減。

瞭解電腦運算是非常重要的，因為不管是截去或捨入，有時會造成意外的

結果。舉例來說,如果一部採用 IEEE 捨取最近數規則的雙精準電腦被要求先儲存 9.4,然後減去 9,再減去 0.4,結果有可能並不為零!問題發生的情形是:首先,9.4 如稍早說明的被儲成 $9.4+0.2\times 2^{-49}$,當減去 9(注意 9 的機器數不會產生誤差)時,結果是 $0.4+0.2\times 2^{-49}$,現在,要求再減去 0.4 的結果是減去(範例 0.2 中所得的)機器數 $fl(0.4)=0.4+0.1\times 2^{-52}$,其所得為

$$0.2 \times 2^{-49} - 0.1 \times 2^{-52} = .1 \times 2^{-52}(2^4 - 1) = 3 \times 2^{-53}$$

這是很小的數,和 ϵ_{mach} 同階次,但不為零。因為 MATLAB 基本的資料型態為 IEEE 雙精準數,我們可以利用 MATLAB 來觀察這些發現:

```
>> format long
>> x=9.4

x =

    9.40000000000000

>> y=x-9

y =

    0.40000000000000

>> z=y-0.4

z =

    3.330669073875470e-16

>> 3*2^(-53)

ans =

    3.330669073875470e-16
```

範例 0.4

計算雙精準浮點數和:$(1+3\times 2^{-53})-1$。

當然,在實數計算下答案是 3×2^{-53},但在浮點數計算下可能有所不同。

注意 $3\times 2^{-53}=2^{-52}+2^{-53}$，先執行加法部分如下：

$$1.\boxed{00...0}\times 2^0 + 1.\boxed{10...0}\times 2^{-52}$$

$$= 1.\boxed{00000000000000000000000000000000000000000000000000000} \times 2^0$$
$$+\ 0.\boxed{00000000000000000000000000000000000000000000000000001}1 \times 2^0$$

$$= 1.\boxed{00000000000000000000000000000000000000000000000000001}1 \times 2^0.$$

這是捨入規則的例外狀況，因為加總所得第 52 位元為 1，所以必須進位，意即將第 52 位元加上 1。進位後，可得

$$+\ 1.\boxed{00000000000000000000000000000000000000000000000000010} \times 2^0,$$

也就是 $1+2^{-51}$，因此，減掉 1 後的結果為 2^{-51}，等於 $2\epsilon_{\text{mach}}=4\times 2^{-53}$。再次發現電腦運算與理論運算二者的差異，請利用 MATLAB 自行檢驗此結果。

◆

MATLAB 或任何提供符合 IEEE 浮點數運算標準的編譯軟體，都是按照本節所描述的運算規則來計算，因為與理論計算的不同，使得浮點數計算可能產生意外的答案，但這總是可以預測的。捨取最近數規則是典型的預設捨入法，雖然，如果需要也可透過編譯參數改變成其他的捨入法。比較不同捨入法所得的結果，通常是一個有用而非正式的方法來評估計算的穩定性。

令人驚訝的是小小捨入誤差，相對大小如 ϵ_{mach}，卻可能導致大大偏離正確計算，在下一小節中將會說明此機制。總括來說，探討誤差放大與條件性將會在之後的章節重複出現。

0.3 習題

1. 請用捨取最近數規則將下列 10 進位數轉換為二進位浮點數 $\text{fl}(x)$：
   (a) 1/4 (b) 1/3 (c) 2/3 (d) 0.9

2. 請用捨取最近數規則將下列 10 進位數轉換為二進位浮點數 $\text{fl}(x)$：
   (a) 9.5 (b) 9.6 (c) 100.2 (d) 44/7

3. 依據捨取最近數規則及 IEEE 雙精準運算規定，請以紙筆逐步計算以下算

式：（使用 MATLAB 來檢驗你的答案）

(a) $(1+(2^{-51}+2^{-53}))-1$

(b) $(1+(2^{-51}+2^{-52}+2^{-53}))-1$

4. 依據捨取最近數規則及 IEEE 雙精準運算規定，請以紙筆逐步計算以下算式：

(a) $(1+(2^{-51}+2^{-52}+2^{-54}))-1$

(b) $(1+(2^{-51}+2^{-52}+2^{-60}))-1$

5. 以 MATLAB 的 `format hex` 形式寫出下列各數，請說明如何得之，並利用 MATLAB 檢驗所得。

(a) 8 (b) 21 (c) 1/8 (d) fl(1/3) (e) fl(2/3) (f) fl(0.1) (g) fl(−0.1) (h) fl(−0.2)

6. 依據 IEEE 捨取最近數規則在雙精準浮點數計算下，1/3+2/3 是否精確地等於 1？你將需要使用第 1 題的 fl(1/3) 和 fl(2/3)。這個結果是否幫助你解釋為什麼捨取最近數規則如此規定？如果把 IEEE 捨入法改成將第 52 位元以後截去，如此加總結果是否相同？

7. (a) 在使用 IEEE 雙精準及捨取最近數規則下，請說明為何你可以利用計算 $(7/3-4/3)-1$ 來判斷一部電腦的機器常數。(b) 利用 $(4/3-1/3)-1$ 是否也可得到 ϵ_{mach}？實際進行浮點數轉換及此機器運算以解釋之。

8. 在 IEEE 捨取最近數規則及雙精準浮點數運算下，判斷 $1+x > 1$ 是否成立。

(a) $x=2^{-53}$ (b) $x=2^{-53}+2^{-60}$

9. 結合律是否仍成立於 IEEE 電腦加法？

10. 將下列實數 x 轉換成 IEEE 雙精準表示法 fl(x)，算出其實際誤差 fl(x)$-x$ 並檢驗其相對誤差將不會超過 $1/2\ \epsilon_{mach}$。

(a) $x=2.75$ (b) $x=2.7$ (c) $x=10/3$

11. 使用計算機和 MATLAB 來計算 $\sin(10^{30})$，你可以保證得到多少位正確位元？改成 $\sin(10^{30}+1)$ 呢？解釋你的推論。在雙精準電腦中，有更加精確計算此數的方法嗎？

0.4 有效位失去

知道電腦運算細節的好處是我們可在計算過程中能更容易地理解潛在的陷阱。在很多形式裡會發現一個主要的問題是當相近兩數相減時會導致**有效位失去** (loss of significance)，在最簡單的形式下，這是顯而易見的結果。舉例來說，在減法問題上

$$
\begin{array}{r}
123.4567 \\
-\ 123.4566 \\
\hline
000.0001
\end{array}
$$

原本輸入的兩數都為 7 位精確，但相減所得結果卻只有 1 位精確。雖然這個例子相當直接，還有更多更精妙的例子，且在許多的例子裡可以改變計算順序來避免此問題。

範例 0.5

在一個 3 位元十進位電腦上計算 $\sqrt{9.01} - 3$。

這個例子也非常簡單，而且只是為了說明目的所設計。假設我們使用一台只有 3 位元空間的十進位電腦，來取代 IEEE 雙精準標準格式的 52 位元假數。使用一台 3 位元電腦表示每一個計算過程都必須儲存成只有 3 位元假數的浮點數，此問題的數據（9.01 和 3.00）都是 3 位精確的。因為我們要使用 3 位元電腦，樂觀地推論，我們會希望得到的答案同樣也是 3 位精確。（當然我們不能期望更好的情況，因為計算過程中只保留 3 位元。）利用掌上型計算機檢驗，得知正確解接近 $0.0016662 = 1.6662 \times 10^{-3}$。但在 3 位元電腦裡可以得到幾位精確位元呢？

結果卻是一位精確都沒有。因為 $\sqrt{9.01} \approx 3.0016662$，當要儲存這個中間過程到 3 位元電腦時卻只剩下 3.00；再減去 3.00，最後得到答案為 0.00。我們的答案沒有任何有效位元是正確的。

出人意外地，即使在 3 位元電腦，還是有方法可以修正這個算式以得到較為正確的計算結果。導致有效位數喪失的原因是因為我們將兩相近數 $\sqrt{9.01}$

和 3 相減，但利用代數概念重寫數學式就可以避免這個問題：

$$\sqrt{9.01} - 3 = \frac{(\sqrt{9.01} - 3)(\sqrt{9.01} + 3)}{\sqrt{9.01} + 3}$$

$$= \frac{9.01 - 3^2}{\sqrt{9.01} + 3}$$

$$= \frac{0.01}{3.00 + 3} = \frac{.01}{6} = 0.00167 \approx 1.67 \times 10^{-3}.$$

此處我們將假數的最後一位進位成 7，因為它的下一個位元為 6。這個方法讓我們得到 3 個有效位元都是正確無誤的，至少在正確解捨入為 3 位後是如此。因此，找出可行的方式來避免兩相近數相減是個重要的課題。

前面範例用了個特別技巧，乘上**共軛式** (conjugate expression) 是重組算式的技巧之一，通常處理三角函數時，則要利用特殊性質。舉例來說，當 x 接近 0 時計算 $1-\cos x$ 就會失去有效位數。當 x 在特定範圍下比較下列二式：

$$E_1 = \frac{1 - \cos x}{\sin^2 x} \quad \text{和} \quad E_2 = \frac{1}{1 + \cos x}$$

我們將 E_1 式的分子與分母分別乘上 $1+\cos x$，再利用 $\sin^2 x + \cos^2 x = 1$ 的三角函數特性便可以得到 E_2 式。在無窮位數精準度的狀況下兩式相等。用 MATLAB 的雙精準格式則得到如下表：

x	E_1	E_2
1.00000000000000	0.64922320520476	0.64922320520476
0.10000000000000	0.50125208628858	0.50125208628857
0.01000000000000	0.50001250020848	0.50001250020834
0.00100000000000	0.50000012499219	0.50000012500002
0.00010000000000	0.49999999862793	0.50000000125000
0.00001000000000	0.50000004138685	0.50000000001250
0.00000100000000	0.50004445029134	0.50000000000013
0.00000010000000	0.49960036108132	0.50000000000000
0.00000001000000	0.00000000000000	0.50000000000000
0.00000000100000	0.00000000000000	0.50000000000000
0.00000000010000	0.00000000000000	0.50000000000000
0.00000000001000	0.00000000000000	0.50000000000000
0.00000000000100	0.00000000000000	0.50000000000000

最右一欄 E_2 所有顯示出的位數都正確。但 E_1 的計算結果，卻因為相近兩數相減，當 $x=10^{-5}$ 時便產生嚴重誤差，在 $x=10^{-8}$ 及更小值時更是沒有任何一位正確的有效位數。

E_1 函式在 $x=10^{-4}$ 時已經有數個不正確的位數，當 x 越小時情況變得越糟；而等價式 E_2 沒有兩相近數相減，故沒有上述問題。

範例 0.6

求二次方程式 $x^2+9^{12}x=3$ 的兩個解。

試用雙精準計算，例如用 MATLAB 測試，兩個解都無法得到正確結果，除非你警覺到有效位失去，並且知道怎樣抵銷它。題目是想要找到兩個解，假設需要 4 位精準，到這裡看起來還像個簡單的問題，解二次方程式 $ax^2+bx+c=0$ 之兩個根的公式為：

$$x = \frac{-b \pm \sqrt{b^2-4ac}}{2a}. \qquad (0.12)$$

對本題而言，即：

$$x = \frac{-9^{12} \pm \sqrt{9^{24}+4(3)}}{2}.$$

取負號之根為：

$$x_1 = -2.824 \times 10^{11},$$

4 位有效位數皆正確。取正號之根為：

$$x_2 = \frac{-9^{12}+\sqrt{9^{24}+4(3)}}{2},$$

以 MATLAB 算得結果為 0。雖然正確答案接近 0，但所得卻不含任何正確的有效位數。即使題目中的數目都是具體明確的 (可說是無限多位正確)，且 MATLAB 是以約 16 位有效位數來進行計算 (更明確地說 MATLAB 機器常數為 $2^{-52} \approx 2.2 \times 10^{-16}$)。要如何說明求 x_2 何以徹底失敗呢？

答案是有效位失去。因為 9^{12} 和 $\sqrt{9^{24}+4(3)}$ 明顯可見為兩相近數,更精確地說,以浮點數儲存時,二者的假數不只如預期相似,甚至是完全相同。當兩數按二次方程式公式中相減,當然得到結果為零。

可以避免這個問題嗎?我們必須處理有效位失去的問題,正確的方法是重新調整二次方程式解 x_2 的公式:

$$x_2 = \frac{-b+\sqrt{b^2-4ac}}{2a}$$
$$= \frac{(-b+\sqrt{b^2-4ac})(b+\sqrt{b^2-4ac})}{2a(b+\sqrt{b^2-4ac})}$$
$$= \frac{-4ac}{2a(b+\sqrt{b^2-4ac})}$$
$$= \frac{-2c}{(b+\sqrt{b^2-4ac})}.$$

將 a, b, c 換成範例中數目,根據 MATLAB,$x_2 = 1.062 \times 10^{-11}$,擁有正確的 4 位有效位數,正如要求。

◆

這個例子告訴我們二次方程式根的公式 (0.12) 在 a 和 (或) c 遠小於 b 時必須小心使用,更明確地來講,如果 $4|ac| \ll b^2$,則 b 和 $\sqrt{b^2-4ac}$ 為相近兩數,如此其中一解便容易產生有效位失去。在這種情況下如果 b 為正數,則應採用的兩根公式為:

$$x_1 = -\frac{b+\sqrt{b^2-4ac}}{2a} \quad 和 \quad x_2 = -\frac{2c}{(b+\sqrt{b^2-4ac})}. \tag{0.13}$$

注意上述兩式都不會有兩相近數相減的情形。另一方面如果 b 為負數且 $4|ac| \ll b^2$,則最好按下式計算:

$$x_1 = \frac{-b+\sqrt{b^2-4ac}}{2a} \quad 和 \quad x_2 = \frac{2c}{(-b+\sqrt{b^2-4ac})}. \tag{0.14}$$

0.4 習題

1. 請判斷會產生兩相近數相減狀況的 x 值範圍，並改寫算式來避免這個問題。

   (a) $\dfrac{1-\sec x}{\tan^2 x}$ (b) $\dfrac{1-(1-x)^3}{x}$ (c) $\dfrac{1}{1+x}-\dfrac{1}{1-x}$

2. 求方程式 $x^2+3x-8^{-14}=0$ 的解，需要 3 位精確。

3. 請說明如何最精確地計算方程式 $x^2+bx-10^{-12}=0$ 的兩個解，其中 b 大於 100。

4. 請證明 (0.14) 式。

0.4 電腦演算題

1. 使用雙精準（例如使用 MATLAB）計算下列算式，其中 $x=10^{-1},\cdots,10^{-14}$。再改寫計算式使其不受相近兩數相減所影響，重新計算後將結果列表呈現，並記錄每個 x 值代入原算式後有幾位正確位數。

   (a) $\dfrac{1-\sec x}{\tan^2 x}$ (b) $\dfrac{1-(1-x)^3}{x}$

2. 在雙精準計算下，找到最小的 p 值，使得當下列算式代入 $x=10^{-p}$ 時沒有正確的有效位數。（提示：先計算當 $x\to 0$ 時，該算式的極值。）

   (a) $\dfrac{\tan x - x}{x^3}$ (b) $\dfrac{e^x+\cos x-\sin x-2}{x^3}$

3. 若一直角三角形，其兩股長為 3344556600 和 1.2222222。則其斜邊比較長的那股長多少？答案至少需有 4 位正確。

0.5 微積分複習

本書後面內容必須使用到微積分的一些重要基本性質。在第 1 章解方程式問題上，中間值定理和均值定理將是重要的解題依據，泰勒定理則幫助瞭解第 3 章插值問題以及後續的第 6、7、8 章解微分方程中重要部分。

連續函數的圖形不會有斷裂產生，舉例來說，若函數在某 x 點的值為正，在另一點為負，那麼圖形一定在某個地方會穿過 0，這是下一章求解方程式的基本論點。以下定理將這個概念正式描述下來。

定理 0.4 **中間值定理 (Intermediate Value Theorem)**

若 f 為在 $[a, b]$ 區間的連續函數，函數 f 必有點之值等於 $f(a)$ 到 $f(b)$ 間任何一數。更明白地說，如果 y 介於 $f(a)$ 與 $f(b)$ 之間，必存在一數 c 滿足 $a \le c \le b$，使得 $f(c)=y$。

範例 0.7

證明 $f(x)=x^2-3$ 在區間 $[1, 3]$ 內可得函數值 0 和 1。

因為 $f(1)=-2$ 以及 $f(3)=6$，0 和 1 介於 -2 和 6 間，所以 f 值一定包含它們。舉例來說，令 $c=\sqrt{3}$，則 $f(c)=f(\sqrt{3})=0$；其次，$f(2)=1$。

定理 0.5 **連續極限 (Continuous Limits)**

若 f 在 x_0 的**鄰域** (neighborhood) 為連續函數，假設 $\lim_{n \to \infty} x_n = x_0$，則

$$\lim_{n \to \infty} f(x_n) = f\left(\lim_{n \to \infty} x_n\right) = f(x_0).$$

換句話說，極限符號是可以代入連續函數內的。

定理 0.6 **均值定理 (Mean Value Theorem)**

若 f 在 $[a, b]$ 區間內為連續**可微** (differentiable) 函數，則存在一數 c 介於 a 和 b 之間使得 $f'(c)=(f(b)-f(a))/(b-a)$。

範例 0.8

應用均值定理於 $f(x)=x^2-3$ 在區間 $[1, 3]$ 上。

依據均值定理，因為 $f(1)=-2$ 及 $f(3)=6$，則區間 $[1, 3]$ 內必定存在一數 c 使得 $f'(c)=(6-(-2))/(3-1)=4$。因為 $f'(x)=2x$，很容易就可以找到 $c=2$。

下個定理是均值定理簡單的推論。

定理 0.7　Rolle 定理 (Rolle's Theorem)

若 f 在區間 $[a, b]$ 為一連續可微函數，假定 $f(a)=f(b)$，則存在一數 c 介於 a、b 之間使得 $f'(c)=0$。

如果函數 f 在點 x 充分知道，則可以得到其鄰近點的許多資訊。舉例來說，若 $f'(x) > 0$，則 f 在 x 右側鄰近點將有較大的函數值，而左側鄰近點的函數值較小。泰勒定理利用 x 的各階導數即可推估 x 鄰近點的函數值。

定理 0.8　泰勒定理 (Taylor's Theorem)

令 x 和 x_0 為實數，且 f 在介於 x 和 x_0 的區間中為 $k+1$ 次連續可微，則存在一數 c 介於 x 和 x_0 之間，使得

$$f(x) = f(x_0) + (x - x_0)f'(x_0) + \frac{(x - x_0)^2}{2!}f''(x_0) + \frac{(x - x_0)^3}{3!}f'''(x_0) + \cdots$$
$$+ \frac{(x - x_0)^k}{k!}f^{(k)}(x_0) + \frac{(x - x_0)^{k+1}}{(k + 1)!}f^{(k+1)}(c).$$

上面的多項式部分到 $x-x_0$ 的 k 次式為止，稱為 f 在 x_0 的 **k 次泰勒多項式** (degree k Taylor polynomial)，而最後一項則稱為**泰勒餘項** (Taylor remainder)。當泰勒餘項夠小時，泰勒定理提供用多項式來近似一個一般的平滑函數之方

法。這在使用電腦求解時十分便利,正如一開始所提,我們可以非常有效率地求多項式函數值。

範例 0.9

求出 $f(x)=\sin x$ 在 $x_0=0$ 的 4 次泰勒多項式 $P_4(x)$。當 $|x| \leq 0.0001$,以 $P_4(x)$ 來估計 $\sin x$ 時最大誤差範圍為何?

很容易可以計算得到 4 次泰勒多項式 $P_4(x)=x-x^3/6$,請注意,因為 4 次項係數為零所以該項不存在,而泰勒餘項為

$$\frac{x^5}{120}\cos c,$$

其絕對值將不大於 $|x|^5/120$。如果以雙精準利用 $x-x^3/6$ 求 $\sin 0.0001$ 近似值,當 $|x| \leq 0.0001$ 時,餘項最大為 $10^{-20}/120$,是微小得察覺不出的。請以 MATLAB 計算二者來驗證之。◆

最後我們介紹積分形式的均值定理。

定理 0.9 積分均值定理 (Mean Value Theorem for Integrals)

若 f 在區間 $[a, b]$ 內為連續函數,g 在 $[a, b]$ 上是**可積分** (integrable) 且函數值不變號,則存在一數 c 介於 a、b 之間,使得

$$\int_a^b f(x)g(x)\,dx = f(c)\int_a^b g(x)\,dx.$$

0.5 習題

1. 利用中間值定理證明存在 c,$0<c<1$,使得 $f(c)=0$。
   (a) $f(x)=x^3-4x+1$ (b) $f(x)=5\cos \pi x-4$ (c) $f(x)=8x^4-8x^2+1$

2. 在區間 $[0, 1]$ 中,對函數 $f(x)$ 而言,滿足均值定理之 c 值為何?
   (a) $f(x)=e^x$ (b) $f(x)=x^2$ (c) $f(x)=1/(x+1)$

3. 在區間 [0, 1] 中，對函數 $f(x), g(x)$ 而言，滿足積分均值定理之 c 值為何？
   (a) $f(x)=x, g(x)=x$ (b) $f(x)=x^2, g(x)=x$ (c) $f(x)=x, g(x)=e^x$

4. 求出以下函數在 $x=0$ 時的 2 次泰勒多項式。
   (a) $f(x)=e^{x^2}$ (b) $f(x)=\cos 5x$ (c) $f(x)=1/(x+1)$

5. 求出以下函數在 $x=0$ 時的 5 次泰勒多項式。
   (a) $f(x)=e^{x^2}$ (b) $f(x)=\cos 2x$ (c) $f(x)=\ln(1+x)$
   (d) $f(x)=\sin^2 x$

6. (a) 求出 $f(x)=x^{-2}$ 在 $x=1$ 時的 4 次泰勒多項式。
   (b) 用 (a) 的結果來估算 $f(0.9)$ 和 $f(1.1)$。
   (c) 利用泰勒餘項求出此泰勒多項式的誤差公式。求 (b) 中兩近似值的誤差界 (error bound)，你認為哪一個近似值較接近正確解？
   (d) 使用計算機分別將所得近似值實際誤差和 (c) 中誤差界做比較。

7. 以 $f(x)=\ln x$ 重複演算 6(a)-(d)。

8. (a) 求出 $f(x)=\cos x$ 在 $x=0$ 的 5 次泰勒多項式 $P(x)$。
   (b) 求出在 $[-\pi/4, \pi/4]$ 區間中，以 $P(x)$ 來近似 $f(x)=\cos x$ 之誤差界。

9. 當 x 夠小時，常用 $1+\frac{1}{2}x$ 來近似 $\sqrt{1+x}$。使用 $f(x)=\sqrt{1+x}$ 的一次泰勒多項式及其餘項找出形如 $\sqrt{1+x}=1+\frac{1}{2}x \pm E$ 之公式。求 $\sqrt{1.02}$ 的近似值誤差項 E。使用計算機來比較實際誤差和你所得的誤差界。

軟體和延伸閱讀

IEEE 的浮點數計算標準可參考 [3]，資料 [1, 6] 中十分詳細地討論浮點數運算，而新近的 [5] 則強調 IEEE 754 標準。Wilkinson 的 [7] 和 Knuth 的 [4] 對軟硬體發展都有重大的影響。

現存不少專門處理通用目的之科學計算套裝軟體，且大多是用浮點數運算。 AT&T 貝爾實驗室、田納西大學和 Oak Ridge 國家實驗室所維護的 Netlib 網站 (http://www.netlib.org) 收集許多免費軟體，其中包含 Fortran、C 和 Java 的高水準程式，但提供較少支援，使用者必須看程式碼中的註解來自行操作。

NAG (Numerical Algorithms Group)(http://www.nag.co.uk) 銷售一套軟體，

包含了超過 1400 個供使用者叫用的副程式，用來解決一般應用數學問題。其提供了 Fortran 和 C 版本程式，也可被 Java 程式叫用。NAG 包含了供共享記憶體和分散式記憶體計算的程式庫。

IMSL 數值程式庫是美商威能資訊 (Visual Numerics, Inc.) (http://www.vni.com) 的產品之一，包括範圍和 NAG 程式庫類似，一樣支援 Fortran、C 和 Java 語言。該公司也提供 PV-WAVE 軟體，它是個具有資料分析和視覺功能的超強程式語言。

套裝軟體 Mathematica、Maple 和 MATLAB 中有些計算方法的計算環境已逐漸超越了前面提到的一些軟體，因為它有內建編輯和圖形介面。Mathematica (http://www.wolframreseach.com) 和 Maple (http://www.palesoft.com) 因為新穎的符號計算引擎而變得引人注目。MATLAB 提供許多科學和工程應用的工具箱，它讓高品質軟體的應用更為深入。

在本書中，我們利用 MATLAB 來演練基本的演算法，所提供的 MATLAB 程式碼只是為教學目的，往往犧牲速度和可靠性來換取簡潔易讀。如果讀者第一次使用 MATLAB 請先參考附錄 B，以便快速上手。

CHAPTER *1*

解方程式

最近發掘的楔型文字碑，說明了巴比倫人能正確計算 2 的平方根到 5 位小數。他們用什麼技巧，我們不得而知，但是在本章中，我們將介紹他們可能已經採用的迭代法，且這個方法到目前仍使用在現代計算機中用來求平方根。

史都華平台是一個六個自由度的機器人，它可以極精準地定位，這項技術是在 1950 年代由 Dunlop 輪胎公司的 Eric Gough 所開發，原用來測試飛機的輪胎。這個特殊優點常用在建造質量可觀之飛行模擬器，和要求精準的醫療及外科手術應用上。解決前向運動學問題需要判定平台的位置與方位，以求出支柱長。

在第 91 頁的實作 1 中使用第 1 章的解方程式方法，來解決史都華平台的平面版本前向運動學問題。

程式求解是科學計算中最基本的問題之一，本章介紹多個迭代法來探尋 $f(x)=0$ 的解 x，這些方法有重要的實用性。另外，這些方法也說明了科學計算中收斂性和複雜度的重要角色。

為什麼需要瞭解一種以上的方程式求解法？通常，選擇用哪一種方法決定於函數 f 或其導數之求值速度，例如 $f(x)=e^x-\sin x$，只需要千分之幾秒的時間來計算 $f(x)$，而且若需要其導數時也是可微分求得。如果 $f(x)$ 表示乙二醇溶液在 x 大氣壓力下的冰點，每個函數值必須在設備良好的實驗室裡花上許多的時間求得，更別說怎麼求得微分值。

除了介紹如二分法、定點迭代法和牛頓法以外，我們也分析其收斂速率和討論其計算複雜度。最後，將介紹更佳的方程式解法例如布蘭特法，它結合了數種方法的最佳性質。

1.1 二分法

你要如何在一本不熟悉的電話簿找出某個名字？比如說想找 Smith，你會先猜個大概位置翻開看，結果卻是 Q，接下來你往後翻一疊過去，結果是 U 開頭；你知道 Smith 被「包圍」在 Q 和 U 二者之間，接下來就是縮小包圍範圍，越來越小最後收斂到要找的名字。二分法就是這樣的思考方式，再讓它更有效率些。

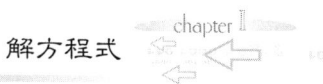

❖ 1.1.1　找出含根區間

定義 1.1 若 $f(r)=0$，則稱函數 $f(x)$ 有一**根** (root) 在點 $x=r$。

解方程式的第一步得先確認根存在，一個方法就是找出含根區間：在實數軸上找到區間 $[a, b]$ 使得 $\{f(a), f(b)\}$ 兩數為一正一負，意即 $f(a)f(b) < 0$，如果 f 為連續函數則必定存在一根，即存在 r 介於 a、b 之間使得 $f(r)=0$。這可根據中間值定理 0.4 來推導得到以下的定理：

定理 1.2 假設函數 f 在 $[a, b]$ 之間連續，且 $f(a)f(b) < 0$，則必定有一根介於 a、b 之間。意即存在一數 r，使得 $a < r < b$ 且 $f(r)=0$。

在圖 1.1 中，$f(0)f(1)=(-1)(1) < 0$，有一個根就落在 0.7 的左邊，要如何提升這個猜測的精確度以多得幾位小數正確呢？

提示就是看我們的眼睛如何幫我們在函數圖形中找到根。我們不太會是從區間的左端點開始往右慢慢看，直到找到根。一個可能更好的方法是雙眼會先判斷大約的位置，例如在區間的左側還是右側，然後視其根偏左或偏右逐步地修正以改善其準確度，就像在電話簿中找名字一樣。二分法就是以這樣的方式來逼近所求，參考圖 1.2。

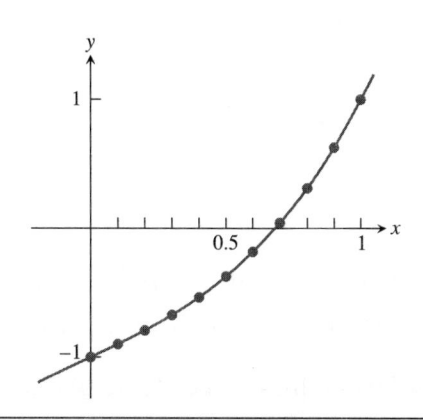

圖 1.1　$f(x)=x^3+x-1$ 的圖形。此函數在 0.6 與 0.7 之間有根。

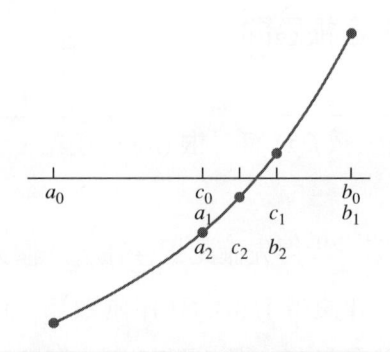

圖 1.2 二分法。第一步先檢查 $f(c_0)$ 的正負號，因為 $f(c_0)f(b_0) < 0$，令 $a_1 = c_0$, $b_1 = b_0$，則區間減半成為右半的 $[a_1, b_1]$，第二步可則再減半成為左半的 $[a_2, b_2]$。

二分法

給定初始區間 $[a, b]$ 使得 $f(a)f(b) < 0$

當 $(b-a)/2 < \text{TOL}$

    $c = (a+b)/2$

    若 $f(c) = 0$，停，終止

    若 $f(a)f(c) < 0$

        $b = c$

    否則

        $a = c$

    終止

終止

最後的區間 $[a, b]$ 包含一個根。

近似根為 $(a+b)/2$。

檢查區間中點 $c = (a+b)/2$ 的函數值，因為 $f(a)$ 和 $f(b)$ 異號，則 $f(c) = 0$（如此我們便完成所求）或是 $f(c)$ 和 $f(a)$、$f(b)$ 二者之一異號。如果 $f(c)f(a) < 0$，保證有一解在區間 $[a, c]$，區間長度會是原區間 $[a, b]$ 的一半。反之，如果 $f(c)f(b) < 0$，同樣地保證有一解在區間 $[b, c]$。不管哪一種狀況，一個步驟就

可以將根所在範圍縮小為原來的一半,這個步驟還可重複進行以獲得越來越高的準確度。

因為解落在每一次找到的新區間內,當區間變得越小,解的位置也就越明確。並不需要把整個函數圖形繪出,我們只需計算必要的函數值即可。

範例 1.1

使用二分法找出 $f(x)=x^3+x-1$ 在區間 $[0, 1]$ 中的根。

因 $f(a_0)f(b_0)=(-1)(1)<0$,區間 $[-1, 1]$ 內必有一根。區間中點為 $c_0=1/2$,第一次取中點值可得 $f(1/2)=-3/8<0$,又 $f(1/2)f(1)<0$,所以選取新區間 $[a_1, b_1]=[1/2, 1]$。第二次取中點可得 $f(c_1)=f(3/4)=11/64>0$,導引出新區間 $[a_2, b_2]=[1/2, 3/4]$。繼續這些步驟可得到以下的區間列表:

i	a_i	$f(a_i)$	c_i	$f(c_i)$	b_i	$f(b_i)$
0	0.0000	−	0.5000	−	1.0000	+
1	0.5000	−	0.7500	+	1.0000	+
2	0.5000	−	0.6250	−	0.7500	+
3	0.6250	−	0.6875	+	0.7500	+
4	0.6250	−	0.6562	−	0.6875	+
5	0.6562	−	0.6719	−	0.6875	+
6	0.6719	−	0.6797	−	0.6875	+
7	0.6797	−	0.6836	+	0.6875	+
8	0.6797	−	0.6816	−	0.6836	+
9	0.6816	−	0.6826	+	0.6836	+

我們從表格中推斷所求介於 $a_9 \approx 0.6816$ 和 $c_9 \approx 0.6826$ 之間,該區間中點就是我們對根的最佳猜測。

雖然本題是要找到一個根,但其實我們找到的是一個包含根的區間 $[0.6816, 0.6826]$;換句話說,其根為 $r=0.6821\pm0.0005$,如果我們滿足於所求近似值的準確度。當然,如果需要更準確,可以進行更多次的二分法來改進這個近似值。

二分法的每次迭代，需計算 $[a_i, b_i]$ 區間中點 $c_i=(a_i+b_i)/2$ 及 $f(c_i)$ 之值，並比較正負號，如果 $f(c_i)f(a_i) < 0$，則令 $a_{i+1}=a_i$ 及 $b_{i+1}=c_i$。相反地，如果 $f(c_i)f(a_i) > 0$，便令 $a_{i+1}=c_i$ 及 $b_{i+1}=b_i$。每次迭代需要新計算一個函數值，並將解區間一分為二，意即區間長度除以 2。進行 n 次迭代後，需要 $n+1$ 次的函數值計算，最後一個區間的中點便是我們找到的最佳近似解。此演算法可寫成下列之 MATLAB 程式碼：

```
% 程式 1.1 二分法
% 求 f(x)＝0 的近似解
% 輸入：行內函式 f, a,b 使得 f(a)*f(b)<0,
%       及容忍誤差 tol
% 輸出：近似解 xc
function xc=bisect(f,a,b,tol)
if sign(f(a))*sign(f(b)) >= 0
  error('f(a)f(b)<0 not satisfied!')  % 停止執行
end
fa=f(a);
fb=f(b);
k=0;
while (b-a)/2>tol
  c=(a+b)/2;
  fc=f(c);
  if fc == 0                   % c 是解，結束
    break
  end
  if sign(fc)*sign(fa)<0       % a 和 c 形成新的區間
    b=c;fb=fc;
  else                         % c 和 b 形成新的區間
    a=c;fa=fc;
  end
end
xc=(a+b)/2;                    % 新的中點為最佳估計
```

執行 bisect.m 前必須先定義一個 MATLAB 行內函式 (inline function)：
```
>> f=inline ('x^3+x-1');
```
則以下指令
```
>> xc=bisect (f,0,1,0.00005)
```
將傳回誤差不超過 0.00005 的近似解。

1.1.2 有多精準與多快速？

如果 $[a, b]$ 為起始區間，經過 n 步二分法，區間 $[a_n, b_n]$ 長度為 $(b-a)/2^n$，選中點 $x_c=(a_n+b_n)/2$ 為根 r 的最佳估計，距離正確解最多只有區間長一半的距離。概括而論，經過 n 步二分法迭代，可以發現

$$\text{解的誤差} = |x_c - r| < \frac{b-a}{2^{n+1}} \tag{1.1}$$

以及

$$\text{函數值計算次數} = n+2 \tag{1.2}$$

一個評估效率的好方法是看每一次函數值計算能提升多少準確度。每一步二分法或說每次的函數值計算，都可以將根的誤差減少一半。

定義 1.3 當誤差小於 0.5×10^{-p} 時，則稱此近似解**精確到** p **位小數**。

範例 1.2

用二分法求 $f(x) = \cos x - x$ 在區間 [0, 1] 中的近似根，精確到 6 位小數。

先判斷所需二分法迭代次數，依據 (1.1) 式，經過 n 步迭代後根的誤差為 $(b-a)/2^{n+1} = 1/2^{n+1}$，根據精確到 p 位小數的定義，可得

$$\frac{1}{2^{n+1}} < 0.5 \times 10^{-6}$$

$$n > \frac{6}{\log_{10} 2} \approx \frac{6}{0.301} = 19.9$$

因此，需要 $n=20$ 次迭代步驟。二分法執行結果列於以下表格：

k	a_k	$f(a_k)$	c_k	$f(c_k)$	b_k	$f(b_k)$
0	0.000000	+	0.500000	+	1.000000	−
1	0.500000	+	0.750000	−	1.000000	−
2	0.500000	+	0.625000	+	0.750000	−
3	0.625000	+	0.687500	+	0.750000	−
4	0.687500	+	0.718750	+	0.750000	−
5	0.718750	+	0.734375	+	0.750000	−
6	0.734375	+	0.742188	−	0.750000	−
7	0.734375	+	0.738281	+	0.742188	−
8	0.738281	+	0.740234	−	0.742188	−
9	0.738281	+	0.739258	−	0.740234	−
10	0.738281	+	0.738770	+	0.739258	−
11	0.738769	+	0.739014	+	0.739258	−
12	0.739013	+	0.739136	−	0.739258	−
13	0.739013	+	0.739075	+	0.739136	−
14	0.739074	+	0.739105	−	0.739136	−
15	0.739074	+	0.739090	−	0.739105	−
16	0.739074	+	0.739082	+	0.739090	−
17	0.739082	+	0.739086	−	0.739090	−
18	0.739082	+	0.739084	+	0.739086	−
19	0.739084	+	0.739085	−	0.739086	−
20	0.739084	+	0.739085	−	0.739085	−

精確到 6 位小數的近似根為 0.739085。

◆

對二分法而言，需要幾步迭代是個簡單的問題，只要先選定要幾位小數精確，再利用 (1.1) 式就可以判斷需要幾步。我們將會看到更強的演算法卻無法如此預測，也沒有類似 (1.1) 的計算公式。在這種情況下，我們必須提供**停止準則** (stopping criterion) 來讓演算法終止，即使在二分法，因為有限位元的電腦計算，也使得正確位數有上限；我們會在 1.3 節討論此類問題。

1.1 習　題

1. 利用中間值定理，求包含方程式根且長度為 1 的區間。

   (a) $x^3=9$　(b) $3x^3+x^2=x+5$　(c) $\cos^2 x+6=x$

2. 利用中間值定理，求包含方程式根且長度為 1 的區間。

   (a) $x^5+x=1$ (b) $\sin x=6x+5$ (c) $\ln x+x^2=3$

3. 針對習題 1 的方程式，各進行兩步二分法迭代以求得誤差在 1/8 以內的近似解。

4. 針對習題 2 的方程式，各進行兩步二分法迭代以求得誤差在 1/8 以內的近似解。

5. 對方程式 $x^4=x^3+10$

   (a) 求得區間 $[a, b]$，其包含一個方程式根且長度為 1。

   (b) 以 $[a, b]$ 為初始區間，利用二分法求得誤差不大於 10^{-10} 的近似解需要幾步迭代？請以整數回答。

6. 假設我們用二分法求 $f(x)=1/x$ 在區間 $[-2, 1]$ 內的根。請問是否收斂到一個實數？所得是否為該函數的根？

1.1 電腦演算題

1. 使用二分法求根，使之精準到 6 位小數。

   (a) $x^3=9$ (b) $3x^3+x^2=x+5$ (c) $\cos^2 x+6=x$

2. 使用二分法求根，使之精準到 8 位小數。

   (a) $x^5+x=1$ (b) $\sin x=6x+5$ (c) $\ln x+x^2=3$

3. 使用二分法求得下列方程式所有的根。利用 MATLAB 的 `plot` 指令繪出函數圖形並找出三個包含一個根且長度為 1 的區間，並求得精準到 6 位小數的近似解。

   (a) $2x^3-6x-1=0$ (b) $e^{x-2}+x^3-x=0$ (c) $1+5x-6x^3-e^{2x}=0$

4. 計算下列各數的平方根精確到 8 位小數，意即以二分法求解 $x^2-A=0$，A 等於 (a) 2 (b) 3 (c) 5。說明所使用的初始區間和所需迭代步數。

5. 計算下列數字的立方根精確到 8 位小數，意即以二分法求解 $x^3-A=0$，A 等於 (a) 2 (b) 3 (c) 5。說明所使用的初始區間和所需迭代步數。

6. 以二分法求 $\cos x=\sin x$ 在區間 $[0, 1]$ 內的近似根，精確到 6 位小數。

7. 使用二分法求得精確到 6 位小數的兩實數 x，使得矩陣 A 的行列式等於 1000。

$$A = \begin{bmatrix} 1 & 2 & 3 & x \\ 4 & 5 & x & 6 \\ 7 & x & 8 & 9 \\ x & 10 & 11 & 12 \end{bmatrix}$$

對所找到的解，代入矩陣並求其行列式值以進行測試，並紀錄這些行列式值有幾位正確小數位。（在 1.2 節中我們將稱此為相關於近似解的**後向誤差** (backward error)。）你可利用 MATLAB 的 `det` 指令來計算行列式值。

8. **希爾伯特矩陣** (Hilbert matrix) 為一 $n \times n$ 矩陣，第 i 行第 j 列的元素為 $1/(i+j-1)$，若 A 為 5×5 的希爾伯特矩陣，其最大的特徵值 (eigenvalue) 約為 1.567，使用二分法來決定應將左上角元素 A_{11} 換成多少才能將 A 的特徵值變成 π。計算 A_{11} 到 6 位小數精準。可使用 MATLAB 的 `hilb`、`pi`、`eig` 和 `max` 指令來簡化工作。

9. 將一立方公尺的水倒進一個半徑一公尺的球型儲水槽，試問水面高度多少？答案誤差不得超過 ± 1 公釐。（提示：首先注意球型水槽還不到半滿，因為半徑為 R 公尺的半球體，底部算起高度 H 公尺這部分的體積為 $\pi H^2 (R - 1/3 H)$。）

1.2 定點迭代法

利用計算機或是電腦任意輸入一個值，並重複執行 cos 函數，如果是計算機請確定在**弳度** (radian) 模式下操作。一直執行到所有數字都不再有所改變，所得結果至少前 10 位小數收斂到 0.7390851332。在本節中我們的目的是去解釋為什麼上述的計算會收斂，這就是**定點迭代法** (Fixed-Point Iteration; FPI) 的例子之一。同時，我們也會討論演算法收斂的大部分重要議題。

❖ 1.2.1 函數的定點

重複迭代餘弦函數所得的數列會收斂到某個數 r，再下來的迭代不改其值；也就是說輸入此數，餘弦函數輸出同樣的數，意即 $\cos r = r$。

定義 1.4 若存在實數 r 使得 $g(r)=r$，則稱 r 為函數 g 的**定點** (fixed point)。

對函數 $g(x)=\cos x$ 而言，$r=0.7390851332$ 為其定點的近似值。而函數 $g(x)=x^3$ 則有三個定點，$r=-1$、0 和 1。

在範例 1.2 中我們用二分法來解方程式 $\cos x-x=0$，這和定點方程式 $\cos x=x$ 其實是相同的問題，只是換個角度來看罷了。當輸出等於輸入，該數即為 $\cos x$ 的定點，同時它也是方程式 $\cos x-x=0$ 的根。

當方程式改寫成 $g(x)=x$ 定點迭代法，就是用一個初始猜測值 x_0 將所得值重複地代入函數 g。

定點迭代法

$$x_0 = \text{初始猜測}$$
$$x_{i+1}=g(x_i), \quad i=0, 1, 2, \cdots$$

因此，

$$x_1 = g(x_0)$$
$$x_2 = g(x_1)$$
$$x_3 = g(x_2)$$
$$\vdots$$

依此類推。但在經過無限次的迭代步數後，數列 x_i 並不保證收斂。無論如何，若 g 為連續函數且 x_i 收斂到 r，則 r 必為定點，可根據定理 0.5 證得

$$g(r) = g\left(\lim_{i \to \infty} x_i\right) = \lim_{i \to \infty} g(x_i) = \lim_{i \to \infty} x_{i+1} = r. \tag{1.3}$$

定點迭代法運用在行內函數 g 上，可以很容易地寫成 MATLAB 程式碼：

```
% 程式 1.2 定點迭代法
% 計算 g(x)＝x 的近似解
% 輸入：行內函式 g，初始猜測 x0，迭代次數 k
% 輸出：近似解 xc
function xc=fpi(g, x0, k)
x(1)=x0;
for i=1:k
  x(i+1)=g(x(i));
end
x'                         % 將輸出轉為直行形式
xc=x(k+1);
```

所有的方程式 $f(x)=0$ 都可以轉換成定點問題 $g(x)=x$ 嗎？是的，而且有許多不同的方法。舉例來說，範例 1.1 的求根方程式，

$$x^3+x-1=0 \tag{1.4}$$

可改寫成

$$x=1-x^3 \tag{1.5}$$

可以定義 $g(x)=1-x^3$。或是把 (1.4) 式的 x^3 單獨放在等號左邊可得

$$x=\sqrt[3]{1-x}, \tag{1.6}$$

則 $g(x)=\sqrt[3]{1-x}$。第三個方式並不顯而易見，我們可以把 (1.4) 式兩側各加上 $2x^3$ 後得到

$$\begin{aligned} 3x^3 + x &= 1 + 2x^3 \\ (3x^2 + 1)x &= 1 + 2x^3 \\ x &= \frac{1 + 2x^3}{1 + 3x^2} \end{aligned} \tag{1.7}$$

則 $g(x)=(1+2x^3)/(1+3x^2)$。

接下來我們使用上面三個不同的 $g(x)$ 來示範說明定點迭代法，目的是要解方程式 $x^3+x-1=0$。首先我們考慮 $x=g(x)=1-x^3$，任意地選取初始點 x_0

=0.5，應用定點迭代法可得結果如下：

i	x_i
0	0.50000000
1	0.87500000
2	0.33007813
3	0.96403747
4	0.10405419
5	0.99887338
6	0.00337606
7	0.99999996
8	0.00000012
9	1.00000000
10	0.00000000
11	1.00000000
12	0.00000000

上述數列不會收斂，迭代結果在 0 與 1 跳動，由於 $g(0)=1$ 且 $g(1)=0$，兩個都不是定點，定點迭代法失敗。若 f 在 $[a, b]$ 區間為連續函數且 $f(a)f(b) < 0$，則二分法保證收斂到根，但是定點迭代法未必如此。

第二個選擇是 $g(x) = \sqrt[3]{1-x}$，我們使用相同的初始猜測 $x_0 = 0.5$，這回定點迭代法成功了！而且明顯地迭代收斂到 0.6823 附近。

i	x_i	i	x_i
0	0.50000000	13	0.68454401
1	0.79370053	14	0.68073737
2	0.59088011	15	0.68346460
3	0.74236393	16	0.68151292
4	0.63631020	17	0.68291073
5	0.71380081	18	0.68191019
6	0.65900615	19	0.68262667
7	0.69863261	20	0.68211376
8	0.67044850	21	0.68248102
9	0.69072912	22	0.68221809
10	0.67625892	23	0.68240635
11	0.68664554	24	0.68227157
12	0.67922234	25	0.68236807

最後，看看重新排列而成的 $x = g(x) = (1 + 2x^3)/(1 + 3x^2)$，和前面方法一樣收斂，且呈現出更加快速的收斂。

i	x_i
0	0.50000000
1	0.71428571
2	0.68317972
3	0.68232842
4	0.68232780
5	0.68232780
6	0.68232780
7	0.68232780

此處，使用定點迭代法 4 步迭代便可得到 4 位精確小數位，之後很快地可以得到更多精確位數。和前一個方法比較，這是非常驚人的成果。我們下一個目標就是要試著去解釋三種不同結果的差異。

❖ 1.2.2 定點迭代法的幾何意義

在上一節中我們找到三種不同的方式將方程式 $x^3+x-1=0$ 改寫成定點問題，而且得到不同的結果。透過觀察迭代的幾何圖形，將有助於瞭解定點迭代法為什麼在某些情況下會收斂，有些卻不收斂。

　　圖 1.3 呈現了之前討論的三個不同的 $g(x)$ 加上其前幾步定點迭代過程的圖例。對每個 $g(x)$ 來說，定點 r 應是相同的，它就是 $y=g(x)$ 和 $y=x$ 的交點。要描繪定點迭代法的迭代過程，就畫直線線段 (1) 先**垂直與函數**交會 (2) 再**水平與對角線** $y=x$ 交會。圖 1.3 的垂直和水平箭頭就是按這些步驟畫出的，垂直箭頭從 x 值到函數 $g(x)$，意即 $x_i \to g(x_i)$，水平箭頭意味將 y 軸的 $g(x_i)$ 轉變成在 x 軸的相同數值 x_{i+1} 作為下次迭代的輸入值，所以從 $g(x_i)$ 繪製水平線段與對角線 $y=x$ 交會。這定點迭代法的幾何圖例稱為**蛛網圖** (cobweb diagram)。

　　在圖 1.3(a)，路徑從 $x_0=0.5$ 開始，往上到函數值再水平到對角線上的點 (0.875, 0.875)，稱為 (x_1, x_1)。接下來需計算函數值 $g(x_1)$，這和之前對 x_0 的作法相同，畫垂直線與函數交會，再水平將 y 值轉成 x 值，找到 $x_2 \approx 0.3300$，繼續相同的步驟求得 $x_3, x_4, \cdots$。正如前面所言，此 $g(x)$ 無法以定點迭代法求解，迭代結果趨於在 0 和 1 之間交替，但二者都不是定點。

　　定點迭代法在圖 1.3(b) 則是成功的，雖然 (a) 和 (b) 的函數圖形看起來大

解方程式

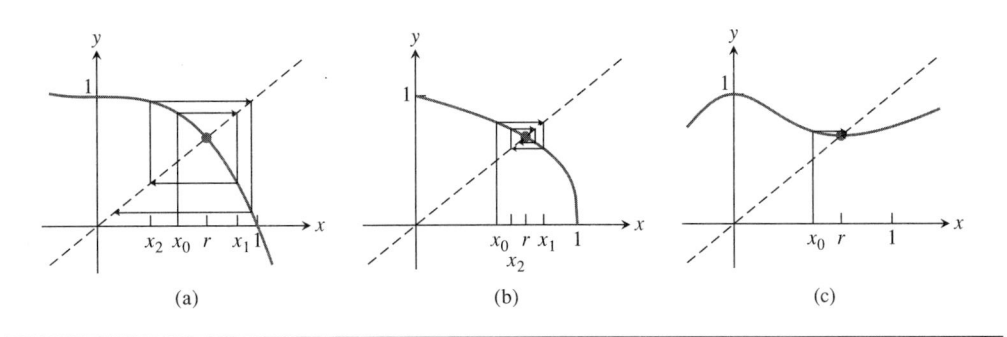

（圖 1.3 示意圖）

(a)　　　　　　　　　(b)　　　　　　　　　(c)

圖 1.3 定點迭代法的幾何觀點。定點為 $g(x)$ 和對角線的交點，這裡顯示三個不同的 $g(x)$ 加上其前幾步定點迭代，其中 (a) $g(x) = 1-x^3$，(b) $g(x) = (1-x)^{1/3}$，(c) $g(x) = (1+2x^3)/(1+3x^2)$。

體相似，但在下一節我們將介紹二者之間的重大差別。你可能想要推測這有何差別，是什麼原因造成定點迭代法像圖 (b) 螺旋地收斂到定點，還是像圖 (a) 螺旋地遠離定點？圖 1.3(c) 則呈現一個非常快速收斂的例子，這個圖對你的推論有幫助嗎？如果你猜的是 $g(x)$ 在定點附近的斜率所造成的影響，那你就猜對了！

❖ 1.2.3 定點迭代法的線性收斂

仔細觀察演算法最簡單的可能情況，就可以輕易解釋定點迭代法的收斂特性。圖 1.4 展示了兩個線性函數 $g_1(x) = -\frac{3}{2}x + \frac{5}{2}$ 及 $g_2(x) = -\frac{1}{2}x + \frac{3}{2}$ 的定點迭代過程。二者的定點皆為 $x=1$，但 $|g_1'(1)| = |-\frac{3}{2}| > 1$ 而 $|g_2'(1)| = |-\frac{1}{2}| < 1$。跟著垂直和水平線段箭頭所描繪的定點迭代過程，便可發現二者不同的理由。因為 g_1 在定點的斜率絕對值大於 1，那些由 x_n 變化到 x_{n+1} 的垂直線段在迭代過程中不斷增長。因此，即使初始猜測 x_0 與正確解相去不遠，迭代結果從定點 $x=1$ 螺旋地向外遠離。然而 g_2 的情況正好相反：g_2 的斜率絕對值小於 1，垂直線段長度遞減，迭代結果向內螺旋至解。因此，$|g'(r)|$ 決定了發散還是收斂的重要差異。

以上是幾何的觀點。就方程式而言，將 $g_1(x)$、$g_2(x)$ 改以 $x-r$ 的項來表示會有幫助，其中 $r=1$ 為定點：

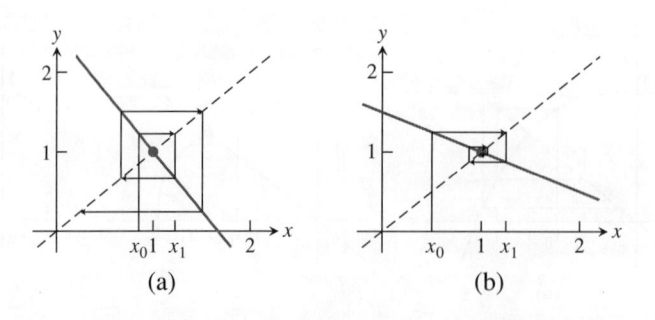

圖 1.4 **線性函數的蛛網圖。**(a) 若線性函數斜率的絕對值大於 1，定點迭代反讓結果遠離定點，這方法失敗。(b) 當斜率絕對值小於 1，會收斂到定點。

$$g_1(x) = -\tfrac{3}{2}(x-1) + 1$$
$$g_1(x) - 1 = -\tfrac{3}{2}(x-1)$$
$$x_{i+1} - 1 = -\tfrac{3}{2}(x_i - 1). \tag{1.8}$$

如果觀察第 i 步的誤差 $e_i = |r - x_i|$ (意即第 i 次迭代所得與定點的距離)，從 (1.8) 式可得 $e_{i+1} = 3e_i/2$，意味每次迭代誤差增加為 3/2 倍，即為發散。

對 g_2 做同樣的代數運算，可得

$$g_2(x) = -\tfrac{1}{2}(x-1) + 1$$
$$g_2(x) - 1 = -\tfrac{1}{2}(x-1)$$
$$x_{i+1} - 1 = -\tfrac{1}{2}(x_i - 1).$$

結果為 $e_{i+1} = e_i/2$，意味每次迭代誤差大小（與定點的距離）縮小 1/2，迭代次數增加則誤差遞減向零，這是收斂的特性之一。

定義 1.5 令 e_i 表示迭代法第 i 步的誤差，若

$$\lim_{i \to \infty} \frac{e_{i+1}}{e_i} = S < 1,$$

則稱該方法為**線性收斂** (linear convergence)，其收斂速率為 S。

以定點迭代法求解 g_2 時線性收斂到根 $r=1$，收斂速率為 1/2。雖然之前

的討論簡化到只討論線性函數，同樣的理由可以用到連續可微的函數 $g(x)$ 及其定點 $g(r)=r$，下個定理會證明之。

定理 1.6 假設 g 為連續可微函數，$g(r)=r$ 且 $S=|g'(r)|<1$，則當初始猜測值夠接近 r 時，定點迭代法線性收斂到定點 r，其收斂速率為 S。

證明： 令 x_i 表示第 i 步迭代的結果，依據均值定理，存在一數 c_i 介於 x_i 與 r 之間使得

$$x_{i+1} - r = g'(c_i)(x_i - r), \tag{1.9}$$

上式已以 x_{i+1} 取代 $g(x_i)$，以 r 取代 $g(r)$。令 $e_i = |x_i - r|$，(1.9) 式便成為

$$e_{i+1} = |g'(c_i)|e_i. \tag{1.10}$$

如果 $S = |g'(r)|$ 小於 1，根據 g' 的連續性，存在一個包含 r 的小鄰域內各點滿足 $|g'(x)| < (S+1)/2$，此值略大於 S 但仍小於 1。如果 x_i 在該鄰域內，則 c_i 也是（因介於 x_i 與 r 間），得到

$$e_{i+1} \le \frac{S+1}{2} e_i.$$

因此，誤差將至少以 $(S+1)/2$ 之倍數減少，以後的每步迭代亦將如此。意即 $\lim_{i \to \infty} x_i = r$，將 (1.10) 式取其極限可得

$$\lim_{i \to \infty} \frac{e_{i+1}}{e_i} = \lim_{i \to \infty} |g'(c_i)| = |g'(r)| = S.$$

依據定理 1.6，近似解的誤差關係

$$e_{i+1} \approx S e_i \tag{1.11}$$

在接近收斂時皆成立，其中 $S = |g'(r)|$。習題 15 是本定理的另一個描述。

定義 1.7
若一迭代法在初始猜測值夠接近 r 時可收斂到 r，則稱該迭代法**局部收斂** (locally convergent) 到 r。

換句話說，若存在一鄰域 $(r-\epsilon, r+\epsilon)$，其中 $\epsilon > 0$，使得以該鄰域內任一點作為初始猜測值均收斂到 r，則稱該方法局部收斂到 r。依據定理 1.6，當 $|g'(r)| < 1$ 時，定點迭代法為局部收斂。

定理 1.6 可以說明前面所提三個方式之定點迭代法解 $f(x) = x^3 + x - 1 = 0$ 的差異所在，已知解 $r \approx 0.6823$，對 $g(x) = 1 - x^3$ 來說，其導函數為 $g'(x) = -3x^2$，在解 r 的鄰域，定點迭代法滿足 $e_{i+1} \approx S e_i$，其中 $S = |g'(r)| = |-3(0.6823)^2| \approx 1.3966 > 1$，所以誤差增加，不保證收斂。誤差 e_{i+1} 與 e_i 的關係式雖只在夠接近 r 時成立，但這已足夠表示不會收斂到 r 了。

第二種情況，$g(x) = \sqrt[3]{1-x}$，其導函數為 $g'(x) = 1/3(1-x)^{-2/3}(-1)$，則 $K = |(1-0.6823)^{-2/3}/3| \approx 0.716 < 1$，依據定理 1.6 保證此法收斂，符合先前的計算。

第三種情況，$g(x) = (1 + 2x^3)/(1 + 3x^2)$，

$$g'(x) = \frac{6x^2(1 + 3x^2) - (1 + 2x^3)6x}{(1 + 3x^2)^2}$$
$$= \frac{6x(x^3 + x - 1)}{(1 + 3x^2)^2},$$

可得 $S = |g'(r)| = 0$，這是 S 所能到的最小數，所以其非常快速地收斂，如圖 1.3(c)。

範例 1.3

試說明為何定點迭代法求解 $g(x) = \cos x$ 保證收斂。

這是在本節稍早許諾要說明的。任意輸入一個值，並重複執行 cos 函數，就相當於定點迭代法用於 $g(x) = \cos x$。因為其解 $r \approx 0.74$，$g'(r) = -\sin r \approx$

解方程式

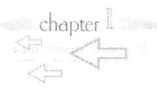

$-\sin 0.74 \approx -0.67$，其絕對值小於 1，依據定理 1.6，若初始猜測值夠靠近 r 便可收斂。

範例 1.4

利用定點迭代法求解 $\cos x = \sin x$。

最簡單的方法就是使其變成定點問題，在等式兩邊各加上 x，再整理如下

$$x + \cos x - \sin x = x$$

令

$$g(x) = x + \cos x - \sin x. \tag{1.12}$$

定點迭代法求解 $g(x)$ 的計算結果如下表：

i	x_i	$g(x_i)$	$e_i = |x_i - r|$	e_i/e_{i-1}
0	0.0000000	1.0000000	0.7853982	
1	1.0000000	0.6988313	0.2146018	0.273
2	0.6988313	0.8211025	0.0865669	0.403
3	0.8211025	0.7706197	0.0357043	0.412
4	0.7706197	0.7915189	0.0147785	0.414
5	0.7915189	0.7828629	0.0061207	0.414
6	0.7828629	0.7864483	0.0025353	0.414
7	0.7864483	0.7849632	0.0010501	0.414
8	0.7849632	0.7855783	0.0004350	0.414
9	0.7855783	0.7853235	0.0001801	0.414
10	0.7853235	0.7854291	0.0000747	0.415
11	0.7854291	0.7853854	0.0000309	0.414
12	0.7853854	0.7854035	0.0000128	0.414
13	0.7854035	0.7853960	0.0000053	0.414
14	0.7853960	0.7853991	0.0000022	0.415
15	0.7853991	0.7853978	0.0000009	0.409
16	0.7853978	0.7853983	0.0000004	0.444
17	0.7853983	0.7853981	0.0000001	0.250
18	0.7853981	0.7853982	0.0000001	1.000
19	0.7853982	0.7853982	0.0000000	

在表格中可以發現幾個有趣的結果。第一，迭代所得收斂到 0.7853982。因為 $\cos \pi/4 = \sqrt{2}/2 = \sin \pi/4$，$\cos x - \sin x = 0$ 的正確解為 $r = \pi/4 \approx$

0.7853982，第四行為「誤差行」，等於第 i 次迭代值 x_i 與定點 r 的差取絕對值，可觀察知其為遞減序列，確實往定點收斂。

仔細觀察誤差行似乎有所規則，誤差似乎以固定倍率變小，每個誤差項約是前一項一半不到。更精確地說，表格最後一行列出相鄰誤差的比例。多數誤差項的比例 e_{i+1}/e_i 近似常數 0.414。換句話說，我們看到了線性收斂的關係

$$e_i \approx 0.414 e_{i-1}. \tag{1.13}$$

這確實是如預期的，因為根據定理 1.6 可得

$$S = |g'(r)| = |1 - \sin r - \cos r| = \left|1 - \frac{\sqrt{2}}{2} - \frac{\sqrt{2}}{2}\right| = |1 - \sqrt{2}| \approx 0.414.$$

◆

細心的讀者應該發現到表格最底下幾列並非如此。因為我們只使用 7 位精確小數位來表示點 r 並計算誤差 e_i，因此，當 e_i 越接近 10^{-8} 時則其相對準確度越差，e_i/e_{i-1} 也跟著不準確了。使用更加精確的 r 值可以避免此問題的產生。

範例 1.5

求 $g(x) = 2.8x - x^2$ 的定點。

函數 $g(x) = 2.8x - x^2$ 有兩個定點 0 和 1.8，我們可以手算求解 $g(x) = x$，或是如圖 1.5 觀察 $y = g(x)$ 和 $y = x$ 函數圖形在哪交會。圖 1.5 也呈現以 $x = 0.1$ 為初始猜測進行定點迭代法的蛛網圖。對這個例子來說，迭代結果

$$\begin{aligned} x_0 &= 0.1000 \\ x_1 &= 0.2700 \\ x_2 &= 0.6831 \\ x_3 &= 1.4461 \\ x_4 &= 1.9579, \end{aligned}$$

繼續迭代，就是蛛網圖與對角線的交點。

雖然初始猜測 $x_0=0.1$ 較為接近定點 0，定點迭代法卻往另一個定點 $x=1.8$ 逼近，甚至於收斂。兩個定點的差別是 $g(x)$ 在 $x=1.8$ 的斜率絕對值小於 1，$g'(1.8)=-0.8$。另一方面，$g(x)$ 在另一個定點 $x=0$ 的斜率絕對值大於 1，因 $g'(0)=2.8$。

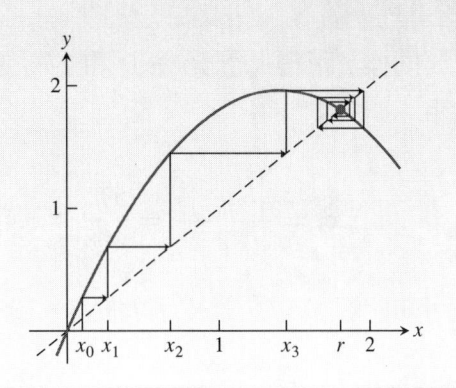

圖 1.5 定點迭代法的蛛網圖。範例 1.5 有 0 和 1.8 兩個定點，圖示以初始猜測 0.1 的迭代過程，定點迭代法只會收斂到 1.8。

定理 1.6 是十分有用的**後驗** (a posteriori) 定理，也就是說在定點迭代法計算完後，我們知道根且可以計算每步的誤差時才能應用，此定理有助於解釋為什麼收斂速率是 S。但是，如果在計算之前就有此資訊將更為有用，在某些情況下是可以如此的，請看下例：

範例 1.6

利用定點迭代法計算 $\sqrt{2}$。

一個計算平方根的古老方法事實上就是定點迭代法。假設我們想要求得 $\sqrt{2}$ 前十個位數，初始猜測值設為 $x_0=1$。這個猜測顯然太小；而 $2/1=2$ 則太大。事實上，任意的初始猜測 $1 < x_0 < 2$ 和 $2/x_0$，所形成的區間必定包含 $\sqrt{2}$。正因如此，認為二者的平均會更好是一個合理猜測

$$x_1 = \frac{1+\frac{2}{1}}{2} = \frac{3}{2}.$$

重複同樣的思考，雖然 3/2 更接近 $\sqrt{2}$，但還是大於 $\sqrt{2}$，而 2/(3/2)＝4/3 則較小，所以 4/3 和 3/2 所形成區間包含 $\sqrt{2}$。再次平均得到

$$x_2 = \frac{\frac{3}{2} + \frac{4}{3}}{2} = \frac{17}{12} = 1.41\overline{6},$$

更加接近 $\sqrt{2}$。同樣，可得 $\sqrt{2}$ 落在 x_2 和 $2/x_2$ 之間。

下一步可得

$$x_3 = \frac{\frac{17}{12} + \frac{24}{17}}{2} = \frac{577}{408} \approx 1.414215686.$$

以計算機檢查可知此解和 $\sqrt{2}$ 誤差不大於 3×10^{-6}。整個程序相當於執行定點迭代法

$$x_{i+1} = \frac{x_i + \frac{2}{x_i}}{2}. \tag{1.14}$$

注意 $\sqrt{2}$ 為此迭代的定點。

在結束計算之前，我們必須判斷是否收斂。根據定理 1.6，需滿足條件 $S < 1$，而依據迭代式，$g(x)=(x+2/x)/2$ 及 $g'(x)=(1-2/x^2)/2$。代入定點可得

$$g'(\sqrt{2}) = \frac{1}{2}\left(1 - \frac{2}{(\sqrt{2})^2}\right) = 0, \tag{1.15}$$

所以 $S=0$。是故定點迭代法收斂，且速率非常快。

習題 8 要討論的是以此方法求任意正數的平方根是否會成功？

聚焦　收斂性

範例 1.6 中非常精巧的方法只需三個步驟就可以收斂到 $\sqrt{2}$ 達五位小數精確，這簡單的方法是數學史上最古老的方法之一。圖 1.6(a) 是 1962 年於巴格達附近所發現編號 YBC7289 的楔形文字泥板，書寫於西元前 1750 年左右。上面以六十進位寫著面積為 2 的正方形邊長近似值為

解方程式

(a)　　　　　　　　　　(b)

圖 1.6 $\sqrt{2}$ 的古老計算結果。(a) 編號 YBC7289 的泥板。(b) 泥板的簡圖。巴比倫人使用 60 進位計算，但也使用十進位符號，比如 < 表示 10，▽ 表示 1。圖形左上角表示 30，是為邊長。中間是 1、24、51 和 10，代表 2 的平方根且有五位小數精確（請參考聚焦的內容）。而底下的數字 42、25 和 35 則代表 30 $\sqrt{2}$ 的 60 進位表示法。

(1)(24)(51)(10)，改成十進位則為

$$1 + \frac{24}{60} + \frac{51}{60^2} + \frac{10}{60^3} = 1.41421296.$$

巴比倫人如何計算已無從稽考，但有些人相信是照著範例 1.6 的方法求得，當然用的是他們所習慣的 60 進位。無論如何，這個方法至少在西元一世紀已經出現，亞歷山大 (Alexandria) 的數學家海龍 (Heron) 在測量學 (Metrica) 一書中用來計算 $\sqrt{720}$。

❖ 1.2.4　停止準則

定點迭代法不像二分法，它很難事先預測需要迭代多少步才能收斂到指定的誤差範圍。在缺乏像 (1.1) 式之二分法誤差公式情況下，我們需要一個判斷依據來終止演算法，稱之為**停止準則** (stopping criterion)。

對給定的**誤差容忍值** (tolerance) TOL，我們可以要求一個絕對誤差的停止準則

$$|x_{i+1} - x_i| < \text{TOL} \tag{1.16}$$

或是當解並不接近 0 時，可使用相對誤差停止準則

$$\frac{|x_{i+1} - x_i|}{|x_{i+1}|} < \text{TOL}. \tag{1.17}$$

還有混和絕對與相對誤差的停止準則，如

$$\frac{|x_{i+1} - x_i|}{\max(|x_{i+1}|, \theta)} < \text{TOL} \tag{1.18}$$

對某些 $\theta > 0$，這對解靠近 0 時經常是很有用的。另外，好的定點迭代法程式內還會設定迭代步數上限以避免不收斂的情況發生。設定停止準則是很重要的，在 1.3 節當我們學習前向與後向誤差時會再進一步討論。

　　二分法保證會線性收斂，定點迭代法只保證局部收斂，若收斂也會是線性收斂。兩種方法每一步迭代都需要計算一次函數值，二分法每步迭代可減少二分之一的誤差，而定點迭代法收斂速率則是 $S = |g'(r)|$。因此，定點迭代法有時比二分法快，有時卻較慢，取決於 S 比 $1/2$ 小還是大。在 1.4 節中，我們將看到牛頓法，一個定點迭代法的特殊改良版本，S 在這將等於 0。

1.2 習題

1. 利用定理 1.6 判斷以定點迭代法求解 $g(x)$ 是否會局部收斂到所給的定點 r。
   (a) $g(x) = (2x-1)^{1/3}$，$r=1$　(b) $g(x) = (x^3+1)/2$，$r=1$　(c) $g(x) = \sin x + x$，$r=0$

2. 利用定理 1.6 判斷以定點迭代法求解 $g(x)$ 是否會局部收斂到所給的定點 r。
   (a) $g(x) = (2x-1)/x^2$，$r=1$　(b) $g(x) = \cos x + \pi + 1$，$r=\pi$
   (c) $g(x) = e^{2x} - 1$，$r=0$

3. 求以下函數的每個定點，並判斷定點迭代法是否局部收斂到該定點。
   (a) $g(x) = \frac{1}{2}x^2 + \frac{1}{2}x$　(b) $g(x) = x^2 - \frac{1}{4}x + \frac{3}{8}$

4. 求以下函數的每個定點，並判斷定點迭代法是否局部收斂到該定點。
   (a) $g(x) = x^2 - \frac{3}{2}x + \frac{3}{2}$　(b) $g(x) = x^2 + \frac{1}{2}x - \frac{1}{2}$

5. 請將下列各方程式改成三種不同形式的定點問題 $x = g(x)$。

(a) $x^3 - x + e^x = 0$ (b) $3x^{-2} + 9x^3 = x^2$

6. 考慮定點迭代法 $x \to g(x) = x^2 - 0.24$。(a) 你認為定點迭代法可否求得 -0.2 之解到 10 位小數精確？比二分法快或慢？(b) 求出其他的定點，定點迭代法可否收斂到此點？

7. 檢驗 $1/2$ 和 -1 是否為 $f(x) = 2x^2 + x - 1 = 0$ 的根。把 x^2 項分離出來然後解 x，可得兩個可當 $g(x)$ 的函數。應用定點迭代法，它們各會找到哪一個根？

8. 證明範例 1.6 的方法可以計算任何正數的平方根。

9. 探究範例 1.6 的構想可否適用於求立方根。如果猜測值 x 小於 $A^{1/3}$，則 A/x^2 必大於 $A^{1/3}$，所以二者平均將是比 x 更好的近似解。在這現象的基礎下，找出定點迭代公式，並利用定理 1.6 判斷是否會收斂到 A 的立方根。

10. 調整平均值的權重以改進習題 9 的立方根演算法。令 $g(x) = wx + (1-w)A/x^2$，其中 $0 < w < 1$，w 的最佳值為何？

11. 以定點迭代法求解 $g(x) = 1 - 5x + \frac{15}{2}x^2 - \frac{5}{2}x^3$。(a) 驗證 $1 - \sqrt{3/5}$、1 和 $1 + \sqrt{3/5}$ 為定點。(b) 驗證這三個定點皆無法局部收斂。（電腦演算題 7 將進一步討論這題。）

12. 驗證在習題 11 中，初始猜測值 0、1 和 2 將收斂到一定點。但以這些數字附近的點作為初始猜測值時，會有什麼樣的結果？

13. 假設 $g(x)$ 為連續可微函數，以定點迭代求解 $g(x)$ 可得三定點 $r_1 < r_2 < r_3$，且 $|g'(r_1)| = 0.5$ 及 $|g'(r_3)| = 0.5$。據此條件列出 $|g'(r_2)|$ 所有可能的值。

14. 假設 g 為連續可微函數，以定點迭代求解 $g(x)$ 可得 -3、1 和 2 三定點。若 $g'(-3) = 2.4$，且定點迭代法局部收斂到定點 2。試求 $g'(1)$。

15. 證明定理 1.6 的變形：假設 g 為連續可微函數，在包含定點 r 的區間 $[a, b]$ 中滿足 $|g'(x)| \le B < 1$，則定點迭代法以 $[a, b]$ 內任意點作為初始猜測值均收斂到 r。

16. 連續可微的函數 $g(x)$ 在一閉區間內滿足 $|g'(x)| < 1$，證明在此區間內無法並存兩個定點。

17. 以定點迭代法求解 $g(x) = x - x^3$，(a) 證明 $x = 0$ 是唯一的定點。(b) 證明若

$0 < x_0 < 1$，則 $x_0 > x_1 > x_2 \ldots > 0$。(c) 證明定點迭代法收斂到 $r=0$，且 $g'(0)=1$。(提示：有界單調序列必收斂至一極限。)

18. 以定點迭代法求解 $g(x)=x+x^3$，(a) 證明 $x=0$ 是唯一定點。(b) 證明若 $0 < x_0 < 1$，則 $x_0 < x_1 < x_2 \ldots < 0$。(c) 證明定點迭代法無法收斂到定點，且 $g'(0)$。連同習題 17，說明了當 $|g'(r)|=1$ 時，定點迭代法可能收斂到定點 r，也可能自 r 發散。

19. 方程式 $x^3+x-2=0$，有一根為 $r=1$，在等號兩側同時加上 cx 再除以 c 以轉換成定點問題 $g(x)=x$，試問 (a) 當 c 值為何時定點迭代法可局部收斂到 $r=1$？(b) c 值為何時定點迭代法收斂最快？

20. 假設 $g(x)$ 為二次連續可微函數，對定點 r 滿足 $g'(r)=0$，證明若定點迭代法應用於 $g(x)$ 會收斂到 r，則其誤差滿足 $\lim_{i \to \infty}(e_{i+1})/e_i^2 = M$，$M=|g''(r)|/2$。

21. 將 $x^2+x=5/16$ 的 x 項分離以推導定點迭代法公式，求出其二定點，並對每個定點找出哪些初始猜測可迭代收斂到該定點。(提示：繪出 $g(x)$ 函數圖形及蛛網圖。)

22. 以定點迭代求解 $x \to 4/9-x^2$，試列出所有可收斂到定點的初始猜測值區間。

1.2 電腦演算題

1. 以定點迭代法求解下列各方程式，精確到 8 位小數。
   (a) $x^3=2x+2$ (b) $e^x+x=7$ (c) $e^x+\sin x=4$

2. 以定點迭代法求解下列各方程式，精確到 8 位小數。
   (a) $x^5+x=1$ (b) $\sin x=6x+5$ (c) $\ln x+x^2=3$

3. 如範例 1.6，使用定點迭代法求以下各數的平方根，精確到 8 位小數：(a) 3 (b) 5。需說明所用初始猜測和所需迭代步數。

4. 利用定點迭代法求解 $g(x)=(2x+A/x^2)/3$，以求得以下各數的立方根，精確到 8 位小數：(a) 2 (b) 3 (c) 5。需說明所用初始猜測和所需迭代步數。

5. 範例 1.3 證明了 $g(x)=\cos x$ 之定點迭代法收斂，$g(x)=\cos^2 x$ 是否也收

斂？求其定點精確到 6 位小數，說明所需迭代步數。並利用定理 1.6 討論局部收斂性質。

6. 對下列各方程式導出三種不同的 $g(x)$ 以利用定點迭代法求解，需精確到 6 位小數。對每個 $g(x)$ 以定點迭代法求解，列出結果看其是否收斂。每個方程式 $f(x)=0$ 都有三個根，如果需要請導出更多的 $g(x)$，直到求出所有根。當收斂時，用 e_{i+1}/e_i 計算 S 值，並與用 (1.11) 式之微積分計算結果比較。

    (a) $f(x)=2x^3-6x-1$ (b) $f(x)=e^{x-2}+x^3-x$ (c) $f(x)=1+5x-6x^3-e^{2x}$

7. 習題 11 以定點迭代法求解 $g(x) = 1 - 5x + \frac{15}{2}x^2 - \frac{5}{2}x^3 = x$。求出初始猜測值使得定點迭代結果 (a) 陷入在區間 (0, 1) 間之無窮迴圈。(b) 和 (a) 相同，但區間換成 (1, 2)。(c) 發散到無窮大。(a) 和 (b) 是混沌動態學的例子，而在這三種情況，定點迭代法均不成功。

1.3 準確度的極限

數值分析的目標之一是按指定的**準確度** (accuracy) 來計算所求，以雙精準處理表示用有 52 位元準確度的數來儲存和計算，這相當於十進位的 16 位數。

計算所得的解都能保持 16 位正確有效位數嗎？在第 0 章已經說明，以一個單純的演算法求解二次方程式，可能導致一些甚至全部的有效位數失去，而改進後的演算法則消除了此問題。在本節中，將介紹一種新的問題，就是即使用最佳的演算法，雙精準計算仍無法得到 16 位正確位數。

❖ 1.3.1 前向與後向誤差

我們的第一個範例顯示，在某些情況下，用紙筆計算更勝於電腦。

範例 1.7

使用二分法求 $f(x) = x^3 - 2x^2 + \frac{4}{3}x - \frac{8}{27}$ 的根，精確到 6 位正確有效位數。

因為 $f(0)f(1) = (-8/27)(1/27) < 0$，根據中間值定理必有一根在區間 [0, 1]

中,由範例 1.2 得知 6 位小數正確需要進行 20 步二分法迭代。

事實上,不需要電腦就可以求得根 $r=2/3=0.666666666...$:

$$f(2/3) = \frac{8}{27} - 2\left(\frac{4}{9}\right) + \left(\frac{4}{3}\right)\left(\frac{2}{3}\right) - \frac{8}{27} = 0.$$

用二分法可得幾位正確小數位?

i	a_i	$f(a_i)$	c_i	$f(c_i)$	b_i	$f(b_i)$
0	0.0000000	−	0.5000000	−	1.0000000	+
1	0.5000000	−	0.7500000	+	1.0000000	+
2	0.5000000	−	0.6250000	−	0.7500000	+
3	0.6250000	−	0.6875000	+	0.7500000	+
4	0.6250000	−	0.6562500	−	0.6875000	+
5	0.6562500	−	0.6718750	+	0.6875000	+
6	0.6562500	−	0.6640625	−	0.6718750	+
7	0.6640625	−	0.6679688	+	0.6718750	+
8	0.6640625	−	0.6660156	−	0.6679688	+
9	0.6660156	−	0.6669922	+	0.6679688	+
10	0.6660156	−	0.6665039	−	0.6669922	+
11	0.6665039	−	0.6667480	+	0.6669922	+
12	0.6665039	−	0.6666260	−	0.6667480	+
13	0.6666260	−	0.6666870	+	0.6667480	+
14	0.6666260	−	0.6666565	−	0.666687	+
15	0.6666565	−	0.6666718	+	0.6666870	+
16	0.6666565	−	0.6666641	0	0.6666718	+

出人意外地,二分法停在第 16 步迭代,計算 $f(0.6666641)=0$ 時,當我們需要有 6 位或 6 位以上精準度時,這便是個嚴重的錯誤。圖 1.7 顯示這其中的困難處。就目前以 IEEE 雙精準度計算,有許多浮點數與正確根 $r=2/3$ 距離在 10^{-5} 以內,而其函數值的機器數皆為 0,因此都可以被認為是根!還有更糟的,雖然函數 f 是單調遞增,但圖 1.7(b) 顯示 f 的雙精準值連正負號都經常有錯。

圖 1.7 顯示問題並不在二分法,而是在連雙精準計算都無法精準地得到根附近點的 f 函數值。任何其他用此電腦計算的求解方法必然也會遭致失敗。對這範例而言,16 精準位數的計算甚至不能保證所得解能有 6 位小數準確。

解方程式

(a) (b)

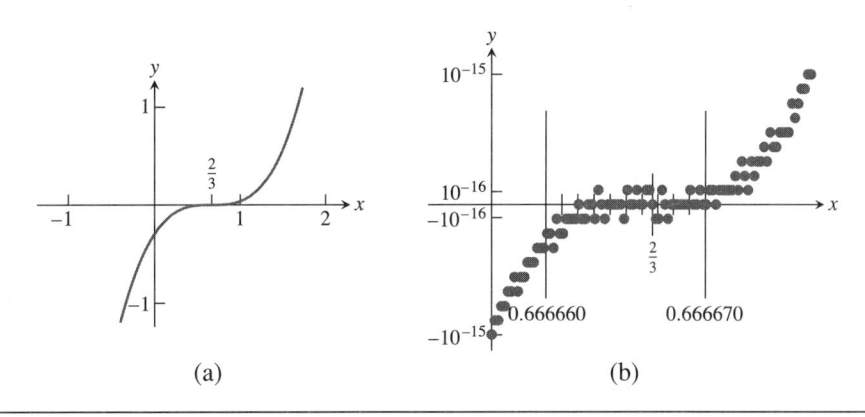

圖 1.7 函數在重根附近的形狀。(a) $f(x)=x^3-2x^2+4/3x-8/27$ 之圖形。
(b) 放大 (a) 圖在根 $r=2/3$ 之附近，以電腦計算來看，有許多浮點數與 $r=2/3$ 距離在 10^{-5} 以內，都可以被認為是根，但從微積分得知 2/3 是唯一的根。

為使讀者確信這不是二分法的錯，我們利用 MATLAB 強而有力的求根函式 fzero.m 來驗證，在本章稍後將詳細討論此函式；現在我們只把函數和初始猜測值輸入給它，而它也沒有好運氣：

```
>> fzero('x.^3-2*x.^2+4*x/3-8/27',1)
ans=
  0.66666250845989
```

由圖 1.7 可以清楚得知此範例為何用所有方法都無法獲得超過五位小數準確的解。任何方法所僅有的訊息是以雙精準計算的函數值，如果電腦計算把非根點的函數值算為 0，便無力回天。另一個闡述其困難的說法是，以 y 軸而言一個近似根是非常靠近真解，但以 x 軸而言，卻不見得十分靠近真解。

這些觀察激發了一些重要定義。

定義 1.8 假設 f 為函數且有根 r，意即滿足 $f(r)=0$。若 x_c 為 r 的近似值，對求根問題而言，近似解 x_c 的**後向誤差** (backward error) 為 $|f(x_c)|$，其**前向誤差** (forward error) 為 $|r-x_c|$。

使用「後向」和「前向」應做些解釋，我們的觀點是把求解程序放在中

央，問題為輸入，解則是輸出：

$$\text{問題的數據} \rightarrow \boxed{\text{求解程序}} \rightarrow \text{解}$$

在本章中，「問題」指的是單變數方程式，「求解程序」是方程式求根演算法所寫的程式，我們稱方程式求解器 (equation solver)：

$$\text{方程式} \rightarrow \boxed{\text{方程式求解器}} \rightarrow \text{解}$$

後向誤差指的是左側，或說輸入 (問題的數據) 這邊的誤差，代表對問題 (函數 f) 所需的修正量，以使得用輸出值 x_c 代入時等式可以成立，這修正量為 $|f(x_c)|$。前向誤差則是右側或說輸出 (解) 這邊的誤差，相當於如何修正所得的近似解使其為正確，答案是 $|r-x_c|$。

依據圖 1.7，範例 1.7 的困難在於後向誤差近似於 $\epsilon_{\text{mach}} \approx 2.2 \times 10^{-16}$，但前向誤差約為 10^{-5}，雙精準計算仍無法讓相對誤差小於機器誤差，因此後向誤差無法進一步可靠地縮小，前向誤差也是如此。

範例 1.7 特別的地方在於該函數有個 3 重根 $r=2/3$。

$$f(x) = x^3 - 2x^2 + \frac{4}{3}x - \frac{8}{27} = \left(x - \frac{2}{3}\right)^3.$$

這是重根的範例之一。

定義 1.9 假設 r 為可微函數 f 的根，意即 $f(r)=0$。若 $0=f(r)=f'(r)=f''(r)=\cdots=f^{(m-1)}(r)$，但 $f^{(m)}(r)\neq 0$，則稱 f 有一 **m 重根** (root of multiplicity m) r。如果**重數** (multiplicity) 大於 1 則稱函數 f 有**重根** (multiple root) r，等於 1 則稱為**單根** (simple root)。

舉例來說，$f(x)=x^2$ 有 2 重根 $r=0$，因為 $f(0)=0$，$f'(0)=2(0)=0$，但 $f''(0)=2\neq 0$。同樣地，$f(x)=x^3$ 有 3 重根 $r=0$，$f(x)=x^m$ 則重數為 m。範例 1.7 有 3 重根 $r=2/3$。

因為重根附近的函數圖形相對平坦，造成近似解附近的後向誤差與前向誤差間的顯著差異，垂直測量的後向誤差，通常遠小於水平測量的前向誤差。

範例 1.8

函數 $f(x) = \sin x - x$ 有 3 重根 $r = 0$，求近似解 $x_c = 0.001$ 的前向與後向誤差。

$r = 0$ 為 3 重根，因為

$$f(0) = \sin 0 - 0 = 0$$
$$f'(0) = \cos 0 - 1 = 0$$
$$f''(0) = -\sin 0 - 0 = 0$$
$$f'''(0) = -\cos 0 = -1.$$

前向誤差 FE $= |r - x_c| = 10^{-3}$；後向誤差為一常數，它加到 $f(x)$ 會使得 x_c 成為該函數的根，BE $= |f(x_c)| = |\sin(0.001) - 0.001| \approx 1.6667 \times 10^{-10}$。

♦

前向與後向誤差對方程式求解器的停止準則關係重大，我們的目標是找到根 r 滿足 $f(r) = 0$，假設我們的演算法產生一個近似解 x_c，那麼要如何判斷它夠不夠好？

這有兩種可能的作法：(1) 使 $|r - x_c|$ 小，(2) 使 $|f(x_c)|$ 小。當 $x_c = r$ 時，便無須多加討論，因為二者看起來都一樣，事實上很難有如此好運地遇到這種狀況。在一般的狀況下，方法 (1) 和 (2) 不同，而它們相當於前向與後向誤差。

到底是適用後向還是前向誤差需要視問題及其周遭環境而定。對二分法而言，兩種誤差都很容易得到；對一近似根 x_c，我們可以計算 $f(x_c)$ 以獲得後向誤差，而前向誤差亦不超過當時區間長度一半。但是對定點迭代法而言，我們的選擇就倍受限制，因為它沒有含根區間；後向誤差一樣可用 $f(x_c)$ 求得，但需要知道真根才能計算前向誤差，而真根正是我們要找的。

方程式求解方法可以基於前向或後向誤差設定停止準則，還有其他停止準則也是相當重要的，例如用來控制計算時間的一個上限，我們必須依據問題的內容來決定選擇。

函數在重根處的導數 f' 為 0，所以圖形在重根處附近是平坦的。因為如此，我們可以預期要計算重根會困難得多，正如稍早所說明的。但重根問題也只是冰山一角，即使不存在重根，還是會有類似的問題，如下一節所示。

❖ 1.3.2 威金森多項式

威金森 [7] 設計了一個有名的例子，雖為單根多項式卻很難獲得正確結果。**威金森多項式** (Wilkinson polynomial) 如下：

$$W(x) = (x-1)(x-2)\cdots(x-20), \tag{1.19}$$

乘開可得

$$\begin{aligned}W(x) =\ & x^{20} - 210x^{19} + 20615x^{18} - 1256850x^{17} + 53327946x^{16} - 1672280820x^{15} \\ & + 40171771630x^{14} - 756111184500x^{13} + 11310276995381x^{12} \\ & - 135585182899530x^{11} + 1307535010540395x^{10} - 10142299865511450x^{9} \\ & + 63030812099294896x^{8} - 311333643161390640x^{7} \\ & + 1206647803780373360x^{6} - 3599979517947607200x^{5} \\ & + 8037811822645051776x^{4} - 12870931245150988800x^{3} \\ & + 13803759753640704000x^{2} - 8752948036761600000x \\ & + 2432902008176640000. \end{aligned} \tag{1.20}$$

其根為整數 1 到 20。然而，若用 (1.20) 式非分解形式的 $W(x)$ 來求根，其計算結果卻因一大堆相近數的相減而變得很糟。為了讓讀者瞭解其對求解的影響，以 (1.20) 式非分解形式來定義 MATLAB 的 m-file 稱為 `wilkpoly.m`；或是如果你的 MATLAB 版本支援**符號運算** (symbolic math)，可以精簡定義如下：

```
function y=wilkpoly(s)
syms x
f=1;
for i=1:20
  f=f*(x-i);
end
f=collect(f);
y=subs(f,x,s);
```

接著使用 MATLAB 的內建函式 `fzero` 找根，為了簡化問題，我們以正確根 $x=16$ 作為初始猜測：

```
>> fzero('wilkpoly',16)
ans =
  16.01468030580458
```

MATLAB 的雙精準計算甚至無法獲得兩位小數正確，更別說得到單根 $r = 16$。這並非因為演算法本身設計不良，fzero 和二分法都有同樣問題，定點迭代法和其他使用浮點計算的方法也都一樣。威金森 [8] 在 1984 年寫到：「就我自己而言，我認為它是在我數值分析家的職業生涯中最傷的經驗。」$W(x)$ 的根顯而易見地是整數 $x = 1, ..., 20$，對威金森來說，感到意外的是因為係數儲存時的微小相對誤差竟造成所求根的誤差大幅地放大，一如我們剛剛的測試中所看到。

如果以 (1.19) 式分解形式取代 (1.20) 式來執行程式，那麼威金森多項式求根的困難便不復存在。當然，如果多項式已經完成因式分解，哪還需要求根？

❖ 1.3.3 求根的敏感度

威金森多項式和範例 1.7 的 3 重根問題都產生理由類似的困難，在方程式中浮點數的小誤差卻導致所得根的大誤差。如果輸入端 (此處指欲求解之方程式) 的微小誤差導致輸出端 (此處指所得解) 的大誤差，我們稱此問題為**敏感的** (sensitive)。在本節中，將量化**敏感度** (sensitivity) 並介紹**誤差放大倍數** (error magnification factor) 和**條件數** (condition number) 的觀念。

為了瞭解誤差放大的原因，首先建立一個公式來預測當方程式改變時根移動多少。假設問題是求 $f(x) = 0$ 的根 r，但在輸入時 $f(x)$ 有微小的誤差 $\epsilon g(x)$，ϵ 為微小的數；令 Δr 代表根的變化量，則

$$f(r + \Delta r) + \epsilon g(r + \Delta r) = 0.$$

將 f 和 g 展開成一次泰勒多項式可得

$$f(r) + (\Delta r)f'(r) + \epsilon g(r) + \epsilon(\Delta r)g'(r) + O((\Delta r)^2) = 0,$$

這裡我們使用「大 O」記號 $O((\Delta r)^2)$ 來表示 $(\Delta r)^2$ 和 Δr 的更高次項。當 Δr 很

小時，$O((\Delta r)^2)$ 項可忽略，進而得到

$$(\Delta r)(f'(r) + \epsilon g'(r)) = -f(r) - \epsilon g(r) = -\epsilon g(r)$$

或

$$\Delta r \approx \frac{-\epsilon g(r)}{f'(r) + \epsilon g'(r)} \approx -\epsilon \frac{g(r)}{f'(r)},$$

上式假設 ϵ 遠小於 $f'(r)$ 且 $f'(r) \neq 0$。

根的敏感度公式

假設 r 為 $f(x)$ 的根，而 $r+\Delta r$ 為 $f(x)+\epsilon g(x)$ 的根，若 $\epsilon \ll f'(r)$，則

$$\Delta r \approx -\frac{\epsilon g(r)}{f'(r)} \tag{1.21}$$

範例 1.9

試估計 $P(x)=(x-1)(x-2)(x-3)(x-4)(x-5)(x-6)-10^{-6}x^7$ 最大的根為多少。

令 $f(x)=(x-1)(x-2)(x-3)(x-4)(x-5)(x-6)$、$\epsilon = -10^{-6}$ 以及 $g(x)=x^7$，若沒有 $\epsilon g(x)$ 項，最大根為 $r=6$。問題是，當我們加上該項時，根會移動多遠？

依據敏感度公式可得

$$\Delta r \approx -\frac{\epsilon 6^7}{5!} = -2332.8\epsilon,$$

這表示輸入誤差 ϵ 將被放大 2000 倍到輸出的根上，我們可推得 $P(x)$ 最大的根約為 $r+\Delta r=6-2332.8\epsilon=6.0023328$。若用 `fzero` 求解 $P(x)$，可得正確解為 6.0023268。

範例 1.9 的估計結果足以告訴我們求根問題中誤差如何被放大傳遞，輸入數據在小數點後第 6 位的誤差，卻導致所得解在小數點後第 3 位有誤差，意即

解方程式

由於 2332.8 倍數的影響造成 3 位精確流失。將這個倍數命名將是有幫助的，對一般的演算法所得的近似解 x_c，可定義

$$\text{誤差放大倍數 (error magnification factor)} = \frac{\text{相對前向誤差 (relative forward error)}}{\text{相對後向誤差 (relative backward error)}}$$

前向誤差是使得 x_c 變成正確解之解的變化量，對求根問題來說就是 $|x_c - r|$。後向誤差則為輸入的變化量以使得 x_c 就是正確解，這有許多的選擇，取決於我們想探討哪一項的敏感度。本節前面將常數項改變 $|f(x_c)|$ 以使得 x_c 就是正確解，意即在敏感度公式 (1.21) 中代入 $g(x)=1$。一般而言，輸入數據的任何變動可用來討論後向誤差，例如範例 1.9 中選擇 $g(x)=x^7$，則求根問題的誤差放大倍數為

$$\text{誤差放大倍數} = \left|\frac{\Delta r/r}{\epsilon g(r)/g(r)}\right| = \left|\frac{-\epsilon g(r)/(rf'(r))}{\epsilon}\right| \approx \frac{|g(r)|}{|rf'(r)|}, \quad (1.22)$$

對範例 1.9 而言其結果為 $6^7/5!6 = 388.8$。

範例 1.10

使用根的敏感度公式來探討，當改變威金森多項式的 x^{15} 項對根 $r=16$ 有何影響，求出其誤差放大倍數。

定義函數 $W_\epsilon(x) = W(x) + \epsilon g(x)$，其中 $g(x) = -1,672,280,820x^{15}$。因而 $W'(16) = 15!4!$（參考習題 7）。利用 (1.21) 式，其對根變化的影響約等於

$$\Delta r \approx \frac{16^{15} 1,672,280,820\epsilon}{15!4!} \approx 6.1432 \times 10^{13}\epsilon. \quad (1.23)$$

從事實上來看，在第 0 章我們已經知道必須假設每個電腦儲存的數都含有和機器誤差同階的相對誤差，則 x^{15} 項係數中的機器誤差 ϵ_{mach} 將導致根 $r=16$ 有以下的變化產生

$$\Delta r \approx (6.1432 \times 10^{13})(\pm 2.22 \times 10^{-16}) \approx \pm 0.0136$$

使得 $r+\Delta r \approx 16.0136$，和 1.3.2 節的所得相去不遠。當然，威金森多項式的每個 x 次方項都會對此變化有所貢獻，使得整體的結果變得十分複雜。無論如何，敏感度公式是個使我們得以觀察誤差是否被嚴重地放大的機制。

最後，誤差放大倍數可按 (1.22) 式計算得到

$$\frac{|g(r)|}{|rf'(r)|} = \frac{16^{15} \cdot 1,672,280,820}{15!4!16} \approx 3.8 \times 10^{12}.$$

♦

誤差放大倍數的重要意義在於它可以告訴我們，原本 16 位精準的輸入數據到了輸出階段會喪失幾位精準。若一問題的誤差放大倍數為 10^{12}，可預期其精準度喪失 16 位中的 12 位，它的根將只剩左邊 4 位是正確的有效位數，以威金森多項式為例，也就是指近似根為 $x_c = 16.014...$。

前述誤差放大範例示範了求根問題對特定輸入的改變之敏感度。問題的敏感度高或低，決定在於如何設計輸入數據的改變。一個問題的**條件數** (condition number) 定義為所有輸入變化（或至少是某一指定樣式的所有輸入變化）可產生的最大誤差放大倍數；一個條件數很大的問題稱為**病態的** (ill-conditioned)，而條件數接近 1 的問題稱為**良態的** (well-conditioned)。第 2 章討論到矩陣問題時將再次提起這個概念。

聚焦　條件性

用來度量誤差放大倍數的條件數觀念在此處第一次出現。數值分析就是在探討把定義問題的數據當作輸入而把問題解輸出之演算法，條件數所涉及的誤差放大源自於問題理論本身，和用來解它的演算法無關。

有一點很重要應該注意，誤差放大倍數只是度量該問題所產生的放大。和條件性 (conditioning) 平行的另外一個觀念，稱為穩定性 (stability)，其所涉及的誤差放大來自演算法輸入的微小誤差，而不是問題本身。我們稱一個演算法為穩定的 (stable)，如果它總是產生具微小後向誤差的近似解。如果問題是良態的且演算法為穩定的，我們可以預期前向和後向誤差都很小。

1.3 習題

1. 求以下函數的前向與後向誤差，其中正確根為 3/4、近似解 $x_c=0.74$：
   (a) $f(x)=4x-3$ (b) $f(x)=(4x-3)^2$ (c) $f(x)=(4x-3)^3$ (d) $f(x)=(4x-3)^{1/3}$

2. 求以下函數的前向與後向誤差，其中正確根為 1/3、近似解 $x_c=0.3333$：
   (a) $f(x)=3x-1$ (b) $f(x)=(3x-1)^2$
   (c) $f(x)=(3x-1)^3$ (d) $f(x)=(3x-1)^{1/3}$

3. (a) 求 $f(x)=1-\cos x$ 的根 $r=0$ 之重數。
   (b) 對近似解 $x_c=0.0001$ 求其前向與後向誤差。

4. (a) 求 $f(x)=x^2 \sin x^2$ 的根 $r=0$ 之重數。
   (b) 對近似解 $x_c=0.01$ 求其前向與後向誤差。

5. 找出線性函數 $f(x)=ax-b$ 求根問題的前向與後向誤差間的關係。

6. 令 n 為一正整數，正數 A 的 n 次根以方程式表示即為 $x^n-A=0$。
   (a) 求根的重數。
   (b) 試證明，對具有極小前向誤差的近似 n 次根，常數項的後向誤差約等於前向誤差的 $nA^{(n-1)/n}$ 倍。

7. 令 $W(x)$ 為威金森多項式。
   (a) 證明 $W'(16)=15!4!$。
   (b) 試求 $W'(j)$ 的類似公式，其中 j 為 1 到 20 的整數。

8. 令 $f(x)=x^n-ax^{n-1}$ 及 $g(x)=x^n$。
   (a) 對極小的 ϵ，使用敏感度公式提供對 $f_\epsilon(x)=x^n-ax^{n-1}+\epsilon x^n$ 之非零根的預測。
   (b) 求得非零根，並與預測結果比較。

1.3 電腦演算題

1. 令 $f(x)=\sin x-x$，(a) 求重根 $r=0$ 的重數，(b) 使用 MATLAB 的 `fzero` 指令以初始猜測 $x=0.1$ 來求出一個近似解，`fzero` 產生的前向與後向誤差為何？

2. 以 $f(x)=\sin x^3-x^3$ 重複電腦演算題 1。

3. (a) 使用 `fzero` 在區間 $[-0.1, 0.2]$ 中求解 $f(x)=2x\cos x-2x+\sin x^3$，並求其前向與後向誤差。(b) 在初始區間 $[-0.1, 0.2]$ 以二分法盡可能地求得最多位數正確的近似解，並說明你的結論。

4. (a) 使用 (1.21) 式求 $f_\epsilon(x)=(1+\epsilon)x^3-3x^2+x-3$ 在 3 附近的近似根，其中 ϵ 為常數。(b) 令 $\epsilon=10^{-3}$，求其真根並與在 (a) 中所得比較。

5. 使用 (1.21) 式求 $f(x)=(x-1)(x-2)(x-3)(x-4)-10^{-6}x^6$ 在 $r=4$ 附近的近似解，及其誤差放大倍數。利用 `fzero` 來比較你的近似根。

6. 將威金森多項式的 x^{15} 項係數減去相對變化量 $\epsilon=2\times10^{-15}$，使用 MATLAB 指令 `fzero` 來求得其在 $x=15$ 附近的根。和 (1.21) 式的預測結果做比較。

1.4 牛頓法

牛頓法 (Newton's Method) 又稱**牛頓-拉普森法** (Newton-Raphson Method)，通常收斂速率比起先前介紹的線性收斂法快得許多。圖 1.8 為牛頓法的幾何圖形說明，要求得 $f(x)=0$ 的根，先給定初始猜測 x_0，畫出函數 f 在 x_0 的切線，則切線會大略沿著函數向下至 x 軸上根的位置附近，切線和 x 軸的交點就是近似根，但 f 彎曲較大時可能無法精確，因而，此步驟必須迭代執行。

從幾何圖形我們可以推導出牛頓法的代數公式，在 x_0 的切線斜率等於導數 $f'(x_0)$，切點為 $(x_0, f(x_0))$，利用**點斜式** (point-slope formula) 可得該直線方程式為 $y-f(x_0)=f'(x_0)(x-x_0)$，所以找切線和 x 軸交點便相當於把直線方程式代入 $y=0$，

$$f'(x_0)(x-x_0)=0-f(x_0)$$
$$x-x_0=-\frac{f(x_0)}{f'(x_0)}$$
$$x=x_0-\frac{f(x_0)}{f'(x_0)}$$

解得 x 便是近似根，稱為 x_1。接下來，從 x_1 開始重複整個過程可得 x_2。依此類推，可得以下的迭代公式。

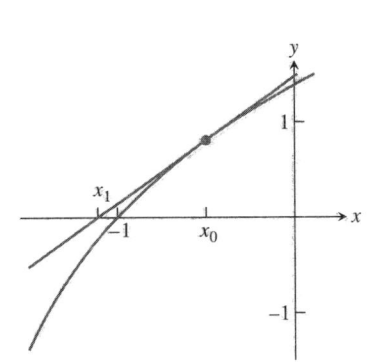

圖 1.8 一步牛頓法迭代。從 x_0 開始，畫出該點在 $y=f(x)$ 上的切線，與 x 軸交點 x_1 即為根的下一個近似值。

牛頓法

$$x_0 = \text{初始猜測}$$

$$x_{i+1} = x_i - \frac{f(x_i)}{f'(x_i)}, \ i = 0, 1, 2, \ldots$$

範例 1.11

求方程式 $x^3+x-1=0$ 的牛頓法公式。

因為 $f'(x)=3x^2+1$，所以公式應為

$$\begin{aligned} x_{i+1} &= x_i - \frac{x_i^3 + x_i - 1}{3x_i^2 + 1} \\ &= \frac{2x_i^3 + 1}{3x_i^2 + 1}. \end{aligned}$$

以 $x_0=-0.7$ 為初始猜測做迭代計算可得

$$x_1 = \frac{2x_0^3 + 1}{3x_0^2 + 1} = \frac{2(-0.7)^3 + 1}{3(-0.7)^2 + 1} \approx 0.1271$$

$$x_2 = \frac{2x_1^3 + 1}{3x_1^2 + 1} \approx 0.9577.$$

圖 1.9 為上述步驟的幾何圖示，下表則列出更多的迭代結果：

i	x_i	$e_i = |x_i - r|$	e_i/e_{i-1}^2
0	-0.70000000	1.38232780	
1	0.12712551	0.55520300	0.2906
2	0.95767812	0.27535032	0.8933
3	0.73482779	0.05249999	0.6924
4	0.68459177	0.00226397	0.8214
5	0.68233217	0.00000437	0.8527
6	0.68232780	0.00000000	0.8541
7	0.68232780	0.00000000	

只要經過六步迭代，近似根已經達到 8 位小數正確。我們還可描述一些關於誤差及這些誤差減少的有多快，可以注意到表格中一旦數列開始收斂，x_i 的正確位數隨著每步迭代都幾乎倍增，這是「二次收斂」的特徵，將在下節介紹。

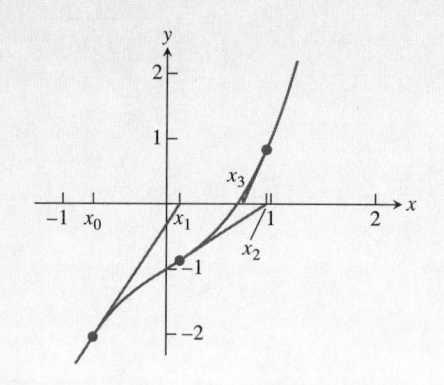

圖 1.9 三步牛頓法迭代。範例 1.11 的圖解，以 $x_0 = -0.7$ 做初始猜測值，以切線得牛頓法迭代，看起來確實可收斂到根。

❖ 1.4.1 牛頓法的二次收斂

範例 1.11 的收斂速率比起二分法與不定點迭代法的線性收斂確實快許多，這需要一個新定義來說明之。

定義 1.10 令 e_i 表第 i 步迭代的誤差，我們稱此迭代法為**二次收斂** (quadratically convergent)，如果滿足

$$M = \lim_{i \to \infty} \frac{e_{i+1}}{e_i^2} < \infty.$$

定理 1.11 令 f 為二次連續可微函數且 $f(r)=0$。如果 $f'(r) \neq 0$，則牛頓法局部二次收斂到 r。第 i 次迭代所得誤差 e_i 滿足

$$\lim_{i \to \infty} \frac{e_{i+1}}{e_i^2} = M,$$

其中

$$M = \left| \frac{f''(r)}{2f'(r)} \right|.$$

證明：首先要證明局部收斂，需注意到牛頓法為定點迭代法的特例，其中

$$g(x) = x - \frac{f(x)}{f'(x)},$$

且其導數

$$g'(x) = 1 - \frac{f'(x)^2 - f(x)f''(x)}{f'(x)^2} = \frac{f(x)f''(x)}{f'(x)^2}.$$

因為 $g'(r)=0$，根據定理 1.6 可得牛頓法為局部收斂。

再證明二次收斂，我們以第二種方法推導牛頓法，這次要特別注意每一步迭代的誤差，這誤差指的是正確根與每次迭代所得之差。

利用泰勒公式可比較一定點與接近點的函數值，對這兩點，我們代入根 r 和第 i 步迭代所得的值 x_i，而且只取前兩項及其餘項：

$$f(r) = f(x_i) + (r - x_i)f'(x_i) + \frac{(r - x_i)^2}{2}f''(c_i).$$

此處 c_i 介於 x_i 與 r 之間。因為 $f(r)=0$，且假定 $f'(x_i)\neq 0$，可得

$$0 = f(x_i) + (r - x_i)f'(x_i) + \frac{(r - x_i)^2}{2}f''(c_i)$$

$$-\frac{f(x_i)}{f'(x_i)} = r - x_i + \frac{(r - x_i)^2}{2}\frac{f''(c_i)}{f'(x_i)},$$

經過適當的整理，可以得到下一步牛頓迭代結果與根的差為：

$$x_i - \frac{f(x_i)}{f'(x_i)} - r = \frac{(r - x_i)^2}{2}\frac{f''(c_i)}{f'(x_i)}$$

$$x_{i+1} - r = e_i^2\frac{f''(c_i)}{2f'(x_i)}$$

$$e_{i+1} = e_i^2\left|\frac{f''(c_i)}{2f'(x_i)}\right|. \tag{1.24}$$

在上式中，第 i 步迭代誤差定義為 $e_i=x_i-r$。因為 c_i 介於 r 與 x_i 之間，所以和 x_i 一樣會收斂到 r，且

$$\lim_{i\to\infty}\frac{e_{i+1}}{e_i^2} = \left|\frac{f''(r)}{2f'(r)}\right|,$$

滿足二次收斂定義。

我們所推導的誤差公式 (1.24) 可視為

$$e_{i+1} \approx Me_i^2, \tag{1.25}$$

其中 $M = |f''(r)/2f'(r)|$，在假設 $f'(r)\neq 0$ 的前提下。當牛頓法收斂時近似值越來越準確，因為近似解 x_i 往 r 接近，而 c_i 又介於 x_i 和 r 之間。這誤差公式應該和線性收斂法的 $e_{i+1}\approx Se_i$ 做比較，其中定點迭代法的 $S=|g'(r)|$，二分法的 $S=1/2$。

雖然對線性收斂的方法而言，S 值是重要的關鍵數，但 (1.25) 式中 M 便沒

這麼重要，上一步誤差的次方將成為關鍵。當誤差明顯小於 1，平方將使其進一步地縮小；只要 M 不是過大，否則依據 (1.25) 式所得的下一步誤差依舊遞減。

回到範例 1.11，我們可以分析計算所得來說明誤差縮小的速率。如果能收斂到解，依據牛頓法誤差公式 (1.25)，最右一行的比例 e_i/e_{i-1}^2 應近似於 M。對 $f(x)=x^3+2-1$，導函數為 $f'(x)=3x^2+1$ 及 $f''(x)=6x$；代入 $x_c \approx 0.6823$ 可得 $M \approx 0.85$，符合表格最右行的誤差比例。

由於對牛頓法有了新的瞭解，我們可以充分地解釋範例 1.6 的平方根計算。令 a 為任一正數，以牛頓法求 $f(x)=x^2-a$ 的根，迭代公式為

$$x_{i+1} = x_i - \frac{f(x_i)}{f'(x_i)} = x_i - \frac{x_i^2 - a}{2x_i}$$
$$= \frac{x_i^2 + a}{2x_i} = \frac{x_i + \frac{a}{x_i}}{2}, \tag{1.26}$$

和範例 1.6 所得公式相同。

探討其收斂性，需計算它在根 $\sqrt{a}$ 的導數值：

$$\begin{aligned} f'(\sqrt{a}) &= 2\sqrt{a} \\ f''(\sqrt{a}) &= 2. \end{aligned} \tag{1.27}$$

可得牛頓法為二次收斂，因為 $f'(\sqrt{a}) = 2\sqrt{a} \neq 0$，收斂速率為

$$e_{i+1} \approx M e_i^2, \tag{1.28}$$

其中 $M = 2/(2 \cdot 2\sqrt{a}) = 1/(2\sqrt{a})$。

❖ 1.4.2　牛頓法的線性收斂

定理 1.11 並未表示牛頓法總是二次收斂，因為二次收斂公式中需除以 $f'(r)$，這個 $f'(r) \neq 0$ 假設將扮演重要角色。下面是牛頓法未二次收斂的範例：

範例 1.12

使用牛頓法求 $f(x)=x^2$ 的根。

這看起來是個極普通的問題,很容易可以看出唯一的根:$r=0$。但在測試新的演算法時,它經常是十分有用的例子。牛頓法迭代公式為

$$x_{i+1} = x_i - \frac{f(x_i)}{f'(x_i)}$$
$$= x_i - \frac{x_i^2}{2x_i}$$
$$= \frac{x_i}{2}.$$

出人意外的結果是牛頓法公式只是簡單的除以二,因根為 $r=0$,以初始猜測 $x_0=1$ 進行牛頓法迭代可得以下數據:

i	x_i	$e_i = \|x_i - r\|$	e_i/e_{i-1}
0	1.000	0.000	
1	0.500	0.500	0.500
2	0.250	0.250	0.500
3	0.125	0.125	0.500
⋮	⋮	⋮	⋮

牛頓法收斂到根 $r=0$,誤差公式為 $e_{i+1}=e_i/2$,所以是線性收斂,收斂比例常數 $S=1/2$。 ◆

下個範例可見到對任意正整數 m,x^m 也有類似的結果。

範例 1.13

使用牛頓法求 $f(x)=x^m$ 的根。

牛頓法迭代式為

解方程式

$$x_{i+1} = x_i - \frac{x_i^m}{m x_i^{m-1}}$$
$$= \frac{m-1}{m} x_i.$$

同樣地，唯一根為 $r=0$，所以令 $e_i=|x_i-r|$，可得

$$e_{i+1} = S e_i,$$

其中 $S=(m-1)/m$。

這結果是牛頓法在重根時的典型範例。由重根的定義 1.9 得知 $f(r)=f'(r)=0$，如此牛頓法誤差公式將無法計算，故重根時的誤差公式將不同。然剛才所見單項式的重根只是特例，一般情況將總結於定理 1.12。

> **聚焦　收斂性**
>
> 牛頓法收斂到根 r 有兩種可能的不同速率如 (1.28) 和 (1.29) 式。單根時，$f'(r)\neq 0$，為二次收斂、較快速，適用 (1.28) 式。重根時，$f'(r)=0$，則為線性收斂，適用 (1.29) 式。當情況成為後者的線性收斂時，較慢的速率將使得牛頓法和二分法與定點迭代法成為同一類型的方法。

定理 1.12 假設函數 f 在區間 $[a, b]$ 為 $(m+1)$ 次連續可微，若區間中有一 m 重根 r，$m>1$，則牛頓法局部收斂到 r，且第 i 步迭代誤差 e_i 滿足

$$\lim_{i \to \infty} \frac{e_{i+1}}{e_i} = S, \tag{1.29}$$

其中 $S=(m-1)/m$。

範例 1.14

求函數 $f(x)=\sin x + x^2 \cos x - x^2 - x$ 之根 $r=0$ 的重數，並估算牛頓法需要幾步迭代會收斂到 6 位小數正確（假定 $x_0=1$）。

由於

$$f(x) = \sin x + x^2\cos x - x^2 - x$$
$$f'(x) = \cos x + 2x\cos x - x^2\sin x - 2x - 1$$
$$f''(x) = -\sin x + 2\cos x - 4x\sin x - x^2\cos x - 2$$

很簡單地可得到 $f(0)=f'(0)=f''(0)=0$，而三階導數

$$f'''(x) = -\cos x - 6\sin x - 6x\cos x + x^2\sin x, \tag{1.30}$$

滿足 $f'''(0)=-1$。所以根 $r=0$ 為 3 重根，意即根之重數 $m=3$。根據定理 1.12 牛頓法為線性收斂，且 $e_{i+1}\approx 2e_i/3$。

代入初始猜測 $x_0=1$，可得 $e_0=1$，若產生收斂，每步迭代將減少誤差成為原來的 2/3。因此，若要六位小數正確，誤差須小於 0.5×10^{-6}，所需的迭代步數，可以下列數學式來估算

$$\left(\frac{2}{3}\right)^n < 0.5 \times 10^{-6}$$
$$n > \frac{\log_{10}(.5) - 6}{\log_{10}(2/3)} \approx 35.78. \tag{1.31}$$

可得大約需要 36 步迭代。表格 1.1 中列出前 20 步迭代結果。特別注意，最右行的誤差比例約收斂到所預測的 2/3。

如果事先已知根的重數，一個小修正將可改善牛頓法的收斂速率。

定理 1.13 若 f 在區間 $[a, b]$ 內為 $(m+1)$ 次連續可微函數，且有一重數 $m>1$ 的根 r，則 **修正牛頓法** (Modified Newton's Method)

$$x_{i+1} = x_i - \frac{mf(x_i)}{f'(x_i)} \tag{1.32}$$

局部且二次收斂到 r。

表 1.1

i	x_i	$e_i = |x_i - r|$	e_i/e_{i-1}
1	1.00000000000000	1.00000000000000	
2	0.72159023986075	0.72159023986075	0.72159023986075
3	0.52137095182040	0.52137095182040	0.72253049309677
4	0.37530830859076	0.37530830859076	0.71984890466250
5	0.26836349052713	0.26836349052713	0.71504809348561
6	0.19026161369924	0.19026161369924	0.70896981301561
7	0.13361250532619	0.13361250532619	0.70225676492686
8	0.09292528672517	0.09292528672517	0.69548345417455
9	0.06403926677734	0.06403926677734	0.68914790617474
10	0.04377806216009	0.04377806216009	0.68361279513559
11	0.02972805552423	0.02972805552423	0.67906284694649
12	0.02008168373777	0.02008168373777	0.67551285759009
13	0.01351212730417	0.01351212730417	0.67285828621786
14	0.00906579564330	0.00906579564330	0.67093770205249
15	0.00607029292263	0.00607029292263	0.66958192766231
16	0.00405885109627	0.00405885109627	0.66864171927113
17	0.00271130367793	0.00271130367793	0.66799781850081
18	0.00180995966250	0.00180995966250	0.66756065624029
19	0.00120772384467	0.00120772384467	0.66726561353325
20	0.00080563307149	0.00080563307149	0.66706728946460

回到範例 1.14，應用修正牛頓法以達到二次收斂。經過 5 次迭代便收斂到根 $r=0$ 且有 8 位小數準確：

i	x_i
0	1.00000000000000
1	0.16477071958224
2	0.01620733771144
3	0.00024654143774
4	0.00000006072272
5	−0.00000000633250

表格中有幾點需要特別注意。首先，顯而易見其為二次收斂，因為直到第 4 步迭代，所得近似根的正確位數或多或少每步倍增，而第 6、7 步以後的迭代所得皆和第 5 步相同，然牛頓法無法收斂到機器精準度的理由在 1.3 節已經詳細說明過。由於 0 為重根，當牛頓法所得後向誤差相當接近 ϵ_{mach} 時，前向誤差 (即 x_i) 卻大了好幾**階** (order)。

牛頓法和定點迭代法一樣，不一定會收斂到根，下個範例就是個未收斂的

可能情況之一。

範例 1.15

利用牛頓法，以初始猜測 $x_0=1$ 求解 $f(x)=-x^4+3x^2+2$。

這函數有多個根，因其為連續函數，且 $x=0$ 時函數值為正，而對夠大的正數和負數 x 時函數值皆轉為負數。但以初始猜測 $x_0=1$ 卻無法找到根，如圖 1.10 所示。牛頓法公式為

$$x_{i+1}=x_i-\frac{-x_i^4+3x_i^2+2}{-4x_i^3+6x_i}. \qquad (1.33)$$

可得 $x_1=-1$ 及 $x_2=1$，這和 x_0 相同。意即牛頓法所得在不是根的 1 和 -1 這兩個數輪流跳動，無法收斂到正確的根。

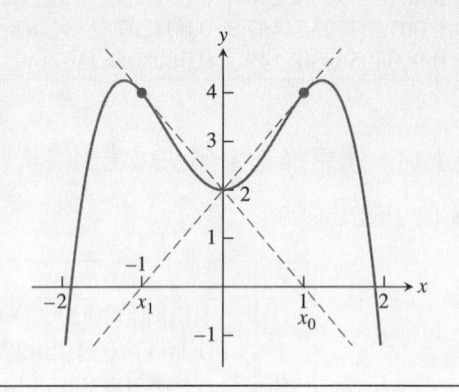

圖 1.10 牛頓法的失敗範例 1.15。迭代結果在 1 和 -1 輪流跳動，無法收斂到根。

牛頓法在其他狀況下也可能不收斂。顯而易見的，任一步迭代若產生 $f'(x_i)=0$，便無法繼續進行計算。還有其他的例子使得其發散到無窮大（參考習題 6）或是看起來像是亂數產生器（參考電腦演算題 13）。雖然並非每個初始猜測都可收斂到根，但定理 1.11 和 1.12 保證每個根都有一鄰域，以該鄰域內的點為初始猜測值必定收斂到該根。

1.4 習題

1. 以初始猜測 $x_0=0$ 執行 2 步牛頓法迭代步驟。

   (a) $x^3+x-2=0$ (b) $x^4-x^2+x-1=0$ (c) $x^2-x-1=0$

2. 以初始猜測 $x_0=1$ 執行 2 步牛頓法迭代步驟。

   (a) $x^3+x^2-1=0$ (b) $x^2+1/(x+1)-3x=0$ (c) $5x-10=0$

3. 當牛頓法收斂時，利用定理 1.11 或 1.12，以前次誤差 e_i 來估算誤差項 e_{i+1}，此收斂為線性或二次？

   (a) $x^5-2x^4+2x^2-x=0; r=-1，r=0，r=1$

   (b) $2x^4-5x^3+3x^2+x-1=0; r=-1/2，r=1$

4. 試估算 e_{i+1}，如習題 3。

   (a) $32x^3 - 32x^2 - 6x + 9 = 0; r = -1/2, r = 3/4$

   (b) $x^3 - x^2 - 5x - 3 = 0; r = -1, r = 3$

5. 對方程式 $8x^4-12x^3+6x^2-x=0$ 的兩個解 $x=0$ 和 $x=1/2$，請不要計算迭代值而比較二分法和牛頓法何者收斂較快（到 8 位精準）。

6. 試畫出一個使牛頓法發散的函數及其初始猜測。

7. 令 $f(x)=x^4-7x^3+18x^2-20x+8$，牛頓法能否二次收斂到根 $r=2$？並求 $\lim_{i\to\infty} e_{i+1}/e_i$，$e_i$ 為第 i 步迭代誤差。

8. 證明對 $f(x)=ax+b$，牛頓法只需 1 步便收斂。

9. 證明用牛頓法求解 $f(x)=x^2-A$ 的迭代結果和範例 1.6 相同。

10. 找出用牛頓法求解 $f(x)=x^3-A$ 所產生之定點迭代公式，請參考習題 1.2.10。

11. 使用牛頓法來產生一個二次收斂方法來計算正數 A 的 n 次根，其中 n 為正整數。證明其為二次收斂。

12. 假設牛頓法應用於函數 $f(x)=1/x$，若初始猜測為 $x_0=1$，求 x_{50}。

13. (a) 函數 $f(x)=x^3-4x$ 有一根為 $r=2$，假設誤差 $e_i=x_i-r$，若經過 4 步牛頓法迭代得到 $e_4=10^{-6}$，試估算 e_5。(b) 對另一根 $r=0$ 進行相同的估算。(提示：常用的公式在此並不適用。)

1.4 電腦演算題

1. 下列方程式均有一根，利用牛頓法求近似根精確到 8 位小數。

   (a) $x^3 = 2x + 2$ (b) $e^x + x = 7$ (c) $e^x + \sin x = 4$

2. 下列方程式均有一根，利用牛頓法求近似根精確到 8 位小數。

   (a) $x^5 + x = 1$ (b) $\sin x = 6x + 5$ (c) $\ln x + x^2 = 3$

3. 利用牛頓法求唯一的根及該根的重數，需盡可能地精準。並利用修正牛頓法二次收斂到根。比較兩種方法所得最佳近似解的前向與後向誤差。

   (a) $f(x) = 27x^3 + 54x^2 + 36x + 8$

   (b) $f(x) = 36x^4 - 12x^3 + 37x^2 - 12x + 1$

4. 對下列方程式重複電腦演算題 3。

   (a) $f(x) = 2e^{x-1} - x^2 - 1$ (b) $f(x) = \ln(3-x) + x - 2$

5. 一個由 10 m 高的圓柱及半球狀的圓形屋頂組合成的貯藏窖，體積有 400 m^3，求貯藏窖底部半徑長，精確到 4 位小數。

6. 一個 10 公分高的錐形蛋捲筒連同上面的一勺半球，共裝有 60 cm^3 的冰淇淋，求勺子的半徑，精確到 4 位小數。

7. 在區間 $[-2, 2]$ 中考慮函數 $f(x) = e^{\sin^3 x} + x^6 - 2x^4 - x^3 - 1$，試畫出函數圖形，並求得全部的三個根，精確到 6 位小數。判斷哪個根為二次收斂，若為線性收斂則求此根重數。

8. 對區間 $[0, 3]$，函數 $f(x) = 94\cos^3 x - 24\cos x + 177\sin^2 x - 108\sin^4 x - 72\cos^3 x \sin^2 x - 65$，重複電腦演算題 7。

9. 利用牛頓法求函數 $f(x) = 14xe^{x-2} - 12e^{x-2} - 7x^3 + 20x^2 - 26x + 12$ 在區間 $[0, 3]$ 中的兩個根。對每個根，輸出迭代所得數列，誤差 e_i，和相關誤差比例 e_{i+1}/e_i^2 或 e_{i+1}/e_i，其收斂到非零極限值，並說明該極限值為定理 1.11 的 M 還是定理 1.12 的 S。

10. 令 $f(x) = 54x^6 + 45x^5 - 102x^4 - 69x^3 + 35x^2 + 16x - 4$。在區間 $[-2, 2]$ 中畫出函數圖形，並利用牛頓法找出區間內的五個根，並說明哪些根為線性收斂，哪些為二次收斂。

11. 在低溫與低壓下，理想氣體定律為 $PV = nRT$。P 是壓力 (單位為大氣壓

力，atm)，V 為體積（單位為公升，L)，而 T 則表示溫度 (單位為絕對溫度，K)，n 表示氣體物質的量 (單位為莫耳，moles)；還有理想氣體常數 $R = 0.0820578$。凡得瓦方程式 (van der Waals equation)

$$\left(P + \frac{n^2 a}{V^2}\right)(V - nb) = nRT$$

包括了非理想狀況。利用理想氣體定律計算一個初始猜測值，接著用牛頓法求解凡得瓦方程式，計算在絕對溫度 320 度與 15 大氣壓力下，一莫耳氧氣的體積。對氧氣來說，$a = 1.36$ L^2-atm/mole^2 以及 $b = 0.003183$ L/mole。說明你的初始猜測值並求解至三位有效。

12. 同電腦演算題 11 的數據，計算在絕對溫度 700 度與 20 大氣壓力下，一莫耳苯蒸氣的體積。對苯來說，$a = 18.0$ L^2-atm/mole^2 以及 $b = 0.1154$ L/mole。

13. (a) 求函數 $f(x) = (1 - 3/(4x))^{1/3}$ 的根。
    (b) 用牛頓法求根，並繪出前 50 步迭代過程。這是另一個牛頓法失敗的例子，迭代呈現混亂的軌跡。

1.5 不用導數的求根方法

除了重根的情況外，牛頓法的收斂速率比二分法和定點迭代法快。之所以能較快是因為它利用了更多資訊，也就是函數的切線，其得自於函數的導數。但在某些情況下，可能發生無法求得導數的情況。

此時割線法是個代替牛頓法的好方法，它以割線來取代切線，且收斂速率幾乎一樣快。割線法還可進一步變形，將割線取代成拋物線，其軸可為垂直〔**米勒法** (Muller's Method)〕或是水平〔**逆二次插值法** (inverse quadratic interpolation)〕。本節最後將介紹**布蘭特法** (Brent's Method)，它是個將迭代和判別區間有解這兩個策略結合的求根方法。

❖ 1.5.1 割線法和其變形

割線法 (secant method) 類似於牛頓法,但是將導數換成了**差商** (difference quotient);按幾何圖形來看,是將切線換成了連接前兩個近似點的直線,該直線稱為「割線」,其與 x 軸的交點為新的近似根。

對近似根 x_i 的導數,可用差商來近似

$$\frac{f(x_i) - f(x_{i-1})}{x_i - x_{i-1}}.$$

若直接以此近似值取代牛頓法的 $f'(x_i)$ 便得到割線法。

割線法

$$x_0, x_1 = \text{初始猜測值}$$

$$x_{i+1} = x_i - \frac{f(x_i)(x_i - x_{i-1})}{f(x_i) - f(x_{i-1})}, \; i=1, 2, 3, \cdots$$

和定點迭代法或牛頓法不同的是,割線法需要兩個初始猜測值。

假設割線法收斂到 r 且 $f'(r) \neq 0$,則誤差關係近似於

$$e_{i+1} \approx \left| \frac{f''(r)}{2f'(r)} \right| e_i e_{i-1}$$

意即

$$e_{i+1} \approx \left| \frac{f''(r)}{2f'(r)} \right|^{\alpha-1} e_i^{\alpha},$$

其中 $\alpha = (1 + \sqrt{5})/2 \approx 1.62$(參考習題 6),割線法在單根時的收斂速率稱為**超線性** (superlinear),意思是介於線性與二次之間的收斂。

範例 1.16

利用割線法求 $f(x)=x^3+x-1$ 的根，設初始猜測為 $x_0=0$，$x_1=1$。

依割線法公式可得

$$x_{i+1} = x_i - \frac{(x_i^3 + x_i - 1)(x_i - x_{i-1})}{x_i^3 + x_i - (x_{i-1}^3 + x_{i-1})}. \tag{1.34}$$

代入初始值 $x_0=0$，$x_1=1$ 後計算結果

$$x_2 = 1 - \frac{(1)(1-0)}{1+1-0} = \frac{1}{2}$$

$$x_3 = \frac{1}{2} - \frac{-\frac{3}{8}(1/2 - 1)}{-\frac{3}{8} - 1} = \frac{7}{11},$$

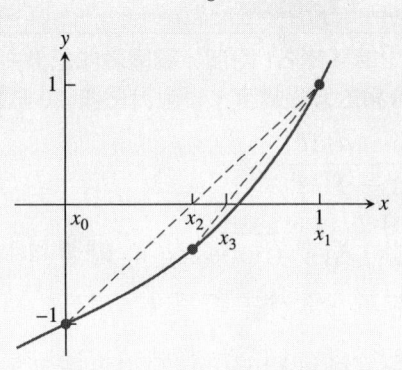

圖 1.11 兩步割線法迭代結果。範例 1.16 的圖解，以 $x_0=0$，$x_1=1$ 為初始值，畫出兩步迭代的割線。

如同圖 1.11 所示。更多的迭代結果如下表：

i	x_i
0	0.00000000000000
1	1.00000000000000
2	0.50000000000000
3	0.63636363636364
4	0.69005235602094
5	0.68202041964819
6	0.68232578140989
7	0.68232780435903
8	0.68232780382802
9	0.68232780382802

還有三個割線法的衍生方法也相當重要。**假位法** (Method of False Position；Regula Falsi Method) 和二分法很相似，但是取中點被以類似割線法與 x 軸之交點取代。若給定區間 $[a, b]$ 包含一根（假設 $f(a)f(b) < 0$），依割線定義可得與 x 軸之交點

$$c = \frac{bf(a) - af(b)}{f(a) - f(b)}$$

但和割線法不同的是，因為點 $(a, f(a))$ 和 $(b, f(b))$ 在 x 軸的兩側，所以點 c 必定在 $[a, b]$ 區間內。而選擇 $[a, c]$ 還是 $[c, b]$ 區間的取決於 $f(a)f(c) < 0$ 還是 $f(c)f(b) < 0$，如此保證新區間依舊包含一根。

假位法

給定區間 $[a, b]$ 且 $f(a)f(b) < 0$
當 $i = 1, 2, 3, \cdots$
$\quad c = \dfrac{bf(a) - af(b)}{f(a) - f(b)}$
$\quad$ 若 $f(c) = 0$，停，終止
$\quad$ 若 $f(a)f(c) < 0$
$\quad\quad b = c$
$\quad$ 否則
$\quad\quad a = c$
$\quad$ 終止
終止

乍看之下，假位法結合了二分法與割線法二者策略的優點加以改善。然而，二分法每次迭代便切除 1/2 的非解區間，假位法卻無法做如此保證，而且在某些情況下收斂速率非常緩慢。

範例 1.17

於區間 $[-1, 1]$，利用假位法求 $f(x) = x^3 - 2x^2 + \frac{3}{2}x$ 的根 $r = 0$。

給定 $x_0 = -1, x_1 = 1$ 為初始區間端點，據此計算可得新的點

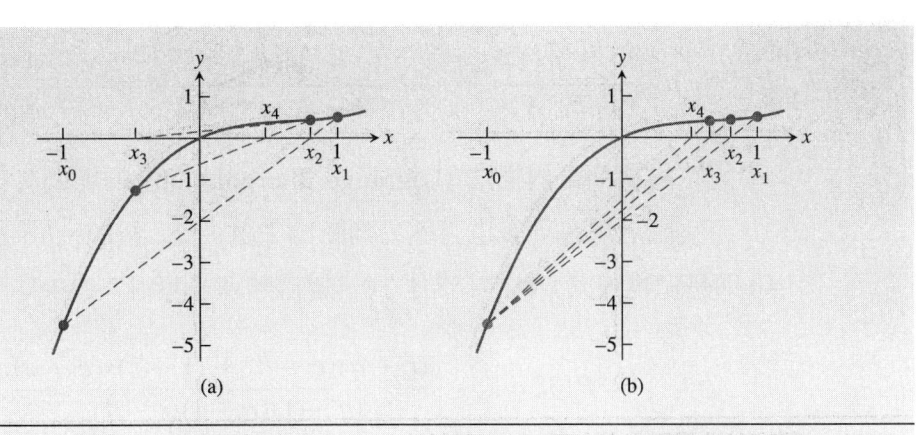

圖 1.12 範例 **1.17** 緩慢的收斂速率。(a) 割線法和 (b) 假位法均緩慢收斂到根 $r=0$。

$$x_2 = \frac{x_1 f(x_0) - x_0 f(x_1)}{f(x_0) - f(x_1)} = \frac{1(-9/2) - (-1)1/2}{-9/2 - 1/2} = \frac{4}{5}.$$

因為 $f(-1)f(4/5) < 0$，所以新的解區間取 $[x_0, x_2] = [-1, 0.8]$，這完成第一步。注意其所切除的非解區間遠低於 $1/2$，圖 1.12(b) 顯示，後續的迭代步驟依舊是緩慢地朝 $x=0$ 靠近。

◆

米勒法 (Muller's Method) 是割線法的另一種衍生形式，割線法利用通過函數上兩點的直線與 x 軸形成交點，將之變化為取三點 x_0、x_1、x_2，求經過此三點的拋物線 $y=p(x)$ 與 x 軸所形成的交點。拋物線通常可能形成 0 或 2 個交點，如果有兩個交點，則選擇較接近 x_2 的交點為 x_3，這可以用二次公式輕易的完成。如果拋物線和 x 軸沒有交點，所得為複數解，這使得能處理複數計算的軟體可以找到複數根。雖然有好幾篇文獻是朝此方向介紹，但我們不深入探討這個主題。

逆二次插值法 (Inverse Quadratic Interpolation; IQI) 也是類似割線法的拋物線衍生方法，但是拋物線是以 $x=p(y)$ 形式來取代米勒法的 $y=p(x)$。它可以立刻改善一個問題：拋物線和 x 軸只交於一點，所以用前三個近似值 x_i、x_{i+1}、x_{i+2}，就會得到明確的 x_{i+3}。

通過 (a, A)、(b, B)、(c, C) 三點的二次多項式 $x=P(y)$ 為

$$P(y) = a\frac{(y-B)(y-C)}{(A-B)(A-C)} + b\frac{(y-A)(y-C)}{(B-A)(B-C)} + c\frac{(y-A)(y-B)}{(C-A)(C-B)}. \quad (1.35)$$

這是**拉格朗奇內插法** (Lagrange interpolation) 的範例，第 3 章的主題之一，不過讀者現在應該也可輕易判斷出 $P(A)=a$、$P(B)=b$、$P(C)=c$，代入 $y=0$ 即是拋物線與 x 軸的交點公式，經過整理後可得

$$P(0) = c - \frac{r(r-q)(c-b) + (1-r)s(c-a)}{(q-1)(r-1)(s-1)}, \quad (1.36)$$

其中 $q=f(a)/f(b)$、$r=f(c)/f(b)$ 和 $s=f(c)/f(a)$。

對逆二次插值法，給定 $a=x_i$、$b=x_{i+1}$、$c=x_{i+2}$ 及 $A=f(x_i)$、$B=f(x_{i+1})$、$C=f(x_{i+2})$ 可得下一猜測值 $x_{i+3}=P(0)$ 如下

$$x_{i+3} = x_{i+2} - \frac{r(r-q)(x_{i+2}-x_{i+1}) + (1-r)s(x_{i+2}-x_i)}{(q-1)(r-1)(s-1)}, \quad (1.37)$$

其中 $q=f(x_i)/f(x_{i+1})$、$r=f(x_{i+2})/f(x_{i+1})$ 與 $s=f(x_{i+2})/f(x_i)$。給定三個初始猜測值，逆二次插值法利用新的猜測值 x_{i+3} 取代最先的猜測值 x_i 來重複 (1.37) 迭代式。還有一種作法是以新的猜測值取代前三個猜測值中後向誤差最大者。

圖 1.13 以幾何作圖比較米勒法和逆二次插值法的差異，二者因採用較高階插值法，所以比割線法收斂更快，我們將在第 3 章更仔細地學習插值法。割

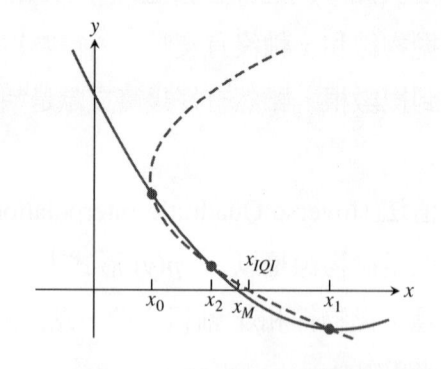

圖 1.13 米勒法和逆二次插值法之比較。前者決定於插值拋物線 $y=p(x)$，後者決定於 $x=p(y)$。

解方程式

線法和其衍生法以及二分法的概念，均為下一節主題布蘭特法的關鍵要素。

❖ 1.5.2 布蘭特法

布蘭特法 (Brent's Method) [1] 是一種混合方法，它利用先前介紹過的解題方法，保留其中最有用的技巧以發展成新方法。最令人期待的是它結合二分法的保證收斂性和其他精緻發展的方法之快速收斂性，這方法最早是由 Dekker 和 Van Wijngaarden 在 1960 年代所提出來的。

這方法適用於在區間 $[a, b]$ 間的連續函數且 $f(a)f(b) < 0$，布蘭特法追蹤後向誤差最小的點 x_i 和包含根的區間 $[a_i, b_i]$。粗略地說，先利用逆二次插值法，若所得點滿足 (1) 改善後向誤差，和 (2) 解區間至少可減為一半，以之取代 x_i、a_i、b_i 其中之一。如果不成立，就改以割線法求點來做同樣的比較。如果一樣失敗，就用二分法求點，必定可以保證解區間至少可減為一半。

MATLAB 指令 `fzero` 即是以布蘭特法為基礎，再加上一些事先的步驟，以使得當使用者沒有提供初始解區間時還可找到一個好的初始解區間。停止準則同時考慮前向與後向誤差，當 $|x_i - x_{i+1}| < 2\,\epsilon_{\text{mach}}\,\max(1, x_i)$，或當後向誤差 $|f(x_i)|$ 為機器數 0 時，演算法即終止。

如果使用者已提供初始解區間，則不需要事先處理。下面例子即用函數 $f(x) = x^3 + x - 1$ 及初始解區間 [0, 1]，並要求 MATLAB 列出每步迭代結果如下：

```
>> fzero('x^3+x-1',[0 1],optimset('Display','iter'))

 Func-count        x              f(x)             Procedure
     1             0              -1               initial
     2             1               1               initial
     3            0.5            -0.375            bisection
     4          0.636364        -0.105935          interpolation
     5          0.684910         0.00620153        interpolation
     6          0.682225        -0.000246683       interpolation
     7          0.682328        -5.43508e-007      interpolation
     8          0.682328         1.50102e-013      interpolation
     9          0.682328          0                interpolation
Zero found in the interval: [0, 1].

ans=
```

0.68232780382802

或是用

```
>> fzero('x^3+x-1',1)
```

來求 $f(x)$ 在 1 附近的根，它會先找到解區間再利用布蘭特法求根。

1.5 習 題

1. 利用割線法迭代兩次求以下方程式的根，初始猜測值為 $x_0=1$ 與 $x_1=2$。
   (a) $x^3=2x+2$ (b) $e^x+x=7$ (c) $e^x+\sin x=4$

2. 同習題 1 的方程式，利用假位法迭代兩次求其根，初始區間為 $[1, 2]$。

3. 同習題 1 的方程式，利用逆二次插值法迭代兩次求其根，初始猜測值為 $x_0=1 \cdot x_1=2$ 與 $x_2=0$，並且採保留最近三步迭代結果為下次迭代初始值。

4. 一位漁夫希望在水溫為華氏 40 度的水域中放置漁網，她將附有溫度計繩索投入水中，測得水深 12 公尺時溫度為 38 度，水深 5 公尺則為 46 度。請利用割線法推得水溫 40 度的水深最佳估計。

5. 請將 (1.35) 式中代入 $y=0$，以推導出 (1.36) 式。

6. 若割線法收斂到 r，且 $f'(r)\neq 0$ 與 $f''(r)\neq 0$，則可證明近似誤差關係 $e_{i+1}\approx |f''(r)/(2f'(r))|e_i e_{i-1}$ 成立。證明若對某些 $\alpha>0$，$\lim_{i\to\infty}e_{i+1}/e_i^\alpha$ 存在且不為零，則 $\alpha=(1+\sqrt{5})/2$ 且 $e_{i+1}\approx |f''(r)/2f'(r)|^{\alpha-1}e_i^\alpha$。

1.5 電腦演算題

1. 以割線法求習題 1 中各方程式的解。

2. 以假位法求習題 1 中各方程式的解。

3. 以逆二次插值法求習題 1 中各方程式的解。

4. 令 $f(x)=54x^6+45x^5-102x^4-69x^3+35x^2+16x-4$，畫出函數在區間 $[-2, 2]$ 的圖形，並利用割線法求得區間內所有的 5 個根。哪些根是線性收斂，而哪些是超線性？

5. 在 1.1 節的習題 6 中，你曾被要求用二分法在區間 $[-2, 1]$ 解 $f(x)=1/x$，

解方程式

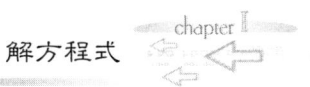

現在比較其與 fzero 所得結果之差異。

6. 若以 fzero 求 $f(x)=x^2$ 在 1 附近的根（不給定解區間），得到的結果為何？請解釋之。對 $f(x)=1+\cos x$ 在 -1 附近的根探討同樣的問題。

實作 1　史都華平台的運動學

一個**史都華平台** (Stewart platform) 包含六個可變長度的長桿及**直動關節** (prismatic joints) 來支持一個重量。直動關節的操作靠變化長桿的長度，通常為氣壓式或水壓式操作。以一個六個自由度的機器人而言，史都華平台可放置於任何點並在三維空間中傾斜。

為了簡化問題，本實作僅考慮二維版本的史都華平台。我們將模擬一個在固定平面上被三個長桿所控制之三腳平台組成的操縱器，如圖 1.14 所示。在內部的三角形代表平面史都華平台，它的三邊長度為 L_1、L_2 和 L_3。令 γ 表示 L_1 邊的對角。平台的位置是靠三個數字 p_1、p_2 和 p_3 來控制，這就是三個可變長桿的長度。

給三個長桿長度，找出平台的位置，這稱為此操縱器的**前向運動學問題** (forward kinematics problem) 或**正運動學問題** (direct kinematics problem)，也就是說對每組所給的 p_1、p_2、p_3，計算 (x, y) 和 θ。因為有三個自由度，很自然地會想用三個數字來具體指定位置。在即時控制運作時，很重要一點是解此問題要越快越好。很不幸的是，並沒有一個顯式可以表示其解。

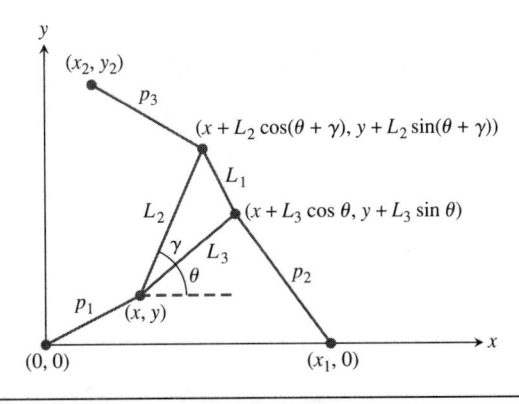

圖 1.14　平面史都華平台概要。前向運動學問題是用 p_1、p_2、p_3 三個長度來決定未知數 x、y、θ。

目前最好的方法是化簡圖 1.14 的幾何性質成為解方程式問題,然後用本章所介紹的解法來求解。你的工作是推導出這個方程式並寫程式碼來求解。

運用簡單的幾何可得下列三個方程式

$$\begin{aligned} p_1^2 &= x^2 + y^2 \\ p_2^2 &= (x + A_2)^2 + (y + B_2)^2 \\ p_3^2 &= (x + A_3)^2 + (y + B_3)^2. \end{aligned} \tag{1.38}$$

其中

$$\begin{aligned} A_2 &= L_3 \cos\theta - x_1 \\ B_2 &= L_3 \sin\theta \\ A_3 &= L_2 \cos(\theta + \gamma) - x_2 = L_2[\cos\theta\cos\gamma - \sin\theta\sin\gamma] - x_2 \\ B_3 &= L_2 \sin(\theta + \gamma) - y_2 = L_2[\cos\theta\sin\gamma + \sin\theta\cos\gamma] - y_2. \end{aligned}$$

注意 (1.38) 式可解**平面史都華平台** (planar stewart platform) 之**逆運動學問題** (inverse kinematics problem),其給定 x、y、θ 而要求 p_1、p_2、p_3。而你的目標是解前向問題,給定 p_1、p_2、p_3,要計算 x、y 和 θ。

把 (1.38) 式最後兩方程式乘開,代入第一個方程式得到

$$\begin{aligned} p_2^2 &= x^2 + y^2 + 2A_2x + 2B_2y + A_2^2 + B_2^2 = p_1^2 + 2A_2x + 2B_2y + A_2^2 + B_2^2 \\ p_3^2 &= x^2 + y^2 + 2A_3x + 2B_3y + A_3^2 + B_3^2 = p_1^2 + 2A_3x + 2B_3y + A_3^2 + B_3^2, \end{aligned}$$

可解得 x 和 y

$$\begin{aligned} x &= \frac{N_1}{D} = \frac{B_3(p_2^2 - p_1^2 - A_2^2 - B_2^2) - B_2(p_3^2 - p_1^2 - A_3^2 - B_3^2)}{2(A_2B_3 - B_2A_3)} \\ y &= \frac{N_2}{D} = \frac{-A_3(p_2^2 - p_1^2 - A_2^2 - B_2^2) + A_2(p_3^2 - p_1^2 - A_3^2 - B_3^2)}{2(A_2B_3 - B_2A_3)}, \end{aligned} \tag{1.39}$$

只要 $D = 2(A_2B_3 - B_2A_3) \neq 0$。

把 x、y 代入 (1.38) 式的第一個方程式,並乘以 D^2 得到

$$f = N_1^2 + N_2^2 - p_1^2 D^2 = 0 \tag{1.40}$$

只有一個未知數 θ,因為 p_1、p_2、p_3、L_1、L_2、L_3、γ、x_1、x_2、y_2 為已知。如

果可以求得 $f(\theta)$ 的根 θ，相關的 x 和 y 值即可由 (1.39) 式算出。

注意，$f(\theta)$ 為 $\sin\theta$ 和 $\cos\theta$ 的多項式，所以對任何根 θ，$\theta+2\pi k$ 也是根，對平台為等價，所以我們把根的範圍限定為 $[-\pi, \pi]$，並可證明此區間內 $f(\theta)$ 至多有六個根。

建議活動：

1. 寫一個 $f(\theta)$ 的 MATLAB 函式檔，參數 L_1、L_2、L_3、γ、x_1、x_2、y_2 為固定常數，將給予某一位置的長桿長度 p_1、p_2、p_3。為了檢驗你的程式碼，如圖 1.15，令參數 $L_1=2$、$L_2=L_3=\sqrt{2}$、$\gamma=\pi/2$、$p_1=p_2=p_3=\sqrt{5}$。然後代入圖 1.15(a) 的 $\theta=-\pi/4$ 或圖 1.15(b) 的 $\theta=\pi/4$；兩者皆應得到 $f(\theta)=0$。

2. 畫 $f(\theta)$ 在 $[-\pi, \pi]$ 區間的圖，$\pm\pi/4$ 處應為根。

3. 用 MATLAB 指令重畫圖 1.15：

    ```
    >> plot([u1 u2 u3 u1],[v1 v2 v3 v1],'r'); hold on
    >> plot([0 x1 x2],[0 0 y2],'bo')
    ```

    將畫出頂點為 (u1,v1),(u2,v2),(u3,v3) 之紅色三角形，且畫出長桿並在長桿固定點 (0,0),(0,x1),(x2,y2) 處畫小圈圈。

4. 解平面史都華平台的前向運動問題，其中 $x_1=5$、$(x_2, y_2)=(0,6)$、L_1

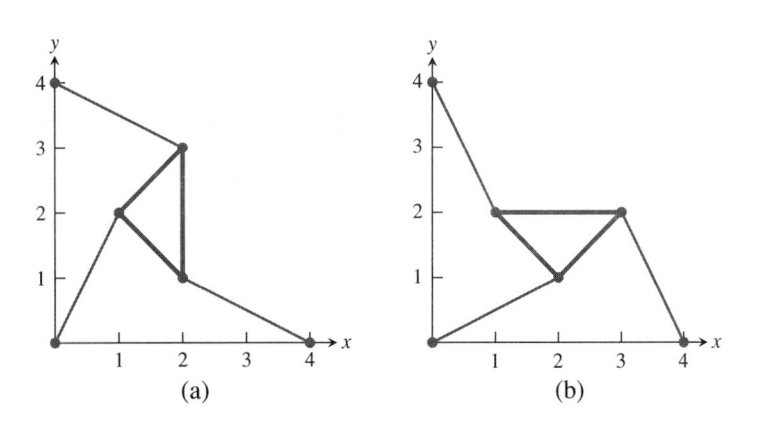

圖 1.15 相同長桿長度的平面史都華平台之兩種位置。長桿長 $p_1=p_2=p_3=\sqrt{5}$，每個位置對應於 (1.38) 的一個解。三角形的形狀定義為 $L_1=2$，$L_2=L_3=\sqrt{2}$，$r=\pi/2$。

$= L_3 = 3$、$L_2 = 3\sqrt{2}$、$\gamma = \pi/4$、$p_1 = p_2 = 5$、$p_3 = 3$。由畫 $f(\theta)$ 開始，用第 1 章解方程式方法找出全部的四個位置，並畫出它們。證實 p_1、p_2、p_3 為你圖中的長桿長度以檢驗你的答案。

5. 把長桿長度換成 $p_2 = 7$ 重解此問題。注意，這組參數有六個位置。

6. 找出長桿長度 p_2，其餘參數如第 4 步驟，以使得這組參數只有二個位置。

7. 找出對應的長桿長度 p_2 的區間，其餘參數如第 4 步驟，以使得這組參數只有二、四或六個位置。

8. 推導或查書得到表示三維空間、六個自由度的史都華平台之前向運動學方程式，寫一個 MATLAB 程式並說明如何用它解前向運動學問題。參考資料 [4] 對直動機械臂和平台有很好的介紹。

軟體和延伸閱讀

非線性方程式求解的演算法有很多，有的方法雖然慢但總是收斂，例如二分法；有的方法收斂較快但是不保證收斂，例如牛頓法及其衍生法。方程式解法也可以依據是否需要導數而分成兩群，二分法、割線法和逆二次插值法為只需要函數值之方法的例子，牛頓法則需要知道導數。布蘭特法 [1] 是一個結合了慢方法的優點加上快方法之不需要導數的計算。基於這個理由，它常被拿來當作一般用途之方程式解法，被包含在許多軟體程式庫中。

MATLAB 的 `fzero` 指令就是採用布蘭特法，而且只需要一個初始區間或一個初始猜測值當輸入即可。IMSL 的 ZBREN 程式、NAG 的 c05adc 和 netlib FORTRAN 的 fzero.f，都是以這個為基礎寫的。MATLAB 的 `roots` 指令是用一個完全不同的方向來找出多項式所有的根，它是建構特徵值和多項式所有的根相同的伴隨矩陣 (companion matrix)，再找伴隨矩陣所有的特徵值。

其他常用的演算法有依據米勒法和拉圭瑞法 (Laguerre's Method) 所衍生方法，它們在合適的條件下為三次收斂，要知道細節請參考 Householder [3]、Ostrowski [5] 和 Traub [6]。

CHAPTER 2

聯立方程式

彎曲的數學模型是結構工程師工作台上的基本工具，一個結構承受多少負載量會彎曲，依物質的硬度而定，可度量其楊氏係數 (Young's modulus) 得知。壓力和硬度的較勁可由微分方程式來模擬，經過離散化後就會變為解線性方程組問題。

為了增加準確性，常用較細的離散格，於是線性方程系統變得很大而且通常為稀疏。高斯消去法對於適度大小的矩陣來說是有效率的，而對於大型稀疏矩陣則必須用特別的迭代演算法來求解。

第 2.5 節後的實作 2，探討數值解法應用在簡支樑 (pinned beam) 和懸臂樑 (cantilever beam) 的尤拉-伯努利模型 (Euler-Bernoulli model)。

在前一章中我們討論一個單一變數方程式的求解方法，在本章中，我們要討論的是多個多變數方程式聯立的解。而我們主要想探討的是當方程式個數和未知數一樣多的情況。

高斯消去法 (Gaussian elimination) 對於一般大小的線性聯立方程式來說是重要的解法，本章開始就基於這個眾所周知的技巧，發展有效率且穩定的版本；接著再把注意力轉移到迭代法，它是用在超大型系統上；最後再討論解非線性聯立方程式的方法。

2.1　高斯消去法

考慮一聯立方程式

$$\begin{aligned} x + y &= 3 \\ 3x - 4y &= 2. \end{aligned} \tag{2.1}$$

對於有兩個方程式與兩個未知數的聯立方程式，可以用代數或幾何觀點來說明。以幾何觀點來說，每一個線性方程式表示在 xy 平面上的一條直線，如圖 2.1。兩線交點 $x=2$、$y=1$ 即為所求滿足這聯立方程式之解。

幾何觀點對於想像聯立解是非常有幫助的，但為了得到準確的解，我們必須回歸代數作法。要有效率地求得 n 個方程式 n 個未知數的聯立解可以用高斯消去法，在接下來的幾節裡，我們將對典型問題持續探討如何使高斯消去法變得更好。

聯立方程式

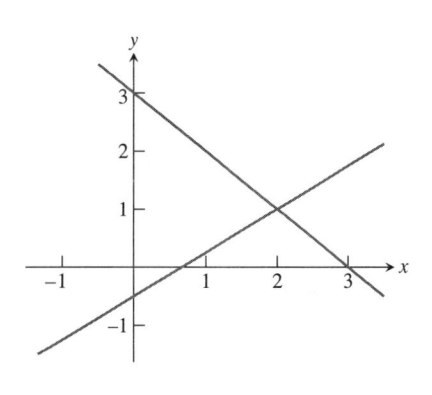

圖 2.1 聯立方程式的幾何解。(2.1) 式中每個方程式對應於平面上一條線,兩線交點即為解。

❖ 2.1.1 單純高斯消去法

我們首先來談談高斯消去法最簡單的形式,事實上,因為它太簡單以致於不保證可以求得解,更不用說要求得準確解了。下一節將介紹如何改善此「單純」的方法。

有三個運算可以使線性聯立方程式變換成更容易求解的等價系統,意即兩系統具有相同解,這些運算如下:

(1) 對調任意兩方程式
(2) 將方程式加或減另一方程式乘上一數
(3) 將任一方程式乘以一非零常數

對 (2.1) 式,我們可以將第二式減去第一式的 3 倍,以消去第二式中的 x 變數。將第二式減去 $3 \cdot [x + y = 3]$ 可得

$$\begin{aligned} x + y &= 3 \\ -7y &= -7. \end{aligned} \tag{2.2}$$

從底下的方程式開始,我們可以**倒回求解** (backsolve) 得到所有解,如

$$-7y = -7 \;\rightarrow\; y = 1$$

以及

$$x+y=3 \to x+(1)=3 \to x=2$$

因此，(2.1) 式的解為 $(x, y)=(2, 1)$。

一樣的消去工作可以不需寫變數，以**表列形式** (tableau form) 來描述：

$$\begin{bmatrix} 1 & 1 & | & 3 \\ 3 & -4 & | & 2 \end{bmatrix} \longrightarrow \quad ②-3\times① \quad \longrightarrow \begin{bmatrix} 1 & 1 & | & 3 \\ 0 & -7 & | & -7 \end{bmatrix}. \tag{2.3}$$

使用表列形式的好處是簡化了變數書寫工作，當表列式左側的方陣「三角化」後，我們即可由最後一列開始倒回求出所有解。

範例 2.1

對 3 方程式 3 未知數之線性系統，以表列形式應用高斯消去法求解。

$$\begin{aligned} x + 2y - z &= 3 \\ 2x + y - 2z &= 3 \\ -3x + y + z &= -6. \end{aligned} \tag{2.4}$$

方程組可以表列形式改寫為

$$\begin{bmatrix} 1 & 2 & -1 & | & 3 \\ 2 & 1 & -2 & | & 3 \\ -3 & 1 & 1 & | & -6 \end{bmatrix}. \tag{2.5}$$

需要兩個步驟來消去第一行：

$$\begin{bmatrix} 1 & 2 & -1 & | & 3 \\ 2 & 1 & -2 & | & 3 \\ -3 & 1 & 1 & | & -6 \end{bmatrix} \longrightarrow \quad ②-2\times① \quad \longrightarrow \begin{bmatrix} 1 & 2 & -1 & | & 3 \\ 0 & -3 & 0 & | & -3 \\ -3 & 1 & 1 & | & -6 \end{bmatrix}$$

$$\longrightarrow \quad ③-(-3)\times① \quad \longrightarrow \begin{bmatrix} 1 & 2 & -1 & | & 3 \\ 0 & -3 & 0 & | & -3 \\ 0 & 7 & -2 & | & 3 \end{bmatrix}$$

再一個步驟來消去第二行：

$$\begin{bmatrix} 1 & 2 & -1 & | & 3 \\ 0 & -3 & 0 & | & -3 \\ 0 & 7 & -2 & | & 3 \end{bmatrix} \longrightarrow ③-(-\tfrac{7}{3})\times② \longrightarrow \begin{bmatrix} 1 & 2 & -1 & | & 3 \\ 0 & -3 & 0 & | & -3 \\ 0 & 0 & -2 & | & -4 \end{bmatrix}$$

還原成方程式

$$\begin{aligned} x + 2y - z &= 3 \\ -3y &= -3 \\ -2z &= -4, \end{aligned} \tag{2.6}$$

可得

$$\begin{aligned} x &= 3 - 2y + z \\ -3y &= -3 \\ -2z &= -4 \end{aligned} \tag{2.7}$$

如此可依序求得 z、y、x。最後一部分稱為**後置法** (back substitution)，因為經過消去程序，方程式可以輕易地由下而上求解。本題的解為 $x=3$、$y=1$、$z=2$。

❖ 2.1.2 運算個數

在本節中我們要估算高斯消去法中，消去步驟與後置步驟所需的**運算個數** (operation counts)。為此，我們將先前的兩個範例的計算過程完整寫下。在此之前，先溫習兩個整數加法的結果。

引理 2.1 對任意正整數 n，(a) $1+2+3+4+\cdots+n=n(n+1)/2$，且 (b) $1^2+2^2+3^2+4^2+\cdots+n^2=n(n+1)(2n+1)/6$。

對 n 方程式 n 未知數的表列形式一般如下：

$$\begin{bmatrix} a_{11} & a_{12} & \ldots & a_{1n} & | & b_1 \\ a_{21} & a_{22} & \ldots & a_{2n} & | & b_2 \\ \vdots & \vdots & \ldots & \vdots & | & \vdots \\ a_{n1} & a_{n2} & \ldots & a_{nn} & | & b_n \end{bmatrix}.$$

所謂消去，意思是使用許可的列運算將**下三角** (lower triangle) 元素都變成 0。

我們可以把消去步驟寫成迴圈

```
for j = 1 : n-1
   消去第 j 行
end
```

其中，「消去第 j 行」的意思是「使用列運算將**主對角線** (main diagonal) 下的元素變成 0，也就是元素 $a_{j+1,j}, a_{j+2,j}, \cdots, a_{nj}$。」舉例來說，要完成第一行的消去工作，必須將 $a_{21}, \ldots, a_{n1}$ 都變為 0。這可以寫成迴圈放在之前的迴圈中：

```
for j = 1 : n-1
   for i = j+1 : n
      消去元素 a(i,j)
   end
end
```

剩下的是如何完成兩層迴圈的內層部分，用列運算使得元素 a_{ij} 變為 0。舉例來說，第一個要消去的元素為 a_{21}。要完成這並不困難，假設 $a_{11} \neq 0$，只需將第二列減去第一列乘 a_{21}/a_{11}。意即，前兩列從原來的

$$\begin{array}{cccc|c} a_{11} & a_{12} & \ldots & a_{1n} & b_1 \\ a_{21} & a_{22} & \ldots & a_{2n} & b_2 \end{array}$$

變成

$$\begin{array}{cccc|c} a_{11} & a_{12} & \ldots & a_{1n} & b_1 \\ 0 & a_{22} - \dfrac{a_{21}}{a_{11}}a_{12} & \ldots & a_{2n} - \dfrac{a_{21}}{a_{11}}a_{1n} & b_2 - \dfrac{a_{21}}{a_{11}}b_1 \end{array}.$$

計算其運算個數，這需要一次除法 (以求得乘數 a_{21}/a_{11})，加上 n 個乘法和 n 個加法。利用類似的列運算可以消去第一行的元素 a_{i1}，也就是，

聯立方程式

$$
\begin{array}{ccccc}
a_{11} & a_{12} & \ldots & a_{1n} & | \; b_1 \\
\vdots & \vdots & \ldots & \vdots & | \; \vdots \\
0 & a_{i2} - \dfrac{a_{i1}}{a_{11}} a_{12} & \ldots & a_{in} - \dfrac{a_{i1}}{a_{11}} a_{1n} & | \; b_i - \dfrac{a_{i1}}{a_{11}} b_1
\end{array}
$$

只要 a_{11} 不為零，整個程序便可行，此數和其他在高斯消去法中作為除數的 a_{ii} 稱為**樞軸元** (pivot)，若樞軸元為零便導致演算法失敗。我們暫不考慮這種情況的發生，等到 2.4 節再來深入探討。

回到運算個數上，要消去第一行，對每個 a_{i1} 得使用 $n+1$ 個乘除法，此外還要 n 個加減法。為了簡化計數工作，我們將只計算乘除法的個數。

消去第一行之後，以同樣的方法利用樞軸元 a_{22} 用來消去第二行，後續各行方法類似。舉例來說，要消去第 j 行的 a_{ij} 列運算結果為

$$
\begin{array}{cccccccc}
0 & 0 & a_{jj} & a_{j,j+1} & & \ldots & a_{jn} & | \; b_j \\
\vdots & \vdots & \vdots & \vdots & & \ldots & \vdots & | \; \vdots \\
0 & 0 & 0 & a_{i,j+1} - \dfrac{a_{ij}}{a_{jj}} a_{j,j+1} & \ldots & a_{in} - \dfrac{a_{ij}}{a_{jj}} a_{jn} & | \; b_i - \dfrac{a_{ij}}{a_{jj}} b_j.
\end{array}
$$

消去 a_{ij} 的列運算共需 $n-j+2$ 個乘除法。(在此請注意所採用的符號，如 a_{22}，是指經過消去第一行後所得結果，並非原始的 a_{22}。)

將此步驟放回剛剛的雙層迴圈內便得到

```
for j = 1 : n-1
  if abs(a(j,j))<eps; error('樞軸元為零'); end
  for i = j+1 : n
    mult = a(i,j)/a(j,j);
    for k = j+1:n
      a(i,k) = a(i,k) - mult*a(j,k);
    end
    b(i) = b(i) - mult*b(j);
  end
end
```

對此程式片段需提供兩個註解：第一，若將指標 k 寫成從 j 到 n，則 a_{ij} 之值將計算得 0，所以將指標 k 由 $j+1$ 到 n 較有效率。後者將不會在該位置放 0，這是我們想要消去的元素，雖然看起來像個錯誤，但請注意後續的高斯消去法或是後置法過程皆不會再用到這個元素，所以就效率的觀點而言，真的去放一個

0 是一個多餘的步驟。第二,如果遇到樞軸元等於 0 時,這裡利用 MATLAB 的 `error` 指令來終止程式。等到第 2.4 節提到列交換時我們再來深入討論這種可能性。

我們來看看高斯消去法中消去步驟所需乘除法運算個數的總和。對中層迴圈 i 來說,需要 $n-j+2$ 個運算,且執行 $n-j$ 次,總計為 $(n-j+2)(n-j)$。最後將 j 從 1 到 $n-1$ 代入做累加。把數字順序倒過來會變得簡單些,再加上利用輔助定理 2.1 即可得到

$$\begin{aligned}
3 \cdot 1 + 4 \cdot 2 + \cdots + (n+1)(n-1) &= \sum_{l=1}^{n-1}(l+2)l \\
&= \sum_{l=1}^{n-1} l^2 + 2\sum_{l=1}^{n-1} l \\
&= \frac{(n-1)n(2n-1)}{6} + 2\frac{(n-1)n}{2} \\
&= n^3/3 + n^2/2 - 5n/6.
\end{aligned} \quad (2.8)$$

高斯消去法中消去步驟的運算個數

對 n 方程式 n 變數的聯立方程式,消去步驟共需 $n^3/3+n^2/2-5n/6$ 個乘除法。

關於計算高斯消去法的運算個數,我們需提出忽略加減法個數的合理說明,否則這項誤差確實會造成爭議。事實上,加減法個數十分接近乘除法個數,所以我們只需很簡單地把乘除法個數乘上兩倍,便可以估計到確實的總運算個數 (習題 8 要求讀者證明之)。通常,我們只對大約的運算個數有興趣,因為不同的計算處理器程序便會有差異,最重要的關鍵在於不管我們估計哪一個運算的個數,例如本例中為乘除法個數,它和所需執行演算法時間約成正比。

完成消去過程後,左邊表列成為**上三角** (upper triangular) 形式:

$$\begin{bmatrix} a_{11} & a_{12} & \ldots & a_{1n} & | & b_1 \\ 0 & a_{22} & \ldots & a_{2n} & | & b_2 \\ \vdots & \vdots & \ddots & \vdots & | & \vdots \\ 0 & 0 & \ldots & a_{nn} & | & b_n \end{bmatrix}.$$

回復成方程式形式為

$$\begin{aligned} a_{11}x_1 + a_{12}x_2 + \cdots + a_{1n}x_n &= b_1 \\ a_{22}x_2 + \cdots + a_{2n}x_n &= b_2 \\ &\vdots \\ a_{nn}x_n &= b_n, \end{aligned} \quad (2.9)$$

再次聲明其中 a_{ij} 為經過計算後的元素值，非原本的元素。要解 x，我們必須完成後置法步驟，這可以輕易地從 (2.9) 式得到：

$$\begin{aligned} x_1 &= \frac{b_1 - a_{12}x_2 - \cdots - a_{1n}x_n}{a_{11}} \\ x_2 &= \frac{b_2 - a_{23}x_3 - \cdots - a_{2n}x_n}{a_{22}} \\ &\vdots \\ x_n &= \frac{b_n}{a_{nn}}. \end{aligned} \quad (2.10)$$

因為方程式的非零係數與上三角形特性，我們從底部往上進行求解。此方法必須先得到一部分並進而得到下一個。計算乘除法個數，可得

$$1 + 2 + 3 + \cdots + n = \frac{n(n+1)}{2},$$

且有相近的減法個數 (正確來說它是 $(n-1)n/2$ 個)。以 MATLAB 語法來寫後置法為

```
for i = n : -1 : 1
  for j = i+1 : n
    b(i) = b(i) - a(i,j)*x(j);
  end
  x(i) = b(i)/a(i,i);
end
```

高斯消去法中後置法的運算個數

對 n 方程式 n 變數的三角形方程組，後置法共需 $n^2/2+n/2$ 個乘除法。

將這兩步驟的運算個數放在一起，顯示出高斯消去法由兩個不均等部分構成：相對繁瑣的消去步驟與相對簡易的後置步驟。如果我們忽略乘除法個數公式中的低次項，如此消去步驟需要等同於 $n^3/3$ 個運算，而後置法需要等同於 $n^2/2$ 個運算。

我們通常使用簡化的術語「大-O」來表示「等同於」，如此消去法為 $O(n^3/3)$ 演算法，以及後置法為 $O(n^2/2)$。這種表示法重點在 n 足夠大時，n 的低次項相較後變得可忽略。舉例來說，若 $n=100$，高斯消去法中後置法只佔了大約百分之一的計算。整個來說，高斯消去法需要 $O(n^3/3)+O(n^2/2)=O(n^3/3)$ 個運算。在「大-O」表示法中，n 的不同次方相加只需留下最高次方，因為它主導了 $n \to \infty$ 的極值。換句話說，n 夠大時，低次項對演算法執行時間的影響不大，尤其當我們只需要估計時間時便可忽略之。

> **聚焦　複雜度**
>
> 以高斯消去法直接求解 n 方程式 n 未知數的運算個數為 $O(n^3/3)$，這對估算大型系統所需求解時間十分有幫助。舉例來說，要估算特定電腦求解 $n=500$ 個方程式的系統解，以求解 $n=50$ 個方程式所需的時間，乘上 $10^3=1000$ 倍，便可推算得合理的時間。

範例 2.2

若具有 500 個方程式 500 個未知數的方程組，以電腦計算消去步驟只需一秒鐘，請估算完成後置法所需時間。

由於我們才剛說明消去步驟比後置法花費更多時間，可知答案將會是幾分之一秒而已。消去步驟所需的乘除法運算個數大約 $(500)^3/3$，而後置步驟需要約 $(500)^2/2$ 個，我們可以估算後置法所需時間為

$$\frac{(500)^2/2}{(500)^3/3} = \frac{3}{(500)2} = .003 \text{ 秒}$$

此範例呈現了兩個重點：(1)運算個數中 n 的低次項通常可以放心地忽略。(2)高斯消去法的兩部分在執行時間上相當不平均，總計為 1.003 秒，幾乎都花在消去步驟上。下個例子將表現第三個重點，雖然後置法所需時間有時會被忽略，但也可能扮演重要因素。

範例 2.3

以特定電腦，對一 500×500 的三角矩陣進行後置法需要 0.1 秒。若以高斯消去法求解一 300 個方程式 300 個未知數的方程組，試估算其所需時間。

該電腦可在 0.1 秒完成 $(500)^2/2$ 個乘除法，或說每秒 $(500)^2(10)/2 = 1.25 \times 10^6$ 個運算。求解一般 (非三角化後) 的方程組大約需要 $(300)^3/3$ 次運算，其所需時間約為

$$\frac{(300)^3/3}{(500)^2(10)/2} \approx 7.2 \text{ 秒}$$

2.1 習題

1. 用高斯消去法求解以下方程組：

   (a) $\begin{aligned} 2x - 3y &= 2 \\ 5x - 6y &= 8 \end{aligned}$ (b) $\begin{aligned} x + 2y &= -1 \\ 2x + 3y &= 1 \end{aligned}$ (c) $\begin{aligned} -x + y &= 2 \\ 3x + 4y &= 15 \end{aligned}$

2. 用高斯消去法求解以下方程組：

   (a) $\begin{aligned} 2x - 2y - z &= -2 \\ 4x + y - 2z &= 1 \\ -2x + y - z &= -3 \end{aligned}$ (b) $\begin{aligned} x + 2y - z &= 2 \\ 3y + z &= 4 \\ 2x - y + z &= 2 \end{aligned}$ (c) $\begin{aligned} 2x + y - 4z &= -7 \\ x - y + z &= -2 \\ -x + 3y - 2z &= 6 \end{aligned}$

3. 以後置法求解：

(a) $\begin{aligned} 3x - 4y + 5z &= 2 \\ 3y - 4z &= -1 \\ 5z &= 5 \end{aligned}$ (b) $\begin{aligned} x - 2y + z &= 2 \\ 4y - 3z &= 1 \\ -3z &= 3 \end{aligned}$

4. 解下列表列形式：

(a) $\begin{bmatrix} 3 & -4 & -2 & | & 3 \\ 6 & -6 & 1 & | & 2 \\ -3 & 8 & 2 & | & -1 \end{bmatrix}$ (b) $\begin{bmatrix} 2 & 1 & -1 & | & 2 \\ 6 & 2 & -2 & | & 8 \\ 4 & 6 & -3 & | & 5 \end{bmatrix}$

5. 高斯消去法所需運算個數約為 $n^3/3$，當 n 變成三倍，試估算所需時間將變長多少。

6. 假設你的電腦需 0.5 秒來完成 1000 個方程式的後置法，使用後置法運算個數約 $n^2/2$ 及消去部分約 $n^3/3$，來估計完成整個 1000 個方程式的高斯消去法所需的時間。將你的答案四捨五入到最接近的秒為單位。

7. 假設有一電腦需要 0.2 秒來完成 400×400 上三角矩陣線性系統的後置法，試估計求解 900 個方程式 900 個未知數的一般方程組需要多少時間。將你的答案四捨五入到最接近的分為單位。

8. 對高斯消去法的 (a) 消去步驟和 (b) 後置步驟，計算正確的加減法個數。當 n 夠大時，比較其與乘除法的運算個數是否相當？

2.1 電腦演算題

1. 將本節的程式片段集合起來寫成一個單純高斯消去法 (表示其不允許列互換) 的 MATLAB 程式。並利用其求解習題 2 的聯立方程式。

2. 令 H 表示 $n \times n$ 的希爾伯特矩陣 (Hilbert matrix)，其 (i, j) 元素等於 $1/(i+j-1)$。對 (a) $n=2$ (b) $n=5$ (c) $n=10$，使用上題所得的 MATLAB 程式求解 $Hx=b$，其中 b 向量元素皆等於 1。

2.2 LU 分解

可將表列形式的概念更進一步地提升到聯立方程式的矩陣形式，矩陣形式可以簡化演算法及其分析，終至節省運算所需時間。

❖ 2.2.1 高斯消去法的矩陣形式

(2.1) 式的方程組可利用矩陣形式寫成 $Ax=b$，或是

$$\begin{bmatrix} 1 & 1 \\ 3 & -4 \end{bmatrix} \begin{bmatrix} x_1 \\ x_2 \end{bmatrix} = \begin{bmatrix} 3 \\ 2 \end{bmatrix}. \tag{2.11}$$

我們通常以 A 表示**係數矩陣** (coefficient matrix)，b 表示**右側** (right-hand side) 的向量。在方程組的矩陣形式中，x 為行向量、Ax 為矩陣與向量乘積。我們必須求得 x 使得向量 Ax 等於向量 b。當然，這相當於使 Ax 和 b 的每個對應元素相等，也就是原來的 (2.1) 式所要求的。

以矩陣形式來描述方程組的好處是我們可以使用矩陣計算，比如矩陣乘法，來記錄高斯消去法的相關步驟。LU 分解是以矩陣形式表現高斯消去法，它將係數矩陣 A 表示為一個下三角矩陣 L 和一個上三角矩陣 U 的乘積。LU 分解是高斯消去法在科學和工程上較慣用的形式，它將複雜的目標分解為較簡單的部分。

定義 2.2 若 $m \times n$ 矩陣 L 當 $i<j$ 時滿足 $\ell_{ij}=0$，稱為**下三角** (lower triangular)。若 $m \times n$ 矩陣 U 當 $i>j$ 時滿足 $u_{ij}=0$，稱為**上三角** (upper triangular)。

範例 2.4

求 (2.11) 式中矩陣 A 的 LU 分解。

消去步驟和先前表列形式中做的一樣：

$$\begin{bmatrix} 1 & 1 \\ 3 & -4 \end{bmatrix} \longrightarrow \quad ②-3\times① \quad \longrightarrow \begin{bmatrix} 1 & 1 \\ 0 & -7 \end{bmatrix} = U. \tag{2.12}$$

差別在於這次會把消去步驟中使用的乘數 (multiplier) 3 儲存起來。注意到我們已經得到高斯消去法中的上三角 U 矩陣，定義 L 為主對角線皆為 1 的 2×2 下三角矩陣，且把乘數 3 放在 (2, 1) 位置上得到：

$$\begin{bmatrix} 1 & 0 \\ 3 & 1 \end{bmatrix}.$$

驗算可得

$$LU = \begin{bmatrix} 1 & 0 \\ 3 & 1 \end{bmatrix} \begin{bmatrix} 1 & 1 \\ 0 & -7 \end{bmatrix} = \begin{bmatrix} 1 & 1 \\ 3 & -4 \end{bmatrix} = A. \tag{2.13}$$

◆

我們很快會討論其中的原因，但先來示範 3×3 的例子：

範例 2.5

求矩陣 A 的 LU 分解

$$A = \begin{bmatrix} 1 & 2 & -1 \\ 2 & 1 & -2 \\ -3 & 1 & 1 \end{bmatrix}. \tag{2.14}$$

這個矩陣是方程組 (2.4) 的係數矩陣，消去步驟和之前一樣：

$$\begin{bmatrix} 1 & 2 & -1 \\ 2 & 1 & -2 \\ -3 & 1 & 1 \end{bmatrix} \longrightarrow ②-①\times 2 \longrightarrow \begin{bmatrix} 1 & 2 & -1 \\ 0 & -3 & 0 \\ -3 & 1 & 1 \end{bmatrix}$$

$$\longrightarrow ③-①\times -3 \longrightarrow \begin{bmatrix} 1 & 2 & -1 \\ 0 & -3 & 0 \\ 0 & 7 & -2 \end{bmatrix}$$

$$\longrightarrow ③-②\times -\frac{7}{3} \longrightarrow \begin{bmatrix} 1 & 2 & -1 \\ 0 & -3 & 0 \\ 0 & 0 & -2 \end{bmatrix} = U.$$

下三角矩陣 L 和前個範例一樣形成，在主對角線上放上 1 並把乘數放在下三角內，每個乘數都放在它們用來消去的特定位置。可得，

$$L = \begin{bmatrix} 1 & 0 & 0 \\ 2 & 1 & 0 \\ -3 & -\frac{7}{3} & 1 \end{bmatrix}. \tag{2.15}$$

聯立方程式

請注意，舉例來說，L 的 $(2, 1)$ 元素為 2，因為它是要消去 A 的 $(2, 1)$ 元素所需乘數。驗證如下

$$LU = \begin{bmatrix} 1 & 0 & 0 \\ 2 & 1 & 0 \\ -3 & -\frac{7}{3} & 1 \end{bmatrix} \begin{bmatrix} 1 & 2 & -1 \\ 0 & -3 & 0 \\ 0 & 0 & -2 \end{bmatrix} = \begin{bmatrix} 1 & 2 & -1 \\ 2 & 1 & -2 \\ -3 & 1 & 1 \end{bmatrix} = A. \tag{2.16}$$

這個方法可以得到 LU 分解是因為關於下三角矩陣的三個論據。

論據 1

令 $L_{ij}(-c)$ 表示一下三角矩陣，其非零元素只有主對角線上的 1 和位於 (i, j) 的 $-c$。則 $A \to L_{ij}(-c)A$ 表示列運算「將第 i 列減去第 j 列的 c 倍」。

舉例來說，乘上 $L_{21}(-c)$ 可得

$$A = \begin{bmatrix} a_{11} & a_{12} & a_{13} \\ a_{21} & a_{22} & a_{23} \\ a_{31} & a_{32} & a_{33} \end{bmatrix} \longrightarrow \begin{bmatrix} 1 & 0 & 0 \\ -c & 1 & 0 \\ 0 & 0 & 1 \end{bmatrix} \begin{bmatrix} a_{11} & a_{12} & a_{13} \\ a_{21} & a_{22} & a_{23} \\ a_{31} & a_{32} & a_{33} \end{bmatrix}$$

$$= \begin{bmatrix} a_{11} & a_{12} & a_{13} \\ a_{21} - ca_{11} & a_{22} - ca_{12} & a_{23} - ca_{13} \\ a_{31} & a_{32} & a_{33} \end{bmatrix}.$$

論據 2

$L_{ij}(-c)^{-1} = L_{ij}(c)$

舉例來說，

$$\begin{bmatrix} 1 & 0 & 0 \\ -c & 1 & 0 \\ 0 & 0 & 1 \end{bmatrix}^{-1} = \begin{bmatrix} 1 & 0 & 0 \\ c & 1 & 0 \\ 0 & 0 & 1 \end{bmatrix}.$$

用論據 1 和 2，我們可以瞭解範例 2.4 的 LU 分解。因為消去步驟可以表示成

$$L_{21}(-3)A = \begin{bmatrix} 1 & 0 \\ -3 & 1 \end{bmatrix} \begin{bmatrix} 1 & 1 \\ 3 & -4 \end{bmatrix} = \begin{bmatrix} 1 & 1 \\ 0 & -7 \end{bmatrix},$$

我們在等號兩邊的左側均乘上 $L_{21}(-3)^{-1}$ 可得

$$A = \begin{bmatrix} 1 & 1 \\ 3 & -4 \end{bmatrix} = \begin{bmatrix} 1 & 0 \\ 3 & 1 \end{bmatrix} \begin{bmatrix} 1 & 1 \\ 0 & -7 \end{bmatrix},$$

即 A 的 LU 分解。

對 $n > 2$ 的 $n \times n$ 矩陣，我們需要多一個論據：

⊃ 論據 3

以下的矩陣乘法等式成立：

$$\begin{bmatrix} 1 & & \\ c_1 & 1 & \\ & & 1 \end{bmatrix} \begin{bmatrix} 1 & & \\ & 1 & \\ & c_2 & 1 \end{bmatrix} \begin{bmatrix} 1 & & \\ & 1 & \\ & c_3 & 1 \end{bmatrix} = \begin{bmatrix} 1 & & \\ c_1 & 1 & \\ c_2 & c_3 & 1 \end{bmatrix}.$$

這個論據讓我們可以把 L_{ij} 的反矩陣合而為一，成為 LU 分解中的 L。對範例 2.5 來說，這相當於

$$\begin{bmatrix} 1 & & \\ & 1 & \\ \frac{7}{3} & & 1 \end{bmatrix} \begin{bmatrix} 1 & & \\ & 1 & \\ 3 & & 1 \end{bmatrix} \begin{bmatrix} 1 & & \\ -2 & 1 & \\ & & 1 \end{bmatrix} \begin{bmatrix} 1 & 2 & -1 \\ 2 & 1 & -2 \\ -3 & 1 & 1 \end{bmatrix} = \begin{bmatrix} 1 & 2 & -1 \\ 0 & -3 & 0 \\ 0 & 0 & -2 \end{bmatrix} = U$$

$$A = \begin{bmatrix} 1 & & \\ 2 & 1 & \\ & & 1 \end{bmatrix} \begin{bmatrix} 1 & & \\ & 1 & \\ -3 & & 1 \end{bmatrix} \begin{bmatrix} 1 & & \\ & 1 & \\ & -\frac{7}{3} & 1 \end{bmatrix} \begin{bmatrix} 1 & 2 & -1 \\ 0 & -3 & 0 \\ 0 & 0 & -2 \end{bmatrix}$$

$$= \begin{bmatrix} 1 & & \\ 2 & 1 & \\ -3 & -\frac{7}{3} & 1 \end{bmatrix} \begin{bmatrix} 1 & 2 & -1 \\ 0 & -3 & 0 \\ 0 & 0 & -2 \end{bmatrix} = LU. \tag{2.17}$$

❖ 2.2.2　LU 分解及後置法

現在我們已可用矩陣乘法 LU 來表示高斯消去法中的消去步驟，那該如何轉化後置法步驟呢？更重要地，我們如何可以得到解 x 呢？

因為已經得到 L 和 U，問題 $Ax = b$ 可改寫成 $LUx = b$，這裡定義一個「輔助的」向量 $c = Ux$，則後置法變成兩段式解法：

(a) 解 $Lc = b$，求得 c。

(b) 解 $Ux = c$，求得 x。

範例 2.6

利用 (2.13) 的 LU 分解求解方程組 (2.11)。

由 (2.13) 式已知方程組之 LU 分解

$$\begin{bmatrix} 1 & 1 \\ 3 & -4 \end{bmatrix} = LU = \begin{bmatrix} 1 & 0 \\ 3 & 1 \end{bmatrix} \begin{bmatrix} 1 & 1 \\ 0 & -7 \end{bmatrix}$$

右側為 $b=[3, 2]$，步驟 (a) 即

$$\begin{bmatrix} 1 & 0 \\ 3 & 1 \end{bmatrix} \begin{bmatrix} c_1 \\ c_2 \end{bmatrix} = \begin{bmatrix} 3 \\ 2 \end{bmatrix},$$

相當於方程組

$$c_1 + 0c_2 = 3$$
$$3c_1 + c_2 = 2.$$

由上往下解，可得解為 $c_1=3$，$c_2=-7$。

步驟 (b) 為

$$\begin{bmatrix} 1 & 1 \\ 0 & -7 \end{bmatrix} \begin{bmatrix} x_1 \\ x_2 \end{bmatrix} = \begin{bmatrix} 3 \\ -7 \end{bmatrix},$$

相當於方程組

$$x_1 + x_2 = 3$$
$$-7x_2 = -7.$$

由下往上解，可得解為 $x_2=1$，$x_1=2$。這和先前「傳統的」高斯消去法計算結果相同。◆

範例 2.7

利用 (2.16) 的 LU 分解求解方程組 (2.4) 式。

由 (2.16) 式已知方程組之 LU 分解為

$$\begin{bmatrix} 1 & 2 & -1 \\ 2 & 1 & -2 \\ -3 & 1 & 1 \end{bmatrix} = LU = \begin{bmatrix} 1 & 0 & 0 \\ 2 & 1 & 0 \\ -3 & -\frac{7}{3} & 1 \end{bmatrix} \begin{bmatrix} 1 & 2 & -1 \\ 0 & -3 & 0 \\ 0 & 0 & -2 \end{bmatrix}$$

而 $b=(3, 3, -6)$，則解 $Lc=b$ 步驟是

$$\begin{bmatrix} 1 & 0 & 0 \\ 2 & 1 & 0 \\ -3 & -\frac{7}{3} & 1 \end{bmatrix} \begin{bmatrix} c_1 \\ c_2 \\ c_3 \end{bmatrix} = \begin{bmatrix} 3 \\ 3 \\ -6 \end{bmatrix},$$

相當於方程組

$$\begin{aligned} c_1 &= 3 \\ 2c_1 + c_2 &= 3 \\ -3c_1 - \frac{7}{3}c_2 + c_3 &= -6. \end{aligned}$$

由上往下解，可得 $c_1=3$，$c_2=-3$，$c_3=-4$。

再進行 $Ux=c$，即

$$\begin{bmatrix} 1 & 2 & -1 \\ 0 & -3 & 0 \\ 0 & 0 & -2 \end{bmatrix} \begin{bmatrix} x_1 \\ x_2 \\ x_3 \end{bmatrix} = \begin{bmatrix} 3 \\ -3 \\ -4 \end{bmatrix},$$

相當於方程組

$$\begin{aligned} x_1 + 2x_2 - x_3 &= 3 \\ -3x_2 &= -3 \\ -2x_3 &= -4, \end{aligned}$$

由下往上解可得 $x=[3, 1, 2]$。 ◆

❖ 2.2.3 LU 分解的複雜度

我們已經學會「如何」做 LU 分解，但還不知道「為何」這樣做。傳統的高斯消去法需同時進行 A 和 b 的消去步驟，但這顯然是最繁瑣的部分。假設我們需要解一些不同的問題，它們有相同的 A 但 b 不同；意即，有一組問題

$$Ax = b_1$$
$$Ax = b_2$$
$$\vdots$$
$$Ax = b_k$$

其右側的向量 b_i 皆不同。當 A 為 $n \times n$ 矩陣，則傳統的高斯消去法需要大約 $kn^3/3$ 個運算，因為我們必須逐一地進行計算。若利用 LU 的方法，直到消去步驟 ($A=LU$ 分解) 完成都不需計算到右側的 b。將 A 和 b 的計算分開來進行，求解剛剛的方程組便只需要一次消去步驟，以及每個 b 兩次的置換計算 ($Lc=b$ 與 $Ux=c$)。採用 LU 作法後運算個數約為 $n^3/3 + kn^2$，當 n^2 遠比 n^3 小時 (意即當 n 夠大時)，就有顯著的差異了。

> **聚焦　複雜度**
>
> 在高斯消去法中使用 LU 分解的主要理由是因為普遍存在 $Ax=b_1$、$Ax=b_2$、... 這類問題。通常，A 稱為結構矩陣 (structure matrix)，依據的是機械或動力系統的設計，而 b 是「輸入向量」。在結構工程中，輸入向量代表在結構上不同點的施力程度，x 則表示對應於輸入組合的結構壓力。對不同的 b 重複求解 $Ax=b$ 將有助於測試可能的結構設計。實作 2 針對樑的負重做此分析。

即使 $k=1$，和傳統的高斯消去法相比，利用 $A=LU$ 求解也不會增加額外的計算工作。雖然比起傳統的高斯消去法似乎多了一個置換法，但這些「額外」的計算正好被因為右側的 b 並不需計算消去步驟所省下的運算相互抵銷。

如果所有的 b_i 一開始就已給定，我們可以在相同的運算個數內同時求解 k 個問題。但典型的應用中，常常當部分 b_i 還未知時，就需要先求得一些 $Ax=b_i$ 的解。LU 的應用讓我們能有效率地處理所有使用相同係數矩陣 A 的現在與未來的問題。

範例 2.8

假設將 300×300 矩陣 A 分解為 LU 需要一秒鐘,那麼在下一秒內可以完成多少組方程組求解問題 $Ax = b_1, ..., Ax = b_k$?

對每個 b_i 所需的兩次置換法步驟共需 $2n^2/2 = n^2$ 次運算,因此每秒鐘大約能處理的 b_i 個數為

$$\frac{\frac{n^3}{3}}{n^2} = \frac{n}{3} = 100.$$

◆

在我們追求更有效率地執行高斯消去法過程中,LU 分解無疑向前邁出重要的一步。然而不幸的是,並非每個矩陣都能夠被分解。

範例 2.9

試證明矩陣 $A = \begin{bmatrix} 0 & 1 \\ 1 & 1 \end{bmatrix}$ 無法進行 LU 分解。

由於分解過程必定為以下形式

$$\begin{bmatrix} 0 & 1 \\ 1 & 1 \end{bmatrix} = \begin{bmatrix} 1 & 0 \\ a & 1 \end{bmatrix} \begin{bmatrix} b & c \\ 0 & d \end{bmatrix} = \begin{bmatrix} b & c \\ ab & ac+d \end{bmatrix}.$$

比較係數可得 $b=0$ 且 $ab=1$,這產生矛盾。

◆

並非所有矩陣都能做 LU 分解的事實,表示我們需要更多的工作以判斷是否適用;相關的淹沒問題將在下一節討論,並在 2.4 節提出 PA=LU 的分解法則可以克服所有的問題。

2.2 習題

1. 求以下矩陣的 LU 分解，並檢驗之。

   (a) $\begin{bmatrix} 1 & 2 \\ 3 & 4 \end{bmatrix}$ (b) $\begin{bmatrix} 1 & 3 \\ 2 & 2 \end{bmatrix}$ (c) $\begin{bmatrix} 3 & -4 \\ -5 & 2 \end{bmatrix}$

2. 求以下矩陣的 LU 分解，並檢驗之。

   (a) $\begin{bmatrix} 3 & 1 & 2 \\ 6 & 3 & 4 \\ 3 & 1 & 5 \end{bmatrix}$ (b) $\begin{bmatrix} 4 & 2 & 0 \\ 4 & 4 & 2 \\ 2 & 2 & 3 \end{bmatrix}$ (c) $\begin{bmatrix} 1 & -1 & 1 & 2 \\ 0 & 2 & 1 & 0 \\ 1 & 3 & 4 & 4 \\ 0 & 2 & 1 & -1 \end{bmatrix}$

3. 利用 LU 分解與兩段式置換法求解以下方程組。

   (a) $\begin{bmatrix} 3 & 7 \\ 6 & 1 \end{bmatrix} \begin{bmatrix} x_1 \\ x_2 \end{bmatrix} = \begin{bmatrix} 1 \\ -11 \end{bmatrix}$ (b) $\begin{bmatrix} 2 & 3 \\ 4 & 7 \end{bmatrix} \begin{bmatrix} x_1 \\ x_2 \end{bmatrix} = \begin{bmatrix} 1 \\ 3 \end{bmatrix}$

4. 利用 LU 分解與兩段式置換法求解以下方程組。

   (a) $\begin{bmatrix} 3 & 1 & 2 \\ 6 & 3 & 4 \\ 3 & 1 & 5 \end{bmatrix} \begin{bmatrix} x_1 \\ x_2 \\ x_3 \end{bmatrix} = \begin{bmatrix} 0 \\ 1 \\ 3 \end{bmatrix}$ (b) $\begin{bmatrix} 4 & 2 & 0 \\ 4 & 4 & 2 \\ 2 & 2 & 3 \end{bmatrix} \begin{bmatrix} x_1 \\ x_2 \\ x_3 \end{bmatrix} = \begin{bmatrix} 2 \\ 4 \\ 6 \end{bmatrix}$

5. 求解方程式 $Ax=b$，其中

   $A = \begin{bmatrix} 1 & 0 & 0 & 0 \\ 0 & 1 & 0 & 0 \\ 1 & 3 & 1 & 0 \\ 4 & 1 & 2 & 1 \end{bmatrix} \begin{bmatrix} 2 & 1 & 0 & 0 \\ 0 & 1 & 2 & 0 \\ 0 & 0 & -1 & 1 \\ 0 & 0 & 0 & 1 \end{bmatrix}$ 且 $b = \begin{bmatrix} 1 \\ 1 \\ 2 \\ 0 \end{bmatrix}$。

6. 給定一個 100×100 矩陣 A，你的電腦以 $A = LU$ 分解方式解 50 個方程組問題 $Ax = b_1, \ldots, Ax = b_{50}$ 正好花費一分鐘，那麼花費多少時間在計算 $A = LU$ 分解上？將你的答案四捨五入到最近的秒為單位。

7. 假設你的電腦一秒鐘可以解 100 個 $Ux = c$ 問題，其中 U 為 50×50 上三角矩陣。試估計求解一般的 500×500 矩陣問題 $Ax = b$ 需要多少時間？請以分與秒為單位。

8. 假設你的電腦可以在一秒鐘解一個 200×200 的線性系統 $Ax = b$，試估計

以 LU 分解處理四個擁有相同係數矩陣的 500 未知數與 500 個方程式的線性系統，需要多少時間 (估計到最接近的秒數)。

9. 令 A 為 $n \times n$ 矩陣，假設先以你的電腦用 LU 分解求解，再利用所得 LU 分解結果繼續完成 100 組方程組求解，兩部分所需時間相同，試估計 n 值。

2.2 電腦演算題

1. 利用前一節高斯消去法程式片段來寫一個 MATLAB 程式，輸入矩陣 A 並輸出矩陣 L 和 U。不允許列交換，故當樞軸元為零時，必須有終止的設計。請用習題 2 的矩陣檢驗你的程式。
2. 將電腦演算題 1 的程式碼加入兩段式後置法，並利用其求解習題 4 的線性系統。

2.3 誤差來源

到目前為止我們討論的高斯消去法有兩個主要可能的誤差來源。**病態** (ill-conditioning) 指的是解對輸入數據的高敏感性，我們將利用第 1 章的前向與後向誤差討論條件數，由於沒什麼辦法可以避免病態的系統產生計算解的誤差，所以，能辨別並盡可能避免病態的系統十分重要。第二個誤差來源是無法做 LU 分解，但大部分問題可以用**部分換軸法** (partial pivoting) 做簡單的修正，此為 2.4 節的主題。

接下來將介紹向量和矩陣的**範數** (norm) 以測量誤差向量的大小，而我們主要強調的是所謂的**無限範數** (infinity norm)。

❖ 2.3.1 誤差放大與條件數

在第 1 章我們發現一些方程式求解問題的後向與前向誤差有顯著差異，在線性系統中同樣如此。為了量化誤差，我們先定義向量的無限範數。

定義 2.3 向量 $x=(x_1, ..., x_n)$ 的**無限範數** (infinity norm) 或稱為**最大值範數** (maximum norm) 為 $\|x\|_\infty = \max|x_i|$，$i = 1, \ldots, n$，意即取 x 中分量絕對值之最大值。

後向和前向誤差和定義 1.8 類似，後向誤差為輸入端的差異，或說問題數據端，而前向誤差為輸出端差異，即演算所得的解。

定義 2.4 若 x_c 為線性系統 $Ax=b$ 的近似解，**餘向量** (residual) 定義為 $r=b-Ax_c$，**後向誤差** (backward error) 為餘向量的範數 $\|b - Ax_c\|_\infty$，**前向誤差** (forward error) 為 $\|x - x_c\|_\infty$。

範例 2.10

求下列方程組在近似解 $x_c=[1, 1]$ 的後向與前向誤差

$$\begin{bmatrix} 1 & 1 \\ 3 & -4 \end{bmatrix} \begin{bmatrix} x_1 \\ x_2 \end{bmatrix} = \begin{bmatrix} 3 \\ 2 \end{bmatrix}.$$

因正確解為 $x=[2, 1]$，後向誤差為

$$\|b - Ax_c\|_\infty = \left\| \begin{bmatrix} 3 \\ 2 \end{bmatrix} - \begin{bmatrix} 1 & 1 \\ 3 & -4 \end{bmatrix} \begin{bmatrix} 1 \\ 1 \end{bmatrix} \right\|_\infty = \left\| \begin{bmatrix} 1 \\ 3 \end{bmatrix} \right\|_\infty = 3,$$

而前向誤差為

$$\|x - x_c\|_\infty = \left\| \begin{bmatrix} 2 \\ 1 \end{bmatrix} - \begin{bmatrix} 1 \\ 1 \end{bmatrix} \right\|_\infty = \left\| \begin{bmatrix} 1 \\ 0 \end{bmatrix} \right\|_\infty = 1.$$

在某些狀況下，前向與後向誤差可以有好幾**階** (order) 的差異。

範例 2.11

求下列方程組在近似解 $[-1, 3.0001]$ 的後向與前向誤差。

$$x_1 + x_2 = 2$$
$$1.0001x_1 + x_2 = 2.0001. \qquad (2.18)$$

首先得先求得正確解，利用高斯消去法

$$\begin{bmatrix} 1 & 1 & | & 2 \\ 1.0001 & 1 & | & 2.0001 \end{bmatrix} \rightarrow ②-①\times 1.0001 \rightarrow \begin{bmatrix} 1 & 1 & | & 2 \\ 0 & -0.0001 & | & -0.0001 \end{bmatrix}.$$

意即

$$x_1 + x_2 = 2$$
$$-0.0001x_2 = -0.0001$$

可得解 $[x_1, x_2] = [1, 1]$。

因為

$$b - Ax_c = \begin{bmatrix} 2 \\ 2.0001 \end{bmatrix} - \begin{bmatrix} 1 & 1 \\ 1.0001 & 1 \end{bmatrix} \begin{bmatrix} -1 \\ 3.0001 \end{bmatrix}$$
$$= \begin{bmatrix} 2 \\ 2.0001 \end{bmatrix} - \begin{bmatrix} 2.0001 \\ 2 \end{bmatrix} = \begin{bmatrix} -0.0001 \\ 0.0001 \end{bmatrix},$$

可得後向誤差為 $||b-Ax_c||_\infty = 0.0001$。然而，

$$x - x_c = \begin{bmatrix} 1 \\ 1 \end{bmatrix} - \begin{bmatrix} -1 \\ 3.0001 \end{bmatrix} = \begin{bmatrix} 2 \\ -2.0001 \end{bmatrix},$$

得前向誤差為 $||b-x_c||_\infty = 2.0001$。

◆

圖 2.2 可以幫助我們瞭解為何後向誤差與前向誤差會產生如此大的差距，儘管「近似解」(−1, 3.0001) 離正確解 (1, 1) 相當遠，但它卻也幾乎就在兩直線上，這是因為兩直線幾乎平行。如果直線非近乎平行，那麼前向誤差與後向誤差便會接近些。

方程組 $Ax=b$ 的**相對後向誤差** (relative backward error) 定義為

$$\frac{||r||_\infty}{||b||_\infty},$$

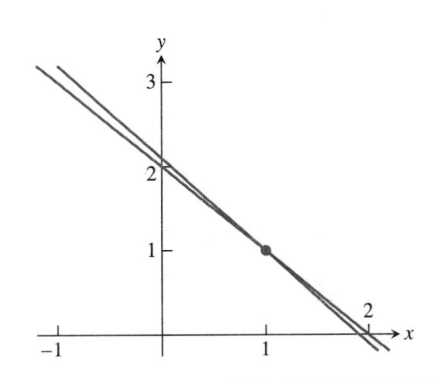

圖 2.2 範例 **2.11** 的幾何意義。方程組 (2.18) 可表示成直線 $x_2 = 2 - x_1$ 及 $x_2 = 2.0001 - 1.0001 x_1$，相交於 $(1, 1)$，點 $(-1, 3.0001)$ 幾乎就在兩直線上且可被視為解。圖中兩條線的夾角經過誇大，事實上二者之間更接近。

其中 $r = b - Ax_c$ 即為餘向量之定義。另外，**相對前向誤差** (relative forward error) 為

$$\frac{||x - x_c||_\infty}{||x||_\infty}.$$

$Ax = b$ 的**誤差放大倍數** (error magnification factor) 則為二者的比例，

$$\text{誤差放大倍數} = \frac{\text{相對前向誤差}}{\text{相對後向誤差}} = \frac{\frac{||x - x_c||_\infty}{||x||_\infty}}{\frac{||r||_\infty}{||b||_\infty}}. \tag{2.19}$$

> **聚焦　條件性**
>
> 條件數是貫穿數值分析的主題之一。在第 1 章有關威金森多項式的討論中，我們已經知道給予方程式 $f(x) = 0$ 小擾動，如何計算其求根問題的誤差放大倍數。對矩陣方程式 $Ax = b$，也有類似的誤差放大倍數，以及最大可能倍數為 $\text{cond}(A) = ||A|| \, ||A^{-1}||$。

對方程組 (2.18) 式來說，相對後向誤差為

$$\frac{0.0001}{2.0001} \approx 0.00005 = 0.005\%,$$

相對前向誤差為

$$\frac{2.0001}{1} = 2.0001 \approx 200\%.$$

因此誤差放大倍數等於 $2.0001/(0.0001/2.0001) = 40004.001$。

在第 1 章中，我們定義條件數的概念為在規定範圍內的輸入誤差其所能得到的最大誤差放大倍數，「規定範圍」需依情況決定。我們現在將更精確描述線性方程組實際的情況，對於一個固定的矩陣 A，考慮對多個不同的向量 b 求解 $Ax=b$。在此情況下，b 是輸入而解 x 是輸出。在輸入方面微小異動，意即當 b 微小變動，它會有個誤差放大倍數。我們因此做出以下定義：

定義 2.5 方陣 A 的**條件數** (condition number)，或稱 cond(A)，為對所有的 b 而言，求解 $Ax=b$ 之最大可能誤差放大倍數。

令人驚奇地，方陣的條件數有個精簡的公式可用。類似於向量的範數，對 $n \times n$ 的矩陣 A，可定義**矩陣範數** (matrix norm) 為

$$||A||_\infty = \text{列絕對值和的最大值} \tag{2.20}$$

意即，對每一列個別求其絕對值和，所得 n 個數的最大值就是 A 的範數。

定理 2.6 $n \times n$ 矩陣 A 的條件數為

$$\text{cond}(A) = ||A|| \cdot ||A^{-1}||.$$

稍後我們將證明定理 2.6，此定理使我們可以計算範例 2.11 中係數矩陣的條件數。依照定義，矩陣

$$A = \begin{bmatrix} 1 & 1 \\ 1.0001 & 1 \end{bmatrix}$$

其範數為 $||A|| = 2.0001$。A 的反矩陣為

聯立方程式

$$A^{-1} = \begin{bmatrix} -10000 & 10000 \\ 10001 & -10000 \end{bmatrix},$$

其範數 $||A^{-1}|| = 20001$。因此 A 的條件數為

$$\text{cond}(A) = (2.0001)(20001) = 40004.0001.$$

這正好是我們在範例 2.11 中所得的誤差放大倍數，顯然這就是最糟的情況，也就是條件數的定義。任何其他 b 在這個系統中的誤差放大倍數將少於或等於 40004.0001。習題 3 將要求計算一些其他的誤差放大倍數。

條件數的意義和第 1 章所言是相同的。誤差放大倍數大小為條件數是可能的。在浮點計算中，無法期待相對後向誤差小於 ϵ_{mach}，因為 b 中元素儲存時便已經導致這樣大小的誤差了。依據 (2.19) 式，求解 $Ax=b$ 的相對前向誤差大小等於 $\epsilon_{\text{mach}} \cdot \text{cond}(A)$ 是可能的。換句話說，如果 $\text{cond}(A) \approx 10^k$，我們在計算 x 時便有可能喪失 k 位準確位數。

在範例 2.11 中，$\text{cond}(A) \approx 4 \times 10^4$，所以在雙精準計算中我們只可以預期解 x 有 $16-4=12$ 位正確位數。為檢驗是否相符，可利用 MATLAB 中最佳的通用線性方程解法：\。

在 MATLAB 中，反斜線 (backslash) 指令 x=A\b 使用了我們將在 2.4 節才會討論的一種高階版本的 LU 分解來求解線性系統；現在，我們視其為浮點計算中最佳演算法。以下的 MATLAB 指令可得範例 2.10 的電腦解 x_c：

```
>> A = [1 1;1.0001 1]; b=[2;2.0001];
>> xc = A\b
xc =
   1.00000000000222
   0.99999999999778
```

和正確解 $x=[1, 1]$ 比較，電腦解約有 11 位正確位數，與條件數估算所得相當接近。

希爾伯特矩陣 H，其元素為 $H_{ij}=1/(i+j-1)$，它的超大條件數是惡名昭彰的。

範例 2.12

令 H 為 $n \times n$ 的希爾伯特矩陣。利用 MATLAB 的 \ 指令求解 $Hx=b$，其中 $b= H \cdot [1, ..., 1]^T$、$n=6$ 和 10。

如此定義右側的 b 可使正確解為分量皆是 1 的向量，以便於檢查前向誤差。用 MATLAB 求得條件數(用無限範數)及其解：

```
>> n=6;H=hilb(n);
>> cond(H,inf)
ans =
    2.907027900294064e+007
>> b=H*ones(n,1);
>> xc=H\b
xc =
    0.99999999999923
    1.00000000002184
    0.99999999985267
    1.00000000038240
    0.99999999957855
    1.00000000016588
```

條件數約為 10^7，可預測最糟的情況還有 $16-7=9$ 位正確位數；觀察電腦計算所得大約 9 位正確。以 $n=10$ 重複相同過程：

```
>> n=10;H=hilb(n);
>> cond(H,inf)
ans =
    3.535371683074594e+013
>> b=H*ones(n,1);
>> xc=H\b
xc =
    0.99999999875463
    1.00000010746631
    0.99999771299818
    1.00002077769598
    0.99990094548472
    1.00027218303745
    0.99955359665722
    1.00043125589482
    0.99977366058043
    1.00004976229297
```

因為條件數為 10^{13}，所得解只有 $16-13=3$ 位正確位數。

當 n 略大於 10，希爾伯特矩陣的條件數便大於 10^{16}，計算所得不保證有任何正確的位數。

即使再好的軟體在病態問題上可能也沒輒。增加精準度略有幫助；在延伸精準下，$\epsilon_{mach}=2^{-64}\approx 5.42\times 10^{-20}$，我們可用 20 位數代替前面的 16 位。無論如何，希爾伯特矩陣的條件數在 n 增加,時迅速增加並足以抵銷任何合理有限的精準度。

幸運地，像希爾伯特矩陣的大條件數是不常見的。良態的 n 未知數 n 方程式線性系統對 $n=10^4$ 或更大，通常可用雙精準計算求解。無論如何，重要的是瞭解病態問題確實存在，且可用條件數判斷。更多關於誤差放大倍數與條件數的範例請參閱電腦演算題 1-4。

在本節中，向量的無限範數被視為一種簡單的方法來表示向量長度。它是**向量範數** (vector norm) $||x||$ 的例子之一，必須滿足以下三個條件：

(i) $||x|| \geq 0$，等號成立若且唯若 $x=[0, ..., 0]$
(ii) 對任一常數 α 與向量 x，$||\alpha x||=|\alpha|\cdot ||x||$
(iii) 對所有向量 x、y，滿足 $||x+y||\leq ||x||+||y||$。

另外，$||A||_\infty$ 作為**矩陣範數** (matrix norm)，同樣必須滿足三個類似的條件：

(i) $||A|| \geq 0$，等號成立若且唯若 $A=0$
(ii) 對任一常數 α 與矩陣 A，$||\alpha A||=|\alpha|\cdot ||A||$
(iii) 對所有矩陣 A, B，滿足 $||A+B||\leq ||A||+||B||$。

另一個例子，向量 $x=[x_1, ..., x_n]$ 的 **1-範數** (1-norm) 定義為 $||x||_1=|x_1|+\cdots+|x_n|$。$n\times n$ 矩陣 A 的矩陣 1-範數 $||A||_1=$ 行絕對值和的最大值，意即，其行向量的 1-範數的最大值。習題 9 和 10 將要求讀者試著去驗證是否滿足上述條件。

對任一向量和矩陣都可定義前面所提的誤差放大倍數、條件數和矩陣範數。我們將矩陣範數集中注意於**算子範數** (operator norm)，這是用特定的向量範數來定義，如

$$||A|| = \max \frac{||Ax||}{||x||},$$

上式之最大值是對所有的非零向量 x 求得。於是，依據定義，矩陣範數與其相關的向量範數為**一致的** (consistent)，意指對任意的矩陣 A 和向量 x，可得

$$||Ax|| \leq ||A|| \cdot ||x|| \qquad (2.21)$$

習題 10 和 11 要求讀者證明 (2.20) 式所定義的 $||A||_\infty$ 不但是矩陣範數，同時也是對應於向量的無限範數之算子範數。

這項發現使得我們可以證明前述的 cond(A) 簡易公式。此證明同樣適用於無限範數和任何其他的算子範數。

定理 2.6 的證明

我們利用等式 $A(x-x_c)=r$ 及 $Ax=b$，依據 (2.21) 式的一致性，

$$||x - x_c|| \leq ||A^{-1}|| \cdot ||r||$$

及

$$\frac{1}{||b||} \geq \frac{1}{||A|| \, ||x||}.$$

將兩個不等式結合可得

$$\frac{||x - x_c||}{||x||} \leq \frac{||A||}{||b||} ||A^{-1}|| \cdot ||r||,$$

這表示 $||A|| \, ||A^{-1}||$ 為所有誤差放大倍數的上界。其次，我們可以證明等式永遠可達到；依據矩陣算子範數的定義，必定存在 x 使得 $||A|| = ||Ax||/||x||$，以及 r 使得 $||A^{-1}|| = ||A^{-1}r||/||r||$，令 $x_c = x - A^{-1}r$ 可得 $x - x_c = A^{-1}r$，此時可驗證對這個特殊的 x 和 r 等號成立：

聯立方程式

$$\frac{||x - x_c||}{||x||} = \frac{||A^{-1}r||}{||x||} = \frac{||A^{-1}||\,||r||\,||A||}{||Ax||}$$

❖ 2.3.2 淹 沒

傳統的高斯消去法第二個主要誤差來源是很容易克服的，下個例子將展示所謂的**淹沒** (swamping)。

範例 2.13

對方程組
$$10^{-20}x_1 + x_2 = 1$$
$$x_1 + 2x_2 = 4.$$

我們將以三種方式處理：一次用完全的精確度求解，第二次我們模仿電腦以 **IEEE** 雙精準計算，第三次則以同樣方式再計算一次，但是先交換兩方程式的順序。

1. **精確解**。利用表列形式，高斯消去法程序如下

$$\begin{bmatrix} 10^{-20} & 1 & | & 1 \\ 1 & 2 & | & 4 \end{bmatrix} \longrightarrow \quad ②-10^{20}\times① \quad \longrightarrow \begin{bmatrix} 10^{-20} & 1 & | & 1 \\ 0 & 2-10^{20} & | & 4-10^{20} \end{bmatrix}.$$

第二列方程式變成

$$(2 - 10^{20})x_2 = 4 - 10^{20} \longrightarrow x_2 = \frac{4 - 10^{20}}{2 - 10^{20}},$$

代入第一列方程式得

$$10^{-20}x_1 + \frac{4 - 10^{20}}{2 - 10^{20}} = 1$$
$$x_1 = 10^{20}\left(1 - \frac{4 - 10^{20}}{2 - 10^{20}}\right)$$
$$x_1 = \frac{-2 \times 10^{20}}{2 - 10^{20}}.$$

可得精確解為

$$[x_1, x_2] = \left[\frac{2 \times 10^{20}}{10^{20} - 2}, \frac{4 - 10^{20}}{2 - 10^{20}}\right] \approx [2, 1].$$

2. **以 IEEE 雙精準計算**。用電腦計算高斯消去法則有一點不同：

$$\begin{bmatrix} 10^{-20} & 1 & | & 1 \\ 1 & 2 & | & 4 \end{bmatrix} \longrightarrow \quad ②-10^{20} \times ① \quad \longrightarrow \begin{bmatrix} 10^{-20} & 1 & | & 1 \\ 0 & 2 - 10^{20} & | & 4 - 10^{20} \end{bmatrix}.$$

在雙精準的捨入方式下，$2-10^{20}$ 被儲存為 -10^{20}，同樣 $4-10^{20}$ 也被儲存成 -10^{20}，如此第二列方程式變成了

$$-10^{20} x_2 = -10^{20} \longrightarrow x_2 = 1.$$

電腦計算的第一列方程式成了

$$10^{-20} x_1 + 1 = 1,$$

所以 $x_1 = 0$。所得計算解為 $[x_1, x_2] = [0, 1]$，和精確解有著很大的相對誤差。

3. **列交換後以 IEEE 雙精準計算**。我們先將兩方程式的順序對換後，重複執行電腦版高斯消去法步驟：

$$\begin{bmatrix} 1 & 2 & | & 4 \\ 10^{-20} & 1 & | & 1 \end{bmatrix} \longrightarrow ② - 10^{-20} \times ①$$

$$\longrightarrow \begin{bmatrix} 1 & 2 & | & 4 \\ 0 & 1 - 2 \times 10^{-20} & | & 1 - 4 \times 10^{-20} \end{bmatrix}.$$

在雙精準的計算下，$1-2\times 10^{-20}$ 和 $1-4\times 10^{-20}$ 都儲存成了 1，這回方程式變成

$$x_1 + 2x_2 = 4$$
$$x_2 = 1,$$

可得 $x_1 = 2$ 及 $x_2 = 1$。當然，這並非正確答案，但卻有大約 16 位的準確位數，這也是採用 52 位元浮點數系統所能得到的最多位數。

上述後面兩種計算方式的差異是非常關鍵的，方法 3 給了我們一個可接受的解，但方法 2 無法達到。分析方法 2 產生錯誤的原因是消去步驟中用到乘數 10^{20}，把第二式減去第一式的 10^{20} 倍將破壞或說「淹沒」了第二式。原本兩個獨立的方程式，或說資訊來源，在方法 2 中經過消去步驟後，實質上卻成為兩個第一式。因為第二式消失了，我們無法期待計算解能滿足第二式，事實上也正是如此。

另一方面，方法 3 的消去過程不會發生淹沒，因為乘數為 10^{-20}，經過消去步驟後，原始的兩個方程式仍保有大部分原本性質，輕微地轉變成三角化結果，所得便為相當精確的近似解。

◆

2.3 習 題

1. 求以下矩陣的範數 $\|A\|_\infty$：

   (a) $A = \begin{bmatrix} 1 & 2 \\ 3 & 4 \end{bmatrix}$　(b) $A = \begin{bmatrix} 1 & 5 & 1 \\ -1 & 2 & -3 \\ 1 & -7 & 0 \end{bmatrix}$

2. 求以下矩陣之條件數 (使用無限範數)

   (a) $A = \begin{bmatrix} 1 & 2 \\ 3 & 4 \end{bmatrix}$　(b) $A = \begin{bmatrix} 1 & 2.01 \\ 3 & 6 \end{bmatrix}$　(c) $A = \begin{bmatrix} 6 & 3 \\ 4 & 2 \end{bmatrix}$

3. 對範例 2.11 方程組的下列近似解，求前向與後向誤差及誤差放大倍數 (使用無限範數)。

   (a) $[-1, 1]$　(b) $[3, -1]$　(c) $[2, -1/2]$

4. 對方程組 $x_1 + 2x_2 = 1$，$2x_1 + 4.01x_2 = 2$ 的下列近似解，求前向與後向誤差及誤差放大倍數 (使用無限範數)。

   (a) $[-1, 1]$　(b) $[3, -1]$　(c) $[2, -1/2]$

5. 對方程組 $x_1 - 2x_2 = 3$，$3x_1 + 4x_2 = 7$ 的下列近似解，求相對前向與後向誤差及誤差放大倍數 (使用無限範數)。

(a) $[-2, -4]$ (b) $[-2, -3]$ (c) $[0, -2]$ (d) $[-1, -1]$

(e) 係數矩陣的條件數為何？

6. 對方程組 $x_1 + 2x_2 = 3$，$2x_1 + 4.01x_2 = 6.01$ 的下列近似解，求相對前向與後向誤差及誤差放大倍數 (使用無限範數)。

(a) $[-10, 6]$ (b) $[-100, 52]$ (c) $[-600, 301]$ (d) $[-599, 301]$

(e) 係數矩陣的條件數為何？

7. 求 5×5 希爾伯特矩陣的範數 $\|H\|_\infty$。

8. (a) 求方程組問題 $\begin{bmatrix} 1 & 1 \\ 1+\delta & 1 \end{bmatrix} \begin{bmatrix} x_1 \\ x_2 \end{bmatrix} = \begin{bmatrix} 2 \\ 2+\delta \end{bmatrix}$ 中係數矩陣的條件數，用 $\delta > 0$ 的函數表示。

(b) 對近似解 (數學式 $x_c = [-1, 3+\delta]$) 求誤差放大倍數。

9. (a) 證明無限範數 $\|x\|_\infty$ 為向量範數。(b) 證明 1-範數 $\|x\|_1$ 為向量範數。

10. (a) 證明無限範數 $\|A\|_\infty$ 為矩陣範數。(b) 證明 1-範數 $\|A\|_1$ 為矩陣範數。

11. 證明矩陣無限範數為向量無限範數的算子範數。

12. 證明矩陣 1-範數為向量 1-範數的算子範數。

13. 對習題 1 的矩陣，求得滿足 $\|A\|_\infty = \|Ax\|_\infty / \|x\|_\infty$ 的向量 x。

14. 對習題 1 的矩陣，求得滿足 $\|A\|_1 = \|Ax\|_1 / \|x\|_1$ 的向量 x。

15. 求矩陣 A 的 LU 分解

$$A = \begin{bmatrix} 10 & 20 & 1 \\ 1 & 1.99 & 6 \\ 0 & 50 & 1 \end{bmatrix}$$

乘數 l_{ij} 最大的絕對值為何？

2.3 電腦演算題

1. 對元素為 $A_{ij} = 5/(i+2j-1)$ 的 $n \times n$ 矩陣，令 $x = [1, ..., 1]^T$ 且 $b = Ax$。使用 2.1 節電腦演算題 1 的 MATLAB 程式或是 MATLAB 的反斜線指令來求雙精準計算所得的解 x_c。求解 $Ax = b$ 問題的前向誤差之無限範數和誤差放大倍數，並與 A 的條件數做比較：(a) $n=6$ (b) $n=10$。

2. 以元素為 $A_{ij}=1/(|i+j|+1)$ 的矩陣重做電腦演算題 1。

3. 令 $n \times n$ 矩陣 A 之元素為 $A_{ij}=|i-j|+1$，另外 $x=[1, ..., 1]^T$ 且 $b=Ax$。對 $n=100, 200, 300, 400, 500$，用 2.1 節電腦演算題 1 的 MATLAB 程式或 MATLAB 的反斜線指令求雙精準的計算解 x_c。計算每個解的無限範數和前向誤差，求 $Ax=b$ 問題的 5 個誤差放大倍數，並與對應的條件數做比較。

4. 對元素為 $A_{ij}=\sqrt{(i-j)^2+n/10}$ 的矩陣，重做電腦演算題 3。

5. 在電腦演算題 1 中，n 值為多大時將導致所得不具任何一位正確的位數？

6. 使用 2.1 節電腦演算題 1 的 MATLAB 程式，以雙精準計算重做範例 2.13 的方法 2 和 3，並且和本書的理論結果做比較。

2.4 PA＝LU 分解

到目前為止所討論的高斯消去法經常被稱為單純的 (naive)，因為有兩個相當困難的問題：遇到樞軸元為零和淹沒問題；但是對非奇異矩陣而言，二者皆可透過改進的演算法來避免產生。改進的關鍵在於有效地交換係數矩陣的列，稱之為部分換軸法。

❖ 2.4.1 部分換軸法

在對 n 方程式 n 未知數的傳統高斯消去法一開始，第一步是使用對角線元素作為樞軸元來消去第一行的其他元素，**部分換軸法** (partial pivoting) 是在每次消去前先比較數目大小，找出第一行絕對值最大的元素，將那一列和樞軸列 (在此時是指第一列) 做交換。

換句話說，要進行高斯消去前，部分換軸要求我們選出第 p 列，其滿足對所有 $1 \leq i \leq n$ 下式成立

$$|a_{p1}| \geq |a_{i1}| \tag{2.22}$$

則將第 1 和 p 列交換。接下來，使用「新」的樞軸元 a_{11} 同樣地消去第一行的其他元素。如此，用來消去 a_{i1} 的乘數等於

$$m_{i1} = \frac{a_{i1}}{a_{11}}$$

且 $|m_{i1}| \leq 1$。

在演算法進行中每次挑選樞軸元時，重複同樣的檢查工作。當要決定第二個樞軸列時，我們將和其下方的所有元素做比較，若找到第 p 列使得對所有的 $2 \leq i \leq n$ 且 $p \neq 2$，使得

$$|a_{p2}| \geq |a_{i2}|$$

則將第 2 列和第 p 列交換。過程中不再理會第 1 列，如果 $|a_{22}|$ 已經是最大值，就不需要做列交換。

對每一行消去工作進行同樣規則，在消去第 k 行前，找出第 p 列使得 $k \leq p \leq m$ 且 $|a_{pk}|$ 為最大值，如有必要則交換 p 及 k 列再繼續消去步驟。使用部分換軸可保證消去用的所有乘數 (或說 L 中的元素)，其絕對值絕不大於 1。在高斯消去過程中採用這小小的改變，就可以完全地避免範例 2.13 中所提的淹沒問題。

範例 2.14

用部分換軸高斯消去法，求解方程組 (2.1) 式。

該方程組可寫成表列形式如

$$\begin{bmatrix} 1 & 1 & | & 3 \\ 3 & -4 & | & 2 \end{bmatrix}.$$

依據部分換軸，我們比較 $|a_{11}| = 1$ 和其下的其他元素，此例中只有元素 $a_{21} = 3$，因為 $|a_{21}| > |a_{11}|$，我們必須交換 1、2 列。則新的表列成為

$$\begin{bmatrix} 3 & -4 & | & 2 \\ 1 & 1 & | & 3 \end{bmatrix} \longrightarrow \quad ②-\tfrac{1}{3} \times ① \quad \longrightarrow \begin{bmatrix} 3 & -4 & | & 2 \\ 0 & \tfrac{7}{3} & | & \tfrac{7}{3} \end{bmatrix}.$$

經過置換法，可得 $x_2 = 1$ 及 $x_1 = 2$，與先前所得相同。當我們先前解這個方程組時，消去乘數為 3，但部分換軸便不會發生這種乘數。

範例 2.15

用部分換軸高斯消去法，求解方程組

$$x_1 - x_2 + 3x_3 = -3$$
$$-x_1 - 2x_3 = 1$$
$$2x_1 + 2x_2 + 4x_3 = 0.$$

方程組可寫成表列形式如下：

$$\begin{bmatrix} 1 & -1 & 3 & | & -3 \\ -1 & 0 & -2 & | & 1 \\ 2 & 2 & 4 & | & 0 \end{bmatrix}.$$

根據部分換軸，我們比較 $|a_{11}|=1$、$|a_{21}|=1$ 和 $|a_{31}|=2$，選取 a_{31} 作為新的樞軸元，此時需交換 1、3 列：

$$\begin{bmatrix} 1 & -1 & 3 & | & -3 \\ -1 & 0 & -2 & | & 1 \\ 2 & 2 & 4 & | & 0 \end{bmatrix} \longrightarrow \text{①} \leftrightarrow \text{③} \longrightarrow \begin{bmatrix} 2 & 2 & 4 & | & 0 \\ -1 & 0 & -2 & | & 1 \\ 1 & -1 & 3 & | & -3 \end{bmatrix}$$

$$\longrightarrow \text{②}-(-\tfrac{1}{2})\times\text{①} \longrightarrow \begin{bmatrix} 2 & 2 & 4 & | & 0 \\ 0 & 1 & 0 & | & 1 \\ 1 & -1 & 3 & | & -3 \end{bmatrix}$$

$$\longrightarrow \text{③}-\tfrac{1}{2}\times\text{①} \longrightarrow \begin{bmatrix} 2 & 2 & 4 & | & 0 \\ 0 & 1 & 0 & | & 1 \\ 0 & -2 & 1 & | & -3 \end{bmatrix}.$$

消去第 2 行之前我們必須比較目前的 $|a_{22}|$ 和 $|a_{32}|$，因為後者較大，再一次交換列：

$$\begin{bmatrix} 2 & 2 & 4 & | & 0 \\ 0 & 1 & 0 & | & 1 \\ 0 & -2 & 1 & | & -3 \end{bmatrix} \longrightarrow \text{②} \leftrightarrow \text{③} \longrightarrow \begin{bmatrix} 2 & 2 & 4 & | & 0 \\ 0 & -2 & 1 & | & -3 \\ 0 & 1 & 0 & | & 1 \end{bmatrix}$$

$$\longrightarrow \text{③}-(-\tfrac{1}{2})\times\text{②} \longrightarrow \begin{bmatrix} 2 & 2 & 4 & | & 0 \\ 0 & -2 & 1 & | & -3 \\ 0 & 0 & \tfrac{1}{2} & | & -\tfrac{1}{2} \end{bmatrix}.$$

注意 3 個消去乘數的絕對值皆小於 1。

方程組現在變得簡單易解，依據

$$\frac{1}{2}x_3 = -\frac{1}{2}$$
$$-2x_2 + x_3 = -3$$
$$2x_1 + 2x_2 + 4x_3 = 0,$$

可得 $x = [1, 1, -1]$。

◆

注意以部分換軸法同時解決了樞軸元為零的狀況，舉例來說若 $a_{11} = 0$，則一定得在該行找到非零元素做列交換成為新的樞軸元。但如果對角線或其下方皆不存在非零元素，則矩陣為**奇異的** (singular)，此時高斯消去法無法提供解也是必然的。

❖ 2.4.2 置換矩陣

在展示列交換如何用在 LU 分解形式的高斯消去法之前，我們先探討置換矩陣的基本性質。

定義 2.7 **置換矩陣** (permutation matrix) 為一 $n \times n$ 矩陣，每行與每列中只有一個 1，其餘元素皆為零。

也就是說，一個置換矩陣 P 可以經由對 $n \times n$ 單位矩陣做任意的列交換 (或任意的行交換) 後產生。舉例來說，

$$\begin{bmatrix} 1 & 0 \\ 0 & 1 \end{bmatrix}, \begin{bmatrix} 0 & 1 \\ 1 & 0 \end{bmatrix}$$

是所有可能的 2×2 置換矩陣，而

$$\begin{bmatrix} 1&0&0\\0&1&0\\0&0&1 \end{bmatrix}, \begin{bmatrix} 0&1&0\\1&0&0\\0&0&1 \end{bmatrix}, \begin{bmatrix} 1&0&0\\0&0&1\\0&1&0 \end{bmatrix},$$

$$\begin{bmatrix} 0&0&1\\0&1&0\\1&0&0 \end{bmatrix}, \begin{bmatrix} 0&0&1\\1&0&0\\0&1&0 \end{bmatrix}, \begin{bmatrix} 0&1&0\\0&0&1\\1&0&0 \end{bmatrix}$$

為 3×3 的所有六種置換矩陣。

下個定理將告訴我們如果將置換矩陣左乘另一個矩陣，將得到什麼結果。

定理 2.8 置換矩陣基本定理 (Fundamental Theorem of Permutation Matrices)

令 P 為單位矩陣進行特定的列交換後所得到的 $n \times n$ 置換矩陣。則對任意的 $n \times n$ 矩陣 A，PA 即為對 A 進行同樣的列交換所得矩陣。

舉例來說，下列置換矩陣是由單位矩陣交換 2、3 列所得

$$\begin{bmatrix} 1&0&0\\0&0&1\\0&1&0 \end{bmatrix}$$

而對任意矩陣左乘 P，就相當於將它的 2、3 列做列交換：

$$\begin{bmatrix} 1&0&0\\0&0&1\\0&1&0 \end{bmatrix} \begin{bmatrix} a&b&c\\d&e&f\\g&h&i \end{bmatrix} = \begin{bmatrix} a&b&c\\g&h&i\\d&e&f \end{bmatrix}.$$

有個好法子記住定理 2.8，想像把 P 乘以單位矩陣 I：

$$\begin{bmatrix} 1&0&0\\0&0&1\\0&1&0 \end{bmatrix} \begin{bmatrix} 1&0&0\\0&1&0\\0&0&1 \end{bmatrix} = \begin{bmatrix} 1&0&0\\0&0&1\\0&1&0 \end{bmatrix}.$$

我們可用兩個不同角度來看這個等式：首先，就是 P 乘上單位矩陣，所以我們在等號右側得到置換矩陣；其次，就好像置換矩陣的列交換作用在單位矩陣上一樣。定理 2.8 的意思就是，左乘 P 相當於 I 執行了列交換，而這正是 P 的結構。

❖ 2.4.3　PA＝LU 分解

在本節中,將把我們所知關於高斯消去法的知識整合成 PA＝LU 分解。這是部分換軸消去法的矩陣公式,PA＝LU 分解是解線性系統中角色吃重的一種方法。

一如其名,PA＝LU 分解就是將 A 進行列交換後所得矩陣的 LU 分解。在部分換軸法下,一開始我們並不知道哪些列需要被交換,所以我們必須小心地記錄列交換過程。尤其,當列交換發生時先前的消去乘數也要跟著交換。先看個範例。

範例 2.16

求以下矩陣的 PA＝LU 分解

$$A = \begin{bmatrix} 2 & 1 & 5 \\ 4 & 4 & -4 \\ 1 & 3 & 1 \end{bmatrix}.$$

首先,根據部分換軸法,第 1、2 列需做交換:

$$P = \begin{bmatrix} 0 & 1 & 0 \\ 1 & 0 & 0 \\ 0 & 0 & 1 \end{bmatrix}$$

$$\begin{bmatrix} 2 & 1 & 5 \\ 4 & 4 & -4 \\ 1 & 3 & 1 \end{bmatrix} \longrightarrow \quad ① \leftrightarrow ② \quad \longrightarrow \begin{bmatrix} 4 & 4 & -4 \\ 2 & 1 & 5 \\ 1 & 3 & 1 \end{bmatrix}.$$

我們將使用置換矩陣 P 來記錄每次列交換的累積結果,接下來執行兩項列運算,也就是,

$$\longrightarrow \quad ② - \tfrac{1}{2} \times ① \quad \longrightarrow \begin{bmatrix} 4 & 4 & -4 \\ \boxed{\tfrac{1}{2}} & -1 & 7 \\ 1 & 3 & 1 \end{bmatrix} \longrightarrow \quad ③ - \tfrac{1}{4} \times ① \quad \longrightarrow \begin{bmatrix} 4 & 4 & -4 \\ \boxed{\tfrac{1}{2}} & -1 & 7 \\ \boxed{\tfrac{1}{4}} & 2 & 2 \end{bmatrix},$$

來消去第一行。這裡有個新的作法:不只是放個零在被消去的位置上,甚至把零的位置當作存放資料的空間。在 (i, j) 位置上零的裡面我們寫上消去該數所需的消去乘數 m_{ij}。這樣做有個理由,如此就算再要做列交換,這個機制就可

以把消去乘數與該列關係連結在一起。

接下來我們必須經過比較以找出第二個樞軸元。因為 $|a_{22}|=1<2=|a_{32}|$，進行第 2 行消去前必須先做列交換，需注意乘數一樣要進行列交換。

$$\longrightarrow \begin{array}{c} P=\begin{bmatrix} 0 & 1 & 0 \\ 0 & 0 & 1 \\ 1 & 0 & 0 \end{bmatrix} \\ ②\leftrightarrow③ \end{array} \longrightarrow \begin{bmatrix} 4 & 4 & -4 \\ \tfrac{1}{4} & 2 & 2 \\ \tfrac{1}{2} & -1 & 7 \end{bmatrix}$$

$$\longrightarrow ③-(-\tfrac{1}{2})\times② \longrightarrow \begin{bmatrix} 4 & 4 & -4 \\ \tfrac{1}{4} & 2 & 2 \\ \tfrac{1}{2} & -\tfrac{1}{2} & 8 \end{bmatrix}.$$

到此完成所有消去工作，同時也可得到 PA＝LU 分解結果：

$$\begin{bmatrix} 0 & 1 & 0 \\ 0 & 0 & 1 \\ 1 & 0 & 0 \end{bmatrix} \begin{bmatrix} 2 & 1 & 5 \\ 4 & 4 & -4 \\ 1 & 3 & 1 \end{bmatrix} = \begin{bmatrix} 1 & 0 & 0 \\ \tfrac{1}{4} & 1 & 0 \\ \tfrac{1}{2} & -\tfrac{1}{2} & 1 \end{bmatrix} \begin{bmatrix} 4 & 4 & -4 \\ 0 & 2 & 2 \\ 0 & 0 & 8 \end{bmatrix} \quad (2.23)$$

$$\quad P \qquad\qquad A \qquad\qquad\qquad L \qquad\qquad U$$

L 的元素就是在矩陣下三角(在主對角線之下) 的零裡面的那些數字，U 是上三角部分，而 P 就是最後累積而成的置換矩陣。

◆

使用 PA＝LU 分解求解方程組 $Ax=b$ 和用 $A=LU$ 分解只有些微的不同，將等式 $Ax=b$ 分別左乘上 P，隨後一如往常：

$$\begin{aligned} PAx &= Pb \\ LUx &= Pb. \end{aligned} \quad (2.24)$$

求解

$$\begin{array}{l} 1.\ Lc=Pb\ \text{可得}\ c \\ 2.\ Ux=c\ \text{可得}\ x \end{array} \quad (2.25)$$

前面也提過了，關鍵在於整個計算最耗時處是求 PA＝LU，但這部分卻無需使用到 b。因為所得為 PA 的 LU 分解，該方程組係數已經重新排列，所以必須

將右側的 b 向量排成相同的順序才能進行置換法求解。而這可在第一個置換步驟中算得 Pb 即可完成。高斯消去法的矩陣內的值公式非常清楚：所有消去和換軸步驟被自動地詳細記錄在矩陣方程式內。

範例 2.17

用 PA=LU 分解求解 $Ax=b$，其中

$$A = \begin{bmatrix} 2 & 1 & 5 \\ 4 & 4 & -4 \\ 1 & 3 & 1 \end{bmatrix}, \quad b = \begin{bmatrix} 5 \\ 0 \\ 6 \end{bmatrix}.$$

因為 (2.23) 式已經完成 PA=LU 分解，只需完成兩次置換法部分。

1. $Lc = Pb$：

$$\begin{bmatrix} 1 & 0 & 0 \\ \frac{1}{4} & 1 & 0 \\ \frac{1}{2} & -\frac{1}{2} & 1 \end{bmatrix} \begin{bmatrix} c_1 \\ c_2 \\ c_3 \end{bmatrix} = \begin{bmatrix} 0 & 1 & 0 \\ 0 & 0 & 1 \\ 1 & 0 & 0 \end{bmatrix} \begin{bmatrix} 5 \\ 0 \\ 6 \end{bmatrix} = \begin{bmatrix} 0 \\ 6 \\ 5 \end{bmatrix}.$$

由上而下求解，可得

$$c_1 = 0$$
$$\frac{1}{4}(0) + c_2 = 6 \Rightarrow c_2 = 6$$
$$\frac{1}{2}(0) - \frac{1}{2}(6) + c_3 = 5 \Rightarrow c_3 = 8.$$

2. $Ux = c$：

$$\begin{bmatrix} 4 & 4 & -4 \\ 0 & 2 & 2 \\ 0 & 0 & 8 \end{bmatrix} \begin{bmatrix} x_1 \\ x_2 \\ x_3 \end{bmatrix} = \begin{bmatrix} 0 \\ 6 \\ 8 \end{bmatrix}.$$

由下而上求解，

$$8x_3 = 8 \Rightarrow x_3 = 1$$
$$2x_2 + 2(1) = 6 \Rightarrow x_2 = 2$$
$$4x_1 + 4(2) - 4(1) = 0 \Rightarrow x_1 = -1.$$

(2.26)

可得解為 $x = [-1, 2, 1]$。

範例 2.18

用部分換軸 PA=LU 分解法，求解方程組 $2x_1 + 3x_2 = 4, 3x_1 + 2x_2 = 1$。

將方程組改寫為矩陣形式如下

$$\begin{bmatrix} 2 & 3 \\ 3 & 2 \end{bmatrix} \begin{bmatrix} x_1 \\ x_2 \end{bmatrix} = \begin{bmatrix} 4 \\ 1 \end{bmatrix}.$$

先忽略右側的 b 向量，依據部分換軸規則，第 1、2 列需進行交換 (因為 $|a_{21}| > |a_{11}|$)，消去步驟為

$$A = \begin{bmatrix} 2 & 3 \\ 3 & 2 \end{bmatrix} \to \begin{matrix} P = \begin{bmatrix} 0 & 1 \\ 1 & 0 \end{bmatrix} \\ ① \leftrightarrow ② \end{matrix} \to \begin{bmatrix} 3 & 2 \\ 2 & 3 \end{bmatrix}$$

$$\to \quad ② - \tfrac{2}{3} \times ① \quad \to \begin{bmatrix} 3 & 2 \\ \tfrac{2}{3} & \tfrac{5}{3} \end{bmatrix}.$$

由此可得 PA=LU 分解結果為

$$\underbrace{\begin{bmatrix} 0 & 1 \\ 1 & 0 \end{bmatrix}}_{P} \underbrace{\begin{bmatrix} 2 & 3 \\ 3 & 2 \end{bmatrix}}_{A} = \underbrace{\begin{bmatrix} 1 & 0 \\ \tfrac{2}{3} & 1 \end{bmatrix}}_{L} \underbrace{\begin{bmatrix} 3 & 2 \\ 0 & \tfrac{5}{3} \end{bmatrix}}_{U}.$$

先對 $Lc = Pb$ 做前置法

$$\begin{bmatrix} 1 & 0 \\ \tfrac{2}{3} & 1 \end{bmatrix} \begin{bmatrix} c_1 \\ c_2 \end{bmatrix} = \begin{bmatrix} 0 & 1 \\ 1 & 0 \end{bmatrix} \begin{bmatrix} 4 \\ 1 \end{bmatrix} = \begin{bmatrix} 1 \\ 4 \end{bmatrix}.$$

由上而下求解，可解得 c

$$c_1 = 1$$
$$\tfrac{2}{3}(1) + c_2 = 4 \Rightarrow c_2 = \tfrac{10}{3}.$$

再對 $Ux = c$ 做後置法

$$\begin{bmatrix} 3 & 2 \\ 0 & \tfrac{5}{3} \end{bmatrix} \begin{bmatrix} x_1 \\ x_2 \end{bmatrix} = \begin{bmatrix} 1 \\ \tfrac{10}{3} \end{bmatrix}.$$

由下而上求解，得到

$$\frac{5}{3}x_2 = \frac{10}{3} \Rightarrow x_2 = 2$$
$$3x_1 + 2(2) = 1 \Rightarrow x_1 = -1.$$
(2.27)

因此可得解為 $x=[-1, 2]$。

◆

對所有 $n \times n$ 矩陣 A 皆可求得 PA＝LU 分解形式。我們只需按著部分換軸規則，如果所得的樞軸元為零，表示原本需要被消去的元素也都是零，所以該行的消去工作已經完成。

所有我們談過的技巧都被運用於 MATLAB，PA＝LU 分解則是所討論過最精緻的高斯消去法形式。MATLAB 的 lu 指令可輸入係數方陣 A 並輸出 P、L 和 U。以下的 MATLAB 程式碼宣告範例 2.16 中的矩陣並求其分解結果：

```
>> A=[2 1 5; 4 4 -4; 1 3 1];
>> [L,U,P]=lu(A)

L=

    1.0000         0         0
    0.2500    1.0000         0
    0.5000   -0.5000    1.0000

U=

    4    4   -4
    0    2    2
    0    0    8
P=

    0    1    0
    0    0    1
    1    0    0
```

2.4 習題

1. 用部分換軸法求以下矩陣之 PA＝LU 分解。

   (a) $\begin{bmatrix} 1 & 3 \\ 2 & 3 \end{bmatrix}$ (b) $\begin{bmatrix} 2 & 4 \\ 1 & 3 \end{bmatrix}$ (c) $\begin{bmatrix} 1 & 5 \\ 5 & 12 \end{bmatrix}$ (d) $\begin{bmatrix} 0 & 1 \\ 1 & 0 \end{bmatrix}$

2. 用部分換軸法求以下矩陣之 PA＝LU 分解。

   (a) $\begin{bmatrix} 1 & 1 & 0 \\ 2 & 1 & -1 \\ -1 & 1 & -1 \end{bmatrix}$ (b) $\begin{bmatrix} 0 & 1 & 3 \\ 2 & 1 & 1 \\ -1 & -1 & 2 \end{bmatrix}$

   (c) $\begin{bmatrix} 1 & 2 & -3 \\ 2 & 4 & 2 \\ -1 & 0 & 3 \end{bmatrix}$ (d) $\begin{bmatrix} 0 & 1 & 0 \\ 1 & 0 & 2 \\ -2 & 1 & 0 \end{bmatrix}$

3. 以 PA＝LU 分解及兩階段後置法，求解以下方程組，

   (a) $\begin{bmatrix} 3 & 7 \\ 6 & 1 \end{bmatrix} \begin{bmatrix} x_1 \\ x_2 \end{bmatrix} = \begin{bmatrix} 1 \\ -11 \end{bmatrix}$ (b) $\begin{bmatrix} 3 & 1 & 2 \\ 6 & 3 & 4 \\ 3 & 1 & 5 \end{bmatrix} \begin{bmatrix} x_1 \\ x_2 \\ x_3 \end{bmatrix} = \begin{bmatrix} 0 \\ 1 \\ 3 \end{bmatrix}$

4. 以 PA＝LU 分解及兩階段後置法，求解以下方程組，

   (a) $\begin{bmatrix} 4 & 2 & 0 \\ 4 & 4 & 2 \\ 2 & 2 & 3 \end{bmatrix} \begin{bmatrix} x_1 \\ x_2 \\ x_3 \end{bmatrix} = \begin{bmatrix} 2 \\ 4 \\ 6 \end{bmatrix}$ (b) $\begin{bmatrix} -1 & 0 & 1 \\ 2 & 1 & 1 \\ -1 & 2 & 0 \end{bmatrix} \begin{bmatrix} x_1 \\ x_2 \\ x_3 \end{bmatrix} = \begin{bmatrix} -2 \\ 17 \\ 3 \end{bmatrix}$

5. 請寫下一 5×5 矩陣 P，使得其他矩陣左乘 P 時可使其第 2 及第 5 列交換。

6. (a) 請寫下一 4×4 矩陣 P，使得其他矩陣左乘 P 時可使其第 2 及第 4 列交換。(b) 如果是右乘 P 又有何影響？請以範例說明之。

7. 請修改最左側矩陣中四個元素，使得等式得以成立：

$$\begin{bmatrix} 0 & 0 & 0 & 0 \\ 0 & 0 & 0 & 0 \\ 0 & 0 & 0 & 0 \\ 0 & 0 & 0 & 0 \end{bmatrix} \begin{bmatrix} 1 & 2 & 3 & 4 \\ 3 & 4 & 5 & 6 \\ 5 & 6 & 7 & 8 \\ 7 & 8 & 9 & 0 \end{bmatrix} = \begin{bmatrix} 5 & 6 & 7 & 8 \\ 3 & 4 & 5 & 6 \\ 7 & 8 & 9 & 0 \\ 1 & 2 & 3 & 4 \end{bmatrix}.$$

8. 求習題 2.3.15 中矩陣 A 的 PA＝LU 分解。又，最大的消去乘數 l_{ij} 為何？

9. (a) 求 $A = \begin{bmatrix} 1 & 0 & 0 & 1 \\ -1 & 1 & 0 & 1 \\ -1 & -1 & 1 & 1 \\ -1 & -1 & -1 & 1 \end{bmatrix}$ 的 PA＝LU 分解。(b) 對所得 PA＝LU 分解結果，說明每個矩陣元素代表含意。

10. (a) 假設 A 為 $n \times n$ 矩陣，且 $|a_{ij}| \leq 1$ 當 $1 \leq i, j \leq n$，證明 PA＝LU 分解所得矩陣 U，對所有 $1 \leq i, j \leq n$ 均滿足 $|u_{ij}| \leq 2^{n-1}$。參看習題 9(b)。
(b) 對任意 $n \times n$ 矩陣 A 列出並證明類似公式。

2.5 迭代法

高斯消去法可在 $O(n^3)$ 浮點運算個數的有限步驟內得到所求，基於此點，高斯消去法被稱為求解線性系統的**直接解法** (direct method)。理論上來說，直接解法可在有限步驟內得到正確解 (當然，若利用有限位元的計算機，所得僅為近似解。先前已經討論過，失去的精準位數和條件數相關)。對比於直接解法，第 1 章的求根方法便為迭代形式。

迭代法 (iterative method) 也可以用來解線性系統，類似定點迭代法，先給定初始猜測解後再一步步改善結果，最後收斂到解向量。

❖ 2.5.1 Jacobi 法

Jacobi 法 (Jacobi method) 以定點迭代法形式來解方程組，在定點迭代法中首先需要改寫方程組以求未知數，Jacobi 法的第一步是下列標準步驟：解第 i 個方程式來求得第 i 個未知數。然後像定點迭代法一樣，從初始猜測開始進行迭代。

範例 2.19

以 Jacobi 法解線性系統 $3u+v=5$，$u+2v=5$。

一開始先從第一個方程式求解 u，第二個方程式求解 v，我們再以 $(u_0, v_0) = (0, 0)$ 作為初始猜測，可以得到

$$u = \frac{5-v}{3}$$
$$v = \frac{5-u}{2}. \tag{2.28}$$

接下來迭代兩方程式：

$$\begin{bmatrix} u_0 \\ v_0 \end{bmatrix} = \begin{bmatrix} 0 \\ 0 \end{bmatrix}$$

$$\begin{bmatrix} u_1 \\ v_1 \end{bmatrix} = \begin{bmatrix} \frac{5-v_0}{3} \\ \frac{5-u_0}{2} \end{bmatrix} = \begin{bmatrix} \frac{5-0}{3} \\ \frac{5-0}{2} \end{bmatrix} = \begin{bmatrix} \frac{5}{3} \\ \frac{5}{2} \end{bmatrix}$$

$$\begin{bmatrix} u_2 \\ v_2 \end{bmatrix} = \begin{bmatrix} \frac{5-v_1}{3} \\ \frac{5-u_1}{2} \end{bmatrix} = \begin{bmatrix} \frac{5-5/2}{3} \\ \frac{5-5/3}{2} \end{bmatrix} = \begin{bmatrix} \frac{5}{6} \\ \frac{5}{3} \end{bmatrix}$$

$$\begin{bmatrix} u_3 \\ v_3 \end{bmatrix} = \begin{bmatrix} \frac{5-5/3}{3} \\ \frac{5-5/6}{2} \end{bmatrix} = \begin{bmatrix} \frac{10}{9} \\ \frac{25}{12} \end{bmatrix}. \tag{2.29}$$

繼續執行迭代便可發現 Jacobi 法將收斂到解 $[1, 2]$。

如果把方程式的順序顛倒過來，又會如何呢？

範例 2.20

用 Jacobi 法解線性系統 $u+2v=5$，$3u+v=5$。

以第一個方程式求解變數 u，第二個方程式求解 v，便可得到

$$u = 5 - 2v$$
$$v = 5 - 3u. \tag{2.30}$$

和前個例子一樣重複迭代動作，但是結果卻是迥然不同：

$$\begin{bmatrix} u_0 \\ v_0 \end{bmatrix} = \begin{bmatrix} 0 \\ 0 \end{bmatrix}$$

$$\begin{bmatrix} u_1 \\ v_1 \end{bmatrix} = \begin{bmatrix} 5 - 2v_0 \\ 5 - 3u_0 \end{bmatrix} = \begin{bmatrix} 5 \\ 5 \end{bmatrix}$$

$$\begin{bmatrix} u_2 \\ v_2 \end{bmatrix} = \begin{bmatrix} 5 - 2v_1 \\ 5 - 3u_1 \end{bmatrix} = \begin{bmatrix} -5 \\ -10 \end{bmatrix}$$

$$\begin{bmatrix} u_3 \\ v_3 \end{bmatrix} = \begin{bmatrix} 5 - 2(-10) \\ 5 - 3(-5) \end{bmatrix} = \begin{bmatrix} 25 \\ 20 \end{bmatrix}. \tag{2.31}$$

Jacobi 法在這個例子並不適用，結果呈現**發散** (diuerge)。

因為 Jacobi 法並非一定成功，知道哪些條件下適用會十分有幫助，其中有個重要條件定義如下：

定義 2.9 若 $n \times n$ 矩陣 $A = (a_{ij})$ 對每個 $1 \leq i \leq n$, $|a_{ii}| > \sum_{j \neq i} |a_{ij}|$，則稱 A 為**嚴格對角優勢** (strictly diagonally dominant)。換句話說，每個主對角線元素絕對值在該列是大於其他元素的絕對值總和。

定理 2.10 若 $n \times n$ 矩陣 A 為嚴格對角優勢，則 (1) A 為**非奇異矩陣** (nonsingular matrix)，(2) 對每個向量 b 和每個初始猜測，以 Jacobi 法求解 $Ax = b$ 必然收斂到其唯一解。

定理 2.10 表示，如果 A 為嚴格對角優勢，則以 Jacobi 法解方程組 $Ax = b$ 對每個初始猜測必然收斂到解。定理證明留待 2.5.3 節中提出。在範例 2.19 中，係數矩陣是

$$A = \begin{bmatrix} 3 & 1 \\ 1 & 2 \end{bmatrix},$$

因為 $3 > 1$ 以及 $2 > 1$，為嚴格對角優勢，可保證收斂。另一方面，範例 2.20，以 Jacobi 法求解非嚴格對角優勢矩陣

$$A = \begin{bmatrix} 1 & 2 \\ 3 & 1 \end{bmatrix},$$

便不保證收斂。需注意嚴格對角優勢只是收斂的充分條件，當此條件不成立時，Jacobi 法還是有可能收斂。

範例 2.21

判斷下列矩陣是否為嚴格對角優勢

$$A = \begin{bmatrix} 3 & 1 & -1 \\ 2 & -5 & 2 \\ 1 & 6 & 8 \end{bmatrix} \quad \text{和} \quad B = \begin{bmatrix} 3 & 2 & 6 \\ 1 & 8 & 1 \\ 9 & 2 & -2 \end{bmatrix}$$

因為 $|3|>|1|+|-1|$、$|-5|>|2|+|2|$ 且 $|8|>|1|+|6|$，A 為嚴格對角優勢。但 B 不是，因為，例如 $|3|>|2|+|6|$ 並不成立。然而，如果 B 的第 1 列和第 3 列交換，B 也成了嚴格對角優勢，Jacobi 法也就保證收斂。

◆

Jacobi 法是一種定點迭代法形式，令 D 表示 A 的**主對角線** (main diagonal)，L 表示 A 的**下三角** (lower triangle) 矩陣 (主對角線下方元素)，且 U 表示 A 的**上三角** (upper triangle) 矩陣 (主對角線上方元素)，則 $A=L+D+U$，求解的方程式成了 $Lx+Dx+Ux=b$。與 LU 分解有所不同，這裡的 L 和 U 之對角線元素皆為零。方程組 $Ax=b$ 可以改寫成定點迭代形式：

$$\begin{aligned} Ax &= b \\ (D+L+U)x &= b \\ Dx &= b-(L+U)x \\ x &= D^{-1}(b-(L+U)x). \end{aligned} \quad (2.32)$$

因為 D 為**對角矩陣** (diagonal matrix)，其**反矩陣** (inverse matrix) 就是由對角線元素的倒數所組成，Jacobi 法正是 (2.32) 式的定點迭代：

Jacobi 法

$$x_0 = 初始向量$$
$$x_{k+1} = D^{-1}(b - (L+U)x_k),\ 其中\ k = 0, 1, 2, \ldots \tag{2.33}$$

以範例 2.19 來說，

$$\begin{bmatrix} 3 & 1 \\ 1 & 2 \end{bmatrix} \begin{bmatrix} u \\ v \end{bmatrix} = \begin{bmatrix} 5 \\ 5 \end{bmatrix},$$

以 $x_k = \begin{bmatrix} u_k \\ v_k \end{bmatrix}$ 代入定點迭代式 (2.33) 成為

$$\begin{bmatrix} u_{k+1} \\ v_{k+1} \end{bmatrix} = D^{-1}(b - (L+U)x_k)$$
$$= \begin{bmatrix} 1/3 & 0 \\ 0 & 1/2 \end{bmatrix} \left(\begin{bmatrix} 5 \\ 5 \end{bmatrix} - \begin{bmatrix} 0 & 1 \\ 1 & 0 \end{bmatrix} \begin{bmatrix} u_k \\ v_k \end{bmatrix} \right)$$
$$= \begin{bmatrix} (5 - v_k)/3 \\ (5 - u_k)/2 \end{bmatrix},$$

和先前所求相同。

❖ 2.5.2 高斯-賽德法和 SOR 法

和 Jacobi 法關係密切的迭代法為**高斯-賽德法** (Gauss-Seidel method)，高斯-賽德法和 Jacobi 法唯一的差別是，前者在每一步求出一個新的值後就立刻套用。回到範例 2.19，高斯-賽德法看起來會是如此：

$$\begin{bmatrix} u_0 \\ v_0 \end{bmatrix} = \begin{bmatrix} 0 \\ 0 \end{bmatrix}$$
$$\begin{bmatrix} u_1 \\ v_1 \end{bmatrix} = \begin{bmatrix} \frac{5-v_0}{3} \\ \frac{5-u_1}{2} \end{bmatrix} = \begin{bmatrix} \frac{5-0}{3} \\ \frac{5-5/3}{2} \end{bmatrix} = \begin{bmatrix} \frac{5}{3} \\ \frac{5}{3} \end{bmatrix}$$
$$\begin{bmatrix} u_2 \\ v_2 \end{bmatrix} = \begin{bmatrix} \frac{5-v_1}{3} \\ \frac{5-u_2}{2} \end{bmatrix} = \begin{bmatrix} \frac{5-5/3}{3} \\ \frac{5-10/9}{2} \end{bmatrix} = \begin{bmatrix} \frac{10}{9} \\ \frac{35}{18} \end{bmatrix}$$
$$\begin{bmatrix} u_3 \\ v_3 \end{bmatrix} = \begin{bmatrix} \frac{5-v_2}{3} \\ \frac{5-u_3}{2} \end{bmatrix} = \begin{bmatrix} \frac{5-35/18}{3} \\ \frac{5-55/54}{2} \end{bmatrix} = \begin{bmatrix} \frac{55}{54} \\ \frac{215}{108} \end{bmatrix}. \tag{2.34}$$

注意高斯-賽德法和 Jacobi 法不同在於：v_1 是由 u_1 推得，不是 u_0。可看到所得和 Jacobi 法同樣逼近解 [1, 2]，但是在相同的迭代步時能得到更精確的結果。如果高斯-賽德法收斂，收斂速率通常比 Jacobi 法快。定理 2.11 證明高斯-賽德法和 Jacobi 法一樣，只要係數矩陣是嚴格對角優勢便保證收斂到解。

高斯-賽德法可以寫成矩陣形式並相當於定點迭代法，透過分離方程式 $(L+D+U)x=b$ 成為

$$(L + D)x_{k+1} = -Ux_k + b.$$

注意 x_{k+1} 中使用新決定的值就相當於把 A 的下三角部分放在等號左邊，重新排列方程式就可得到高斯-賽德法。

高斯-賽德法

$$x_0 = 初始向量$$
$$x_{k+1} = D^{-1}(b - Ux_k - Lx_{k+1}),\quad k=0, 1, 2, \ldots$$

範例 2.22

以高斯-賽德法求解以下系統

$$\begin{bmatrix} 3 & 1 & -1 \\ 2 & 4 & 1 \\ -1 & 2 & 5 \end{bmatrix} \begin{bmatrix} u \\ v \\ w \end{bmatrix} = \begin{bmatrix} 4 \\ 1 \\ 1 \end{bmatrix}.$$

高斯-賽德迭代式為

$$u_{k+1} = \frac{4 - v_k + w_k}{3}$$
$$v_{k+1} = \frac{1 - 2u_{k+1} - w_k}{4}$$
$$w_{k+1} = \frac{1 + u_{k+1} - 2v_{k+1}}{5}.$$

以 $x_0 = [u_0, v_0, w_0] = [0, 0, 0]$ 作為初始值，計算可得

$$\begin{bmatrix} u_1 \\ v_1 \\ w_1 \end{bmatrix} = \begin{bmatrix} \frac{4-0-0}{3} = \frac{4}{3} \\ \frac{1-8/3-0}{4} = -\frac{5}{12} \\ \frac{1+4/3+5/6}{5} = \frac{19}{30} \end{bmatrix} \approx \begin{bmatrix} 1.3333 \\ -0.4167 \\ 0.6333 \end{bmatrix}$$

以及

$$\begin{bmatrix} u_2 \\ v_2 \\ w_2 \end{bmatrix} = \begin{bmatrix} \frac{101}{60} \\ -\frac{3}{4} \\ \frac{251}{300} \end{bmatrix} \approx \begin{bmatrix} 1.6833 \\ -0.7500 \\ 0.8367 \end{bmatrix}.$$

因為該係數矩陣為嚴格對角優勢，因此迭代將可收斂到解 $[2, -1, 1]$。◆

逐次超鬆弛法 (Successive Over-Relaxation method; SOR method) 相當於將高斯-賽德法往解的方向「超越」以加快收斂。令 ω 為一實數，並且定義新的近似解 x_{k+1} 等於 ω 倍的高斯-賽德公式所得加上 $(1-\omega)$ 倍的近似解 x_k。數字 ω 被稱為**鬆弛參數** (relaxation parameter)，$\omega > 1$ 則稱為**超鬆弛** (over-relaxation)。

範例 2.23

以 SOR 法，$\omega = 1.25$，求解範例 2.22。

依據 SOR 法可得

$$u_{k+1} = (1-\omega)u_k + \omega \frac{4 - v_k + w_k}{3}$$

$$v_{k+1} = (1-\omega)v_k + \omega \frac{1 - 2u_{k+1} - w_k}{4}$$

$$w_{k+1} = (1-\omega)w_k + \omega \frac{1 + u_{k+1} - 2v_{k+1}}{5}.$$

以 $[u_0, v_0, w_0] = [0, 0, 0]$ 作為初值，計算可得

$$\begin{bmatrix} u_1 \\ v_1 \\ w_1 \end{bmatrix} \approx \begin{bmatrix} 1.6667 \\ -0.7292 \\ 1.0312 \end{bmatrix}$$

以及

$$\begin{bmatrix} u_2 \\ v_2 \\ w_2 \end{bmatrix} \approx \begin{bmatrix} 1.9835 \\ -1.0672 \\ 1.0216 \end{bmatrix}.$$

在本例中,比起 Jacobi 法和高斯-賽德法,SOR 迭代法更快收斂到解 $[2, -1, 1]$。

如同 Jacobi 法和高斯-賽德法,SOR 法的另一個推導方式即把該系統當成定點問題,問題 $Ax=b$ 可以寫成 $(L+D+U)x=b$,且,乘上 ω 並重新排列,

$$(\omega L + \omega D + \omega U)x = \omega b$$
$$(\omega L + D)x = \omega b - \omega Ux + (1-\omega)Dx$$
$$x = (\omega L + D)^{-1}[(1-\omega)Dx - \omega Ux] + \omega(D + \omega L)^{-1}b.$$

逐次超鬆弛法 (SOR 法)

$x_0 =$ 初始向量

$x_{k+1} = (\omega L + D)^{-1}[(1-\omega)Dx_k - \omega Ux_k] + \omega(D + \omega L)^{-1}b$,

$k = 0, 1, 2, \cdots$

當 $\omega = 1$ 時 SOR 法便成了高斯-賽德法,參數 ω 也可以小於 1,此法便成了逐次低鬆弛法 (Successive Under-Relaxation method; SUR method)。

範例 2.24

比較 Jacobi 法、高斯-賽德法和逐次超鬆弛法求解 6 方程式 6 未知數的線性系統:

$$\begin{bmatrix} 3 & -1 & 0 & 0 & 0 & \frac{1}{2} \\ -1 & 3 & -1 & 0 & \frac{1}{2} & 0 \\ 0 & -1 & 3 & -1 & 0 & 0 \\ 0 & 0 & -1 & 3 & -1 & 0 \\ 0 & \frac{1}{2} & 0 & -1 & 3 & -1 \\ \frac{1}{2} & 0 & 0 & 0 & -1 & 3 \end{bmatrix} \begin{bmatrix} u_1 \\ u_2 \\ u_3 \\ u_4 \\ u_5 \\ u_6 \end{bmatrix} = \begin{bmatrix} \frac{5}{2} \\ \frac{3}{2} \\ 1 \\ 1 \\ \frac{3}{2} \\ \frac{5}{2} \end{bmatrix}. \tag{2.35}$$

正確解應為 [1, 1, 1, 1, 1, 1]，而三種方法在迭代六次後所得的近似解 x_6 列於下表：

Jacobi	高斯-賽德	SOR
0.9879	0.9950	0.9989
0.9846	0.9946	0.9993
0.9674	0.9969	1.0004
0.9674	0.9996	1.0009
0.9846	1.0016	1.0009
0.9879	1.0013	1.0004

其中 SOR 的參數 ω 設定為 1.1。對本題而言，SOR 看來是最佳解法。

◆

圖 2.3 比較範例 2.24 中不同的 ω 經過六次 SOR 迭代所得近似解的誤差之無限範數，雖然沒有一個通用的定理用來描述 ω 的最佳選擇，在這倒是可以看出有最佳的 ω。參考 [10] 討論在某些情況下如何選擇最佳的 ω。

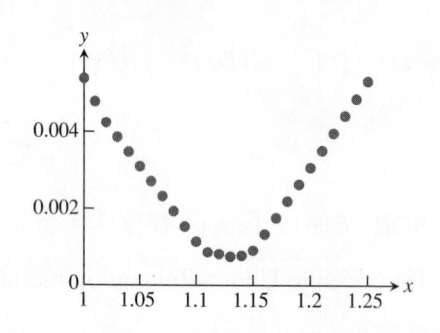

圖 2.3 範例 2.24 中經過六次 SOR 迭代所得近似解誤差之無限範數，當作是超鬆弛參數 ω 的函數表示。高斯－賽德法即 $\omega=1$，最小誤差發生在 $\omega \approx 1.13$。

❖ 2.5.3 迭代法的收斂性

在這節中，我們將證明 Jacobi 法、高斯-賽德法對嚴格對角優勢矩陣保證收斂。也就是定理 2.10 和 2.11。

Jacobi 法可寫成

$$x_{k+1} = -D^{-1}(L + U)x_k + D^{-1}b. \tag{2.36}$$

附錄 A 的定理 A.7 可判斷此類迭代法是否收斂。根據此定理，若我們求得**譜半徑** (spectral radius) $\rho(D^{-1}(L+U)) < 1$ 便保證 Jacobi 法收斂。而對嚴格對角優勢矩陣確實如此，證明如下。

定理 2.10 證明： 令 $R = L + U$ 表示不含對角線部分的矩陣，要檢驗 $\rho(D^{-1}R) < 1$ 是否成立，假設 λ 為 $D^{-1}R$ 的特徵值，且與之對應的特徵向量為 v。選擇 v 使得 $||v||_\infty = 1$，因此對某些 $1 \leq m \leq n$，分量 $v_m = 1$ 且其他分量絕對值不大於 1。(這保證可以做到，對任何特徵向量只要除以他最大的分量，而特徵向量乘上任何常數後依舊是該特徵值的特徵向量) 依據特徵值定義可得 $D^{-1}Rv = \lambda v$，或 $Rv = \lambda Dv$。

因為 $r_{mm} = 0$，取此向量方程式的第 m 個分量絕對值等於

$$|r_{m1}v_1 + r_{m2}v_2 + \cdots + r_{m,m-1}v_{m-1} + r_{m,m+1}v_{m+1} + \cdots + r_{mn}v_n|$$
$$= |\lambda d_{mm} v_m| = |\lambda||d_{mm}|.$$

因為所有的 $|v_i| \leq 1$，所以等號左邊不大於 $\sum_{j \neq m} |r_{mj}|$，依據嚴格對角優勢定義，這小於 $|d_{mm}|$。總結可得 $|\lambda||d_{mm}| < |d_{mm}|$，這表示 $|\lambda|$ 必然小於 1。因為是任意特徵值，所以這證明了 $\rho(D^{-1}R) < 1$；依據附錄 A 的定理 A.7，Jacobi 法求解 $Ax = b$ 必定收斂。最後，因為 $Ax = b$ 對任意的 b 均有解，所以 A 為非奇異矩陣。

將高斯-賽德法寫成 (2.36) 的形式可得

$$x_{k+1} = -(L+D)^{-1} U x_k + (L+D)^{-1} b.$$

如果矩陣

$$(L+D)^{-1} U \qquad (2.37)$$

的譜半徑小於 1 的話，即明白表示高斯-賽德法收斂。下面定理證明嚴格對角優勢導致此條件成立。

定理 2.11 若 $n \times n$ 矩陣 A 為嚴格對角優勢，則 (1) A 為非奇異矩陣，(2) 對每個向量 b 和每個初始猜測，以高斯-賽德法求解 $Ax=b$ 必然收斂到解。

證明： 令 λ 為 (2.37) 矩陣的特徵值，對應於特徵向量 v。如先前的證明一樣，選擇一特徵向量使得 $v_m=1$ 且其他向量分量絕對值皆小於 1。L 的組成元素為 a_{ij} 當 $i>j$，而 U 的組成元素為 a_{ij} 當 $i<j$，所以對於 (2.37) 的特徵值方程式為

$$\lambda(D+L)v = Uv,$$

觀察其第 m 列，可得類似先前證明的不等式：

$$\begin{aligned}
|\lambda|\left(\sum_{i>m}|a_{mi}|\right) &< |\lambda|\left(|a_{mm}| - \sum_{i<m}|a_{mi}|\right) \\
&\leq |\lambda|\left(|a_{mm}| - \left|\sum_{i<m}a_{mi}v_i\right|\right) \\
&\leq |\lambda|\left|a_{mm} + \sum_{i<m}a_{mi}v_i\right| \\
&= \left|\sum_{i>m}a_{mi}v_i\right| \\
&\leq \sum_{i>m}|a_{mi}|.
\end{aligned}$$

由此可得 $|\lambda|<1$，完成證明。

❖ 2.5.4 稀疏矩陣計算

基於高斯消去法的直接解法可讓使用者在有限步驟內得到解，為何又要探尋迭代法？它只是近似解又要多個步驟才能收斂。

有兩個主要的理由使我們採用像高斯-賽德的迭代法，這兩個理由都和迭代法每個迭代步驟的浮點運算個數僅為整個 LU 分解的幾分之一。在本章一開始已算得，高斯消去法求解 $n \times n$ 矩陣需要 n^3 階的運算，舉例來說，Jacobi 法

單一次迭代需要 n^2 個乘法 (每個矩陣元素一個) 和同樣個數的加法,問題是到底要多少次迭代才能收斂到使用者的容許誤差範圍內?

迭代技巧適用於已知非常接近正解的近似解之特殊情況時。舉例來說,假設已知 $Ax=b$ 的解,但 A 和 (或) b 產生微小改變;我們可以想像一個動態的問題,A 和 b 不斷地變化,新的解 x 也不斷地需要被計算。如果將前個問題的解做為下個問題的初始猜測,則可以期待 Jacobi 法或高斯-賽德法的收斂變得更快。

假設問題 (2.35) 的 b 向量從原本的 $b=$ [2.5, 1.5, 1, 1, 1.5, 2.5] 稍微改變成新的 $b=$ [2.2, 1.6, 0.9, 1.3, 1.4, 2.45],則線性系統的真解從 [1, 1, 1, 1, 1, 1] 變成 [0.9, 1, 1, 1, 1, 1]。假設我們用前面表格中高斯-賽德法第六次迭代所得的 x_6 為初始猜測值,對新的 b 向量繼續進行高斯-賽德迭代,只要再多一次迭代便得到相當準確的近似解。接下來的兩次迭代結果如下:

x_7	x_8
0.8980	0.8994
0.9980	0.9889
0.9659	0.9927
1.0892	1.0966
0.9971	1.0005
0.9993	1.0003

這個技巧通常稱為**磨光** (polishing),因為這方法以一個近似解開始,這近似解本是前個相關問題的解,只是再精製讓這近似解更加精確。磨光在即時應用中是很常見的,它需要以即時更新的數據來重複求解同樣問題。如果系統很大而分配的時間很短,那麼在指定時間內執行整個高斯消去法或甚至只是後置法,都是不太可能的。如果解相距差異不大,那麼步驟較少、較省力的迭代法,跟隨時間移動時可能較可以維持解的準確度。

利用迭代法的第二個主要理由是為了求解稀疏方程組。如果係數矩陣元素有很多為 0,那麼稱其為**稀疏矩陣** (sparse matrix)。通常一個稀疏矩陣,在所有 n^2 元素裡,只有 $O(n)$ 個不是 0。而一個**全矩陣** (full matrix) 則正好相反,其中僅有少數元素可能為 0。高斯消去法應用到稀疏矩陣時,通常會造成**填入**

(fill-in) 現象，使係數矩陣從稀疏轉變為全矩陣，這是因為列運算的結果。因為這個原因，稀疏矩陣通常避免用高斯消去法及其 PA＝LU 形式來求解，而讓迭代法成為另一個可行的選擇。

範例 2.24 可以被推廣到稀疏矩陣，如下所示：

範例 2.25

將範例 2.24 改成 100,000 個方程式版本，再利用 Jacobi 法求解。

令 n 為一偶數，且 $n \times n$ 矩陣 A 的主對角線均為 3，**上對角線** (superdiagonal) 和**下對角線** (subdiagonal) 均為 -1，$(i, n+1-i)$ 位置上則是 1/2 (對所有的 $i = 1, ..., n$，除了 $i = n/2$ 和 $n/2+1$)。例如 $n = 12$，則

$$A = \begin{bmatrix} 3 & -1 & 0 & 0 & 0 & 0 & 0 & 0 & 0 & 0 & 0 & \frac{1}{2} \\ -1 & 3 & -1 & 0 & 0 & 0 & 0 & 0 & 0 & 0 & \frac{1}{2} & 0 \\ 0 & -1 & 3 & -1 & 0 & 0 & 0 & 0 & 0 & \frac{1}{2} & 0 & 0 \\ 0 & 0 & -1 & 3 & -1 & 0 & 0 & 0 & \frac{1}{2} & 0 & 0 & 0 \\ 0 & 0 & 0 & -1 & 3 & -1 & 0 & \frac{1}{2} & 0 & 0 & 0 & 0 \\ 0 & 0 & 0 & 0 & -1 & 3 & -1 & 0 & 0 & 0 & 0 & 0 \\ 0 & 0 & 0 & 0 & 0 & -1 & 3 & -1 & 0 & 0 & 0 & 0 \\ 0 & 0 & 0 & 0 & \frac{1}{2} & 0 & -1 & 3 & -1 & 0 & 0 & 0 \\ 0 & 0 & 0 & \frac{1}{2} & 0 & 0 & 0 & -1 & 3 & -1 & 0 & 0 \\ 0 & 0 & \frac{1}{2} & 0 & 0 & 0 & 0 & 0 & -1 & 3 & -1 & 0 \\ 0 & \frac{1}{2} & 0 & 0 & 0 & 0 & 0 & 0 & 0 & -1 & 3 & -1 \\ \frac{1}{2} & 0 & 0 & 0 & 0 & 0 & 0 & 0 & 0 & 0 & -1 & 3 \end{bmatrix}. \quad (2.38)$$

定義向量 $b = (2.5, 1.5, ..., 1.5, 1.0, 1.0, 1.5, ..., 1.5, 2.5)$，其中包含 $n-4$ 個 1.5，2 個 1.0；如果 $n=6$，A 和 b 便是範例 2.24 中的線性系統；而這個線性系統的解為 $[1, ..., 1]$。矩陣 A 的每一列都不超過 4 個非零元素，n^2 個元素中只有總計不到 $4n$ 個非零元素，所以我們稱這樣的矩陣 A 為稀疏矩陣。

如果我們要解 $n = 100,000$ 甚至更大的方程組，有什麼樣的選擇？整個係數矩陣 A 共有 $n^2 = 10^{10}$ 個元素，每個倍精準浮點數都需要 8 個**位元組** (byte) 的儲存空間，共需 8×10^{10} 個位元組，大約是 80 GB，使用電腦計算時，你可能根本沒辦法把 n^2 個數目放進記憶體中。

不止大小是問題，時間也是。高斯消去法所需的運算個數高達 $n^3 \approx 10^{15}$ 階，如果你的電腦時脈速為幾個 GHz (每秒 10^9 週期)，每秒鐘能處理的浮點運算個數上限為 10^8，因此，$10^{15}/10^8 = 10^7$ 是以高斯消去法求解的合理推測秒數，而一年有 3×10^7 秒。雖然這只是個快速的概算結果，但這也明白表示若本題以高斯消去法求解，不是一兩個晚上就可以解決的。

另一方面，迭代法的一個步驟約需要 $2 \times 4n = 800,000$ 個運算，每個非零元素各兩個運算。即使做上 100 次 Jacobi 迭代也少於 10^8 個運算，以現代的個人電腦最多一秒鐘便可完成。對所定義的線性系統，$n = 100,000$，下面的 Jacobi 法程式碼 jacobi.m 只需要 50 次迭代便可從初始猜測 (0, ..., 0) 收斂到解 (1, ..., 1) 到六位小數精確。在典型的個人電腦中 50 次迭代花不到一秒鐘。

```
% 程式 2.1 建構稀疏矩陣
% 輸入：n = 方程組大小
% 輸出：稀疏矩陣 a, 右側 b
function [a,b] = sparsesetup(n)
e = ones(n,1);
n2=n/2;
a = spdiags([-e 3*e -e],-1:1,n,n);          % a 的陣列元素
c=spdiags([e/2],0,n,n);c=fliplr(c);a=a+c;
a(n2+1,n2) = -1; a(n2,n2+1) = -1;           % 修正 2 個元素
b=zeros(n,1);                                % 右側 b 的陣列元素
b(1)=2.5;b(n)=2.5;b(2:n-1)=1.5;b(n2:n2+1)=1;


% 程式 2.2 Jacobi 法
% 輸入：全矩陣或稀疏矩陣 a, 右側 b,
%       Jacobi 迭代次數 k
% 輸出：解 x
function x = jacobi(a,b,k)
n=length(b);        % 求 n
d=diag(a);          % 取得 a 的主對角線
r=a-diag(d);        % r 為剩餘部分
x=zeros(n,1);       % 初始化向量 x
for j=1:k           % Jacobi 迭代迴圈
  x = (b-r*x)./d;
end                 % Jacobi 迭代迴圈結束
```

以上的程式碼有些有趣的觀點。程式檔 sparsesetup.m 利用 MATLAB 指令 spdiags，它用稀疏矩陣資料結構定義矩陣 A。事實上，這表示矩陣是

用一群三元組 (i, j, d) 表示，代表矩陣的 (i, j) 位置之值為實數 d。記憶體不需要保留整個 n^2 元素空間，只要儲存必要的資訊即可。spdiags 指令把矩陣的行用來存放對角線及其下或其上之下對角線或上對角線元素。

MATLAB 的矩陣運算指令是設計成可直接使用稀疏矩陣資料結構，舉例來說，先前的程式碼可以改用 MATLAB 的 lu 指令來直接求解。然而，在此例中即使 A 為稀疏矩陣，上三角矩陣 U 在高斯消去法過程中逐漸被填滿非零元素，比如，對此例 $n=12$ 的矩陣 A，高斯消去法所得上三角矩陣 U 為

$$\begin{bmatrix} 3 & -1.0 & 0 & 0 & 0 & 0 & 0 & 0 & 0 & 0 & 0 & 0.500 \\ 0 & 2.7 & -1.0 & 0 & 0 & 0 & 0 & 0 & 0 & 0 & 0.500 & 0.165 \\ 0 & 0 & 2.6 & -1.0 & 0 & 0 & 0 & 0 & 0 & 0.500 & 0.187 & 0.062 \\ 0 & 0 & 0 & 2.6 & -1.000 & 0 & 0 & 0 & 0.500 & 0.191 & 0.071 & 0.024 \\ 0 & 0 & 0 & 0 & 2.618 & -1.000 & 0 & 0.500 & 0.191 & 0.073 & 0.027 & 0.009 \\ 0 & 0 & 0 & 0 & 0 & 2.618 & -1.000 & 0.191 & 0.073 & 0.028 & 0.010 & 0.004 \\ 0 & 0 & 0 & 0 & 0 & 0 & 2.618 & -0.927 & 0.028 & 0.011 & 0.004 & 0.001 \\ 0 & 0 & 0 & 0 & 0 & 0 & 0 & 2.562 & -1.032 & -0.012 & -0.005 & -0.001 \\ 0 & 0 & 0 & 0 & 0 & 0 & 0 & 0 & 2.473 & -1.047 & -0.018 & -0.006 \\ 0 & 0 & 0 & 0 & 0 & 0 & 0 & 0 & 0 & 2.445 & -1.049 & -0.016 \\ 0 & 0 & 0 & 0 & 0 & 0 & 0 & 0 & 0 & 0 & 2.440 & -1.044 \\ 0 & 0 & 0 & 0 & 0 & 0 & 0 & 0 & 0 & 0 & 0 & 2.458 \end{bmatrix}$$

因為 U 的結果比較像是全矩陣，前面所提的記憶體限制再度形成問題；還是得用到 n^2 個記憶體空間的其中一大片來儲存 U，才能完成求解。因為可以節省許多的計算時間與儲存空間，所以用迭代法求解大型稀疏矩陣是更有效率的。

◆

2.5 習 題

1. 以初始向量 $[0, ..., 0]$，完成兩次 Jacobi、高斯-賽德法迭代計算。

   (a) $\begin{bmatrix} 3 & -1 \\ -1 & 2 \end{bmatrix} \begin{bmatrix} u \\ v \end{bmatrix} = \begin{bmatrix} 5 \\ 4 \end{bmatrix}$ (b) $\begin{bmatrix} 2 & -1 & 0 \\ -1 & 2 & -1 \\ 0 & -1 & 2 \end{bmatrix} \begin{bmatrix} u \\ v \\ w \end{bmatrix} = \begin{bmatrix} 0 \\ 2 \\ 0 \end{bmatrix}$

   (c) $\begin{bmatrix} 3 & 1 & 1 \\ 1 & 3 & 1 \\ 1 & 1 & 3 \end{bmatrix} \begin{bmatrix} u \\ v \\ w \end{bmatrix} = \begin{bmatrix} 6 \\ 3 \\ 5 \end{bmatrix}$

2. 重新排列方程式使係數矩陣成為嚴格對角優勢，分別以初始向量 [0, ..., 0]，完成兩次 Jacobi、高斯-賽德法迭代計算。

(a) $\begin{aligned} u + 3v &= -1 \\ 5u + 4v &= 6 \end{aligned}$ (b) $\begin{aligned} u - 8v - 2w &= 1 \\ u + v + 5w &= 4 \\ 3u - v + w &= -2 \end{aligned}$ (c) $\begin{aligned} u + 4v &= 5 \\ v + 2w &= 2 \\ 4u + 3w &= 0 \end{aligned}$

3. 以初始向量 [0, ..., 0] 及 $\omega = 1.5$，對習題 1 的線性系統完成兩次 SOR 迭代計算。

4. 以初始向量 [0, ..., 0] 及 $\omega = 1$ 和 1.2，對習題 2 重新排列後的線性系統完成兩次 SOR 迭代計算。

5. 令為 $n \times n$ 矩陣 A 的特徵值。(a) 證明葛斯格林定理 (Gershgorin Circle Theorem)：存在一對角線元素 A_{mm} 使得 $|A_{mm} - \lambda| \leq \sum_{j \neq m} |A_{mj}|$。(提示：和定理 2.10 一樣，從滿足 $\|v\|_\infty = 1$ 之特徵向量 v 著手。) (b) 證明嚴格對角優勢矩陣特徵值不可能為零。這是定理 2.10 第一部分的另一個證明方式。

2.5 電腦演算題

1. 用 Jacobi 法求解稀疏矩陣系統到六位小數正確 (取前向誤差的無限範數)，其中 $n = 100$ 和 $n = 100000$。正確解應為 $[1, ..., 1]$，記錄需要幾次迭代及後向誤差的大小。線性系統為

$$\begin{bmatrix} 3 & -1 & & & \\ -1 & 3 & -1 & & \\ & \ddots & \ddots & \ddots & \\ & & -1 & 3 & -1 \\ & & & -1 & 3 \end{bmatrix} \begin{bmatrix} x_1 \\ \\ \vdots \\ \\ x_n \end{bmatrix} = \begin{bmatrix} 2 \\ 1 \\ \vdots \\ 1 \\ 2 \end{bmatrix}.$$

2. 用 Jacobi 法求解稀疏矩陣系統到三位小數正確 (取前向誤差的無限範數)，$n = 100$。正確解應為 $[1, -1, 1, -1, ..., 1, -1]$，記錄需要幾次迭代及後向誤差的大小。線性系統為

$$\begin{bmatrix} 2 & 1 & & & \\ 1 & 2 & 1 & & \\ & \ddots & \ddots & \ddots & \\ & & 1 & 2 & 1 \\ & & & 1 & 2 \end{bmatrix} \begin{bmatrix} x_1 \\ \\ \vdots \\ \\ x_n \end{bmatrix} = \begin{bmatrix} 1 \\ 0 \\ \vdots \\ 0 \\ -1 \end{bmatrix}.$$

3. 改寫程式 2.2 成高斯-賽德迭代法，並用以求解範例 2.24 來驗證是否正確。

4. 改寫程式 2.2 成 SOR 法，令 $\omega = 1.1$ 再次利用範例 2.24 驗證。

5. 設 $n = 100$，利用 (a) 高斯-賽德法和 (b) SOR法，$\omega = 1.5$，重做電腦演算題 1。

6. 用 (a) 高斯-賽德法和 (b) SOR 法，$\omega = 1.5$，重做電腦演算題 2。

7. 用你在電腦演算題 3 所寫的程式碼，對如 (2.38) 式的方程組求解，推估在一秒鐘內以高斯-賽德法能求得多大系統的精確解。對數個不同的 n 值說明所需花費時間和其前向誤差。

實作 2　尤拉樑理論

尤拉樑 (Euler-Bernoulli beam) 是應力彎曲的一種簡單模型，經由離散化可將微分方程模型轉換為線性系統，減小離散化的步長將得到越來越大的方程式系統。而出人意料地，系統的大小遠在運算時間變成主要因素前，就會受到病態條件的限制。

在樑 x 處的垂直位移可用函數 $y(x)$ 來表示 (樑長 L，$0 \leq x \leq L$)。我們將利用 MKS 單位來進行計算，也就是公尺 (meter)、公斤 (kilogram) 以及秒 (second)。位移 $y(x)$ 滿足**尤拉方程式** (Euler-Bernoulli equation)

$$EIy'''' = f(x), \tag{2.39}$$

其中 E 是物質的**楊氏係數** (Young's modulus)，I 是**面積慣性矩** (area moment of inertia)，兩者在整個樑上為常數。右手邊的 $f(x)$ 為**外施荷載** (applied load)，為每單位長度的力包含了樑重量。

離散化導數的技巧將在第 5 章說明 (見習題 5.1.19)，對極小的增加量 h，可得 4 次導數的合理近似值為

$$y''''(x) \approx \frac{y(x-2h) - 4y(x-h) + 6y(x) - 4y(x+h) + y(x+2h)}{h^4} \quad (2.40)$$

這個近似公式的離散誤差與 h^2 成正比，我們的策略是把樑視為許多長度 h 線段的結合，然後將微分方程式的離散版本應用到每個線段上。

對一正整數 n，令 $h=L/(n+1)$；考慮等距網格點 $0=x_0 < x_1 < \cdots < x_n < x_{n+1}=L$，其中 $h=x_i-x_{i-1}$，對 $i=1, ..., n$。以差分近似 (2.40) 式代入微分方程式 (2.39)，可得位移 $y_i=y(x_i)$ 的線性方程組為

$$y_{i-2} - 4y_{i-1} + 6y_i - 4y_{i+1} + y_{i+2} = \frac{h^4}{EI} f(x_i) \quad (2.41)$$

對 $i=1, ..., n$。一共有 n 個方程式和 n 個未知數 $y_1, ..., y_n$，方程組的左側將形為**係數矩陣** (coefficient matrix) 或**結構矩陣** (structure matrix)，加一些微改變以將樑兩端支撐的假設列入考量。

首先考慮具有邊界條件

$$y(0) = y'(0) = y(L) = y'(L) = 0,$$

的樑，稱為**鉸接樑** (pinned beam)；它是兩端固定，且兩端斜率被限制為零。尤拉方程式可以計算中間下陷。

鉸接樑的端點條件可用近似公式

$$y''''(x) \approx \frac{12y(x+h) - 6y(x+2h) + \frac{4}{3}y(x+3h)}{h^4}$$

來處理 $x=0$ 端。當 $y(x)=y'(x)=0$ 時，此近似為正確有效的，如習題 5.1.20(a) 所示。因此，對 (2.41) 式將端點條件列入考量，當 $i=1$ 時為

$$12y_1 - 6y_2 + \frac{4}{3}y_3 = \frac{h^4}{EI} f(x_0).$$

同樣的考量也可應用到樑的右端，可得鉸接樑的結果如下面的方程組：

$$\begin{bmatrix} 12 & -6 & \frac{4}{3} & & & & & & \\ -4 & 6 & -4 & 1 & & & & & \\ 1 & -4 & 6 & -4 & 1 & & & & \\ & 1 & -4 & 6 & -4 & 1 & & & \\ & & \ddots & \ddots & \ddots & \ddots & \ddots & & \\ & & & 1 & -4 & 6 & -4 & 1 & \\ & & & & 1 & -4 & 6 & -4 & 1 \\ & & & & & 1 & -4 & 6 & -4 \\ & & & & & & \frac{4}{3} & -6 & -12 \end{bmatrix} \begin{bmatrix} y_1 \\ y_2 \\ \vdots \\ \\ \\ \\ \vdots \\ y_{n-1} \\ y_n \end{bmatrix} = \frac{h^4}{EI} \begin{bmatrix} f(x_1) \\ f(x_2) \\ \vdots \\ \\ \\ \\ \vdots \\ f(x_{n-1}) \\ f(x_n) \end{bmatrix}. \quad (2.42)$$

結構矩陣 A 是一個**帶狀矩陣** (banded matrix)，意思是離對角線夠遠的值都是零。在 (2.42) 式中，除了 $|i-j| \leq 2$ 外，其他的矩陣值 a_{ij} 均為 0。這個帶狀矩陣的**帶寬** (bandwidth) 是 5。

現在我們繼續討論一些特殊的情形：對一長 10 m、寬 10 cm、厚 5 cm 的實心鋼樑，鋼的密度大約是 7850 kg/m³〔1 牛頓 (Newton) 力為 1 kg-m/sec²，而鋼的楊氏係數約為 2×10^{11} Pascal (巴斯卡)，或 Newton/m²〕，環繞質量中心的面積慣性矩 I 為 $bh^3/12$，其中 d 為樑的厚度，而 b 為寬度。

我們從無負載的樑位移來開始計算，所以 $f(x)$ 只代表樑本身的重量。幸運的是，在此情況，有一 (2.39) 式的閉式解，所以我們就能比較計算結果的正確性。每公尺的樑重量 f 為常數 $7850bd$ kg/m 乘上重力加速度 9.81 m/sec²。讀者應該檢查 (2.39) 式兩側的單位是否相符。

建議活動

1. 利用 MATLAB 指令 `spdiags`，撰寫 MATLAB 程式來定義 (2.42) 式裡的結構矩陣 A。嘗試用 Jacobi 與高斯-賽德法，以 $n=10$ 來求解位移系統 y_i 的解。哪一種方法會收斂？需要幾次迭代來收斂到第六位小數位？

2. 畫出步驟 1 的解和正確解 $y(x) = fx^2(L-x)^2/(24EI)$ 之對照，其中 $f = f(x)$，這是之前定義的常數。要注意樑的位移是非負數，所以下陷樑的一個實際圖形要將所得位移的正負號顛倒。計算樑中點 $x=5$ 公尺處的誤差。

3. 回到步驟 1 以 $n = 10 \cdot 2^k$ 來計算，其中 $k=1, \cdots, 11$，對每個 n 列出 $x=5$ 處的誤差表。為何誤差會隨 n 增加？你可以做一個 A 的條件數表格，來

協助回答這個問題。

4. 加入 1000 kg 的負載到樑上,涵蓋的位置從 $x=6$ 到 $x=7$。你必須在所有 $6 \le x_i \le 7$ 的 $f(x_i)$ 加上 1000 kg/m² · 9.81 m/sec²,然後以步驟 3 的 n 值再次求解此問題,並畫出解。樑的最大位移會在哪個位置出現?

5. 現在卸下樑的一端,一個**懸臂樑** (cantilever beam) 的右端有自由邊界條件,滿足條件

$$y(0) = y'(0) = y''(L) = y'''(L) = 0.$$

懸臂樑方程組為 (導數公式請見習題 5.1.20)

$$\begin{bmatrix} 12 & -6 & \frac{4}{3} & & & & & & \\ -4 & 6 & -4 & 1 & & & & & \\ 1 & -4 & 6 & -4 & 1 & & & & \\ & 1 & -4 & 6 & -4 & 1 & & & \\ & & \ddots & \ddots & \ddots & \ddots & \ddots & & \\ & & & 1 & -4 & 6 & -4 & 1 & \\ & & & & 1 & -4 & 6 & -4 & 1 \\ & & & & & 1 & -\frac{93}{25} & \frac{111}{25} & -\frac{43}{25} \\ & & & & & & \frac{12}{25} & -\frac{24}{25} & \frac{12}{25} \end{bmatrix} \begin{bmatrix} y_1 \\ y_2 \\ \vdots \\ \\ \\ \\ y_{n-1} \\ y_n \end{bmatrix} = \frac{h^4}{EI} \begin{bmatrix} f(x_1) \\ f(x_2) \\ \vdots \\ \\ \\ \\ f(x_{n-1}) \\ f(x_n) \end{bmatrix}.$$
(2.43)

對未負載的懸臂樑重複步驟 3,跟正確解 $y(x) = (f/24EI)x^2(x^2 - 4Lx + 6L^2)$ 來做比較。結構矩陣的條件數比鉸接樑來得好還是差?

6. 如步驟 4,在懸臂樑加上負載後重新計算。在同一張圖上畫出無負載和負載樑的解。

7. 以下是繼續深入探討的一些構想:如果矩形橫斷面改變為 $h=10$ cm 和 $b=5$ cm,那麼樑會變強還是變弱?或是如果將橫斷面改為圓形或環狀,與相同面積的矩形比較呢? (圓形橫斷面半徑的面積慣性矩是 $I=\pi r^4/4$,而內徑 r_1 和外徑 r_2 的環狀橫斷面,其面積慣性矩是 $I=\pi(r_2^4-r_1^4)/4$。) 找出 I 型樑的面積慣性矩。不同材質的楊氏係數也可以製成表格來利用。

尤拉樑是一個相當簡單且傳統的模型,而像 Timoshenko 樑這類較近代的模型,則會考量比較一般的彎曲,它的樑的橫斷面可能不會與主軸成直角,通常也會比較精密。

2.6 共軛梯度法

當係數矩陣 A 滿足某些特定條件時,有特殊方法來求解線性系統 $Ax=b$。當 A 為對稱、正定矩陣時,**共軛梯度法** (Conjugate Gradient Method),請參考 [7],就是為此普遍的應用情形而設計。

❖ 2.6.1 正定矩陣

定義 2.12 若 $n\times n$ 矩陣 A 滿足 $A^T=A$,則稱 A 為**對稱** (symmetric)。若對所有的 $x\neq 0$,滿足 $x^TAx>0$,則稱 A 為**正定** (positive-definite)。

在許多應用中矩陣都是對稱和正定的。如果 A 是對稱 (可得所有特徵值都是實數),若所有特徵值均大於零,則 A 為正定。注意一個對稱正定矩陣必然是非奇異的,因為不可能存在一個非零向量 x 使得 $Ax=0$。

範例 2.26

驗證矩陣 $A = \begin{bmatrix} 2 & 2 \\ 2 & 5 \end{bmatrix}$ 為對稱正定矩陣。

顯而易見 A 為對稱矩陣。要驗證其正定,我們可以求出所有特徵值 (等於 1 和 6) 或是回到定義上觀察:

$$\begin{aligned}
x^TAx &= \begin{bmatrix} x_1 & x_2 \end{bmatrix} \begin{bmatrix} 2 & 2 \\ 2 & 5 \end{bmatrix} \begin{bmatrix} x_1 \\ x_2 \end{bmatrix} \\
&= 2x_1^2 + 4x_1x_2 + 5x_2^2 \\
&= 2(x_1+x_2)^2 + 3x_2^2.
\end{aligned}$$

這保證了絕不小於零,且只在 $x_2=0$ 且 $x_1+x_2=0$ 時會等於零,也就是 $x=0$ 時。

範例 2.27

驗證對稱矩陣 $A = \begin{bmatrix} 2 & 4 \\ 4 & 5 \end{bmatrix}$ 並非正定。

將 $x^T A x$ 用完全平方法改寫：

$$\begin{aligned} x^T A x &= \begin{bmatrix} x_1 & x_2 \end{bmatrix} \begin{bmatrix} 2 & 4 \\ 4 & 5 \end{bmatrix} \begin{bmatrix} x_1 \\ x_2 \end{bmatrix} \\ &= 2x_1^2 + 8x_1 x_2 + 5x_2^2 \\ &= 2(x_1^2 + 4x_1 x_2) + 5x_2^2 \\ &= 2(x_1 + 2x_2)^2 - 8x_2^2 + 5x_2^2 \\ &= 2(x_1 + 2x_2)^2 - 3x_2^2. \end{aligned}$$

舉例來說，若 $x_1 = -2$ 且 $x_2 = 1$，就會讓所得小於零，不符合正定的定義。

❖ 2.6.2 共軛梯度法

對稱正定系統 $Ax = b$ 可用下列的有限迴圈求解：

共軛梯度法

$x_0 = 0$
$d_0 = r_0 = b$
當 $i = 1, 2, 3, \ldots, n$
    若 $r_i = 0$，停，終止
    $\alpha_i = \dfrac{r_{i-1}^T r_{i-1}}{d_{i-1}^T A d_{i-1}}$
    $x_i = x_{i-1} + \alpha_i d_{i-1}$
    $r_i = r_{i-1} - \alpha_i A d_{i-1}$
    $\beta_i = \dfrac{r_i^T r_i}{r_{i-1}^T r_{i-1}}$
    $d_i = r_i + \beta_i d_{i-1}$
終止

解為 x_i

請注意，因為 A 為正定，α_i 的分母保證不為零。在迭代的一開始，依定義可得 $Ax_0+r_0=b$；而迭代過程中

$$Ax_i + r_i = Ax_{i-1} + \alpha_i Ad_{i-1} + r_{i-1} - \alpha_i Ad_{i-1}$$
$$= Ax_{i-1} + r_{i-1} = b,$$

依據歸納法，對所有的 i 均滿足 $Ax_i+r_i=b$；因此，第 i 次迭代的餘向量為 $r_i = b - Ax_i$ (參閱定義 2.4)。如果 $r_i=0$，方程組 $Ax=b$ 就找到了解 x_i。定理 2.13 顯示了共軛梯度法所求得的 r_i 彼此**正交** (orthogonal)。因為它們都是 n 維向量，最多只有 n 個 r_i 可以兩兩正交，所以不是 r_n 就是之前某個 r_i 等於零，也就找到解了。因此，最多只要 n 次迭代，共軛梯度法可找到解；本質上來說，這應該算直接求解法，而非迭代法。

定理 2.13 若 A 為對稱正定的 $n\times n$ 矩陣，b 為一向量。在共軛梯度法中，假設 $i<n$ 時 $r_i \neq 0$ (如果 $r_i=0$，便找到解)，則對每個 $1\le i\le n$，

(a) 下列三個 R^n 的子空間相等：

$$\langle x_1,\ldots,x_i\rangle = \langle r_0,\ldots,r_{i-1}\rangle = \langle d_0,\ldots,d_{i-1}\rangle.$$

(b) 餘向量兩兩正交：當 $j<i$，$r_i^T r_j=0$

(c) 當 $j<i$，$d_i^T Ad_j=0$

證明：(a) 可由定義推導而得，$x_i=x_{i-1}+\alpha_i d_{i-1}$，依據歸納法可得 $\langle x_1,\ldots,x_i\rangle = \langle d_0,\ldots,d_{i-1}\rangle$。同樣地，利用 $d_i=r_i+\beta_i d_{i-1}$ 則可推得 $\langle r_0,\ldots,r_{i-1}\rangle$ 子空間相等於 $\langle d_0,\ldots,d_{i-1}\rangle$。

對於 (b) 和 (c)，將用數學歸納法證明。當 $i=0$，沒什麼需要證明的。當 $i \ge 1$，對 r_i 定義式左側乘上 r_j^T 可得：

$$r_j^T r_i = r_j^T r_{i-1} - \frac{r_{i-1}^T r_{i-1}}{d_{i-1}^T Ad_{i-1}} r_j^T Ad_{i-1}. \tag{2.44}$$

如果 $j\le i-2$，則依據歸納法 (b) 之假設，可得 $r_j^T r_{i-1}=0$。因為 r_j 可以表示成

$d_0, ..., d_j$,依據歸納法 (c) 之假設,可得 $r_j^T A d_{i-1} = 0$。另一方面,如果 $j = i-1$,依據歸納法之假設得 $d_{i-1}^T A d_{i-1} = r_{i-1}^T A d_{i-1} + \beta_{i-1} d_{i-2}^T A d_{i-1} = r_{i-1}^T A d_{i-1}$,則再次由 (2.44) 式可得 $r_{i-1}^T r_i = 0$,這完成 (b) 的證明。

因為 $r_{i-1}^T r_i = 0$,(2.44) 式中使 $j=i$ 可得

$$\frac{r_i^T r_i}{r_{i-1}^T r_{i-1}} = -\frac{r_i^T A d_{i-1}}{d_{i-1}^T A d_{i-1}}.$$

同時在 d_i 的定義左側乘上 $d_j^T A$,可得

$$d_j^T A d_i = d_j^T A r_i - \frac{r_i^T A d_{i-1}}{d_{i-1}^T A d_{i-1}} d_j^T A d_{i-1}. \tag{2.45}$$

如果 $j = i-1$,則由 (2.45) 及 A 的對稱性可得 $d_{i-1}^T A d_i = 0$,如果 $j \leq i-2$,則 $A d_j = (r_j - r_{j+1})/\alpha_{j+1}$ (依據 r_i 的定義) 與 r_i 正交,這可得 (2.45) 式的第一項為 0,以及依據歸納法之假設得第二項為 0,完成 (c) 部分的證明。

範例 2.28

用共軛梯度法求解 $\begin{bmatrix} 2 & 2 \\ 2 & 5 \end{bmatrix} \begin{bmatrix} u \\ v \end{bmatrix} = \begin{bmatrix} 6 \\ 3 \end{bmatrix}$。

根據前面所說的演算法則,可得

$$x_0 = \begin{bmatrix} 0 \\ 0 \end{bmatrix}, \quad r_0 = d_0 = \begin{bmatrix} 6 \\ 3 \end{bmatrix}$$

$$\alpha_1 = \frac{\begin{bmatrix} 6 \\ 3 \end{bmatrix}^T \begin{bmatrix} 6 \\ 3 \end{bmatrix}}{\begin{bmatrix} 6 \\ 3 \end{bmatrix}^T \begin{bmatrix} 2 & 2 \\ 2 & 5 \end{bmatrix} \begin{bmatrix} 6 \\ 3 \end{bmatrix}} = \frac{45}{6 \cdot 18 + 3 \cdot 27} = \frac{5}{21}$$

$$x_1 = \begin{bmatrix} 0 \\ 0 \end{bmatrix} + \frac{5}{21} \begin{bmatrix} 6 \\ 3 \end{bmatrix} = \begin{bmatrix} \frac{10}{7} \\ \frac{5}{7} \end{bmatrix}$$

$$r_1 = \begin{bmatrix} 6 \\ 3 \end{bmatrix} - \frac{5}{21} \begin{bmatrix} 18 \\ 27 \end{bmatrix} = 12 \begin{bmatrix} \frac{1}{7} \\ -\frac{2}{7} \end{bmatrix}$$

$$\beta_1 = \frac{r_1^T r_1}{r_0^T r_0} = \frac{144 \cdot 5/49}{36+9} = \frac{16}{49}$$

$$d_1 = 12 \begin{bmatrix} \frac{1}{7} \\ -\frac{2}{7} \end{bmatrix} + \frac{16}{49} \begin{bmatrix} 6 \\ 3 \end{bmatrix} = \begin{bmatrix} \frac{180}{49} \\ -\frac{120}{49} \end{bmatrix}$$

$$\alpha_2 = \frac{\begin{bmatrix} \frac{12}{7} \\ -\frac{24}{7} \end{bmatrix}^T \begin{bmatrix} \frac{12}{7} \\ -\frac{24}{7} \end{bmatrix}}{\begin{bmatrix} \frac{180}{49} \\ -\frac{120}{7} \end{bmatrix}^T \begin{bmatrix} 2 & 2 \\ 2 & 5 \end{bmatrix} \begin{bmatrix} \frac{180}{49} \\ -\frac{120}{7} \end{bmatrix}} = \frac{7}{10}$$

$$x_2 = \begin{bmatrix} \frac{10}{7} \\ \frac{5}{7} \end{bmatrix} + \frac{7}{10} \begin{bmatrix} \frac{180}{49} \\ -\frac{120}{49} \end{bmatrix} = \begin{bmatrix} 4 \\ -1 \end{bmatrix}$$

$$r_2 = 12 \begin{bmatrix} \frac{1}{7} \\ -\frac{2}{7} \end{bmatrix} - \frac{7}{10} \begin{bmatrix} 2 & 2 \\ 2 & 5 \end{bmatrix} \begin{bmatrix} \frac{180}{49} \\ -\frac{120}{49} \end{bmatrix} = \begin{bmatrix} 0 \\ 0 \end{bmatrix}.$$

因為 $r_2 = b - Ax_2 = 0$，解為 $x_2 = [4, -1]$。

◆

在範例 2.28 中，一如定理 2.13 所保證的，r_i 和 r_0 正交。這是共軛梯度法的成功關鍵：每個新的餘向量 r_i 和前面所有的 r_i 正交，如果 r_i 其中一個為零，這表示 $Ax_i = b$，則 x_i 為解。如果不然，經過 n 次迴圈，所得 r_n 將與由 n 個兩兩正交向量 $r_0, ..., r_{n-1}$ 所生成空間 (就是整個 R^n) 正交，那麼 r_n 必定為零向量，所以 $Ax_n = b$。

共軛梯度法在某些地方比高斯消去法更簡單，舉例來說，寫成程式似乎是超級簡單的——沒有列運算要煩惱，也不需要用到高斯消去法的三層迴圈。二者都算是直接求解法，因都在有限步驟下可以求得理論上的正確解。所以只剩下兩個問題：為何共軛梯度法不如高斯消去法受歡迎？又為何共軛梯度法通常被看成迭代法？

要回答這兩個問題得從運算個數著手，迴圈內需要一次矩陣與向量乘積 (Ad_{n-1}) 還外加幾次向量內積。矩陣與向量乘積每次便需要 n^2 個乘法 (這還不考慮同樣的加法個數)，經過 n 次迴圈總共需要 n^3 個乘法；和高斯消去法的

$n^3/3$ 個相較起來，足足是三倍的代價。

但是，如果 A 是稀疏矩陣情況就大不同了。假設 n 太大，高斯消去法的 $n^3/3$ 個運算會變得不可行。雖然高斯消去法得計算到最後才能找到解 x，但是共軛梯度法每一次迴圈就會提供近似解 x_i。

每次迭代所得餘向量的歐氏長度 (Euclidean length) 呈現遞減。因此，至少在這個觀點下，每次迭代後 Ax_i 都會更靠近 b 一些。所以，可以透過對 r_i 的觀察，或許不需要完成所有的 n 次迴圈便可以找到一個足夠好的解 x_i。如此看來，共軛梯度法和迭代法沒有分別。

此方法被提出不久之後就不受重視，原因是當 A 是一個病態矩陣時，它容易受影響而累積誤差。事實上，它在病態矩陣上的表現並不如部分換軸高斯消去法。目前，這個障礙已經用**預條件化** (preconditioning) 的方式來解決，這個方式基本上是將問題改變為較好條件的矩陣系統，然後再用共軛梯度法求解。更多的資訊請參考 [8]。

共軛梯度法的名稱來自於它真正所做：從 n 維二次拋物面的斜率滑下，標題中「梯度」的意思是它在找出用微積分得來的最快下降方向，而「共軛」的意思是，它的每個步驟不一定彼此互相垂直，但至少餘向量 r_i 卻是如此。此法的幾何意義和動機非常有趣，但已超出本書介紹範圍，文獻 [7] 提供了完整描述。

範例 2.29

用共軛梯度法解系統 (2.38) 式，其中 $n = 100,000$。

經過共軛梯度法 20 次迴圈後，所得計算結果與正確解 $(1, ..., 1)$ 的向量無限範數差別小於 10^{-9}。且以個人電腦執行所需時間還不到一秒鐘。

◆

2.6 習題

1. 用將 $x^T A x$ 寫成平方和的方式，證明下列矩陣為對稱正定。

    (a) $\begin{bmatrix} 1 & 0 \\ 0 & 3 \end{bmatrix}$ (b) $\begin{bmatrix} 1 & 3 \\ 3 & 10 \end{bmatrix}$ (c) $\begin{bmatrix} 1 & 0 & 0 \\ 0 & 2 & 0 \\ 0 & 0 & 3 \end{bmatrix}$

2. 找到一向量 $x \neq 0$ 使得 $x^T A x \leq 0$，來證明下列對稱矩陣並非正定。

    (a) $\begin{bmatrix} 1 & 0 \\ 0 & -3 \end{bmatrix}$ (b) $\begin{bmatrix} 1 & 2 \\ 2 & 2 \end{bmatrix}$ (c) $\begin{bmatrix} 1 & -1 \\ -1 & 0 \end{bmatrix}$ (d) $\begin{bmatrix} 1 & 0 & 0 \\ 0 & -2 & 0 \\ 0 & 0 & 3 \end{bmatrix}$

3. 以手計算用共軛梯度法求解下列問題。

    (a) $\begin{bmatrix} 1 & 2 \\ 2 & 5 \end{bmatrix} \begin{bmatrix} u \\ v \end{bmatrix} = \begin{bmatrix} 1 \\ 1 \end{bmatrix}$ (b) $\begin{bmatrix} 1 & 2 \\ 2 & 5 \end{bmatrix} \begin{bmatrix} u \\ v \end{bmatrix} = \begin{bmatrix} 1 \\ 3 \end{bmatrix}$

4. 以手計算用共軛梯度法求解下列問題。

    (a) $\begin{bmatrix} 1 & -1 \\ -1 & 2 \end{bmatrix} \begin{bmatrix} u \\ v \end{bmatrix} = \begin{bmatrix} 0 \\ 1 \end{bmatrix}$ (b) $\begin{bmatrix} 4 & 1 \\ 1 & 4 \end{bmatrix} \begin{bmatrix} u \\ v \end{bmatrix} = \begin{bmatrix} -3 \\ 3 \end{bmatrix}$

5. 證明若 $d > 4$，矩陣 $A = \begin{bmatrix} 1 & 2 \\ 2 & d \end{bmatrix}$ 為正定。

6. 完成共軛梯度迭代解 $Ax = b$ 的一般常數狀況，即 A 為 1×1 矩陣。求 α_1 和 x_1，並驗證 $r_1 = 0$ 且 $Ax_1 = b$。

7. 找出所有的 d 使得 $A = \begin{bmatrix} 1 & -2 \\ -2 & d \end{bmatrix}$ 為正定。

8. 找出所有的 d 使得 $A = \begin{bmatrix} 1 & -1 & 0 \\ -1 & 2 & 1 \\ 0 & 1 & d \end{bmatrix}$ 為正定。

2.6 電腦演算題

1. 將共軛梯度法寫成 MATLAB 程式，並用來求解下列系統。

(a) $\begin{bmatrix} 1 & 0 \\ 0 & 2 \end{bmatrix} \begin{bmatrix} u \\ v \end{bmatrix} = \begin{bmatrix} 2 \\ 4 \end{bmatrix}$ (b) $\begin{bmatrix} 1 & 2 \\ 2 & 5 \end{bmatrix} \begin{bmatrix} u \\ v \end{bmatrix} = \begin{bmatrix} 1 \\ 1 \end{bmatrix}$

2. 用共軛梯度法 MATLAB 程式求解下列問題。

(a) $\begin{bmatrix} 1 & -1 & 0 \\ -1 & 2 & 1 \\ 0 & 1 & 2 \end{bmatrix} \begin{bmatrix} u \\ v \\ w \end{bmatrix} = \begin{bmatrix} 0 \\ 2 \\ 3 \end{bmatrix}$ (b) $\begin{bmatrix} 1 & -1 & 0 \\ -1 & 2 & 1 \\ 0 & 1 & 5 \end{bmatrix} \begin{bmatrix} u \\ v \\ w \end{bmatrix} = \begin{bmatrix} 3 \\ -3 \\ 4 \end{bmatrix}$

3. 以共軛梯度法求解系統 $Hx=b$，其中 H 為 $n \times n$ 希爾伯特矩陣且 b 為元素全為 1 的向量，假定 (a) $n=4$ (b) $n=8$。

4. 以共軛梯度法求解範例 2.25 的稀疏矩陣問題，假定 (a) $n=6$ (b) $n=12$。

5. 分別對 $n=100$、1000 和 10000，以共軛梯度法求解範例 2.25。列出最後的餘向量大小及迭代數。

2.7 非線性聯立方程組

第 1 章討論的方法是為了求解一元方程式，且通常為非線性的。第 2 章到目前為止，我們學習多元方程組的解法，但要求方程式必須是線性的。非線性和多個方程式的問題提升了相當的困難程度。本節將敘述牛頓法及其變形，用以求解非線性聯立方程組。

❖ 2.7.1 多變數牛頓法

單變數牛頓法 (one-variable Newton's method)

$$x_{k+1} = x_k - \frac{f(x_k)}{f'(x_k)}$$

提供了**多變數牛頓法** (multivariate Newton's method) 的核心概念，二者均利用泰勒展開的線性近似部分，舉例來說，令

$$f_1(u, v, w) = 0$$
$$f_2(u, v, w) = 0$$
$$f_3(u, v, w) = 0$$

為三個非線性方程式，有三個變數 u, v, w。定義**向量值函數** (vector-valued function) $F(u, v, w) = (f_1, f_2, f_3)$，問題便可以改寫為 $F(x) = 0$，其中 $x = (u, v, w)$。

類似於單變數的微分 f'，定義 **Jacobian 矩陣** (Jacobian matrix) 為

$$DF(x) = \begin{bmatrix} \dfrac{\partial f_1}{\partial u} & \dfrac{\partial f_1}{\partial v} & \dfrac{\partial f_1}{\partial w} \\ \dfrac{\partial f_2}{\partial u} & \dfrac{\partial f_2}{\partial v} & \dfrac{\partial f_2}{\partial w} \\ \dfrac{\partial f_3}{\partial u} & \dfrac{\partial f_3}{\partial v} & \dfrac{\partial f_3}{\partial w} \end{bmatrix}.$$

向量值函數在 x_0 的泰勒展開式為

$$F(x) = F(x_0) + DF(x_0) \cdot (x - x_0) + O(x - x_0)^2.$$

舉例來說，$F(u, v) = (e^{u+v}, \sin u)$ 在 $x_0 = (0, 0)$ 的線性展開式為

$$F(x) = \begin{bmatrix} 1 \\ 0 \end{bmatrix} + \begin{bmatrix} e^0 & e^0 \\ \cos 0 & 0 \end{bmatrix} \begin{bmatrix} u \\ v \end{bmatrix} + O(x)^2$$

$$= \begin{bmatrix} 1 \\ 0 \end{bmatrix} + \begin{bmatrix} u + v \\ u \end{bmatrix} + O(x)^2.$$

牛頓法是以線性近似為基礎，而忽略 $O(h^2)$ 項。和單變數時相同，令 $x = r$ 為根，x_0 為猜測解，則

$$0 = F(r) \approx F(x_0) + DF(x_0) \cdot (r - x_0),$$

或

$$-DF(x_0)^{-1} F(x_0) \approx r - x_0. \tag{2.46}$$

因此，將 (2.46) 式解 r 可以導出更好的近似根。

多變數牛頓法

$x_0 =$ 初始向量

$$x_{k+1} = x_k - (DF(x_k))^{-1} F(x_k), \ k = 0, 1, 2, \ldots.$$

因為求反矩陣需經過繁瑣的計算,我們可利用技巧來避免這個問題。每一次迭代不要完全依照公式,令 $x_{k+1}=x_k-s$,s 為 $DF(x_k)s=F(x_k)$ 的解。現在,只需執行高斯消去法 ($n^3/3$ 個乘法) 便可完成一步迭代,而不需計算反矩陣 (大約需要三倍計算)。因此多變數牛頓法的迭代步驟變成

$$\begin{cases} DF(x_k)s = -F(x_k) \\ x_{k+1} = x_k + s. \end{cases} \tag{2.47}$$

範例 2.30

用牛頓法以初始猜測 (1, 2) 求解下列系統

$$v - u^3 = 0$$
$$u^2 + v^2 - 1 = 0.$$

圖 2.4 呈現了 $f_1(u,v)=v-u^3$ 和 $f_2(u,v)=u^2+v^2-1$ 為零的解集合和它們的兩個交點,也就是方程組的解。Jacobian 矩陣為

$$DF(u,v) = \begin{bmatrix} -3u^2 & 1 \\ 2u & 2v \end{bmatrix}.$$

以初始猜測 $x_0=(1,2)$,第一步得求解 (2.47) 的矩陣方程式:

$$\begin{bmatrix} -3 & 1 \\ 2 & 4 \end{bmatrix} \begin{bmatrix} s_1 \\ s_2 \end{bmatrix} = -\begin{bmatrix} 1 \\ 4 \end{bmatrix}.$$

所得解為 $s=(0,-1)$,所以第一步迭代可得 $x_1=x_0+s=(1,1)$。第二步迭代則需求解

$$\begin{bmatrix} -3 & 1 \\ 2 & 2 \end{bmatrix} \begin{bmatrix} s_1 \\ s_2 \end{bmatrix} = -\begin{bmatrix} 0 \\ 1 \end{bmatrix}.$$

解得 $s=(-1/8,-3/8)$,$x_2=x_1+s=(7/8,5/8)$。兩次迭代都標示於圖 2.4,而更多迭代所得請見下表:

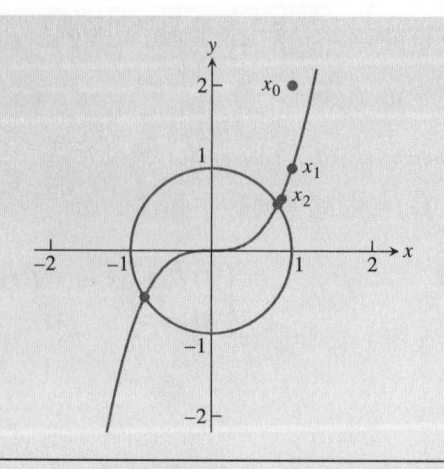

圖 2.4 牛頓法解範例 2.30。兩個根都標上了黑點，牛頓法所得近似解收斂到約 $(0.8260, 0.5636)$。

步數	u	v
0	1.00000000000000	2.00000000000000
1	1.00000000000000	1.00000000000000
2	0.87500000000000	0.62500000000000
3	0.82903634826712	0.56434911242604
4	0.82604010817065	0.56361977350284
5	0.82603135773241	0.56362416213163
6	0.82603135765419	0.56362416216126
7	0.82603135765419	0.56362416216126

在輸出數列中可明顯發現二次收斂特性，它使每次迭代的小數正確位數倍增。而方程式的對稱性，使得如果 (u, v) 是解，那麼 $(-u, -v)$ 也是，如圖 2.4 中所見。第二個解也可用牛頓法求得，只要改用一個靠近它的初始猜測。

範例 2.31

用牛頓法求解下列非線性系統

$$f_1(u, v) = 6u^3 + uv - 3v^3 - 4 = 0$$
$$f_2(u, v) = u^2 - 18uv^2 + 16v^3 + 1 = 0.$$

注意 $(u, v) = (1, 1)$ 就是一個解，而另外還有兩個解。Jacobian 矩陣為

$$DF(u,v) = \begin{bmatrix} 18u^2 + v & u - 9v^2 \\ 2u - 18v^2 & -36uv + 48v^2 \end{bmatrix}.$$

初始猜測的不同將使牛頓法找到不同的解，這和單變數時相同。利用起始點 $(u_0, v_0) = (2, 2)$，迭代先前的演算公式即產生下表：

步數	u	v
0	2.00000000000000	2.00000000000000
1	1.37258064516129	1.34032258064516
2	1.07838681200443	1.05380123264984
3	1.00534968896520	1.00269261871539
4	1.00003367866506	1.00002243772010
5	1.00000000111957	1.00000000057894
6	1.00000000000000	1.00000000000000
7	1.00000000000000	1.00000000000000

其他初始向量則可以導出另外兩個根，近似於 (0.865939, 0.462168) 和 (0.886809, −0.294007)；請見電腦演算題 2。

如果 Jacobian 矩陣能被計算，那麼牛頓法求解便是一個很好的選擇。如果不能，最好的替代方法就是 Broyden 法 (Broyden's method)，下節將會對此方法加以解說。

◆

❖ 2.7.2 Broyden 法

以牛頓法解單變數的單一方程式需要用到導數，當導數不可得或是需要花太多計算時間時，可以採用第 1 章中接著牛頓法後面討論的割線法之概念來推導新方法。

現在我們對非線性系統 $F(x) = 0$ 也有個牛頓法解法，我們也會面臨同樣的問題：如果 Jacobian 矩陣 DF 不可得時該怎麼辦？雖然此時的牛頓法沒辦法如此簡單地推廣成割線法，但 Broyden [2] 建議了一個一般公認為最好的退而求其次之方法。

假設 A_{i-1} 為第 $i-1$ 次迭代所得的 Jacobian 矩陣之最佳近似，可用來求得

$$x_i = x_{i-1} - A_{i-1}^{-1} F(x_{i-1}). \tag{2.48}$$

為了將 A_{i-1} 更新為下次迭代所需的 A_i，我們以導數觀點來看 Jacobian 矩陣，使滿足

$$A_i \delta_i \approx \Delta_i, \qquad (2.49)$$

其中 $\delta_i = x_i - x_{i-1}$，$\Delta_i = f(x_i) - f(x_{i-1})$。另一方面，由於對 δ_i 的**正交補餘** (orthogonal complement) 沒有新的資訊，因此我們要求

$$A_i w = A_{i-1} w \qquad (2.50)$$

對每個 w 滿足 $\delta_i^T w = 0$。一個滿足 (2.49) 式和 (2.50) 式的矩陣是

$$A_i = A_{i-1} + \frac{(\Delta_i - A_{i-1}\delta_i)\delta_i^T}{\delta_i^T \delta_i}, \qquad (2.51)$$

因為乘上 δ_i 可得 (2.49) 式

$$A_i \delta_i = A_{i-1}\delta_i + \frac{(\Delta_i - A_{i-1}\delta_i)\delta_i^T \delta_i}{\delta_i^T \delta_i} = \Delta_i$$

乘上 w 變成 (2.50) 式

$$A_i w = A_{i-1} w + \frac{(\Delta_i - A_{i-1}\delta_i)\delta_i^T w}{\delta_i^T \delta_i} = A_{i-1} w.$$

Broyden 法利用牛頓法步驟 (2.48) 式來改善目前的猜測解，但用 (2.51) 式來更新 Jacobian 矩陣近似值。總括來說，這個演算法起始於初始值 x_0、x_1，以及一個初始近似 Jacobian 矩陣 A_0，如果沒有其他更好的選擇時，可選用單位矩陣。

Broyden 法 I

$x_0, x_1 = $ 初始向量

$A_0 = $ 初始矩陣

當 $i = 1, 2, 3, \ldots$

$$A_i = A_{i-1} + \frac{(\Delta_i - A_{i-1}\delta_i)\delta_i^T}{\delta_i^T \delta_i}$$

其中 $\delta_i = x_i - x_{i-1}$ 及 $\Delta_i = F(x_i) - F(x_{i-1})$.

$$x_{i+1} = x_i - A_i^{-1} F(x_i)$$

終止

需要注意的是，牛頓法形式的步驟和執行牛頓法時一樣，是以求解 $A_i \delta_{i+1} = F(x_i)$ 完成。雖然這表示演算法在方程式數目 n 很大時會變得很慢，因為可能需要解一個**稠密矩陣** (dense matrix) 方程式。但也有快捷的技巧，就是利用第 4 章將提到的 **QR 分解** (QR factorization)，將計算次數降低到 $O(n^2)$。同樣地，Broyden 法也像牛頓法一樣，不保證會收斂到解。

Broyden 法的第二種方式關鍵在於 (2.51) 式，它定義 A_i 為 A_{i-1} 調整而得。令 $u = (\Delta_i - A_{i-1}\delta_i)/(\delta_i^T \delta_i)$ 以及 $v = \delta_i$，則 $A_i = A_{i-1} + uv^T$。因為我們想找的是 A_i^{-1}，附錄 A 的 Sherman-Morrison 公式可以用來推導直接公式

$$\begin{aligned}
A_i^{-1} &= (A_{i-1} + uv^T)^{-1} \\
&= A_{i-1}^{-1} - \frac{A_{i-1}^{-1} uv^T A_{i-1}^{-1}}{1 + v^T A_{i-1}^{-1} u} \\
&= A_{i-1}^{-1} - \frac{A_{i-1}^{-1} \left(\frac{\Delta_i - A_{i-1}\delta_i}{\delta_i^T \delta_i} \right) \delta_i^T A_{i-1}^{-1}}{1 + \delta_i^T A_{i-1}^{-1} \left(\frac{\Delta_i - A_{i-1}\delta_i}{\delta_i^T \delta_i} \right)} \\
&= A_{i-1}^{-1} + \frac{(\delta_i - A_{i-1}^{-1}\Delta_i)\delta_i^T A_{i-1}^{-1}}{\delta_i^T A_{i-1}^{-1}\Delta_i}.
\end{aligned}$$

Sherman-Morrison 公式所帶來額外的好處是不需要先計算 A_i，我們可以直接更新反矩陣 $B_i \equiv A_i^{-1}$。改寫 (2.51) 和 (2.48) 式可以得到 Broyden 法 II：

Broyden 法 II

$x_0, x_1 =$ 初始向量

$B_0 =$ 初始矩陣

當 $i = 1, 2, 3, \ldots$

$$B_i = B_{i-1} + \frac{(\delta_i - B_{i-1}\Delta_i)\delta_i^T B_{i-1}}{\delta_i^T B_{i-1}\Delta_i}$$

其中 $\delta_i = x_i - x_{i-1}$ 及 $\Delta_i = F(x_i) - F(x_{i-1})$.
$$x_{i+1} = x_i - B_i F(x_i)$$
終止

要開始計算前，需要兩個初始值 x_0、x_1 以及一個 B_0 初始矩陣，如果無法計算導數，可選擇用 $B_0 = I$。

Broyden 法 II 的缺點在於 Jacobian 反矩陣的估計值不易得知，事實上這個估計值在一些應用中也會需要；矩陣 B_i 記錄的其實是 Jacobian 反矩陣的估計值。另一方面來說，Broyden 法 I 則記錄了 Jacobian 的估計值 A_i。因此，某些人便分別稱 Broyden 法 I 和 II 為「好 Broyden」以及「壞 Broyden」。

Broyden 法的兩個版本皆為超線性收斂到單根，較牛頓法二次收斂為慢。如果 Jacobian 矩陣有公式可得，利用 $DF(x_0)$ 的反矩陣做為初始矩陣 B_0 通常能夠加速收斂。

Broyden 法 II 的 MATLAB 程式碼如下：

```
% 程式 2.3 Broyden 法 II
% 輸入：k = 最大迭代次數, x0, x1 初始向量
% 輸出：解 x
% 使用範例：broyden2(10,[1;2],[2;1])
function x=broyden2(k,x0,x1) [n,m]=size(x0);
b=eye(n,n);              % 初始矩陣 b
for i=2:k
  del=x1-x0;delta=f(x1)-f(x0);
  b=b+(del-b*delta)*del'*b/(del'*b*delta);
  x=x1-b*f(x1);
  x0=x1;x1=x;
end

function y=f(x)
y=zeros(2,1);
y(1)=x(2)-x(1)^3;
y(2)=x(1)^2+x(2)^2-1;
```

當 Jacobian 矩陣不可得的時候，Broyden 法的兩個版本都是非常有用的。實作 7 中的管線彎曲模型，便是個典型範例。

2.7 習題

1. 求下列函數的 Jacobian 矩陣

    (a) $F(u,v) = (u^3, uv^3)$

    (b) $F(u,v) = (\sin uv, e^{uv})$

    (c) $F(u,v) = (u^2 + v^2 - 1, (u-1)^2 + v^2 - 1)$

    (d) $F(u,v,w) = (u^2 + v - w^2, \sin uvw, uvw^4)$

2. 用泰勒展開式來求得 $F(x)$ 在 x_0 的線性近似 $L(x)$。

    (a) $F(u,v) = (1 + e^{u+2v}, \sin(u+v))$，$x_0 = (0, 0)$

    (b) $F(u,v) = (u + e^{u-v}, 2u + v)$，$x_0 = (1, 1)$

3. 繪出在 uv-平面上的兩曲線圖形，並以代數方法求得所有解。

    (a) $\begin{cases} u^2 + v^2 = 1 \\ (u-1)^2 + v^2 = 1 \end{cases}$
    (b) $\begin{cases} u^2 + 4v^2 = 4 \\ 4u^2 + v^2 = 4 \end{cases}$
    (c) $\begin{cases} u^2 - 4v^2 = 4 \\ (u-1)^2 + v^2 = 4 \end{cases}$

4. 對習題 3 的方程組，以 $(1, 1)$ 為初始值分別執行兩次牛頓法迭代。

5. 對習題 3 的方程組分別執行兩次 Broyden 法 I 迭代，以 $(1, 1)$ 和 $(1, 2)$ 為初始值，且 $A_0 = I$。

6. 對習題 3 的方程組分別執行兩次 Broyden 法 II 迭代，以 $(1, 1)$ 和 $(1, 2)$ 為初始值，且 $A_0 = I$。

2.7 電腦演算題

1. 用牛頓法和適當的初始值，找出下列方程組的所有解。以習題 3 所得正確解驗證之。

    (a) $\begin{cases} u^2 + v^2 = 1 \\ (u-1)^2 + v^2 = 1 \end{cases}$
    (b) $\begin{cases} u^2 + 4v^2 = 4 \\ 4u^2 + v^2 = 4 \end{cases}$
    (c) $\begin{cases} u^2 - 4v^2 = 4 \\ (u-1)^2 + v^2 = 4 \end{cases}$

2. 用牛頓法求範例 2.31 的三個解。

3. 用牛頓法求方程組 $u^3 - v^3 + u = 0$ 和 $u^2 + v^2 = 1$ 的兩個解。

4. 以 Broyden 法 I 對習題 3 的方程組求解，初始猜測 $x_0 = (1, 1)$ 和 $(1, 2)$，$A_0 = I$。所求得解應盡可能地精確，並列出迭代所需次數。

5. 以 Broyden 法 II 對習題 3 的方程組求解，初始猜測 $x_0 = (1, 1)$ 和 $(1, 2)$，B_0

$=I$。所求得解應盡可能地精確,並列出迭代所需次數。

軟體和延伸閱讀

有許多很好的書都在探討數值線性代數,包括 [12] 和 [5]。[3, 14] 是兩本相較新的書,而 [1, 6, 8, 11, 13, 15, 16, 4] 則是有關迭代法的書籍。

LAPACK 是一套內容廣泛的共享軟體,它包含矩陣代數運算的高品質程式,包括求解 $Ax=b$ 的方法、矩陣分解以及條件數估計。這套軟體的可攜性很高,它依照現代的電腦架構來設計開發,還考量到共享記憶體之向量與平行電腦。

LAPACK 的可攜性在於演算法主要以**基礎線性代數副程式** (Basic Linear Algebra Subprograms;BLAS) 為開發工具,BLAS 是一套基本的矩陣/向量計算,在特定機器與架構下可以調整為最優化的效能。BLAS 大致分為三部分:層次 1,像向量內積這類需要 $O(n)$ 計算的運算。層次 2,像矩陣乘向量這類需要 $O(n^2)$ 計算的運算。層次 3,則是像矩陣乘矩陣這類需要 $O(n^3)$ 計算的運算。

在 LAPACK 裡對一般稠密矩陣以雙精準求解 $Ax=b$,利用的是 PA=LU 分解法,名為 DGESV,另外也有其他版本可用於稀疏矩陣或**帶狀矩陣** (banded matrix)。詳情請參考 www.netlib.org/lapack。LAPACK 程式也形成 MATLAB、IMSL 與 NAG 等軟體之矩陣代數計算的基礎。

CHAPTER 3

內 插

多項式內插是一種古老的習作，而工業界大量使用內插則開始於二十世紀的三次樣條函數 (cubic spline)。在造船與飛機工業之應用激發下，來自於雪鐵龍和雷諾兩家歐洲車製造廠的工程師 Paul de Casteljau 和 Pierre Bézier，接著還有美國通用車廠的其他工程師，陸續開發了現在所稱的三次樣條函數與貝茲樣條函數 (Bézier spline)。

雖然樣條函數是為了汽車的空氣動力研究而開發，它也被使用在許多應用裡，包括電腦排版。革命性的列印變化源起於兩位原任職於全錄 (Xerox) 的工程師，他們成立了一家名為奧多比 (Adobe) 的公司，並在 1984 年發表了 PostScript™ 語言。這項發表引起了蘋果電腦公司 Steve Jobs 的注意，他一直在尋找一個能控制最新發明的雷射印表機之方法。而貝茲樣條函數是一個簡單的方法，它能採用同樣的數學曲線到多種印表機解析度中。

本章結尾的實作 3，探討了 PostScript 如何將字元建構為貝茲樣條函數。

用有效率的方式呈現數據，是促進了解科學問題的基礎。最基本的是，以多項式來模擬數據是一個資料壓縮的方法。假設點 (x, y) 來自一個已知函數 $y=f(x)$，或來自一個實驗，其中 x 代表溫度，y 代表反應速率。而定義在實數上的函數代表著無限多的訊息。在一組數據中尋找一個多項式，意味著用一個可以在有限步驟內估值的規則來代替資訊。雖然期待這多項式對新的輸入 x 能夠完全正確表示是不切實際的，但或許能與實際結果相去不遠。

本章將介紹多項式內插和樣條函數內插，當作方便的工具來尋找通過所給的數據點 (data point) 之函數。

3.1 數據點與內插函數

若稱函數內插 (interpolate) 一組數據點，即表示該函數通過該組點。假設已選定一組數據點 (x, y)，比如 $(0, 1)$、$(2, 2)$ 和 $(3, 4)$，有一拋物線通過這三點，如圖 3.1，則這個拋物線稱為通過此三點的二次內插多項式。

定義 3.1 若函數 $y=P(x)$ 對每個 $1 \leq i \leq n$ 滿足 $P(x_i)=y_i$，則稱此函數內插數據點 (x_1, y_1), ..., (x_n, y_n)。

內　插

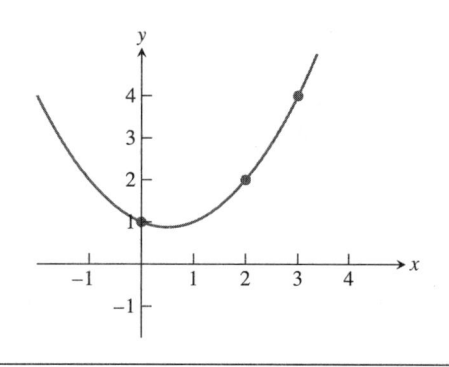

圖 3.1　拋物線內插。點 $(0, 1)$、$(2, 2)$ 和 $(3, 4)$ 的內插函數為 $P(x) = \frac{1}{2}x^2 - \frac{1}{2}x + 1$。

請注意，P 必須為函數；意即，每個 x 值對應到唯一的 y。這對數據點集合 $\{(x_i, y_i)\}$ 設下了限制以使得內插函數存在，即 x_i 必須相異才能讓函數通過每個點，但對 y_i 則沒有類似的限制。

> **聚焦　複雜度**
>
> 我們為什麼要採用多項式？多項式經常被用來作內插，是因為它們具備直接的數學性質。有一個簡單的定理，是關於給定一組數據點和次方數，即可決定是否存在此次方之內插多項式。而實際上更重要的是，多項式是數位電腦最基本的函數。中央處理器通常在硬體裡有快速的方法來將浮點數相加或相乘，而這兩個運算是計算多項式所需的基本運算。所以複雜函數可以藉由內插多項式來近似，目的是可以利用這兩個硬體運算來快速計算函數值。

我們將以尋找一個內插多項式做為開始，先試問這樣的多項式必然存在嗎？假設各點的 x 座標均相異，則答案是肯定的。無論給定多少點，總是存在一個多項式 $y = P(x)$ 通過這些點。在本節中將證明此及更多關於內插多項式的事實。

內插是求值的相反。在多項式求值中 (比如第 0 章的巢狀乘法)，我們給定一多項式與 x 並計算在 x 點的 y 值；意即，計算出在曲線上的點。多項式內插

則要求相反的過程：給定一些點，求得一個能產生這些點的多項式。

❖ 3.1.1 拉格朗奇內插法

假設已知 n 個數據點 (x_1, y_1)，$\cdots$，(x_n, y_n)，欲求其內插多項式。有一個顯式直接寫出內插該些數據點的 $d=n-1$ 次多項式，稱為拉格朗奇內插公式。例如，假設給定三個數據點 (x_1, y_1)、(x_2, y_2)、(x_3, y_3)，則多項式

$$P_2(x) = y_1\frac{(x-x_2)(x-x_3)}{(x_1-x_2)(x_1-x_3)} + y_2\frac{(x-x_1)(x-x_3)}{(x_2-x_1)(x_2-x_3)} + y_3\frac{(x-x_1)(x-x_2)}{(x_3-x_1)(x_3-x_2)} \quad (3.1)$$

稱為這些數據點的**拉格朗奇內插多項式** (Lagrange interpolating polynomial)。首先注意為什麼每個數據點均在多項式曲線上。以 x_1 取代 x，第二和第三項分子變為 0，第一項的分母與分子相約得到 y_1，故代入 x_1，運算可得 $y_1+0+0=y_1$。代入 x_2 和 x_3 可得到類似的結果。當 x 代入其他數目時，我們鮮少能控制結果，但是我們的工作僅在內插這三個數據點，這就是我們所關心的範疇。第二，注意 (3.1) 式為 x 的二次多項式。

範例 3.1

求圖 3.1 中通過數據點 $(0, 1)$、$(2, 2)$ 和 $(3, 4)$ 的內插多項式。

代入拉格朗奇公式 (3.1) 得到

$$\begin{aligned}P_2(x) &= 1\frac{(x-2)(x-3)}{(0-2)(0-3)} + 2\frac{(x-0)(x-3)}{(2-0)(2-3)} + 4\frac{(x-0)(x-2)}{(3-0)(3-2)} \\ &= \frac{1}{6}(x^2-5x+6) + 2\left(-\frac{1}{2}\right)(x^2-3x) + 4\left(\frac{1}{3}\right)(x^2-2x) \\ &= \frac{1}{2}x^2 - \frac{1}{2}x + 1.\end{aligned}$$

代回數據點驗證無誤，$P_2(0)=1$、$P_2(2)=3$ 及 $P_2(3)=4$。

一般來說，假設已知 n 點 (x_1, y_1)、(x_2, y_2)、$\cdots$ (x_n, y_n)，對每個介於 1 到 n 的

k，可定義

$$L_k(x) = \frac{(x-x_1)\cdots(x-x_{k-1})(x-x_{k+1})\cdots(x-x_n)}{(x_k-x_1)\cdots(x_k-x_{k-1})(x_k-x_{k+1})\cdots(x_k-x_n)}.$$

L_k 有趣的特性在於 $L_k(x_k)=1$，但對其他數據點 x_j 則得 $L_k(x_j)=0$。如此可定義 $n-1$ 次多項式

$$P_{n-1}(x) = y_1 L_1(x) + \cdots + y_n L_n(x).$$

這是 (3.1) 式的推廣且做法相同，將 x 代入 x_k 可得

$$P_{n-1}(x_k) = y_1 L_1(x_k) + \cdots + y_n L_n(x_k) = 0 + \cdots + 0 + y_k L_k(x_k) + 0 + \cdots + 0 = y_k,$$

滿足我們所要的結果。

如此我們便建構一個通過任意 n 個相異點且至多為 $n-1$ 次的多項式。有趣的是，它會是唯一的。

定理 3.2 **多項式內插主要定理** 對平面上 n 個點 $(x_1, y_1), ..., (x_n, y_n)$，且 x_i 相異，保證存在唯一之次數小於或等於 $n-1$ 的多項式 P，使得 $P(x_i)=y_i$ 對 $i=1, ..., n$。

證明： 由拉格朗奇內插公式即完成了存在性的證明。要證明唯一性，我們反過來假設有兩個多項式，$P(x)$ 和 $Q(x)$，次數至多為 $n-1$ 且均內插 n 個數據點。也就是說，$P(x_1)=Q(x_1)=y_1, P(x_2)=Q(x_2)=y_2, ..., P(x_n)=Q(x_n)=y_n$。現在定義新多項式 $H(x)=P(x)-Q(x)$，顯然 H 同樣至多 $n-1$ 次，且 $0=H(x_1)=H(x_2)=\cdots=H(x_n)$；意即，$H$ 有 n 個相異根，依據代數基本定理，d 次多項式至多有 d 個根，除非其為零多項式。因此 H 為零多項式，即 $P(x)\equiv Q(x)$。所以，內插 n 個數據點且次數不大於 $n-1$ 的多項式為唯一。

範例 3.2

求內插 $(0, 2)$、$(1, 1)$、$(2, 0)$ 和 $(3, -1)$ 四點的不大於三次之多項式。

過此四點的拉格朗奇公式如下：

$$P(x) = 2\frac{(x-1)(x-2)(x-3)}{(0-1)(0-2)(0-3)} + 1\frac{(x-0)(x-2)(x-3)}{(1-0)(1-2)(1-3)}$$
$$+ 0\frac{(x-0)(x-1)(x-3)}{(2-0)(2-1)(2-3)} - 1\frac{(x-0)(x-1)(x-2)}{(3-0)(3-1)(3-2)}$$
$$= -\frac{1}{3}(x^3 - 6x^2 + 11x - 6) + \frac{1}{2}(x^3 - 5x^2 + 6x) - \frac{1}{6}(x^3 - 3x^2 + 2x)$$
$$= -x + 2.$$

依據定理 3.2 得知存在一個次數不大於三的內插多項式，但它不一定正好三次。在範例 3.2 中，數據點共線，因此內插多項式為一次。定理 3.2 暗示了並不存在 2 或 3 次內插多項式，你可能已經直覺地認為沒有拋物線或是三次曲線可以通過 4 個共線的點，但真正的理由如上面所說。

◆

❖ 3.1.2　牛頓均差法

如前一節所述，拉格朗奇內插法是用建構式方法來寫下定理 3.2 所指唯一的多項式。它同時也是直覺的方法，只要大概看一下就能解釋它為何可行。然而它卻不常被用來實際計算，因為其他方法所得的結果比較容易使用，而且沒有那麼複雜的計算形式。

牛頓均差 (Newton's divided differences) 提供一個特別簡單的方法來求內插多項式。對已知的 n 數據點，可得一個至多 $n-1$ 次的多項式，與拉格朗奇法所得相同。由定理 3.2 的唯一性，可知所得應與拉格朗奇內插多項式一樣，只是看起來寫法上不同。

均差的概念非常簡單，但必須要先熟悉一些符號。檢視函數 f 所提供的數據點，然後將其列表如下：

$$\begin{array}{c|c} x_1 & f(x_1) \\ x_2 & f(x_2) \\ \vdots & \vdots \\ x_n & f(x_n) \end{array}$$

現在定義均差為下列數

$$f[x_k] = f(x_k)$$
$$f[x_k\ x_{k+1}] = \frac{f[x_{k+1}] - f[x_k]}{x_{k+1} - x_k}$$
$$f[x_k\ x_{k+1}\ x_{k+2}] = \frac{f[x_{k+1}\ x_{k+2}] - f[x_k\ x_{k+1}]}{x_{k+2} - x_k}$$
$$f[x_k\ x_{k+1}\ x_{k+2}\ x_{k+3}] = \frac{f[x_{k+1}\ x_{k+2}\ x_{k+3}] - f[x_k\ x_{k+1}\ x_{k+2}]}{x_{k+3} - x_k}, \tag{3.2}$$

且依此類推。這些數是數據點依據**牛頓均差公式** (Newton's divided difference formula) 計算所得的內插多項式係數。

$$\begin{aligned}P(x) = &\ f[x_1] + f[x_1\ x_2](x - x_1)\\ &+ f[x_1\ x_2\ x_3](x - x_1)(x - x_2)\\ &+ f[x_1\ x_2\ x_3\ x_4](x - x_1)(x - x_2)(x - x_3)\\ &+ \cdots\\ &+ f[x_1 \cdots x_n](x - x_1)\cdots(x - x_{n-1}).\end{aligned} \tag{3.3}$$

該多項式內插 n 數據點的證明在 3.2.2 節。注意均差公式可用**巢狀多項式** (nested polynomial) 計算此內插多項式，如此便會自動準備好以有效率的方式來估值。

牛頓均差法

給定 $x = [x_1, ..., x_n]$, $y = [y_1, ..., y_n]$

當 $j = 1, ..., n$
　　$f[x_j] = y_j$
終止
當 $i = 2, ..., n$
　　當 $j = 1, ..., n + 1 - i$
　　　　$f[x_j ... x_{j+i-1}] = (f[x_{j+1} ... x_{j+i-1}] - f[x_j ... x_{j+i-2}])/(x_{j+i-1} - x_j)$
　　終止
終止

所得內插多項式為

$$P(x) = \sum_{i=1}^{n} f[x_1 \ldots x_i](x - x_1)\cdots(x - x_{i-1})$$

牛頓均差的遞迴定義可排列成一個簡易的表格，對 3 個數據點的表格如下

$$
\begin{array}{c|cccc}
x_1 & f[x_1] & & & \\
 & & f[x_1\ x_2] & & \\
x_2 & f[x_2] & & f[x_1\ x_2\ x_3] \\
 & & f[x_2\ x_3] & & \\
x_3 & f[x_3] & & &
\end{array}
$$

多項式 (3.3) 的係數可以從三角形頂端邊緣讀取。

範例 3.3

用均差來尋找經過數據點 (0, 1)、(2, 2)、(3, 4) 的內插多項式。

用均差的定義產生下列表格：

$$
\begin{array}{c|cccc}
0 & 1 & & & \\
 & & \frac{1}{2} & & \\
2 & 2 & & \frac{1}{2} & \\
 & & 2 & & \\
3 & 4 & & &
\end{array}
$$

此表格之計算如下：分別在前兩行寫下 x、y 座標，然後計算下一行，從左到右，如 (3.2) 式的均差計算。舉例來說，

$$\frac{2-1}{2-0} = \frac{1}{2}$$

$$\frac{2-\frac{1}{2}}{3-0} = \frac{1}{2}$$

$$\frac{4-2}{3-2} = 2.$$

在完成均差三角形之後，就可以從表格的頂端邊緣讀取多項式係數 1、1/2、1/2，然後內插多項式可寫成：

$$P(x) = 1 + \frac{1}{2}(x-0) + \frac{1}{2}(x-0)(x-2),$$

或是用巢狀形式，

$$P(x) = 1 + (x-0)\left(\frac{1}{2} + (x-2)\cdot\frac{1}{2}\right).$$

巢狀形式的基點 (見第 0 章) 為 $r_1=0$ 和 $r_2=2$。另外，經過代數運算可將內插多項式寫成

$$P(x) = 1 + \frac{1}{2}x + \frac{1}{2}x(x-2) = \frac{1}{2}x^2 - \frac{1}{2}x + 1,$$

這和先前所得的拉格朗奇內插多項式一樣。◆

用均差法計算內插多項式後，很容易可以加入新的數據點。

範例 3.4

在範例 3.3 中加入第四個數據點 (1, 0) 到表格裡。

我們可以保留已經完成的計算，只要在三角形最底端加入一列。

$$
\begin{array}{c|cccc}
0 & 1 & & & \\
 & & \frac{1}{2} & & \\
2 & 2 & & \frac{1}{2} & \\
 & & 2 & & -\frac{1}{2} \\
3 & 4 & & 0 & \\
 & & 2 & & \\
1 & 0 & & & \\
\end{array}
$$

結果為原始多項式 $P_2(x)$ 再多加上新的一項。從三角形頂端讀取，可得新的三次內插多項式

$$P_3(x) = 1 + \frac{1}{2}(x-0) + \frac{1}{2}(x-0)(x-2) - \frac{1}{2}(x-0)(x-2)(x-3).$$

由於 $P_3(x) = P_2(x) - \frac{1}{2}(x-0)(x-2)(x-3)$，所以先前所得多項式可直接作為新多項式的一部分。

◆

我們有興趣的是，比較拉格朗奇公式與均差公式在加入新的數據點所必須做的額外工作。當一個新數據點加入時，拉格朗奇公式必須重新開始，之前的計算都無法使用。另一方面，在均差形式中，我們可以保留之前的結果，然後在多項式中加入新的項目。因此，均差的方法有「即時更新」的功能，而這功能是拉格朗奇所沒有的。習題 15 將比較拉格朗奇與均差內插法兩者的運算個數。

範例 3.5

用牛頓均差法求通過 $(0, 2)$、$(1, 1)$、$(2, 0)$、$(3, -1)$ 的內插多項式。

均差三角形為

$$
\begin{array}{c|cccc}
0 & 2 & & & \\
  &   & -1 & & \\
1 & 1 & & 0 & \\
  &   & -1 & & 0 \\
2 & 0 & & 0 & \\
  &   & -1 & & \\
3 & -1 & & & \\
\end{array}
$$

依據所得係數，可得次數不大於三之內插多項式為

$$P(x) = 2 + (-1)(x - 0) = 2 - x,$$

與範例 3.2 所得相同，但是只需很少的計算工作。

◆

❖ 3.1.3 通過 n 數據點有多少 d 次多項式？

若 $0 \leq d \leq n-1$，可由定理 3.2 多項式內插主要定理得到答案。給定 $n=3$ 點 $(0, 1)$、$(2, 2)$、$(3, 4)$，保證有一內插多項式不大於二次。範例 3.1 得到正好為

二次,所以不存在零次或一次內插多項式通過這三個數據點。

有多少三次多項式內插同樣的三個數據點?一個建構此多項式的方法在前面討論過:就是加入第四點。擴展牛頓均差三角形提供了一個新的係數,在範例 3.4 中,多加入了數據點 (1, 0),所得多項式為

$$P_3(x) = P_2(x) - \frac{1}{2}(x-0)(x-2)(x-3), \tag{3.4}$$

通過原來的三個點,以及新的數據點 (1, 0)。因此至少有一個三次多項式經過我們原本的三個數據點 (0, 1)、(2, 2)、(3, 4)。

當然,有許多不同的方式來選擇第四個點,舉例來說,如果我們保留 $x_4 = 1$,然後將 y_4 的 0 作修改,由於一個函數只能在 x_4 經過一個 y 值,所以我們必能取得一個不同的三次內插多項式。因為在任一固定的 x_4 有無限多的方法可以選擇 y_4,每個都提供一個不同的多項式,所以我們知道有無限多的三次多項式內插三個點 (x_1, y_1)、(x_2, y_2)、(x_3, y_3)。順著這樣的想法說明了,對給定的 n 數據點 (x_i, y_i) 且 x_i 相異,則有無限多個 n 次多項式會經過這些數據點。

另外,(3.4) 式建議了一個更直接的方法來建構經過三點的三次內插多項式。與其加進第四個點來產生新的三次係數,何不直接寫進一個新係數而計算結果是否內插原本的三個點?答案是肯定的,因為 $P_2(x)$ 就是如此,且新項代入 x_1、x_2 以及 x_3 均得到零;所以建構額外的牛頓均差其實是沒有必要的。任一三次多項式的形式:

$$P_3(x) = P_2(x) + cx(x-2)(x-3)$$

且 $c \neq 0$,將經過 (0, 1)、(2, 2)、(3, 4) 三點,這個技巧也可輕易建立無限多個經過 n 數據點且次數大於等於 n 的多項式,參考下個範例。

範例 3.6

對 $0 \leq d \leq 5$,分別有多少個 d 次多項式通過 $(-1, -5)$、$(0, -1)$、$(2, 1)$ 和 $(3, 11)$?

牛頓均差三角形為

$$\begin{array}{c|cccc} -1 & -5 & & & \\ & & 4 & & \\ 0 & -1 & & -1 & \\ & & 1 & & 1 \\ 2 & 1 & & 3 & \\ & & 10 & & \\ 3 & 11 & & & \end{array}$$

所以不存在零、一或二次內插多項式，唯一的三次為

$$P_3(x) = -5 + 4(x+1) - (x+1)x + (x+1)x(x-2).$$

對任意 $c_1 \neq 0$，有無限多個四次內插多項式

$$P_4(x) = P_3(x) + c_1(x+1)x(x-2)(x-3)$$

對任意 $c_2 \neq 0$，有無限多個五次內插多項式

$$P_5(x) = P_3(x) + c_2(x+1)x^2(x-2)(x-3)$$

◆

❖ 3.1.4　內插程式碼

用以計算係數的 MATLAB 程式碼 `newtdd.m` 如下：

```
% 程式 3.1 牛頓均差內插法
% 計算內插多項式的係數
% 輸入：x,y 向量，包含 n 數據點的 x 和 y 座標
% 輸出：內插多項式的係數 c
% 利用 nest.m 來計算內插多項式函數值
function c=newtdd(x,y,n)
for j=1:n
  v(j,1)=y(j);            % 填入牛頓三角形的 y 行
end
for i=2:n                  % 對第 i 行
  for j=1:n+1-i            % 由上至下填充各行
    v(j,i)=(v(j+1,i-1)-v(j,i-1))/(x(j+i-1)-x(j));
  end
end
for i=1:n
  c(i)=v(1,i);             % 沿三角形頂端讀取
end                        % 輸出係數
```

將此程式應用於範例 3.3 的數據點，可得係數為 1、1/2、1/2，再將係數代入巢狀乘法程式來求得內插多項式在不同 x 的值。

舉例來說，MATLAB 程式碼片段

```
x0=[0 2 3];
y0=[1 2 4];
c=newtdd(x0,y0,3);
x=0:.01:4;
y=nest(2,c,x,x0);
plot(x0,y0,'o',x,y)
```

會畫出多項式圖形，如圖 3.1。

現在我們有 MATLAB 程式碼 newtdd.m 來尋找內插多項式的係數，以及 nest.m 來計算多項式值，可以將它們放在一起來建立一個內插多項式的函式。程式 clickinterp.m 利用了 MATLAB 的繪圖功能來畫出所得的內插多項式。圖 3.2 中 MATLAB 的滑鼠輸入指令 ginput 可用來協助資料輸入。

```
% 程式 3.2 clickinterp.m 多項式內插程式
% 以左鍵點選 MATLAB 繪圖視窗來指定數據點
% 連續點選可增加數據點
% 右鍵可終止程式
xl=-3;xr=3;yb=-3;yt=3;
plot([xl xr],[0 0],'k',[0 0],[yb yt],'k');grid on;
xlist=[];ylist=[];
button=1;k=0;         % 初值化計數器 k
while(button ~= 3)  % 如果點選右鍵，終止程式
    [xnew,ynew,button] = ginput(1);   % 擷取滑鼠點擊
    if button == 1     % 若點選左鍵
      k=k+1;           % 累計點擊次數 k
      xlist(k)=xnew; ylist(k)=ynew;% 於表格中增加新的數據點
      c=newtdd(xlist,ylist,k);% 求內插係數
      x=xl:.01:xr;     % 定義曲線的 x 座標
      y=nest(k-1,c,x,xlist);% 計算曲線上對應的 y 座標值
      plot(xlist,ylist,'o',x,y,[xl xr],[0,0],'k',[0 0],[yb yt],'k');
      axis([xl xr yb yt]);grid on;
    end
end
```

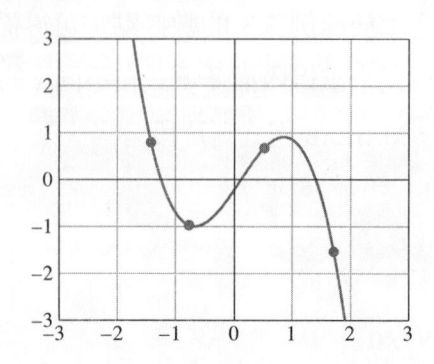

圖 3.2 用滑鼠輸入的內插程式 3.2。以四個輸入數據點執行 MATLAB 程式碼 `clickinterp.m` 之結果的螢幕截圖。

> **聚焦　　壓縮**
>
> 這是我們第一次在數值分析中提到資料壓縮的概念，剛開始的時候，內插可能看起來似乎無關於資料壓縮，結果，我們輸入 n 點，然後輸出內插多項式的 n 個係數，那麼什麼被壓縮了？
>
> 設想一組從某處產生的數據點，例如從曲線 $y=f(x)$ 上選出多個數據點，此時 $n-1$ 次多項式的 n 個係數可以看成是 $f(x)$ 的「壓縮版本」，在許多情況中可以被用作電腦運算中 $f(x)$ 的非常簡單之代表。
>
> 例如，當按下計算機上的 sin 鍵之後，會有什麼結果？計算機提供了硬體來進行加法和乘法的運算，但它如何計算一個數的 sin (正弦) 值？從某個角度來看，運算必須化簡為多項式估值，因為它只用到加法和乘法的運算。藉由選擇正弦 (sine) 曲線上的數據點，可得內插多項式，它儲存在計算機中，相當於正弦函數的壓縮版本。
>
> 這種形式的壓縮是「失真壓縮」，也就是說過程中有誤差產生，因為正弦函數其實不是一個多項式。當函數 $f(x)$ 被內插多項式所替代時，會有多少誤差產生？這正是下一節所要討論的主題。

❖ 3.1.5　以近似多項式表示函數

內插多項式的主要用途之一，是以計算多項式值來替代一個複雜的函數值，使函數計算只需用到加法、減法及乘法等基本的電腦運算。這可以想像為一個壓

縮的形式：某個複雜的東西被某樣簡單可運算的東西所取代，而我們必須要去分析過程中是否有一些精準度的損失。讓我們從三角函數的例子開始：

範例 3.7

以 $[0, \pi/2]$ 的 4 個等距點求 $f(x) = \sin x$ 的內插多項式。

這就是對區間 $[0, \pi/2]$ 的正弦函數值壓縮。取 4 個等距點並計算均差三角形正確至 4 位小數位，可得以下表格：

$$
\begin{array}{c|cccc}
0 & 0.0000 & & & \\
 & & 0.9549 & & \\
\pi/6 & 0.5000 & & -0.2443 & \\
 & & 0.6691 & & -0.1139 \\
2\pi/6 & 0.8660 & & -0.4232 & \\
 & & 0.2559 & & \\
3\pi/6 & 1.0000 & & & \\
\end{array}
$$

因此可得三次內插多項式

$$P_3(x) = 0 + 0.9549x - 0.2443x(x - \pi/6) - 0.1139x(x - \pi/6)(x - \pi/3)$$
$$= 0 + x(0.9549 + (x - \pi/6)(-0.2443 + (x - \pi/3)(-0.1139))). \quad (3.5)$$

圖 3.3 將此多項式和正弦函數同時繪出。在這個解析度下，$P_3(x)$ 和 $\sin x$ 在區間 $[0, \pi/2]$ 上難以分辨。我們將正弦曲線上無限多的資訊，壓縮成只需儲存少許的係數以及執行 (3.5) 式裡 3 個加法和 3 個乘法的能力即可。

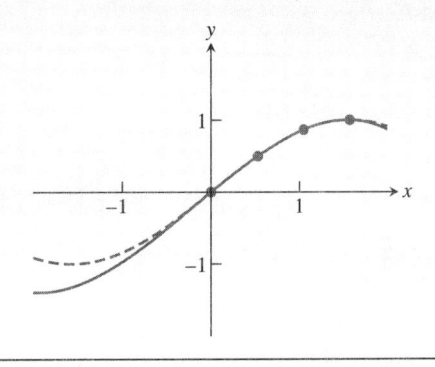

圖 3.3 $\sin x$ 的三次內插多項式。內插多項式 (實線曲線) 與 $y = \sin x$，等距的內插節點 (node) 為 0、$\pi/6$、$2\pi/6$ 和 $3\pi/6$。在 0 與 $\pi/2$ 間二者十分接近。

我們在計算機上設計的 sin 按鍵能有多精準？毫無疑問地我們需要能夠處理整個實數軸上的輸入值，然而因為正弦函數有對稱性，我們已將最困難的部分完成了。區間 $[0, \pi/2]$ 是所謂正弦的**基本域** (fundamental domain)，意思是任何其他區間輸入點的值都與它有關，可以回溯參考。若輸入值 x 在 $[\pi/2, \pi]$ 間，因為 sin 對 $x=\pi/2$ 對稱，$\sin x$ 可由 $\sin(\pi-x)$ 的值求得。但若輸入值 x 在 $[\pi, 2\pi]$ 間，因為對 $x=\pi$ 點的反對稱性，可得 $\sin x = -\sin(2\pi-x)$。最後，因為在整個實數軸上 sin 重複 $[0, 2\pi]$ 的相同變化，任何輸入值我們可以先去掉 2π 的倍數再來計算函數值，這引導了 sin 按鍵的直接做法：

```
% 程式 3.3 建立一個 sin 計算鍵，嘗試 #1
% 以三次多項式近似 sin 函數
% (注意：此程式暫時還不能用,至少要等到我們討論過精準度之後再修正。)
% 輸入：x
% 輸出：sin(x) 的近似值
function y=sin1(x)
% 先計算內插多項式並儲存係數
b=pi*(0:3)/6;yb=sin(b);      % b 存放基點
c=newtdd(b,yb,4);
% 對每個輸入值 x，移動 x 到基本域並求內插多項式值
s=1;          % sin 的正負號
x1=mod(x,2*pi);
if x1>pi
   x1 = 2*pi-x1;
   s = -1;
end
if x1 > pi/2
   x1 = pi-x1;
end
y = s*nest(3,c,x1,b);
```

程式 3.3 大多的工作只是為了將 x 移動到基本域，如此便可以巢狀乘法計算內插多項式值。程式 3.3 的典型輸出如下：

x	$\sin x$	$P_3(x)$	誤差
1	0.8415	0.8411	0.0004
2	0.9093	0.9102	0.0009
3	0.1411	0.1428	0.0017
4	−0.7568	−0.7557	0.0011
14	0.9906	0.9928	0.0022
1000	0.8269	0.8263	0.0006

對於第一次的嘗試來說，這結果還不錯，誤差都低於 1%。然而為了得到足夠的正確位數以填滿計算機的讀出裝置，我們必須對內插誤差有更多的瞭解，將在下節討論這個主題。

3.1 習題

1. 用拉格朗奇內插法來求得通過下列數據點的多項式。

    (a) (0, 1), (2, 3), (3, 0)　(b) (−1, 0), (2, 1), (3, 1), (5, 2)

    (c) (0, −2), (2, 1), (4, 4)

2. 用牛頓均差法求得通過習題 1 數據點的內插多項式，並驗證這些多項式與拉格朗奇內插多項式相同。

3. 有多少 d 次多項式通過 (−1, 3)、(1, 1)、(2, 3)、(3, 7) 這四個點？如果可能，請各寫下一個。

    (a) $d=2$　(b) $d=3$　(c) $d=6$

4. (a) 求通過 (0, 0)、(1, 1)、(2, 2)、(3, 7)，且不大於三次的多項式 $P(x)$。

    (b) 求另兩個通過這四個點的任意次數多項式。

    (c) 判斷是否存在不大於三次的多項式 $P(x)$ 通過點 (0, 0)、(1, 1)、(2, 2)、(3, 7) 和 (4, 2)。

5. (a) 求通過 (−2, 8)、(0, 4)、(1, 2)、(3, −2)，且不大於三次的多項式 $P(x)$。

    (b) 除 (a) 所得，寫下任何不大於四次且通過該四點的內插多項式。

6. 寫下一個確實為五次的多項式，內插 (1, 1)、(2, 3)、(3, 3)、(4, 4) 四個點。

7. 若 $P(x)$ 為十次多項式，其在 $x=1, ..., 10$ 時函數值為零，且 $P(12)=44$。試求 $P(0)$。

8. 若 $P(x)$ 為 9 次多項式，$x=1$ 時函數值為 112，$x=10$ 時為 2，$x=2, ..., 9$ 時皆為零。試求 $P(0)$。

9. 按以下條件舉例或說明為何例題不存在：

   (a) 在 $x=1, 2, 3, 4, 5, 6$ 時函數值為零，$x=7$ 時則為 10 的 6 次多項式 $L(x)$。

   (b) 在 $x=1, 2, 3, 4, 5, 6$ 時函數值為零，$x=7$ 時為 10，$x=8$ 時則為 70 的 6 次多項式 $L(x)$。

10. 若 $P(x)$ 為 5 次多項式，在 $x=1, 2, 3, 4, 5$ 時函數值為 10，且 $P(6)=15$。試求 $P(7)$。

11. 令 P_1、P_2、P_3 及 P_4 為拋物線 $y=ax^2+bx+c$ 上的四個相異點。有幾個三次多項式通過這四個點？解釋你的答案。

12. 三次多項式和四次多項式可能有正好 5 個交點嗎？請解釋之。

13. 地球大氣所產生的二氧化碳平均濃度如下表所示，單位是每百萬體積分率 (ppm by volume)。求內插該些數據點的三次多項式，然後利用其估計 1950 年以及 2050 年的二氧化碳濃度。(1950 年的實際濃度為 310 ppm。)

年度	CO_2 (ppm)
1800	280
1850	283
1900	291
2000	370

14. 工業用風扇在某溫度下的預期使用壽命如下表所列。利用 (a) 最後三個數據點所得的拋物線，和 (b) 以全部四個點所形成的三次曲線，來估計在攝氏 70 度下的使用壽命。

temp. (°C)	hrs. (×1000)
25	95
40	75
50	63
60	54

15. 計算通過 n 數據點求內插多項式所需的乘法與加法個數，(a) 拉格朗奇形

式，(b) 牛頓均差形式 (使用巢狀乘法)。

3.1 電腦演算題

1. 以下表的全球人口數來估計 1980 年的人口數，利用 (a) 通過 1970 和 1990 年的直線估計，(b) 通過 1960、1970 和 1990 年的拋物線估計，以及 (c) 通過所有四個數據點的立方曲線，來與 1980 年的 4452584592 人做比較。

年度	人口數
1960	3039585530
1970	3707475887
1990	5281653820
2000	6079603571

2. 改寫程式 3.2 成為 MATLAB 函式版本，輸入值 x 和 y 是等長向量的數據點，輸出為內插多項式的圖形。如此一來，數據點可以用相較於以滑鼠輸入更精確的方式輸入。重製圖 3.2 來檢驗你的程式。

3. 撰寫一 MATLAB 函式 polyinterp.m，輸入一組內插數據點 (x, y) 及點 x_0，輸出內插多項式在 x_0 的函數值 y_0。第一行程式碼需為 function y0=polyinterp(x,y,x0)，其中 x 和 y 為代表數據點的輸入向量。你的函式可以呼叫程式 3.1 的 newdd 和第 0 章的 nest，同時可仿造程式 3.2，但不需要繪圖。驗證你的函式確實可行。

4. 將程式 3.3 的 sin1 計算機按鍵改寫成 cos1，以相同原理計算餘弦 (cosine) 函數。(提示：需先判斷餘弦的基本域。)

5. (a) 利用 sin 和 cos 的加法公式，證明 $\tan(\pi/2-x)=1/\tan x$。

   (b) 證明 $[0, \pi/4]$ 可作為 $\tan x$ 的基本域。

   (c) 依程式 3.3 的原理，利用前述基本域內的三次內插多項式，設計一個正切 (tangent) 函數按鍵。

   (d) 憑經驗計算正切函數按鍵在 $[0, \pi/4]$ 中的最大誤差。

3.2 內插誤差

sin 計算所得的精確度關鍵在於圖 3.3 中的近似函數,它有多靠近?我們列出的數據表格指出在一些範例中,前兩位數的可靠性相當高,但之後的位數就不一定都是正確的。在這節中,我們將探究一些方法來度量這個誤差及如何使其變小。

❖ 3.2.1 內插誤差公式

假設我們由一函數 $y=f(x)$ 開始,取函數上一些數據點建構出內插多項式 $P(x)$,就如範例 3.7 中對 $f(x)=\sin x$ 所做得一樣,則點 x 的**內插誤差** (interpolation error) 為 $f(x)-P(x)$,意即在點 x 的原始函數和內插多項式差距,如圖 3.3 中兩函數圖形的垂直距離。下個定理給一個內插誤差公式,雖然通常無法準確計算,但至少可得**誤差界** (error bound)。

定理 3.3 假設 $P(x)$ 為 n 數據點 $(x_1, y_1), ..., (x_n, y_n)$ 擬合 (fitting) 所得的不大於 $n-1$ 次內插多項式,則內插誤差為

$$f(x) - P(x) = \frac{(x-x_1)(x-x_2)\cdots(x-x_n)}{n!} f^{(n)}(c), \tag{3.6}$$

其中 c 介於 $x, x_1, ..., x_n$ 的最小值與最大值之間。

定理 3.3 的證明請參考 3.2.2 節。我們可利用這個定理來評估範例 3.7 中所建構之 sin 鍵的精確度,透過 (3.6) 式可得

$$\sin x - P(x) = \frac{(x-0)\left(x-\frac{\pi}{6}\right)\left(x-\frac{\pi}{3}\right)\left(x-\frac{\pi}{2}\right)}{4!} f''''(c),$$

其中 $0 < c < \pi/2$。因為四階導數 $f''''(c) = \sin c$ 範圍是介於 0 到 1 之間,最糟的情況下 $|\sin c|$ 不大於 1,所以可以保證內插誤差的**上界** (upper bound) 為:

$$|\sin x - P(x)| \leq \frac{\left|(x-0)\left(x-\frac{\pi}{6}\right)\left(x-\frac{\pi}{3}\right)\left(x-\frac{\pi}{2}\right)\right|}{24}|1|.$$

當 $x=1$，最糟情況的誤差為

$$|\sin 1 - P(1)| \leq \frac{\left|(1-0)\left(1-\frac{\pi}{6}\right)\left(1-\frac{\pi}{3}\right)\left(1-\frac{\pi}{2}\right)\right|}{24}|1| \approx 0.0005348. \quad (3.7)$$

這是誤差上界，因為我們以四次微分的「最糟情況」來估計；事實上 $x=1$ 時的確實誤差為 0.0004，的確在 (3.7) 式所給的誤差上界之內。我們可以從內插誤差公式基本形式得到一些結論，可預期當 x 靠近 x_i 區間中點時比起 x 靠近端點時誤差小，這是因為乘積中會有較多數目較小的項所致。舉例來說，我們拿靠近數據點區間左端點的 $x=0.2$ 和 $x=1$ 時的誤差做比較，在 $x=0.2$ 時，誤差公式為

$$|\sin 0.2 - P(0.2)| \leq \frac{\left|(.2-0)\left(.2-\frac{\pi}{6}\right)\left(.2-\frac{\pi}{3}\right)\left(.2-\frac{\pi}{2}\right)\right|}{24}|1| \approx 0.00313,$$

這大約是 $x=1$ 時誤差的六倍大。相對地，真正的誤差確實也比較大

$$|\sin 0.2 - P(0.2)| = |0.19867 - 0.20056| = 0.00189.$$

範例 3.8

求 $f(x)=e^x$ 和通過點 -1、-0.5、0、0.5、1 的內插多項式在 $x=0.25$ 和 $x=0.75$ 的誤差上界。

為了求誤差上界，沒有必要如同圖 3.4 一般建構出內插多項式。根據 (3.6) 的誤差上界公式可得

$$f(x) - P_4(x) = \frac{(x+1)\left(x+\frac{1}{2}\right)x\left(x-\frac{1}{2}\right)(x-1)}{5!}f^{(5)}(c),$$

其中 $-1<c<1$。五階導數為 $f^{(5)}(c)=e^c$，因為 e^x 隨 x 遞增，最大值將出現在區間右端點，所以在區間 $[-1, 1]$ 內保證 $|f^{(5)}| \leq e^1$。對 $-1 \leq x \leq 1$ 時，誤差

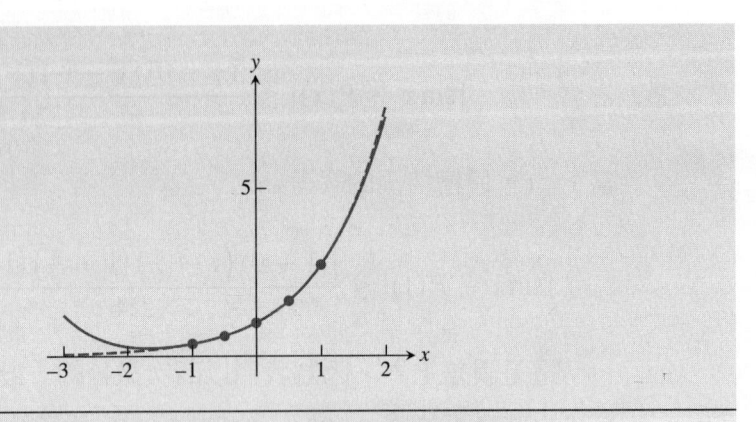

圖 3.4 $f(x)=e_x$ 的內插多項式。實線的曲線為通過等距的數據點 $-1, -0.5, 0, 0.5, 1$ 之內插多項式。

公式變為

$$|e^x - P_4(x)| \leq \frac{(x+1)\left(x+\frac{1}{2}\right)x\left(x-\frac{1}{2}\right)(x-1)}{5!}e.$$

當 $x=0.25$ 時，內插誤差的上界為

$$|e^{0.25} - P_4(0.25)| \leq \frac{(1.25)(0.75)(0.25)(-0.25)(-0.75)}{120}e$$
$$\approx .000995.$$

當 $x=0.75$ 時，內插誤差可能會大些：

$$|e^{0.75} - P_4(0.75)| \leq \frac{(1.75)(1.25)(0.75)(0.25)(0.25)}{120}e$$
$$\approx .002323.$$

再次驗證，越靠近區間中點時，內插誤差越小。

❖ **3.2.2 牛頓形式與誤差公式的證明**

在本節中我們將說明先前直接使用的兩個重要性質的理由。首先我們將建立牛頓均差形式的內插多項式，並且證明內插誤差公式。

複習一下到目前所知道的，如果 $x_1, ..., x_n$ 為實數軸上不同的點，且 $y_1, ..., y_n$ 為任意數，我們知道有唯一的次數至多為 $n-1$ 的內插多項式 $P_{n-1}(x)$ 過這

些點。我們也知道拉格朗奇內插法可以給出這樣的多項式。

但是我們尚不知道牛頓均差公式是否同樣能夠給一個內插多項式。一旦經由定理 3.7 證明成立，就表示它和拉格朗奇法所得必須相同。我們先找出 P_{n-1} 的 $n-1$ 次項的係數，再將其特殊化成牛頓形式 (Newton form)。

考慮另外兩個不同的內插多項式：P_{n-2} 內插 $x_1, ..., x_{n-1}$ 點，和 Q_{n-2} 內插 $x_2, ..., x_n$ 點，則下列關係成立：

引理 3.4
$$(P_{n-1}(x) - P_{n-2}(x))(x_n - x_1) = (x - x_1)(Q_{n-2}(x) - P_{n-2}(x))$$

證明：因為等號兩側相減為一個至多 $n-1$ 次的多項式，所以只需證明等號兩側在 n 個相異點上值相同；再依據代數基本定理，二者的差應等於零多項式。這 n 個點我們取 n 個內插數據點：當 $x=x_1$，因為 P_{n-1} 和 P_{n-2} 均通過點 (x_1, y_1)，故左式為零；右式也必為零。當 $x=x_2, ..., x_{n-1}$，則兩側均為零，因為 P_{n-1}、P_{n-2}、Q_{n-2} 這三個多項式都經過這些點。最後是 $x=x_n$ 時，因為 $P_{n-1}(x_n)=Q_{n-2}(x_n)$，故左右兩式相等。

定義 3.5 通過數據點 $x_1, ..., x_n$ 之唯一不超過 $n-1$ 次的內插多項式，其 $n-1$ 次項的係數可表示為 $f[x_1 \ldots x_n]$。

按照定義，在引理 3.4 的等號左側的 $n-1$ 次係數為

$$f[x_1 \ldots x_n](x_n - x_1),$$

而等號右側的 $n-1$ 次係數為

$$f[x_2 \ldots x_n] - f[x_1 \ldots x_{n-1}].$$

因為二者必須相等，這證明了：

引理 3.6 如果 $f[x_1 \ldots x_n]$ 表示通過數據點 $x_1, ..., x_n$ 的不超過 $n-1$ 次的內插多項式之 $n-1$ 次項的係數，則

$$f[x_1 \ldots x_n] = \frac{f[x_2 \ldots x_n] - f[x_1 \ldots x_{n-1}]}{x_n - x_1}. \tag{3.8}$$

現在我們知道如何求得 $n-1$ 次項的係數，利用 (3.8) 式的遞迴特性，我們可以用牛頓均差三角形來計算。

因此，可將上述討論整理成牛頓形式

$$\begin{aligned}P_{n-1}(x) = a_1 &+ a_2(x - x_1) + a_3(x - x_1)(x - x_2) \\ &+ \cdots + a_n(x - x_1)\cdots(x - x_{n-1}).\end{aligned} \tag{3.9}$$

首先，內插多項式一定可以寫成如此形式嗎？我們可證明確實如此，因為係數 a_i 可以透過數據點 y_i 求得。舉例來說，代入 x_1 到牛頓形式 (3.9) 式中可得

$$a_1 = P_{n-1}(x_1) = y_1. \tag{3.10}$$

代入 x_2 可得

$$a_1 + a_2(x_2 - x_1) = P_{n-1}(x_2) = y_2, \tag{3.11}$$

因 a_1 可由 (3.10) 式得知且 a_2 的係數不為零，所以可解得 a_2。代入 x_3，可得同樣的情況：

$$a_1 + a_2(x_3 - x_1) + a_3(x_3 - x_1)(x_3 - x_2) = P_{n-1}(x_3) = y_3. \tag{3.12}$$

化為一般式，

$$\begin{aligned}a_1 + a_2(x_m - x_1) &+ a_3(x_m - x_1)(x_m - x_2) + \cdots + a_m(x_m - x_1)\cdots(x_m - x_{m-1}) \\ &= P_{n-1}(x_m) = y_m.\end{aligned} \tag{3.13}$$

因為前面的 a_i 為已知，且數據點 x_i 皆相異，所以 a_m 的係數不為零，因此可解得 a_m。

現在我們得知此牛頓形式一定存在，那麼如何計算 a_m 呢？當然，我們由引理 3.6 得知 $n-1$ 次項的係數為 $a_n = f[x_1 \ldots x_n]$。對一個寫成牛頓形式的多項式 P_{n-1}，令 $(P_{n-1})_{m-1}$ 表示其前 m 項之次數小於或等於 $m-1$ 的部分。注意 $(P_{n-1})_{m-1}$ 內插 $(x_1, y_1), \ldots, (x_m, y_m)$，這是因為 P_{n-1} 如此且其高次項代入這些點

均得到零。依據內插多項式的唯一性，$(P_{n-1})_{m-1}$ 為過 $x_1, ..., x_m$ 次數不大於 $m-1$ 的內插多項式，根據引理 3.6，$a_m = f[x_1 ... x_m]$。我們已經證明了以下定理：

定理 3.7 給定 n 個點 $(x_1, y_1), ..., (x_n, y_n)$，且 x_i 相異，多項式 $P_{n-1}(x)$ 若以牛頓形式 (3.9) 式呈現，則其係數為

$$a_m = f[x_1 ... x_m]$$

對所有 $1 \le m \le n$。換句話說，牛頓均差公式可得通過這 n 個數據點之唯一的不大於 $n-1$ 次內插多項式。

※

接下來我們要證明定理 3.3 的內插誤差。假設增加一個數據點 x 到內插數據點集合中，則新的內插多項式成為

$$P_n(t) = P_{n-1}(t) + f[x_1 ... x_n\, x](t - x_1) \cdots (t - x_n).$$

求此點 x 的函數值，因為 $P_n(x) = f(x)$，所以

$$f(x) = P_{n-1}(x) + f[x_1 ... x_n\, x](x - x_1) \cdots (x - x_n). \quad (3.14)$$

此公式對所有的 x 都應成立。另定義

$$h(t) = f(t) - P_{n-1}(t) - f[x_1 ... x_n\, x](t - x_1) \cdots (t - x_n).$$

由 (3.14) 式可得 $h(x) = 0$，且 $0 = h(x_1) = \cdots = h(x_n)$，這是因為 P_{n-1} 通過這些點內插 f。依據 Rolle 定理 (見第 0 章)，在 $n+1$ 個點 $x, x_1, ..., x_n$ 中每相鄰兩點間，必定存在一個新的點使得 $h' = 0$，所以共有 n 個這樣的點。同理，又在其每相鄰兩點之間存在新的點使得 $h'' = 0$，這共有 $n-1$ 個點。繼續這個推論，必定存在一點 c 使得 $h^{(n)}(c) = 0$，而 c 必定介於 $x, x_1, ..., x_n$ 的最小值與最大值之間。由於多項式 $P_{n-1}(t)$ 的 n 次微分為零，故

$$h^{(n)}(t) = f^{(n)}(t) - n!\, f[x_1 ... x_n\, x],$$

代入 c 可得

$$f[x_1 \ldots x_n\, x] = \frac{f^{(n)}(c)}{n!},$$

再代回 (3.14) 式可得

$$f(x) = P_{n-1}(x) + \frac{f^{(n)}(c)}{n!}(x - x_1)\cdots(x - x_n).$$

❖ 3.2.3　Runge 現象

如定理 3.2 所示，任意數據點的集合都可擬合出一個多項式；然而，有些多項式的形狀卻比其他的來得好。你可以利用程式 3.2 來進一步瞭解這一點。嘗試除了在 $x=0$ 時函數值為 1，將其他等距的數據點 $x=-3, -2.5, -2, -1.5, \ldots, 2.5, 3$ 函數值設為零。如圖 3.5，這些數據點是順著 x 軸呈現平坦的狀態，除了在 $x=0$ 時一個三角狀的「突起」。

圖中通過數據點的多項式看起來並不願意受限於 0 與 1 之間，這就是所謂的 **Runge 現象** (Runge phenomenon) 的圖形，它通常用來描述極端的「多項式擺動」，尤其在以等距的數據點求得的高次內插多項式時。

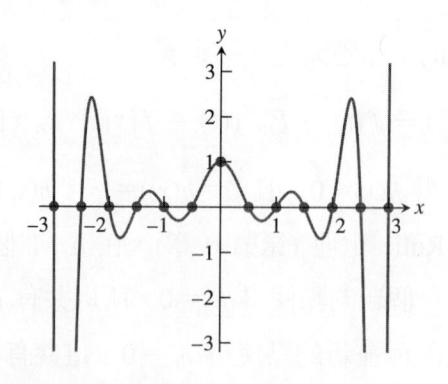

圖 3.5　三角突起函數的內插多項式。比起輸入的數據點，內插多項式擺動情況嚴重許多。

範例 3.9

在區間 $[-1, 1]$ 以等距取點的方式求 $f(x) = 1/(1+12x^2)$ 的內插多項式。

這稱為 **Runge 範例** (Runge example)，函數有著類似於圖 3.5 三角突起的外型。圖 3.6 顯示內插結果，顯示了 Runge 現象的特性：多項式在靠近內插區間端點時擺動。

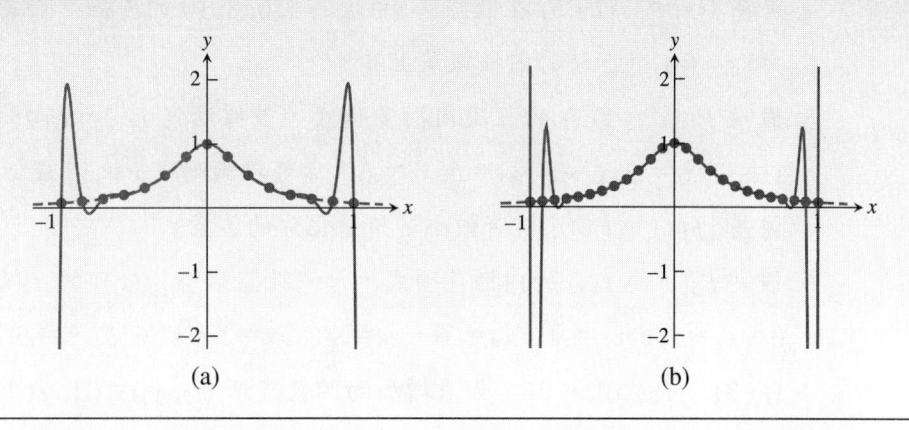

圖 3.6 Runge 範例。範例 3.9 Runge 函數的等距基點內插多項式，導致區間兩端產生極端的變化，類似於圖 3.5。(a) 15 個基點，(b) 25 個基點。

◆

如我們所見，範例中的 Runge 現象，在靠近數據點區間外側有較大的誤差。要消除這問題是很直覺的：移動一些內插點使其向區間外側靠近，讓所產生的函數可以更貼近原數據點。我們將在下一節的 Chebyshev 內插法中，學習如何達到以上所言。

3.2 習題

1. (a) 求經過點 $(0, 0)$、$(\pi/2, 1)$ 和 $(\pi, 0)$ 的二次內插多項式 $P_2(x)$。

   (b) 計算 $P_2(\pi/4)$ 求 $\sin(\pi/4)$ 的近似值。

   (c) 利用定理 3.3 求 (b) 近似值的誤差上界。

   (d) 利用計算機或是 MATLAB，比較真正誤差和你的誤差上界。

2. (a) 對數據點 $(1, 0)$、$(2, \ln 2)$、$(4, \ln 4)$，求其二次內插多項式。

   (b) 利用 (a) 的多項式求 $\ln 3$ 的近似值。

(c) 利用定理 3.3 求 (b) 近似值的誤差上界。

(d) 比較真正誤差和你的誤差上界。

3. 假設 $P_9(x)$ 為函數 $f(x)=e^{-2x}$ 在 10 個等分點 $x=0, 1/9, 2/9, 3/9, ..., 8/9, 1$ 的內插多項式。(a) 求 $|f(1/2) - P_9(1/2)|$ 的誤差上界。(b) 以 $P_9(1/2)$ 作為 e^{-1} 的近似解，可以保證有幾位小數正確？

4. 考慮 $f(x)=1/(x+5)$ 在數據點 $x=0, 2, 4, 6, 8, 10$ 的內插多項式，求在 (a) $x=1$ 和 (b) $x=5$ 時的內插誤差上界。

5. 假設 $P(x)$ 為 $f(x)$ 的五次內插多項式，數據點為 $(x_i, f(x_i))$，其中 $x_1=.1$，$x_2=.2, x_3=.3, x_4=.4, x_5=.5, x_6=.6$。你可以預測在 $x=.35$ 或 $x=.55$ 的內插誤差 $|f(x) - P(x)|$ 何者較小？請量化你的答案。

6. 假設 $P_5(x)$ 為 $f(x)$ 的內插多項式，六個數據點 $(x_i, f(x_i))$ 的 x 軸座標為 $x_1=0$，$x_2=.2$，$x_3=.4$，$x_4=.6$，$x_5=.8$，$x_6=1$。假設在 $x=.3$ 的內插誤差 $|f(.3) - P_5(.3)| = .01$。如果增加兩個數據點 $(x_7, y_7)=(.1, f(.1))$ 和 $(x_8, y_8)=(.5, f(.5))$，試估算新的內插誤差 $|f(.3) - P_7(.3)|$。為求此估計你需要做哪些假設？

3.2 電腦演算題

1. (a) 用均差法求得四次內插方程式 $P_4(x)$，數據點為 (0.6, 1.433329)、(0.7, 1.632316)、(0.8, 1.896481)、(0.9, 2.247908) 和 (1.0, 2.718282)。

   (b) 計算 $P_4(0.82)$ 和 $P_4(0.98)$。

   (c) 前述的數據點其實來自於 $f(x)=e^{x^2}$，利用內插誤差公式求得在 $x=0.82$ 和 $x=0.98$ 的誤差上界，並和真正誤差做比較。

   (d) 分別對區間 $[.5, 1]$ 和 $[0, 2]$，繪出真正的內插誤差 $P(x)-e^{x^2}$。

2. 繪出程式 3.3 中 sin1 鍵在區間 $[-2\pi, 2\pi]$ 的內插誤差。

3. 下表為全球每日石油產量，以百萬桶為單位。從資料中求得並繪出 9 次多項式，並用以估計 2010 年的石油產量。Runge 現象是否出現在這個例子中？依你的見解，內插多項式是否為一個好的數據模式？請解釋。

年度	桶／日 ($\times 10^6$)
1994	67.052
1995	68.008
1996	69.803
1997	72.024
1998	73.400
1999	72.063
2000	74.669
2001	74.487
2002	74.065
2003	76.777

4. 利用上一題的前四個數據點所得的三次內插多項式，來估計 1998 年的全球石油產量。是否出現 Runge 現象？

3.3 Chebyshev 內插法

常見以等距選擇基點 x_i 來進行內插，在許多情況中，數據點只以這種形式呈現，例如，當數據為以固定時間間隔所得的儀器讀數。但是在有些情況中，例如 sin 鍵的設計，我們可以任選適合的基點，結果顯示，所選的基點間距對於內插誤差會有很大的影響。**Chebyshev 內插法** (Chebyshev interpolation) 則提供了一個選取點間距的理想方法。

❖ 3.3.1 Chebyshev 定理

Chebyshev 內插法的動機是為了改善內插誤差

$$\frac{(x-x_1)(x-x_2)\cdots(x-x_n)}{n!}f^{(n)}(c)$$

在內插區間中的最大值。目前先考慮內插區間為 $[-1, 1]$。

內插誤差公式的分子部分

$$(x-x_1)(x-x_2)\cdots(x-x_n) \tag{3.15}$$

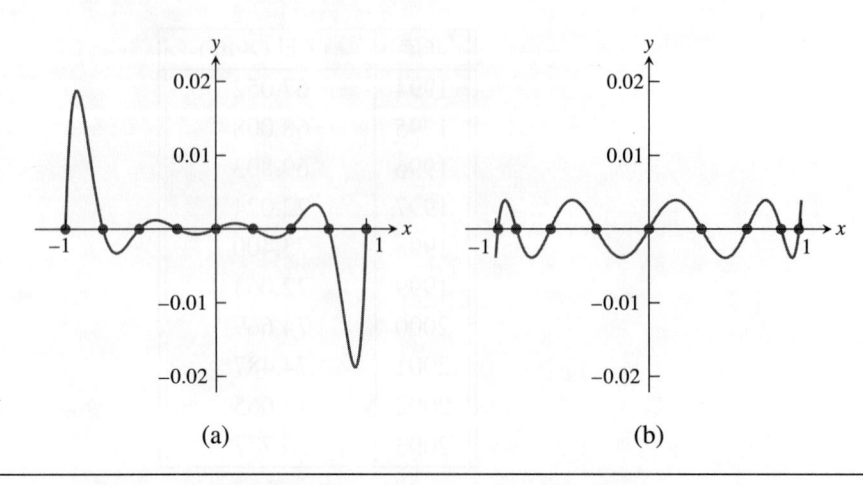

圖 3.7 內插誤差公式的一部分。$(x-x_1)(x-x_2)\ldots(x-x_n)$ 的函數圖形，對 (a) 9 個等距基點 x_i，(b) 9 個 Chebyshev 根 x_i。

為 x 的 n 次多項式，在 $[-1, 1]$ 有極大值。是否可能在 $[-1, 1]$ 間找到特定的 $x_1, \ldots, x_n$ 使得 (3.15) 式的極大值盡可能地小？這稱為內插法的**極小極大問題** (minimax problem)。

舉例來說，圖 3.7(a) 為 (3.15) 式採 $x_1, \ldots, x_9$ 等距的 9 次多項式圖形，多項式表現出 Runge 現象在靠近區間 $[-1, 1]$ 端點時變得大許多。圖 3.7(b) 同樣是 (3.15) 式，但是 $x_1, \ldots, x_9$ 的選擇方法是讓函數值在 $[-1, 1]$ 變得平均，這些點是依據稍後要介紹的定理 3.8 來選取。

事實上，基點 x_i 的實際選擇為 $\cos\frac{\pi}{18}, \cos\frac{3\pi}{18}, \ldots, \cos\frac{17\pi}{18}$，將使得 (3.15) 式的最大絕對值等於 $1/256$，是區間 $[-1, 1]$ 中任取 9 點所能找到的最小可能。這種選法是由 Chebyshev 提出的，在下個定理中說明：

定理 3.8 對任意實數 $-1 \leq x_1, \ldots, x_n \leq 1$，使得

$$\max_{-1 \leq x \leq 1} |(x-x_1)\cdots(x-x_n)|$$

盡可能地小的選法是

$$x_i = \cos\frac{(2i-1)\pi}{2n} \quad 對\ i = 1, \ldots, n,$$

且其最小值為 $1/2^{n-1}$。事實上，最小值得自於下列函數

$$(x - x_1)\cdots(x - x_n) = \frac{1}{2^{n-1}}T_n(x),$$

其中 $T_n(x)$ 為 n 次 Chebyshev 多項式。

我們先建立一些 Chebyshev 多項式性質，稍後再提出定理證明。據此定理可以得知，如果以 n 次 Chebyshev 內插多項式 $T_n(x)$ 的根作為 $[-1, 1]$ 間的 n 個數據點，便可將內插誤差減到最小。這些根是

$$x_i = \cos\frac{\text{奇數 }\pi}{2n} \tag{3.16}$$

其中「奇數」代表 1 到 $2n-1$ 的奇數，則我們可保證 (3.15) 式對所有在區間 $[-1, 1]$ 中的 x，絕對值小於 $1/2^{n-1}$。

選 Chebyshev 多項式的根作為內插基點，將內插誤差盡可能地平均分散到區間 $[-1, 1]$，我們稱利用 Chebyshev 多項式根作為基點所得的內插多項式為 **Chebyshev 內插多項式** (Chebyshev interpolating polynomial)。

範例 3.10

求 $f(x)=e^x$ 和其四次 Chebyshev 內插多項式一個最糟的誤差上界。

依據 (3.6) 內插誤差公式

$$f(x) - P_4(x) = \frac{(x - x_1)(x - x_2)(x - x_3)(x - x_4)(x - x_5)}{5!}f^{(5)}(c),$$

其中

$$x_1 = \cos\frac{\pi}{10}, \quad x_2 = \cos\frac{3\pi}{10}, \quad x_3 = \cos\frac{5\pi}{10}, \quad x_4 = \cos\frac{7\pi}{10}, \quad x_5 = \cos\frac{9\pi}{10}$$

為 Chebyshev 多項式根且 $-1 < c < 1$。依據 Chebyshev 定理 3.8，對於

$-1 \leq x \leq 1$,

$$|(x-x_1)\cdots(x-x_5)| \leq \frac{1}{2^4}.$$

另外，在 $[-1, 1]$ 中，必定 $|f^{(5)}| \leq e^1$。所以對區間 $[-1, 1]$ 內所有的 x，內插誤差為

$$|e^x - P_4(x)| \leq \frac{e}{2^4 5!} \approx 0.00142$$

將這個結果與範例 3.8 做比較，Chebyshev 內插法和等距內插法誤差上界相比，其在靠近區間中央的點誤差要稍大一些，而在靠近區間端點時，Chebyshev 的誤差則小了很多。◆

回到 Runge 範例 3.9，我們可以根據 Chebyshev 概念所選擇的基點來排除 Runge 現象；圖 3.8 則可以看出區間 $[-1, 1]$ 內的內插誤差變得小多了。

❖ 3.3.2　Chebyshev 多項式

n 次 Chebyshev 多項式定義為 $T_n(x) = \cos(n \arccos x)$。儘管它看起來不

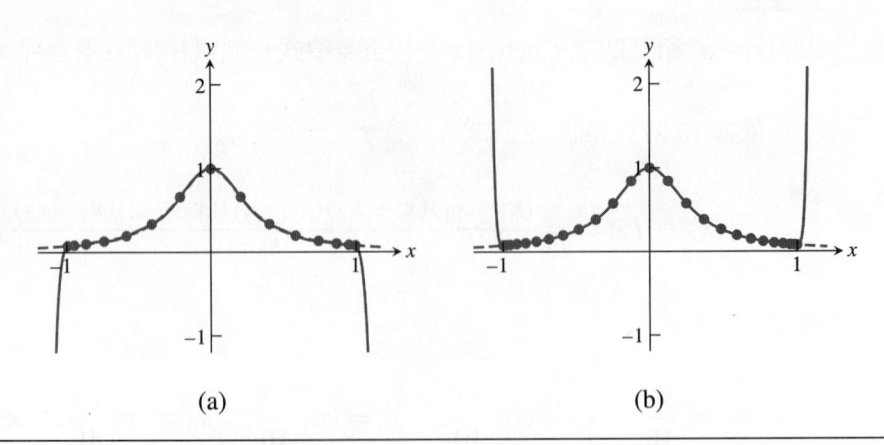

圖 3.8　以 Chebyshev 節點所得 Runge 範例的內插結果。同時繪出 Runge 函數 $f(x) = 1/(1+12x^2)$ 和其 Chebyshev 內插多項式，對基點 (a) 15 點，(b) 25 點。在 $[-1, 1]$ 間的誤差是可忽略的。另外，圖 3.6 的多項式擺動至少在 -1 與 1 之間不見了。

像，但對每個 n 它還是 x 的多項式，舉例來說，當 $n=0$ 可得零次多項式 1；當 $n=1$ 可得 $T_1(x)=\cos(\arccos x)=x$。當 $n=2$ 時，回憶一下正弦加法公式 $\cos(a+b)=\cos a\cos b-\sin a\sin b$。令 $y=\arccos x$，可得 $\cos y=x$，則 $T_2(x)=\cos 2y=\cos^2 y-\sin^2 y=2\cos^2 y-1=2x^2-1$，為二次多項式。將之一般化，因為

$$\begin{aligned}T_{n+1}(x) &= \cos(n+1)y = \cos(ny+y) = \cos ny\cos y - \sin ny\sin y\\ T_{n-1}(x) &= \cos(n-1)y = \cos(ny-y) = \cos ny\cos y - \sin ny\sin(-y).\end{aligned} \tag{3.17}$$

而 $\sin(-y)=-\sin y$，將前面兩個等式相加可以得到

$$T_{n+1}(x) + T_{n-1}(x) = 2\cos ny\cos y = 2xT_n(x). \tag{3.18}$$

結果可得

$$T_{n+1}(x) = 2xT_n(x) - T_{n-1}(x), \tag{3.19}$$

稱為 Chebyshev 多項式的**遞迴關係** (recursion relation)。從 (3.19) 式可得以下論據：

⊃ **論據 1**

T_n 為多項式，我們已經確實將 T_0、T_1 和 T_2 寫成多項式，因為 T_3 為 T_1 和 T_2 的多項式組合，所以 T_3 也是多項式；可進一步推廣到所有的 T_n。前幾項 Chebyshev 多項式 (見圖 3.9) 為

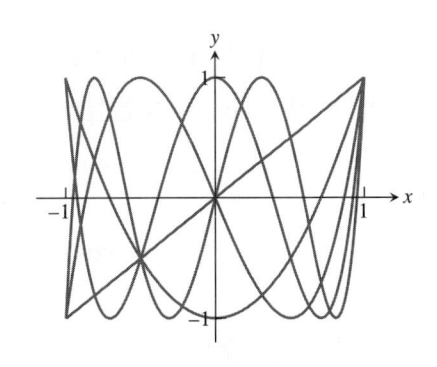

圖 3.9 一次到五次的 Chebyshev 多項式圖形。注意 $T_n(1)=1$ 且 $T_n(x)$ 在區間 $[-1,1]$ 間的最大絕對值也為 1。

$$T_0(x) = 1$$
$$T_1(x) = x$$
$$T_2(x) = 2x^2 - 1$$
$$T_3(x) = 4x^3 - 3x.$$

⊃ 論據 2

$\deg(T_n)=n$，且首項係數為 2^{n-1}。這在 $n=1$ 和 2 時顯而易見，可利用遞迴關係推廣到所有的 n。

⊃ 論據 3

$T_n(1)=1$ 且 $T_n(-1)=(-1)^n$，這些在 $n=1$ 和 2 時皆顯而易見的，一般而言

$$T_{n+1}(1) = 2(1)T_n(1) - T_{n-1}(1) = 2(1) - 1 = 1$$

及

$$\begin{aligned} T_{n+1}(-1) &= 2(-1)T_n(-1) - T_{n-1}(-1) \\ &= -2(-1)^n - (-1)^{n-1} \\ &= (-1)^{n-1}(2-1) = (-1)^{n-1} = (-1)^{n+1}. \end{aligned}$$

⊃ 論據 4

當 $-1 \le x \le 1$，$T_n(x)$ 的最大絕對值為 1。這可由存在某個 y 使得 $T_n(x)=\cos y$，立即得知。

⊃ 論據 5

$T_n(x)$ 的所有根都落在 -1 與 1 之間。見圖 3.10，事實上，這些根就是 $0=\cos(n\arccos x)$ 的解，因為 $\cos y=0$ 若且唯若 $y=$奇數$\cdot(\pi/2)$，可得

$$n \arccos x = 奇數 \cdot \pi/2$$
$$x = \cos \frac{奇數 \cdot \pi}{2n}.$$

⊃ 論據 6

$T_n(x)$ 的值在 1 與 -1 之間輪流共 $n+1$ 次。事實上，這發生在 $\cos 0, \cos \pi/n$, ..., $\cos(n-1)\pi/n, \cos \pi$ 這些點上。

內 插

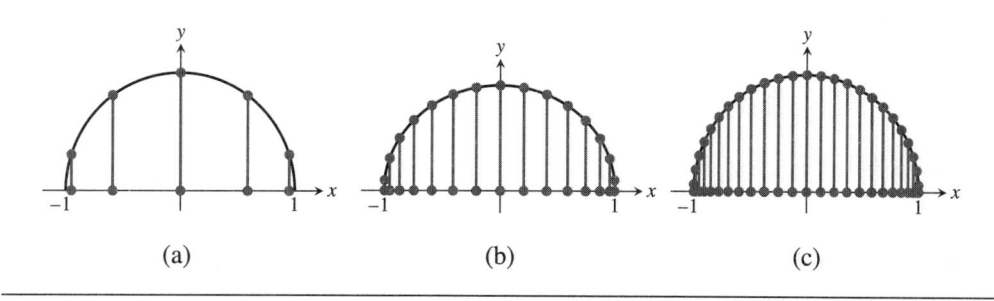

(a)　　　　　　　(b)　　　　　　　(c)

圖 3.10 Chebyshev 多項式根的位置。所求根為圓周上等距點的 x 軸座標。(a) 5 次，(b) 15 次，(c) 25 次。

由論據 2 可得 $T_n(x)/2^{n-1}$ 為首一多項式 (monic polynomial；首項係數為 1)。因為所有 $T_n(x)$ 的根為實數 (根據論據 5)，我們可以將 $T_n(x)/2^{n-1}$ 寫成因式乘積如 $(x-x_1)\cdots(x-x_n)$，其中 x_i 為定理 3.8 中的 Chebyshev 節點。

依據這些論據，Chebyshev 定理可立即得證。

定理 3.8 的證明： 令 $P_n(x)$ 為首一多項式且在區間 $[-1, 1]$ 有更小的最大絕對值；換句話說，當 $-1 \leq x \leq 1$，$|P_n(x)| < 1/2^{n-1}$。但這假設產生矛盾，因為 $T_n(x)$ 在 -1 與 1 之間輪流共 $n+1$ 次 (事實 6)，在此 $n+1$ 點的差值 $P_n - T_n/2^{n-1}$ 會在正數與負數間輪流。因此，$P_n - T_n/2^{n-1}$ 至少經過零 n 次；也就是說，至少有 n 個根。但 P_n 和 $T_n/2^{n-1}$ 都是首一多項式，二者的差最多為 $n-1$ 次多項式，便產生了矛盾。

❖ 3.3.3 區間變換

到目前為止，我們所討論的 Chebyshev 內插法僅侷限在區間 $[-1, 1]$，這是因為定理 3.8 可以在這個區間做最簡單的敘述。接下來我們將轉移整個方法到一般的區間 $[a, b]$。

移動基點使得它們在 $[a, b]$ 和在 $[-1, 1]$ 時有著同樣的相對位置，最好用兩個步驟來做這件事：(1) 延展這些點，將其乘上 $(b-a)/2$ (兩區間長度的比例)，及 (2) 平移 $(b+a)/2$，將區間中點從 0 搬到 $[a, b]$ 的中點。換句話說，將原本的點

$$\cos\frac{\text{奇數}\,\pi}{2n}$$

搬移到

$$\frac{b-a}{2}\cos\frac{\text{奇數}\,\pi}{2n}+\frac{b+a}{2}.$$

以區間 [a, b] 內新的 Chebyshev 基點 $x_1, ..., x_n$，其對應的內插誤差公式的分子上界，將由於延展而使得每個因式 $x-x_i$ 放大 $(b-a)/2$ 倍。結果是，極小極大值 $1/2^{n-1}$ 將變成 $[(b-a)/2]^n/2^{n-1}$。

> **Chebyshev 內插法節點**
>
> 在區間 [a, b] 中，對 $i=1, ..., n$，
>
> $$x_i = \frac{b+a}{2} + \frac{b-a}{2}\cos\frac{(2i-1)\pi}{2n}$$
>
> 不等式
>
> $$|(x-x_1)\cdots(x-x_n)| \leq \frac{\left(\frac{b-a}{2}\right)^n}{2^{n-1}} \tag{3.20}$$
>
> 在 [a, b] 間成立。

下個範例說明如何在一般區間使用 Chebyshev 內插法。

範例 3.11

在區間 $[0, \pi/2]$ 中找出四個 Chebyshev 基點來做內插，並且求出 $f(x)=\sin x$ 在該區間的 Chebyshev 內插誤差上界。

這是第二次的嘗試，在範例 3.7 中使用的是等距基點。Chebyshev 基點為

$$\frac{\frac{\pi}{2}-0}{2}\cos\left(\frac{\text{奇數}\,\pi}{2(4)}\right)+\frac{\frac{\pi}{2}+0}{2},$$

或說

$$x_1 = \frac{\pi}{4} + \frac{\pi}{4}\cos\frac{\pi}{8}, x_2 = \frac{\pi}{4} + \frac{\pi}{4}\cos\frac{3\pi}{8}, x_3 = \frac{\pi}{4} + \frac{\pi}{4}\cos\frac{5\pi}{8}, x_4 = \frac{\pi}{4} + \frac{\pi}{4}\cos\frac{7\pi}{8}.$$

根據 (3.20) 式，當 $0 \leq x \leq \pi/2$，最糟的內插誤差為

$$|\sin x - P_3(x)| = \frac{|(x-x_1)(x-x_2)(x-x_3)(x-x_4)|}{4!}|f''''(c)|$$

$$\leq \frac{\left(\frac{\pi/2-0}{2}\right)^4}{4!\,2^3}1 \approx 0.00198.$$

以範例所得的 Chebyshev 內插多項式計算不同點的函數值結果如下表：

x	$\sin x$	$P_3(x)$	誤差
1	0.8415	0.8408	0.0007
2	0.9093	0.9097	0.0004
3	0.1411	0.1420	0.0009
4	−0.7568	−0.7555	0.0013
14	0.9906	0.9917	0.0011
1000	0.8269	0.8261	0.0008

內插誤差皆遠小於最糟情況的估計值，圖 3.11 把區間 $[0, \pi/2]$ 內的內插誤差當作 x 的函數畫出，並且和等距內插誤差作比較。Chebyshev 誤差（虛線部分）較小且在整個內插區間內都很平均。

◆

聚焦　壓縮

如本節所示，Chebyshev 內插法是一個很好的方式，可將一般的函數簡化成只需少數浮點運算即可求得，用以減少計算量。誤差上界容易計算，通常也會比等距內插法來得小，而且要多小都能夠達成。

雖然我們已經使用正弦函數來展示這個過程，在大部分的計算機和套裝軟體中，則是用另一個不同的方法來建構「正弦鍵」。正弦函數的特殊性質可以讓其以簡單的泰勒展開來近似，捨入問題只構成些微的影響。因

為正弦函數是一個奇函數，泰勒展開式的偶數項為零，也因此在計算上特別有效率。

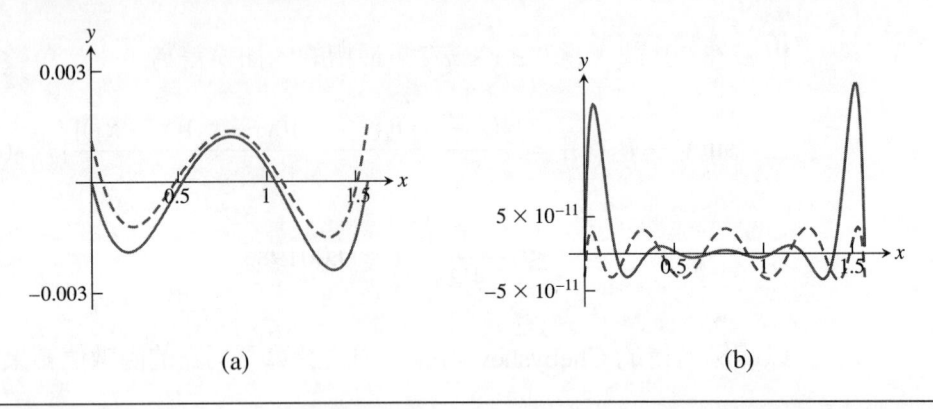

圖 3.11 $f(x) = \sin x$ 的內插誤差比較。(a) 三次內插多項式的內插誤差比較，以等距基點(實線部分) 和 Chebyshev 基點(虛線部分)。(b) 同 (a)，但為 9 次多項式。

範例 3.12

設計一個正弦鍵，提供輸出值正確到 10 位小數。

因為我們之前設定了正弦函數的基本域，因此可以繼續將注意力集中在區間 $[0, \pi/2]$。重複之前的計算，但讓基點數目 n 成為一個需要判定的未知數。在區間 $[0, \pi/2]$ 裡的多項式 $P_{n-1}(x)$ 最大內插誤差為：

$$|\sin x - P_{n-1}(x)| = \frac{|(x-x_1)\cdots(x-x_n)|}{n!}|f^{(n)}(c)|$$

$$\leq \frac{\left(\frac{\pi}{2}-0\right)^n}{n!2^{n-1}}1.$$

要對此求解 n 並不容易，但可代入 $n=9$ 試算，得誤差上界 $\approx 0.1224 \times 10^{-8}$，而當 $n=10$，誤差上界 $\approx 0.4807 \times 10^{-10}$。後者符合 10 位小數正確的條件。圖 3.11(b) 將 Chebshev 內插多項式的誤差，與等距內插多項式的誤差做比較。

在區間 $[0, \pi/2]$ 裡的 10 個 Chebyshev 基點為 $\pi/4 + (\pi/4) \cos$ (奇數 $\pi/20$)。

該鍵可以設計成儲存 10 個基點的正弦函數值 y，並且每次按鍵時會做巢狀乘法。

下面的 MATLAB 程式碼 sin2.m 完成了前面所提的工作，此程式碼寫起來有些棘手，我們必須先在 10 個 Chebyshev 節點上做 10 個正弦函數計算，用來設定內插多項式以便在任一點求正弦函數近似值。當然，在真正執行時，這些點的值都是只被計算一次並儲存起來。

```
% 程式 3.4   建立一個 sin 函數計算鍵，嘗試 #2
% 以 9 次多項式近似 sin 曲線
% 輸入：x
% 輸出：sin(x) 的近似值，正確到 10 位小數
function y=sin2(x)
% 先計算內插多項式並儲存係數
n=10;
b=pi/4+(pi/4)*cos((1:2:2*n-1)*pi/(2*n));
yb=sin(b);                      % b 儲存 chebshev 基點
c=newtdd(b,yb,n);
% 對每個輸入 x，將 x 移動到基本域內並計算內插多項式值
s=1;                            % 正確 sin 的正負號
x1=mod(x,2*pi);
if x1>pi
  x1 = 2*pi-x1;
  s = -1;
end
if x1 > pi/2
  x1 = pi-x1;
end
y = s*nest(n-1,c,x1,b);
```

在本章中，我們多次闡述多項式內插法，不論是等距、或是利用 Chebyshev 節點，目的是為了近似三角函數。雖然多項式內插法可以被用來求正弦和餘弦近似值到任意高精確度，但大部分的計算機使用的是較有效率的方法，名為 CORDIC 演算法 (座標旋轉數位電腦演算法；Coordinate Rotation Digital Computer algorithm) [9]。CORDIC 演算法是一個優質的迭代法，建立在

複數計算上，可以被應用在多個特殊函數上。多項式內插法為一簡單且有用的技巧，用來近似一般函數，以及表示和壓縮資料。

3.3 習題

1. 在指定區間內列出 Chebyshev 內插節點 $x_1, ..., x_n$。
   (a) $[-1, 1]$, $n=6$ (b) $[-2, 2]$, $n=4$ (c) $[-0.3, 0.7]$, $n=5$

2. 以習題 1 的區間與所得 Chebyshev 節點，求 $|(x-x_1)...(x-x_n)|$ 的上界。

3. 假設對 $f(x)=e^x$ 在區間 $[-1, 1]$ 中以 Chebyshev 內插法求得 5 次內插多項式 $Q_5(x)$，用內插誤差公式求 $|e^x - Q_5(x)|$ 在區間 $[-1, 1]$ 的最壞情況之估計值。以 $Q_5(x)$ 作為 e^x 近似值，小數點後有幾位正確位數？

4. 以區間 $[0.6, 1.0]$ 重做習題 3。

5. 若以三次 Chebyshev 內插多項式來近似 $f(x)=\sin x$，試求在區間 $[0, 2]$ 內的誤差上界。

6. 假設在區間 $[3, 4]$ 中以 Chebyshev 內插法求得近似 $f(x)=x^{-3}$ 的三次內插多項式 $Q_3(x)$。(a) 列出 Q_3 的所有內插節點 (x, y)。(b) 求 $|x^{-3} - Q_3(x)|$ 在區間 $[3, 4]$ 內的最壞情況之估計值。以 $Q_3(x)$ 作為 x^{-3} 的近似函數，小數點後有幾位正確位數？

7. 假設你要設計計算機的 **ln** 鍵，且可顯示小數點後六位數，在區間 $[1, e]$ 使用 Chebyshev 內插法來求近似多項式，那麼最少的次數 d 為何才能達到要求的精確度？

8. 令 $T_n(x)$ 表示為 n 次 Chebyshev 多項式，求 $T_n(0)$ 的公式為何？

9. 求下列函數值：(a) $T_{999}(-1)$ (b) $T_{1000}(-1)$ (c) $T_{999}(0)$ (d) $T_{1000}(0)$ (e) $T_{999}(-1/2)$ (f) $T_{1000}(-1/2)$。

3.3 電腦演算題

1. 將程式 3.3 修改為求在區間 $[0, \pi/2]$ 內取 4 個節點的 Chebyshev 內插多項式 (只需變更一行程式碼)。並在區間 $[-2, 2]$ 畫出該多項式和正弦函數。

2. 寫一個 MATLAB 程式利用 Chebyshev 內插法計算餘弦函數到 10 位小數精

準,開始以基本域 $[0, \pi/2]$ 進行內插,再推展到 -10^4 與 10^4 之間。你可以利用本章的部分 MATLAB 程式碼。

3. 以 $\ln x$ 函數重新完成電腦演算題 2,其中輸入值 x 介於 -10^4 到 10^4 之間,基本域為 $[1, e]$。若要保證 10 位小數準確,那麼需要計算到幾次內插多項式?你的程式必須先求得整數 k 使得滿足 $e^k \le x \le e^{k+1}$,那麼 xe^{-k} 必定落在基本域。以 MATLAB 的 `log` 指令來比較此程式的精準度。

4. 令 $f(x) = e^{|x|}$。在區間 $[-1, 1]$ 上繪出 n 次等距內插和 Chebyshev 內插多項式來比較二者差異,其中 $n = 10$ 和 20。對等距內插法,最左和最右的內插基點分別為 -1 和 1。每隔 0.01 做取樣,算出二種內插法實際上的內插誤差,並繪出做比較。在這裡可以觀察到 Runge 現象嗎?

5. 對 $f(x) = e^{-x^2}$ 重做電腦演算題 4。

3.4 三次樣條函數

樣條函數 (spline) 是另一種數據內插。在多項式內插法裡面,以單一多項式經過所有的數據點;樣條函數的概念則是使用數個公式,每一個皆為低次多項式,並通過所有的數據點。

樣條函數最簡單的例子是線性樣條函數,對數據點直接用直線線段連結起來。假設給定一組數據點 $(x_1, y_1), ..., (x_n, y_n)$ 且 $x_1 < \cdots < x_n$,則線性樣條函數包含 $n-1$ 條直線線段,一一將相鄰的兩點連接起來。圖 3.12(a) 就是線性樣條函數,在每一對相鄰的點 $(x_i, y_i), (x_{i+1}, y_{i+1})$,以線性函數 $y = a_i + b_i x$ 連結兩點;圖中給定的數據點為 $(1, 2)$、$(2, 1)$、$(4, 4)$ 和 $(5, 3)$,而線性樣條函數為

$$S_1(x) = 2 - (x - 1) \text{ 在 } [1, 2] \text{ 中}$$
$$S_2(x) = 1 + \frac{3}{2}(x - 2) \text{ 在 } [2, 4] \text{ 中}$$
$$S_3(x) = 4 - (x - 4) \text{ 在 } [4, 5] \text{ 中} \qquad (3.21)$$

線性樣條函數可以對任意 n 個數據點進行內插,可是線性樣條函數並不平滑,**三次樣條函數** (cubic spline) 則沒有這個缺點。三次樣條函數在數據點間以

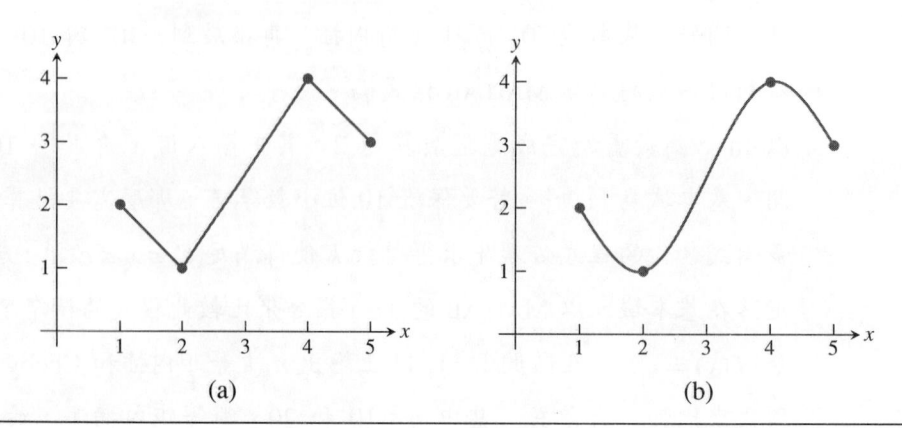

圖 3.12 通過四個數據點的樣條函數。(a) 通過 (1, 2)、(2, 1)、(4, 4) 和 (5, 3) 之線性樣條函數如 (3.21) 式中的三個線性多項式。(b) 通過相同的點之三次樣條函數，如 (3.22) 式。

三次多項式來取代線性函數。

以三次樣條函數內插 (1, 2)、(2, 1)、(4, 4) 和 (5, 3) 四點的例子在圖 3.12(b)，多項式為

$$S_1(x) = 2 - \frac{13}{8}(x-1) + 0(x-1)^2 + \frac{5}{8}(x-1)^3 \text{ 在 } [1,2] \text{ 中}$$

$$S_2(x) = 1 + \frac{1}{4}(x-2) + \frac{15}{8}(x-2)^2 - \frac{5}{8}(x-2)^3 \text{ 在 } [2,4] \text{ 中}$$

$$S_3(x) = 4 + \frac{1}{4}(x-4) - \frac{15}{8}(x-4)^2 + \frac{5}{8}(x-4)^3 \text{ 在 } [4,5] \text{ 中} \quad (3.22)$$

特別注意曲線在基點或稱**結點** (knot) $x=2$ 和 $x=4$ 是平滑地從 S_i 移動到下一個 S_{i+1}，這是因為我們讓 S_i 和 S_{i+1} 在結點有一樣的零次、一次、二次導數。至於如何辦到則是下一節的重點。

給定 n 點 $(x_1, y_1), ..., (x_n, y_n)$，顯而易見必定有唯一的線性樣條函數通過這些數據點；但對三次樣條函數則未必如此，甚至對任意的數據點我們可以找到無限多可能，為了得到一組特別且令人感到興趣的樣條函數，勢必增加額外的條件。

❖ 3.4.1 樣條函數的性質

為了更確實地討論三次樣條函數的性質，我們先做以下的定義：假設給定 n 數

據點 $(x_1, y_1), ..., (x_n, y_n)$，其中 x_i 相異且為遞增排列，則通過數據點的三次樣條函數 $S(x)$ 為一組三次多項式

$$S_1(x) = y_1 + b_1(x - x_1) + c_1(x - x_1)^2 + d_1(x - x_1)^3 \text{ 在 } [x_1, x_2] \text{ 中}$$
$$S_2(x) = y_2 + b_2(x - x_2) + c_2(x - x_2)^2 + d_2(x - x_2)^3 \text{ 在 } [x_2, x_3] \text{ 中} \quad (3.23)$$
$$\vdots$$
$$S_{n-1}(x) = y_{n-1} + b_{n-1}(x - x_{n-1}) + c_{n-1}(x - x_{n-1})^2 + d_{n-1}(x - x_{n-1})^3 \text{ 在 } [x_{n-1}, x_n] \text{ 中}$$

且具有下列性質：

性質 1：$S_i(x_i) = y_i$ 且 $S_i(x_{i+1}) = y_{i+1}$，當 $i = 1, ..., n-1$

性質 2：$S'_{i-1}(x_i) = S'_i(x_i)$，當 $i = 2, ..., n-1$

性質 3：$S''_{i-1}(x_i) = S''_i(x_i)$，當 $i = 2, ..., n-1$

性質 1 保證樣條函數 $S(x)$ 內插數據點，性質 2 迫使樣條函數相鄰部分再相遇時有相同斜率，性質 3 則是對曲度作相同要求，用二次導數來表示。

範例 3.13

檢驗 (3.22) 的 $\{S_1, S_2, S_3\}$ 在數據點 (1, 2), (2, 1), (4, 4) 和 (5, 3) 上，是否滿足所有樣條函數的性質。

我們將逐一檢驗三個性質。

性質 1：共有 $n = 4$ 個數據點，我們必須檢驗

$$S_1(1) = 2 \text{ 且 } S_1(2) = 1$$
$$S_2(2) = 1 \text{ 且 } S_2(4) = 4$$
$$S_3(4) = 4 \text{ 且 } S_3(5) = 3$$

這些從 (3.22) 式中可輕易算得。

性質 2：樣條函數的一次導數為

$$S_1'(x) = -\frac{13}{8} + \frac{15}{8}(x-1)^2$$

$$S_2'(x) = \frac{1}{4} + \frac{15}{4}(x-2) - \frac{15}{8}(x-2)^2$$

$$S_3'(x) = \frac{1}{4} - \frac{15}{4}(x-4) + \frac{15}{8}(x-4)^2.$$

我們必須檢驗 $S_1'(2) = S_2'(2)$ 和 $S_2'(4) = S_3'(4)$ 是否正確，前者為

$$-\frac{13}{8} + \frac{15}{8} = \frac{1}{4},$$

後者為

$$\frac{1}{4} + \frac{15}{4}(4-2) - \frac{15}{8}(4-2)^2 = \frac{1}{4},$$

二者均成立。

性質 3：二次導數為

$$S_1''(x) = \frac{15}{4}(x-1)$$

$$S_2''(x) = \frac{15}{4} - \frac{15}{4}(x-2)$$

$$S_3''(x) = -\frac{15}{4} + \frac{15}{4}(x-4). \tag{3.24}$$

需驗證是否滿足 $S_1''(2) = S_2''(2)$ 和 $S_2''(4) = S_3''(4)$，二者也都成立。因此 (3.22) 式為三次樣條函數。

◆

從一組數據點建構樣條函數相當於找出使得性質 1-3 成立的係數 b_i、c_i、d_i，在我們探討如何求得樣條函數的未知係數 b_i、c_i、d_i 之前，先來算算從這些定義共給了多少條件。首先性質 1 前半部在 (3.23) 式中已反應；它表示了三次多項式 S_i 的常數項必須為 y_i。性質 1 後半部包含了 $n-1$ 個係數需要滿足的方程式，而係數為我們所要求的。性質 2 和 3 則分別增加了 $n-2$ 個額外的方

程式，全部共 $n-1+2(n-2)=3n-5$ 個獨立方程式需要被滿足。

然而一共有多少個未知係數？對樣條函數每個 S_i 都需要三個係數 b_i、c_i、d_i，全部是 $3(n-1)=3n-3$。因此，從 $3n-5$ 個方程式求解 $3n-3$ 個未知數，除非它包含了**不相容方程組** (inconsistent equations) 但這裡不會如此)，否則便成為**欠定方程組** (undetermined system of equations) 而有無限多組解。換句話說，對任意的數據點 $(x_1, y_1), ..., (x_n, y_n)$ 都可以找到無限多個三次樣條函數。

樣條函數的使用者通常會增加兩個額外的條件來使得原本 $3n-5$ 個方程式變成 m 方程式 m 未知數的問題，其中 $m=3n-3$。除了讓使用者提供規定來增加限制，還能夠縮小範圍到單一解答，簡化了運算和結果的描述。

除了原先的 $3n-5$ 個條件之外，增加兩個額外條件的最簡單方法是指定樣條函數 $S(x)$ 在區間 $[x_1, x_n]$ 的兩個端點為**反曲點** (inflection point)。

性質 4a：**自然樣條函數** (natural spline) $S''_1(x_1)=0$ 且 $S''_{n-1}(x_n)=0$

滿足這兩個額外條件的三次樣條函數稱為**自然三次樣條函數** (natural cubic spline)。(3.22) 式就是個自然三次樣條函數，你可以輕易地驗證 (3.24) 式，$S''_1(1)=0$ 且 $S''_3(5)=0$。

要增加兩個條件還有許多其他方法，通常，正如在自然樣條函數中，這些條件可以決定樣條函數左右端點的額外性質，所以稱之為**端點條件** (end condition)。這個概念會在下節中說明，現在則先專注在自然三次樣條函數上。

我們現在有了正確數目的方程式，共 $3n-3$ 個未知數和 $3n-3$ 個方程式，可以寫成 MATLAB 函式來求解樣條函數的係數。我們先寫下這些方程式，性質 1 的第二部分有 $n-1$ 個方程式：

$$\begin{aligned} y_2 &= S_1(x_2) = y_1 + b_1(x_2-x_1) + c_1(x_2-x_1)^2 + d_1(x_2-x_1)^3 \\ &\vdots \\ y_n &= S_{n-1}(x_n) = y_{n-1} + b_{n-1}(x_n-x_{n-1}) + c_{n-1}(x_n-x_{n-1})^2 \\ &\quad + d_{n-1}(x_n-x_{n-1})^3. \end{aligned} \quad (3.25)$$

性質 2 則提供了 $n-2$ 個方程式：

$$0 = S'_1(x_2) - S'_2(x_2) = b_1 + 2c_1(x_2 - x_1) + 3d_1(x_2 - x_1)^2 - b_2$$
$$\vdots$$
$$0 = S'_{n-2}(x_{n-1}) - S'_{n-1}(x_{n-1}) = b_{n-2} + 2c_{n-2}(x_{n-1} - x_{n-2})$$
$$+ 3d_{n-2}(x_{n-1} - x_{n-2})^2 - b_{n-1}, \tag{3.26}$$

而性質 3 有 $n-2$ 個方程式：

$$0 = S''_1(x_2) - S''_2(x_2) = 2c_1 + 6d_1(x_2 - x_1) - 2c_2$$
$$\vdots$$
$$0 = S''_{n-2}(x_{n-1}) - S''_{n-1}(x_{n-1}) = 2c_{n-2} + 6d_{n-2}(x_{n-1} - x_{n-2}) - 2c_{n-1}. \tag{3.27}$$

如此求解相當複雜，但我們可以利用**解耦** (decoupling) 這些方程式來大幅簡化整個系統。利用一點代數，一些小很多的 c_i 的方程組可以先被解決，之後再用已知 c_i 代入 b_i 和 d_i 的顯式中。

如果引進額外的未知數 $c_n = S''_{n-1}(x_n)/2$，概念上就會變得簡單些。另外，我們利用 $\delta_i = x_{i+1} - x_i$ 和 $\Delta_i = y_{i+1} - y_i$ 來簡化算式，則 (3.27) 式可以解得係數

$$d_i = \frac{c_{i+1} - c_i}{3\delta_i} \quad \text{對 } i = 1, \ldots, n-1. \tag{3.28}$$

而 (3.25) 式則可解得 b_i

$$\begin{aligned} b_i &= \frac{\Delta_i}{\delta_i} - c_i \delta_i - d_i \delta_i^2 \\ &= \frac{\Delta_i}{\delta_i} - c_i \delta_i - \frac{\delta_i}{3}(c_{i+1} - c_i) \\ &= \frac{\Delta_i}{\delta_i} - \frac{\delta_i}{3}(2c_i + c_{i+1}) \end{aligned} \tag{3.29}$$

對 $i = 1, \ldots, n-1$。

將 (3.28) 和 (3.29) 式代入 (3.26) 式，結果得到 $n-2$ 個 $c_1, \ldots, c_n$ 的方程式：

$$\delta_1 c_1 + 2(\delta_1 + \delta_2)c_2 + \delta_2 c_3 = 3\left(\frac{\Delta_2}{\delta_2} - \frac{\Delta_1}{\delta_1}\right)$$

$$\vdots$$

$$\delta_{n-2} c_{n-2} + 2(\delta_{n-2} + \delta_{n-1})c_{n-1} + \delta_{n-1} c_n = 3\left(\frac{\Delta_{n-1}}{\delta_{n-1}} - \frac{\Delta_{n-2}}{\delta_{n-2}}\right).$$

另兩個額外的方程式則根據自然樣條函數所要求的條件 (性質 4a)：

$$S_1''(x_1) = 0 \rightarrow 2c_1 = 0$$
$$S_{n-1}''(x_n) = 0 \rightarrow 2c_n = 0.$$

所以共有 n 個方程式和 n 個未知數 c_i，寫成矩陣形式則成為

$$\begin{bmatrix} 1 & 0 & 0 & & & & \\ \delta_1 & 2\delta_1 + 2\delta_2 & \delta_2 & \ddots & & & \\ 0 & \delta_2 & 2\delta_2 + 2\delta_3 & \delta_3 & & & \\ & \ddots & \ddots & \ddots & \ddots & & \\ & & & \delta_{n-2} & 2\delta_{n-2} + 2\delta_{n-1} & \delta_{n-1} \\ & & & 0 & 0 & 1 \end{bmatrix} \begin{bmatrix} c_1 \\ \\ \vdots \\ \\ c_n \end{bmatrix}$$

$$= \begin{bmatrix} 0 \\ 3\left(\frac{\Delta_2}{\delta_2} - \frac{\Delta_1}{\delta_1}\right) \\ \vdots \\ 3\left(\frac{\Delta_{n-1}}{\delta_{n-1}} - \frac{\Delta_{n-2}}{\delta_{n-2}}\right) \\ 0 \end{bmatrix}. \tag{3.30}$$

求解 (3.30) 式可得 $c_1, ..., c_n$，再透過 (3.28) 和 (3.29) 式便可得 $b_1, ..., b_{n-1}$ 和 $d_1, ..., d_{n-1}$。

注意 (3.30) 式永遠保證 c_i 有解,因為其係數矩陣為嚴格對角優勢,依據第 2 章的定理 2.9,存在唯一解 c_i,因此 b_i 和 d_i 也是唯一解。我們已經證明了下面的定理:

定理 3.9 令 $n \geq 2$,對 x_i 相異的一組數據點 $(x_1, y_1), ..., (x_n, y_n)$,存在唯一的自然三次樣條函數擬合 (fitting) 這些點。

自然三次樣條函數

給定 $x = [x_1, ..., x_n]$,其中 $x_1 < \cdots < x_n, y = [y_1, ..., y_n]$

當 $i = 1, ..., n-1$
  $a_i = y_i$
  $\delta_i = x_{i+1} - x_i$
  $\Delta_i = y_{i+1} - y_i$
終止
解 (3.30) 式求 $c_1, ..., c_n$
當 $i = 1, ..., n-1$
  $$d_i = \frac{c_{i+1} - c_i}{3\delta_i}$$
  $$b_i = \frac{\Delta_i}{\delta_i} - \frac{\delta_i}{3}(2c_i + c_{i+1})$$
終止
自然三次樣條函數為
$S_i(x) = a_i + b_i(x - x_i) + c_i(x - x_i)^2 + d_i(x - x_i)^3$ 在區間 $[x_i, x_{i+1}]$,$i = 1, ..., n-1$.

範例 3.14

求通過 $(0, 3)$、$(1, -2)$ 和 $(2, 1)$ 的自然三次樣條函數。

x 座標為 $x_1=0$、$x_2=1$、$x_3=2$,y 座標為 $a_1=y_1=3$、$a_2=y_2=-2$、$a_3=y_3=1$,而 $\delta_1=\delta_2=1$、$\Delta_1=-5$、$\Delta_2=3$。三對角線矩陣方程式 (3.30) 為

$$\begin{bmatrix} 1 & 0 & 0 \\ 1 & 4 & 1 \\ 0 & 0 & 1 \end{bmatrix} \begin{bmatrix} c_1 \\ c_2 \\ c_3 \end{bmatrix} = \begin{bmatrix} 0 \\ 24 \\ 0 \end{bmatrix}.$$

其解為 $[c_1, c_2, c_3] = [0, 6, 0]$。再代回 (3.28) 和 (3.29) 式可得

$$d_1 = \frac{c_2 - c_1}{3\delta_1} = \frac{6}{3} = 2$$

$$d_2 = \frac{c_3 - c_2}{3\delta_2} = \frac{-6}{3} = -2$$

$$b_1 = \frac{\Delta_1}{\delta_1} - \frac{\delta_1}{3}(2c_1 + c_2) = -5 - \frac{1}{3}(6) = -7$$

$$b_2 = \frac{\Delta_2}{\delta_2} - \frac{\delta_2}{3}(2c_2 + c_3) = 3 - \frac{1}{3}(12) = -1.$$

因此，三次樣條函數為

$$S_1(x) = 3 - 7x + 0x^2 + 2x^3 \quad \text{在區間 } [0, 1]$$

$$S_2(x) = -2 - 1(x - 1) + 6(x - 1)^2 - 2(x - 1)^3 \quad \text{在區間 } [1, 2].$$

◆

MATLAB 程式碼如下，在下一節中，我們將討論其他不同 (非自然) 的端點條件，(3.30) 式的最上和最下列會被其他適合的數據所取代。

```
% 程式 3.5 計算樣條函數的係數
% 計算三次樣條函數的係數
% 輸入：數據點 x,y 向量
%       加上兩個選擇性額外的資料 v1, vn
% 輸出：係數矩陣 b1,c1,d1;b2,c2,d2;…
function coeff=splinecoeff(x,y)
n=length(x);v1=0;vn=0;
A=zeros(n,n);              % 矩陣 A 為 nxn 矩陣
r=zeros(n,1);
for i=1:n-1                % 定義 x,y 差距
    dx(i)= x(i+1)-x(i); dy(i)=y(i+1)-y(i);
end
for i=2:n-1                % 產生矩陣 A 內容
    A(i,i-1:i+1)=[dx(i-1) 2*(dx(i-1)+dx(i)) dx(i)];
```

```
        r(i)=3*(dy(i)/dx(i)-dy(i-1)/dx(i-1));   % 等號右側
end
% Set endpoint conditions
% Use only one of following 5 pairs:
A(1,1) = 1;                % 自然樣條函數條件
A(n,n) = 1;
%A(1,1)=2;r(1)=v1;          % 曲率調整條件
%A(n,n)=2;r(n)=vn;
%A(1,1:2)=[2*dx(1) dx(1)];r(1)=3*(dy(1)/dx(1)-v1);   % 箝夾條件
%A(n,n-1:n)=[dx(n-1) 2*dx(n-1)];r(n)=3*(vn-dy(n-1)/dx(n-1));
%A(1,1:2)=[1 -1];           % 拋物端點條件，對 n>=3
%A(n,n-1:n)=[1 -1];
%A(1,1:3)=[dx(2) -(dx(1)+dx(2)) dx(1)];   % 非結點，對 n>=4
%A(n,n-2:n)=[dx(n-1) -(dx(n-2)+dx(n-1)) dx(n-2)];
coeff=zeros(n,3);
coeff(:,2)=A\r;             % 解係數 c
for i=1:n-1                 % 解 b 和 d
    coeff(i,3)=(coeff(i+1,2)-coeff(i,2))/(3*dx(i));
    coeff(i,1)=dy(i)/dx(i)-dx(i)*(2*coeff(i,2)+coeff(i+1,2))/3;
end
coeff=coeff(1:n-1,1:3);
```

程式中我們已自由地列出端點條件的其他選擇，雖然它們現在先被註解掉。在下一節中我們才會討論其他不同的條件。另一個 MATLAB 函式標題為 splineplot.m，會呼叫 splinecoeff.m 來取得係數，然後畫出三次樣條函數。

```
% 程式 3.6 三次樣條函數繪圖
% 給定數據點，繪製樣條函數
% 輸入：數據點 x,y 向量
% 輸出：無
function splineplot(x,y)
n=length(x); coeff=splinecoeff(x,y);
clf;hold on;                % 清除繪圖視窗且設定 hold on（鎖定圖形）
for i=1:n-1
    x0=linspace(x(i),x(i+1),100);
    dx=x0-x(i);
    y0=coeff(i,3)*dx;  % 用巢狀乘法計算函數值
    y0=(y0+coeff(i,2)).*dx;
    y0=(y0+coeff(i,1)).*dx+y(i);
    plot([x(i) x(i+1)],[y(i) y(i+1)],'o',x0,y0)
end
hold off
```

內 插

(a)

(b)

(c)

(d)

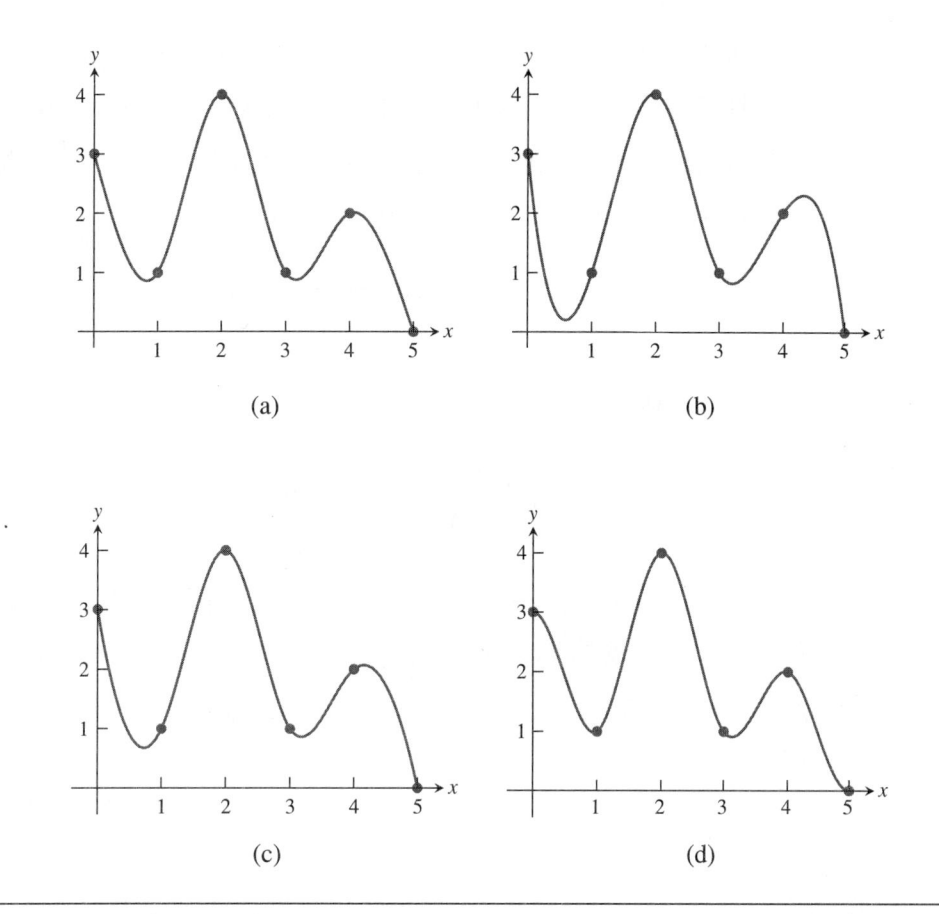

圖 3.13 通過六數據點的三次樣條函數。圖形是由 splineplot.m 執行產生，輸入向量為 x=[0 1 2 3 4 5] 和 y=[3 1 4 1 2 0]。(a) 自然三次樣條函數 (注意端點為反曲點)。(b) 非結點三次樣條函數 (單一三次多項式分別在 [0, 2] 和 [3, 5])。(c) 拋物端點樣條函數。(d) 箝夾三次樣條函數 (端點斜率為 0)。

圖 3.13(a) 是自然三次樣條函數經 splineplot.m 執行的結果。

❖ 3.4.2 端點條件

在性質 4a 所提到的兩個額外的條件，叫作自然樣條函數的「端點條件」。根據定理 3.9，要求此條件再加上滿足性質 1-3，可將結果縮小到唯一的一個三次樣條函數。於是，有許多不同版本的性質 4 將出現，也就是其他許多成對的端點條件，也有類似的定理成立。在這節中，我們將說明幾個較普及的端點條件。

性質 4b：曲率調整三次樣條函數 (curvature-adjusted cubic spline)

自然三次樣條函數的第一種變化是將 $S_1''(x_1)$ 和 $S_{n-1}''(x_n)$ 改為由使用者選擇，可以用任意值取代零。這選擇相當於可依所需設定樣條函數的左右端點曲率。以 v_1, v_n 表示所需數值，將 (3.23) 式增加兩個額外條件

$$2c_1 = v_1$$
$$2c_n = v_n,$$

方程式可表示為兩列表列形式

$$\begin{bmatrix} 2 & 0 & 0 & 0 & \cdots & \cdots & 0 & 0 & | & v_1 \\ 0 & 0 & 0 & 0 & \cdots & \cdots & 0 & 2 & | & v_n \end{bmatrix}$$

用來分別取代 (3.30) 式的最上與最下一列。新的係數矩陣又成了嚴格對角優勢，同理，一個推廣的定理 3.9 對於曲率調整三次樣條函數也成立。(參考稍後介紹的定理 3.10) 對 `splinecoeff.m` 來說，需要將自然樣條函數中的兩行程式碼更換為

```
A(1,1)=2;r(1)=v1;        % 曲率調整條件
A(n,n)=2;r(n)=vn;
```

下個端點條件的選擇是

性質 4c：箝夾三次樣條函數 (clamped cubic spline)

類似於前一個變化，但這次是讓一次導數 $S_1'(x_1)$ 和 $S_{n-1}'(x_n)$ 變成使用者指定的數值 v_1 和 v_n。如此，樣條函數的起點和終點斜率都在使用者的控制之下。

用 (3.28) 和 (3.29) 式，額外條件 $S_1'(x_1)=v_1$ 可寫成

$$2\delta_1 c_1 + \delta_1 c_2 = 3\left(\frac{\Delta_1}{\delta_1} - v_1\right)$$

而 $S_{n-1}'(x_n)=v_n$ 則寫成

$$\delta_{n-1}c_{n-1} + 2\delta_{n-1}c_n = 3\left(v_n - \frac{\Delta_{n-1}}{\delta_{n-1}}\right).$$

以表列形式寫成

$$\begin{bmatrix} 2\delta_1 & \delta_1 & 0 & 0 & \cdots & \cdots & 0 & 0 & 0 & | & 3(\Delta_1/\delta_1 - v_1) \\ 0 & 0 & 0 & 0 & \cdots & \cdots & 0 & \delta_{n-1} & 2\delta_{n-1} & | & 3(v_n - \Delta_{n-1}/\delta_{n-1}) \end{bmatrix}.$$

以此修訂後的 (3.30) 式係數矩陣仍為嚴格對角優勢，所以將定理 3.9 的自然樣條函數換成箝夾樣條函數，依舊成立。對 splinecoeff.m 來說，需更換以下兩行程式碼：

```
A(1,1:2)=[2*dx(1)  dx(1)];r(1)=3*(dy(1)/dx(1)-v1);
A(n,n-1:n)=[dx(n-1)  2*dx(n-1)];r(n)=3*(vn-dy(n-1)/dx(n-1));
```

圖 3.13(d) 為 $v_1=v_n=0$ 的箝夾樣條函數。

性質 4d：拋物端點樣條函數 (parabolically terminated cubic spline)

令樣條函數的最先和最後部分，S_1 和 S_{n-1}，至多為二次多項式，這即表示 $d_1=0=d_{n-1}$。依據 (3.28) 式，相當於要求 $c_1=c_2$ 且 $c_{n-1}=c_n$，以表列形式可寫成

$$\begin{bmatrix} 1 & -1 & 0 & 0 & \cdots & \cdots & 0 & 0 & 0 & | & 0 \\ 0 & 0 & 0 & 0 & \cdots & \cdots & 0 & 1 & -1 & | & 0 \end{bmatrix}$$

用以替換 (3.30) 式的最上和最下一列。假設有 n 個數據點，且 $n \geq 3$ (若 $n=2$ 請參考習題 17)，既然這樣，以 c_2 取代 c_1，c_{n-1} 取代 c_n，我們可以發現矩陣方程式可降低為 $c_2, ..., c_{n-1}$ 的 $(n-2)\times(n-2)$ 矩陣方程式，且係數矩陣依舊維持嚴格對角優勢；因此，當 $n \geq 3$，拋物端點樣條函數版本的定理 3.9 依舊成立。

對 splinecoeff.m 來說，需更換成以下兩行程式碼：

```
A(1,1:2)=[1 -1];              % 拋物端點條件
A(n,n-1:n)=[1 -1];
```

性質 4e：非結點三次樣條函數 (not-a-knot cubic splin)

增加的兩個方程式為 $d_1=d_2$ 和 $d_{n-2}=d_{n-1}$，或者說是 $S_1'''(x_2) = S_2'''(x_2)$ 和

$S'''_{n-2}(x_{n-1}) = S'''_{n-1}(x_{n-1})$。因為 S_1 和 S_2 為次數最多三次的多項式，若要求它們在 x_2 的三階導數相同，而它們的零階、一階、二階導數都已經相同，這表示 S_1 和 S_2 是相同的三次多項式 (三次式有四個係數，而已有四個條件確定了)。因此，x_2 不需要作為基點：在區間 $[x_1, x_3]$ 中所得樣條函數 $S_1 = S_2$；同理可得 $S_{n-2} = S_{n-1}$，所以不止 x_2，還有 x_{n-1} 也一樣「不再是結點」。

因為 $d_1 = d_2$ 表示 $(c_2 - c_1)/\delta_1 = (c_3 - c_2)/\delta_2$，或說

$$\delta_2 c_1 - (\delta_1 + \delta_2)c_2 + \delta_1 c_3 = 0,$$

同理，$d_{n-2} = d_{n-1}$，所以

$$\delta_{n-1} c_{n-2} - (\delta_{n-2} + \delta_{n-1})c_{n-1} + \delta_{n-2} c_n = 0.$$

可寫成兩行表列形式

$$\begin{pmatrix} \delta_2 & -(\delta_1 + \delta_2) & \delta_1 & 0 & \cdots & \cdots & 0 & 0 & 0 & 0 & | & 0 \\ 0 & 0 & 0 & 0 & \cdots & \cdots & 0 & \delta_{n-1} & -(\delta_{n-2} + \delta_{n-1}) & \delta_{n-2} & | & 0 \end{pmatrix}.$$

對 `splinecoeff.m` 來說，需更換成以下兩行程式碼

```
A(1,1:3)=[dx(2)  -(dx(1)+dx(2))  dx(1)];      % 非結點條件
A(n,n-2:n)=[dx(n-1)  -(dx(n-2)+dx(n-1))  dx(n-2)];
```

圖 3.13(b) 展示了一個非結點三次樣條函數，可與圖 (a) 部分相同數據點的自然樣條函數做比較。

如前面所提，對上述所選的每一組端點條件存在一個類似定理 3.9 的定理：

定理 3.10 假設 $n \geq 2$，那麼對數據點 $(x_1, y_1), \ldots, (x_n, y_n)$ 及性質 4a-4c 中任一組端點條件，有唯一的三次樣條函數滿足端點條件並通過所有點。當 $n \geq 3$ 時對性質 4d，$n \geq 4$ 時對性質 4e，同樣有相同的結果。

❈

當超過四個數據點時，MATLAB 內建的 `spline` 指令自設為非結點三次樣條函數。令向量 `x` 和 `y` 分別為數據點座標 x_i 和 y_i，可用 MATLAB 指令求非

結點三次樣條函數對輸入 x0 所對應的 y 座標

```
>> y0 = spline(x,y,x0);
```

如果 x0 為 x 座標向量，則 y0 為與之對應的 y 座標向量，可以拿來做繪圖或其他用途。另一種狀況，如果向量 y 比向量 x 正好多兩個輸入值，則指令會自設為採用箝夾三次樣條函數，其中 y 向量的第一個和最後一個元素會被視為 v_1 與 v_n。

3.4 習題

1. 判斷下列方程組是否為三次樣條函數。

    (a) $S(x) = \begin{cases} x^3 + x - 1 & \text{在 } [0, 1] \\ -(x-1)^3 + 3(x-1)^2 + 3(x-1) + 1 & \text{在 } [1, 2] \end{cases}$

    (b) $S(x) = \begin{cases} 2x^3 + x^2 + 4x + 5 & \text{在 } [0, 1] \\ (x-1)^3 + 7(x-1)^2 + 12(x-1) + 12 & \text{在 } [1, 2] \end{cases}$

2. (a) 檢查是否滿足樣條函數條件

    $\begin{cases} S_1(x) = 1 + 2x + 3x^2 + 4x^3 & \text{在 } [0, 1] \\ S_2(x) = 10 + 20(x-1) + 15(x-1)^2 + 4(x-1)^3 & \text{在 } [1, 2] \end{cases}$

    (b) 不管 (a) 的所得結果，判斷是否滿足下列端點條件：自然、拋物端點、非結點。

3. 求下列三次樣條函數的 c 值，且判斷其是否滿足三種端點條件 (自然、拋物端點、非結點) 的哪一種？

    (a) $S(x) = \begin{cases} 4 - \frac{11}{4}x + \frac{3}{4}x^3 & \text{在 } [0, 1] \\ 2 - \frac{1}{2}(x-1) + c(x-1)^2 - \frac{3}{4}(x-1)^3 & \text{在 } [1, 2] \end{cases}$

    (b) $S(x) = \begin{cases} 3 - 9x + 4x^2 & \text{在 } [0, 1] \\ -2 - (x-1) + c(x-1)^2 & \text{在 } [1, 2] \end{cases}$

    (c) $S(x) = \begin{cases} -2 - \frac{3}{2}x + \frac{7}{2}x^2 - x^3 & \text{在 } [0, 1] \\ -1 + c(x-1) + \frac{1}{2}(x-1)^2 - (x-1)^3 & \text{在 } [1, 2] \\ 1 + \frac{1}{2}(x-2) - \frac{5}{2}(x-2)^2 - (x-2)^3 & \text{在 } [2, 3] \end{cases}$

4. 求下列三次樣條函數的 k_1, k_2, k_3 值，且判斷其是否滿足三種端點條件 (自然、拋物端點、非結點) 的哪一種？

$$S(x) = \begin{cases} 4 + k_1 x + 2x^2 - \frac{1}{6}x^3 & \text{在 } [0, 1] \\ 1 - \frac{4}{3}(x-1) + k_2(x-1)^2 - \frac{1}{6}(x-1)^3 & \text{在 } [1, 2]. \\ 1 + k_3(x-2) + (x-2)^2 - \frac{1}{6}(x-2)^3 & \text{在 } [2, 3] \end{cases}$$

5. 對數據點 $(0, 0)$、$(1, 1)$、$(2, 2)$，區間 $[0, 2]$ 內有多少個自然三次樣條函數？請寫出一個。

6. 求通過數據點 $(0, 1)$、$(1, 1)$、$(2, 1)$、$(3, 1)$、$(4, 1)$ 的拋物端點三次樣條函數。此樣條函數是否也同時為非結點？自然？

7. 求解方程組 (3.30) 來找出通過三個數據點 (a) $(0, 0)$、$(1, 1)$、$(2, 4)$，(b) $(-1, 1)$、$(1, 1)$、$(2, 4)$ 的自然三次樣條函數

8. 求解方程組 (3.30) 來找出通過三個數據點 (a) $(0, 1)$、$(2, 3)$、$(3, 2)$，(b) $(0, 0)$、$(1, 1)$、$(2, 6)$ 的自然三次樣條函數

9. 求下列三次樣條函數的 $S'(0)$ 和 $S'(3)$

$$\begin{cases} S_1(x) = 3 + b_1 x + x^3 & \text{在 } [0, 1] \\ S_2(x) = 1 + b_2(x-1) + 3(x-1)^2 - 2(x-1)^3 & \text{在 } [1, 3] \end{cases}$$

10. 判斷下述是否正確：給定 $n = 3$ 個數據點，通過該些點的拋物端點三次樣條函數必定為非結點。

11. (a) 對數據點 $(0, 2)$、$(1, 0)$、$(2, 2)$，區間 $[0, 2]$ 內有多少個拋物端點三次樣條函數？請寫出一個。(b) 對非結點而言呢？

12. 對數據點 $(1, 3)$、$(3, 3)$、$(4, 2)$、$(5, 0)$，有多少個非結點三次樣條函數？請寫出一個。

13. 三次樣條函數可否同時滿足自然與拋物端點條件？如果是，請寫出一個滿足此條件的樣條函數。

14. 是否存在一個同時滿足自然、拋物端點、非結點的三次樣條函數通過數據點 (x_1, y_1)，⋯，(x_{100}, y_{100}) (其中 x_i 相異)？若是，請說明理由。若否，這 100 個點必須滿足什麼條件才能讓這樣的樣條函數存在。

15. 假設所給定自然三次樣條函數的最左側區間 $[-1, 0]$ 為常數函數 $S_1(x) = 1$，對樣條函數下個區間 $[0, 1]$ 的 $S_2(x)$，給出三個不同的可能結果。

16. 假設一輛車沿著直路從一點移到另一點，在時間 $t=0$ 時靜態發車到 $t=1$ 時完全停下，在時間 $t=0$ 到 1 之間隨機取數個時間點記錄距離。哪一種三次樣條函數 (用端點條件表示) 最適合描述距離與時間關係？

17. 定理 3.10 的拋物端點三次樣條函數並不包含 $n=2$ 的情況，請討論在這情況下，三次樣條函數是否存在與唯一。

18. 當 $n=2$ 和 $n=3$，請討論非結點三次樣條函數是否存在與唯一。

3.4 電腦演算題

1. 找到並繪出經過下列數據點的自然三次樣條函數。
   (a) $(0, 3), (1, 5), (2, 4), (3, 1)$ (b) $(-1, 3), (0, 5), (3, 1), (4, 1), (5, 1)$

2. 找到並繪出經過下列數據點的非結點三次樣條函數。
   (a) $(0, 3), (1, 5), (2, 4), (3, 1)$ (b) $(-1, 3), (0, 5), (3, 1), (4, 1), (5, 1)$

3. 找到並繪出滿足 $S(0)=1$、$S(1)=3$、$S(2)=3$、$S(3)=4$、$S(4)=2$ 且 $S''(0)=S''(4)=0$ 的三次樣條函數。

4. 找到並繪出滿足 $S(0)=1$、$S(1)=3$、$S(2)=3$、$S(3)=4$、$S(4)=2$ 且 $S''(0)=3$ 及 $S''(4)=2$ 的三次樣條函數。

5. 找到並繪出滿足 $S(0)=1$、$S(1)=3$、$S(2)=3$、$S(3)=4$、$S(4)=2$ 且 $S'(0)=0$ 及 $S'(4)=1$ 的三次樣條函數。

6. 找到並繪出滿足 $S(0)=1$、$S(1)=3$、$S(2)=3$、$S(3)=4$、$S(4)=2$ 且 $S'(0)=-2$ 及 $S'(4)=1$ 的三次樣條函數。

7. 對 $f(x)=\cos x$ 在區間 $[0, \pi/2]$ 以五個等距點 (含區間端點) 求箝夾三次樣條函數，該如何選取 $S'(0)$ 和 $S'(\pi/2)$ 可使得內插誤差最小？在區間 $[0, 2]$ 中繪出此樣條函數和 $\cos x$。

8. 對函數 $f(x)=\sin(x)$ 重做電腦演算題 7。

9. 對 $f(x)=\ln x$ 在區間 $[1, 3]$ 以五個等距點 (含區間端點) 求箝夾三次樣條函數，憑經驗求出區間 $[1, 3]$ 中的最大內插誤差。

10. 電腦演算題 9 中需要多少個內插節點，以使得最大內插誤差不超過 0.5×10^{-7}？

11. (a) 對 3.1 節電腦演算題 1，以自然三次樣條函數通過全球人口數據點，求解 1980 年的人口數並將其跟正確的數字做比較。(b) 利用線性樣條函數，估算 1960 年與 2000 年的斜率，然後用這些斜率來尋找通過數據點的箝夾三次樣條函數。畫出樣條函數並估算 1980 年的人口數，哪一種方法較精準？自然法還是箝夾法？

12. 回顧 3.1 節習題 13 裡的二氧化碳數據：(a) 找到並畫出通過數據的自然三次樣條函數，然後估算 1950 年二氧化碳的濃度。(b) 以拋物端點樣條函數完成相同的分析工作。(c) 非結點樣條函數與該題解答的差異在哪裡？

13. 在同一張圖形中，顯示通過 3.2 節電腦演算題 3 裡全球石油產量數據的自然、非結點以及拋物端點三次樣條函數。

3.5 貝茲曲線

貝茲曲線 (Bézier curve) 是可以讓使用者控制結點斜率的樣條函數，為了換取額外的自由度，結點上一階與二階導數的平滑性已不再被保證，而這本是前一節的三次樣條函數自動成立的性質。**貝茲樣條函數** (Bézier spline) 適合處理函數隅角 (一階導數不連續)，與曲率突然劇變 (二階導數不連續) 的情形。

Pierre Bézier 在雷諾車廠工作時開發了這個概念，而相同的概念也獨立地被雪鐵龍車廠工作的 Paul de Casteljau 所發現，兩家車廠互為競爭者。這項概念被兩家車廠視為工業機密，一直到貝茲發表了他的研究論文之後，其開發概念才公諸於世。而貝茲曲線已是現今電腦輔助設計與製造的基礎。

每一段平面的貝茲樣條函數是由四個點 (x_1, y_1)、(x_2, y_2)、(x_3, y_3)、(x_4, y_4) 所決定。第一和最後的點為樣條函數曲線端點，中間的兩點為**控制點** (control point)，如圖 3.14。曲線以切線方向 (x_2-x_1, y_2-y_1) 離開 (x_1, y_1)，且以切線方向 (x_4-x_3, y_4-y_3) 進入 (x_4, y_4)。滿足以上說明的方程式可寫成參數曲線 $(x(t), y(t))$，其中 $0 \leq t \leq 1$。

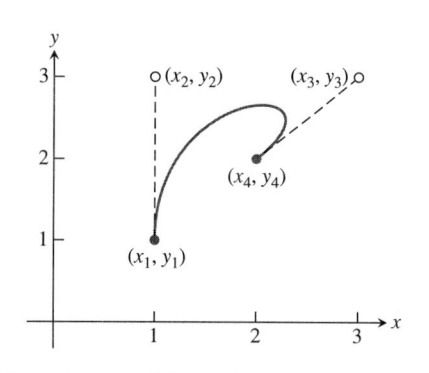

圖 3.14 範例 3.15 的貝茲曲線。點 (x_1, y_1)、(x_4, y_4) 為樣條函數點，(x_2, y_2)、(x_3, y_3) 則為控制點。

貝茲曲線

給定　端點 $(x_1, y_1), (x_4, y_4)$

　　　控制點 $(x_2, y_2), (x_3, y_3)$

令

$$b_x = 3(x_2 - x_1)$$
$$c_x = 3(x_3 - x_2) - b_x$$
$$d_x = x_4 - x_1 - b_x - c_x$$
$$b_y = 3(y_2 - y_1)$$
$$c_y = 3(y_3 - y_2) - b_y$$
$$d_y = y_4 - y_1 - b_y - c_y.$$

貝茲曲線為

$$x(t) = x_1 + b_x t + c_x t^2 + d_x t^3$$
$$y(t) = y_1 + b_y t + c_y t^2 + d_y t^3.$$

其中，$0 \leq t \leq 1$。

從方程式可以輕易地得到上段所言的驗證。事實上，依據習題 9

$$x(0) = x_1$$
$$x'(0) = 3(x_2 - x_1)$$
$$x(1) = x_4$$
$$x'(1) = 3(x_4 - x_3), \quad (3.31)$$

$y(t)$ 也有類似的結果。

範例 3.15

求通過點 $(x, y) = (1, 1)$ 和 $(2, 2)$，控制點為 $(1, 3)$ 和 $(3, 3)$ 的貝茲曲線 $(x(t), y(t))$。

四個點為 $(x_1, y_1) = (1, 1)$、$(x_2, y_2) = (1, 3)$、$(x_3, y_3) = (3, 3)$ 和 $(x_4, y_4) = (2, 2)$，依據貝茲曲線公式可得 $b_x = 0$、$c_x = 6$、$d_x = -5$ 以及 $b_y = 6$、$c_y = -6$、$d_y = 1$。貝茲樣條函數

$$x(t) = 1 + 6t^2 - 5t^3$$
$$y(t) = 1 + 6t - 6t^2 + t^3$$

及其控制點如圖 3.14 所示。 ◆

貝茲曲線可用來建構任何函數值和斜率，它們是三次樣條函數的改善，因為使用者可以指定節點的斜率。然而，這樣的自由度是用平滑度換來的。節點在兩個不同方向的二階導數通常相異，但是在一些應用上，相異反而有利。

下一段將討論一種特殊的情況，當控制點等於端點時，樣條函數就會是一個簡單的直線線段。

範例 3.16

證明若 $(x_1, y_1) = (x_2, y_2)$ 及 $(x_3, y_3) = (x_4, y_4)$，貝茲曲線為一直線線段。

依據貝茲公式可得方程式為

$$x(t) = x_1 + 3(x_4 - x_1)t^2 - 2(x_4 - x_1)t^3 = x_1 + (x_4 - x_1)t^2(3 - 2t)$$
$$y(t) = y_1 + 3(y_4 - y_1)t^2 - 2(y_4 - y_1)t^3 = y_1 + (y_4 - y_1)t^2(3 - 2t)$$

其中 $0 \leq t \leq 1$。在樣條函數上的點座標為

$$(x(t), y(t)) = (x_1 + r(x_4 - x_1), y_1 + r(y_4 - y_1))$$
$$= ((1 - r)x_1 + rx_4, (1 - r)y_1 + ry_4),$$

其中 $r = t^2(3 - 2t)$。因為 $0 \leq r \leq 1$，所以每個點都在連接 (x_1, y_1) 與 (x_4, y_4) 的直線線段上。

◆

貝茲曲線程式相當易寫，而且也常用在繪圖軟體中。一條在平面上的手繪曲線，可以被看成一條參數曲線 $(x(t), y(t))$，意即為貝茲樣條函數。這些方程式可以應用在下面的 MATLAB 手繪程式中，使用者點兩次滑鼠就可以固定平面上一個點，點第一下滑鼠可以定義起始點 (x_0, y_0)，點第二下則能夠將路徑預期方向上的第一個控制點標記起來。然後再次點兩下來定義第二個控制點和端點，貝茲樣條函數就會被畫在這兩點之間。連續點三下滑鼠則可以將曲線向前延伸，利用之前的樣條函數端點做為下一段曲線的起始點。MATLAB 指令 `ginput` 用來讀取滑鼠位置及按鍵動作，圖 3.15 為 `draw.m` 的螢幕畫面。

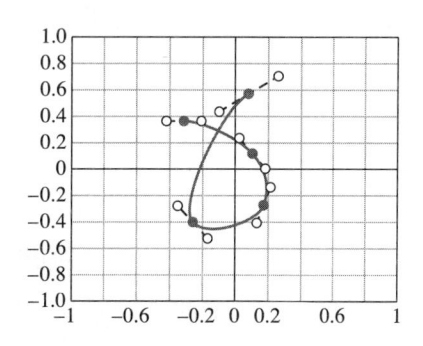

圖 3.15 程式 3.7 所繪製的貝茲曲線。MATLAB 程式碼 `draw.m` 的螢幕畫面，包含每一控制點的方向向量。

```
% 程式 3.7 使用貝茲曲線的手繪程式
% 在 MATLAB 繪圖視窗按左鍵來定位端點
%   再按三次滑鼠來指定 2 控制點和下一個樣條函數端點
%   繼續以 3 點一組來加長曲線
%   按右鍵來終止程式
function draw
hold off
plot([-1 1],[0,0],'k',[0 0],[-1 1],'k');hold on
xlist=[];ylist=[];t=0:.02:1;
button=1;k=0;
while(button ~= 3)                  % 如果按下右鍵，終止
  [xnew,ynew,button] = ginput(1);   % 擷取滑鼠按鍵狀態
  if button == 1                    % 若按下左鍵
    k=k+1;                          % 記錄滑鼠點擊次數 k
    xlist(k)=xnew; ylist(k)=ynew;   % 加入新的點到序列中
    if k>1                          % 在第一個端點之後的點
      if mod(k,3) == 1              % 等到三次新增點
        for i=1:4                   % 集合前四個點資訊置入陣列中
          x(i)=xlist(k-i+1);
          y(i)=ylist(k-i+1);
        end                         % 繪製樣條函數結點及控制點...
        plot([x(1) x(2)],[y(1) y(2)],'c:',x(2),y(2),'cs');
        plot([x(3) x(4)],[y(3) y(4)],'c:',x(3),y(3),'cs');
        plot(x(1),y(1),'bo',x(4),y(4),'bo');
        bx=3*(x(2)-x(1)); by=3*(y(2)-y(1));  % 樣條函數方程式
        cx=3*(x(3)-x(2))-bx;cy=3*(y(3)-y(2))-by;
        dx=x(4)-x(1)-bx-cx;dy=y(4)-y(1)-by-cy;
        xp=x(1)+t.*(bx+t.*(cx+t*dx));        % 巢狀乘法
        yp=y(1)+t.*(by+t.*(cy+t*dy));
        plot(xp,yp)                 % 繪製樣條曲線
      end
    end
  end
end
```

雖然我們的討論侷限於二維的貝茲曲線，但方程式定義可以容易地推廣到三維，也就是所謂的貝茲空間曲線，和二維時一樣，每一段樣條函數需要四個 (x, y, z) 點，即兩個端點以及兩個控制點。貝茲空間曲線的範例會在習題中進行探討。

3.5 習題

1. 求以下四點所構成的一段貝茲曲線 $(x(t), y(t))$。

   (a) $(0, 0), (0, 2), (2, 0), (1, 0)$ (b) $(1, 1), (0, 0), (-2, 0), (-2, 1)$

   (c) $(1, 2), (1, 3), (2, 3), (2, 2)$

2. 求以下一段貝茲曲線的起始端點、兩個控制點和結束端點。

   (a) $\begin{cases} x(t) = 1 + 6t^2 + 2t^3 \\ y(t) = 1 - t + t^3 \end{cases}$ (b) $\begin{cases} x(t) = 3 + 4t - t^2 + 2t^3 \\ y(t) = 2 - t + t^2 + 3t^3 \end{cases}$

   (c) $\begin{cases} x(t) = 2 + t^2 - t^3 \\ y(t) = 1 - t + 2t^3 \end{cases}$

3. 求頂點為 $(1, 2)$、$(3, 4)$、$(5, 1)$ 三角形的三段貝茲曲線。

4. 建立形成邊長 5 的正方形之四段貝茲樣條函數。

5. 求在端點 $(-1, 0)$ 和 $(1, 0)$ 有垂直切線且通過 $(0, 1)$ 的一段貝茲曲線。

6. 求在端點 $(0, 1)$ 有水平切線，且在端點 $(1, 0)$ 有垂直切線，並在 $t = 1/3$ 時通過 $(1/3, 2/3)$ 的一段貝茲樣條函數。

7. 求下列四點所構成的一段貝茲空間曲線 $(x(t)$、$y(t)$、$z(t))$。

   (a) $(1, 0, 0), (2, 0, 0), (0, 2, 1), (0, 1, 0)$

   (b) $(1, 1, 2), (1, 2, 3), (-1, 0, 0), (1, 1, 1)$

   (c) $(2, 1, 1), (3, 1, 1), (0, 1, 3), (3, 1, 3)$

8. 求下列貝茲空間曲線的結點和控制點。

   (a) $\begin{cases} x(t) = 1 + 6t^2 + 2t^3 \\ y(t) = 1 - t + t^3 \\ z(t) = 1 + t + 6t^2 \end{cases}$ (b) $\begin{cases} x(t) = 3 + 4t - t^2 + 2t^3 \\ y(t) = 2 - t + t^2 + 3t^3 \\ z(t) = 3 + t + t^2 - t^3 \end{cases}$

   (c) $\begin{cases} x(t) = 2 + t^2 - t^3 \\ y(t) = 1 - t + 2t^3 \\ z(t) = 2t^3 \end{cases}$

9. 證明 (3.31) 式，並說明它們如何證明貝茲公式是正確的。

3.5 電腦演算題

1. 繪製習題 5 的曲線圖形。
2. 繪製習題 6 的曲線圖形。
3. 以貝茲曲線繪出下列字母，(a) W　(b) B　(c) C　(d) D

實作 3　以貝茲曲線造 PostScript 字型

在這個專題中，我們說明如何用二維貝茲曲線來繪製字母和數字，它們可以藉由修改程式 3.7 的 MATLAB 程式碼或是寫一個 PostScript 檔。

PostScript 字型 (PostScript font) 是直接利用貝茲曲線建構而得的，這兒有個完整的 PostScript 檔用以繪出我們在範例 3.15 討論的曲線。

```
%!PS
newpath
100 100 moveto
100 300 300 300 200 200 curveto
stroke
```

第一行指出這是一個 PostScript 檔案，`newpath` 指令開始製作曲線；PostScript 使用堆疊 (stack) 和後綴 (postfix) 指令，`moveto` 指令用來設定目前的繪圖點 (x, y) 由堆疊最後兩個數字所指定，在此範例中即為 (100, 100)；`curveto` 指令從堆疊接受三個 (x, y) 點來建構貝茲樣條函數，由目前的繪圖點開始，把這三個 (x, y) 點分別當成兩個控制點及端點；`stroke` 指令則用來繪出曲線。如果前面的檔被送到 PostScript 印表機，就可印出圖 3.14 裡的貝茲曲線。座標被乘以 100 來符合 PostScript 協定，也就是一英吋 72 單位。一張信紙規格尺寸的紙寬 612 PostScript 單位，高 792 單位。

用 `curveto` 指令的貝茲曲線，PostScript 字型可繪製在電腦螢幕和印表機上。而如果某個圖是封閉的，可用 `fill` 指令將外框填滿。

舉例來說，大寫字母 T 在 Times-Roman 字型，是用下面 16 段貝茲曲線建構而成 (每條線包含了數字 x_1 y_1 x_2 y_2 x_3 y_3 x_4 y_4 來定義一段貝茲樣條函數)。

```
237 620 237 620 237 120 237 120;
237 120 237  35 226  24 143  19;
143  19 143  19 143   0 143   0;
143   0 143   0 435   0 435   0;
435   0 435   0 435  19 435  19;
435  19 353  23 339  36 339 109;
339 109 339 108 339 620 339 620;
339 620 339 620 393 620 393 620;
393 620 507 620 529 602 552 492;
552 492 552 492 576 492 576 492;
576 492 576 492 570 662 570 662;
570 662 570 662   6 662   6 662;
  6 662   6 662   0 492   0 492;
  0 492   0 492  24 492  24 492;
 24 492  48 602  71 620 183 620;
183 620 183 620 237 620 237 620;
```

如果要寫一個 PostScript 檔來寫出 T 這個字母，那麼必須要用 `moveto` 指令來指定起始端點 (237, 620)，再加上兩個控制點以及端點 (237, 120)，然後用 `curveto` 指令；完成後，目前的位置是 (237, 120)，再用下一行指令繪製第二條曲線

```
237  35 226  24 143  19 curveto
```

還需要 14 次的 `curveto` 指令來完成字母 T，如圖 3.16 所示。

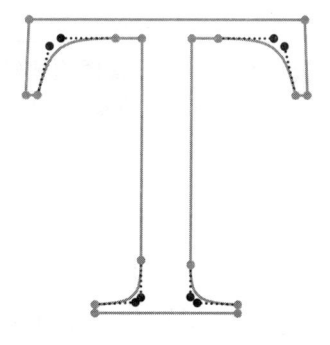

圖 3.16 以貝茲樣條函數繪製 Times-Roman 字型的字母 T。灰色圈為樣條函數端點，黑色圈為控制點。

數字 5 則用 21 段貝茲曲線繪製而成，如圖 3.17：

```
149 597 149 597 149 597 345 597;
345 597 361 597 365 599 368 606;
368 606 406 695 368 606 406 695;
406 695 397 702 406 695 397 702;
397 702 382 681 372 676 351 676;
351 676 351 676 351 676 142 676;
142 676  33 439 142 676  33 439;
 33 439  32 438  32 436  32 434;
 32 434  32 428  35 426  44 426;
 44 426  74 426 109 420 149 408;
149 408 269 372 324 310 324 208;
324 208 324 112 264  37 185  37;
185  37 165  37 149  44 119  66;
119  66  86  90  65  99  42  99;
 42  99  14  99   0  87   0  62;
  0  62   0  24  46   0 121   0;
```

圖 3.17 以貝茲樣條函數繪製 Times-Roman 字型的數字 5。灰色圈代表樣條函數端點。

建議活動：

1. 用 3.5 節的 draw.m 程式，來畫出你英文名字的大寫縮寫。

2. 修改該繪圖程式，使其接受 $n \times 8$ 的數字矩陣，每一列代表一段貝茲樣條函數。用以下 21 段貝茲曲線數據點，令你的程式繪出 Times-Roman 字型的字母 f。

```
289  452  289  452  166  452  166  452;
166  452  166  452  166  568  166  568;
166  568  166  627  185  657  223  657;
223  657  245  657  258  647  276  618;
276  618  292  589  304  580  321  580;
321  580  345  580  363  598  363  621;
363  621  363  657  319  683  259  683;
259  683  196  683  144  656  118  611;
118  611   92  566   84  530   83  450;
 83  450   83  450    1  450    1  450;
  1  450    1  450    1  418    1  418;
  1  418    1  418   83  418   83  418;
 83  418   83  418   83  104   83  104;
 83  104   83   31   72   19    0   15;
  0   15    0   15    0    0    0    0;
  0    0    0    0  260    0  260    0;
260    0  260    0  260   15  260   15;
260   15  178   18  167   29  167  104;
167  104  167  104  167  418  167  418;
167  418  167  418  289  418  289  418;
289  418  289  418  289  452  289  452;
```

3. 寫一個 PostScript 檔來繪製字母 f，程式需始於第一個點的 `moveto` 指令，接著是 21 個 `curveto` 指令。要測試你的程式檔是否正確，可以用 Ghostscript 檢視器開啟，或是直接送到 PostScript 印表機。

4. 雖然字型的資訊曾經是相當被保護的機密，但現在大部分已經能從網路上自由取得。搜尋其他字型，並找出貝茲曲線資料，然後用 PostScript 或 `draw.m` 檔來繪製你選的字母。

5. 自行設計字母或數字，你應該從座標紙上繪製圖形來開始，必須留意對稱性，然後估算控制點，並且要準備好以後可在必要時加以修改。

軟體和延伸閱讀

內插法軟體通常以分開的程式碼來決定和計算內插多項式。為此，MATLAB 提供了 `polyfit` 和 `polyval` 兩個指令。MATLAB 的 `spline` 指令預設為非結點樣條函數，但也提供選項來使用其他幾種常見的端點條件。`interp1` 指令

結合了幾個一維內插選項，NAG 資料庫包含了多項式和樣條函數內插法的副程式 e01aef 和 e01baf，而 IMSL 資料庫也有一些不同端點條件之樣條函數程式。

參考資料 [2] 是基礎內插法的經典參考，而 [5, 6] 則涵蓋了近似函數以及 Chebyshev 內插法。DeBoor 關於樣條函數的著作 [3] 也是經典之一，亦可參考 [7] 和 [8]。另外，[4] 和 [10] 為電腦輔助建模與設計的應用，在 [9] 裡面則介紹，用 CORDID 法近似特殊函數。

CHAPTER 4

最小平方

全球定位系統 (Global Positioning System；GPS) 是一個以衛星定位的科技，無論在地球上的任何一點，GPS 都能隨時提供正確的位置。飛行員、船長、司機會使用 GPS 來進行定位和避免碰撞，農夫可以用它來導引農作設備通過農田，而對登山和行船的人來說，則是一個導航的工具。

GPS 系統包含了 24 個衛星精確地繞著規則軌道運行，發射同步的訊號，然後地面上的接收器收集這些衛星訊號，找出它與其他可見衛星的距離之後，再利用這些數據來做三角定位。

本章最後的實作 4 將利用解方程式器 (equation-solver) 與最小平方計算來進行定位估算。

最小平方 (least squares) 的概念，在 19 世紀早期由 Gauss 與 Legendre 首創，廣泛運用於現代統計和數學建模。而回歸與參數估計的主要技術，已經成為科學及工程的基礎工具。

在本章中，將介紹**正規方程** (normal equation) 並應用在一些數據擬合 (data-fitting) 的問題。之後，將探討一個更複雜的方法，也就是 QR 分解法，接著討論非線性最小平方問題。

4.1 最小平方與正規方程

最小平方法的需求來自兩個不同方向，分別源自第 2、3 章的研究。在第 2 章裡，我們學會了當 $Ax = b$ 有解時，該如何求解。而在本章中，我們將找出當解不存在時該怎麼做。當方程組不相容的時候，大部分發生在方程式的數量超過變數時，那麼求解就是去找出一個最佳解，也就是最小平方近似解。

第 3 章告訴我們如何找出確實通過給定數據點的多項式，但是如果數據點很多，或是數據點帶有些許誤差，那麼所得的內插高階多項式很難成為最佳近似函數。在這種情況下，比較合理的方式是給一個簡單些的模式且只接近數據點。求解不相容方程組，以及接近數據點的擬合這兩個問題，都是最小平方法背後的驅動力。

❖ 4.1.1 不相容方程組

寫下一個無解的方程組並不困難，考慮下列有兩個未知數的三個方程式：

$$\begin{aligned} x_1 + x_2 &= 2 \\ x_1 - x_2 &= 1 \\ x_1 + x_2 &= 3. \end{aligned} \tag{4.1}$$

任何解必須同時滿足第一及第三個方程式，但這不可能同時成立。像這樣無解的方程組被稱為**不相容** (inconsistent)。

方程組無解的意義是什麼？也許是係數有一點點不正確；而在許多情況中，是方程式的數目比未知變數多，如此一來很難有滿足所有方程式的解。實際上，對具有 n 個未知數的 m 個方程式，當 $m > n$ 時通常是無解。即使高斯消去法無法求解不相容方程組 $Ax=b$，我們也不應該完全放棄，這樣情況下我們可改為尋找最接近的解向量 x。

如果我們選擇**歐氏距離** (Euclidean distance) 來表示「接近」，那麼就會產生一個明確的演算法來尋找最接近的 x，而這個特殊的 x 將被稱為**最小平方解** (least squares solution)。

我們可以將無解的方程組 (4.1) 改寫成另一種形式來得到較佳的概念。該方程組寫成矩陣形式為 $Ax=b$，即

$$\begin{bmatrix} 1 & 1 \\ 1 & -1 \\ 1 & 1 \end{bmatrix} \begin{bmatrix} x_1 \\ x_2 \end{bmatrix} = \begin{bmatrix} 2 \\ 1 \\ 3 \end{bmatrix}. \tag{4.2}$$

另一個由矩陣/向量乘法觀點可寫成等價方程式

$$x_1 \begin{bmatrix} 1 \\ 1 \\ 1 \end{bmatrix} + x_2 \begin{bmatrix} 1 \\ -1 \\ 1 \end{bmatrix} = \begin{bmatrix} 2 \\ 1 \\ 3 \end{bmatrix}. \tag{4.3}$$

事實上，任何 $m \times n$ 系統 $Ax=b$ 可以看成向量方程式

$$x_1 v_1 + x_2 v_2 + \cdots + x_n v_n = b, \tag{4.4}$$

表示 b 為 A 的行向量 v_i 的線性組合，其係數為 $x_1, ..., x_n$。我們想要做的是，可否用兩個三維向量的線性組合來表示目標向量 b。因為兩個三維向量可組合成在 R^3 內的平面，只有當向量 b 在該平面上時，(4.3) 式才會有解。當我們試著解 n 未知數的 m 個方程式且 $m > n$ 時，都會遇到同樣的處境，太多的方程式使得問題條件過多而成為不相容方程組。

圖 4.1(b) 對於解不存在時提供了我們一個方向。雖然方程組 (4.1) 不存在解 x_1、x_2，但在 Ax 平面上有個最接近 b 的點。向量 $A\bar{x}$ 特別的地方在於：向量 $b - A\bar{x}$ 垂直於平面 $\{Ax \mid x \in R^n\}$。我們將利用此點來找出 $\bar{x}$ 的公式，即最小平方「解」。

首先我們需先說明一些符號。複習一下**轉置** (transpose) 矩陣 A^T 的概念，將 $m \times n$ 矩陣 A 的行列對調就可以得到 $n \times m$ 的矩陣 A^T。兩矩陣先加總再轉置等於先轉置再加總，$(A+B)^T = A^T + B^T$。兩矩陣相乘的轉置矩陣則等於先轉置並顛倒相乘順序，也就是 $(AB)^T = B^T A^T$。

至於垂直性，因為若兩向量**內積** (dot product) 為零，表示兩向量成直角相交。對兩個 m 維行向量 u 和 v，我們以矩陣相乘來表示內積

$$u^T v = [u_1, ..., u_m] \begin{bmatrix} v_1 \\ \vdots \\ v_m \end{bmatrix}. \tag{4.5}$$

若以一般矩陣乘法 $u^T \cdot v = 0$，則向量 u 和 v 垂直。

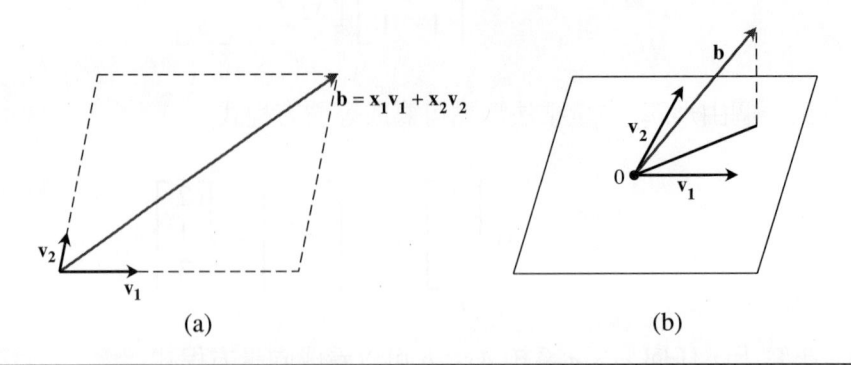

圖 4.1　兩個未知數三個方程式的幾何解。(a) 方程式 (4.3) 要求方程式右側的向量 b 為向量 v_1 和 v_2 的線性組合。(b) 如果 b 未落在 v_1 與 v_2 所構成的平面上將無解。最小平方解 $\bar{x}$ 使得組合向量 $A\bar{x}$ 為平面 Ax 上歐氏距離最接近 b 的向量。

> **聚焦　正交性**
>
> 最小平方法是以正交性 (orthogonality) 為基礎；從一個點到平面的最短距離，是由一個線段與平面正交所產生。正規方程式是找出該線段的計算方法，它代表了最小平方誤差。

現在我們繼續找出 $\bar{x}$ 的公式，由於我們已經知道

$$(b - A\bar{x}) \perp \{Ax | x \in R^n\}.$$

若以矩陣乘法結果來表示垂直性，可寫成

$$(Ax)^T(b - A\bar{x}) = 0 \text{，對所有 } x \in R^n$$

再用轉置矩陣的性質，上式可整理成

$$x^T A^T(b - A\bar{x}) = 0 \text{，對所有 } x \in R^n$$

這表示 n 維向量 $A^T(b - A\bar{x})$ 垂直每個 $x \in R^n$，也包含自己。但這樣的話，只有一個可能：

$$A^T(b - A\bar{x}) = 0.$$

這變成了解方程組問題，所得解即是最小平方解，

$$A^T A\bar{x} = A^T b. \tag{4.6}$$

方程組 (4.6) 可稱為**正規方程** (normal equations)，它的解被稱為系統 $Ax = b$ 的最小平方解。

最小平方法的正規方程

給定一個不相容方程組

$$Ax = b,$$

解

$$A^T A\bar{x} = A^T b$$

所得即為最小平方解 $\bar{x}$。

範例 4.1

用正規方程求不相容方程組 (4.1) 的最小平方解。

將問題寫成矩陣形式 $Ax=b$，則

$$A = \begin{bmatrix} 1 & 1 \\ 1 & -1 \\ 1 & 1 \end{bmatrix}, \quad b = \begin{bmatrix} 2 \\ 1 \\ 3 \end{bmatrix}.$$

為解正規方程式，先求得

$$A^T A = \begin{bmatrix} 1 & 1 & 1 \\ 1 & -1 & 1 \end{bmatrix} \begin{bmatrix} 1 & 1 \\ 1 & -1 \\ 1 & 1 \end{bmatrix} = \begin{bmatrix} 3 & 1 \\ 1 & 3 \end{bmatrix}$$

及

$$A^T b = \begin{bmatrix} 1 & 1 & 1 \\ 1 & -1 & 1 \end{bmatrix} \begin{bmatrix} 2 \\ 1 \\ 3 \end{bmatrix} = \begin{bmatrix} 6 \\ 4 \end{bmatrix}.$$

得正規方程式

$$\begin{bmatrix} 3 & 1 \\ 1 & 3 \end{bmatrix} \begin{bmatrix} x_1 \\ x_2 \end{bmatrix} = \begin{bmatrix} 6 \\ 4 \end{bmatrix}$$

再用高斯消去法求解。以表列形式表示則為

$$\begin{bmatrix} 3 & 1 & | & 6 \\ 1 & 3 & | & 4 \end{bmatrix} \longrightarrow \begin{bmatrix} 3 & 1 & | & 6 \\ 0 & 8/3 & | & 2 \end{bmatrix},$$

可解得 $\bar{x} = (\bar{x}_1, \bar{x}_2) = (7/4, 3/4)$。

將最小平方解代回原方程組得到

$$\begin{bmatrix} 1 & 1 \\ 1 & -1 \\ 1 & 1 \end{bmatrix} \begin{bmatrix} \frac{7}{4} \\ \frac{3}{4} \end{bmatrix} = \begin{bmatrix} 2.5 \\ 1 \\ 2.5 \end{bmatrix} \neq \begin{bmatrix} 2 \\ 1 \\ 3 \end{bmatrix}.$$

為觀察是否滿足我們所求，先計算最小平方解 $\bar{x}$ 的餘向量

$$r = b - A\bar{x} = \begin{bmatrix} 2 \\ 1 \\ 3 \end{bmatrix} - \begin{bmatrix} 2.5 \\ 1 \\ 2.5 \end{bmatrix} = \begin{bmatrix} -0.5 \\ 0.0 \\ 0.5 \end{bmatrix}.$$

如果餘向量為零向量，那我們便完全正確地求解原本的系統 $Ax = b$。如果不為零，餘向量的歐氏長度便代表 $\bar{x}$ 離解有多遠的度量。向量的歐氏長度為

$$||r||_2 = \sqrt{r_1^2 + \cdots + r_m^2}, \tag{4.7}$$

這就是第 2 章範數的一種，稱為 **2-範數** (2-norm)。**平方誤差** (squared error; SE) 為

$$\text{平方誤差} = r_1^2 + \cdots + r_m^2,$$

以及**均方根誤差** (root mean squared error ; RMSE) 為

$$\text{均方根誤差} = \sqrt{\text{平方誤差}/m} = \sqrt{(r_1^2 + \cdots + r_m^2)/m}, \tag{4.8}$$

二者都可用來度量最小平方解的誤差，也就是平方誤差之平均值開根號。以範例 4.1 為例，平方誤差 SE $= (.5)^2 + 0^2 + (-.5)^2 = 0.5$，誤差的 2-範數為 $||r||_2 = \sqrt{0.5} \approx 0.707$，而均方根誤差 RMSE $= \sqrt{0.5/3} = 1/\sqrt{6} \approx 0.408$。

範例 4.2

求解最小平方問題 $\begin{bmatrix} 1 & -4 \\ 2 & 3 \\ 2 & 2 \end{bmatrix} \begin{bmatrix} x_1 \\ x_2 \end{bmatrix} = \begin{bmatrix} -3 \\ 15 \\ 9 \end{bmatrix}.$

正規方程 $A^T A x = A^T b$ 為

$$\begin{bmatrix} 9 & 6 \\ 6 & 29 \end{bmatrix} \begin{bmatrix} x_1 \\ x_2 \end{bmatrix} = \begin{bmatrix} 45 \\ 75 \end{bmatrix}.$$

正規方程的解為 $\bar{x}_1 = 3.8$ 和 $\bar{x}_2 = 1.8$。餘向量為

$$r = b - A\bar{x} = \begin{bmatrix} -3 \\ 15 \\ 9 \end{bmatrix} - \begin{bmatrix} 1 & -4 \\ 2 & 3 \\ 2 & 2 \end{bmatrix} \begin{bmatrix} 3.8 \\ 1.8 \end{bmatrix}$$

$$= \begin{bmatrix} -3 \\ 15 \\ 9 \end{bmatrix} - \begin{bmatrix} -3.4 \\ 13 \\ 11.2 \end{bmatrix} = \begin{bmatrix} 0.4 \\ 2 \\ -2.2 \end{bmatrix},$$

其**歐氏範數** (Euclidean norm) 為 $\|e\|_2 = \sqrt{(0.4)^2 + 2^2 + (-2.2)^2} = 3$。稍後的範例 4.14 會提供另一種解法。

◆

❖ 4.1.2 擬合數據模型

令 $(t_1, y_1), ..., (t_m, y_m)$ 為平面上一組數據，通常稱之為「數據點」。給定一個固定的擬合函數模型，比如直線 $y = a + bt$，我們要找以 2-範數而言能夠最佳擬合數據點的那個模型。最小平方法的核心概念在度量數據點和模型函數間之餘向量的平方誤差，並找出可以使其極小化的模型參數。圖 4.2 表達了這樣的準則。

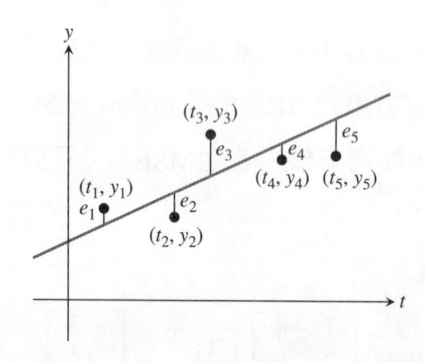

圖 4.2 數據點的最小平方擬合線。最佳線為所有直線 $y = a + bt$ 中平方誤差 $e_1^2 + e_2^2 + \cdots + e_5^2$ 最小的一條。

範例 4.3

求擬合數據點 $(t, y) = (1, 2)$、$(-1, 1)$ 和 $(1, 3)$ 的最佳直線，如圖 4.3。

直線公式為 $y = a + bt$，目標則是要求最佳的 a 和 b。將數據點代入公式可得

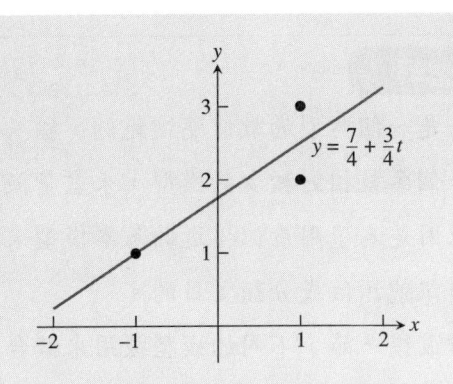

圖 4.3 範例 4.3 的最佳直線。在最佳直線上，其上方及下方各有一數據點。

$$a + b(1) = 2$$
$$a + b(-1) = 1$$
$$a + b(1) = 3,$$

或可改寫成矩陣形式

$$\begin{bmatrix} 1 & 1 \\ 1 & -1 \\ 1 & 1 \end{bmatrix} \begin{bmatrix} a \\ b \end{bmatrix} = \begin{bmatrix} 2 \\ 1 \\ 3 \end{bmatrix}.$$

我們知道此線性系統無解 (a, b) 有兩個理由：第一，如果有解，那麼 $y = a + bt$ 就會是一條經過三數據點的直線；然而，我們可以很容易發現這些點不共線。第二，這是我們在本章開頭就討論過的方程組 (4.2)，我們已注意到第一和第三方程式是不相容的，而且我們也求得最小平方解是 $(a, b) = (7/4, 3/4)$。因此，最佳的直線便是 $y = 7/4 + 3/4\,t$。◆

我們可以用之前定義的統計量來評估這個擬合直線，在數據點的餘向量為

t	y	擬合直線	誤差
1	2	2.5	−0.5
−1	1	1.0	0.0
1	3	2.5	0.5

> **聚焦　壓縮**
>
> 最小平方法是一個典型的數據壓縮範例，輸入值包含了一組數據點，而輸出值則是一個參數相對較少的模型，來盡量擬合數據點。通常，利用最小平方法的原因是為了用看似接近的基本模型來取代雜訊數據，而這個模型通常被用作訊號預估或分類之目的。
>
> 在本章最後一節，不同的模型被用來擬合數據，包含了多項式、指數函數以及三角函數。而三角函數方式將會在第 10 章和第 11 章進一步討論，其中將以基本的傅立葉分析 (Fourier analysis) 介紹訊號處理 (signal processing)。

其均方根誤差為 $1/\sqrt{6}$，和先前所得相同。

以上的範例建議瞭解最小平方數據擬合問題的三步驟程序。

以最小平方法擬合數據

給定 m 個數據點 $(t_1, y_1), ..., (t_m, y_m)$

步驟 1：選擇模型。 確認用來擬合數據點的參數化模型，比如 $y = a + bt$。

步驟 2：以該模型擬合數據。 將數據點代入模型中，每一數據點產生一方程式，以模型變數為未知數，比如直線模型的 a 和 b。相當於解方程組 $Ax = b$，其中 x 為未知變數。

步驟 3：解正規方程。 最小平方解即等於正規方程 $A^T A x = A^T b$ 的解。

下面的範例就是按這些步驟完成：

範例 4.4

求擬合四個數據點 $(-1, 1)$、$(0, 0)$、$(1, 0)$、$(2, -2)$ 的最佳直線與最佳拋物線，如圖 4.4。

按照先前所給程序，我們必須遵循三步驟：1. 選擇模型 $y = a + bt$。2. 將數據點代入模型中產生

$$a + b(-1) = 1$$
$$a + b(0) = 0$$
$$a + b(1) = 0$$
$$a + b(2) = -2,$$

或可改寫成矩陣形式

$$\begin{bmatrix} 1 & -1 \\ 1 & 0 \\ 1 & 1 \\ 1 & 2 \end{bmatrix} \begin{bmatrix} a \\ b \end{bmatrix} = \begin{bmatrix} 1 \\ 0 \\ 0 \\ -2 \end{bmatrix}.$$

3. 正規方程為

$$\begin{bmatrix} 4 & 2 \\ 2 & 6 \end{bmatrix} \begin{bmatrix} a \\ b \end{bmatrix} = \begin{bmatrix} -1 \\ -5 \end{bmatrix}.$$

所得解即為最佳擬合直線的係數 a 和 b，所以 $y = a + bt = 0.2 - 0.9t$。

餘向量為

t	y	擬合直線	誤差
-1	1	1.1	-0.1
0	0	0.2	-0.2
1	0	-0.7	0.7
2	-2	-1.6	-0.4

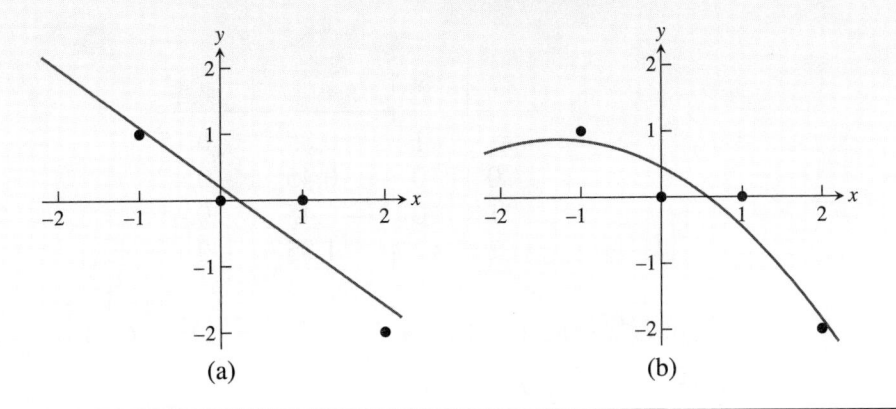

圖 4.4 範例 4.4 中以最小平方法擬合數據點。(a) 最佳直線為 $y = 0.2 - 0.9t$，均方根誤差為 0.418。(b) 最佳拋物線為 $y = 0.45 - 0.65t - 0.25t^2$，均方根誤差為 0.335。

誤差統計為平方誤差 SE＝$(-.1)^2+(-.2)^2+(.7)^2+(-.4)^2$＝0.7 以及均方根誤差 RMSE＝$\sqrt{.7}/\sqrt{4}$＝0.418。

接下來，我們以同樣四個數據點，但推廣到不同的模型函數。令 $y=a+bt+ct^2$ 並代入數據點可得

$$a + b(-1) + c(-1)^2 = 1$$
$$a + b(0) + c(0)^2 = 0$$
$$a + b(1) + c(1)^2 = 0$$
$$a + b(2) + c(2)^2 = -2,$$

或矩陣形式

$$\begin{bmatrix} 1 & -1 & 1 \\ 1 & 0 & 0 \\ 1 & 1 & 1 \\ 1 & 2 & 4 \end{bmatrix} \begin{bmatrix} a \\ b \\ c \end{bmatrix} = \begin{bmatrix} 1 \\ 0 \\ 0 \\ -2 \end{bmatrix}.$$

這回正規方程變為三個未知數、三個方程式：

$$\begin{bmatrix} 4 & 2 & 6 \\ 2 & 6 & 8 \\ 6 & 8 & 18 \end{bmatrix} \begin{bmatrix} a \\ b \\ c \end{bmatrix} = \begin{bmatrix} -1 \\ -5 \\ -7 \end{bmatrix}.$$

所得解為最佳拋物線的參數，$y=a+bt+ct^2=0.45-0.65t-0.25t^2$。餘向量如下表：

t	y	擬合拋物線	誤差
-1	1	0.85	0.15
0	0	0.45	-0.45
1	0	-0.45	0.45
2	-2	-1.85	-0.15

誤差統計為平方誤差 SE＝$(.15)^2+(-.45)^2+(.45)^2+(-.15)^2=0.45$，均方根誤差 RMSE＝$\sqrt{.45}/\sqrt{4}\approx 0.335$。

◆

> 聚焦　條件性
>
> 最小平方問題裡假設輸入的數據帶有誤差，那麼減少誤差放大就顯得特別重要。我們已經展示對於一些小維數的問題解正規方程為解決最小平方問題的最直接方法。然而，條件數 cond(A^TA) 大約是原本 cond(A) 的平方，這將會大幅增加它變成病態問題的可能性。更好的方法可直接從 A 計算最小平方解，而不需要計算 A^TA；這些方法是以 QR 分解法為基礎，將在 4.3 節以及第 12 章裡的奇異值分解 (singular value decomposition) 中介紹。

MATLAB 指令 polyfit 和 polyval 不僅是為了數據內插而設計，同時也可用多項式模型擬合數據。若輸入 n 個數據點，polyfit 若輸入 $n-1$ 次，將傳回 $n-1$ 次的內插多項式係數。但如果輸入的次數少於 $n-1$，那麼 polyfit 指令將會尋找此次數裡最佳的最小平方多項式。舉例來說，程式碼

```
>> x0=[-1 0 1 2];
>> y0=[1 0 0 -2];
>> c=polyfit(x0,y0,2);
>> x=-1:.01:2;
>> y=polyval(c,x);
>> plot(x0,y0,'o',x,y)
```

對範例 4.4 中所給的數據點，可傳回最小平方二次多項式的係數並且繪出圖形。

範例 4.4 說明了最小平方模型並不只限於尋找最佳擬合直線，擴充模型的定義，我們可以對任何線性關係的模型找出擬合係數。

❖ 4.1.3　最小平方問題的條件數

我們已經看到最小平方問題可以簡化成求解正規方程 $A^TA\bar{x}=A^Tb$。而最小平方解 $\bar{x}$ 能夠有多精確？這個問題是關於正規方程的前向誤差，讓我們用雙精準數值實驗來求解一個已知正確解的正規方程，以測試這個問題。

範例 4.5

設 $x_1 = 2.0$、$x_2 = 2.2$、$x_3 = 2.4$、$\cdots$、$x_{11} = 4.0$ 為 [2, 4] 內的等距點，令 $y_i = 1 + x_i + x_i^2 + x_i^3 + x_i^4 + x_i^5 + x_i^6 + x_i^7$，其中 $1 \leq i \leq 11$。用正規方程求擬合 (x_i, y_i) 的最小平方多項式 $P(x) = c_1 + c_2 x + \cdots + c_8 x^7$。

以七次多項式 $P(x) = 1 + x + x^2 + x^3 + x^4 + x^5 + x^6 + x^7$ 擬合 11 個數據點，顯而易見的，最小平方解必然是 $c_1 = c_2 = \cdots = c_8 = 1$。將數據點代入 $P(x)$ 模型可得線性系統 $Ac = b$：

$$\begin{bmatrix} 1 & x_1 & x_1^2 & \cdots & x_1^7 \\ 1 & x_2 & x_2^2 & \cdots & x_2^7 \\ \vdots & \vdots & \vdots & & \vdots \\ 1 & x_{11} & x_{11}^2 & \cdots & x_{11}^7 \end{bmatrix} \begin{bmatrix} c_1 \\ c_2 \\ \vdots \\ c_8 \end{bmatrix} = \begin{bmatrix} y_1 \\ y_2 \\ \vdots \\ y_{11} \end{bmatrix}.$$

係數矩陣 A 為 Van der Monde 矩陣 (Van der Monde matrix)，其第 j 行為第 2 行元素的 $(j-1)$ 次方。我們用 MATLAB 來解正規方程：

```
>> x = (2+(0:10)/5)';
>> y = 1+x+x.^2+x.^3+x.^4+x.^5+x.^6+x.^7;
>> A = [x.^0 x x.^2 x.^3 x.^4 x.^5 x.^6 x.^7];
>> c = (A'*A)\(A'*y)

c=
    3.8938
   -6.1483
    8.4914
   -3.3182
    2.4788
    0.6990
    1.0337
    0.9984

>> cond(A'*A)

ans=
  1.3674e+019
```

以雙精準求解正規方程,並無法提供最小平方解的正確值。這是因為對雙精準計算來說,A^TA 的條件數還是太大,而即使原始最小平方問題為適度條件性,正規方程仍為病態的。因此,以正規方程求解最小平方問題仍有顯著的改善空間。在範例 4.15 中,將以一個避免使用 A^TA 的方法來重新檢視這個問題。◆

4.1 習題

1. 解正規方程,求下列不相容系統的最小平方解和誤差的 2-範數:

(a) $\begin{bmatrix} 1 & 2 \\ 0 & 1 \\ 2 & 1 \end{bmatrix} \begin{bmatrix} x_1 \\ x_2 \end{bmatrix} = \begin{bmatrix} 3 \\ 1 \\ 1 \end{bmatrix}$ (b) $\begin{bmatrix} 1 & 1 \\ 2 & 1 \\ 3 & 1 \end{bmatrix} \begin{bmatrix} x_1 \\ x_2 \end{bmatrix} = \begin{bmatrix} 1 \\ 2 \\ 0 \end{bmatrix}$

(c) $\begin{bmatrix} 1 & 2 \\ 1 & 1 \\ 2 & 1 \\ 2 & 2 \end{bmatrix} \begin{bmatrix} x_1 \\ x_2 \end{bmatrix} = \begin{bmatrix} 3 \\ 3 \\ 3 \\ 2 \end{bmatrix}$

2. 求下列線性系統的最小平方解和均方根誤差。

(a) $\begin{bmatrix} 1 & 1 & 0 \\ 0 & 1 & 1 \\ 1 & 2 & 1 \\ 1 & 0 & 1 \end{bmatrix} \begin{bmatrix} x_1 \\ x_2 \\ x_3 \end{bmatrix} = \begin{bmatrix} 2 \\ 2 \\ 3 \\ 4 \end{bmatrix}$ (b) $\begin{bmatrix} 1 & 0 & 1 \\ 1 & 0 & 2 \\ 1 & 1 & 1 \\ 2 & 1 & 1 \end{bmatrix} \begin{bmatrix} x_1 \\ x_2 \\ x_3 \end{bmatrix} = \begin{bmatrix} 2 \\ 3 \\ 1 \\ 2 \end{bmatrix}$

3. 求以下不相容系統的最小平方解

$$\begin{bmatrix} 1 & 0 \\ 1 & 0 \\ 1 & 0 \end{bmatrix} \begin{bmatrix} x_1 \\ x_2 \end{bmatrix} = \begin{bmatrix} 1 \\ 5 \\ 6 \end{bmatrix}.$$

4. 令 $m \geq n$,A 為 $m \times n$ 單位矩陣,即 $m \times m$ 單位矩陣的主子矩陣 (principal submatrix),及向量 $b = [b_1, ..., b_m]$。求 $Ax = b$ 的最小平方解和誤差的 2-範數。

5. 證明 2-範數為向量範數。(提示：利用 Cauchy-Schwarz 不等式 $|u \cdot v| \leq \|u\|_2 \|v\|_2$。)

6. 若 A 為 $n \times n$ 非奇異矩陣。(a) 證明 $(A^T)^{-1} = (A^{-1})^T$。(b) 令 b 為 n-向量，則 $Ax = b$ 有唯一解，試證明正規方程可以求得該解。

7. 求擬合下列數據點的最佳直線，及其均方根誤差：

    (a) $(-3, 3), (-1, 2), (0, 1), (1, -1), (3, -4)$

    (b) $(1, 1), (1, 2), (2, 2), (2, 3), (4, 3)$

8. 求擬合下列數據點的最佳直線，及其均方根誤差：

    (a) $(0, 0), (1, 3), (2, 3), (5, 6)$ (b) $(1, 2), (3, 2), (4, 1), (6, 3)$

    (c) $(0, 5), (1, 3), (2, 3), (3, 1)$

9. 分別求擬合習題 8 數據點的最佳拋物線，並比較其與最佳直線二者的均方根誤差。

10. 分別求擬合習題 8 數據點的最佳三次多項式，並求得三次內插多項式進行比較。

11. 假設在四個時間點分別度量模型火箭的高度，所得時間與高度為 $(t, h) = (1, 135), (2, 265), (3, 385), (4, 485)$，單位為秒和公尺。擬合模型函數 $h = a + bt - 4.905t^2$ 來推估火箭所能達到最高高度和返回地面時間。

12. 給定數據點 $(x, y, z) = (0, 0, 3), (0, 1, 2), (1, 0, 3), (1, 1, 5), (1, 2, 6)$，求在三維空間內擬合數據點的最佳的近似平面 (模型為 $z = c_0 + c_1 x + c_2 y$)。

4.1 電腦演算題

1. 對下列不相容系統，寫出其正規方程，並計算最小平方解和誤差的 2-範數。

    (a) $\begin{bmatrix} 3 & -1 & 2 \\ 4 & 1 & 0 \\ -3 & 2 & 1 \\ 1 & 1 & 5 \\ -2 & 0 & 3 \end{bmatrix} \begin{bmatrix} x_1 \\ x_2 \\ x_3 \end{bmatrix} = \begin{bmatrix} 10 \\ 10 \\ -5 \\ 15 \\ 0 \end{bmatrix}$ (b) $\begin{bmatrix} 4 & 2 & 3 & 0 \\ -2 & 3 & -1 & 1 \\ 1 & 3 & -4 & 2 \\ 1 & 0 & 1 & -1 \\ 3 & 1 & 3 & -2 \end{bmatrix} \begin{bmatrix} x_1 \\ x_2 \\ x_3 \\ x_4 \end{bmatrix} = \begin{bmatrix} 10 \\ 0 \\ 2 \\ 0 \\ 5 \end{bmatrix}$

2. 以 3.2 節電腦演算題 3 裡全球石油產量數據為例，求擬合 10 個數據點的最佳最小平方 (a) 直線 (b) 拋物線 (c) 三次曲線，和其均方根誤差，並分別估計 2010 年的產量。就均方根誤差比較，哪一項答案最好？

3. 以 3.1 節電腦演算題 1 裡全球人口數據為例，求擬合數據點的最佳最小平方 (a) 直線 (b) 拋物線，和其均方根誤差。分別估算 1980 年人口數，哪一個能夠提供最好的估計值？

4. 以 3.1 節習題 13 裡二氧化碳濃度數據為例，求擬合數據點的最佳最小平方 (a) 直線 (b) 拋物線 (c) 三次曲線，和其均方根誤差。分別估算 1950 年的二氧化碳濃度。

5. 某公司在 22 個差不多大小的城市裡，進行一個新飲料的市場調查。在這些城市的美元售價以及每週銷售量如下：

城市	售價	銷售量/週	城市	售價	銷售量/週
1	0.59	3980	12	0.49	6000
2	0.80	2200	13	1.09	1190
3	0.95	1850	14	0.95	1960
4	0.45	6100	15	0.79	2760
5	0.79	2100	16	0.65	4330
6	0.99	1700	17	0.45	6960
7	0.90	2000	18	0.60	4160
8	0.65	4200	19	0.89	1990
9	0.79	2440	20	0.79	2860
10	0.69	3300	21	0.99	1920
11	0.79	2300	22	0.85	2160

(a) 首先，這家公司想要找出「需求曲線」：也就是每個可能售價的銷售量是多少。令 P 代表售價，S 代表每星期的銷售量，以最小平方法找出擬合表格中數據的最佳直線 $S = c_1 + c_2 P$。求正規方程以及最小平方線的係數 c_1 和 c_2，畫出最小平方線與數據點，並計算均方根誤差。

(b) 在研究市場調查結果之後，這家公司將在全國設定一個單一售價 P，已知生產成本為每單位 0.23 美元，總利潤 (每個城市每星期) 為 $S(P - 0.23)$ 美元，用先前所得的最小平方近似法，找出利潤最大化的售價。

6. 拋物線 $y=x^2$ 在區間 [0, 1] 內的「斜率」是多少？對 (a) $n=10$ 和 (b) $n=20$，求最佳的最小平方直線擬合拋物線上等間隔的 n 個點，畫出拋物線和所得直線。當 $n \to \infty$，你認為結果為何？(c) 求函數 $F(c_1, c_2) = \int_0^1 (x^2 - c_1 - c_2 x)^2 \, dx$ 的最小值，並解釋它和本題之間的關係。

7. 求最小平方 (a) 直線 (b) 拋物線擬合圖 3.5 的 13 個數據點，並分別求其均方根誤差。

8. 令 A 為一個 $10 \times n$ 矩陣，其等於 $n \times n$ 希爾伯特矩陣的前十行，c 為 n 維向量 $[1, ..., 1]$，且 $b=Ac$。對 (a) $n=6$，(b) $n=8$，分別用正規方程求解最小平方問題 $Ax=b$，並與正確的最小平方解 $\bar{x}=c$ 做比較，可得幾位小數正確？利用條件數解釋之。(4.3 節電腦演算題 3 將再次討論這個最小平方問題。)

9. 令 $x_1, ..., x_{11}$ 為區間 [2, 4] 的 11 個等分點，且 $y_i = 1 + x_i + x_i^2 + \cdots + x_i^d$。用正規方程求最佳 d 次多項式，其中 (a) $d=5$，(b) $d=6$，(c) $d=8$。和範例 4.5 做比較，係數能有幾位小數正確？以條件數解釋這個結果。(4.3 節電腦演算題 4 將再次討論這個最小平方問題。)

4.2 數學模型概論

先前的線性與多項式模型說明如何用最小平方法來擬合數據。數據建模的技巧包含了模型的多樣性、從數據來源導自物理的規則以及其他基於經驗的因素。

❖ 4.2.1 週期數據

週期數據要用週期模型。例如室外溫度是依照許多時間刻度來週期循環，包括每日和每年的循環，而這些循環是由地球自轉和公轉來主宰。在第一個範例中，將以正弦和餘弦函數來擬合每小時的溫度數據。

範例 4.6

擬合華盛頓 2001 年 1 月 1 日列於下表的溫度紀錄，使其成為週期模型：

時間	t	溫度(攝氏)
12 mid.	0	-2.2
3 am	$\frac{1}{8}$	-2.8
6 am	$\frac{1}{4}$	-6.1
9 am	$\frac{3}{8}$	-3.9
12 noon	$\frac{1}{2}$	0.0
3 pm	$\frac{5}{8}$	1.1
6 pm	$\frac{3}{4}$	-0.6
9 pm	$\frac{7}{8}$	-1.1

我們選擇模型 $y=c_1+c_2\cos 2\pi t+c_3\sin 2\pi t$，以符合至少在缺乏長期溫度變遷資料時，溫度是以 24 小時為週期循環的現象。用這些資訊的模型，應把週期調整為剛好一天，而 t 以日為單位，表格中的變數 t 即是以此為單位。

將數據代入模型中，所得為下面不相容線性系統：

$$c_1 + c_2\cos 2\pi(0) + c_3\sin\pi(0) = -2.2$$

$$c_1 + c_2\cos 2\pi\left(\frac{1}{8}\right) + c_3\sin 2\pi\left(\frac{1}{8}\right) = -2.8$$

$$c_1 + c_2\cos 2\pi\left(\frac{1}{4}\right) + c_3\sin 2\pi\left(\frac{1}{4}\right) = -6.1$$

$$c_1 + c_2\cos 2\pi\left(\frac{3}{8}\right) + c_3\sin 2\pi\left(\frac{3}{8}\right) = -3.9$$

$$c_1 + c_2\cos 2\pi\left(\frac{1}{2}\right) + c_3\sin 2\pi\left(\frac{1}{2}\right) = 0.0$$

$$c_1 + c_2\cos 2\pi\left(\frac{5}{8}\right) + c_3\sin 2\pi\left(\frac{5}{8}\right) = 1.1$$

$$c_1 + c_2\cos 2\pi\left(\frac{3}{4}\right) + c_3\sin 2\pi\left(\frac{3}{4}\right) = -0.6$$

$$c_1 + c_2\cos 2\pi\left(\frac{7}{8}\right) + c_3\sin 2\pi\left(\frac{7}{8}\right) = -1.1$$

寫成不相容矩陣方程式 $Ax=b$，其中

$$A = \begin{bmatrix} 1 & \cos 0 & \sin 0 \\ 1 & \cos \frac{\pi}{4} & \sin \frac{\pi}{4} \\ 1 & \cos \frac{\pi}{2} & \sin \frac{\pi}{2} \\ 1 & \cos \frac{3\pi}{4} & \sin \frac{3\pi}{4} \\ 1 & \cos \pi & \sin \pi \\ 1 & \cos \frac{5\pi}{4} & \sin \frac{5\pi}{4} \\ 1 & \cos \frac{3\pi}{2} & \sin \frac{3\pi}{2} \\ 1 & \cos \frac{7\pi}{4} & \sin \frac{7\pi}{4} \end{bmatrix} = \begin{bmatrix} 1 & 1 & 0 \\ 1 & \sqrt{2}/2 & \sqrt{2}/2 \\ 1 & 0 & 1 \\ 1 & -\sqrt{2}/2 & \sqrt{2}/2 \\ 1 & -1 & 0 \\ 1 & -\sqrt{2}/2 & -\sqrt{2}/2 \\ 1 & 0 & -1 \\ 1 & \sqrt{2}/2 & -\sqrt{2}/2 \end{bmatrix} \quad \text{且} \quad b = \begin{bmatrix} -2.2 \\ -2.8 \\ -6.1 \\ -3.9 \\ 0.0 \\ 1.1 \\ -0.6 \\ -1.1 \end{bmatrix}.$$

因此正規方程 $A^T A c = A^T b$ 為

$$\begin{bmatrix} 8 & 0 & 0 \\ 0 & 4 & 0 \\ 0 & 0 & 4 \end{bmatrix} \begin{bmatrix} c_1 \\ c_2 \\ c_3 \end{bmatrix} = \begin{bmatrix} -15.6 \\ -2.9778 \\ -10.2376 \end{bmatrix},$$

很容易可以解得 $c_1 = -1.95$、$c_2 = -0.7445$ 及 $c_3 = -2.5594$。若以最小平方法的觀點解得最佳的模型為，$y = -1.9500 - 0.7445 \cos 2\pi t - 2.5594 \sin 2\pi t$，其均方根誤差 ≈ 1.063。圖 4.5(a) 將最小平方法所得模型和真實溫度紀錄相互比較。

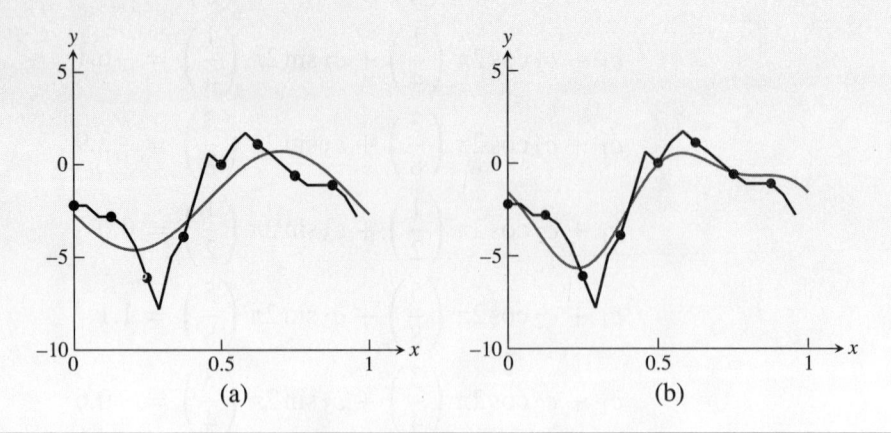

圖 4.5 範例 4.6 以最小平方法擬合週期數據。(a) 粗黑線為正弦函數模型 $y = -1.95 - 0.7445 \cos 2\pi t - 2.5594 \sin 2\pi t$，依據 2001 年 1 月 1 日的溫度紀錄。(b) 改善後的正弦函數模型 $y = -1.95 - 0.7445 \cos 2\pi t - 2.5594 \sin 2\pi t + 1.125 \cos 4\pi t$，擬合結果更為接近。

聚焦　正交性

最小平方問題可用特別選定的基底函數來大幅簡化，在範例 4.6 和 4.7 中正規方程以對角線的形式呈現，這種正交基底函數的性質將會在第 10 章中詳細探討。模型 (4.9) 是傅立葉展開。

範例 4.7

擬合溫度數據到改善模型

$$y = c_1 + c_2 \cos 2\pi t + c_3 \sin 2\pi t + c_4 \cos 4\pi t. \tag{4.9}$$

方程組變成

$$c_1 + c_2 \cos 2\pi(0) + c_3 \sin 2\pi(0) + c_4 \cos 4\pi(0) = -2.2$$
$$c_1 + c_2 \cos 2\pi\left(\frac{1}{8}\right) + c_3 \sin 2\pi\left(\frac{1}{8}\right) + c_4 \cos 4\pi\left(\frac{1}{8}\right) = -2.8$$
$$c_1 + c_2 \cos 2\pi\left(\frac{1}{4}\right) + c_3 \sin 2\pi\left(\frac{1}{4}\right) + c_4 \cos 4\pi\left(\frac{1}{4}\right) = -6.1$$
$$c_1 + c_2 \cos 2\pi\left(\frac{3}{8}\right) + c_3 \sin 2\pi\left(\frac{3}{8}\right) + c_4 \cos 4\pi\left(\frac{3}{8}\right) = -3.9$$
$$c_1 + c_2 \cos 2\pi\left(\frac{1}{2}\right) + c_3 \sin 2\pi\left(\frac{1}{2}\right) + c_4 \cos 4\pi\left(\frac{1}{2}\right) = 0.0$$
$$c_1 + c_2 \cos 2\pi\left(\frac{5}{8}\right) + c_3 \sin 2\pi\left(\frac{5}{8}\right) + c_4 \cos 4\pi\left(\frac{5}{8}\right) = 1.1$$
$$c_1 + c_2 \cos 2\pi\left(\frac{3}{4}\right) + c_3 \sin 2\pi\left(\frac{3}{4}\right) + c_4 \cos 4\pi\left(\frac{3}{4}\right) = -0.6$$
$$c_1 + c_2 \cos 2\pi\left(\frac{7}{8}\right) + c_3 \sin 2\pi\left(\frac{7}{8}\right) + c_4 \cos 4\pi\left(\frac{7}{8}\right) = -1.1,$$

可得以下的正規方程：

$$\begin{bmatrix} 8 & 0 & 0 & 0 \\ 0 & 4 & 0 & 0 \\ 0 & 0 & 4 & 0 \\ 0 & 0 & 0 & 4 \end{bmatrix} \begin{bmatrix} c_1 \\ c_2 \\ c_3 \\ c_4 \end{bmatrix} = \begin{bmatrix} -15.6 \\ -2.9778 \\ -10.2376 \\ 4.5 \end{bmatrix}.$$

解為 $c_1 = -1.95$, $c_2 = -0.7445$, $c_3 = -2.5594$, 及 $c_4 = 1.125$，而均方根誤差 RMSE ≈ 0.705。圖 4.5(b) 顯示出延伸模型 $y = -1.95 - 0.7445 \cos 2\pi t - 2.5594 \sin 2\pi t + 1.125 \cos 4\pi t$ 大幅改善擬合結果。

◆

❖ 4.2.2　數據線性化

人口的變化率與其大小成正比，這意味著人口呈指數成長。在完美的條件下，當生長環境不變，而且人口數遠低於環境負載容量時，這個模型就是一個好代表。

指數模型 (exponential model)

$$y = c_1 e^{c_2 t} \tag{4.10}$$

不能直接用最小平方擬合，因為 c_2 非以線性方式出現在方程式裡；當數據點代入模型裡，困難明顯呈現：求解係數的方程組為非線性的，無法被寫成線性系統 $Ax = b$。因此，我們對正規方程的推導與此無關。

有兩個方法來處理非線性係數的問題，其中一個較困難的方式是直接將最小平方誤差最小化，也就是解非線性最小平方問題，我們將在 4.4 節再來討論這個問題。而另一個較簡單的方法是去改變問題；與其去解決原來的最小平方問題，我們可以將此模型「線性化」，變成另一個不同的問題。

就指數模型 (4.10) 式而言，此模型線性化的方法是利用自然對數：

$$\ln y = \ln(c_1 e^{c_2 t}) = \ln c_1 + c_2 t. \tag{4.11}$$

注意原本的指數模型，其 $\ln y$ 的圖形卻是 t 的線性函數。乍看之下，我們只是把問題變成另一個問題，模型中係數 c_2 滿足線性關係，但 c_1 卻非如此；然而，若使 $k = \ln c_1$，則可改寫成

$$\ln y = k + c_2 t. \tag{4.12}$$

如此係數 k 和 c_2 在模型中都是線性的，可利用正規方程求解最佳的 k 和 c_2，便可以得到相對應的 $c_1 = e^k$。

注意到我們對非線性係數所產生困難的解決之道是改變問題。原本的最小

平方問題是將數據擬合到 (4.10) 式，意即求 c_1、c_2 來最小化

$$(c_1 e^{c_2 t_1} - y_1)^2 + \cdots + (c_1 e^{c_2 t_m} - y_m)^2, \tag{4.13}$$

即方程式 $c_1 e^{c_2 t_i} = y_i$ 餘量的平方和，其中 $i = 1, ..., m$。現在，我們求解經過變化的「對數空間」之最小平方誤差問題，意即求 c_1、c_2 來最小化

$$(\ln c_1 + c_2 t_1 - \ln y_1)^2 + \cdots + (\ln c_1 + c_2 t_m - \ln y_m)^2, \tag{4.14}$$

即方程式 $\ln c_1 + c_2 t_i = \ln y_i$ 餘量的平方和，其中 $i = 1, ..., m$。這兩個不同的最小化問題有不同的解，也就是說通常其所得係數 c_1、c_2 結果並不相同。

對這個問題來說，(4.13) 的非線性最小平方，或是 (4.14) 式的線性化模型版本，哪一個方法才是正確的？前者是如我們所定義的最小平方，但後者不是，然而，依照數據的脈絡來看，二者都可能是很自然的選擇。要回答這個問題，使用者必須決定哪一個誤差的最小化是較重要的，是原始認知的誤差？還是「對數空間」的誤差？事實上，對數模型為線性的，而且它可能會被爭論的是只有在以對數轉變數據為線性關係之後的擬合，是否為自然的求解模型。

範例 4.8

用線性化模型求解下列全球汽車生產量數據之最佳的最小平方指數擬合函數 $y = c_1 e^{c_2 t}$。

年	車輛數 ($\times 10^6$)
1950	53.05
1955	73.04
1960	98.31
1965	139.78
1970	193.48
1975	260.20
1980	320.39

數據內容為所指年度全球生產汽車總數。定義時間變數 t 代表自 1950 起的年度，求解線性最小平方問題可得 $k_1 \approx 3.9896$，$c_2 \approx 0.06152$，因為 $c_1 \approx e^{3.9896} \approx 54.03$，所得模型為 $y = 54.03 e^{0.06152t}$；對數空間內的對數線性化模型之

均方根誤差約等於 0.0357，但是對原始指數模型的均方根誤差則約等於 9.56。最佳模型和原始數據請見圖 4.6。

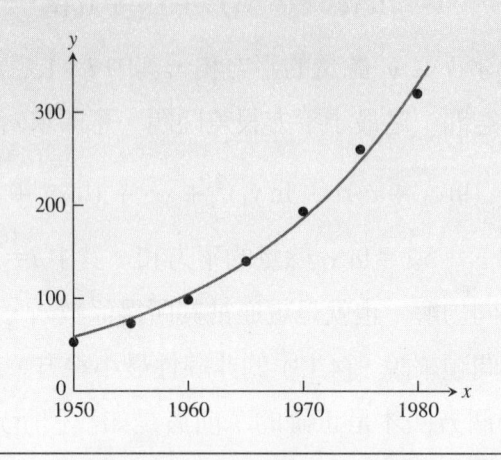

圖 4.6 全球汽車生產量的指數擬合函數 (利用線性化解法)。最佳的最小平方擬合函數為 $y = 54.03e^{0.06152t}$。

範例 4.9

從 1970 年早期開始的 Intel 中央處理器上的電晶體數目如下表，試以模型 $y = c_1 e^{c_2 t}$ 求這些數據的擬合函數。

CPU	年	電晶體數目
4004	1971	2,250
8008	1972	2,500
8080	1974	5,000
8086	1978	29,000
286	1982	120,000
386	1985	275,000
486	1989	1,180,000
Pentium	1993	3,100,000
Pentium II	1997	7,500,000
Pentium III	1999	24,000,000
Pentium 4	2000	42,000,000
Itanium	2002	220,000,000
Itanium 2	2003	410,000,000

可用 (4.11) 式之線性化模型，得

$$\ln y = k + c_2 t.$$

令 $t=0$ 代表 1970 年，代入數據到線性化模型中得

$$\begin{aligned} k + c_2(1) &= \ln 2250 \\ k + c_2(2) &= \ln 2500 \\ k + c_2(4) &= \ln 5000 \\ k + c_2(8) &= \ln 29000, \end{aligned} \tag{4.15}$$

依此類推。寫成矩陣形式 $Ax=b$，其中 $x=(k, c_2)$，

$$A = \begin{bmatrix} 1 & 1 \\ 1 & 2 \\ 1 & 4 \\ 1 & 8 \\ \vdots & \vdots \\ 1 & 33 \end{bmatrix}, \quad \text{且} \quad b = \begin{bmatrix} \ln 2250 \\ \ln 2500 \\ \ln 5000 \\ \ln 29000 \\ \vdots \\ \ln 410000000 \end{bmatrix}. \tag{4.16}$$

正規方程 $A^T A x = A^T b$ 為

$$\begin{bmatrix} 13 & 235 \\ 235 & 5927 \end{bmatrix} \begin{bmatrix} k \\ c_2 \end{bmatrix} = \begin{bmatrix} 176.90 \\ 3793.23 \end{bmatrix},$$

可得解為 $k \approx 7.197$ 及 $c_2 \approx 0.3546$，進一步得 $c_1 = e^k \approx 1335.3$。指數曲線 $y = 1335.3 e^{0.3546t}$ 與數據點如圖 4.7。按此趨勢則倍增的時間為 $\ln 2 / c_2 \approx 1.95$ 年，Intel 的共同創辦人戈登摩爾 (Gordon C. Moore)，在 1965 年預測接下來的十

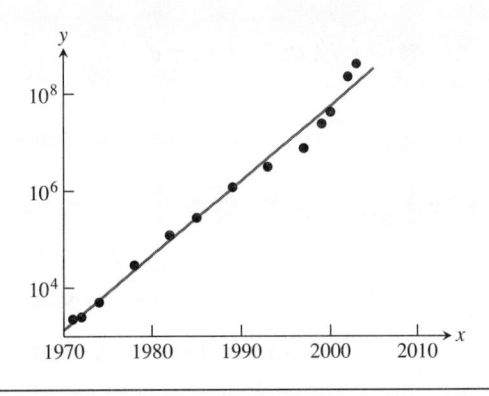

圖 4.7 Moore 定律的半對數 (semilog) 函數圖形。CPU 晶片上電晶體數目與對應年度。

年,電腦的能力每兩年皆會倍增。令人驚奇的是這個指數成長速率持續了 40 年之久。圖 4.7 證明了這件事,並且可看出 2000 年起速率有加快的趨勢。 ◆

另一個非線性係數的重要範例為**冪定律** (power law) 模型 $y=c_1t^{c_2}$。這個模型一樣可以簡化成線性問題,我們對等式兩側取對數:

$$\begin{aligned}\ln y &= \ln c_1 + c_2 \ln t \\ &= k + c_2 \ln t.\end{aligned} \tag{4.17}$$

將數據點代入模型中可得

$$k + c_2 \ln t_1 = \ln y_1 \tag{4.18}$$

$$\vdots$$

$$k + c_2 \ln t_n = \ln y_n, \tag{4.19}$$

以矩陣形式表示表示則為

$$A = \begin{bmatrix} 1 & \ln t_1 \\ \vdots & \vdots \\ 1 & \ln t_n \end{bmatrix} \quad 且$$

$$b = \begin{bmatrix} \ln y_1 \\ \vdots \\ \ln y_n \end{bmatrix}. \tag{4.20}$$

透過正規方程可解得 k 及 c_2,且 $c_1 = e^k$。

範例 4.10

利用線性化解法求得擬合身高-體重數據的冪定律模型。

美國疾病管制中心 (Centers for Disease Control; CDC) 在 2002 年所做的國家健康與營養調查 (U.S. National Health and Nutrition Examination Survey) 中,2-11 歲男童的平均身高和體重如下表所示:

年齡	身高(公尺)	體重(公斤)
2	0.9120	13.7
3	0.9860	15.9
4	1.0600	18.5
5	1.1300	21.3
6	1.1900	23.5
7	1.2600	27.2
8	1.3200	32.7
9	1.3800	36.0
10	1.4100	38.6
11	1.4900	43.7

依照之前的方法，冪定律結果體重與身高關係為 $W=16.3H^{2.42}$，其關聯性請參見圖 4.8。因為體重也代表著體積大小，因此係數 $c_2 \approx 2.42$ 可以被視為人體的**有效尺寸** (effective dimension)。

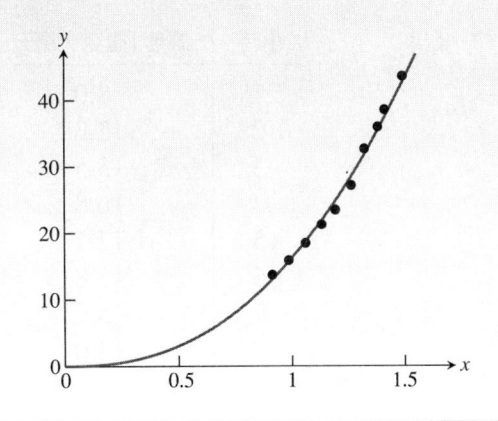

圖 4.8 2-11 歲男童的體重與身高比的冪定律模型。最佳擬合公式為 $W=16.3H^{2.42}$。

體內血流中的藥物濃度 y 與時間的變化，可描述為

$$y = c_1 t e^{c_2 t}, \tag{4.21}$$

其中 t 代表服用藥物後所經時間。此模型特徵在當藥物剛進入血液中，濃度會快速增加，接著是慢慢以指數關係遞減。藥物**半衰期** (half-life) 是指從濃度高峰下降到一半濃度的時間。模型同樣可以線性化，只需對等式兩側取自然對數，可得

$$\ln y = \ln c_1 + \ln t + c_2 t$$
$$k + c_2 t = \ln y - \ln t,$$

其中 $k = \ln c_1$，如此可推衍成 $Ax = b$ 的矩陣方程式，其中

$$A = \begin{bmatrix} 1 & t_1 \\ \vdots & \vdots \\ 1 & t_m \end{bmatrix} \quad \text{且} \quad b = \begin{bmatrix} \ln y_1 - \ln t_1 \\ \vdots \\ \ln y_m - \ln t_m \end{bmatrix}. \tag{4.22}$$

透過正規方程可解得 k 及 c_2，且 $c_1 = e^k$。

範例 4.11

下表為病患血液中抗憂鬱藥物的活性代謝物 (norfluoxetine) 濃度，試擬合為 (4.21) 式模型函數。

小時	濃度 (微克／毫升)
1	8.0
2	12.3
3	15.5
4	16.8
5	17.1
6	15.8
7	15.2
8	14.0

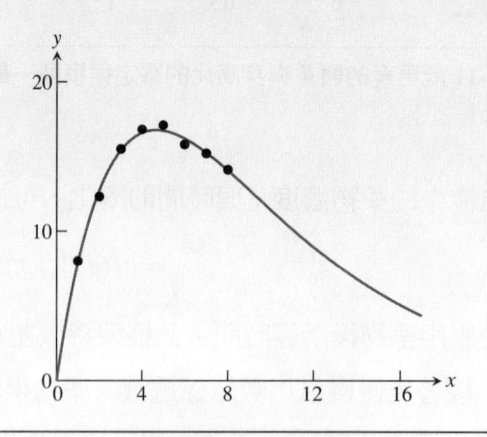

圖 4.9　血中藥物濃度的函數圖形。(4.21) 模型展示在最高濃度後呈現指數型遞減的結果。

以正規方程求解可得 $k \approx 2.28$ 及 $c_2 \approx -0.215$，且 $c_1 \approx e^{2.28} \approx 9.77$。此模型的最佳結果為 $y=9.77te^{-0.215t}$，請見圖 4.9。透過此模型函數，便可估計得最高濃度和其半衰期。(見電腦演算題 5。)

◆

瞭解模型線性化改變了最小平方問題是非常重要的，所得到的解將可以使線性化問題的均方根誤差最小，但對原始問題則不一定如此，其通常有不同的最佳參數。如果採用非線性模型，那麼就無法用正規方程來計算，需要用非線性的技巧來解決原始的最小平方問題，這在 4.4 節中可使用高斯-牛頓法完成，我們將會重新討論汽車生產量數據，比較線性化和非線性化擬合所得指數模型的差異。

4.2 習 題

1. 將下列數據點擬合為週期模型 $y=F_3(t)=c_1+c_2 \cos 2\pi t+c_3 \sin 2\pi t$。並求其誤差 2-範數和均方根誤差。

(a)

t	y
0	1
1/4	3
1/2	2
3/4	0

(b)

t	y
0	1
1/4	3
1/2	2
3/4	1

(c)

t	y
0	3
1/2	1
1	3
3/2	2

2. 將下列數據點擬合為週期模型 $F_3(t)=c_1+c_2 \cos 2\pi t+c_3 \sin 2\pi t$ 和 $F_4(t)=c_1+c_2 \cos 2\pi t+c_3 \sin 2\pi t+c_4 \cos 4\pi t$。並求其誤差 2-範數 $\|e\|_2$ 及比較 F_3 和 F_4 二者。

(a)

t	y
0	0
1/6	2
1/3	0
1/2	-1
2/3	1
5/6	1

(b)

t	y
0	4
1/6	2
1/3	0
1/2	-5
2/3	-1
5/6	3

3. 用線性化方法將下列數據點擬合為指數模型，並求誤差 $\|e\|_2$。

(a)
t	y
-2	1
0	2
1	2
2	5

(b)
t	y
0	1
1	1
1	2
2	4

4. 用線性化方法將下列數據點擬合為指數模型，並求誤差 $\|e\|_2$。

(a)
t	y
-2	4
-1	2
1	1
2	1/2

(b)
t	y
0	10
1	5
2	2
3	1

5. 用線性化方法將下列數據點擬合為冪定律模型，並求其均方根誤差。

(a)
t	y
1	6
2	2
3	1
4	1

(b)
t	y
1	2
1	4
2	5
3	6
5	10

6. 將下列數據點擬合為藥物濃度模型 (4.21)，並求其均方根誤差。

(a)
t	y
1	3
2	4
3	5
4	5

(b)
t	y
1	2
2	4
3	3
4	2

4.2 電腦演算題

1. 以週期模型 (4.9) 式擬合列於下表之 2003 年日本石油使用量的每月數據，並計算均方根誤差。

月份	石油使用量 (10^6 桶／日)
一月	6.224
二月	6.665
三月	6.241
四月	5.302
五月	5.073
六月	5.127
七月	4.994
八月	5.012
九月	5.108
十月	5.377
十一月	5.510
十二月	6.372

2. 範例 4.6 的溫度數據是來自於 Weather Underground 網站 www.wunderground.com。請自選地點和日期，同樣列出每小時的溫度數據，然後將其擬合到範例中的兩個正弦曲線模型。

3. 對 3.1 節電腦演算題 1 的全球人口數據，利用線性化方法找出數據的最佳指數擬合函數。並用以估算 1980 年的人口數，及找出估計值的誤差。

4. 對 3.1 節習題 13 的二氧化碳濃度數據，利用線性化方法找出二氧化碳濃度與背景值 (279 ppm) 之差的最佳指數擬合函數。並估算 1950 年的二氧化碳濃度，以及找出估算計值的誤差。

5. (a) 找出 (4.21) 模型中到達最高濃度所需時間。(b) 利用方程式求解法來估計範例 4.11 模型的半衰期。

6. 下表列出服用藥物後的每小時血液藥物濃度，求模型 (4.21) 擬合函數，及估計最高濃度與半衰期。假設藥物有效濃度範圍是 4-15 微克/毫升 (ng/ml)，利用自選的方程式求解法來估算藥物能夠發揮藥效的時間。

小時	濃度 (微克 / 毫升)
1	6.2
2	9.5
3	12.3
4	13.9
5	14.6
6	13.5
7	13.3
8	12.7
9	12.4
10	11.9

4.3 QR 分解

在第 2 章中，LU 分解被用來求解矩陣方程式，此分解是十分有幫助的，因為它將高斯消去法的步驟加以編碼。在本節中，我們將 QR 分解發展為可用來求解最小平方問題的方法，且優於解正規方程。

以 Gram-Schmidt 正交化 (Gram-Schmidt orthogonalization) 來介紹分解法之後，我們將回到範例 4.5，因其正規方程不足以求得正確解。並將介紹 Householder 反映 (Householder reflection)，它是計算 Q 和 R 之較有效方法。

❖ 4.3.1 Gram-Schmidt 正交化和最小平方

Gram-Schmidt 法可將一組向量正交化，輸入一組 n-維向量，目標是找出一個由此向量集合所**張成** (span) 子空間的正交座標系。更明確地說，給定 k 個輸入向量，可得 k 個互相垂直的單位向量並和所給的 k 個向量張成相同的子空間。單位長度可用歐氏長度或說是 2-範數〔見 (4.7) 式〕度量，整個第 4 章都將採用此度量。

令 $v_1, ..., v_k$ 為 R^n 中一組線性獨立向量。Gram-Schmidt 法首先定義

$$y_1 = q_1 = \frac{v_1}{||v_1||_2}.$$

q_1 為 v_1 方向的單位向量,若使 $r_{11} = \|v_1\|_2$,則

$$v_1 = r_{11}q_1,$$

要得到第二個單位向量,定義

$$y_2 = v_2 - q_1(q_1^T v_2)$$

且

$$q_2 = \frac{y_2}{\|y_2\|_2}.$$

若使 $r_{22} = \|y_2\|_2$ 且 $r_{12} = q_1^T v_2$,可得

$$\begin{aligned} v_2 &= y_2 + q_1(q_1^T v_2) \\ &= r_{22}q_2 + r_{12}q_1, \end{aligned}$$

繼續推廣可得

$$y_i = v_i - q_1(q_1^T v_i) - q_2(q_2^T v_i) - \cdots - q_{i-1}(q_{i-1}^T v_i) \tag{4.23}$$

且

$$q_i = \frac{y_i}{\|y_i\|_2},$$

令 $r_{ii} = \|y_i\|$,且 $r_{ji} = q_j^T v_i$ 對 $j=1, ..., i$,整理後得到

$$v_i = r_{ii}q_i + r_{1i}q_1 + \cdots + r_{i-1,i}q_{i-1},$$

很明確地,q_i 和原先得到的 q_j 均為正交,其中 $j=1, ..., i-1$,依據 (4.23) 式可得

$$\begin{aligned} q_j^T y_i &= q_j^T v_i - q_j^T q_1 q_1^T v_1 - \cdots - q_j^T q_{i-1} q_{i-1}^T v_i \\ &= 0. \end{aligned}$$

幾何上來說,(4.23) 式表示 v_i 減去 v_i 在先前所得正交向量 q_j,$j=1, ..., i-1$,的投影,所留下來的顯然與 q_j 正交,再除以它的長度之後就成為單位向量,寫成 q_i。

範例 4.12

應用 Gram-Schmidt 方法將 A 的行向量正交化，$A = \begin{bmatrix} 1 & -4 \\ 2 & 3 \\ 2 & 2 \end{bmatrix}$。

令 $y_1 = v_1 = \begin{bmatrix} 1 \\ 2 \\ 2 \end{bmatrix}$，因此 $r_{11} = \|y_1\|_2 = \sqrt{1^2 + 2^2 + 2^2} = 3$。而第一個單位向量為

$$q_1 = \frac{v_1}{\|v_1\|_2} = \begin{bmatrix} \frac{1}{3} \\ \frac{2}{3} \\ \frac{2}{3} \end{bmatrix}.$$

繼續求第二個單位向量，令

$$y_2 = v_2 - q_1 q_1^T v_2 = \begin{bmatrix} -4 \\ 3 \\ 2 \end{bmatrix} - \begin{bmatrix} \frac{1}{3} \\ \frac{2}{3} \\ \frac{2}{3} \end{bmatrix} 2 = \begin{bmatrix} -\frac{14}{3} \\ \frac{5}{3} \\ \frac{2}{3} \end{bmatrix}$$

所以

$$q_2 = \frac{y_2}{\|y_2\|_2} = \frac{1}{5} \begin{bmatrix} -\frac{14}{3} \\ \frac{5}{3} \\ \frac{2}{3} \end{bmatrix} = \begin{bmatrix} -\frac{14}{15} \\ \frac{1}{3} \\ \frac{2}{15} \end{bmatrix}.$$

按先前的符號，$r_{12} = 2$，$r_{22} = 5$。 ◆

Gram-Schmidt 正交化的結果可寫成矩陣形式，如

$$(v_1|\cdots|v_k) = (q_1|\cdots|q_k) \begin{bmatrix} r_{11} & r_{12} & \cdots & r_{1k} \\ & r_{22} & \cdots & r_{2k} \\ & & \ddots & \vdots \\ & & & r_{kk} \end{bmatrix}. \tag{4.24}$$

假設 v_i 向量為線性獨立，可保證係數 r_{ii} 不為零。相反地，如果 v_i 落在 $v_1, ..., v_{i-1}$ 的張成空間中，則它到後者各向量投影的和即為此向量，且 $r_{ii} = ||y_i|| = 0$，Gram-Schmidt 法便會終止。

當此法可行時，習慣上會將正交單位向量補齊至整個矩陣，成為一個完整的 R^n 基底。例如，加入 $n-k$ 個額外的向量到 v_i 中，使得 n 個向量可張成 R^n，然後再進行 Gram-Schmidt 法。R^n 的基底由 $q_1, ..., q_n$ 構成，原始向量可表示為：

$$(v_1|\cdots|v_k) = (q_1|\cdots|q_n) \begin{bmatrix} r_{11} & r_{12} & \cdots & r_{1k} \\ & r_{22} & \cdots & r_{2k} \\ & & \ddots & \vdots \\ & & & r_{kk} \\ 0 & \cdots & \cdots & 0 \\ \vdots & & & \vdots \\ 0 & \cdots & \cdots & 0 \end{bmatrix}. \qquad (4.25)$$

這個矩陣方程式相當於由原始輸入向量所組成矩陣 $A = (v_1|\cdots|v_k)$ 的 **QR 分解** (QR-factorization)。注意到矩陣大小：A 為 $n \times k$，Q 為 $n \times n$，而上三角矩陣 R 則和 A 一樣為 $n \times k$。QR 分解中的矩陣 Q 在數值分析有其獨特地位，且有特別的定義。

定義 4.1 若方陣 Q 滿足 $Q^T = Q^{-1}$ 則稱為**正交** (orthogonal)。

需要注意的是，一方陣為正交若且唯若其行向量互為正交單位向量 (見習題 7)。因此，QR 分解相當於求解方程式 $A = QR$，其中 Q 是正交方陣，而 R 是上三角矩陣且與 A 的大小相同。

正交矩陣的關鍵性質在於是它保留了向量的歐氏範數。

引理 4.2 若 Q 為正交 $n \times n$ 矩陣且 x 為 n 維向量，則 $||Qx||_2 = ||x||_2$。

證明： $\|Qx\|_2^2 = (Qx)^T Qx = x^T Q^T Q x = x^T x = \|x\|_2^2.$

兩個正交 $n \times n$ 矩陣相乘仍為正交 (見習題 8)。用 Gram-Schmidt 法做 $n \times n$ 矩陣的 QR 分解，需要約 n^3 次的乘除法，比 LU 分解法多至三倍，再加上還有相同次數的加法 (見習題 9)。

> **聚焦　正交性**
>
> 在第 2 章中，我們發現 LU 分解是一個編碼高斯消去法資訊的有效率方法。相同地，QR 分解法記錄了矩陣的正交化，也就是建構和 A 的行向量張成出相同空間的正交集合。我們較喜歡用正交矩陣進行運算，因為 (1) 按定義可知很容易求得它們的反矩陣，(2) 依據引理 4.2，它們不會使誤差放大。

範例 4.13

求 $A = \begin{bmatrix} 1 & -4 \\ 2 & 3 \\ 2 & 2 \end{bmatrix}$ 的 QR 分解。

範例 4.12 已經得知正交單位矩陣為 $q_1 = \begin{bmatrix} \frac{1}{3} \\ \frac{2}{3} \\ \frac{2}{3} \end{bmatrix}$ 以及 $q_2 = \begin{bmatrix} -\frac{14}{15} \\ \frac{1}{3} \\ \frac{2}{15} \end{bmatrix}$。加入第三個向量 $v_3 = \begin{bmatrix} 1 \\ 0 \\ 0 \end{bmatrix}$ 可導出

$$y_3 = v_3 - q_1 q_1^T v_3 - q_2 q_2^T v_3$$

$$= \begin{bmatrix} 1 \\ 0 \\ 0 \end{bmatrix} - \begin{bmatrix} \frac{1}{3} \\ \frac{2}{3} \\ \frac{2}{3} \end{bmatrix} \frac{1}{3} - \begin{bmatrix} -\frac{14}{15} \\ \frac{1}{3} \\ -\frac{2}{15} \end{bmatrix} \left(-\frac{14}{15}\right) = \frac{2}{225} \begin{bmatrix} 2 \\ 10 \\ -11 \end{bmatrix}$$

且 $q_3 = y_3/||y_3|| = \begin{bmatrix} \frac{2}{15} \\ \frac{10}{15} \\ -\frac{11}{15} \end{bmatrix}$。將所得放在一起，可得 QR 分解

$$\begin{bmatrix} 1 & -4 \\ 2 & 3 \\ 2 & 2 \end{bmatrix} = QR = \frac{1}{15}\begin{bmatrix} 5 & -14 & 2 \\ 10 & 5 & 10 \\ 10 & 2 & -11 \end{bmatrix}\begin{bmatrix} 3 & 2 \\ 0 & 5 \\ 0 & 0 \end{bmatrix}.$$

◆

MATLAB 指令 qr 可對 $m \times n$ 矩陣進行 QR 分解，它並不使用 Gram-Schmidt 正交化法，而使用另一個更有效率且穩定的方法，此方法在將在下節中介紹。而此指令

```
>> [Q,R]=qr(A)
```

可傳回分解結果。

QR 分解有三種主要應用，在此我們將描述其中兩個；第三個是 QR 演算法求特徵值，將在第12章介紹。

首先，QR 分解可用來求解 n 未知數的 n 方程式問題 $Ax=b$。只需完成 $A=QR$ 分解，則方程式 $Ax=b$ 成為 $QRx=b$ 和 $Rx=Q^Tb$。假設 A 為非奇異矩陣，上三角矩陣 R 的對角元素均不為零，所以 R 也是非奇異矩陣；再用後置法便可得解 x。之前有提過，跟 LU 分解相比，此方法大約需要三倍的計算量。

第二個應用是最小平方法。令 A 為 $m \times n$ 矩陣且 $m \geq n$，求最小化 $||Ax - b||_2$，依據引理 4.2 可得 $||QRx - b||_2 = ||Rx - Q^Tb||_2$，歐氏範數符號內的向量為

$$\begin{bmatrix} e_1 \\ \vdots \\ e_n \\ \hline e_{n+1} \\ \vdots \\ e_m \end{bmatrix} = \begin{bmatrix} r_{11} & r_{12} & \cdots & r_{1n} \\ & r_{22} & \cdots & r_{2n} \\ & & \ddots & \vdots \\ & & & r_{nn} \\ \hline 0 & \cdots & \cdots & 0 \\ \vdots & & & \vdots \\ 0 & \cdots & \cdots & 0 \end{bmatrix}\begin{bmatrix} x_1 \\ \vdots \\ x_n \end{bmatrix} - \begin{bmatrix} d_1 \\ \vdots \\ d_n \\ \hline d_{n+1} \\ \vdots \\ d_m \end{bmatrix},$$

(4.26)

其中 $d = Q^T b$。假設 $r_{ii} \neq 0$，則可以用後置法讓誤差向量 e 的上半部 $(e_1, ..., e_n)$ 為零，而 x_i 的選取不會影響誤差向量的下半部；明顯地，$(e_{n+1}, ..., e_m) = (d_{n+1}, ..., d_m)$。因此最小平方問題被其上半部用後置法解得的 x 所最小化，且最小平方誤差為 $\|e\|_2 = d_{n+1}^2 + \cdots + d_m^2$。

以 QR 分解求解最小平方問題

對 $m \times n$ 不相容系統

$$Ax = b$$

分解得 $A = QR$ 且令

$$\hat{R} = \text{上半部的 } n \times n \text{ 子矩陣}$$
$$\hat{d} = d \text{ 上半段的 } n \text{ 個元素} = Q^T b$$

求解 $\hat{R}\bar{x} = \hat{d}$ 即可得最小平方解 $\bar{x}$。

範例 4.14

用 QR 分解求解最小平方問題 $\begin{bmatrix} 1 & -4 \\ 2 & 3 \\ 2 & 2 \end{bmatrix} \begin{bmatrix} x_1 \\ x_2 \end{bmatrix} = \begin{bmatrix} -3 \\ 15 \\ 9 \end{bmatrix}$。

此即求解 $Rx = Q^T b$，

$$\begin{bmatrix} 3 & 2 \\ 0 & 5 \\ 0 & 0 \end{bmatrix} \begin{bmatrix} x_1 \\ x_2 \end{bmatrix} = \frac{1}{15} \begin{bmatrix} 5 & 10 & 10 \\ -14 & 5 & 2 \\ 2 & 10 & -11 \end{bmatrix} \begin{bmatrix} -3 \\ 15 \\ 9 \end{bmatrix} = \begin{bmatrix} 15 \\ 9 \\ -3 \end{bmatrix}.$$

最小平方誤差為 $\|e\|_2 = \|(0, 0, 3)\|_2 = 3$。只取上半部相等便成為

$$\begin{bmatrix} 3 & 2 \\ 0 & 5 \end{bmatrix} \begin{bmatrix} x_1 \\ x_2 \end{bmatrix} = \begin{bmatrix} 15 \\ 9 \end{bmatrix},$$

可得解為 $\bar{x}_1 = 3.8$，$\bar{x}_2 = 1.8$。在範例 4.2 相同的最小平方問題則是以解正規方程求得。

> 聚焦　條件性

在第 2 章中，我們發現處理病態問題的最好方法，就是避免它們，範例 4.15 就是一個典型的例子。當範例 4.5 裡的正規方程是病態的，QR 分解不需要建構 A^TA 即可求解最小平方問題。

最後，我們回到範例 4.5，當正規方程為病態系統的例子。

範例 4.15

用 QR 分解求解範例 4.5 的最小平方問題。

對此 11 個方程式、8 個未知數的最小平方問題，正規方程很明顯地並不適用。我們用 MATLAB 的 qr 指令來做另一個求解方式：

```
>> x=(2+(0:10)/5)';
>> y=1+x+x.^2+x.^3+x.^4+x.^5+x.^6+x.^7;
>> A=[x.^0 x x.^2 x.^3 x.^4 x.^5 x.^6 x.^7];
>> [Q,R]=qr(A);
>> b=Q'*y;
>> c=R(1:8,1:8)\b(1:8)

c=
    0.99999991014308
    1.00000021004107
    0.99999979186557
    1.00000011342980
    0.99999996325039
    1.00000000708455
    0.99999999924685
    1.00000000003409
```

利用 QR 分解法可找出與正確解答 $c=[1, ..., 1]$ 相較有六位小數正確的近似解。利用此法，我們不需建構條件數高達 10^{19} 的正規方程即可找出最小平方解。

❖ 4.3.2 Householder 反映矩陣

雖然 Gram-Schmidt 正交化方法是計算矩陣 QR 分解的一個方法，但卻不是最好的方法。就捨入誤差的擴大觀點而言，另一種方法利用 Householder 反映矩陣，需要較少的運算且較為穩定。在本節中，我們將定義**反映矩陣** (reflector) 並展示如何用它來分解矩陣。

Householder 反映矩陣 (Householder reflector) 是一個正交方陣，它將所有 m-向量對一個 $m-1$ 維的平面做反映。意味著當乘上該矩陣時，每一個向量的長度不變，這也使得 Householder 反映法成為移動向量的理想方法。我們想要將已知向量 x 換位到相同長度的向量 w，Householder 反映法使用的方法是給予一個矩陣 H 使得 $Hx=w$。

參考圖 4.10 可清楚瞭解該方法的原始構想，在 x 和 w 向量正中間畫一 $m-1$ 維平面，且該平面與連結 x、w 的向量垂直，則該平面鏡映兩向量。

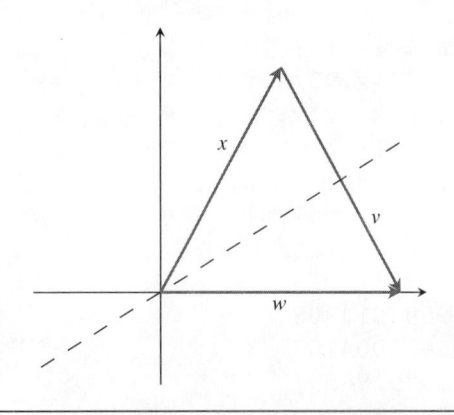

圖 4.10 Householder 反映矩陣。給等長向量 x 和 w，對其夾角的等分面 (虛線部分) 鏡向反映。

引理 4.3 假設 x、w 向量的歐氏長度相同，意即 $||x||_2 = ||w||_2$，則 $w-x$ 和 $w+x$ 互相垂直。

證明： $(w-x)^T(w+x) = w^T w - x^T w + w^T x - x^T x = ||w||^2 - ||x||^2 = 0$.

令向量 $v=w-x$，及投影矩陣

最小平方

$$P = \frac{vv^T}{v^Tv}. \tag{4.27}$$

所謂**投影矩陣** (projection matrix) 為滿足 $P^2=P$ 的矩陣，習題 11 要求讀者驗證 (4.27) 式的 P 矩陣為對稱投影矩陣且滿足 $Pv=v$。幾何上來說，對任意向量 u，Pu 是 u 在 v 的投影。從圖 4.10 可以看出，如果我們將 x 減去投影向量 Px 兩次，就會得到 w。要驗證正確性，令 $H=I-2P$，則

$$\begin{aligned} Hx &= x - 2Px \\ &= w - v - \frac{2vv^Tx}{v^Tv} \\ &= w - v - \frac{vv^Tx}{v^Tv} - \frac{vv^T(w-v)}{v^Tv} \\ &= w - \frac{vv^T(w+x)}{v^Tv} \\ &= w, \end{aligned} \tag{4.28}$$

最後的等號成立是根據引理 4.3，因為 $w+x$ 和 $v=w-x$ 正交。

矩陣 H 稱為 **Householder 反映矩陣** (Householder reflector)，且 H 為對稱 (見習題 12) 且正交的矩陣，因為

$$\begin{aligned} H^TH &= HH = (I-2P)^T(I-2P) \\ &= I - 4P + 4P^2 \\ &= I. \end{aligned}$$

相關性質可整理成下列定理。

定理 4.4 Householder 反映矩陣。若向量 x、w 滿足 $\|x\|_2 = \|w\|_2$，則存在一向量 v 使得 $H=I-2vv^T/v^Tv$ 為一對稱正交矩陣，且 $Hx=w$。事實上，$v=w-x$。

範例 4.16

假設 $x=(3,4)$ 及 $w=(5,0)$，求 Householder 反映矩陣 H 使得 $Hx=w$。

令

$$v = w - x = \begin{bmatrix} 5 \\ 0 \end{bmatrix} - \begin{bmatrix} 3 \\ 4 \end{bmatrix} = \begin{bmatrix} 2 \\ -4 \end{bmatrix},$$

並定義投影矩陣

$$P = \frac{vv^T}{v^Tv} = \frac{1}{20}\begin{bmatrix} 4 & -8 \\ -8 & 16 \end{bmatrix} = \begin{bmatrix} 0.2 & -0.4 \\ -0.4 & 0.8 \end{bmatrix}.$$

則

$$H = I - 2P = \begin{bmatrix} 1 & 0 \\ 0 & 1 \end{bmatrix} - \begin{bmatrix} 0.4 & -0.8 \\ -0.8 & 1.6 \end{bmatrix} = \begin{bmatrix} 0.6 & 0.8 \\ 0.8 & -0.6 \end{bmatrix}.$$

檢驗 H 可將 x 移動到 w，反之亦然：

$$Hx = \begin{bmatrix} 0.6 & 0.8 \\ 0.8 & -0.6 \end{bmatrix}\begin{bmatrix} 3 \\ 4 \end{bmatrix} = \begin{bmatrix} 5 \\ 0 \end{bmatrix} = w$$

且

$$Hw = \begin{bmatrix} 0.6 & 0.8 \\ 0.8 & -0.6 \end{bmatrix}\begin{bmatrix} 5 \\ 0 \end{bmatrix} = \begin{bmatrix} 3 \\ 4 \end{bmatrix} = x.$$

◆

我們將發展一個新的 QR 分解作法，來成為 Householder 反映矩陣的第一個應用。在第 12 章裡，特徵值問題中也可使用 Householder 法，將矩陣轉換成上 Hessenberg (upper Hessenberg) 形式。在這兩個應用中，使用反映矩陣只為了一個相同的目的：將行向量 x 移動到座標軸，也就是將矩陣內元素轉化為零。

若要求 A 的 QR 分解，令 x_1 為 A 的第一行，則 $w = \pm(||x_1||_2, 0, \ldots, 0)$ 為沿著第一座標軸，且與 x_1 歐氏長度相同的向量。(理論上正負號皆可，但最好和 x 的第一個分量異號，以避免建構 v 時發生兩相近數相減的問題。) 可得 Householder 反映矩陣 H_1 使得 $H_1 x = w$。H_1 乘上 A 結果為

$$H_1 A = H_1 \begin{bmatrix} \times & \times & \times \\ \times & \times & \times \\ \times & \times & \times \\ \times & \times & \times \end{bmatrix} = \begin{bmatrix} \times & \times & \times \\ 0 & \times & \times \\ 0 & \times & \times \\ 0 & \times & \times \end{bmatrix}.$$

我們將 A 部分元素轉變為零，繼續這個方法直到 A 成為上三角矩陣；這就找到了 QR 分解的 R 了。求 Householder 反映矩陣 $\hat{H}_2$，可轉換 $(m-1)$-向量 x_2 (H_1A 第 2 行下方 $m-1$ 個元素) 成 $w = \pm(\|x_2\|_2, 0, \ldots, 0)$，因為 $\hat{H}_2$ 為 $(m-1) \times (m-1)$ 矩陣，把 $\hat{H}_2$ 放進 $m \times m$ 單位矩陣的右下角，成為 $m \times m$ 矩陣 H_2。則

$$\begin{bmatrix} 1 & 0 & 0 & 0 \\ 0 & & & \\ 0 & & \hat{H}_2 & \\ 0 & & & \end{bmatrix} \begin{bmatrix} \times & \times & \times \\ 0 & \times & \times \\ 0 & \times & \times \\ 0 & \times & \times \end{bmatrix} = \begin{bmatrix} \times & \times & \times \\ 0 & \times & \times \\ 0 & 0 & \times \\ 0 & 0 & \times \end{bmatrix}.$$

所得 H_2H_1A 離上三角矩陣只差一步，再一個步驟

$$\begin{bmatrix} 1 & 0 & 0 & 0 \\ 0 & 1 & 0 & 0 \\ 0 & 0 & & \\ 0 & 0 & & \hat{H}_3 \end{bmatrix} \begin{bmatrix} \times & \times & \times \\ 0 & \times & \times \\ 0 & 0 & \times \\ 0 & 0 & \times \end{bmatrix} = \begin{bmatrix} \times & \times & \times \\ 0 & \times & \times \\ 0 & 0 & \times \\ 0 & 0 & 0 \end{bmatrix}.$$

可得結果

$$H_3H_2H_1A = R,$$

為一上三角矩陣。反向地左乘 Householder 反映矩陣，因 H_i 為對稱正交矩陣所以 $H_i^{-1} = H_i$，可得

$$A = H_1H_2H_3R = QR,$$

其中 $Q = H_1H_2H_3$。電腦演算題 1 要求讀者撰寫用 Householder 反映矩陣做 QR 分解的程式碼。

範例 4.17

用 Householder 反映矩陣求下面矩陣的 QR 分解：

$$A = \begin{bmatrix} 3 & 1 \\ 4 & 3 \end{bmatrix}.$$

我們先求可將第一行 (3, 4) 轉換到 x-軸的 Householder 反映矩陣，在範例 4.16 已得一反映矩陣 H_1，使得

$$H_1 A = \begin{bmatrix} 0.6 & 0.8 \\ 0.8 & -0.6 \end{bmatrix} \begin{bmatrix} 3 & 1 \\ 4 & 3 \end{bmatrix} = \begin{bmatrix} 5 & 3 \\ 0 & -1 \end{bmatrix}.$$

在等號兩邊左乘 $H_1^{-1} = H_1$ 可得

$$A = \begin{bmatrix} 3 & 1 \\ 4 & 3 \end{bmatrix} = \begin{bmatrix} 0.6 & 0.8 \\ 0.8 & -0.6 \end{bmatrix} \begin{bmatrix} 5 & 3 \\ 0 & -1 \end{bmatrix} = QR,$$

其中 $Q = H_1^T = H_1$。

◆

範例 4.18

用 Householder 反映矩陣求 A 的 QR 分解，

$$A = \begin{bmatrix} 1 & -4 \\ 2 & 3 \\ 2 & 2 \end{bmatrix}.$$

我們先求可將第一行 $x = [1, 2, 2]$ 轉換到向量 $w = [\|x\|_2, 0, 0]$ 的 Householder 反映矩陣。令 $v = w - x = [3, 0, 0] - [1, 2, 2] = [2, -2, -2]$，利用定理 4.4，可得

$$H_1 = \begin{bmatrix} 1 & 0 & 0 \\ 0 & 1 & 0 \\ 0 & 0 & 1 \end{bmatrix} - \frac{2}{12} \begin{bmatrix} 4 & -4 & -4 \\ -4 & 4 & 4 \\ -4 & 4 & 4 \end{bmatrix} = \begin{bmatrix} \frac{1}{3} & \frac{2}{3} & \frac{2}{3} \\ \frac{2}{3} & \frac{1}{3} & -\frac{2}{3} \\ \frac{2}{3} & -\frac{2}{3} & \frac{1}{3} \end{bmatrix}$$

且

$$H_1 A = \begin{bmatrix} \frac{1}{3} & \frac{2}{3} & \frac{2}{3} \\ \frac{2}{3} & \frac{1}{3} & -\frac{2}{3} \\ \frac{2}{3} & -\frac{2}{3} & \frac{1}{3} \end{bmatrix} \begin{bmatrix} 1 & -4 \\ 2 & 3 \\ 2 & 2 \end{bmatrix} = \begin{bmatrix} 3 & 2 \\ 0 & -3 \\ 0 & -4 \end{bmatrix}.$$

剩下的步驟是轉換 $\hat{x} = [-3, -4]$ 到 $\hat{w} = [5, 0]$。同樣利用定理 4.4 可得 $\hat{H}_2$ 滿足

$$\begin{bmatrix} -0.6 & -0.8 \\ -0.8 & 0.6 \end{bmatrix} \begin{bmatrix} -3 \\ -4 \end{bmatrix} = \begin{bmatrix} 5 \\ 0 \end{bmatrix},$$

於是

$$H_2 H_1 A = \begin{bmatrix} 1 & 0 & 0 \\ 0 & -0.6 & -0.8 \\ 0 & -0.8 & 0.6 \end{bmatrix} \begin{bmatrix} \frac{1}{3} & \frac{2}{3} & \frac{2}{3} \\ \frac{2}{3} & \frac{1}{3} & -\frac{2}{3} \\ \frac{2}{3} & -\frac{2}{3} & \frac{1}{3} \end{bmatrix} \begin{bmatrix} 1 & -4 \\ 2 & 3 \\ 2 & 2 \end{bmatrix} = \begin{bmatrix} 3 & 2 \\ 0 & 5 \\ 0 & 0 \end{bmatrix} = R.$$

等號兩邊分別左乘上 $H_1^{-1} H_2^{-1} = H_1 H_2$ 即可得 QR 分解：

$$\begin{bmatrix} 1 & -4 \\ 2 & 3 \\ 2 & 2 \end{bmatrix} = H_1 H_2 R = \begin{bmatrix} \frac{1}{3} & \frac{2}{3} & \frac{2}{3} \\ \frac{2}{3} & \frac{1}{3} & -\frac{2}{3} \\ \frac{2}{3} & -\frac{2}{3} & \frac{1}{3} \end{bmatrix} \begin{bmatrix} 1 & 0 & 0 \\ 0 & -0.6 & -0.8 \\ 0 & -0.8 & 0.6 \end{bmatrix} \begin{bmatrix} 3 & 2 \\ 0 & 5 \\ 0 & 0 \end{bmatrix}$$

$$= \frac{1}{15} \begin{bmatrix} 5 & -14 & -2 \\ 10 & 5 & -10 \\ 10 & 2 & 11 \end{bmatrix} \begin{bmatrix} 3 & 2 \\ 0 & 5 \\ 0 & 0 \end{bmatrix}$$

可得

$$Q = \frac{1}{15} \begin{bmatrix} 5 & -14 & -2 \\ 10 & 5 & -10 \\ 10 & 2 & 11 \end{bmatrix}, \quad R = \begin{bmatrix} 3 & 2 \\ 0 & 5 \\ 0 & 0 \end{bmatrix}.$$

請檢驗 $A = QR$ 是否正確，並且和利用 Gram-Schmidt 正交法的範例 4.13 做比較。

◆

$m \times n$ 矩陣 A 的 QR 分解並不唯一，舉例來說，使 $D = \mathrm{diag}(d_1, ..., d_m)$，其中 d_i 等於 $+1$ 或 -1，則 $A = QR = QDDR$，且同樣 QD 為正交且 DR 為上三角矩陣。

習題 10 要求計算以 Householder 反映矩陣進行 QR 分解的運算個數，結果需要 $(2/3)n^3$ 個乘法與相同個數的加法，其複雜度比 Gram-Schmidt 正交化來得低。此外，Householder 法給予所求單位向量較好的正交性，記憶體需求也較

少。也因為這些原因，它便成為分解典型矩陣為 QR 的最佳方法。

4.3 習題

1. 用 Gram-Schmidt 正交化求下列矩陣的 QR 分解。

   (a) $\begin{bmatrix} 4 & 0 \\ 3 & 1 \end{bmatrix}$ (b) $\begin{bmatrix} 1 & 2 \\ 1 & 1 \end{bmatrix}$ (c) $\begin{bmatrix} 2 & 1 \\ 1 & -1 \\ 2 & 1 \end{bmatrix}$ (d) $\begin{bmatrix} 4 & 8 & 1 \\ 0 & 2 & -2 \\ 3 & 6 & 7 \end{bmatrix}$

2. 用 Gram-Schmidt 正交化求下列矩陣的 QR 分解。

   (a) $\begin{bmatrix} 2 & 3 \\ -2 & -6 \\ 1 & 0 \end{bmatrix}$ (b) $\begin{bmatrix} -4 & -4 \\ -2 & 7 \\ 4 & -5 \end{bmatrix}$

3. 用 Householder 反映矩陣求習題 1 所列矩陣的 QR 分解。

4. 用 Householder 反映矩陣求習題 2 所列矩陣的 QR 分解。

5. 用習題 2 或 4 所得的 QR 分解求解下列最小平方問題。

   (a) $\begin{bmatrix} 2 & 3 \\ -2 & -6 \\ 1 & 0 \end{bmatrix} \begin{bmatrix} x_1 \\ x_2 \end{bmatrix} = \begin{bmatrix} 3 \\ -3 \\ 6 \end{bmatrix}$ (b) $\begin{bmatrix} -4 & -4 \\ -2 & 7 \\ 4 & -5 \end{bmatrix} \begin{bmatrix} x_1 \\ x_2 \end{bmatrix} = \begin{bmatrix} 3 \\ 9 \\ 0 \end{bmatrix}$

6. 求 QR 分解且用來解最小平方問題。

   (a) $\begin{bmatrix} 1 & 4 \\ -1 & 1 \\ 1 & 1 \\ 1 & 0 \end{bmatrix} \begin{bmatrix} x_1 \\ x_2 \end{bmatrix} = \begin{bmatrix} 3 \\ 1 \\ 1 \\ -3 \end{bmatrix}$ (b) $\begin{bmatrix} 2 & 4 \\ 0 & -1 \\ 2 & -1 \\ 1 & 3 \end{bmatrix} \begin{bmatrix} x_1 \\ x_2 \end{bmatrix} = \begin{bmatrix} -1 \\ 3 \\ 2 \\ 1 \end{bmatrix}$

7. 證明若一方陣為正交，若且唯若其行向量互為正交單位向量。

8. 證明兩 $n \times n$ 正交矩陣相乘仍為正交矩陣。

9. 證明對 $n \times n$ 矩陣進行 Gram-Schmidt 正交法大約需要 n^3 個乘法與 n^3 個加法。

10. 證明用 Householder 反映矩陣求 QR 分解大約需要 $(2/3)n^3$ 乘法與 $(2/3)n^3$ 加法。

11. 假設矩陣 P 滿足 (4.27) 式的定義，證明 (a) $P^2=P$，(b) P 為對稱矩陣，(c) $Pv=v$。

12. 證明 Householder 反映矩陣為對稱矩陣。

4.3 電腦演算題

1. 寫出用 Householder 反映矩陣做 QR 分解之程式，然後將你的工作與 MATLAB 的 qr 指令或其他相當的指令比較，來確認是否正確。分解結果應為唯一，除了 Q 和 R 元素的正負號。

2. 用 QR 分解對下列不相容系統求最小平方解及誤差 2-範數：

   (a) $\begin{bmatrix} 3 & -1 & 2 \\ 4 & 1 & 0 \\ -3 & 2 & 1 \\ 1 & 1 & 5 \\ -2 & 0 & 3 \end{bmatrix} \begin{bmatrix} x_1 \\ x_2 \\ x_3 \end{bmatrix} = \begin{bmatrix} 10 \\ 10 \\ -5 \\ 15 \\ 0 \end{bmatrix}$ (b) $\begin{bmatrix} 4 & 2 & 3 & 0 \\ -2 & 3 & -1 & 1 \\ 1 & 3 & -4 & 2 \\ 1 & 0 & 1 & -1 \\ 3 & 1 & 3 & -2 \end{bmatrix} \begin{bmatrix} x_1 \\ x_2 \\ x_3 \\ x_4 \end{bmatrix} = \begin{bmatrix} 10 \\ 0 \\ 2 \\ 0 \\ 5 \end{bmatrix}$

3. 令 A 為由 10×10 希爾伯特矩陣前 n 行所組成的 $10 \times n$ 矩陣，c 為 n 維向量 $[1, ..., 1]$，且 $b=Ac$。對 (a) $n=6$，(b) $n=8$，用 QR 分解求解最小平方問題 $Ax=b$，並與正確的最小平方解比較，可求得幾位小數正確？見 4.1 節電腦演算題 8，當時用的是解正規方程。

4. 令 $x_1, ..., x_{11}$ 為區間 $[2, 4]$ 的 11 個等分點，且 $y_i = 1 + x_i + x_i^2 + \cdots + x_i^d$。對 (a) $d=5$，(b) $d=6$，(c) $d=8$，用 QR 分解求最佳 d 次多項式。與範例 4.5 和 4.1 節電腦演算題 9 做比較，可求得幾位正確小數位？

4.4 非線性最小平方問題

關於線性方程組 $Ax=b$ 的最小平方解，即最小化餘向量的歐氏範數 $\|Ax-b\|_2$。我們已經學習到兩種方法來找出 x 解，一個基於正規方程，另一個則是基於 QR 分解。

但是對非線性方程式，兩種方法都不能用；在本節中，我們提出了**高斯-牛頓法** (Gauss-Newton method) 來解決非線性最小平方問題。除了說明如何使

用此方法來解圓圈交點問題，我們也應用了高斯-牛頓法來擬合數據點到非線性係數模型。

❖ 4.4.1　高斯-牛頓法

對 n 未知數的 m 方程式系統

$$r_1(x_1,\ldots,x_n) = 0$$
$$\vdots$$
$$r_m(x_1,\ldots,x_n) = 0. \tag{4.29}$$

誤差的平方和可以用函數表示

$$E(x_1,\ldots,x_n) = \frac{1}{2}(r_1^2 + \cdots + r_m^2) = \frac{1}{2}r^T r,$$

其中 $r = [r_1,\ldots,r_m]^T$。加上常數 $1/2$ 是為了簡化稍後的公式。要將 E 最小化，我們令**梯度** (gradient) $F(x) = \nabla E(x)$ 為零：

$$0 = F(x) = \nabla E(x) = \nabla \left(\frac{1}{2} r(x)^T r(x) \right) = r(x)^T Dr(x). \tag{4.30}$$

其中我們對梯度使用了向量內積法則 (見附錄 A)。

首先溫習多變量牛頓法，它需要向量值函數 $F(x) = r(x)^T Dr(x)$ 的 Jacobian 矩陣。將列向量轉置為行向量 $(r^T Dr)^T = (Dr)^T r$，依據**矩陣/向量乘積法則** (matrix / vector product rule) (見附錄 A) 可得

$$DF(x) = D((Dr)^T r) = (Dr)^T \cdot Dr + \sum_{i=1}^{m} r_i D_{c_i},$$

其中 c_i 為 Dr 的第 i 行。而由於 $D_{c_i} = H_{r_i}$，為 r_i 的二階偏微分矩陣，即 Hessian 矩陣：

$$H_{r_i} = \begin{bmatrix} \frac{\partial^2 r_i}{\partial x_1 \partial x_1} & \cdots & \frac{\partial^2 r_i}{\partial x_1 \partial x_n} \\ \vdots & & \vdots \\ \frac{\partial^2 r_i}{\partial x_n \partial x_1} & \cdots & \frac{\partial^2 r_i}{\partial x_n \partial x_n} \end{bmatrix}.$$

如果去掉總和項，那麼就大幅簡化牛頓法的執行。有個修正牛頓法，稱為**準牛頓法** (quasi-Netwon method)，其中函數的導數不直接使用而以近似值零代替，若去掉總和裡的高次項，則產生了下面的準牛頓法。

高斯-牛頓法

最小化

$$r_1(x)^2 + \cdots + r_m(x)^2.$$

給定 $x^0 =$ 初始向量

對 $k = 0, 1, 2, \ldots$

$$Dr(x^k)^T Dr(x^k) v^k = -Dr(x^k)^T r(x^k)$$
$$x^{k+1} = x^k + v^k \tag{4.31}$$

終止

需要注意的是，高斯-牛頓法的每一步迭代都可以聯想到解正規方程，其中係數矩陣被 Dr 取代。高斯-牛頓法可求解平方誤差的梯度之根，雖然在最小值梯度必須為零，但反過來卻不一定成立，因此此方法有可能收斂到最大點或中性點 (neutral point)；在解釋演算法結果時必須很謹慎。

兩個圓除非完全重疊，否則會相交於一或兩個點。而平面上的三個圓，通常沒有共同交點；在這樣的情況下，我們可以求平面上滿足最小平方之最接近交點。

範例 4.19

平面上三個圓，圓心分別為 $(x_1, y_1) = (-1, 0)$、$(x_2, y_2) = (1, 1/2)$、$(x_3, y_3) = (1, -1/2)$，半徑分別為 $R_1 = 1$、$R_2 = 1/2$、$R_3 = 1/2$。用高斯-牛頓法求得與三個圓的距離平方總和最小的點。

圖 4.11(a) 標示出這三個圓，問題所求的點 (x, y) 需將餘數誤差的平方和最小化：

$$r_1(x, y) = \sqrt{(x - x_1)^2 + (y - y_1)^2} - R_1$$

$$r_2(x, y) = \sqrt{(x - x_2)^2 + (y - y_2)^2} - R_2$$

$$r_3(x, y) = \sqrt{(x - x_3)^2 + (y - y_3)^2} - R_3.$$

這是因為點 (x, y) 與圓心為 (x_1, y_1)、半徑 R_1 的圓之距離為 $|\sqrt{(x - x_1)^2 + (y - y_1)^2} - R_1|$ (見習題 3)。$r(x, y)$ 的 Jacobian 矩陣為

$$Dr(x, y) = \begin{bmatrix} \frac{x - x_1}{S_1} & \frac{y - y_1}{S_1} \\ \frac{x - x_2}{S_2} & \frac{y - y_2}{S_2} \\ \frac{x - x_3}{S_3} & \frac{y - y_3}{S_3} \end{bmatrix},$$

其中 $S_i = \sqrt{(x - x_i)^2 + (y - y_i)^2}$ 對 $i = 1, 2, 3$，高斯-牛頓迭代法以初始向量 $(x^0, y^0) = (0, 0)$ 經過七次迭代可收斂到 $(\overline{x}, \overline{y}) = (0.412891, 0)$，有 6 位小數正確。

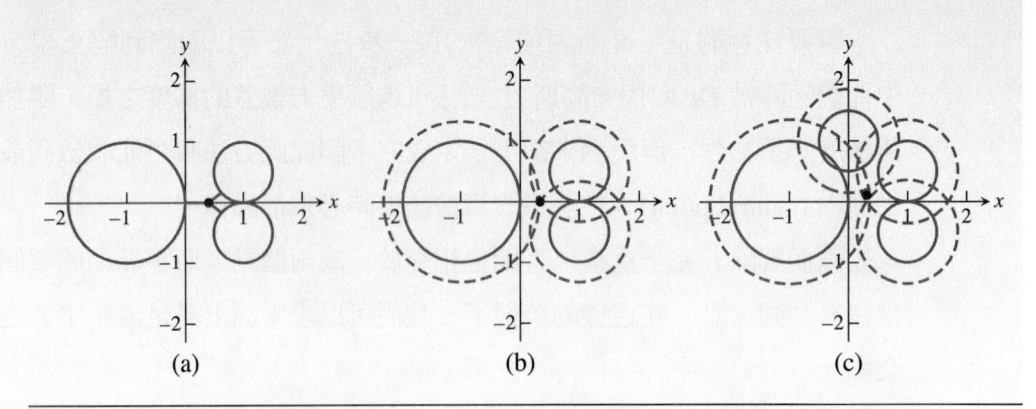

圖 4.11 三個圓的近似交點 (near-intersection)。(a) 滿足最小平方的近似交點，以高斯-牛頓法求得。(b) 將半徑增加相同尺寸可得另一個近似交點，這可用多變量牛頓法求得。(c) 範例 4.21 的四個圓及最小平方解。

　　三個圓形的相關問題提供了不同形式的答案，與其找出最類似交點的點，不如用相同尺寸來增加 (或縮小) 圓形半徑，直到它們有共同交點為止；這相當於解下列系統

$$r_1(x,y) = \sqrt{(x-x_1)^2 + (y-y_1)^2} - (R_1 + K) = 0$$
$$r_2(x,y) = \sqrt{(x-x_2)^2 + (y-y_2)^2} - (R_2 + K) = 0$$
$$r_3(x,y) = \sqrt{(x-x_3)^2 + (y-y_3)^2} - (R_3 + K) = 0. \tag{4.32}$$

而以此法所得的點 (x, y) 不一定與範例 4.19 的最小平方解相同。

範例 4.20

對範例 4.19 的三個圓，求解 (4.32) 方程組的 (x, y, K)。

方程組包含了三個非線性方程式及三個未知數，用多變量牛頓法，Jacobian 矩陣為

$$Dr(x,y) = \begin{bmatrix} \frac{x-x_1}{S_1} & \frac{y-y_1}{S_1} & -1 \\ \frac{x-x_2}{S_2} & \frac{y-y_2}{S_2} & -1 \\ \frac{x-x_3}{S_3} & \frac{y-y_3}{S_3} & -1 \end{bmatrix}.$$

以牛頓法經過三步迭代即可得解 $(x, y, K) = (1/3, 0, 1/3)$。圖 4.11(b) 顯示了交點 $(1/3, 0)$ 及三個半徑增加 $K = 1/3$ 的圓。

◆

範例 4.19 和 4.20 對於一組圓的「近似交點」提出了兩個不同的觀點，而範例 4.21 則結合了這兩個不同的方法。

範例 4.21

考慮四個圓，圓心分別為 $(-1, 0)$、$(1, 1/2)$、$(1, -1/2)$、$(0, 1)$，半徑分別為 1、$1/2$、$1/2$、$1/2$。求點 (x, y) 及常數 K，使得點 (x, y) 與半徑增加 K 的四個圓 (分別成為 $1+K$、$1/2+K$、$1/2+K$、$1/2+K$) 之距離平方和最小。

這直接結合了前面兩個範例，四個方程式裡有三個未知數 x、y、K，最小平方餘向量類似於 (4.32)，但共有四項，而 Jacobian 矩陣為：

$$Dr(x,y) = \begin{bmatrix} \frac{x-x_1}{S_1} & \frac{y-y_1}{S_1} & -1 \\ \frac{x-x_2}{S_2} & \frac{y-y_2}{S_2} & -1 \\ \frac{x-x_3}{S_3} & \frac{y-y_3}{S_3} & -1 \\ \frac{x-x_4}{S_4} & \frac{y-y_4}{S_4} & -1 \end{bmatrix}.$$

以高斯-牛頓法可解得 $(\overline{x}, \overline{y}) = (0.311385, 0.112268)$ 及 $\overline{K} = 0.367164$，可參考圖 4.11(c)。

◆

將範例 4.21 推展到三度空間的球體，便成為全球衛星定位系統的數學基礎。請見實作 4。

❖ 4.4.2 非線性係數模型

高斯-牛頓法的一個重要應用在於擬合非線性係數模型。假設數據點為 (t_1, y_1), ..., (t_m, y_m)，$y = f_c(x)$ 為要擬合的函數，其中 $c = [c_1, ..., c_p]$ 為一組參數使得餘量的平方和最小化

$$r_1(c) = f_c(t_1) - y_1$$
$$\vdots$$
$$r_m(c) = f_c(t_m) - y_m.$$

這個 (4.29) 式的特殊情況太常見了，足以讓它享有一些特殊處理方法。

如果參數 $c_1, ..., c_p$ 以線性方式輸入模型，那麼這就是一組 c_i 的線性方程式，用正規方程或 QR 分解來求解，可作為參數 c 的最佳選擇。如果參數 c_i 在模型中是非線性，採用相同的處理結果會產生 c_i 的非線性方程組。例如，擬合模型 $y = c_1 t^{c_2}$ 到數據點 (t_i, y_i) 產生非線性方程組：

$$y_1 = c_1 t_1^{c_2}$$
$$y_2 = c_1 t_2^{c_2}$$
$$\vdots$$
$$y_m = c_1 t_m^{c_2}.$$

> **聚焦** 收斂性
>
> 非線性最小平方問題會產生額外的挑戰。只要係數矩陣 A 為全秩 (full rank)，那麼正規方程和 QR 分解就可求得單一解。另一方面，高斯-牛頓迭代法應用到非線性問題上，會收斂到最小平方誤差的幾個不同相對最小值其中之一。使用合理的近似值當初始向量，可以有助於收斂到絕對最小值。

因為 c_2 以非線性方式輸入模型中，所以方程組不能被寫成矩陣形式。

在 4.2 節中，我們解決這個困難的方式是改變問題：我們將模型函數的等號兩邊取對數來將「模型線性化」，然後在對數轉換後的座標內最小化誤差的最小平方。當對數轉換後的座標正好是最小化誤差的合適座標時，這是一個適當的作法。

要解決原本的最小平方問題，我們需求助於高斯-牛頓法，它是用來最小化誤差函數 E，且把 E 視為參數 c 的向量函數。矩陣 Dr 是誤差 r_i 對參數 c_j 的偏微分所得矩陣，關係如下：

$$(Dr)_{ij} = \frac{\partial r_i}{\partial c_j} = f_{c_j}(t_i).$$

有了這個條件，便可完成 (4.31) 高斯-牛頓法。

範例 4.22

用高斯-牛頓法，以非線性的指數模型來擬合範例 4.8 裡的全球汽車產量數據。

以最小平方法擬合數據成為最佳指數模型，意即求係數 c_1、c_2，使得誤差 $r_i = y_i - c_1 e^{c_2 t_i}$ $(i=1, ..., m)$ 的均方根誤差最小，利用前一節所講的模型線性化方法，我們求對數模型 $\ln y_i - (\ln c_1 + c_2 t_i)$ 誤差的均方根誤差最小值。兩種不同方法所得最小均方根誤差的係數 c_i 通常並不相同。

為了以高斯-牛頓法求得最佳最小平方擬合函數，先定義

$$r = \begin{bmatrix} c_1 e^{c_2 t_1} - y_1 \\ \vdots \\ c_1 e^{c_2 t_m} - y_m \end{bmatrix},$$

再對參數 c_1 和 c_2 取微分可得

$$Dr = -\begin{bmatrix} e^{c_2 t_1} & c_1 t_1 e^{c_2 t_1} \\ \vdots & \vdots \\ e^{c_2 t_m} & c_1 t_m e^{c_2 t_m} \end{bmatrix}.$$

以此模型擬合全球汽車產量數據，其中 t 是以 1970 年之後多少年為單位來計算，而車輛以百萬單位計。以初始向量 $(c_1, c_2) = (50, 0.1)$ 經過高斯-牛頓法 (4.31) 五次迭代，可得 $(c_1, c_2) \approx (58.51, 0.05772)$ 有四位精準度。擬合這些數據點最好的最小平方指數模型為

$$y = 58.51 e^{0.05772 t}. \tag{4.33}$$

均方根誤差為 7.68，這是以最小平方法計算所得之模型的平均誤差，768 萬輛車。

最佳模型 (4.33) 可拿來和範例 4.8 所得到的最佳線性化指數模型

$$y = 54.03 e^{0.06152 t}$$

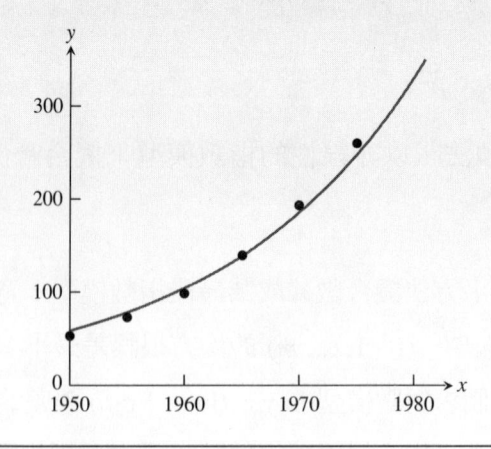

圖 4.12 擬合全球汽車產量數據的指數函數，不作線性化。最好的最小平方擬合函數為 $y = 58.51 e^{0.05772 t}$。

相互比較。這是以線性化模型 $\ln y = \ln c_1 + c_2 t$ 利用正規方程所求得的，線性化模型誤差 r_i 的均方根誤差為 9.56，大於 (4.33) 式的均方根誤差，符合所需。然而，線性化模型對誤差 $\ln y_i - (\ln c_1 + c_2 t_i)$ 的均方根誤差為 0.0357，小於模型 (4.33) 式的 0.0568，同樣也滿足所求。每一個模型在其數據空間都是最佳擬合。

就理論上來說，兩種問題都有計算演算法可用，將 r_i 最小化是標準的最小平方問題，但使用者必須以數據的來龍去脈為基礎來決定，最小化誤差或對數誤差何者較為合適。

◆

4.4 習 題

1. 用高斯-牛頓法求解點 $(\bar{x}, \bar{y})$，使得它和三個圓距離的平方和最小。用初始向量 $(x_0, y_0) = (0, 0)$，完成一次迭代步驟以求得 (x_1, y_1)。(a) 圓心 $(0, 1)$、$(1, 1)$、$(0, -1)$ 且半徑皆為 1。(b) 圓心 $(-1, 0)$、$(1, 1)$、$(1, -1)$ 且半徑皆為 1。(電腦演算題 1 則要求解出 $(\bar{x}, \bar{y})$。)

2. 對習題 1 中三個圓的 (4.32) 方程組進行一步多變量牛頓法，其中 $(x_0, y_0, K_0) = (0, 0, 0)$。(電腦演算題 2 則要求解出 (x, y, K)。)

3. 證明點 (x, y) 到圓 $(x - x_1)^2 + (y - y_1)^2 = R_1^2$ 的距離為
$|\sqrt{(x - x_1)^2 + (y - y_1)^2} - R_1|$。

4. 證明以高斯-牛頓法求解線性系統 $Ax = b$ 一次迭代便可收斂到正規方程的解。

5. 假設要擬合三個數據點 (t_1, y_1)、(t_2, y_2)、(t_3, y_3)，找出以高斯-牛頓迭代求解擬合模型函數中所需的 Dr 矩陣。(a) 冪次律 $y = c_1 t^{c_2}$，(b) $y = c_1 t e^{c_2 t}$。

6. 假設要擬合三個數據點 (t_1, y_1)、(t_2, y_2)、(t_3, y_3)，找出以高斯-牛頓迭代求解擬合模型函數中所需的 Dr 矩陣。(a) 平移指數 $y = c_3 + c_1 e^{c_2 t}$，(b) 平移冪定律 $y = c_3 + c_1 t^{c_2}$。

7. 證明 (4.32) 方程組的實數解 (x, y, K) 有無限多個或是至多兩個。

4.4 電腦演算題

1. 用高斯-牛頓法求解點 $(\bar{x}, \bar{y})$，使得它和三個圓的距離平方和最小。用初始向量 $(x_0, y_0) = (0, 0)$。(a) 圓心 $(0, 1)$、$(1, 1)$、$(0, -1)$ 且半徑皆為 1，(b) 圓心 $(-1, 0)$、$(1, 1)$、$(1, -1)$ 且半徑皆為 1。

2. 以電腦演算題 1 的三個圓，用多變量牛頓法求解 (4.32) 方程組。初始向量為 $(x_0, y_0, K_0) = (0, 0, 0)$。

3. 求出點 (x, y) 及距離 K，使得半徑增加 K 的圓和點的距離平方和最小，如同範例 4.21 所做一樣。(a) 圓心 $(-1, 0)$、$(1, 0)$、$(0, 1)$、$(0, -2)$ 且半徑皆為 1，(b) 圓心 $(-2, 0)$、$(3, 0)$、$(0, 2)$、$(0, -2)$ 且半徑皆為 1。

4. 對下列圖形數據做電腦演算題 3，並繪出結果。

   (a) 圓心 $(-2, 0)$、$(2, 0)$、$(0, 2)$、$(0, -2)$、$(2, 2)$，半徑分別為 1、1、1、1、2。

   (b) 圓心 $(1, 1)$、$(1, -1)$、$(-1, 1)$、$(-1, -1)$、$(2, 0)$，半徑皆為 1。

5. 用高斯-牛頓法不經線性化過程求得擬合範例 4.10 的身高體重數據的冪定律模型，並計算均方根誤差。

6. 不經線性化過程，求擬合範例 4.11 數據點的血液濃度模型 (4.21) 式。

實作 4　GPS、條件性和非線性最小平方

全球定位系統 (GPS) 包含了 24 個裝載原子鐘的衛星，在海拔 20,200 公里軌道繞行地球；與南北兩極傾斜 55 度的 6 個軌道面各有 4 顆衛星，每天繞著地球轉兩圈；在任何時間，從地球上的任何角落，都能看到 5 到 8 顆衛星連成直線。每個衛星都有一個簡單的任務：就是從太空中已決定的位置上小心地傳送同步訊號到地面上的 GPS 接收器，接收器用這些資訊，輔以數學的方法 (稍後敘述)，來決定接收器的正確 (x, y, z) 座標。

在某一時刻，接收器收集從第 i 顆衛星發出的同步訊號，並測出它的傳送時間 t_i，也就是訊號傳出與接收時間的差異。理論上訊號的速度和光速相同 $c \approx 299792.458$ 公里/秒，將 c 乘上傳送時間，就可以算出衛星與接收器之間的距離；將接收器放在以衛星為圓心 ct_i 為半徑的球面上，如果有三個衛星可

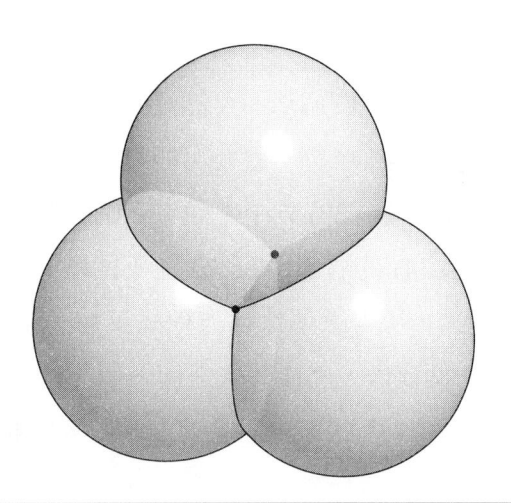

圖 4.13 三個相交的球面。一般來說，只會有兩個點同時在三個球面上。

用，那麼就有三個球面，其交集包含兩點，如圖 4.13 所示。一個交點為接收器的位置，而另一個交點通常離地球表面相當遠，可以忽略。理論上來說，問題可簡化成計算交點的位置，也就是三個球面聯立方程式的解。

然而，上述的分析有一個主要的問題，雖然衛星上的原子鐘是以近乎奈秒(十億分之一秒) 為單位來計算傳送時間，但地面上傳統低價接收器的時鐘準確度卻不高。如果我們用稍微不正確時間來解三個方程式，那麼所計算出的位置可能就會有幾公里的誤差。所幸有一個方法可以修正這個問題，而所要付出的代價就是使用一個額外的衛星；我們將 d 定義為目前 4 個衛星同步時間與地面接收器時鐘的時間差，將衛星 i 座標標示為 (A_i, B_i, C_i)，因此實際的交叉點 (x, y, z) 滿足

$$(x - A_1)^2 + (y - B_1)^2 + (z - C_1)^2 = [(c(t_1 - d)]^2$$
$$(x - A_2)^2 + (y - B_2)^2 + (z - C_2)^2 = [(c(t_2 - d)]^2$$
$$(x - A_3)^2 + (y - B_3)^2 + (z - C_3)^2 = [(c(t_3 - d)]^2$$
$$(x - A_4)^2 + (y - B_4)^2 + (z - C_4)^2 = [(c(t_4 - d)]^2, \qquad (4.34)$$

以求解未知數 x、y、z、d。系統解所顯示的不僅是接收器的位置，還有藉由 d 而得知的衛星正確時間。如此一來，GPS 接收器上的時間錯誤便可藉由一個

額外的衛星來修正。

就幾何學上來說，四個球面可能沒有一個共同的交點，但是如果以正確的相同量來增加或是縮小半徑，就有可能產生交點。方程組 (4.34) 代表了四個球面的交叉點，類似將 (4.32) 式中平面上三個圓的交叉點，推廣到三度空間。

求方程組 (4.34) 的解 (x, y, z, d) 並不困難，利用將第一個方程式分別減去後面三個方程式，可得三個線性方程式，每一個線性方程式可以被用來消去 x、y、z 其中一個變數，然後代入任何一個原始方程式，就會產生一個單一變數 d 的二次方程式。因此，方程組 (4.34) 最多有兩個實數解，可藉由二次公式求得。

使用 GPS 還會出現兩個進一步的問題。首先是方程組 (4.34) 的條件性，我們將會發現當衛星在空中靠的太近時，求解 (x, y, z, d) 是病態條件的。

第二個困難是訊號傳送速度並非確實為 c，訊號通過 100 公里的電離層和 10 公里的對流層，這兩層的電磁性質可能會影響傳送速度；再者，訊號在到達接收器之前可能會遇到障礙物，也就是所謂的**多徑干擾** (multipath interference)。在一定範圍，這些障礙物對每個衛星路徑有著相同的影響，而在 (4.34) 式右側導入時間修正 d 會有所幫助。然而一般來說，這樣的假設並不是可行的，而將引導我們利用更多衛星來增加資訊，以及考慮應用高斯-牛頓法來解最小平方問題。

假設一個三度空間座標系統是以地球中心 (半徑 6370 公里) 作為原點，GPS 接收器將這些座標轉換成經緯度、以及海拔數據供電腦讀取，然後使用**地理資訊系統** (Global Information System；GIS) 來進行更精密的地圖定位，但我們在此將不繼續討論下去。

建議活動：

1. 寫一個 MATLAB 程式作先前討論過的二次公式解。求解 GPS 接受器的座標 (x, y, z) 及修正時間 d，同步衛星位置為 (15600, 7540, 10380), (11760, 2750, 16190), (11610, 14630, 7680), (15170, 610, 13320) (單位為公里)，傳送時間分別為 0.0593200, 0.0519200, 0.0624200, 0.0557100 秒。正確答案為

$(x, y, z) = (-19.053, 11.318, 6370.252)$，$d = -0.0000426$ 秒，請檢驗之。

2. 如果有 MATLAB 符號工具箱 (或其他符號套裝軟體如 Maple 或 Mathematica)，那麼步驟 1 可有不同的作法。用 syms 指令來定義符號變數，然後用符號工具箱的 solve 指令來解同步方程式，再用 subs 以浮點數來計算符號結果。

3. 另一個執行步驟 1 的方法是用多變量牛頓法解 (4.34) 方程組，給定初始向量為 $(x_0, y_0, z_0, d_0) = (0, 0, 6370, 0)$。和步驟 1、2 比較你的答案。

現在來建立 GPS 問題的條件性試驗，用球面座標 (ρ, ϕ_i, θ_i) 定義衛星位置 (A_i, B_i, C_i) 為

$$A_i = \rho \cos\phi_i \cos\theta_i$$
$$B_i = \rho \cos\phi_i \sin\theta_i$$
$$C_i = \rho \sin\phi_i,$$

其中 ρ 固定為 20200 公里，而 $0 \le \phi_i \le \pi/2$ 且 $0 \le \theta_i \le 2\pi$，$i = 1, ..., 4$，為任意選取。ϕ 座標的限制是為了讓 4 個衛星都在上半球面，假定 $x = 0$, $y = 0$, $z = 6370$, $d = 0.0001$，並計算符合的衛星距離 $R_i = \sqrt{A_i^2 + B_i^2 + (C_i - 6370)^2}$ 及傳送時間 $t_i = d + R_i/c$。

我們將為此情況定義特別的誤差放大倍數。衛星上的原子鐘準確至 10 奈秒 (10^{-8} 秒)，因此，瞭解這樣大小的傳輸時間改變造成的影響便顯得重要。令後向誤差或說輸入誤差為輸入的改變，以公尺為單位，在光速的情況下，$\Delta t_i = 10^{-8}$ 秒可跑 $10^{-8} c \approx 3$ 公尺。而前向誤差或說輸出誤差為因時間 t_i 的改變導致的位置改變 $\|(\Delta x, \Delta y, \Delta z)\|_\infty$，單位同樣用公尺。所以我們可定義

$$誤差放大倍數 = \frac{\|(\Delta x, \Delta y, \Delta z)\|_\infty}{c\|(\Delta t_1, ..., \Delta t_m)\|_\infty},$$

且問題的條件數等於誤差放大倍數的最大值 (對所有微小的 Δt_i，意即 10^{-8} 或更小)。

4. 將先前定義的 t_i 改變 $\Delta t_i = +10^{-8}$ 或 -10^{-8}，但並不會完全一樣。以

($\bar{x}, \bar{y}, \bar{z}, \bar{d},$) 表示方程組 (4.34) 的新解，並計算位置偏移 $||(\Delta x, \Delta y, \Delta z)||_\infty$ 及誤差放大倍數。試試不同變化的 Δt_i 結果如何。可發現最大的位置誤差有多大？以公尺為單位。基於你所求的誤差放大倍數來估計問題的條件數。

5. 現在以一個更緊密的衛星群組來重複步驟 4。選擇所有衛星的 ϕ_i 彼此差距在 5% 以內，同樣所有的 θ_i 彼此差距在 5% 以內，然後像步驟 4 一樣求出有和沒有相同輸入誤差的解。找出最大的位置誤差以及誤差放大倍數。當衛星緊密或鬆散群聚時，比較 GPS 問題的條件數。

6. 判定增加衛星的個數是否能夠降低 GPS 誤差和條件數。回到步驟 4 裡的非群聚衛星架構圖，然後再多加入 4 個 (不論何時何地，在地表上總能看到 5 到 12 個 GPS 衛星)。設計一個高斯-牛頓迭代法來求解 8 個方程式 4 個變數 (x, y, z, d) 的最小平方問題。一個好的初始向量會是什麼？求最大的 GPS 位置誤差，並估算條件數。從 4 個非群聚衛星、4 個群聚衛星和 8 個非群聚衛星總結你的結果。僅以衛星訊號為基礎下，你應期待哪種架構最好？GPS 誤差最大多少？(以公尺為單位。)

軟體和延伸閱讀

最小平方近似法源自於 19 世紀初，就像多項式內插法，它能夠被看成鬆散數據的壓縮，將複雜或是雜訊的數據集合找一個簡單表示。直線、多項式、指數函數以及冪定理等都是常見的應用模型。週期數據則使用三角函數圖形，這引出三角內插法和三角最小平方擬合問題，將在第 10 章中討論。

任何一個係數為線性的函數，能夠應用 4.2 節的三步驟方法來擬合數據點，導至解正規方程。但在病態的問題上並不建議使用正規方程，原因是在這種狀況中條件數大約呈現平方倍。這種情況可選矩陣的 QR 分解，有時也會用**奇異值分解** (singular value decomposition)，這將在第 12 章討論。教科書 [3] 是 QR 和其他矩陣分解法的一個極佳參考，教科書 [5] 則是最小平方基本原理很好的參考來源。統計觀點的最小平方線性擬合和多重迴歸，則在比較專門的文章 [1, 2, 6] 當中提到。

MATLAB 裡應用在 $Ax=b$ 上的反斜線指令，如果線性系統是相容的，便用高斯消去法；如果系統是不相容的，則以 QR 分解求解最小平方問題。MATLAB 的 qr 指令是基於 LAPACK 的 DGEQRF 函式，IMSL 程式庫則提供了最小平方數據擬合的函式 RLINE。NAG 程式庫的 E02ADF 函式執行最小平方近似多項式，正如 MATLAB 中的 polyfit 指令也有相同作用。其他如 S^+、SAS、SPSS 以及 Minitab 等統計軟體都能執行多種迴歸分析。

非線性最小平方問題，意思是在模型中有非線性的係數。這項計算較適合用高斯-牛頓法，雖然並不保證收斂，而且即使收斂，也並不保證是唯一最佳解。高斯-牛頓法的軟體可以在 MATLAB 最佳化工具箱裡找到。參考 [7] 裡面對於 GPS 的數學介紹，以及 [4] 當中對於這個主題的一般資訊。

CHAPTER 5

數值微分與積分

電腦輔助生產需要仰賴精確的動作控制，使其遵照指定的路徑。例如，在數值控制下的車床或研磨機器，需仰賴參數曲線，這些曲線通常由電腦輔助設計軟體的三次樣條函數或貝茲曲線所提供，來描述切割或塑型工具的路徑。電影製作、電腦遊戲以及虛擬實境裡的電腦動畫等應用也面臨相似的問題。

在本章最後的實作 5，討論到遵照任意參數路徑的速度控制問題。路徑參數以指定速率沿曲線移動時，曲線會以弧形長度重新參數化。適應積分法 (adaptive quadrature) 應用在弧長積分上提供了一個達成控制的快速方法。

計算微積分的主要問題是計算函數的導數與積分，對於這樣的問題可分為兩個方向，數值計算和符號計算；二者都將於本章討論，但較為偏重於數值計算部分。微分和積分兩者都有清楚的數學定義，但是使用者想要的答案類型，通常取決於函數提供的方式。

比如 $f(x) = \sin x$ 的函數微分為微積分概論的問題之一，如果函數由初等函數組合而成，例如 $f(x) = \sin^3(x^{\tan x} \cosh x)$，以符號計算法可更快速地找到三次微分，並可由電腦執行計算規則。而對某些反導數問題，其答案同樣可以用初等函數表達者，也是如此。

實際上，要求得函數還有其他兩個方法。一個函數可能只提供了數據表，例如在某個實驗裡所測得時間/溫度之數對 $\{(t_1, T_1), \cdots, (t_n, T_n)\}$，且可能是以相同的時間間隔。在這個例子中，想要從初等微積分的規則中找出導數或反導數是不可能的。再者，某個函數可能為一項實驗或電腦模擬的輸出值，而其輸入值由使用者所提供。在最後這兩個例子中，無法應用符號計算法，需要以數值計算的微分和積分來解決問題。

5.1 數值微分

我們先以**有限差分公式** (finite difference formula) 來近似導數，在某些例子中，這即是計算的目標；在第 7 和 8 章裡，這些公式則將會被用來將常微分和偏微分方程式離散化。

❖ 5.1.1 有限差分公式

依據定義，$f(x)$ 在 x 的導數為

$$f'(x) = \lim_{h \to 0} \frac{f(x+h) - f(x)}{h}, \tag{5.1}$$

假如上述極限值存在。這可推導出在 x 的導數近似值的有用公式，**泰勒定理** (Taylor Theorem) 說明了若 f 是二次連續可微函數，則

$$f(x+h) = f(x) + hf'(x) + \frac{h^2}{2}f''(c), \tag{5.2}$$

其中 c 介於 x 與 $x+h$ 之間，由方程式 (5.2) 可導出以下公式：

> **兩點前向差分公式 (Two-point forward difference formula)**
>
> $$f'(x) = \frac{f(x+h) - f(x)}{h} - \frac{h}{2}f''(c), \tag{5.3}$$
>
> 其中 c 介於 x 與 $x+h$ 之間。

在有限的計算下，我們無法求得 (5.1) 式的極限值，但 (5.3) 式表示當 h 很小時，商數部分將會非常近似導數。我們可以藉由 (5.3) 式來計算近似值

$$f'(x) \approx \frac{f(x+h) - f(x)}{h} \tag{5.4}$$

並將最後項視為誤差。因為近似值的誤差與 h 的增加成正比，因此我們可藉由讓 h 變小來使誤差變小。兩點前向差分公式是近似**一階導數** (first derivative) 的**一階方法** (first-order method)。一般來說，如果誤差為 $O(h^n)$，那麼我們可以稱這個公式為 n **階近似** (order n approximation)。

之所以稱公式為「一階」是因為 c 取決於 h，一階的概念是當 $h \to 0$ 時誤差和 h 成正比。當 $h \to 0$，c 也是移動不定的，意即比例常數是不固定的，但只要 f'' 連續，比例常數 $f''(c)$ 在 $h \to 0$ 時近似於 $f''(x)$。這使得說其為一階公式是

合理的。

> **聚焦　收斂性**
>
> 兩點前向差分法的誤差公式 $-hf''(c)/2$ 好在哪裡？我們目的是近似 $f'(x)$，所以 $f''(x)$ 有可能遠離需要。這有兩個答案，第一，在驗證程式碼和軟體時，一個好的檢驗方式是在一個已知解答的範例上執行，因為已經知道正確解答，而且就算有誤差，也可以跟預期結果相比較；在這樣的例子中，我們通常知道 $f'(x)$ 和 $f''(x)$。第二，即使我們不能計算整個公式值，但知道誤差和 h 的關係通常會有幫助；事實上，誤差公式為 h 的一階公式，也就是說即使我們無法計算比例常數 $f''(c)/2$，若將 h 減半，可預期誤差大約也會減半。

範例 5.1

利用兩點前向差分公式求 $f(x)=1/x$ 在 $x=2$ 的導數，其中 $h=0.1$。

代入兩點前向差分公式 (5.4) 可得

$$f'(x) \approx \frac{f(x+h)-f(x)}{h} = \frac{\frac{1}{2.1}-\frac{1}{2}}{0.1} \approx -0.2381.$$

近似解和導數 $f'(x)=-x^{-2}$ 在 $x=2$ 的正確值相減就是誤差

$$-0.2381-(-0.2500)=0.0119.$$

和公式中預期的誤差，即 $hf''(c)/2$，做比較，其中 c 介於 2 和 2.1 間，因為 $f''(x)=2x^{-3}$，誤差應介於

$$(0.1)2^{-3} \approx 0.0125 \text{ 和 } (0.1)(2.1)^{-3} \approx 0.0108$$

之間，這符合我們所得結果。然而，通常我們沒有這些資訊可供利用。◆

我們可以進一步發展出二階公式，依據泰勒定理，若 f 為三次連續可微，則

$$f(x+h) = f(x) + hf'(x) + \frac{h^2}{2}f''(x) + \frac{h^3}{6}f'''(c_1)$$

且

$$f(x-h) = f(x) - hf'(x) + \frac{h^2}{2}f''(x) - \frac{h^3}{6}f'''(c_2),$$

其中 $x-h < c_2 < x < c_1 < x+h$。將兩式相減可得下列三點公式，以及誤差項：

$$f'(x) = \frac{f(x+h) - f(x-h)}{2h} - \frac{h^2}{12}f'''(c_1) - \frac{h^2}{12}f'''(c_2). \tag{5.5}$$

為了讓新公式的誤差項能更明確，我們將利用以下定理：

定理 5.1 **廣義中間值定理 (Generalized Intermediate Value Theorem)** 假設函數 f 在區間 $[a, b]$ 中連續；令點 $x_1, ..., x_n$ 在區間 $[a, b]$ 中，且 $a_1, \cdots, a_n > 0$。則必定存在一數 c 介於 a 和 b 間，使得

$$(a_1 + \cdots + a_n)f(c) = a_1 f(x_1) + \cdots + a_n f(x_n). \tag{5.6}$$

證明：假設所有 n 個函數值中最小值為 $f(x_i)$，最大值為 $f(x_j)$，則

$$a_1 f(x_i) + \cdots + a_n f(x_i) \leq a_1 f(x_1) + \cdots + a_n f(x_n) \leq a_1 f(x_j) + \cdots + a_n f(x_j)$$

意即

$$f(x_i) \leq \frac{a_1 f(x_1) + \cdots + a_n f(x_n)}{a_1 + \cdots + a_n} \leq f(x_j).$$

根據中間值定理，必定存在一數 c 介於 x_i 與 x_j，使得

$$f(c) = \frac{a_1 f(x_1) + \cdots + a_n f(x_n)}{a_1 + \cdots + a_n},$$

此即滿足 (5.6) 式。

定理 5.1 使我們可以結合 (5.5) 式的最後兩項，得到二階公式：

三點中央差分公式 (Three-point centered-difference formula)

$$f'(x) = \frac{f(x+h) - f(x-h)}{2h} - \frac{h^2}{6}f'''(c), \tag{5.7}$$

其中 $x-h < c < x+h$。

範例 5.2

利用三點中央差分公式求 $f(x)=1/x$ 在 $x=2$ 的導數，其中 $h=0.1$。

代入三點中央差分公式可得

$$f'(x) \approx \frac{f(x+h) - f(x-h)}{2h} = \frac{\frac{1}{2.1} - \frac{1}{1.9}}{0.2} \approx -0.2506.$$

誤差為 0.0006，改善了範例 5.1 的兩點前向差分公式。◆

聚焦　收斂性

雖然兩點和三點近似在 $h \to 0$ 時收斂到導數之速率不同。此二公式以兩相近數相減違反了浮點數運算基本法則，但卻沒有更好的辦法，因為求導數原本就是一個不穩定的過程。當 h 非常小時，捨入誤差 (roundoff error) 便會影響計算結果，請參見範例 5.3。

可以同樣方法導出更高階導數的近似公式。舉例來說，**泰勒展開式** (Taylor expansion)

$$f(x+h) = f(x) + hf'(x) + \frac{h^2}{2}f''(x) + \frac{h^3}{6}f'''(x) + \frac{h^4}{24}f^{(\text{iv})}(c_1)$$

且

$$f(x-h) = f(x) - hf'(x) + \frac{h^2}{2}f''(x) - \frac{h^3}{6}f'''(x) + \frac{h^4}{24}f^{(iv)}(c_2),$$

其中 $x-h < c_2 < x < c_1 < x+h$。將兩式相加消去一階導數得到

$$f(x+h) + f(x-h) - 2f(x) = h^2 f''(x) + \frac{h^4}{24}f^{(iv)}(c_1) + \frac{h^4}{24}f^{(iv)}(c_2).$$

依據定理 5.1 來結合誤差項並除以 h^2 可得以下公式：

> **二階導數 (second derivative) 之三點中央差分公式**
>
> $$f''(x) = \frac{f(x-h) - 2f(x) + f(x+h)}{h^2} + \frac{h^2}{12}f^{(iv)}(c) \tag{5.8}$$
>
> 其中 c 介於 $x-h$ 和 $x+h$ 之間。

❖ 5.1.2 捨入誤差

到目前為止，本章所有的公式都違反了第 0 章避免相近兩數相減的規則。這就是數值微分的最大困難，其實這也是無法避免的。要更瞭解這個問題，請參考以下範例：

範例 5.3

求 $f(x) = e^x$ 在 $x=0$ 的導數近似值。

由兩點公式 (5.4) 可得

$$f'(x) \approx \frac{e^{x+h} - e^x}{h}, \tag{5.9}$$

且由三點公式 (5.7) 可得

$$f'(x) \approx \frac{e^{x+h} - e^{x-h}}{2h}. \tag{5.10}$$

對一個很寬範圍之不同 h 所得的公式解，與正確值 $e^0=1$ 的誤差，都列在下表：

h	公式 (5.9)	誤差	公式 (5.10)	誤差
10^{-1}	1.05170918075648	−0.05170918075648	1.00166750019844	−0.00166750019844
10^{-2}	1.00501670841679	−0.00501670841679	1.00001666674999	−0.00001666674999
10^{-3}	1.00050016670838	−0.00050016670838	1.00000016666668	−0.00000016666668
10^{-4}	1.00005000166714	−0.00005000166714	1.00000000166689	−0.00000000166689
10^{-5}	1.00000500000696	−0.00000500000696	1.00000000001210	−0.00000000001210
10^{-6}	1.00000049996218	−0.00000049996218	0.99999999997324	0.00000000002676
10^{-7}	1.00000004943368	−0.00000004943368	0.99999999947364	0.00000000052636
10^{-8}	0.99999999392253	0.00000000607747	0.99999999392253	0.00000000607747
10^{-9}	1.00000008274037	−0.00000008274037	1.00000002722922	−0.00000002722922

首先，當 h 變小時，誤差也跟著變小，兩點前向差分公式 (5.4) 和三點中央差分公式 (5.7) 的誤差分別接近預期誤差 $O(h)$ 和 $O(h^2)$。然而，要注意的是當 h 持續變小時，近似值卻變糟了。

當 h 極小時近似值卻不再精準，這是因為有效位數喪失的影響。兩個公式皆有兩相近數相減的問題，這將失去有效位數，使狀況惡化，加上除以一個小的數字使得影響又被放大。

◆

關於數值微分公式到底有多容易失去有效位數，為了要得到一個較好的概念，我們仔細地分析三點中央差分公式，用 $\hat{f}(x+h)$ 來表示輸入值 $f(x+h)$ 的實際浮點數，這和正確值 $f(x+h)$ 的差是一個為機器常數階的數，$O(\epsilon_{\text{mach}})$，而目前討論的函數值為 1 階的數，$O(1)$，因此相對誤差和絕對誤差大約相同。

因為 $\hat{f}(x+h)=f(x+h)+\epsilon_1$，$\hat{f}(x-h)=f(x-h)+\epsilon_2$，其中 $|\epsilon_1|,|\epsilon_2|\approx \epsilon_{\text{mach}}$，正確的 $f'(x)$ 與三點中央差分公式 (5.7) 所得機器數的差為

$$\begin{aligned}f'(x)_{\text{正確值}}-f'(x)_{\text{機器數}} &= f'(x)-\frac{\hat{f}(x+h)-\hat{f}(x-h)}{2h}\\ &= f'(x)-\frac{f(x+h)+\epsilon_1-(f(x-h)+\epsilon_2)}{2h}\\ &= \left(f'(x)-\frac{f(x+h)-f(x-h)}{2h}\right)+\frac{\epsilon_2-\epsilon_1}{2h}\\ &= \left(f'(x)_{\text{正確值}}-f'(x)_{\text{公式解}}\right)+\text{捨入誤差}\end{aligned}$$

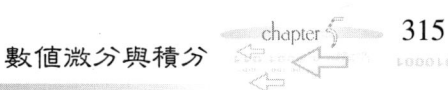

我們可以把總誤差看成截尾誤差 (也就是正確導數和正確公式解之間的差別) 以及捨入誤差 (電腦執行公式過程失去有效位數之誤差) 二者的總合。捨入誤差有絕對值：

$$\left|\frac{\epsilon_2 - \epsilon_1}{2h}\right| \leq \frac{2\epsilon_{\text{mach}}}{2h} = \frac{\epsilon_{\text{mach}}}{h},$$

其中 ϵ_{mach} 代表機器常數。因此，對 $f'(x)$ 機器近似值的誤差絕對值上限為

$$E(h) \equiv \frac{h^2}{6}f'''(c) + \frac{\epsilon_{\text{mach}}}{h}, \tag{5.11}$$

其中 $x-h < c < x+h$。過去我們只考慮到誤差的第一項——數學上的誤差，而前面的表格讓我們也考慮到有效位數的失去。

畫出函數 $E(h)$ 可以更容易瞭解，參考圖 5.1。最小的 $E(h)$ 發生在下列方程式的解

$$0 = E'(h) = -\frac{\epsilon_{\text{mach}}}{h^2} + \frac{M}{3}h, \tag{5.12}$$

其中我們以 M 表示 $|f'''(c)| \approx |f'''(x)|$，求解 (5.12) 可得

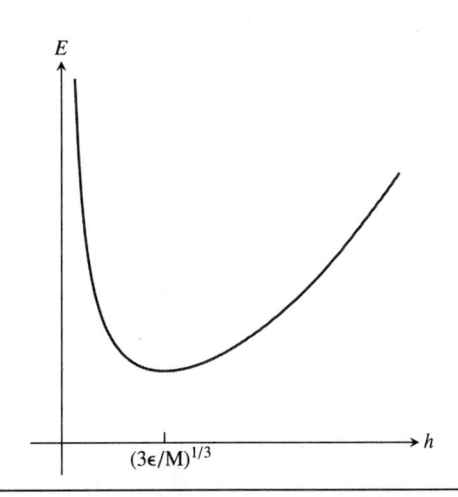

圖 5.1 捨入誤差對數值微分的影響。當 h 相當小時，誤差主要受捨入誤差影響。

$$h = (3\epsilon_{\text{mach}}/M)^{1/3}$$

這是使得總誤差最小的 h，包含電腦捨入誤差的影響。在雙精準情況下，約為 $\epsilon_{\text{mach}}^{1/3} \approx 10^{-5}$，符合表格中的數據。

這裡主要的訊息是，當 h 減小時三點中央差分公式會增加準確度，直到 h 等於機器常數的立方根大小。當 h 掉到這個大小以下的時候，誤差就又開始增加。

其他公式的誤差分析可以獲得類似的結果，習題 16 將要求讀者分析捨入誤差對兩點前向差分公式的影響。

❖ 5.1.3 外插法

假設我們有一個 n 階公式 $F(h)$，可用來近似一個已知量 Q，所謂 n 階意思是：

$$Q \approx F(h) + Kh^n,$$

其中 K 在我們所感興趣的 h 範圍中大約是個常數。有一個相關的例子：

$$f'(x) = \frac{f(x+h) - f(x-h)}{2h} + \frac{f'''(c_h)}{6}h^2, \tag{5.13}$$

其中我們強調的事實是未知點 c_h 落在 x 和 $x+h$ 之間，但是與 h 相關。即使 c_h 不是常數，但如果函數 f 相當平滑，且 h 並不太大，那麼誤差係數 $f'''(c_h)/6$ 就應該和 $f'''(x)/6$ 相去不遠。

像這樣的例子，可以使用一點代數來將 n 階公式轉換成更高階的公式。因為我們知道公式 $F(h)$ 為 n 階，如果我們以 $h/2$ 代替 h 代入公式，那麼我們的誤差應該會從常數乘上 h^n 降低為常數乘上 $(h/2)^n$，或說是以 2^n 的倍數降低。換句話說，我們期待

$$Q - F(h/2) \approx \frac{1}{2^n}(Q - F(h)). \tag{5.14}$$

依據 K 大約為常數的假設，可以發現 (5.14) 式能夠很快地求解 Q，可以得到下列公式：

n 階外插公式 (Extrapolation for order n formula)

$$Q \approx \frac{2^n F(h/2) - F(h)}{2^n - 1}. \tag{5.15}$$

這是 $F(h)$ 的**外插** (extrapolation) 公式。外插，有時也稱為 Richardson 外插 (Richardson extrapolation)，通常可以給一個比 $F(h)$ 更高階的近似數 Q。原因如下，我們假設 n 階公式 $F_n(h)$ 可寫成

$$Q = F_n(h) + Kh^n + O(h^{n+1}).$$

將 h 減半代入可得

$$Q = F_n(h/2) + K\frac{h^n}{2^n} + O(h^{n+1}),$$

則其外插結果，或稱為 $F_{n+1}(h)$，將滿足

$$\begin{aligned} F_{n+1}(h) &= \frac{2^n F_n(h/2) - F_n(h)}{2^n - 1} \\ &= \frac{2^n(Q - Kh^n/2^n - O(h^{n+1})) - (Q - Kh^n - O(h^{n+1}))}{2^n - 1} \\ &= Q + \frac{-Kh^n + Kh^n + O(h^{n+1})}{2^n - 1} = Q + O(h^{n+1}). \end{aligned}$$

因此，$F_{n+1}(h)$ 是一個至少 $(n+1)$ 階之近似 Q 的公式。

範例 5.4

對公式 (5.13) 執行外插計算。

從導數 $f'(x)$ 的二階中央差分公式 $F_2(h)$ 著手，外插公式 (5.15) 將給一個 $f'(x)$ 的新公式如下

$$F_4(x) = \frac{2^2 F_2(h/2) - F_2(h)}{2^2 - 1}$$
$$= \left[4\frac{f(x+h/2) - f(x-h/2)}{h} - \frac{f(x+h) - f(x-h)}{2h} \right] \Big/ 3$$
$$= \frac{f(x-h) - 8f(x-h/2) + 8f(x+h/2) - f(x+h)}{6h}. \tag{5.16}$$

這是五點中央差分公式 (five-point centered-difference formula)，前面的證明保證此公式至少為三階，但其實為四階，因為三階的誤差項被消去了。事實上，經過檢驗後可得 $F_4(h)=F_4(-h)$、h 和 $-h$ 誤差相同；因此，誤差項就只能是 h 的偶數次方。

◆

範例 5.5

求二階導數公式 (5.8) 的外插結果。

同樣地，由於方法為二階，因此外插公式 (5.15) 的 $n=2$，外插公式為

$$F_4(x) = \frac{2^2 F_2(h/2) - F_2(h)}{2^2 - 1}$$
$$= \left[4\frac{f(x+h/2) - 2f(x) + f(x-h/2)}{h^2/4} - \frac{f(x+h) - 2f(x) + f(x-h)}{h^2} \right] \Big/ 3$$
$$= \frac{-f(x-h) + 16f(x-h/2) - 30f(x) + 16f(x+h/2) - f(x+h)}{3h^2}.$$

新的二階導數近似值公式為四階，至於理由則和前一個範例相同。

◆

❖ 5.1.4 符號微分與積分

MATLAB 的符號工具箱包含了可得到符號導數的指令。以下列指令說明：

```
>> syms x;
>> f=sin(3*x);
>> f1=diff(f)

f1=

3*cos(3*x)

>>
```

也可輕鬆求得三階導數：

```
>>f3=diff(f,3)

f3=

-27*cos(3*x)
```

以 MATLAB 符號指令 int 可求積分：

```
>>syms x
>>f=sin(x)

f=

sin(x)

>>int(f)

ans=

-cos(x)

>>int(f,0,pi)

ans=

2
```

對更複雜的函數，MATLAB 指令 pretty，可以較習慣的方式列出結果，而 simple 可簡化，相當有用，比如下列程式碼：

```
>>syms x

>>f=sin(x)^7

f=

sin(x)^7

>>int(f)

ans=

-1/7*sin(x)^6*cos(x)-6/35*sin(x)^4*cos(x)-8/35*sin(x)^2*cos(x)
    -16/35*cos(x)

>>pretty(simple(int(f)))
                                3              5           7
            -cos(x) + cos(x)  - 3/5 cos(x)  + 1/7 cos(x)
```

當然，對某些被積分函數 (integrand)，不定積分 (indefinite integral) 無法寫成基本函數形式。驗證一下，MATLAB 便無法對函數 $f(x)=e^{\sin x}$ 積分。像這樣的例子，除了下一節將討論的數值方法之外，別無他法。

5.1 習題

1. 用兩點前向差分公式來近似 $f'(1)$，並求其誤差，其中 $f(x)=\ln x$，
   (a) $h=0.1$ (b) $h=0.01$ (c) $h=0.001$

2. 用三點中央差分公式來近似 $f'(0)$，其中 $f(x)=e^x$，(a) $h=0.1$ (b) $h=0.01$ (c) $h=0.001$

3. 用兩點前向差分公式來近似 $f'(\pi/3)$，其中 $f(x)=\sin x$，並求其誤差。同時，求誤差項上下限並驗證近似值誤差介於二者之間。分別對 (a) $h=0.1$ (b) $h=0.01$ (c) $h=0.001$

4. 以三點中央差分公式重做習題3。

5. 用三點中央差分公式近似二階導數 $f''(1)$，其中 $f(x)=x^{-1}$，對 (a) $h=0.1$ (b) $h=0.01$ (c) $h=0.001$。並求近似值誤差。

6. 用三點中央差分公式近似二階導數 $f''(0)$，其中 $f(x)=\cos x$，對 (a) $h=0.1$ (b) $h=0.01$ (c) $h=0.001$。並求近似值誤差。

7. 推導出兩點後向差分公式來近似 $f'(x)$，需包含誤差項。

8. 對下列近似公式求其誤差項及階數

$$f'(x) = \frac{4f(x+h) - 3f(x) - f(x-2h)}{6h}.$$

9. 求一近似 $f'(x)$ 的二階公式，請用兩點前向差分公式之外插推導之。

10. (a) 假設 $f(x)=1/x$，以兩點前向差分公式計算 $f'(x)$ 的近似值，其中 x 和 h 為任意值。

    (b) 與正確解相減確實地得到誤差，並證明其和 h 約成正比。

    (c) 換成三點中央差分公式，重做 (a) 和 (b)。且證明誤差應和 h^2 成正比。

11. 推導出只能使用 $f(x-h)$、$f(x)$ 和 $f(x+3h)$ 之近似 $f'(x)$ 的二階方法。並求其誤差項。

12. (a) 對習題 11 所得公式求外插推廣。

    (b) 假設 $f(x)=\sin x$，分別對 $h=0.1$ 和 $h=0.01$，以近似 $f'(\pi/3)$ 的結果來說明所得新公式的階數。

13. 推導出只能使用 $f(x-h)$、$f(x)$ 和 $f(x+3h)$ 之近似 $f''(x)$ 的一階方法。並求其誤差項。

14. (a) 對習題 13 所得方法求外插，推導出近似 $f''(x)$ 的二階公式。

    (b) 假設 $f(x)=\cos x$，分別對 $h=0.1$ 和 $h=0.01$，以近似 $f''(0)$ 的結果來說明所得新公式的階數。

15. 推導出只能使用 $f(x-2h)$、$f(x)$ 和 $f(x+3h)$ 之近似 $f'(x)$ 的二階方法。並求其誤差項。

16. 依據先前 (5.11) 式的推論，求兩點前向差分公式近似一階導數的機器近似之誤差上限 $E(h)$。並求能使 $E(h)$ 為最小的 h 值。

17. 證明下式為近似三階導數的二階公式：

$$f'''(x) = \frac{-f(x-2h) + 2f(x-h) - 2f(x+h) + f(x+2h)}{2h^3} + O(h^2).$$

18. 證明下式為近似三階導數的二階公式：

$$f'''(x) = \frac{\frac{1}{11}f(x-3h) - \frac{6}{11}f(x-2h) + \frac{12}{11}f(x-h) - \frac{10}{11}f(x) + \frac{3}{11}f(x+h)}{2h^3} + O(h^2).$$

19. 證明下式為近似四階導數的二階公式：

$$f^{(iv)}(x) = \frac{f(x-2h) - 4f(x-h) + 6f(x) - 4f(x+h) + f(x+2h)}{h^4} + O(h^2).$$

此公式曾在第 2 章的實作 2 用到。

20. 本題要證明實作 2 的樑柱方程式 (2.42) 和 (2.43)。假設 $f(x)$ 為五次連續可微函數。

    (a) 證明若 $f(x) = f'(x) = 0$，則

    $$f^{(iv)}(x) = \frac{12f(x+h) - 6f(x+2h) + \frac{4}{3}f(x+3h)}{h^4} - \frac{6}{5}f^{(v)}(c)h.$$

    (b) 證明若 $f''(x) = f'''(x) = 0$，則

    $$f^{(iv)}(x) = \frac{12f(x-3h) - 24f(x-2h) + 12f(x-h)}{25h^4} + \frac{18}{25}f^{(v)}(c)h.$$

    (c) 證明若 $f''(x) = f'''(x) = 0$，則

    $$f^{(iv)}(x) = \frac{25f(x-4h) - 93f(x-3h) + 111f(x-2h) - 43f(x-h)}{25h^4} + \frac{217}{100}f^{(v)}(c)h.$$

21. 用泰勒展開式證明 (5.16) 式為四階公式。

22. 對 $f'(x)$ 的兩點前向差分公式，其誤差項可以寫成其他形式。證明下列結果

$$f'(x) = \frac{f(x+h) - f(x)}{h} - \frac{h}{2}f''(x) - \frac{h^2}{6}f'''(c),$$

其中 c 介於 x 和 $x+h$ 之間。我們將在第 8 章 Crank-Nicolson 法的推導中使用到此誤差項。

23. 探究外插名稱的由來。假設 $F(h)$ 是一近似 Q 的 n 階公式，令點 $(Kh^n, F(h))$ 和 $(K(h/2)^n, F(h/2))$ 在 xy 平面上，其誤差被畫在 x 軸，而公式輸出則在 y 軸。找出穿過兩點的線 (誤差和 F 之間最佳的近似函數)。當你外插誤差為 0 的時候，這條線的 y 截距就是公式的值。證明此外插值即為公式 (5.15)。

5.1 電腦演算題

1. 如同 5.1.2 節的表格，將 $f'(0)$ 的三點中央差分公式誤差結果列表，其中 $f(x)=\sin x - \cos x$，$h=10^{-1}, \cdots, 10^{-12}$。繪出結果，並回答最小誤差是否符合理論上的預期。

2. 如同電腦演算題 1，列表並繪出以三點中央差分公式近似 $f'(1)$ 的誤差，其中 $f(x)=x^{-1}$。

3. 如同電腦演算題 1，列表並繪出以兩點前向差分公式近似 $f'(0)$ 的誤差，其中 $f(x)=\sin x - \cos x$。將所得答案和習題 16 的理論值作比較。

4. 如同電腦演算題 3 列表並繪圖，但改為近似 $f'(1)$，且 $f(x)=x^{-1}$。將所得答案和習題 16 的理論值作比較。

5. 假設 $f(x)=\cos x$，利用三點中央差分公式近似 $f''(0)$，和電腦演算題 1 一樣完成繪圖工作。最小誤差發生在哪裡？以機器常數來表示答案。

5.2 Newton-Cotes 公式求數值積分

定積分 (definite integral) 的數值計算依賴許多我們已經探討過的工具。在第 3 和 4 章裡，利用內插法和最小平方模型，開發了尋找一組數據點的近似函數之方法。我們將根據這兩個概念，討論**數值積分** (numerical integration) 或是**求積分** (quadrature) 的方法。

舉例來說，假設 f 為定義在區間 $[a, b]$ 的函數，我們可以畫一個內插多項

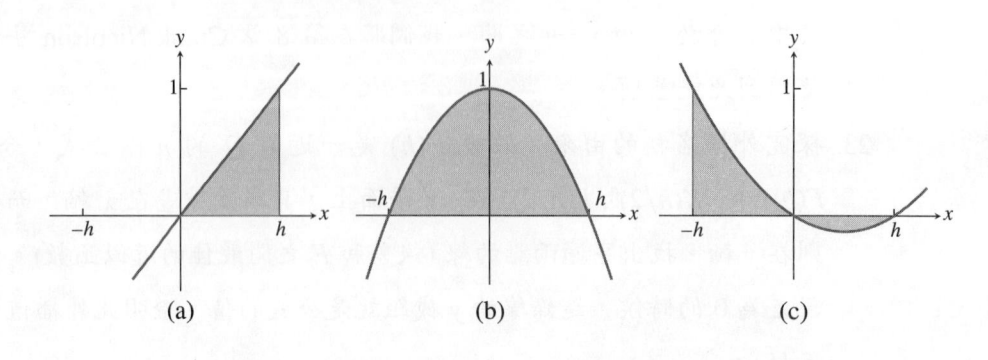

圖 5.2 三個簡單積分式 (5.17)、(5.18) 和 (5.19)。
淨正值面積為 (a) $h/2$, (b) $4h/3$, (c) $h/3$。

式經過一些 $f(x)$ 上的點。因為計算多項式的定積分相當簡單，這計算可被用來近似 $f(x)$ 的積分。這就是用來近似積分值的 Newton-Cotes 公式。或者，我們可以最小平方法來近似函數求得低次多項式，並以其積分為函數積分近似值，這方法稱為**高斯積分法** (Gaussian quadrature)。這兩種近似方法將會在本章中介紹。

要發展 Newton-Cotes 公式，我們需要三個簡單的定積分值，請參考圖 5.2。

圖 5.2(a) 顯示由內插資料點 $(0, 0)$ 和 $(h, 1)$ 所得直線下方區域，該區域為高是 1 底是 h 的三角形，所以面積為

$$\int_0^h \frac{x}{h}\,dx = h/2. \tag{5.17}$$

圖 5.2(b) 顯示由內插資料點 $(-h, 0)$、$(0, 1)$ 和 $(h, 0)$ 所得拋物線 $P(x)$ 下方區域，面積為

$$\int_{-h}^h P(x)\,dx = x - \frac{x^3}{3h^2} = \frac{4}{3}h. \tag{5.18}$$

圖 5.2(c) 顯示由內插資料點 $(-h, 1)$、$(0, 0)$ 和 $(h, 0)$ 所得拋物線與 x 軸之間的區域，**淨正值面積** (net positive area) 為

$$\int_{-h}^{h} P(x)\,dx = \frac{1}{3}h. \tag{5.19}$$

❖ 5.2.1 梯形法

我們從以內插法為基礎的數值積分之最簡單應用開始,令 $f(x)$ 為定義在 $[x_0, x_1]$ 區間的一個有連續二次導數的函數,如圖 5.3(a)。以 $y_0 = f(x_0)$ 和 $y_1 = f(x_1)$ 來代表對應的函數值,假設一次內插多項式 $P_1(x)$ 通過 (x_0, y_0) 和 (x_1, y_1),利用拉格朗奇公式,可以找出含誤差項的內插多項式為:

$$f(x) = y_0 \frac{x - x_1}{x_0 - x_1} + y_1 \frac{x - x_0}{x_1 - x_0} + \frac{(x - x_0)(x - x_1)}{2!} f''(c_x) = P(x) + E(x).$$

且可證明「未知點」c_x 連續地依 x 而定。

對等號兩側在區間 $[x_0, x_1]$ 上求積分,產生

$$\int_{x_0}^{x_1} f(x)\,dx = \int_{x_0}^{x_1} P(x)\,dx + \int_{x_0}^{x_1} E(x)\,dx.$$

計算第一個積分式可得

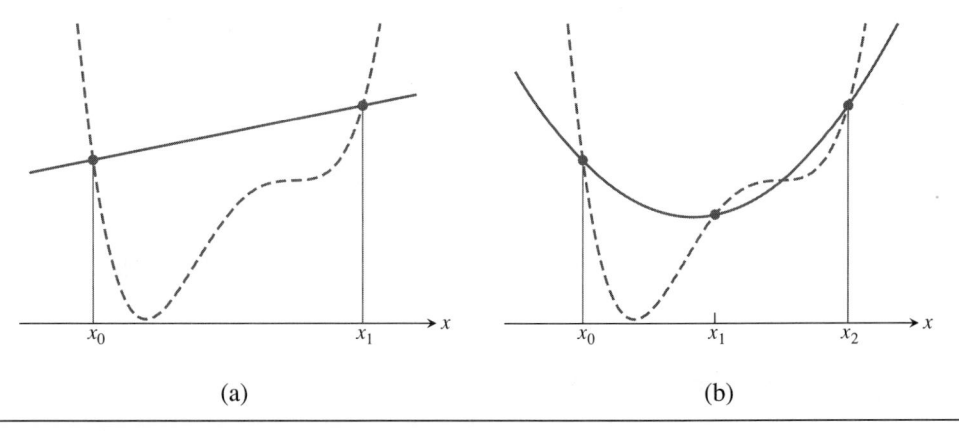

圖 5.3 以內插法為基礎的 Newton-Cotes 公式。(a) 梯形法是用內插 $(x_0, f(x_0))$ 和 $(x_1, f(x_1))$ 所得直線替換函數。(b) 辛普森法是用內插三資料點 $(x_0, f(x_0))$、$(x_1, f(x_1))$ 和 $(x_2, f(x_2))$ 所得拋物線替換函數。

$$\int_{x_0}^{x_1} P(x)\,dx = y_0 \int_{x_0}^{x_1} \frac{x-x_1}{x_0-x_1}\,dx + y_1 \int_{x_0}^{x_1} \frac{x-x_0}{x_1-x_0}\,dx$$
$$= y_0 \frac{h}{2} + y_1 \frac{h}{2} = h\frac{y_0+y_1}{2}, \tag{5.20}$$

其中我們定義 $h=x_1-x_0$ 為區間長度,並且用 (5.17) 式來計算積分值。舉例來說,將 $w=-x+x_1$ 代入到第一個積分式可得

$$\int_{x_0}^{x_1} \frac{x-x_1}{x_0-x_1}\,dx = \int_h^0 \frac{-w}{-h}(-dw) = \int_0^h \frac{w}{h}\,dw = \frac{h}{2},$$

而第二個積分式則成為

$$\int_{x_0}^{x_1} \frac{x-x_0}{x_1-x_0}\,dx = \int_0^h \frac{w}{h}\,dw = \frac{h}{2}.$$

(5.20) 式所求為梯形面積,本方法的名稱源自於此。

誤差項為

$$\int_{x_0}^{x_1} E(x)\,dx = \frac{1}{2!}\int_{x_0}^{x_1}(x-x_0)(x-x_1)f''(c(x))\,dx$$
$$= \frac{f''(c)}{2}\int_{x_0}^{x_1}(x-x_0)(x-x_1)\,dx$$
$$= \frac{f''(c)}{2}\int_0^h u(u-h)\,du$$
$$= -\frac{h^3}{12}f''(c),$$

其中利用了定理 0.9,積分均值定理。所以,我們已經證明了:

梯形法 (Trapezoid Rule)

$$\int_{x_0}^{x_1} f(x)\,dx = \frac{h}{2}(y_0+y_1) - \frac{h^3}{12}f''(c), \tag{5.21}$$

其中 c 介於 x_0 與 x_1 之間。

❖ 5.2.2 辛普森法

圖 5.3(b) 說明了**辛普森法** (Simpson's Rule)，它類似於梯形法，只是以拋物線取代了內插直線。跟先前一樣，我們能夠將被積分函數 $f(x)$，寫成內插拋物線和內插誤差的總和：

$$f(x) = y_0 \frac{(x-x_1)(x-x_2)}{(x_0-x_1)(x_0-x_2)} + y_1 \frac{(x-x_0)(x-x_2)}{(x_1-x_0)(x_1-x_2)}$$
$$+ y_2 \frac{(x-x_0)(x-x_1)}{(x_2-x_0)(x_2-x_1)} + \frac{(x-x_0)(x-x_1)(x-x_2)}{3!} f'''(c_x)$$
$$= P(x) + E(x).$$

積分得

$$\int_{x_0}^{x_2} f(x)\,dx = \int_{x_0}^{x_2} P(x)\,dx + \int_{x_0}^{x_2} E(x)\,dx,$$

其中

$$\int_{x_0}^{x_2} P(x)\,dx = y_0 \int_{x_0}^{x_2} \frac{(x-x_1)(x-x_2)\,dx}{(x_0-x_1)(x_0-x_2)} + y_1 \int_{x_0}^{x_2} \frac{(x-x_0)(x-x_2)\,dx}{(x_1-x_0)(x_1-x_2)}$$
$$+ y_2 \int_{x_0}^{x_2} \frac{(x-x_0)(x-x_1)\,dx}{(x_2-x_0)(x_2-x_1)}$$
$$= y_0 \frac{h}{3} + y_1 \frac{4h}{3} + y_2 \frac{h}{3}.$$

令 $h = x_2 - x_1 = x_1 - x_0$，且中間的積分式用 (5.18) 式，第一和第三個積分則用 (5.19) 式，誤差項可計算得 (證明省略)

$$\int_{x_0}^{x_2} E(x)\,dx = -\frac{h^5}{90} f^{(iv)}(c),$$

其中 c 存在於區間 $[x_0, x_2]$ 中，假如 $f^{(iv)}$ 存在且連續，上式成立。綜合可得辛普森法：

辛普森法

$$\int_{x_0}^{x_2} f(x)\,dx = \frac{h}{3}(y_0 + 4y_1 + y_2) - \frac{h^5}{90}f^{(iv)}(c), \tag{5.22}$$

其中 $h=x_2-x_1=x_1-x_0$，且 c 介於 x_0 與 x_2 之間。

範例 5.6

用梯形法與辛普森法求積分近似值

$$\int_1^2 \ln x\,dx,$$

及所得近似值的誤差上限。

根據梯形法可得

$$\int_1^2 \ln x\,dx \approx \frac{h}{2}(y_0 + y_1) = \frac{1}{2}(\ln 1 + \ln 2) = \frac{\ln 2}{2} \approx 0.3466.$$

梯形法的誤差為 $-h^3 f''(c)/12$，其中 $1<c<2$。因為 $f''(x)=-1/x^2$，誤差的絕對值至多為

$$\frac{1^3}{12c^2} \leq \frac{1}{12} \approx 0.0834.$$

換句話說，梯形法告訴我們

$$\int_1^2 \ln x\,dx = 0.3466 \pm 0.0834.$$

而本題可用部分積分完成正確的積分工作：

$$\begin{aligned}\int_1^2 \ln x\,dx &= x\ln x\big|_1^2 - \int_1^2 dx \\ &= 2\ln 2 - 1\ln 1 - 1 \approx 0.386294.\end{aligned} \tag{5.23}$$

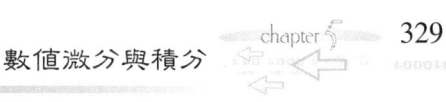

梯形法的近似值與誤差上限符合此結果。

根據辛普森法可得

$$\int_1^2 \ln x \, dx \approx \frac{h}{3}(y_0 + 4y_1 + y_2) = \frac{0.5}{3}\left(\ln 1 + 4\ln \frac{3}{2} + \ln 2\right) \approx 0.3858.$$

辛普森法的誤差為 $-h^5 f^{(iv)}(c)/90$，其中 $1 < c < 2$。因為 $f^{(iv)}(x) = -6/x^4$，誤差至多為

$$\frac{6(0.5)^5}{90 c^4} \leq \frac{6(0.5)^5}{90} = \frac{1}{480} \approx 0.0021.$$

因此，辛普森法表示了

$$\int_1^2 \ln x \, dx = 0.3858 \pm 0.0021,$$

同樣與正確值一致，且比梯形法所得近似值更加精確。◆

要如何比較數值積分方法？例如梯形法或辛普森法，方法之一是比較誤差項。這個資訊透過接下來的定義便可以清楚地傳達：

定義 5.2 數值積分法的**精密度** (degree of precision) 代表最大整數 k，使得所有不大於 k 次的多項式都能用該積分法得到準確無誤差的積分結果。

例如，梯形法的誤差項，$-h^3 f''(c)/12$，說明了如果 $f(x)$ 為一次或少於一次的多項式，那麼誤差將會是零，而該多項式可積分得準確無誤；所以梯形法的精密度為 1。這從幾何觀點來說是非常直覺的，因為線性函數下方面積即為梯形面積。

雖然不容易看出辛普森法的精密度為 3，但是從 (5.22) 式的誤差項來看確實如此。這出人意料的結果若以幾何觀點來觀察，可發現與三次曲線在三個等分點相交的拋物線，二者在區間內有相同的積分值 (習題 15)。

範例 5.7

求精密度為 3 的 Newton-Cotes 公式,該公式也稱為**辛普森 3/8 法** (Simpson's 3/8 Rule)

$$\int_{x_0}^{x_3} f(x)dx \approx \frac{3h}{8}(y_0 + 3y_1 + 3y_2 + y_3).$$

這可以逐一地測試單項式 (monomial) 來求解,詳細步驟留給讀者自行練習,但舉例來說,當 $f(x)=x^2$,我們可檢驗等式

$$\frac{3h}{8}(x^2 + 3(x+h)^2 + 3(x+2h)^2 + (x+3h)^2) = \frac{(x+3h)^3 - x^3}{3},$$

右側為 x^2 在區間 $[x, x+3h]$ 的正確積分值。對於 1、x、x^2、x^3 等式都成立,但 x^4 時則不成立;因此該法的精密度為 3。

◆

梯形法和辛普森法都是**閉式** (closed) Newton-Cotes 公式的例子,因為其包含了被積分函數在區間端點的函數值。例如求**瑕積分** (improper integral) 近似值時,**開式** (open) Newton-Cotes 公式在某些不可能的情況來說是有用的。我們將在 5.2.4 節中討論此開式。

❖ 5.2.3 複合 Newton-Cotes 公式

梯形法和辛普森法僅限於在一個單一區間運算,而因為定積分是子區間上的**加性** (additive) 函數,我們可以把區間分成幾個子區間,用積分法分別計算各子區間的積分值,再行加總。這個策略稱為**複合數值積分法** (composite numerical integration)。

複合梯形法其實就是相鄰子區間 [或稱**分格** (panel)] 的梯形法所得近似積分之總和。要近似

$$\int_a^b f(x)\,dx,$$

假設在水平軸上有等分點

$$a = x_0 < x_1 < x_2 < \cdots < x_{m-2} < x_{m-1} < x_m = b$$

如圖 5.4，其中對所有 i，$h = x_{i+1} - x_i$。對每個子區間，我們可得近似值及誤差項

$$\int_{x_i}^{x_{i+1}} f(x)\, dx = \frac{h}{2}(f(x_i) + f(x_{i+1})) - \frac{h^3}{12} f''(c_i),$$

假設 f'' 連續，將所有子區間都加總起來 (請注意子區間彼此相連) 可得：

$$\int_a^b f(x)\, dx = \frac{h}{2}\left[f(a) + f(b) + 2\sum_{i=1}^{m-1} f(x_i) \right] - \sum_{i=0}^{m-1} \frac{h^3}{12} f''(c_i).$$

依據定理 5.1，誤差項可寫成

$$\frac{h^3}{12} \sum_{i=0}^{m-1} f''(c_i) = \frac{h^3}{12} m f''(c),$$

其中 $a < c < b$。因為 $mh = (b-a)$，誤差項等於 $(b-a)h^2 f''(c)/12$。總結來說，若 f'' 在 $[a, b]$ 區間連續，則下式成立：

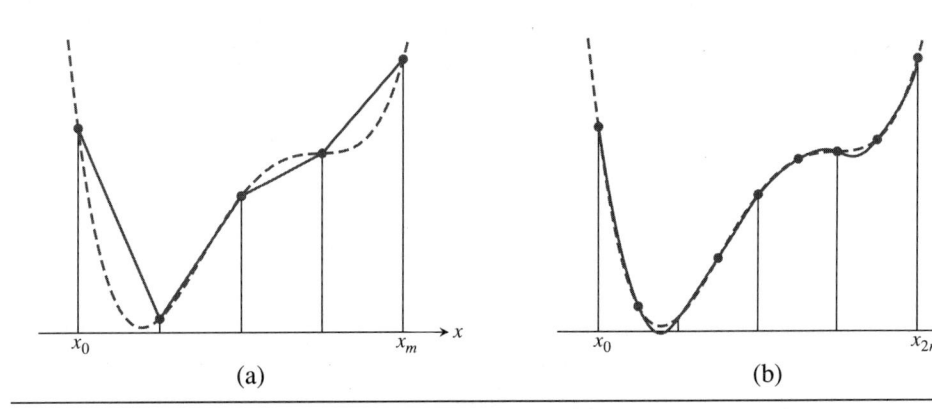

圖 5.4 複合 Newton-Cotes 公式 (a) 複合梯形法即為 m 個相鄰子區間的梯形法總和。(b) 複合辛普森法即為 m 個相鄰子區間的辛普森法總和。

複合梯形法 (Composite Trapezoid Rule)

$$\int_a^b f(x)\,dx = \frac{h}{2}\left(y_0 + y_m + 2\sum_{i=1}^{m-1} y_i\right) - \frac{(b-a)h^2}{12}f''(c) \quad (5.24)$$

其中 $h=(b-a)/m$，且 c 介於 a 與 b 之間。

同理可推得**複合辛普森法** (composite Simpson's rule)。假設水平軸上有等分點

$$a=x_0 < x_1 < x_2 < \cdots < x_{2m-2} < x_{2m-1} < x_{2m}=b，$$

其中對所有 i，$h=x_{i+1}-x_i$。對每個長度為 $2h$ 的分格 $[x_{2i}, x_{2i+2}]$，$i=0,\cdots,m-1$，使用辛普森法。換句話說，被積分函數 $f(x)$ 在每個子區間擬合通過 x_{2i}、x_{2i+1}、x_{2i+2} 的拋物線，再將所得積分加總。對各子區間所得近似值及誤差項為

$$\int_{x_{2i}}^{x_{2i+2}} f(x)\,dx = \frac{h}{3}\left[f(x_{2i}) + 4f(x_{2i+1}) + f(x_{2i+2})\right] - \frac{h^5}{90}f^{(iv)}(c_i).$$

這次是在偶數 x_j 才會相連接，將所有子區間相加可得

$$\int_a^b f(x)\,dx = \frac{h}{3}\left[f(a) + f(b) + 4\sum_{i=1}^{m} f(x_{2i-1}) + 2\sum_{i=1}^{m-1} f(x_{2i})\right] - \sum_{i=0}^{m-1}\frac{h^5}{90}f^{(iv)}(c_i).$$

依據定理 5.1，誤差項可寫成

$$\frac{h^5}{90}\sum_{i=0}^{m-1} f''(c_i) = \frac{h^5}{90}mf^{(iv)}(c),$$

其中 $a < c < b$。因為 $m\cdot 2h=(b-a)$，誤差項等於 $(b-a)h^4 f^{(iv)}(c)/180$。若 $f^{(iv)}$ 在 $[a,b]$ 區間連續，則下式成立：

複合辛普森法

$$\int_a^b f(x)\,dx = \frac{h}{3}\left[y_0 + y_{2m} + 4\sum_{i=1}^{m} y_{2i-1} + 2\sum_{i=1}^{m-1} y_{2i}\right] - \frac{(b-a)h^4}{180}f^{(iv)}(c), \quad (5.25)$$

其中 c 介於 a 與 b 之間。

範例 5.8

用複合梯形法和複合辛普森法，及四個等分格，求下式之近似值

$$\int_1^2 \ln x\,dx.$$

在 [1, 2] 區間用複合梯形法，四個等分格即表示 $h=1/4$，則近似值為

$$\int_1^2 \ln x\,dx \approx \frac{1/4}{2}\left[y_0 + y_4 + 2\sum_{i=1}^{3} y_i\right]$$

$$= \frac{1}{8}[\ln 1 + \ln 2 + 2(\ln 5/4 + \ln 6/4 + \ln 7/4)]$$

$$\approx 0.3837.$$

誤差最大為

$$\frac{(b-a)h^2}{12}|f''(c)| = \frac{1/16}{12}\frac{1}{c^2} \leq \frac{1}{(16)(12)(1^2)} = \frac{1}{192} \approx 0.0052.$$

四等分格複合辛普森法，令 $h=1/8$，近似值為

$$\int_1^2 \ln x\,dx \approx \frac{1/8}{3}\left[y_0 + y_8 + 4\sum_{i=1}^{4} y_{2i-1} + 2\sum_{i=1}^{3} y_{2i}\right]$$

$$= \frac{1}{24}[\ln 1 + \ln 2 + 4(\ln 9/8 + \ln 11/8 + \ln 13/8 + \ln 15/8)$$
$$+ 2(\ln 5/4 + \ln 6/4 + \ln 7/4)]$$

$$\approx 0.386292.$$

與 (5.23) 式所得正確解 0.386294 比較，所得近似值有五位正確。更確切地

說，誤差將不大於

$$\frac{(b-a)h^4}{180}|f^{(iv)}(c)| = \frac{(1/8)^4}{180}\frac{6}{c^4} \leq \frac{6}{8^4 \cdot 180 \cdot 1^4} \approx 0.000008.$$

◆

範例 5.9

若需以複合辛普森法近似

$$\int_0^{\pi} \sin^2 x \, dx$$

到 6 位小數正確，求所需等分格個數 m。

這相當於要求誤差需滿足

$$\frac{(\pi - 0)h^4}{180}|f^{(iv)}(c)| < 0.5 \times 10^{-6}.$$

因為 $\sin^2 x$ 的四階導數等於 $-8\cos 2x$，我們需要

$$\frac{\pi h^4}{180}8 < 0.5 \times 10^{-6},$$

意即 $h < 0.0435$。因此，需要 $m = \text{ceil}(\pi/(2h)) = 37$ 個等分格才足夠。

◆

❖ 5.2.4 開式 Newton-Cotes 法

所謂閉式 Newton-Cotes 法，例如梯形法和辛普森法，需要知道積分格端點的函數值。但是有些被積分函數在區間端點有個**可移去奇異點** (removable singularity)，這時以開式 Newton-Cotes 法來處理也許比較簡單，因其不需使用端點函數值。若函數 f 的二階導數 f'' 在 $[a, b]$ 間連續，則可用下列公式

中點法 (Midpoint Rule)

$$\int_{x_0}^{x_1} f(x)\,dx = 2hf(w) + \frac{h^3}{3}f''(c), \tag{5.26}$$

其中 $h=(x_1-x_0)/2$，w 為中點 x_0+h，且 c 介於 x_0 與 x_1 之間。

中點法有用之處在於它可以降低函數值計算次數，和同階的閉式 Newton-Cotes 法之梯形法比較起來，它只需要計算一個函數值而不是兩個，但所付出的代價是誤差值為四倍大。

(5.26) 式的證明和梯形法的推導方法一樣。令 $h=(x_1-x_0)/2$，函數 $f(x)$ 在區間中點 $w=x_0+h$ 的一次泰勒展開式為

$$f(x) = f(w) + (x-w)f'(w) + \frac{1}{2}(x-w)^2 f''(c_x),$$

其中 c_x 與 x 相關且介於 x_0 與 x_1 之間。對等號兩側同時積分可得

$$\begin{aligned}
\int_{x_0}^{x_1} f(x)\,dx &= (x_1-x_0)f(w) + f'(w)\int_{x_0}^{x_1}(x-w)\,dx + \frac{1}{2}\int_{x_0}^{x_1} f''(c_x)(x-w)^2\,dx \\
&= 2hf(w) + 0 + \frac{f''(c)}{2}\int_{x_0}^{x_1}(x-w)^2\,dx \\
&= 2hf(w) + \frac{h^3}{3}f''(c),
\end{aligned}$$

其中 $x_0 < c < x_1$。同樣，我們用了積分均值定理將二階導數提出到積分符號外，這完成了 (5.26) 式的推導。

複合版的證明留給讀者（習題 12）。

複合中點法 (Composite Midpoint Rule)

$$\int_a^b f(x)\,dx = 2h\sum_{i=1}^{m} f(w_i) + \frac{(b-a)h^2}{6}f''(c), \tag{5.27}$$

其中 $h=(b-a)/(2m)$，且 c 介於 a 與 b 之間。w_i 為 $[a,b]$ 的 m 等分子區間中點。

另一個有用的開式 Newton-Cotes 法為

$$\int_{x_0}^{x_4} f(x)\,dx = \frac{4h}{3}[2f(x_1) - f(x_2) + 2f(x_3)] + \frac{14h^5}{45} f^{(iv)}(c), \quad (5.28)$$

其中 $h=(x_4-x_0)/4$，$x_1=x_0+h$，$x_2=x_0+2h$，$x_3=x_0+3h$，且 $x_0 < c < x_4$。習題 9 和 11 要求讀者計算精密度並推廣到複合法。

範例 5.10

利用複合中點法，等分格數 $m=10$，求 $\int_0^1 \sin x / x \, dx$ 的近似值。

首先要注意的是，如果沒有將 $x=0$ 作特殊處理，我們無法直接使用閉式來求解。中點法就可直接應用，中點為 $0.05, 0.15, \cdots, 0.95$，因此由複合中點法可得：

$$\int_0^1 f(x)\,dx \approx 2(0.05)\sum_1^{10} f(m_i) = 0.9462.$$

正確解到小數第八位為 0.94608307。

5.2 習題

1. 分別對 $m=1, 2, 4$ 個等分格，用複合梯形法求積分近似值。並與正確解比較以求得誤差。

    (a) $\int_0^1 x^2 \, dx$ (b) $\int_0^{\pi/2} \cos x \, dx$ (c) $\int_0^1 e^x \, dx$

2. 分別對 $m=1, 2, 4$ 個等分格，用複合中點法求習題 1 的積分近似值及其誤差。

3. 分別對 $m=1, 2, 4$ 個等分格，用複合辛普森法求習題 1 的積分近似值及其誤差。

4. 分別對 $m=1, 2, 4$ 個等分格，用複合辛普森法求積分近似值及其誤差。

(a) $\int_0^1 xe^x\,dx$ (b) $\int_0^1 \dfrac{dx}{1+x^2}\,dx$ (c) $\int_0^\pi x\cos x\,dx$

5. 用辛普森法求 $\int_0^1 x^4\,dx$ 的近似值，並證明近似誤差符合 (5.22) 式的誤差項。

6. 對牛頓差分內插多項式求積分以證明 (a) (5.18) 式，(b) (5.19) 式。

7. 求下列 $\int_{-0}^1 f(x)\,dx$ 近似公式的精密度。
    (a) $f(1)+f(-1)$
    (b) $2/3[f(-1)+f(0)+f(1)]$
    (c) $f(-1/\sqrt{3})+f(1/\sqrt{3})$.

8. 求中點法的精密度。

9. 求 (5.28) 式的精密度。

10. 求 c_1、c_2 和 c_3 使得
$$\int_0^1 f(x)\,dx \approx c_1 f(0)+c_2 f(0.5)+c_3 f(1)$$
的精密度大於 1。(提示：以 $f(x)=1$、x 或 x^2 代入。) 你能看出這是哪個方法嗎？

11. 推導 (5.28) 式的複合版本，需含誤差項。

12. 證明複合中點法 (5.27) 式。

13. 求四次 Newton-Cotes 法 (亦稱為 Boole 法；Boole's Rule) 的精密度
$$\int_{x_0}^{x_4} f(x)\,dx \approx \frac{2h}{45}(7y_0+32y_1+12y_2+32y_3+7y_4).$$

14. 已知 Boole 法的誤差項與 $f^{(6)}(c)$ 成正比，請以下列策略求確實的誤差項：以 Boole 法求 $\int_0^{4h} x^6\,dx$ 的近似值，與找出近似誤差，並寫成 h 及 $f^{(6)}(c)$ 形式。

15. 假設 $P_3(x)$ 為三次多項式，而 $P_2(x)$ 為它在 $x=-h, 0, h$ 三點之內插多項式。直接證明 $\int_{-h}^h P_3(x)\,dx = \int_{-h}^h P_2(x)\,dx$。這現象和辛普森法的關係為何？

5.2 電腦演算題

1. 使用複合梯形法，以 $m=16$ 和 32 個等分格來求定積分近似值。與正確積分值比較並列出二者的誤差。

   (a) $\int_0^4 \dfrac{x\,dx}{\sqrt{x^2+9}}$ (b) $\int_0^1 \dfrac{x^3\,dx}{x^2+1}$ (c) $\int_0^1 xe^x\,dx$ (d) $\int_1^3 x^2\ln x\,dx$

   (e) $\int_0^\pi x^2\sin x\,dx$ (f) $\int_2^3 \dfrac{x^3\,dx}{\sqrt{x^4-1}}$ (g) $\int_0^{2\sqrt{3}} \dfrac{dx}{\sqrt{x^2+4}}\,dx$

   (h) $\int_0^1 \dfrac{x\,dx}{\sqrt{x^4+1}}$

2. 用複合辛普森法求電腦演算題 1 的積分值，分別以 $m=16$ 和 32 個等分格並列出誤差。

3. 使用複合梯形法，以 $m=16$ 和 32 個等分格來求定積分近似值。

   (a) $\int_0^1 e^{x^2}\,dx$ (b) $\int_0^{\sqrt{\pi}} \sin x^2\,dx$ (c) $\int_0^\pi e^{\cos x}\,dx$ (d) $\int_0^1 \ln(x^2+1)\,dx$

   (e) $\int_0^1 \dfrac{x\,dx}{2e^x-e^{-x}}$ (f) $\int_0^\pi \cos e^x\,dx$ (g) $\int_0^1 x^x\,dx$

   (h) $\int_0^{\pi/2} \ln(\cos x+\sin x)\,dx$

4. 用複合辛普森法求電腦演算題 3 的積分值，分別以 $m=16$ 和 32 個等分格求之。

5. 用複合中點法分別以 $m=16$ 及 32 個等分格求下列瑕積分。

   (a) $\int_0^{\frac{\pi}{2}} \dfrac{x}{\sin x}\,dx$ (b) $\int_0^{\frac{\pi}{2}} \dfrac{e^x-1}{\sin x}\,dx$ (c) $\int_0^1 \dfrac{\arctan x}{x}\,dx$。

6. 曲線 $y=f(x)$ 從 $x=a$ 到 $x=b$ 的弧長可以用積分式 $\int_a^b \sqrt{1+f'(x)^2}\,dx$ 求得。請用複合辛普森法，以 32 等分格求得曲線長度近似值。

   (a) $y=x^3$ 在 $[0,1]$ 間   (b) $y=\tan x$ 在 $[0,\pi/4]$ 間   (c) $y=\arctan x$ 在 $[0,1]$ 間。

7. 對電腦演算題 1 的積分式，以 $h=b-a, h/2, h/4, \cdots, h/2^8$ 求得複合梯形法近似值誤差並繪圖。繪製對數作圖 (log-log plot)，比如可用 MATLAB 的 `loglog` 指令。試問圖形斜率是否與理論相符？

8. 以複合辛普森法取代複合梯形法，重做電腦演算題 7。

5.3 Romberg 積分法

在本節中，我們開始討論有效率的定積分計算方法，它可用增加資料的方式一直到達所要求的精準度為止。**Romberg 積分法** (Romberg integration) 是將複合梯形法應用外插得到結果。回憶一下 5.1 節，假設 $N(h)$ 是一個以**間距** (step size) h 來近似一個依 h 而變的數量 M 之方法，若已知該方法的階數，則可用外插法改良之。(5.24) 式說明了複合梯形法為 h 的二階公式，因此，外插法可以如先前所定義的，用來得到至少三階的新公式。

讓我們更仔細地檢視梯形法 (5.24) 式的誤差，可以證明對一個無限可微函數 f

$$\int_a^b f(x)\,dx = \frac{h}{2}\left(y_0 + y_m + 2\sum_{i=1}^{m-1} y_i\right) + c_2 h^2 + c_4 h^4 + c_6 h^6 + \cdots, \quad (5.29)$$

其中 c_i 只取決於 f 在 a 和 b 的高階導數，而與 h 無關。例如，$c_2=(f'(a)-f'(b))h^2/12$。誤差裡缺少奇數次方項，對執行外插法時提供了一個額外的好處，以複合梯形法的二階公式外插，便可產生四階公式；而對所得四階公式外插則產生六階公式，依此類推。

外插法包含將公式一次以 h 求值，一次以 $h/2$ 求值，再加以結合。為了方便我們將導向之公式，定義下列的間距值：

$$h_1 = b - a$$
$$h_2 = \frac{1}{2}(b - a)$$

$$h_3 = \frac{1}{4}(b-a)$$
$$\vdots$$
$$h_j = \frac{1}{2^{j-1}}(b-a). \tag{5.30}$$

所要近似的數量為 $M = \int_a^b f(x)\,dx$，定義近似公式 R_{j1} 為以 h_j 為間距的複合梯形法，因此 $R_{j+1,1}$ 就是 R_{j1} 的間距減為一半所得，正是用外插法時所需要的。再來就是要注意到公式重疊的部分，R_{j1} 和 $R_{j+1,1}$ 同時需要函數 $f(x)$ 在某些相同點的估計值。舉例來說，已知

$$R_{11} = \frac{h_1}{2}(f(a) + f(b))$$
$$R_{21} = \frac{h_2}{2}\left(f(a) + f(b) + 2f\left(\frac{a+b}{2}\right)\right)$$
$$= \frac{1}{2}R_{11} + h_2 f\left(\frac{a+b}{2}\right).$$

由歸納法可證明 (見習題 5)

$$R_{j1} = \frac{1}{2}R_{j-1,1} + h_j \sum_{i=1}^{2^{j-2}} f(a + (2i-1)h_j) \tag{5.31}$$

對 $j = 2, 3, \cdots$。

(5.31) 式提供了一個有效率的方法來依遞增順序計算複合梯形法。Romberg 積分法的第二個特徵就是外插。以表列來呈現

$$\begin{array}{llll} R_{11} & & & \\ R_{21} & R_{22} & & \\ R_{31} & R_{32} & R_{33} & \\ R_{41} & R_{42} & R_{43} & R_{44} \\ \vdots & & & \ddots \end{array} \tag{5.32}$$

其中我們用第一行的外插來定義第二行 R_{i2}：

$$R_{22} = \frac{2^2 R_{21} - R_{11}}{3}$$

$$R_{32} = \frac{2^2 R_{31} - R_{21}}{3}$$

$$R_{42} = \frac{2^2 R_{41} - R_{31}}{3}. \tag{5.33}$$

第三行包含了數量 M 的四階近似,所以它們可以外插公式求得,如

$$R_{33} = \frac{4^2 R_{32} - R_{22}}{4^2 - 1}$$

$$R_{43} = \frac{4^2 R_{42} - R_{32}}{4^2 - 1}$$

$$R_{53} = \frac{4^2 R_{52} - R_{42}}{4^2 - 1}, \tag{5.34}$$

依此類推,第 jk 個元素的一般式為(見習題 6)

$$R_{jk} = \frac{4^{k-1} R_{j,k-1} - R_{j-1,k-1}}{4^{k-1} - 1}. \tag{5.35}$$

這個表列形式為一個下三角矩陣,可無限向下和橫向延伸。而定積分 M 最好的近似值為 R_{jj},也就是最後一列最右邊的計算結果,其為 $2j$ 階近似值。Romberg 積分計算方法只要以迴圈重複 (5.31) 式和 (5.35) 式。

Romberg 積分法

$$R_{11} = (b - a) \frac{f(a) + f(b)}{2}$$

當 $j = 2, 3, \ldots$

$$h_j = \frac{b - a}{2^{j-1}}$$

$$R_{j1} = \frac{1}{2} R_{j-1,1} + h_j \sum_{i=1}^{2^{j-2}} f(a + (2i - 1)h_j)$$

當 $k = 2, \ldots, j$

$$R_{jk} = \frac{4^{k-1}R_{j,k-1} - R_{j-1,k-1}}{4^{k-1} - 1}$$

　　終止
　終止

MATLAB 程式碼為上面演算法直接編碼完成。

```
% 程式 5.1  Romberg 積分法
% 計算定積分近似值
% 輸入：Matlab 行內函式定義的被積分函數f，
%       a, b 積分區間，n＝列數
% 輸出：Romberg 表格 r
function r=romberg(f,a,b,n)
h=(b-a)./(2.^(0:n-1));
r(1,1)=(b-a)*(f(a)+f(b))/2;
for j=2:n
  subtotal = 0;
  for i=1:2^(j-2)
    subtotal = subtotal + f(a+(2*i-1)*h(j));
  end
  r(j,1) = r(j-1,1)/2+h(j)*subtotal;
  for k=2:j
    r(j,k)=(4^(k-1)*r(j,k-1)-r(j-1,k-1))/(4^(k-1)-1);
  end
end
```

範例 5.11

以 Romberg 積分法來近似 $\int_1^2 \ln x\, dx$。

以剛才的程式碼執行結果為

```
>> romberg(inline('log(x)'),1,2,4)

ans =

  0.34657359027997   0                 0                 0
  0.37601934919407   0.38583460216543  0                 0
  0.38369950940944   0.38625956281457  0.38628789352451  0
  0.38564390995210   0.38629204346631  0.38629420884310  0.38629430908625
```

注意 R_{43} 和 R_{44} 的前 6 位小數是相同的，這是 Romberg 法收斂到定積分之正確值的徵兆。可將其與正確值 $2\ln 2 - 1 \approx 0.38629436$ 來做比較。

比較範例 5.11 與範例 5.8 的結果，在 Romberg 第二行的最後一個元素，和複合辛普森法結果是相同的。這並非巧合，事實上，Romberg 的第一行被定義為連續的複合梯形法結果，第二行為複合辛普森法結果；也就是說，複合梯形法的外插就是複合辛普森法。請見習題 3。

Romberg 積分常見的停止準則是，計算新的一列直到連續兩個對角線元素 R_{jj} 的差小於預設誤差容忍值為止。

5.3 習題

1. 以 Romberg 積分法求下列積分式的 R_{33}。

   (a) $\int_0^1 x^2\,dx$ (b) $\int_0^{\pi/2} \cos x\,dx$ (c) $\int_0^1 e^x\,dx$

2. 以 Romberg 積分法求下列積分式的 R_{33}。

   (a) $\int_0^1 xe^x\,dx$ (b) $\int_0^1 \dfrac{dx}{1+x^2}\,dx$ (c) $\int_0^\pi x\cos x\,dx$

3. 證明複合梯形法 R_{11} 與 R_{21} 的外插所得即為複合辛普森法（間距為 h_2）的 R_{22}。

4. 證明 Romberg 積分法的 R_{33} 可表示為 Boole 法（間距為 h_3），如 5.2 節習題 13 中定義。

5. 證明公式 (5.31)。

6. 證明公式 (5.35)。

5.3 電腦演算題

1. 使用 Romberg 積分法近似公式 R_{55} 求下列定積分近似值。與正確的積分值做比較，並列出誤差。

(a) $\int_0^4 \dfrac{x\,dx}{\sqrt{x^2+9}}$ (b) $\int_0^1 \dfrac{x^3\,dx}{x^2+1}$ (c) $\int_0^1 xe^x\,dx$ (d) $\int_1^3 x^2 \ln x\,dx$

(e) $\int_0^\pi x^2 \sin x\,dx$ (f) $\int_2^3 \dfrac{x^3\,dx}{\sqrt{x^4-1}}$ (g) $\int_0^{2\sqrt{3}} \dfrac{dx}{\sqrt{x^2+4}}\,dx$

(h) $\int_0^1 \dfrac{x\,dx}{\sqrt{x^4+1}}\,dx$

2. 使用 Romberg 積分法求下列定積分近似值，並以連續兩個對角線元素 R_{jj} 的差小於 0.5×10^{-8} 為停止準則。

(a) $\int_0^1 e^{x^2}\,dx$ (b) $\int_0^{\sqrt{\pi}} \sin x^2\,dx$ (c) $\int_0^\pi e^{\cos x}\,dx$ (d) $\int_0^1 \ln(x^2+1)\,dx$

(e) $\int_0^1 \dfrac{x\,dx}{2e^x - e^{-x}}$ (f) $\int_0^\pi \cos e^x\,dx$ (g) $\int_0^1 x^x\,dx$

(h) $\int_0^{\pi/2} \ln(\cos x + \sin x)\,dx$

3. (a) 驗證 Romberg 積分第二行的階數，如果它們為四階近似公式，那麼誤差與 h 的對數作圖看起來應該如何？以範例 5.11 的積分式來完成本題。

(b) 驗證 Romberg 積分法第三行的階數。

5.4 適應積分法

我們目前學習到的積分近似法都是使用相同的間距值；一般來說，較小的間距值可改善準確性。一個劇烈變化的函數將會需要較多的分割間距，相對地需要更多運算時間，這是因為需要較小的間距才可以呈現數值的變化。

雖然我們有複合法的誤差公式，但通常難以使用它們直接計算符合給定容許誤差的 h 值。該公式牽涉到高階導數，因此可能會很複雜，而且不容易在問題所給定的區間進行計算；如果函數只有列表數值，那麼可能根本無法產生高階導數。

第二個關於在等距情況下使用複合公式的問題是，函數通常在某些範圍內

數值微分與積分

有劇烈變化,但在其他範圍變動較慢 (參考圖 5.5)。於是在前段符合誤差容忍值的間距,在後段可能會顯得誇張的大。

而幸運的是,有一個方式可以同時解決這兩個問題。利用積分誤差公式的數據,可以發展出一個準則用來決定在計算過程中,對特定的子區間適合用多大的間距。這個方法的概念,稱之為**適應積分法** (adaptive quadrature),它和我們在本章所學的外插法概念有很大的關聯性。

依據 (5.21) 式,區間 $[a, b]$ 中使用梯形公式 $S_{[a,b]}$ 將滿足

$$\int_a^b f(x)\,dx = S_{[a,b]} - h^3 \frac{f''(c_0)}{12} \tag{5.36}$$

對某些 $a < c_0 < b$,其中 $h = b - a$。令 c 為 $[a, b]$ 中點,我們可以把區間一分為二,並以相同的公式分別應用梯形法,可得

$$\begin{aligned}\int_a^b f(x)\,dx &= S_{[a,c]} - \frac{h^3}{8}\frac{f''(c_1)}{12} + S_{[c,b]} - \frac{h^3}{8}\frac{f''(c_2)}{12} \\ &= S_{[a,c]} + S_{[c,b]} - \frac{h^3}{4}\frac{f''(c_3)}{12},\end{aligned} \tag{5.37}$$

其中 c_1 和 c_2 分別落在 $[a, c]$ 和 $[c, b]$ 中,同時我們也用定理 5.1 將誤差項合併。再將 (5.36) 式減去 (5.37) 式產生

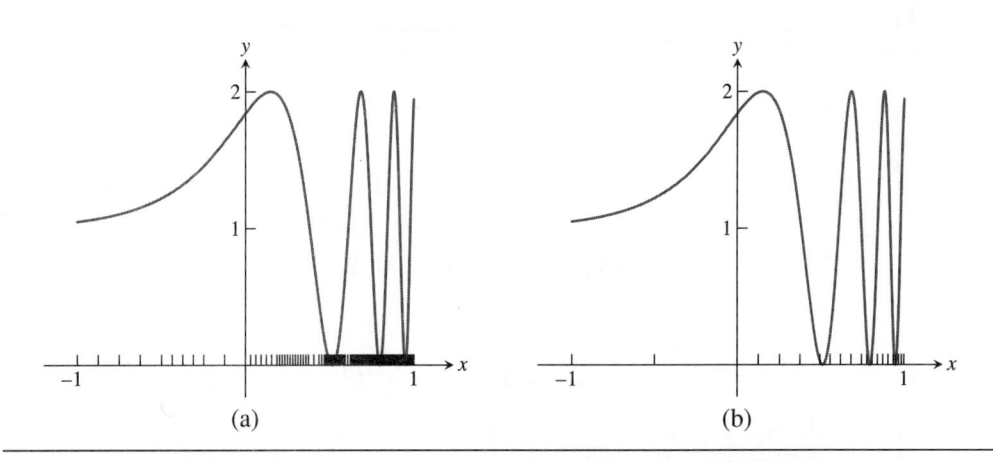

圖 5.5 以適應積分法求解 $f(x) = 1 + \sin e^{3x}$。誤差容忍值設定為 TOL = 0.005。
(a) 適應梯形法需要 140 個子區間。(b) 適應辛普森法需要 20 個子區間。

$$S_{[a,b]} - (S_{[a,c]} + S_{[c,b]}) = -\frac{h^3}{4}\frac{f''(c_3)}{12} + h^3\frac{f''(c_0)}{12}$$
$$\approx \frac{3}{4}h^3\frac{f''(c_3)}{12}, \tag{5.38}$$

其中假設近似值 $f''(c_3) \approx f''(c_0)$。

要將方程式減去精確的積分值，我們可以將近似誤差用我們能計算的公式取代。舉例來說，從 (5.37) 式可得知對區間 $[a, b]$，$S_{[a,b]} - (S_{[a,c]} + S_{[c,b]})$ 大約是公式 $S_{[a,c]} + S_{[c,b]}$ 的積分誤差的三倍。因此，對任意的誤差容忍值，我們可以檢查前式是否小於 3*TOL，這是個檢驗後面的近似公式與未知的精確積分值誤差是否小於 TOL 的粗略方法。

如果無法達到此準則，我們可以再切割一次。用這個準則來判斷是否接受子區間的積分近似值，我們可以繼續將區間減半，然後將準則遞迴應用到每個平分的區間。每個分割成半的區間所要求的誤差容忍值應減低 2 倍，對梯形法來說誤差將下降 $2^3 = 8$ 倍，所以足夠次數的等分將使適應複合近似法符合一開始的誤差容忍值。

適應積分法

求 $\int_a^b f(x)\,dx$ 近似值精確到誤差容忍值 TOL 內：

$c = \dfrac{a+b}{2}$

$S_{[a,b]} = (b-a)\dfrac{f(a)+f(b)}{2}$

若 $|S_{[a,b]} - S_{[a,c]} - S_{[c,b]}| < 3 \cdot \text{TOL} \cdot \left(\dfrac{b-a}{b_{原始} - a_{原始}}\right)$

　接受 $S_{[a,c]} + S_{[c,b]}$ 為 $[a, b]$ 區間的近似值

否則

　重複上述方法遞迴應用到 $[a, c]$ 和 $[c, b]$

終止

MATLAB 的程式策略如下：在未開始運作時先建立子區間序列，序列起初只包含一個區間——[a, b]。通常來說，選擇序列中最後一個子區間，然後代入停止準則。如果滿足，那麼子區間的積分近似值就被加入總和，而且在序列中除去這個區間。如果不滿足條件，序列上的子區間就會被兩個子區間所取代，序列加長一個子區間，然後我們移動到序列末端並重複所有動作。下面的 MATLAB 程式碼完成了這個策略：

```
% 程式 5.2   適應積分法
% 計算定積分近似值
% 輸入：Matlab 行內函式定義的被積分函數 f, 區間 [a0, b0],
%       誤差容忍值 tol0
% 輸出：定積分近似值
function sum=adapquad(f,a0,b0,tol0)
sum=0; n=1; a(1)=a0; b(1)=b0; tol(1)=tol0; app(1)=trap(f,a,b);
while n>0                    %n 為目前序列結束位置
    c=(a(n)+b(n))/2; oldapp=app(n);
    app(n)=trap(f,a(n),c);app(n+1)=trap(f,c,b(n));
    if abs(oldapp-(app(n)+app(n+1)))<3*tol(n)
        sum=sum+app(n)+app(n+1);        % 成功
        n=n-1;                          % 完成該區間
    else                                % 分割成兩個區間
        b(n+1)=b(n); b(n)=c;            % 設定新的區間
        a(n+1)=c;
        tol(n)=tol(n)/2; tol(n+1)=tol(n);
        n=n+1;                          % 到序列結束位置，並重複之
    end
end

function s=trap(f,a,b)
s=(f(a)+f(b))*(b-a)/2;
```

範例 5.12

使用適應積分法來近似下列積分

$$\int_{-1}^{1} (1+\sin e^{3x})\,dx.$$

圖 5.5(a) 顯示了適應積分法對 $f(x)$ 的演算結果，誤差容忍值為 0.005。雖然需要 140 個區間，但只有 11 個區間是在「平靜的」區段 [−1, 0]。定積分的

近似值為 2.502 ± 0.005。再次執行程式，但這回將誤差容忍值改為 0.5×10^{-4}，可得近似值 2.5008，4 位小數正確，需計算 1316 個子區間。

當然，可用其他更好的方法取代梯形法。例如，令 $S_{[a,b]}$ 表示辛普森法 (5.22) 式在區間 $[a, b]$ 所得積分近似值：

$$\int_a^b f(x)\,dx = S_{[a,b]} - \frac{h^5}{90} f^{(iv)}(c_0). \tag{5.39}$$

將 $[a, b]$ 對分為兩個子區間，分別以辛普森法求積分可得

$$\begin{aligned}\int_a^b f(x)\,dx &= S_{[a,c]} - \frac{h^5}{32}\frac{f^{(iv)}(c_1)}{90} + S_{[c,b]} - \frac{h^3}{32}\frac{f^{(iv)}(c_2)}{90} \\ &= S_{[a,c]} + S_{[c,b]} - \frac{h^5}{16}\frac{f^{(iv)}(c_3)}{90},\end{aligned} \tag{5.40}$$

其中我們已用定理 5.1 來合併誤差項。將 (5.39) 式減去 (5.40) 式產生

$$\begin{aligned}S_{[a,b]} - (S_{[a,c]} + S_{[c,b]}) &= h^5 \frac{f^{(iv)}(c_0)}{90} - \frac{h^5}{16}\frac{f^{(iv)}(c_3)}{90} \\ &\approx \frac{15}{16} h^3 \frac{f^{(iv)}(c_3)}{90},\end{aligned} \tag{5.41}$$

其中假設近似值 $f^{(iv)}(c_3) \approx f^{(iv)}(c_0)$。

因為 $S_{[a,b]} - (S_{[a,c]} + S_{[c,b]})$ 約為積分近似值 $S_{[a,c]} + S_{[c,b]}$ 誤差的 15 倍，我們可以此制定新的停止準則：

$$|S_{[a,b]} - (S_{[a,c]} + S_{[c,b]})| < 15 * \text{TOL} \tag{5.42}$$

然後像之前一樣開始運算；傳統上將條件中的 15 換成 10，讓演算法更保守些。圖 5.5(b) 說明了對相同積分式使用適應辛普森積分法，當誤差容忍值為 0.005 時，積分近似值為 2.500，使用 20 個子區間，比起適應梯形積分法減少了許多子區間數。再將誤差容忍值降低到 0.5×10^{-4} 可得 2.5008，且只需使用 58 個子區間。

5.4 習 題

1. 用適應積分法，以梯形法及誤差容忍值 TOL＝0.05，以手算下列積分式近似值，並求其近似誤差。

   (a) $\displaystyle\int_0^1 x^2\,dx$ (b) $\displaystyle\int_0^{\pi/2} \cos x\,dx$ (c) $\displaystyle\int_0^1 e^x\,dx$

2. 用適應積分法，以辛普森法及誤差容忍值 TOL＝0.01，以手算下列積分式近似值，並求其近似誤差。

   (a) $\displaystyle\int_0^1 xe^x\,dx$ (b) $\displaystyle\int_0^1 \frac{dx}{1+x^2}\,dx$ (c) $\displaystyle\int_0^{\pi} x\cos x\,dx$

3. 推導出利用 (5.26) 式中點法的適應積分法，請先求得對子區間誤差容忍值的停止準則。

4. 推導出利用 (5.28) 式積分公式的適應積分法。

5.4 電腦演算題

1. 以適應梯形積分法求下列定積分近似值，誤差需小於 0.5×10^{-8}。答案需有 8 位正確小數，並列出所需的子區間數。

   (a) $\displaystyle\int_0^4 \frac{x\,dx}{\sqrt{x^2+9}}$ (b) $\displaystyle\int_0^1 \frac{x^3\,dx}{x^2+1}$ (c) $\displaystyle\int_0^1 xe^x\,dx$ (d) $\displaystyle\int_1^3 x^2 \ln x\,dx$

   (e) $\displaystyle\int_0^{\pi} x^2 \sin x\,dx$ (f) $\displaystyle\int_2^3 \frac{x^3\,dx}{\sqrt{x^4-1}}$ (g) $\displaystyle\int_0^{2\sqrt{3}} \frac{dx}{\sqrt{x^2+4}}\,dx$

   (h) $\displaystyle\int_0^1 \frac{x\,dx}{\sqrt{x^4+1}}\,dx$

2. 將適應梯形積分法的 MATLAB 程式碼修改成用辛普森法，並利用 (5.42) 式的停止準則，但把 15 換成 10。求範例 5.12 的積分式近似值且誤差不大於 0.005，與圖 5.5(b) 做比較。需要多少個子區間？

3. 以電腦演算題 2 所得的適應辛普森積分法，重做電腦演算題 1。

4. 以習題 3 所得的適應中點積分法，重做電腦演算題 1。

5. 以習題 4 所得的適應開式 Newton-Cotes 積分法，重做電腦演算題 1。利用 (5, 40) 式的停止準則，但把 15 換成 10。

6. 以適應梯形積分法求下列定積分近似值，誤差需小於 0.5×10^{-8}。

   (a) $\int_0^1 e^{x^2} dx$ (b) $\int_0^{\sqrt{\pi}} \sin x^2 dx$ (c) $\int_0^{\pi} e^{\cos x} dx$ (d) $\int_0^1 \ln(x^2 + 1) dx$

   (e) $\int_0^1 \dfrac{x \, dx}{2e^x - e^{-x}}$ (f) $\int_0^{\pi} \cos e^x \, dx$ (g) $\int_0^1 x^x \, dx$

   (h) $\int_0^{\pi/2} \ln(\cos x + \sin x) \, dx$

7. 以適應辛普森積分法重做電腦演算題 6。

8. 常態分佈的標準差小於 σ 的機率為

$$\frac{1}{\sqrt{2\pi}} \int_{-\sigma}^{\sigma} e^{-x^2/2}.$$

   用適應辛普森積分法求小於 (a) 1，(b) 2，(c) 3 標準差的機率，需有 8 位小數正確。

9. 撰寫名為 `myerf.m` 的 MATLAB 函式，用適應辛普森積分法計算

$$\mathrm{erf}(x) = \frac{2}{\sqrt{\pi}} \int_0^x e^{-s^2} ds$$

   對任意的輸入值 x 需有 8 位小數精確。以 $x=1$ 和 $x=3$ 測試你的程式並與 MATLAB 內建函數 `erf` 作比較。

5.5 高斯積分法

積分法的精密度 n，指的是以該積分法求所有 n 次多項式函數積分，其值不會產生任何誤差。n 階 Newton-Cotes 法精密度為 n (當 n 為奇數) 和 $n+1$ (當 n 為偶數)，梯形法 (即是 $n=1$ 的 Newton-Cotes 法) 的精密度為 1，辛普森法 ($n=2$) 則可進一步精確求得三次多項式積分。

為了達到這樣的精密度，Newton-Cotes 公式以等距點使用了 $n+1$ 個函數值。回想一下在第 3 章關於 Chebyshev 多項式的討論，我們想問的是，Newton-Cotes 公式的精密度已經是最好的嗎？還是可以找到更強力的公式？特別是，如果不再要求函數在等距點求值，那麼有其他更好的方法嗎？

至少從精密度的角度來看，還有更強力以及精密的方法。我們挑出最有名的一個在這節中討論，**高斯積分法** (Gaussian quadrature) 使用 $n+1$ 個資料點便能有精密度 $2n+1$，這是 Newton-Cotes 的兩倍，但函數求值點並非等距。解釋高斯積分法如何運作將稍微離題到**正交函數** (orthogonal function)，這不但本身有趣，同時數值方法的冰山之頂亦受正交優點所引發。

定義 5.3 若定義在區間 $[a, b]$ 上的非零函數集合 $\{p_0, \cdots, p_n\}$ 滿足

$$\int_a^b p_j(x) p_k(x)\, dx = \begin{cases} 0 & j \neq k \\ \neq 0 & j = k. \end{cases}$$

則稱該函數集合在 $[a, b]$ 上**正交** (orthogonal)。

定理 5.4 若 $\{p_0, p_1, \cdots, p_n\}$ 為在區間 $[a, b]$ 上的多項式正交集合，其中 $\deg p_i = i$，則 $\{p_0, p_1, \cdots, p_n\}$ 為在 $[a, b]$ 上至多 n 次多項式所構成向量空間之基底。

證明： 我們必須證明該些多項式可張成向量空間且線性獨立。以數學歸納法很容易可以證明任意多項式集合 $\{p_0, p_1, \cdots, p_n\}$，其中 $\deg p_i = i$，可張成至多為 n 次的多項式向量空間。要證明線性獨立，我們可證明若假設 $\sum_{i=0}^n c_i p_i(x) = 0$，則除非所有的 c_i 皆為 0。這將用到正交的特性；對任意的 $0 \le k \le n$，因為除了本身，p_k 與所有多項式正交，可得

$$0 = \int_a^b p_k \sum_{i=0}^n c_i p_i(x)\, dx = \sum_{i=0}^n c_i \int_a^b p_k p_i\, dx = c_k \int_a^b p_k^2\, dx. \tag{5.43}$$

因此，$c_k = 0$。

> **聚焦** **正交性**
>
> 在第 4 章中，我們發現有限維向量的正交性，有助於最小平方問題的公式化與求解。而在積分法中，我們需要無限維空間裡的正交性，例如單變數多項式的向量空間，基底之一就是單項式 $\{1, x, x^2, \cdots\}$。然而，另一個更有用的基底就是一個正交集合。滿足在區間 $[-1, 1]$ 上的正交性，一個好的選擇就是 Legendre 多項式 (Legendre polynomials)。

下個定理的證明省略。

定理 5.5 若 $\{p_0, \cdots, p_n\}$ 為區間 $[a, b]$ 上之多項式正交集合，且 $\deg p_i = i$，則 p_i 在區間 (a, b) 內有 i 個相異根。

範例 5.13

求在區間 $[-1, 1]$ 中的三個正交多項式集合。

推測 $p_0(x) = 1$ 和 $p_1(x) = x$ 是一個好的開始，因為

$$\int_{-1}^{1} 1 \cdot x \, dx = 0.$$

嘗試 $p_2(x) = x^2$ 則不可行，因為它無法與 $p_0(x)$ 正交：

$$\int_{-1}^{1} p_0(x) x^2 \, dx = 2/3 \neq 0.$$

調整成 $p_2(x) = x^2 + c$，可得

$$\int_{-1}^{1} p_0(x)(x^2 + c) \, dx = 2/3 + 2c = 0,$$

只要 $c = -1/3$ 即可。驗證 p_1 和 p_2 同樣正交（見習題 7）。因此，在區間 $[1, -1]$ 上，$\{1, x, x^2 - 1/3\}$ 為正交集合

範例 5.13 的三個多項式，屬於 Legendre 多項式集合。

範例 5.14

證明 Legendre 多項式集合

$$p_i(x) = \frac{1}{2^i i!} \frac{d^i}{dx^i}[(x^2-1)^i]$$

其中 $0 \leq i \leq n$，在區間 $[-1, 1]$ 上正交。

首先注意到 $p_i(x)$ 為 i 次多項式，因為它是 $2i$ 次多項式的 i 階導數；其次，若 $i < j$，$(x^2-1)^j$ 的 i 階導數可被 (x^2-1) 整除。

我們要證明當 $i < j$ 時，積分式

$$\int_{-1}^{1} [(x^2-1)^i]^{(i)} [(x^2-1)^j]^{(j)} \, dx$$

為零。利用部分積分，令 $u = [(x^2-1)^i]^{(i)}$ 及 $dv = [(x^2-1)^j]^{(j)} \, dx$

$$\begin{aligned} uv - \int_{-1}^{1} v \, du &= [(x^2-1)^i]^{(i)} [(x^2-1)^j]^{(j-1)} \big|_{-1}^{1} \\ &\quad - \int_{-1}^{1} [(x^2-1)^i]^{(i+1)} [(x^2-1)^j]^{(j-1)} \, dx \\ &= -\int_{-1}^{1} [(x^2-1)^i]^{(i+1)} [(x^2-1)^j]^{(j-1)} \, dx, \end{aligned}$$

其中因為 $[(x^2-1)^j]^{(j-1)}$ 可被 (x^2-1) 整除。

經過 $i+1$ 次重複執行部分積分，我們可得

$$(-1)^{i+1} \int_{-1}^{1} [(x^2-1)^i]^{(2i+1)} [(x^2-1)^j]^{(j-i-1)} \, dx = 0,$$

因為 $(x^2-1)^i$ 的 $(2i+1)$ 階導數為零。 ◆

依據定理 5.5，n 次 Legendre 多項式在 $[-1, 1]$ 區間內有 n 個根 $x_1, \cdots, x_n$。函數的高斯積分法可簡單地說是函數在 Legendre 的根之值的線性組合。為達

此目的，我們用內插節點為 Legendre 根之多項式的積分來近似所求函數積分。

給定 n 值，令 $Q(x)$ 為被積分函數 $f(x)$ 擬合節點 $x_1, \cdots, x_n$ 的內插多項式，以拉格朗奇公式，我們可得

$$Q(x) = \sum_{i=1}^{n} L_i(x) f(x_i), \text{ 其中 } L_i(x) = \frac{(x-x_1)\cdots \cancel{(x-x_i)} \cdots (x-x_n)}{(x_i-x_1)\cdots \cancel{(x_i-x_i)} \cdots (x_i-x_n)}.$$

同時對兩側求積分，可得以下的積分近似公式：

高斯積分法

$$\int_{-1}^{1} f(x)\, dx \approx \sum_{i=1}^{n} c_i f(x_i), \tag{5.44}$$

其中

$$c_i = \int_{-1}^{1} L_i(x)\, dx, \quad i = 1, \ldots, n.$$

c_i 以高準確性表列，從 $n=2$ 到 4 的數據列在表 5.1 中。

表 5.1 高斯積分法係數。n 次 Legendre 多項式的根 x_i，及 (5.44) 式的係數 c_i。

n	根 x_i	係數 c_i
2	$-\sqrt{1/3} = -0.57735026918963$	$1 = 1.00000000000000$
	$\sqrt{1/3} = 0.57735026918963$	$1 = 1.00000000000000$
3	$-\sqrt{3/5} = -0.77459666924148$	$5/9 = 0.55555555555555$
	$0 = 0.00000000000000$	$8/9 = 0.88888888888888$
	$\sqrt{3/5} = 0.77459666924148$	$5/9 = 0.55555555555555$
4	$-\sqrt{\frac{15+2\sqrt{30}}{35}} = -0.86113631159405$	$\frac{90-5\sqrt{30}}{180} = 0.34785484513745$
	$-\sqrt{\frac{15-2\sqrt{30}}{35}} = -0.33998104358486$	$\frac{90+5\sqrt{30}}{180} = 0.65214515486255$
	$\sqrt{\frac{15-2\sqrt{30}}{35}} = 0.33998104358486$	$\frac{90+5\sqrt{30}}{180} = 0.65214515486255$
	$\sqrt{\frac{15+2\sqrt{30}}{35}} = 0.86113631159405$	$\frac{90-5\sqrt{30}}{180} = 0.34785484513745$

範例 5.15

以高斯積分法求

$$\int_{-1}^{1} e^{-\frac{x^2}{2}} dx,$$

的近似值。

正確至 14 位小數的解為 1.71124878378430。對於被積分函數 $f(x) = e^{-x^2/2}$，$n=2$ 的高斯積分近似值為

$$\int_{-1}^{1} e^{-\frac{x^2}{2}} dx \approx c_1 f(x_1) + c_2 f(x_2)$$
$$= 1 \cdot f(-\sqrt{1/3}) + 1 \cdot f(\sqrt{1/3}) \approx 1.69296344978123.$$

$n=3$ 時近似值為

$$\frac{5}{9} f(-\sqrt{3/5}) + \frac{8}{9} f(0) + \frac{5}{9} f(\sqrt{3/5}) \approx 1.71202024520191,$$

且 $n=4$ 時近似值為

$$c_1 f(x_1) + c_2 f(x_2) + c_3 f(x_3) + c_4 f(x_4) \approx 1.71122450459949.$$

此近似值，利用四個函數值，比 Romberg 的 R_{33} 近似解還要接近正確解，而 Romberg 法的 R_{33} 在 $[-1, 1]$ 卻用了五個等分點的函數值：

```
1.213061319425270       0                      0
1.606530659712630       1.73768710647509       0
1.685762232440910       1.71217275668367       1.71047180003091
```

關於高斯積分法準確度的祕密將在下個定理中揭示。

定理 5.6 當使用 n 次 Legendre 多項式在區間 $[-1, 1]$ 上時，高斯積分法的精密度為 $2n-1$。

證明：令 $P(x)$ 為至多 $2n-1$ 次的多項式，我們必須證明它可以被高斯積分法正確無誤地積分。

利用多項式**長除法** (long division)，我們可得

$$P(x)=S(x)p_n(x)+R(x) \tag{5.45}$$

其中 $S(x)$ 和 $R(x)$ 為低於 n 次的多項式，注意到高斯積分法可以對多項式 $R(x)$ 正確求解，因為可把它看成 $n-1$ 次內插多項式的積分，對 $R(x)$ 也一樣。

對 n 次 Legendre 多項式的根 x_i，$P(x_i)=R(x_i)$，因為 $p_n(x_i)=0$ 對所有的 i 均成立；這表示它們的高斯積分值會相等，於是它們的積分也會相同：對 (5.45) 式積分可得

$$\int_{-1}^{1} P(x)\,dx = \int_{-1}^{1} S(x)p_n(x)\,dx + \int_{-1}^{1} R(x)\,dx = 0 + \int_{-1}^{1} R(x)\,dx,$$

因為根據定理 5.4，$S(x)$ 可以寫成小於 n 次的多項式之線性組合，且它們均與 $p_n(x)$ 正交。因為高斯積分法可正確無誤求得 $R(x)$ 積分值，對 $P(x)$ 當然也是如此。

✽

若要對一般的區間 $[a, b]$ 求積分近似值，必須將區間轉回到 $[-1, 1]$。可利用變數轉換式 $t=(2x-a-b)/(b-a)$，這很容易可以驗證得

$$\int_{a}^{b} f(x)\,dx = \int_{-1}^{1} f\left(\frac{(b-a)t+b+a}{2}\right)\frac{b-a}{2}\,dt. \tag{5.46}$$

我們以一個範例來說明。

範例 5.16

以高斯積分法求

$$\int_{1}^{2} \ln x\,dx$$

的近似值。

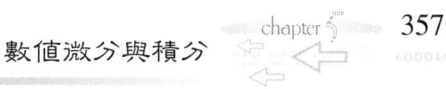

依據 (5.46) 式，得

$$\int_1^2 \ln x \, dx = \int_{-1}^1 \ln\left(\frac{t+3}{2}\right)\frac{1}{2}\, dt.$$

現在我們可以令 $f(t)=\ln((t+3)/2)/2$，如此便可使用標準的根和係數。當 $n=4$ 所得結果為 0.38629449693871，和正確值 $2\ln 2 - 1 \approx 0.38629436111989$ 比較，又一次發現，比起範例 5.11 的 Romberg 積分法使用四個求值點時是更加準確的。

◆

5.5 習題

1. 使用 $n=2$ 高斯積分法求積分式近似值。和正確值做比較，並求其誤差。

   (a) $\displaystyle\int_{-1}^1 (x^3+2x)\, dx$ (b) $\displaystyle\int_{-1}^1 x^4\, dx$ (c) $\displaystyle\int_{-1}^1 e^x\, dx$ (d) $\displaystyle\int_{-1}^1 \cos\pi x\, dx$

2. 使用 $n=3$ 高斯積分法求習題 1 的積分式近似值，並求其誤差。

3. 使用 $n=4$ 高斯積分法求習題 1 的積分式近似值，並求其誤差。

4. 使用變數轉換式 (5.46) 改寫積分式，使其積分範圍變為 $[-1, 1]$。

   (a) $\displaystyle\int_0^4 \frac{x\, dx}{\sqrt{x^2+9}}$ (b) $\displaystyle\int_0^1 \frac{x^3\, dx}{x^2+1}$ (c) $\displaystyle\int_0^1 xe^x\, dx$ (d) $\displaystyle\int_1^3 x^2 \ln x\, dx$

5. 使用 $n=3$ 高斯積分法求習題 4 的積分式近似值。

6. 使用 $n=4$ 高斯積分法求積分式近似值。

   (a) $\displaystyle\int_0^1 (x^3+2x)\, dx$ (b) $\displaystyle\int_1^4 \ln x\, dx$ (c) $\displaystyle\int_{-1}^2 x^5\, dx$ (d) $\displaystyle\int_{-3}^3 e^{-\frac{x^2}{2}}\, dx$

7. 證明 Legendre 多項式 $p_1(x)=x$ 和 $p_2(x)=x^2-1/3$ 在區間 $[-1, 1]$ 上為正交。

8. 求三次 Legendre 多項式，並和範例 5.13 做比較。

9. 驗證表 5.1 的係數 c_i 和 x_i，當 $n=3$。

10. 驗證表 5.1 的係數 c_i 和 x_i，當 $n=4$。

實作 5　電腦輔助建模中的動作控制

電腦輔助建模 (computer-aided modeling) 與**電腦輔助製造** (computer-aided manufacturing)，都需要對預先設定的動作路徑精準地控制空間位置。我們將說明如何應用適應積分法來解決問題的基本面：**等分割** (equipartition)，或將任意路徑分割為相同長度的子路徑。

在數值機械問題中，按照路徑維持固定的速度是較好的選擇。每一秒，依**機器/物質介面** (machine-material interface) 的行進長度相同。在其他動作規劃的應用中，包含了電腦動畫，可能會要求更複雜的行進曲線：將手伸到門把上，這可能在一開始和結束時是慢速的，但在中間過程速度卻較快。機器人和虛擬實境的應用則需要在參數曲線和曲面上操控。建構一個以相同小量增加的路徑距離之表格，通常是首要的工作。

假設給定參數路徑 $P = \{x(t), y(t) | 0 \leq t \leq 1\}$，圖 5.6 為範例路徑

$$P = \begin{cases} x(t) = 0.5 + 0.3t + 3.9t^2 - 4.7t^3 \\ y(t) = 1.5 + 0.3t + 0.9t^2 - 2.7t^3 \end{cases},$$

這就是由 (0.5, 1.5)、(0.6, 1.6)、(2, 2)、(0, 0) 四點所定義的貝茲曲線（參考 3.5 節），如圖所示，這些點定義在等距參數值 $t = 0$、$1/4$、$1/2$、$3/4$、1。但是等距的參數並不代表曲線長度也會相等，你的目標就是應用積分法去將這個路徑分成等長的 n 段。

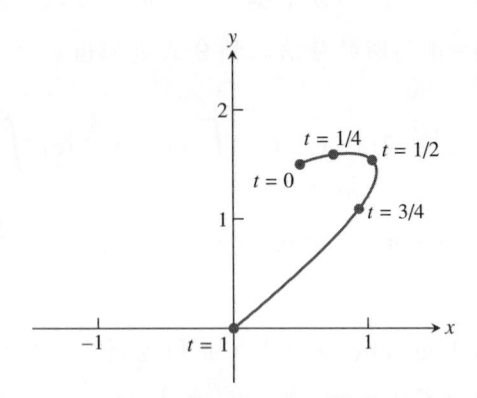

圖 5.6　以貝茲樣條函數定義之參數曲線。通常，等間隔的參數 t 並不會以等長分隔路徑。

溫習微積分中從 t_1 到 t_2 的路徑曲線長度計算公式為

$$\int_{t_1}^{t_2} \sqrt{x'(t)^2 + y'(t)^2}\, dt.$$

只有很少數的積分有一個閉式表示，且通常適應積分法的技巧會被用來控制路徑參數。

建議活動：

1. 撰寫一個 MATLAB 函數，對指定的 $T \leq 1$，使用適應積分法來計算從 $t=0$ 到 $t=T$ 的曲線長度。

2. 撰寫一個程式，對任意的輸入 s，求參數 $t^*(s)$ 使得延曲線移動長度為 s。換句話說，從 $t=0$ 到 $t=t^*(s)$ 將從 $t=0$ 到 $t=1$ 的曲線分割成長度等於 s。用二分法求點 $t^*(s)$ 到 3 位正確小數。用來求零解的函數為何？二分法最初的解區間應為何？

3. 等分割路徑為 n 個等長的子路徑，假設 $n=4$ 及 $n=20$，如圖 5.6 繪製等分圖形。

4. 將步驟 2 的二分法換成牛頓法，重新完成步驟 2 和 3。所需導數為何？一個好的初始猜測為何？如此是否降低了計算時間？

附錄 A 展示了 MATLAB 所提供的動畫指令。例如以下指令

```
set(gca,'XLim',[-2 2],'YLim',[-2 2],'Drawmode','fast',...
   'Visible','on');
cla
axis square
ball=line('color','r','Marker','o','MarkerSize',10,...
   'LineWidth',2, 'erase','xor','xdata',[],'ydata',[]);
```

用下列指令定義物件「ball」的位置為 (x, y)。

```
set(ball,'xdata',x,'ydata',y); drawnow;pause(0.01)
```

將此行放在一個改變 x 和 y 會使在 MATLAB 圖形視窗內的 ball 依路徑而移動的迴圈內。

5. 用 MATLAB 動畫指令來展示依路徑移動，先以原始參數 $0 \leq t \leq 1$ 的速度，再以 $t^*(s)$ 的固定速度 $(0 \leq s \leq 1)$。

6. 以你所選擇的路徑進行等分割的實驗。舉例來說，選定平面 (或 3-D) 上任意四點，求其對應的貝茲樣條函數，並將其分為 n 段。

7. 寫一個程式會依據任意的**進展曲線** (progress curve) $C(s)$ [$0 \leq s \leq 1$，$C(0) = 0$ 及 $C(1) = 1$]，沿著路徑 P 移動。物件沿著曲線 C 以 $C(s)$ 的比例移動，$C(s)$ 表示介於 0 到 s 間路徑的總弧長。舉例來說，沿著路徑定速移動相當於 $C(s) = s$。試試看進展曲線為 $C(s) = s^{1/3}$ 和 $C(s) = s^2$。

平面或空間曲線的**再參數化** (reparametrization) 之詳細說明或應用請查閱 [1] 和 [5]。

軟體和延伸閱讀

閉式和開式 Newton-Cotes 法是求定積分的基本工具，Romberg 積分是一個加速版本，大多數的商用軟體包含某種形式的適應積分法，數值微分和積分的經典教科書請參考 [2, 9, 7, 3, 4]。

許多有效的求積分技巧，被寫成 Fortran 副程式並收錄在公用套裝軟體 Quadpack [8] 裡，這套軟體可以在 Netlib 網站下載 (www.netlib.org/quadpack)。Gauss-Kronrod 法是個以高斯積分法為基礎的適應方法，Quadpack 軟體提供非適應方法 (QNG) 與適應法 (QAG)，後者即基於 Gauss-Kronrod 法。在 IMSL 和 NAG 裡的程式都以 Quadpack 副程式為基礎。舉例來說，在 IMSL 中 quadrature 積分這類程式都是用 Java 來撰寫。

MATLAB 的 quad 指令執行適應複合辛普森積分法，而 dblquad 則用來處理二重積分。MATLAB 的符號工具箱，包含了 diff 和 int 指令，分別用來做符號微分和符號積分。

多變數函數的積分，只要積分區域簡單，可以用一維的方法來直接延伸，參照 [2, 6]。在一些複雜的區域裡，則可用 Monte-Carlo 積分。Monte-Carlo 法比較容易寫程式，但是通常會較慢收斂。這些問題將在第 9 章繼續討論。

CHAPTER 6

常微分方程

在西元 1940 年 11 月 7 日以前，塔科碼海峽吊橋 (Tacoma narrows bridge) 還是世界上第三長的吊橋，但它受到強風的吹襲引起顯著的垂直震盪，在當天上午 11 點左右倒塌掉落到普吉灣 (Puget Sound)，也因此聲名大噪。

造成崩塌的擺動最初來自於使吊橋側旋轉的扭力，這種扭力在過去很少發生，但在倒塌前卻持續了 45 分鐘之久。這個扭力最後大到扯斷了支撐吊橋的繩索，造成吊橋迅速崩塌。

建築師與工程師對造成倒塌的因素到目前仍爭論不休，吊橋原理類似飛機機翼，因此由於空氣動力學的理由強風吹襲會造成垂直震盪，但如果橋身完善單純垂直震動是不會造成危險。這個謎團就在於扭力震動是如何產生。

416 頁的實作 6 提出一個微分方程模型用以探測扭力震盪的可能機制。

微分方程式 (differential equation) 是一個包含導數的方程式。形式如

$$y'(t) = f(t, y(t)),$$

一個一階微分方程是用現在時間和目前數量大小來表示數量 y 的變化速率。微分方程被用來模擬、瞭解以及預測依時間改變的系統。

大部分令人關注的方程式沒有**閉式解** (closed-form solution)，只留下求近似值作為唯一的辦法。本章涵蓋了用一般計算法求**常微分方程** (ordinary differential equation; ODE) 的近似解。在微分方程的概念介紹之後，接著將詳細描述與分析**尤拉法** (Euler method)；雖然尤拉法太過簡單因此未被大量應用，但是這個方法仍然非常重要，因為我們透過它非常簡單的文字，就能很容易地瞭解大部分的重要議題。

隨後還有較精密的方法，以及微分方程組的範例探討。變動步長對於有效率的求解是重要的，而解決**剛性** (stiff) 問題就必須要用到特殊的方法。本章最後將介紹**隱式法** (implicit method) 和**多步法** (multistep method)。

6.1 初始值問題

許多物理定理成功地以微分方程來將自然現象**建模** (modeling)，牛頓將運動定律寫成 $F=ma$，這是將作用於物體上的力和物體加速度連接起來的方程式，加速度也就是位置的二階導數。事實上，牛頓定律的假設，和需要把它們寫下來之基礎的發展 (即微積分)，就組成了科學史上最重要的變革之一。

一個稱為**生長方程** (logistic equation) 的簡單**模型** (model)，被用來模擬族群數量改變的速率：

$$y' = ay(1-y), \tag{6.1}$$

其中 y' 代表 y 對時間 t 的導數。如果我們把 y 表示族群數，為動物對其棲息地容量上限的比例，那麼我們就可預期 y 將成長到接近容量上限後轉為穩定。微分方程 (6.1) 表示 y 的變化率和目前數量 y 與「剩餘容量」$1-y$ 的乘積成正比。因此，當族群數很小時 (y 趨近 0)，和接近容量上限 (y 趨近 1) 時，變化率都會很小。

(6.1) 式是典型存在無限多組解 $y(t)$ 的常微分方程；藉由指定初始條件，可以指出哪一個才是我們有興趣的。在下一節中，我們將進一步討論存在與唯一性。一階常微分方程的**初始值問題** (initial value problem)，表示給定初始條件與在特定區間 $a \le t \le b$ 來求解方程式：

$$\begin{cases} y' = f(t, y) \\ y(a) = y_a \\ t \in [a, b] \end{cases} \tag{6.2}$$

參考圖 6.1(a)，將微分方程想成**斜率場** (slope field) 是有幫助的。方程式 (6.1) 可以被看成用來指定任何一個 (t, y) 值的斜率，如果我們用一個箭號來畫出平面上每個點的斜率，我們就能得到微分方程的**斜率場**或稱**方向場** (direction field)。如果等號右側的 $f(t, y)$ 獨立於 t，那麼稱方程式為**自律性** (autonomous)，請參考圖 6.1。

當在斜率場裡指定好初始條件，就可以決定無限多解中的哪一個。圖

6.1(b) 畫出兩個不同初始值的解答，初始值分別為 $y(0)=0.2$ 和 $y(0)=1.4$。

方程式 (6.1) 有一個解可以用**基本函數** (elementary function) 來表示，我們可用微分和代入法來做確認，只要初始條件 $y_0 \neq 1$，

$$y(t) = 1 - \frac{1}{1 + \frac{y_0}{1-y_0} e^{at}} \tag{6.3}$$

為初始值問題

$$\begin{cases} y' = ay(1-y) \\ y(0) = y_0 \\ t \in [0, T] \end{cases} \tag{6.4}$$

的解。解會依循圖 6.1(b) 的箭號方向，如果 $y_0=1$，解為 $y(t)=1$，可用同樣的方法來檢驗。

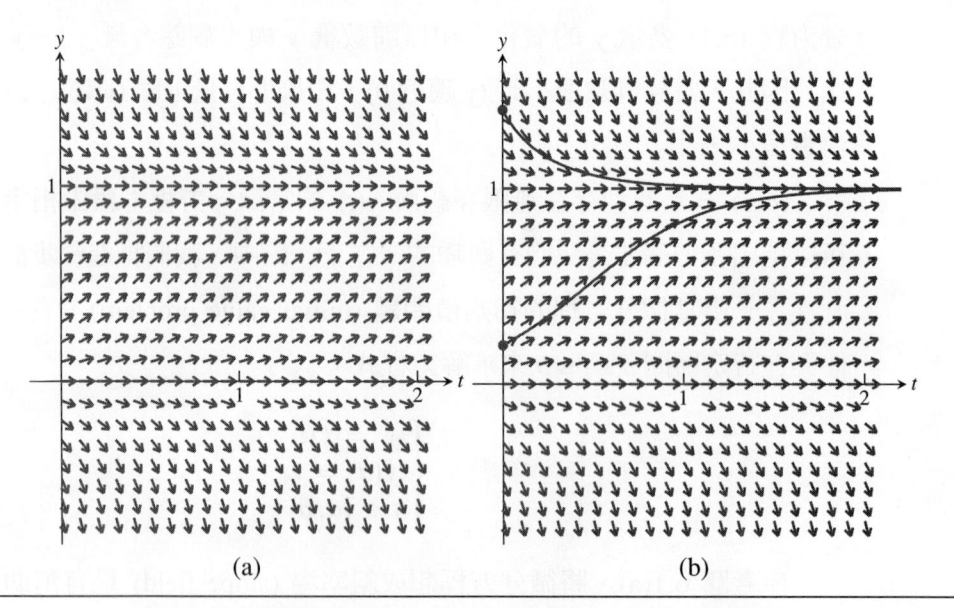

圖 6.1　生長微分方程。(a) 斜率場在 y 方向多變，但 t 方向則不變，此即自律性方程的定義。(b) 微分方程的兩個解。

❖ 6.1.1　尤拉法

生長方程有一個顯式且相當簡單的解，但是更常見的狀況是沒有顯式解公式的微分方程。圖 6.1 的幾何結果建議了另一解法：按著箭號方向來計算「求解」

微分方程式。從初始條件 (t_0, y_0) 開始，然後依照所指方向移動一小段距離後，重新估算新的點 (t_1, y_1) 斜率，依照新斜率再次往前移動，然後重複這些流程。因為採用的是斜率的估算值，所以不會完全依照正確的斜率來移動，過程中將導致些許誤差產生。但如果斜率是慢慢地改變，我們就可以得到一個相當好的初始值問題的近似解。

範例 6.1

繪製初始值問題的斜率場

$$\begin{cases} y' = ty + t^3 \\ y(0) = y_0 \\ t \in [0, 1] \end{cases} \quad . \tag{6.5}$$

圖 6.2(a) 顯示了斜率場，對平面上每個點 (t, y)，畫上斜率為 $ty+y^3$ 箭號。因為 t 在方程式右側出現，所以這個初始值問題為非自律性的；這也可由斜率場明顯地看出來，t 和 y 都會影響斜率。初始條件 $y(0)=1$ 的正確解 $y(t)=3e^{t^2/2} - t^2 - 2$ 顯示於圖中。範例 6.6 將說明如何求此顯式解。◆

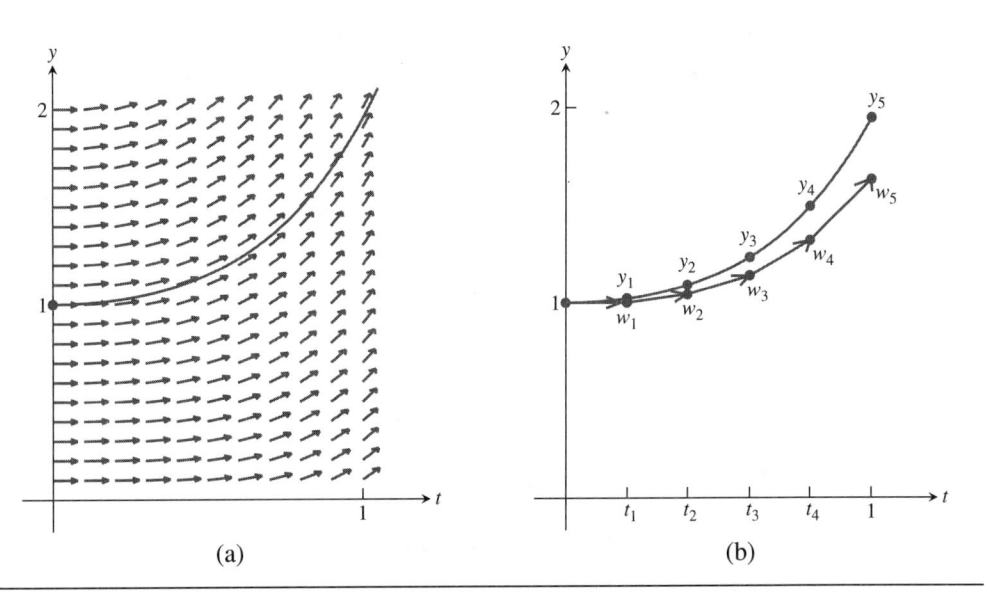

圖 6.2 初始值問題 (6.5) 的解。(a) 跟著 t 變化非自律方程的斜率場，及滿足 $y(0)=1$ 的解。(b) 以尤拉法求解方程式，步長 $h=0.2$。

圖 6.2(b) 顯示了如何利用斜率場求解的方法，即尤拉法。先求得 t 軸上等距**步長** (step size) 為 h 的 $n+1$ 個**網格** (grid) 點

$$t_0 < t_1 < t_2 \cdots < t_n.$$

在圖 6.2(b) 中，以步長 $h=0.2$ 選定的 t 值為

$$t_0=0.0 \quad t_1=0.2 \quad t_2=0.4 \quad t_3=0.6 \quad t_4=0.8 \quad t_5=1.0. \tag{6.6}$$

以 $w_0=y_0$ 開始，因為 $f(t_i, w_i)$ 表示解的斜率，順著斜率場每個 t_i 可得 t_{i+1} 的近似解

$$w_{i+1}=w_i+hf(t_i, w_i).$$

注意到在 y 方向的改變量等於水平距離 h 乘上斜率，每個 w_i 為解在 t_i 的近似值，如圖 6.2(b)。

這個方法的公式可以整理如下：

尤拉法

$$w_0=y_0$$
$$w_{i+1}=w_i+hf(t_i, w_i). \tag{6.7}$$

範例 6.2

利用尤拉法求解初始值問題 (6.5)，初始條件為 $y_0=1$。

微分方程的右側為 $f(t, y)=ty+y^3$，因此，尤拉法等於迭代式

$$w_0 = 1$$
$$w_{i+1} = w_i + h(t_i w_i + t_i^3). \tag{6.8}$$

利用 (6.6) 式步長為 0.2 的網格，可用 (6.8) 式迭代以求得近似解，圖 6.2(b) 中依尤拉法所得的 w_i 值和正確解 y_i 的比較如下表：

步數	t_i	w_i	y_i	e_i
0	0.0	1.0000	1.0000	0.0000
1	0.2	1.0000	1.0206	0.0206
2	0.4	1.0416	1.0899	0.0483
3	0.6	1.1377	1.2317	0.0939
4	0.8	1.3175	1.4914	0.1739
5	1.0	1.6306	1.9462	0.3155

表格中同時顯示每一步的誤差 $e_i = |y_i - w_i|$。誤差趨向擴大，從初始條件時的零到區間結尾的最大值，雖然最大誤差不一定總是在端點出現。

用尤拉法，但步長改為 $h=0.1$ 便可使誤差降低，這由圖 6.3(a) 明顯可見。再次利用 (6.8) 式，計算得下列數值：

步數	t_i	w_i	y_i	e_i
0	0.0	1.0000	1.0000	0.0000
1	0.1	1.0000	1.0050	0.0050
2	0.2	1.0101	1.0206	0.0105
3	0.3	1.0311	1.0481	0.0170
4	0.4	1.0647	1.0899	0.0251
5	0.5	1.1137	1.1494	0.0357
6	0.6	1.1819	1.2317	0.0497
7	0.7	1.2744	1.3429	0.0684
8	0.8	1.3979	1.4914	0.0934
9	0.9	1.5610	1.6879	0.1269
10	1.0	1.7744	1.9462	0.1718

比較 $h=0.1$ 時所得誤差 e_{10} 和 $h=0.2$ 時所得誤差 e_5。注意步長 h 減半可使得在 $t=1.0$ 時的誤差也差不多減半。

◆

底下為 MATLAB 的尤拉法程式碼，以模組化方式來完成，強調三個個別要件。繪畫程式叫用副程式執行每一次尤拉步驟，而它又呼叫包含微分方程右側 f 的函式。用這種寫法，便可以很輕易地將右側換成另一個微分方程，或將尤拉法換成另一個較準確的方法。程式碼如下：

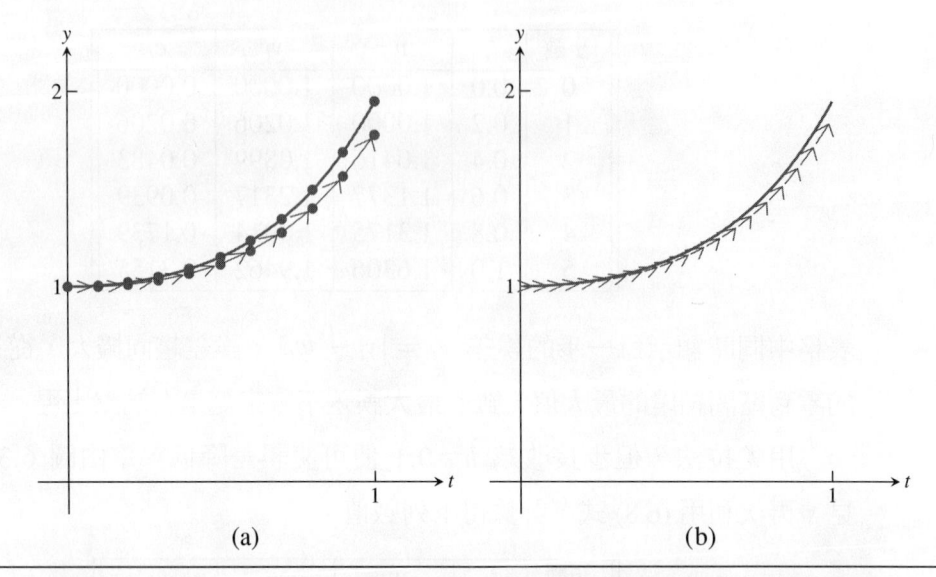

圖 6.3 尤拉法求解初始值問題 **(6.5)**。箭號表示尤拉法的迭代過程，如同圖 6.2，除了步長。(a) 步長 $h=0.1$ 之 10 步，(b) 步長 $h=0.05$ 之 20 步。

```
% 程式 6.1 尤拉法解初始值問題
% 用 ydot.m 求微分方程的右側
% 輸入：區間 [a, b]，初始值 y0，步長 h
% 輸出：時間 t，近似解 y
% 使用範例：euler([ 0 1],1,0.1);
function [t,y]=euler(int,y0,h)
t(1)=int(1); y(1)=y0;
n=round((int(2)-int(1))/h);
for i=1:n
  t(i+1)=t(i)+h;
  y(i+1)=eulerstep(t(i),y(i),h);
end
plot(t,y)

function y=eulerstep(t,y,h)
% 尤拉法一步
% 輸入：目前時間 t，目前 y 值，步長 h
% 輸出：在時間 t+h 的近似解
y=y+h*ydot(t,y);

function z=ydot(t,y)
z=t*y+t^3;
```

比較 (6.5) 式以尤拉法在 $t=1$ 所得的近似解和正確解，可得以下表格，並將先前對 $n=5$ 和 10 所得結果進一步推展成：

步數 n	步長 h	$t=1$ 時的誤差
5	0.20000	0.3155
10	0.10000	0.1718
20	0.05000	0.0899
40	0.02500	0.0460
80	0.01250	0.0233
160	0.00625	0.0117
320	0.00312	0.0059
640	0.00157	0.0029

由以上表格及圖 6.3 和 6.4 顯示出兩個事實，第一，誤差不為零。因為尤拉法不可能採以無限小的步長，因此斜率會隨步進改變，而近似值不會剛好落在解答曲線上。第二，誤差會隨著步長減小而降低。同樣可參考圖 6.3，而表格中數據說明了誤差與 h 成正比；在下一節將驗證這個事實。

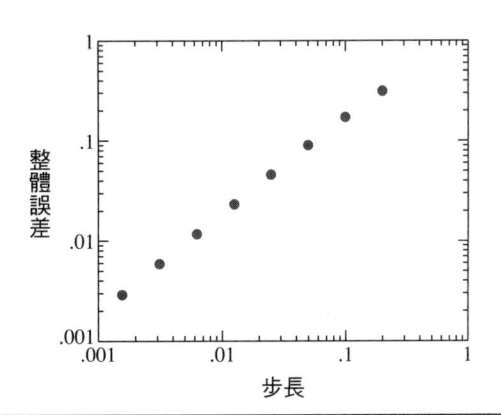

圖 6.4 尤拉法步長的誤差函數。(6.5) 式的近似解和正確解在 $t=1$ 的差異，在對數作圖中斜率為 1，所以當 h 很小時誤差與步長成正比。

範例 6.3

對初始值問題求其尤拉法公式：

$$\begin{cases} y' = cy \\ y(0) = y_0. \\ t \in [0, 1] \end{cases} \qquad (6.9)$$

對 $f(t, y) = cy$，其中 c 為常數，依據尤拉法可得

$w_0 = y_0$

$w_{i+1} = w_i + hcw_i = (1 + hc) w_i$，對 $i = 1, 2, 3 \ldots$

◆

方程式 $y' = cy$ 的正確解可以用**變數分離法** (separation of variables) 求得。假設 $y \neq 0$，對等號兩側同時除 y，分離變數再積分，過程如下：

$$\frac{dy}{y} = c\, dt$$
$$\ln|y| = ct + k.$$
$$|y| = e^{ct+k} = e^k e^{ct}$$

由於初始條件為 $y(0) = y_0$，可得 $y = y_0 e^{ct}$。

在這個簡單的例子裡，我們可以證明當步數 $n \to \infty$，尤拉法收斂到正確解。由於

$$w_i = (1 + hc)w_{i-1} = (1 + hc)^2 w_{i-2} = \cdots = (1 + hc)^i w_0.$$

對所給定的 t，令步長 $h = t/n$（n 為整數）。則在 t 的近似值為

$$w_n = (1 + hc)^n y_0$$
$$= \left(1 + \frac{ct}{n}\right)^n y_0.$$

可推得公式為

$$\lim_{n \to \infty} \left(1 + \frac{ct}{n}\right)^n = e^{ct},$$

這可證明當 $n \to \infty$，尤拉法將收斂到正確解。

❖ 6.1.2 解的存在、唯一與連續性

在這個小節中提供了初始值問題計算方法的一些理論背景，在我們開始去計算一個問題的解之前，瞭解 (1) 解是否存在，以及 (2) 是否只有一個解，將有所助益，如此演算法就不會困擾要計算哪一個。在正常的情況下，初始值問題恰有一解。

定義 6.1 對矩形空間 $S=[a, b]\times[\alpha, \beta]$，如果存在常數 L [稱為 **Lipschitz 常數** (Lipschitz constant)]，使得對 S 中的每個 (t, y_1)、(t, y_2) 均滿足

$$|f(t, y_1) - f(t, y_2)| \leq L|y_1 - y_2|,$$

則稱函數 $f(t, y)$ 在 y 變量上滿足 **Lipschitz 條件** (Lipschitz condition)。

若函數對 y 滿足 Lipschitz 條件，則保證其對 y 為連續的，但不一定可微分。

範例 6.4

求 (6.5) 式的右式 $f(t, y)=ty+t^3$ 的 Lipschitz 常數。

對集合 $0 \leq t \leq 1, -\infty < y < \infty$，函數 $f(t, y)=ty+t^3$ 在 y 變量上滿足 Lipschitz 條件，因為對該集合可得

$$|f(t, y_1) - f(t, y_2)| = |ty_1 - ty_2| \leq |t||y_1 - y_2| \leq |y_1 - y_2| \qquad (6.10)$$

同時可得 Lipschitz 常數為 $L=1$。

雖然定義 6.1 指定集合 S 需為一矩形空間，但通常 S 亦可為**凸集** (convex set)，意即集合 S 中的任意兩點之間的直線段都包含於 S。如果函數對 y 是連續且可微，Lipschitz 常數為偏微分 $\partial f/\partial y$ 的最大絕對值；依據均值定理，對任

意 t 值，存在 c 介於 y_1 與 y_2 間，使得

$$\frac{f(t, y_1) - f(t, y_2)}{y_1 - y_2} = \frac{\partial f}{\partial y}(t, c).$$

因此，L 為集合中

$$\left|\frac{\partial f}{\partial y}(t, c)\right|$$

的最大值。

Lipschitz 假設保證初始值問題解的存在和唯一性。可參考 [3] 之下面定理的證明：

定理 6.2 假設在集合 $[a, b] \times [\alpha, \beta]$ 中，$f(t, y)$ 對 y 變數為 Lipschitz 且 $\alpha < y_a < \beta$，則保證存在 c 介於 a 與 b 之間，使得初始值問題

$$\begin{cases} y' = f(t, y) \\ y(a) = y_a \\ t \in [a, c] \end{cases} \tag{6.11}$$

正好有一解 $y(t)$。且若 f 在 $[a, b] \times (-\infty, \infty)$ 為 Lipschitz，則在 $[a, b]$ 間正好有一解。

對於定理 6.2 的了解是重要的，特別是如果目的是為計算數值解。事實上，具初始條件、在 $[a, b] \times [\alpha, \beta]$ 間符合 Lipschitz 條件的初始值問題，並不保證 t 的解會落在整個區間 $[a, b]$ 中。這個簡單的原因，就是解可能離開 y 的範圍 $[\alpha, \beta]$，其中 Lipschitz 常數有效。可得最好的情況就是讓解存在於某個短區間 $[a, c]$ 中，下個範例將說明此點：

範例 6.5

在區間 $[0, c]$ 中，對以下初始值問題是否存在唯一解？

$$\begin{cases} y' = y^2 \\ y(0) = 1 \\ t \in [0, 2]. \end{cases} \tag{6.12}$$

f 對 y 的偏微分為 $2y$，對集合 $0 \leq t \leq 2$、$-10 \leq y \leq 10$，可得 Lipschitz 常數為 $\max |2y| = 20$。定理 6.2 保證有一個解開始於 $t=0$，且存在於某區間 $[a, c]$ 中，其中 $c > 0$；但不保證在整個 $[0, 2]$ 區間中有解。

事實上，微分方程 (6.12) 可以變數分離法求得唯一解為 $y(t) = 1/(1-t)$。當 t 趨近 1 時，解會變成無限大；換句話說，對任意 $0 < c < 1$，當 $0 \leq t \leq c$ 時保證有解，但大於 c 時則無解。這個範例解釋了定理 6.2 中 c 的角色：當 $|y| \leq 10$ 時 Lipschitz 常數會等於 20，但在 t 增加到 2 以前，y 的解已超過 10。

聚焦　條件性

誤差放大曾在第 1、2 二章討論過，它是一個量化的方法，用以測量輸入數據的誤差或微小改變對解產生的影響。在初始值問題也有類似的問題，而這在定理 6.3 提供了確切的答案；當初始條件 (輸入數據) $Y(a)$ 改變成 $Z(a)$ 時，在 t 時間單位後輸出最大可能的改變 $Y(t)-Z(t)$，為 t 的指數函數和初始條件差異的線性函數。後者暗示了對於固定時間 t 來說，「條件數」等於 $e^{L(t-a)}$。

定理 6.3 是關於常微分方程穩定性 (誤差擴大) 的基本論據，如果微分方程的右式有一個 Lipschitz 常數存在，那麼解在稍後的時間是一個初始值的 Lipschitz 函數，且新的 Lipschitz 常數是原 Lipschitz 常數的指數。這是一個 **Gronwall 不等式** (Gronwall inequality)。

定理 6.3 假設在集合 $S=[a, b]\times[\alpha, \beta]$ 中，$f(t, y)$ 對 y 為 Lipschitz。若對微分方程

$$y'=f(t, y)$$

及初始條件 $Y(a)$ 和 $Z(a)$，分別可得在 S 中的解 $Y(t)$ 和 $Z(t)$，則

$$|Y(t) - Z(t)| \leq e^{L(t-a)}|Y(a) - Z(a)|. \tag{6.13}$$

證明： 若 $Y(a)=Z(a)$，則依據解的唯一性可得 $Y(t)=Z(t)$，顯見必定滿足 (6.13) 式。我們只需假定 $Y(a)\neq Z(a)$，如此對區間內所有的 t，$Y(t)\neq Z(t)$，以符合唯一性。

定義 $u(t)=Y(t)-Z(t)$，因為 $u(t)$ 必為正數或負數且 (6.13) 式只使用到 $|u|$，我們可以只考慮 $u > 0$ 時；則 $u(a)=Y(a)-Z(a)$，導數為 $u'(t)=Y'(t)-Z'(t)=f(t, Y(t))-f(t, Y(t))$，依據 Lipschitz 條件可得

$$u' = |f(t, Y) - f(t, Z)| \leq L|Y(t) - Z(t)| = L|u(t)| = Lu(t),$$

因此 $(\ln u)'=u'/u \leq L$。依據均值定理，

$$\frac{\ln u(t) - \ln u(a)}{t - a} \leq L,$$

這表示

$$\ln \frac{u(t)}{u(a)} \leq L(t - a)$$

$$u(t) \leq u(a)e^{L(t-a)}.$$

即為所求。

回到範例 6.4，定理 6.3 意味對不同的初始條件所得解 $Y(t)$ 和 $Z(t)$，分離的速率不會快於 e^t 的倍數，其中 $0 \leq t \leq 1$。事實上，對初始值 Y_0 的解為 $Y(t) = (2 + Y_0)e^{t^2/2} - t^2 - 2$，所以兩個解的差為

$$|Y(t) - Z(t)| \leq |(2 + Y_0)e^{t^2/2} - t^2 - 2 - ((2 + Z_0)e^{t^2/2} - t^2 - 2)|$$
$$\leq |Y_0 - Z_0|e^{t^2/2}, \tag{6.14}$$

當 $0 \leq t \leq 1$,其小於 $|Y_0 - Z_0|e^t$,符合定理 6.3。

❖ 6.1.3 一階線性方程

有一類常微分方程式的特殊類型,可以很容易地求解,提供了一群方便的範例。它們是一階方程式,其右側的 y 變數為線性的。對初始值問題:

$$\begin{cases} y' = g(t)y + h(t) \\ y(a) = y_a \\ t \in [a,b] \end{cases} . \tag{6.15}$$

首先要注意到,如果 $g(t)$ 在 $[a, b]$ 上為連續,那麼依照定理 6.2,利用 $L = \max_{[a, b]} g(t)$ 也就是 Lipschitz 常數,保證存在唯一解。求解需用技巧,就是把方程式乘以**積分因子** (integrating factor)。

積分因子為 $e^{-\int g(t)\,dt}$,對等號兩側同乘此因子後可得

$$(y' - g(t)y)e^{-\int g(t)\,dt} = e^{-\int g(t)\,dt}h(t)$$
$$\left(ye^{-\int g(t)\,dt}\right)' = e^{-\int g(t)\,dt}h(t)$$
$$ye^{-\int g(t)\,dt} = \int e^{-\int g(t)\,dt}h(t)\,dt,$$

意即為

$$y(t) = e^{\int g(t)\,dt}\int e^{-\int g(t)\,dt}h(t)\,dt. \tag{6.16}$$

如果積分因子可以簡單表示,這個方法就提供一個一階線性方程的顯式解。

範例 6.6

解一階線性微分方程

$$\begin{cases} y' = ty + t^3 \\ y(0) = y_0 \end{cases} . \tag{6.17}$$

積分因子為

$$e^{-\int g(t)\,dt} = e^{-\frac{t^2}{2}}.$$

依據 (6.16) 式,所求解為

$$y(t) = e^{\frac{t^2}{2}} \int e^{-\frac{t^2}{2}} t^3 \, dt$$

$$= e^{\frac{t^2}{2}} \int e^{-u}(2u) \, du$$

$$= 2e^{\frac{t^2}{2}} \left[-\frac{t^2}{2} e^{-\frac{t^2}{2}} - e^{-\frac{t^2}{2}} + C \right]$$

$$= -t^2 - 2 + 2Ce^{\frac{t^2}{2}},$$

其中利用了 $u = t^2/2$ 代換。求解積分常數 C 可得 $y_0 = -2 + 2C$,所以 $C = (2 + y_0)/2$。因此,

$$y(t) = (2 + y_0)e^{\frac{t^2}{2}} - t^2 - 2.$$

♦

6.1 習　題

1. 證明函數 $y(t) = t \sin t$ 是下列微分方程的解。

    (a) $y + t^2 \cos t = ty'$　　(b) $y'' = 2 \cos t - y$　　(c) $t(y'' + y) = 2y' - 2 \sin t$

2. 證明函數 $y(t) = e^{\sin t}$ 是下列初始值問題的解。

    (a) $y' = y \cos t, y(0) = 1$　　(b) $y'' = (\cos t) y' - (\sin t) y, y(0) = 1, y'(0) = 1$

    (c) $y'' = y(1 - \ln y - (\ln y)^2), y(\pi) = 1, y'(\pi) = -1$

3. 對下列微分方程且 $y(0) = 1$,用變數分離法求初始值問題的解。

    (a) $y' = t$　　(b) $y' = t^2 y$　　(c) $y' = 2(t+1)y$

    (d) $y' = 5t^4 y$　　(e) $y' = 1/y^2$　　(f) $y' = t^3/y^2$

4. 對下列一階微分方程且 $y(0) = 0$,用變數分離法求初始值問題的解。

    (a) $y' = t + y$　　(b) $y' = t - y$　　(c) $y' = 4t - 2y$

5. 對習題 3 的初始值問題,在區間 $[0, 1]$ 中應用尤拉法以步長 $h = 1/4$ 求解。列出 w_i, $i = 0, \cdots, 4$,且求在 $t = 1$ 時所得與正確解的誤差。

6. 對習題 4 的初始值問題,在區間 $[0, 1]$ 中應用尤拉法以步長 $h = 1/4$ 求解。列出 w_i, $i = 0, \cdots, 4$,且求在 $t = 1$ 時所得與正確解的誤差。

7. 下列哪個初始值問題可用定理 6.2 保證在 [0, 1] 中有唯一解？請求 Lipschitz 常數，如果存在時。

   (a) $y'=t$ (b) $y'=y$ (c) $y'=-y$ (d) $y'=-y^3$

8. 畫出習題 7 中微分方程的斜率場，並概略畫出初始條件 $y(0)=1$、$y(0)=0$ 和 $y(0)=-1$ 的解。

9. 求習題 7 中初始值問題的解。對每個方程式，用習題 7 所得的 Lipschitz 常數，並證明 (如果可以的話) 對初始條件 $y(0)=0$ 和 $y(0)=1$ 與所得解滿足定理 6.3 的不等式。

10. (a) 證明若 $a\neq 0$，初始值問題 $y'=ay+b$、$y(0)=y_0$ 的解為 $y(t)=(b/a)(e^{at}-1)+y_0e^{at}$。(b) 對初始值 y_0 和 z_0 分別所得的解 $y(t)$、$z(t)$，證明定理 6.3 的不等式成立。

11. 用變數分離法求解初始值問題，$y'=y^2$，$y(0)=1$。

12. 求初始值問題 $y'=ty^2$ 且 $y(0)=1$ 的解。有解的最大區間 $[0, b)$ 為何？

6.1 電腦演算題

1. 在區間 [0, 1] 中，以尤拉法求解習題 3 的初始值問題，其中步長 $h=0.1$。以表格列出每一步驟的 t 值、尤拉近似值、誤差 (與正確解比較)。

2. 在區間 [0, 1] 中，分別以步長 $h=0.1$、0.05 和 0.025，繪製習題 3 初始值問題的尤拉法近似解及正確解圖形。

3. 在區間 [0, 1] 中，分別以步長 $h=0.1$、0.05 和 0.025，繪製習題 4 初始值問題的尤拉法近似解及正確解圖形。

4. 對習題 3 的初始值問題，繪製尤拉法對應於 $h=0.1\times 2^k$，$0\leq k\leq 5$ 在 $t=1$ 的誤差函數圖形。利用如圖 6.4 的對數作圖。

5. 對習題 4 的初始值問題，繪製尤拉法對應於 $h=0.1\times 2^k$，$0\leq k\leq 5$ 在 $t=1$ 的誤差函數圖形。利用如圖 6.4 的對數作圖。

6.2 初始值問題解法分析

對範例 6.1 來說,圖 6.4 說明了尤拉法近似解誤差對應於減少的步長持續減少。但能保證一直如此嗎?我們只要藉著減少步長,就可以讓誤差要多小就有多小嗎?針對尤拉法的誤差研究,將可以說明初始值問題求解的一些疑問。

❖ 6.2.1 局部和整體截尾誤差

圖 6.5 提供了一個簡圖,表示求解下列初始值問題時,使用如尤拉法解法的一步結果,

$$\begin{cases} y' = f(t, y) \\ y(a) = y_a \\ t \in [a, b] \end{cases} \quad . \tag{6.18}$$

對第 i 次步進,先前的累積誤差因為還得加上尤拉近似解的新誤差,誤差可能又被放大。為了更精準,我們將**整體截尾誤差** (global truncation error) 定義為

$$g_i = |w_i - y_i|,$$

意即初始值問題的常微分方程解法 (例如尤拉法) 近似解和正確解的差。而且,我們也將**局部截尾誤差** (local truncation error) 或稱**一步誤差** (one-step error),定義為

$$e_{i+1} = |w_{i+1} - z(t_{i+1})|, \tag{6.19}$$

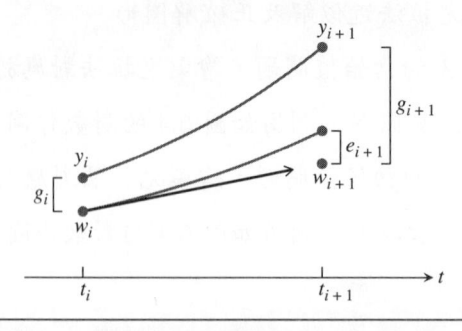

圖 6.5 常微分方程 (ODE) 解法的一步結果。尤拉法從目前的點,沿著向量場的斜率線段移到下一點 (t_{i+1}, w_{i+1})。上方的曲線代表著微分方程的正確解,整體截尾誤差 g_{i+1} 是局部截尾誤差 e_{i+1} 以及先前步進累積放大誤差的總和。

意即為「一步初始值問題」

$$\begin{cases} y' = f(t, y) \\ y(t_i) = w_i \\ t \in [t_i, t_{i+1}] \end{cases} \quad (6.20)$$

近似解與正確解的差。(我們將解命名為 z，因為 y 已被用來表示相同初始值問題以初始條件 $y(t_i)=y_i$ 的解。) 局部截尾誤差是將前一個近似解 w_i 做為起始點，由單步所產生的誤差；整體截尾誤差是前 i 步所產生的累積誤差；局部和整體截尾誤差請見圖 6.5 的說明。在每一步，新的整體誤差是前一步放大的整體誤差以及新的局部誤差二者的總和。因為誤差會被放大，所以整體誤差已經不單是局部截尾誤差的總和。

範例 6.7

求尤拉法的局部截尾誤差。

根據定義，這個新誤差是從尤拉法一次步進產生。假設先前所得 w_i 正確，為初始值問題 (6.20) 的解，來比較正確解 $y(t_{i+1})$ 與尤拉法近似解。

假設 y'' 為連續，根據泰勒定理，在 $t_{i+1}=t_i+h$ 的精確解為

$$y(t_i + h) = y(t_i) + hy'(t_i) + \frac{h^2}{2}y''(c),$$

對某個未知的 c，且滿足 $t_i < c < t_{i+1}$。因為 $y(t_i)=w_i$ 且 $y'(t_i)=f(t_i, w_i)$，上式可寫成

$$y(t_{i+1}) = w_i + hf(t_i, w_i) + \frac{h^2}{2}y''(c).$$

同時，依據尤拉法得知

$$w_{i+1} = w_i + hf(t_i, w_i).$$

兩式相減後可得局部截尾誤差

$$e_{i+1} = |w_{i+1} - y(t_{i+1})| = \frac{h^2}{2}|y''(c)| ,$$

c 為區間中某個點。如果 M 為 f'' 在區間 $[a, b]$ 的上界，則局部截尾誤差滿足 $e_i \leq Mh^2/2$。

◆

現在讓我們探討一下局部誤差如何加總成整體誤差。對初始條件 $y(a) = y_a$，整體誤差為 $g_0 = |w_0 - y_0| = |y_a - y_a| = 0$。經過一步，由於不存在先前步進累計誤差，整體誤差等於第一次的局部誤差，$g_1 = e_1 = |w_1 - y_1|$。經過兩步，g_2 等於局部截尾誤差加上先前的累積誤差，如圖 6.5。令 $z(t)$ 為初始值問題

$$\begin{cases} y' = f(t, y) \\ y(t_1) = w_1 \\ t \in [t_1, t_2] \end{cases} \tag{6.21}$$

的解。如此，以初始條件 (t_1, w_1) 代入可得解為 $z(t_2)$。由於，如果以 (t_1, y_1) 為初始條件，應當得到 y_2，會在真實解的曲線上，不同於 $z(t_2)$。則 $e_2 = |w_2 - z(t_2)|$ 為第二步的局部截尾誤差。$|z(t_2) - y_2|$ 是相同方程式分別用兩個不同初始條件 w_1 和 y_1 所得解的差。因此，根據定理 6.3

$$\begin{aligned} g_2 = |w_2 - y_2| &= |w_2 - z(t_2) + z(t_2) - y_2| \\ &\leq |w_2 - z(t_2)| + |z(t_2) - y_2| \\ &\leq e_2 + e^{Lh}g_1 \\ &= e_2 + e^{Lh}e_1. \end{aligned}$$

對第三步也有同樣的狀況，可得到

$$g_3 = |w_3 - y_3| \leq e_3 + e^{Lh}g_2 \leq e_3 + e^{Lh}e_2 + e^{2Lh}e_1. \tag{6.22}$$

同理，第 i 步的整體截尾誤差等於

$$g_i = |w_i - y_i| \leq e_i + e^{Lh}e_{i-1} + e^{2Lh}e_{i-2} + \cdots + e^{(i-1)Lh}e_1. \tag{6.23}$$

在範例 6.7 中，我們得到尤拉法的局部截尾誤差和 h^2 成正比，推廣到一般情況，假設局部截尾誤差滿足

$$e_i \leq Ch^{k+1}.$$

其中 k 為整數且常數 $C > 0$。則

$$g_i \leq Ch^{k+1}(1 + e^{Lh} + \cdots + e^{(i-1)Lh})$$

$$= Ch^{k+1}\frac{e^{iLh} - 1}{e^{Lh} - 1}$$

$$\leq Ch^{k+1}\frac{e^{L(t_i-a)} - 1}{Lh}$$

$$= \frac{Ch^k}{L}(e^{L(t_i-a)} - 1). \tag{6.24}$$

需注意局部截尾誤差是如何與整體截尾誤差產生關聯，局部截尾誤差和 h^{k+1} 成正比；而粗略地來說，整體截尾誤差所「加總」的局部截尾誤差數量和步長的倒數 h^{-1} 成正比。因此，整體誤差結果與 h^k 成正比。這正是剛才計算的主要發現，我們寫成下面的定理：

定理 6.4 假設 $f(t, y)$ 對變數 y 有一 Lipschitz 常數 L，而初始值問題 (6.2) 在 t_i 的解 y_i，與單步 ODE 解法所得近似解 w_i 其局部截尾誤差 $e_i \leq Ch^{k+1}$，其中 C 為常數且 $k \geq 0$。則，對任意 $a < t_i < b$，該解法的整體截尾誤差為

$$g_i = |w_i - y_i| \leq \frac{Ch^k}{L}(e^{L(t_i-a)} - 1). \tag{6.25}$$

聚焦　收斂性

定理 6.4 是單步微分方程解法收斂的主要定理，整體誤差取決於 h，說明了我們可以期待當 h 減小時，誤差也跟著減少。所以誤差要多小都可以（至少在精確無誤的計算下）。而這告訴我們另一個重點：整體誤差影響指數取決於 b，當時間增加時，整體誤差範圍會變得非常大。對於大的 t_i 來說，為了要使整體誤差夠小，步長 h 可能會因此變得太微小而不實際。

如果常微分方程解法在 $h \to 0$ 時滿足 (6.25) 式，則稱該解法為 **k 階** (k order)。範例 6.7 證明了尤拉法的局部截尾誤差小於 $Mh^2/2$，所以尤拉法為一階解法。若套用該定理於尤拉法可得以下推論：

系理 6.5　尤拉法的收斂性　假設 $f(t, y)$ 對變數 y 有一 Lipschitz 常數 L，而初始值問題 (6.2) 在 t_i 的解 y_i 以尤拉法可得近似解 w_i。若 M 為 $|y''(t)|$ 在 $[a, b]$ 的上界，則

$$|w_i - y_i| \leq \frac{Mh}{2L}(e^{L(t_i - a)} - 1). \tag{6.26}$$

範例 6.8

以範例 6.1 為例，求尤拉法的誤差上界。

對 $[0, 1]$ 來說，Lipschitz 常數為 $L=1$。現在已知解為 $y(t) = 3e^{t^2/2} - t^2 - 2$，因此二階導數為 $y''(t) = (t^2 + 2)e^{t^2/2} - 2$，其絕對值上限為 $M = y''(1) = 3\sqrt{e} - 2$。依據系理 6.5 可得在 $t=1$ 的整體截尾誤差必定小於

$$\frac{Mh}{2L}e^L(1 - 0) = \frac{(3\sqrt{e} - 2)}{2}eh \approx 4.004h. \tag{6.27}$$

如圖 6.4 所示，由實際的整體截尾誤差可知此確為誤差上界，此值當 h 夠小時大約是 h 的兩倍。

◆

到目前為止，尤拉法似乎是非常簡單而直覺性的建構法，依據系理 6.5，其所產生的誤差在步長減小時也跟著變小。然而，對於其他更困難的初始值問題來說，尤拉法卻很少被使用；有其他更多精密的方法，其階數、或 (6.25) 式裡 h 次方數都大於 1，這可使整體誤差大幅降低，將在稍後介紹。我們以一個看似單純、需將降低誤差的範例來做為本節的結尾。

範例 6.9

以尤拉法求解初始值問題

$$\begin{cases} y' = -4t^3 y^2 \\ y(-10) = 1/10001 \\ t \in [-10, 0]. \end{cases} \tag{6.28}$$

利用代入法可以很容易地驗證 $y(t) = 1/(t^4+1)$ 為正確解，這解在所關注區間中表現很好，我們將測試尤拉法對 $t=0$ 時求近似解的能力。

圖 6.6 顯示尤拉法的近似解，步長從下而上分別為 $h = 10^{-3}$、10^{-4} 和 10^{-5}。在 $t=0$ 的正確解為 $y(0)=1$，即使其中最佳的近似解，從初始條件經過一百萬步到 $t=0$，都明顯地不正確。

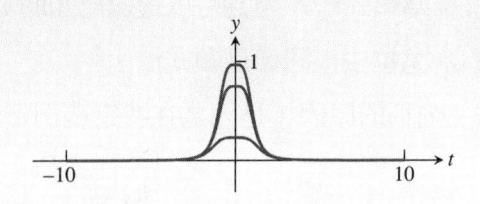

圖 6.6 範例 6.9 的尤拉法近似解。步長從下到上分別為 $h=10^{-3}$、10^{-4} 和 10^{-5}，正確解為 $y(0)=1$，需要極小的步長以求得合理的近似解。

◆

這個範例說明了，我們需要更準確的方法，以在合理的運算次數內達到一定的準確度。本章剩下的部分將專注於討論一些更精密的方法，它們只需用較少的步驟，就能達到相同或較好的準確度。

❖ 6.2.2 顯式梯形法

只需稍微調整尤拉法公式，便可以大幅增加準確度。參考下面的受幾何激發的方法：

顯式梯形法 (Explicit Trapezoid Method)

$$w_0 = y_0$$
$$w_{i+1} = w_i + \frac{h}{2}(f(t_i, w_i) + f(t_i + h, w_i + hf(t_i, w_i))). \tag{6.29}$$

對尤拉法而言，區間 $[t_i, t_{i+1}]$ 左端點的斜率場斜率 $y'(t_i)$ 決定了下一個點的位置。對梯形法而言，如圖 6.7 的說明，斜率換成左端點的斜率 $y'(t_i)$ 和尤拉法所得右端點的斜率 $f(t_i+h, w_i+hf(t_i, w_i))$ 之平均，尤拉法「預測」功能被用作 w 值，來估算在點 $t_{i+1}=t_i+h$ 的函數 f 斜率。就某種意義來說，尤拉法的預測以梯法來修正，這樣是比較正確的，稍後我們將說明。

梯形法被稱為顯式法，因為可以透過已知的 w_i、t_i 和 h 的顯式公式求得新的近似值 w_{i+1}。尤拉法也同樣是顯式法。

「梯形法」名稱的原因，是因為在特定範例下，$f(t, y)$ 和 y 獨立，公式

$$w_{i+1} = w_i + \frac{h}{2}[f(t_i) + f(t_i + h)]$$

可以看成加了一個積分 $\int_{t_i}^{t_i+h} f(t)\, dt$ 的梯形法近似值到目前的 w_i，因為：

$$\int_{t_i}^{t_i+h} f(t)\, dt = \int_{t_i}^{t_i+h} y'(t)\, dt = y(t_i + h) - y(t_i),$$

這相當於用梯形法 (5.21) 求兩邊積分來解微分方程 $y'=f(t)$。顯式梯形法在文獻上也被稱為**改良尤拉法** (improved Euler's method) 和 **Heun 法** (Heun

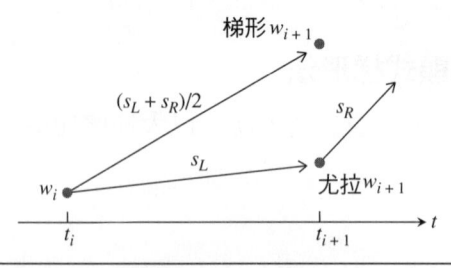

圖 6.7 顯式梯形法單步的圖形觀點。以斜率 $s_L=f(t_i, w_i)$ 和 $s_R=f(t_i+h, w_i+hf(t_i, w_i))$ 的平均來求得 t_{i+1} 的解。

metod)，但我們還是使用能夠更精確描述、容易被記得的標題。

範例 6.10

利用顯式梯形法求解初始值問題 (6.5)，初始條件為 $y(0)=1$。

套用公式 (6.29) 於 $f(t,y)=ty+y^3$，可得

$$w_0 = y_0 = 1$$
$$w_{i+1} = w_i + \frac{h}{2}(f(t_i, w_i) + f(t_i + h, w_i + hf(t_i, w_i)))$$
$$= w_i + \frac{h}{2}(t_i y_i + t_i^3 + (t_i + h)(w_i + h(t_i y_i + t_i^3)) + (t_i + h)^3).$$

若步長 $h=0.1$，迭代結果如下表：

步數	t_i	w_i	y_i	e_i
0	0.0	1.0000	1.0000	0.0000
1	0.1	1.0051	1.0050	0.0001
2	0.2	1.0207	1.0206	0.0001
3	0.3	1.0483	1.0481	0.0002
4	0.4	1.0902	1.0899	0.0003
5	0.5	1.1499	1.1494	0.0005
6	0.6	1.2323	1.2317	0.0006
7	0.7	1.3437	1.3429	0.0008
8	0.8	1.4924	1.4914	0.0010
9	0.9	1.6890	1.6879	0.0011
10	1.0	1.9471	1.9462	0.0010

拿範例 6.10 裡和範例 6.2 同一問題的尤拉法計算結果相互比較，結果非常引人注目。為了要量化梯形法對求解初始值問題的改良程度，我們需要計算它的局部截尾誤差 (6.19) 式。

局部截尾誤差是單步所產生的誤差，開始於一個假設正確的解 (t_i, y_i)，在 t_{i+1} 的解可寫成泰勒展開式

$$y_{i+1} = y(t_i + h) = y_i + hy'(t_i) + \frac{h^2}{2}y''(t_i) + \frac{h^3}{6}y'''(c), \qquad (6.30)$$

其中 c 介於 t_i 和 t_{i+1} 之間，且需假設 y''' 連續。為了和梯形法做比較，我們需要略做改寫；利用微分方程 $y'(t)=f(t, y)$，將等式兩側對 t 微分，然後使用**鏈鎖律 (chain rule)**：

$$y''(t) = \frac{\partial f}{\partial t}(t, y) + \frac{\partial f}{\partial y}(t, y) y'(t)$$
$$= \frac{\partial f}{\partial t}(t, y) + \frac{\partial f}{\partial y}(t, y) f(t, y).$$

如此便可以改寫 (6.30) 式成為

$$y_{i+1} = y_i + h f(t_i, y_i) + \frac{h^2}{2}\left(\frac{\partial f}{\partial t}(t_i, y_i) + \frac{\partial f}{\partial y}(t_i, y_i) f(t_i, y_i)\right) + \frac{h^3}{6} y'''(c). \quad (6.31)$$

我們拿上式和顯示梯形法比較，利用二維泰勒定理展開可得

$$f(t_i + h, y_i + h f(t_i, y_i)) = f(t_i, y_i) + h \frac{\partial f}{\partial t}(t_i, y_i) + h f(t_i, y_i) \frac{\partial f}{\partial y}(t_i, y_i) + O(h^2).$$

> **聚焦　複雜度**
>
> 二階法的效率比一階法更好還是更差？在每一步中，誤差會較小，但是計算工作會變多，因為通常需要兩次函數值計算 (求 $f(t, y)$)，而不是一次。一個粗略的比較如下：假設一近似解是以步長 h 求得，且我們希望以雙倍計算量來改善近似值。若要保持相同的函數值計算次數，我們可以 (a) 將一階法的步長減半，整體誤差乘上 $1/2$。或者是 (b) 維持原來的步長，但是用二階法，將定理 6.4 裡的 h 替換成 h^2，把整體誤差乘上 h。而對於較小的 h 來說，方法 (b) 會獲勝。

梯形法可寫成

$$w_{i+1} = y_i + \frac{h}{2}(f(t_i, y_i) + f(t_i + h, y_i + hf(t_i, y_i)))$$

$$= y_i + \frac{h}{2} f(t_i, y_i) + \frac{h}{2}\left(f(t_i, y_i) + h\left(\frac{\partial f}{\partial t}(t_i, y_i)\right.\right.$$

$$\left.\left. + f(t_i, y_i)\frac{\partial f}{\partial y}(t_i, y_i)\right) + O(h^2)\right)$$

$$= y_i + hf(t_i, y_i) + \frac{h^2}{2}\left(\frac{\partial f}{\partial t}(t_i, y_i) + f(t_i, y_i)\frac{\partial f}{\partial y}(t_i, y_i)\right) + O(h^3). \quad (6.32)$$

將 (6.31) 減去 (6.32) 式可得局部截尾誤差為

$$y_{i+1} - w_{i+1} = O(h^3).$$

定理 6.4 證明了梯形法的整體誤差與 h^2 成正比，意思是跟一階的尤拉法比較的話，這個方法為二階法。當 h 夠小時，這是一個很明顯的差異，我們回到範例 6.9 來說明。

範例 6.11

以梯形法求解範例 6.9：

$$\begin{cases} y' = -4t^3 y^2 \\ y(-10) = 1/10001. \\ t \in [-10, 0] \end{cases}$$

以更強大的方法重新計算範例 6.9 可使得近似解得到大幅的改善。比如，在 $x=0$ 時，以梯形法在步長 $h=10^{-3}$ 時和正確值 $y(0)=1$ 的誤差小於 .0015，如圖 6.8。這已經比尤拉法在步長 $h=10^{-5}$ 時還要好。若是梯形法以步長 $h=10^{-5}$ 求解，對這個相當困難的初始值問題，所得誤差在 10^{-7} 階。

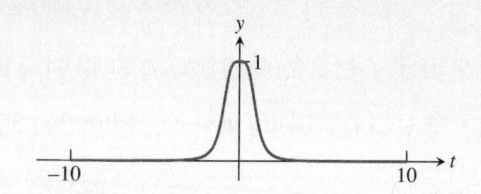

圖 6.8 以梯形法求解範例 6.9 所得近似解。步長為 $h=10^{-3}$。和圖 6.6 的尤拉法比較起來，精確度顯著改善。

❖ 6.2.3 泰勒法

到目前為止，我們學到了兩種方法來求常微分方程的近似解。尤拉法為一階，而較佳的梯形法則為二階。在本節中，我們將證明存在任意階數的方法；對於每一個正整數 k，都會有一個 k 階的**泰勒法** (Taylor method)，也就是我們接下來要介紹的。

基本的概念是直接利用泰勒展開式，假設解 $y(t)$ 為 $(k+1)$ 次連續可微，已知目前點 $(t, y(t))$ 在解曲線上，目標是利用微分方程對任意步長 h 用 $y(t)$ 的資訊來表示 $y(t+h)$。$y(t)$ 在 t 點的泰勒展開式為：

$$y(t+h) = y(t) + hy'(t) + \frac{1}{2}h^2 y''(t) + \cdots + \frac{1}{k!}h^k y^{(k)}(t) + \frac{1}{(k+1)!}h^{k+1} y^{(k+1)}(c), \tag{6.33}$$

其中 c 介於 t 和 $t+h$ 之間。最後一項為泰勒餘項，而這個方程式激發出下面的方法：

> **k 階泰勒法 (Tylor Method of Order k)**
>
> $w_0 = y_0$
>
> $$w_{i+1} = w_i + hf(t_i, w_i) + \frac{h^2}{2} f'(t_i, w_i) + \cdots + \frac{h^k}{k!} f^{(k-1)}(t_i, w_i). \tag{6.34}$$

關於 $f(t, y(t))$ 對 t 的**全導數** (total derivative) 基本表示法，舉例來說，

$$\begin{aligned} f'(t, y) &= f_t(t, y) + f_y(t, y) y'(t) \\ &= f_t(t, y) + f_y(t, y) f(t, y). \end{aligned}$$

我們利用 f_t 來表示 f 對 t 的偏導數，f_y 則是對 y 的偏導數。為求得泰勒法的局部截尾誤差，令 (6.34) 式中的 $w_i = y_i$，和 (6.33) 的泰勒展開式比較可得

$$y_{i+1} - w_{i+1} = \frac{h^{k+1}}{(k+1)!} y^{(k+1)}(c).$$

常微分方程

依據定理 6.4，我們可得 k 階泰勒法的局部截尾誤差和 h^{k+1} 成正比，為 k 階法。

一階泰勒法為

$$w_{i+1} = w_i + hf(t_i, w_i),$$

即為尤拉法。二階泰勒法為

$$w_{i+1} = w_i + hf(t_i, w_i) + \frac{1}{2}h^2(f_t(t_i, w_i) + f_y(t_i, w_i)f(t_i, w_i)).$$

範例 6.12

求以下問題的二階泰勒法公式

$$\begin{cases} y' = ty + t^3 \\ y(0) = y_0 \end{cases} \tag{6.35}$$

因為 $f(t, y) = ty + t^3$，由此可得

$$\begin{aligned} f'(t, y) &= f_t + f_y f \\ &= y + 3t^2 + t(ty + t^3), \end{aligned}$$

而公式為

$$w_{i+1} = w_i + h(t_i w_i + t_i^3) + \frac{1}{2}h^2(w_i + 3t_i^2 + t_i(t_i w_i + t_i^3)).$$

◆

雖然二階泰勒法為二階法，要注意到使用者必須自行算出偏導數。和我們學過的其他二階法作比較，其中 (6.29) 式只需叫用一次 $f(t, y)$ 值計算。

就概念上來說，在泰勒法所要學的，就是任意階數的常微分方程解法是存在的，如 (6.34) 式。然而，他們要面對的問題是，需要額外的工作來求得公式中所出現 f 的偏導數。因為不需要這些偏導數就能導出相同階數的公式，因此泰勒法只用在一些特殊目的上。

6.2 習題

1. 用初始條件 $y(0)=1$ 和步長 $h=1/4$，在區間 $[0, 1]$ 求梯形法近似解 $w_0, \cdots, w_4$。和 6.1 節習題 3 所得正確解比較以求得在 $t=1$ 的誤差。

    (a) $y'=t$ (b) $y'=t^2y$ (c) $y'=2(t+1)y$

    (d) $y'=5t^4y$ (e) $y'=1/y^2$ (f) $y'=t^3/y^2$

2. 用初始條件 $y(0)=0$ 和步長 $h=1/4$，在區間 $[0, 1]$ 求梯形法近似解。和 6.1 節習題 4 所得正確解比較以求得在 $t=1$ 的誤差。

    (a) $y'=t+y$ (b) $y'=t-y$ (c) $y'=4t-2y$

3. 求下列微分方程的二階泰勒法公式：

    (a) $y'=ty$ (b) $y'=ty^2+y^3$ (c) $y'=e^{yt^2}$

4. 以二階泰勒法求解習題 1 的初始值問題。以步長 $h=1/4$ 在區間 $[0, 1]$ 求二階泰勒法近似解。和 6.1 節習題 3 所得正確解比較以求得在 $t=1$ 的誤差。

5. (a) 證明 (6.22) 式。(b) 證明 (6.23) 式。

6.2 電腦演算題

1. 對區間 $[0, 1]$ 及步長 $h=0.1$，以顯式梯形法求解習題 1 的初始值問題。以表格形式列出每次步進的 t 值、近似解、整體截尾誤差。

2. 對區間 $[0, 1]$ 及 $h=0.1, 0.05, 0.025$，繪出習題 1 初始值問題的近似解以及正確解。

3. 對習題 1 的初始值問題，參考圖 6.4 的對數作圖，視為 $h=0.1\times 2^{-k}$ 的函數 $(0 \le k \le 5)$，畫出顯式梯形法在 $t=1$ 的整體截尾誤差。

4. 對習題 1 的初始值問題，參考圖 6.4 的對數作圖，視為 $h=0.1\times 2^{-k}$ 的函數 $(0 \le k \le 5)$，畫出二階泰勒法在 $t=1$ 的整體截尾誤差。

6.3 常微分方程組

微分方程組的近似解，可以用解一個微分方程的方法很簡單地推廣出來。處理解微分方程組大大地擴大了對有趣的動態行為建模的能力。

解常微分方程組的能力，在於電腦模擬的科技核心。在本節中，我們將介紹兩個物理系統：鐘擺和軌道力學，透過這些模擬過程能夠激發許多使常微分方程解法更進步的概念。透過這些範例的研究，將提供讀者關於各個解法的能力和限制的實務經驗。

微分方程的**階數** (order)，指的是方程式中最高導數階數。一階微分方程組形式為：

$$\begin{aligned} y_1' &= f_1(t, y_1, \ldots, y_n) \\ y_2' &= f_2(t, y_1, \ldots, y_n) \\ &\vdots \\ y_n' &= f_n(t, y_1, \ldots, y_n). \end{aligned}$$

對初始值問題，每一個變數都需要它自己的初始條件：

範例 6.13

以尤拉法求解有兩個方程式的一階微分方程組：

$$\begin{aligned} y_1' &= y_2^2 - 2y_1 \\ y_2' &= y_1 - y_2 - ty_2^2 \\ y_1(0) &= 0 \\ y_2(0) &= 1. \end{aligned} \quad (6.36)$$

(6.36) 方程組的解為向量函數

$$\begin{aligned} y_1(t) &= te^{-2t} \\ y_2(t) &= e^{-t}. \end{aligned}$$

現在先忘掉我們知道這個解，然後用尤拉法求解。對方程組中每個方程式分別應用尤拉法公式可得：

$$\begin{aligned} w_{i+1,1} &= w_{i,1} + h(w_{i,2}^2 - 2w_{i,1}) \\ w_{i+1,2} &= w_{i,2} + h(w_{i,1} - w_{i,2} - t_i w_{i,2}^2). \end{aligned}$$

圖 6.9 顯示了 y_1 和 y_2 的尤拉法近似解及正確解。底下的 MATLAB 程式碼本質

上和程式 6.1 相同，只需略微調整 y 成為向量：

```
% 程式 6.2 尤拉法的向量版本
% 輸入：區間 [a,b]，初始向量 y0，步長 h
% 輸出：步進次數 t，解 y
% 使用範例：euler2([0,1],[0,1],0.1);
function [t,y]=euler2(int,y0,h)
t(1)=int(1); y(1,:)=y0;
n=round((int(2)-int(1))/h);
for i=1:n
  t(i+1)=t(i)+h;
  y(i+1,:)=eulerstep(t(i),y(i,:),h);
end
plot(t,y(:,1),t,y(:,2));

function y=eulerstep(t,y,h)
% 尤拉法的一步
% 輸入：目前時間 t，目前向量 y，步長 h
% 輸出：在時間 t+h 的近似解向量
y=y+h*ydot(t,y);

function z=ydot(t,y)
z(1)=y(2)^2-2*y(1);
z(2)=y(1)-y(2)-t*y(2)^2;
```

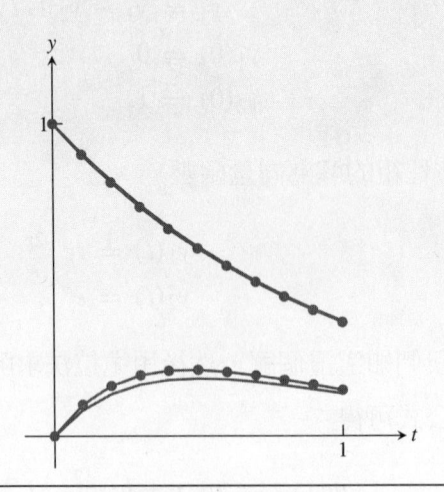

圖 6.9 方程式 (6.36) 的尤拉法近似解。步長 $h=0.1$，上面的曲線為 $y_1(t)$ 及其近似解 $w_{i,1}$（圓點），下方的曲線為 $y_2(t)$ 和 $w_{i,2}$。

❖ 6.3.1　高階方程式

單一的高階微分方程可以轉換為微分方程組。令

$$y^{(n)} = f(t, y, y', y'', \ldots, y^{(n-1)})$$

為 n 階常微分方程。定義新的變數

$$\begin{aligned} y_1 &= y \\ y_2 &= y' \\ y_3 &= y'' \\ &\vdots \\ y_n &= y^{(n-1)}, \end{aligned}$$

由此可發現高階微分方程可以寫成

$$y'_n = f(t, y_1, y_2, \ldots, y_n).$$

以及方程式

$$\begin{aligned} y'_1 &= y_2 \\ y'_2 &= y_3 \\ y'_3 &= y_4 \\ &\vdots \\ y'_{n-1} &= y_n, \end{aligned}$$

n 階微分方程便可以轉換成一階微分方程組，就可以用尤拉法或梯形法來求解。

範例 6.14

將三階微分方程

$$y''' = a(y'')^2 - y' + yy'' + \sin t \tag{6.37}$$

轉換成微分方程組。

令 $y_1 = y$，並定義新的變數

$$y_2 = y'$$
$$y_3 = y''$$

因此，改寫成一階導數，(6.37) 式等於

$$\begin{aligned} y_1' &= y_2 \\ y_2' &= y_3 \\ y_3' &= ay_3^2 - y_2 + y_1 y_3 + \sin t. \end{aligned} \quad (6.38)$$

求解方程組 (6.38) 的 $y_1(t)$、$y_2(t)$、$y_3(t)$，即可得到三階方程 (6.37) 的解 $y(t)$。◆

因為將高階方程轉換成方程組問題是可行的，我們將注意力集中在一階方程組問題上。當然，高階微分方程組也可用相同方法轉換成一階方程組。

❖ 6.3.2 電腦模擬：鐘擺問題

圖 6.10 說明了鐘擺在地心引力的影響下的擺動情況，假設鐘擺掛在一根堅硬的桿子上，可以 360 度擺動。y 代表了鐘擺的垂直角度，所以 $y=0$ 就表示垂直向下。因此，y 和 $y+2\pi$ 被視為同樣的角度。

利用牛頓第二運動定律 $F = ma$ 可以找出鐘擺方程，鐘擺來回擺動的動力

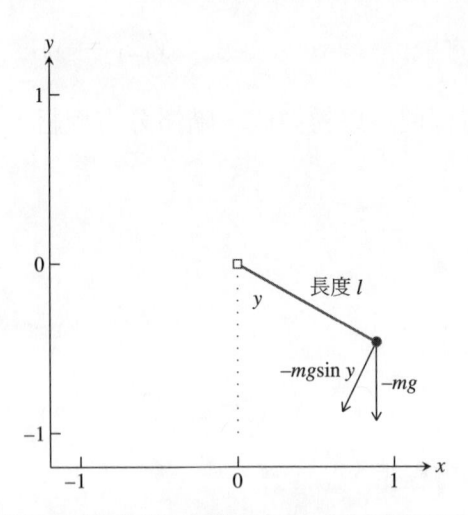

圖 6.10 鐘擺。切線方向的作用分力為 $F = -mg \sin y$，其中 y 為擺錘與垂直線的夾角。

被限制於半徑 l 的圓形中，其中 l 是掛鐘擺桿子的長度。如果 y 以**徑度** (radian) 來計算，那麼切於圓的加速度為 ly''，因為切於圓的位置是 ly。沿著動力方向的力量為 $mg \sin y$，它是一個復原的力量，意謂著它被指引到變數 y 位移的反方向。因此，控制無摩擦鐘擺的微分方程為：

$$mly'' = F = -mg \sin y. \tag{6.39}$$

這是對鐘擺角度 y 的二階微分方程，初始條件為初始角度 $y(0)$ 和**角速度** (angular velocity) $y'(0)$。

假定 $y_1 = y$ 和引入新變數 $y_2 = y'$，二階方程可轉換成一階方程組：

$$\begin{aligned} y'_1 &= y_2 \\ y'_2 &= -\frac{g}{l} \sin y_1. \end{aligned} \tag{6.40}$$

方程組為自律性的，因為右側不受 t 影響。如果鐘擺一開始位置是筆直在最右邊，初始條件為 $y_1(0) = \pi/2$ 和 $y_2(0) = 0$。用 MKS 制單位，在地球表面的萬有引力加速度大約為 9.81 m/sec^2。利用這些參數，我們可以測試尤拉法是否適合作為此系統的求解法。

圖 6.11 顯示了以兩個不同步長所求得鐘擺方程尤拉法近似解。鐘擺桿長度指定為 $l = 1$ 公尺，較小的曲線為角度 y 的時間函數，而較大角度的曲線為瞬時角速度。需注意，角度為零代表單擺呈現垂直位置，對應到正或負的最大角速度；當單擺搖動經過最低點時，會以最快速度擺動；而當單擺延伸到最右邊時，也就是較小曲線的頂端時，速度就會從正或負轉為零。

從圖 6.11 可以看出尤拉法是不適當的，很明顯地步長 $h = 0.01$ 太大，以致於連性質都不正確。從速度零開始的**無阻尼單擺** (undamped pendulum)，應該永遠前後搖擺，然後在固定時間回到起始的位置；圖 6.11(a) 中角度的振幅一直在成長，而這違反了能量不滅定律。圖 6.11(b) 利用 10 倍的步數，至少看起來狀況有所改善，而總共需要 10^4 步，也就是單擺的一般動態行為的極大數。

二階常微分方程的解法，例如梯形法，只需很小的代價便可改善準確度。我們將用梯形法來重寫 MATLAB 程式碼，也藉此說明 MATLAB 製作簡單動畫的能力。

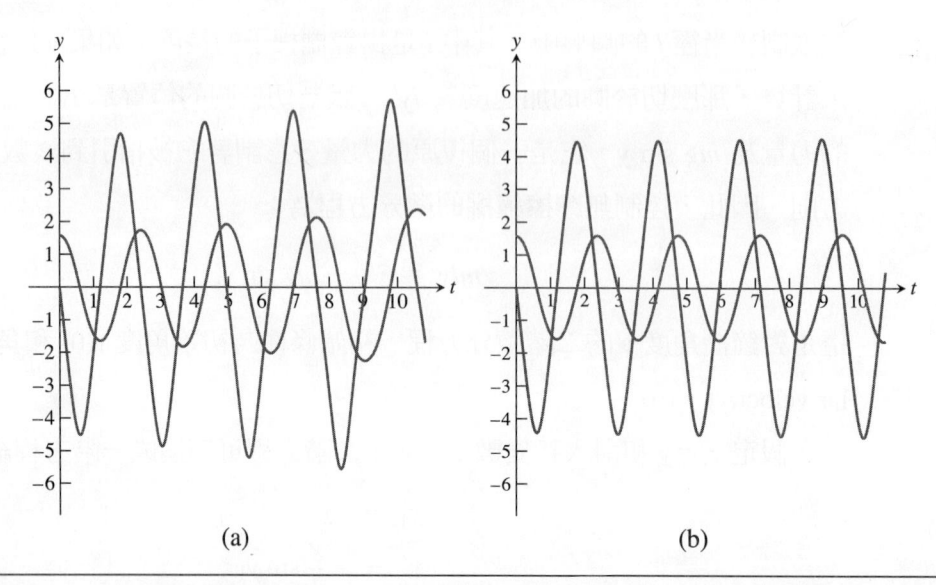

圖 6.11 尤拉法應用於鐘擺方程 **(6.40)**。振幅較小的曲線為角 y_1 徑度；振幅較大的曲線為角速度 y_2。(a) 步長 $h=0.01$ 太大；能量漸增。(b) 步長 $h=0.01$ 可得較準確的軌跡。

下一段程式碼 pend.m 包含了相同的微分方程資訊，但以 trapstep 取代 eulerstep。此外，變數 rod 和 bob 分別用來代表桿子和單擺的擺錘；MATLAB 的 set 指令可指定變數的屬性，drawnow 指令則畫出變數 rod 和 bob，要注意的是，兩個變數的刪除模式被設成 xor，也就是當變數重畫在其他地方時，原來的位置就會被刪除。圖 6.10 為動畫的螢幕擷取畫面，程式碼如下：

```
% 程式 6.3 鐘擺問題的動畫程式
% 輸入：int=[ a b ]　為時間區間
% 初始值 ic=[ y(1,1) y(1,2)], h=步長
% 叫用單步法，如 trapstep.m
% 使用範例：pend([ 0 10],[ pi/2 0],.05)
function pend(int,ic,h)
n=round((int(2)-int(1))/h);   % 共計繪製 n 個點
y(1,:)=ic;                     % 將初始條件代入 y
t(1)=int(1);
set(gca,'xlim',[-1.2 1.2],'ylim',[-1.2 1.2], ...
```

常微分方程

```
        'XTick',[-1 0 1],'YTick',[-1 0 1], ...
        'Drawmode','fast','Visible','on','NextPlot','add');
clf;                          % 清除螢幕
plot(0,0,'ks')                % 繪製桿子的位置
axis ([xlim,ylim])
axis square                   % 使座標比例1:1
bob=line('color','r','Marker','.','markersize',40,...
      'erase','xor','xdata',[],'ydata',[]);
rod=line('color','b','LineStyle','-','LineWidth',3,...
      'erase','xor','xdata',[],'ydata',[]);
for k=1:n
  t(k+1)=t(k)+h;
  y(k+1,:)=trapstep(t(k),y(k,:),h);
  xbob=cos(y(k+1,1)-pi/2); ybob=sin(y(k+1,1)-pi/2);
  xrod=[0 xbob]; yrod=[0 ybob];
  set(rod,'xdata',xrod,'ydata',yrod)
  set(bob,'xdata',xbob,'ydata',ybob)
  drawnow; pause(h)
end

function y=trapstep(t,x,h)
% 梯形法的一次步進
z1=ydot(t,x);
g=x+h*z1;
z2=ydot(t+h,g);
y=x+h*(z1+z2)/2;

function z=ydot(t,y)
g=9.81;length=1;
z(1)=y(2);
z(2)=-(g/length)*sin(y(1));
```

用梯形法求解單擺方程，以較大的步長仍可找出非常準確的解。在這小節中將以數個基本單擺所模擬出令人關注的變數做為結束，鼓勵讀者可以在電腦演算題中實驗。

範例 6.15

阻尼單擺問題。

阻尼力，例如空氣阻力或摩擦，通常與速度成正比且為相反方向。單擺方程式為

$$y_1' = y_2$$
$$y_2' = -\frac{g}{l}\sin y_1 - dy_2, \tag{6.41}$$

其中 $d > 0$ 為阻尼係數，不像其他無阻尼的單擺，這種情況下將因阻尼而失去能量，從任何一個初始條件，都會在一定時間內接近**極限平衡解** (limiting equilibrium solution) $y_1 = y_2 = 0$。電腦演算題 3 要求執行 `pend.m` 的阻尼版本。

範例 6.16

強迫阻尼單擺問題。

對 (6.41) 式加入與時間相依的項，表示阻尼單擺所受的外力影響。將 y_2' 的右側加入正弦曲線項，可得

$$y_1' = y_2$$
$$y_2' = -\frac{g}{l}\sin y_1 - dy_2 + A\sin t. \tag{6.42}$$

這可以作為受磁場影響擺動的單擺模型，例如：

當力量增加時，有許多動態特性就會變得可能。對一個微分方程的二維**自律系統** (autonomous system) 來說，Poincaré-Bendixson 定理 (從微分方程的理論) 說明了，軌道只會傾向規律的移動，例如類似單擺向下位置的穩定平衡，或者是穩定的週期循環，類似單擺永遠前後搖動。這個力量會造成**非自律系統** (nonautonomous system) (它能夠被重寫為三維自律系統，但二維不行)，因此就會造成第三種軌道，也就是**混沌軌道** (chaotic trajectory)。

設定阻尼係數為 $d=1$，以及力量係數為 $A=10$，即產生一個有趣的週期狀態，這會在電腦演算題 4 中探究。將參數改為 $A=15$ 則會產生混沌軌道。

常微分方程

範例 6.17

雙擺問題。

將一個單擺的擺錘掛上另一個單擺，便形成了雙擺。如果 y_1 和 y_3 為兩個擺錘相對於垂直線的角度，則微分方程組為

$$y_1' = y_2$$
$$y_2' = \frac{-3g\sin y_1 - g\sin(y_1 - 2y_3) - 2\sin(y_1 - y_3)(y_4^2 - y_2^2\cos(y_1 - y_3))}{3 - \cos(2y_1 - 2y_3)} - dy_2$$
$$y_3' = y_4$$
$$y_4' = \frac{2\sin(y_1 - y_3)[2y_2^2 + 2g\cos y_1 + y_4^2\cos(y_1 - y_3)]}{3 - \cos(2y_1 - 2y_3)},$$

其中 $g=9.81$，單擺的桿子長度均假設為 1，參數 d 表示在轉軸上的摩擦力。若 $d=0$，則對許多初始條件，雙擺將可持續展示永不停止，持續觀察小心被催眠了。參考電腦演算題 8。

❖ 6.3.3 電腦模擬：軌道力學

第二個範例，我們模擬軌道衛星的移動。**牛頓第二運動定律** (Newton's second law) 說明了，衛星的加速度 a 和作用於衛星上的力量 F 有關，也就是 $F=ma$，其中 m 為質量。萬有引力定律說明了，在質量 m_1 的物體與質量 m_2 的物體間作用力滿足平方反比定律 (inverse-square law)：

$$F = \frac{gm_1m_2}{r^2},$$

其中 r 是質量體之間的距離。在**單體問題** (one-body problem) 中，其中之一的質量體和另一個比較是可以被忽略的，例如一個小衛星繞著大行星運轉。透過簡化使得我們可以忽略衛星對行星的作用力，因此可將行星視為固定的。

將較大質量體置於原點，衛星的位置標示為 (x, y)，質量體之間的距離為 $r = \sqrt{x^2 + y^2}$，衛星受的力是往中心點的——意即，往大質量體的方向。在此方向的單位向量為，

$$\left(-\frac{x}{\sqrt{x^2+y^2}}, -\frac{y}{\sqrt{x^2+y^2}}\right).$$

因此，衛星上的作用力其分量為

$$(F_x, F_y) = \left(\frac{gm_1m_2}{x^2+y^2}\frac{-x}{\sqrt{x^2+y^2}}, \frac{gm_1m_2}{x^2+y^2}\frac{-y}{\sqrt{x^2+y^2}}\right). \tag{6.43}$$

將這些作用力代入牛頓運動定律產生兩個二階微分方程

$$m_1 x'' = -\frac{gm_1m_2 x}{(x^2+y^2)^{3/2}}$$
$$m_1 y'' = -\frac{gm_1m_2 y}{(x^2+y^2)^{3/2}}.$$

增加變數 $v_x = x'$ 和 $v_y = y'$ 使得這兩個二階方程可以轉換為四個一階方程組：

$$\begin{aligned} x' &= v_x \\ v'_x &= -\frac{gm_2 x}{(x^2+y^2)^{3/2}} \\ y' &= v_y \\ v'_y &= -\frac{gm_2 y}{(x^2+y^2)^{3/2}} \end{aligned} \tag{6.44}$$

下面的 MATLAB 程式 orbit.m 叫用 eulerstep.m 並繪出衛星軌道。

```
% 程式 6.4  單體問題的繪圖程式
% 輸入：int=[ a b]  為時間區間，
% 初始條件 ic=[ x0 vx0 y0 vy0]，x 方向位置，x 方向速度，y 位置，y 速度
% h＝步長，p＝每隔幾步才繪點
% 叫用單步法，如 eulerstep.m
% 使用範例：orbit ([ 0 100],[ 0 1 2 0], 0.01,5)
function z=orbit (int,ic,h,p)
n=round((int(2)-int(1))/(p*h));          % 繪製 n 點
x0=ic(1);vx0=ic(2);y0=ic(3);vy0=ic(4);   % 設定初始條件
y(1,:)=[x0 vx0 y0 vy0];t(1)=int(1);      % 建立 y 向量
set(gca,'XLim',[-5 5],'YLim',[-5 5],'XTick',[-5 0 5],'YTick',...
   [-5 0 5],'Drawmode','fast','Visible','on','NextPlot','add');
cla;
sun=line('color','y','Marker','.','markersize',25,...
   'xdata',0,'ydata',0);
```

```
drawnow;
head=line('color','r','Marker','.','markersize',25,...
   'erase','xor','xdata',[],'ydata',[]);
tail=line('color','b','LineStyle','-','erase','none', ...
   'xdata',[],'ydata',[]);
%[px,py,button]=ginput(1);         % 加入這三行程式碼
%[px1,py1,button]=ginput(1);       % 可開啟滑鼠支援
%y(1,:)=[px px1-px py py1-py];     % 點兩下來設定方向
for k=1:n
  for i=1:p
    t(i+1)=t(i)+h;
    y(i+1,:)=eulerstep(t(i),y(i,:),h);
  end
  y(1,:)=y(p+1,:);t(1)=t(p+1);
  set(head,'xdata',y(1,1),'ydata',y(1,3))
  set(tail,'xdata',y(2:p,1),'ydata',y(2:p,3))
  drawnow;
end

function y=eulerstep(t,x,h)
%one step of the Euler Method
y=x+h*ydot(t,x);

function z=ydot(t,x)
m2=3;g=1;mg2=m2*g;px2=0;py2=0;
px1=x(1);py1=x(3);vx1=x(2);vy1=x(4);
dist=sqrt((px2-px1)^2+(py2-py1)^2);
z=zeros(1,4);
z(1)=vx1;
z(2)=(mg2*(px2-px1))/(dist^3);
z(3)=vy1;
z(4)=(mg2*(py2-py1))/(dist^3);
```

執行 MATLAB 程式碼 orbit.m 可以立刻顯示出尤拉法在這些問題上的能力限制。圖 6.12(a) 所顯示為 orbit([0 100],[0 1 2 0],0.01) 的執行結果；換句話說，我們以時間區間 [0 100]、初始位置 $(x_0, y_0) = (0, 2)$、初始速度 $(v_x, v_y) = (1, 0)$、尤拉法步長 $h = 0.01$ 等條件來繪製軌道。

單體問題的解必須是圓錐形的切面，像是橢圓形、拋物線或是雙曲線。圖 6.12(a) 裡的螺線，是一個數值計算結果，因為計算誤差所造成的錯誤結果。在這個例子中，它是尤拉法的截尾誤差所造成，這將會導致軌道異常，然後變成接近橢圓形。如果步長除以 10 變成 $h = 0.001$，那麼結果將會改善，如圖

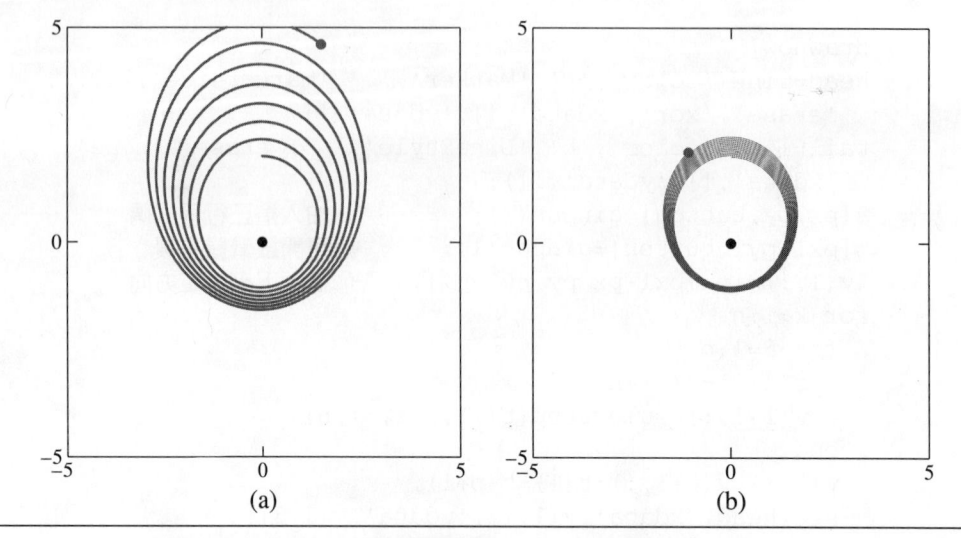

圖 6.12 尤拉法求解單體問題。(a) $h=0.01$ 和 (b) $h=0.001$。

6.12 (b) 所示。

由系理 6.5 可知，原則上，如果步長 h 夠小的話，尤拉法所得近似解都可達到所要的精準度，也就是要多準有多準。然而，在圖 6.6 和 6.12 所代表的結果，說明了這個方法在實務上有嚴重的限制。。

圖 6.13 說明了，以梯形步進代替尤拉步進，那麼在單體問題中就會有明確改善。將先前的程式碼中 `eulerstep` 函式換成 `trapstep` 即可得到此結果。

然而單體問題是虛構不存在的，它忽略了衛星和比它大很多的行星之間的作用力；當此作用力也被考慮進來時，這兩個物體的移動就被稱為**雙體問題** (two-body problem)。

三個物體間萬有引力相互作用的案例，稱之為**三體問題** (three-body problem)，在科學史上佔有一個重要的地位。即使所有的運動都受限於一個平面上 (**受限制**的三體問題)，長週期的軌道基本上是無法預測的。在 1889 年，瑞典和挪威國王奧斯卡二世 (Oscar II)，舉辦了一個比賽，來證明太陽系的穩定性。得獎者為 Henri Poincaré，他說明了要去證明這樣的事情是不可能的，因為不穩定的現象即使在三個相互作用的物體上都會出現。

不可預測性來自於**對初始條件的敏感依賴** (sensitive dependence on initial

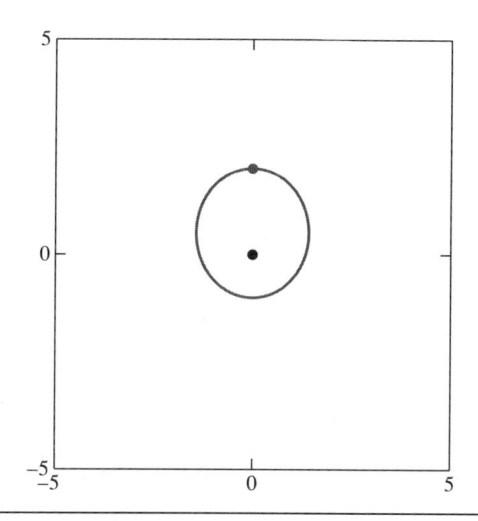

圖 6.13　單體問題的梯形法近似解。步長 $h=0.01$。軌道至少在所得圖形上看起來是呈現封閉狀態。

conditions)，這個名詞代表一個事實，初始位置與速度的細微不確定性，卻能導致未來更大的偏向。對我們來說，這說明了病態的微分方程組解與輸入的初始條件有關。

狹義的三體問題，是一個有 12 個方程式的方程組，因每一體有 4 個方程式，而這也是由牛頓第二定律所衍生。例如，第一體的方程式為：

$$\begin{aligned}
x_1' &= v_{1x} \\
v_{1x}' &= \frac{gm_2(x_2-x_1)}{((x_2-x_1)^2+(y_2-y_1)^2)^{3/2}} + \frac{gm_3(x_3-x_1)}{((x_3-x_1)^2+(y_3-y_1)^2)^{3/2}} \\
y_1' &= v_{1y} \\
v_{1y}' &= \frac{gm_2(y_2-y_1)}{((x_2-x_1)^2+(y_2-y_1)^2)^{3/2}} + \frac{gm_3(y_3-y_1)}{((x_3-x_1)^2+(y_3-y_1)^2)^{3/2}}.
\end{aligned} \quad (6.45)$$

第二和第三體，分別在 (x_2, y_2) 和 (x_3, y_3)，滿足類似的方程式。

電腦演算題 9 和 10 要求讀者計算求解二體和三體問題。後者說明了對初始條件敏感依賴的嚴重性。

6.3 習題

1. 用尤拉法求解初始值問題，對區間 [0, 1] 及步長 $h=1/4$。

(a) $\begin{cases} y_1' = y_1 + y_2 \\ y_2' = -y_1 + y_2 \\ y_1(0) = 1 \\ y_2(0) = 0 \end{cases}$
(b) $\begin{cases} y_1' = -y_1 - y_2 \\ y_2' = y_1 - y_2 \\ y_1(0) = 1 \\ y_2(0) = 0 \end{cases}$

(c) $\begin{cases} y_1' = -y_2 \\ y_2' = y_1 \\ y_1(0) = 1 \\ y_2(0) = 0 \end{cases}$
(d) $\begin{cases} y_1' = y_1 + 3y_2 \\ y_2' = 2y_1 + 2y_2 \\ y_1(0) = 5 \\ y_2(0) = 0 \end{cases}$

求得 y_1 和 y_2 在 $t=1$ 時的整體截尾誤差，正確解為

(a) $y_1(t) = e^t \cos t$, $y_2(t) = -e_t \sin t$ (b) $y_1(t) = e^{-t} \cos t$, $y_2(t) = e^{-t} \sin t$

(c) $y_1(t) = \cos t$, $y_2(t) = \sin t$ (d) $y_1(t) = 3e^{-t} + 2e^{4t}$, $y_2(t) = -2e^{-t} + 2e^{4t}$。

2. 用梯形法求解習題 1 的初始值問題，步長 $h=1/4$。和正確解比較以求得求得在 $t=1$ 時的整體截尾誤差。

3. 將下列高階常微分方程轉變為一階方程組。

(a) $y'' - ty = 0$ (Airy 方程式)   (b) $y'' - 2ty' + 2y = 0$ (Hermite 方程式)

(c) $y'' - ty' - y = 0$

4. 利用梯形法求解習題 3 的初始值問題，步長 $h=1/4$，且 $y(0) = y'(0) = 1$。

5. (a) 證明 $y(t) = (e^t + e^{-t} - t^2)/2 - 1$ 為初始值問題 $y''' - y' = t$ 的解，其中 $y(0) = y'(0) = y''(0) = 1$。

(b) 將微分方程改寫為三個一階方程式。

(c) 使用尤拉法求近似解，對區間 [0, 1] 及步長 $h=1/4$。

(d) 求 $t=1$ 時的整體截尾誤差。

6.3 電腦演算題

1. 用尤拉法分別以步長 $h=0.1$ 和 $h=0.01$ 求解習題 1 的初始值問題。繪出在區間 [0, 1] 間的近似解與正確解，並求 $t=1$ 時的整體截尾誤差。對 $h=0.01$ 來說，減少的誤差是否符合尤拉法的期望。

2. 以梯形法重做電腦演算題 1。

3. 改寫 `pend.m` 以適合阻尼單擺模型，以 $d=0.1$ 代入執行，除了初始條件 $y_1(0)=\pi$, $y_2(0)=0$，所有軌道都隨時間直線向下移動。檢驗特別的初始條

件：所得是否滿足相關理論？對雙擺呢？

4. 改寫 pend.m 來做一個強迫擺動的阻尼單擺，用梯形法依序執行：(a) 設定阻尼 $d=1$ 以及強迫參數 $A=10$，設定步長 $h=0.005$ 以及你所自訂的初始條件。在經過短暫的運行之後，單擺將會在一個週期軌道上安定下來。描述這軌道的性質。試著用不同的初始條件，所有的解都在相同「吸引」週期軌道上結束嗎？(b) 現在增加步長到 $h=0.01$，然後重複實驗。試用初始條件 $[\pi/2, 0]$ 和其他條件，描述所發生的現象，然後提供一個合理的解釋，說明在這個步長的異常運行結果。

5. 如電腦演算題 4 計算一個強迫擺動的阻尼單擺問題，但令 $A=12$。使用梯形法且 $h=0.005$。這將產生兩個週期的吸引者，且互為鏡像。描述這兩個吸引軌道，且找兩個初始條件 $(y_1, y_2)=(a, 0)$ 和 $(b, 0)$，其中 $|a-b| \le 0.1$，吸引到不同的週期軌道。令 $A=15$ 來觀察強迫擺動阻尼單擺的混沌運動。

6. 改寫 pend.m 以適合擺動樞軸的阻尼單擺，目標要研究參數共振現象，可以反轉單擺變成穩定系統，方程式為

$$y'' + dy' + \left(\frac{g}{l} + A\cos 2\pi t\right)\sin y = 0,$$

其中 A 為作用力強度。假定 $d=0.1$ 及單擺長度為 2.5 公尺，在沒有作用力 ($A=0$) 時，向下的單擺 $y=0$ 為穩定平衡；反轉單擺 $y=\pi$ 便是不穩定平衡。盡可能精確地求得參數 A 範圍，使得反轉單擺變成穩定的 (當然，$A=0$ 太小；$A=30$ 又太大)。以初始條件 $y=3.1$ 進行試驗，單擺若不會經過最下方位置，則稱反轉位置「穩定」。

7. 用電腦演算題 6 的參數設定，來展示其他參數共振的效果：一個擺動樞軸能夠使穩定的平衡變成不穩定，找出發生此情況作用力強度 A 的最小 (正數) 值，如果單擺最後移動到相反位置時，將向下的位置歸類為不穩定。

8. 改寫 pend.m 以適用於雙擺問題，必須先定義第二個單擺的 rod 和 bob。需注意，第二個桿子的樞軸端點等於第一個的自由端點；第二個桿子的自由端點 (x, y) 位置，可以藉由簡單的三角計算求得。

9. 改寫 orbit.m 以求解雙體問題。設定質量為 $m_2=0.3$ 及 $m_1=0.03$，並以初始條件 $(x_1, y_1) = (2, 2)$、$(x_1', y_1') = (0.2, -0.2)$ 和 $(x_2, y_2) = (0, 0)$、$(x_2', y_2') = (-0.01, 0.01)$ 繪出運行軌道。

10. 改寫 orbit.m 以求解三體問題。設定質量為 $m_2=0.3$ 及 $m_1=m_3=0.03$，
    (a) 以初始條件 $(x_1, y_1) = (2, 2)$、$(x_1', y_1') = (0.2, -0.2)$、$(x_2, y_2) = (0, 0)$、$(x_2', y_2') = (0, 0)$ 及 $(x_3, y_3) = (-2, -2)$、$(x_3', y_3') = (-0.2, 0.2)$ 繪出運行軌道。(b) 將初始條件中的 x_1' 改為 0.20001，並比較軌道的改變。這是個顯著易觀察的敏感依賴範例。

6.4 Runge-Kutta 法及其應用

Runge-Kutta 法是一組常微分方程解法，包含了尤拉法和梯形法，甚至其他較高階且精密的方法。在這節中，我們介紹多種**單步法** (one-step method)，以及將其應用來模擬一些基本應用的軌道。

❖ 6.4.1 Runge-Kutta 法

我們已經看過尤拉法為一階方法，而梯形法為二階，除了梯形法外，還有其他 Runge-Kutta 型的二階法，中點法就是其中一個重要範例。

中點法 (Midpoint Method)

$$w_0 = y_0$$
$$w_{i+1} = w_i + hf\left(t_i + \frac{h}{2}, w_i + \frac{h}{2}f(t_i, w_i)\right). \quad (6.46)$$

要確認中點法的階數，必須計算其局部截尾誤差。當我們在對梯形法做同樣的事時，發現可利用 (6.31) 式：

$$y_{i+1} = y_i + hf(t_i, y_i) + \frac{h^2}{2}\left(\frac{\partial f}{\partial t}(t_i, y_i) + \frac{\partial f}{\partial y}(t_i, y_i)f(t_i, y_i)\right) + \frac{h^3}{6}y'''(c). \quad (6.47)$$

要計算第 i 步的局部截尾誤差，我們假設 $w_i = y_i$ 並計算 $y_{i+1} - w_{i+1}$。再次和梯形法一樣利用泰勒展開式，可得

$$\begin{aligned} w_{i+1} &= y_i + hf\left(t_i + \frac{h}{2}, y_i + \frac{h}{2}f(t_i, y_i)\right) \\ &= y_i + h\left(f(t_i, y_i) + \frac{h}{2}\frac{\partial f}{\partial t}(t_i, y_i) + \frac{h}{2}f(t_i, y_i)\frac{\partial f}{\partial y}(t_i, y_i) + O(h^2)\right). \end{aligned} \quad (6.48)$$

比較 (6.47) 和 (6.48) 式產生

$$y_{i+1} - w_{i+1} = O(h^3),$$

依據定理 6.4，中點法為二階法。

微分方程右側的函數估算次數稱為解法的**級步** (stage)。梯形法和中點法都是二級步法，為二階 Runge-Kutta 法 (可簡寫為 RK2)，形式為

$$w_{i+1} = w_i + h\left(1 - \frac{1}{2\alpha}\right)f(t_i, w_i) + \frac{h}{2\alpha}f(t_i + \alpha h, w_i + \alpha h f(t_i, w_i)) \quad (6.49)$$

其中 $\alpha \neq 0$。假設 $\alpha = 1$ 則為顯式梯形法，而 $\alpha = 1/2$ 為中點法。習題 5 將要求讀者驗證其他解法的階數。

> **聚焦　收斂性**
>
> 四階解法的收斂性，如 RK4，比我們目前所討論過的一階和二階法優越許多。收斂的意思是，在某個固定時間內，常微分方程近似解的整體誤差，在步長 h 接近零的時候，它能夠多快接近零。四階的意思是，步長減半，其誤差大約以 $2^4 = 16$ 的倍數減少，圖 6.15 很清楚地可以看出此點。

圖 6.14 說明在梯形法和中點法背後的直覺能力，梯形法使用一次尤拉步進到區間的右端點，算出那邊的斜率，再與左端點的斜率算出平均值。中點法利用一次尤拉步進移動到區間中點，算出斜率 $f(t_i + h/2, w_i + (h/2)f(t_i, w_i))$，然後以此斜率從 w_i 移動到新的近似值 w_{i+1}。這些方法使用不同的方法來解決相同的問題：找到比只用左端點作斜率估算的尤拉法更好的方法來取得斜率。

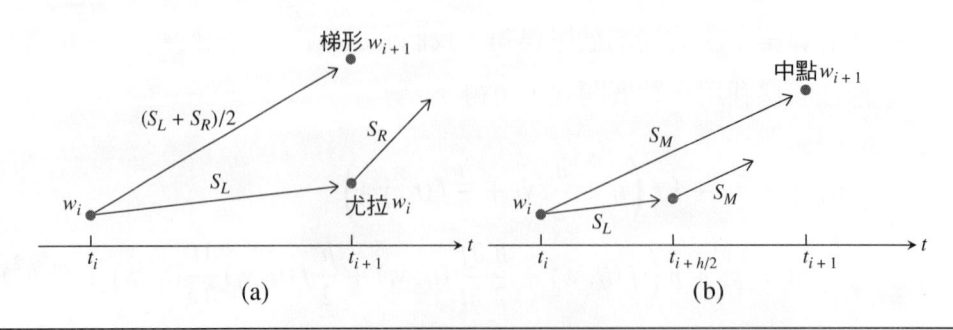

圖 6.14 符合 **RK2** 解法兩個例子的圖形觀點。(a) 梯形法以左右端點的平均斜率來穿過該區間。(b) 中點法則利用中點斜率。

Runge-Kutta 法可以為任意階數，但有一個特別普遍的範例是四階法。

四階 Runge-Kutta 法 (RK4)

$$w_{i+1} = w_i + \frac{h}{6}(s_1 + 2s_2 + 2s_3 + s_4) \tag{6.50}$$

其中

$$\begin{aligned} s_1 &= f(t_i, w_i) \\ s_2 &= f\left(t_i + \frac{h}{2}, w_i + \frac{h}{2}s_1\right) \\ s_3 &= f\left(t_i + \frac{h}{2}, w_i + \frac{h}{2}s_2\right) \\ s_4 &= f(t_i + h, w_i + hs_3). \end{aligned}$$

這個受歡迎的方法來自於其簡單性且容易寫成程式，它是單步法，因此只需初始條件就能開始，但因其為四階法，比起尤拉或梯形法準確許多。

四階 Runge-Kutta 法以 $h(s_1+2s_2+2s_3+s_4)/6$ 代替了尤拉法的斜率。這個數可以被視為斜率的改進猜測，而這個斜率是區間 $[t_i, t_i+h]$ 內的解。需注意到，s_1 是區間左端點的斜率，s_2 是用在中點法的斜率，s_3 是中點的改進斜率，而 s_4 是右端點 t_i+h 斜率的近似值。需要用代數來證明此為四階法，類似於梯形法和中點法的導數，但有點冗長，比方在 [14] 裡便可以找到。為了比較差異，我們再一次回到微分方程 (6.5)。

常微分方程

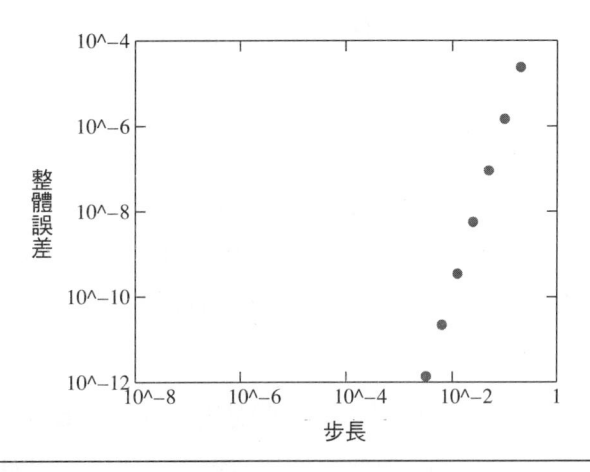

圖 6.15 四階 Runge-Kutta 法的誤差與步長函數圖形。在 $t=1$ 時，(6.5) 式的近似解和正確解的差，在對數作圖中斜率為 4，所以當 h 夠小時與 h^4 成正比。

範例 6.18

以四階 Runge-Kutta 法求解初始值問題

$$\begin{cases} y' = ty + t^3 \\ y(0) = 1 \end{cases}. \tag{6.51}$$

對不同的步長求 $t=1$ 時的整體截尾誤差，所得如下表

步數 n	步長 h	$t=1$ 時的誤差
5	0.20000	2.3788×10^{-5}
10	0.10000	1.4655×10^{-6}
20	0.05000	9.0354×10^{-8}
40	0.02500	5.5983×10^{-9}
80	0.01250	3.4820×10^{-10}
160	0.00625	2.1710×10^{-11}
320	0.00312	1.3491×10^{-12}
640	0.00157	7.2609×10^{-14}

與在範例 6.2 後尤拉法所得對應表格做比較，差異是很明顯的，而且容易看出 RK4 額外的複雜性，每步需要四個函數值計算，而尤拉法只需要一次。圖 6.15 以事實顯示相同的資訊，也就是整體截尾誤差與 h^4 成正比，也正如四階法所期望。

❖ 6.4.2 電腦模擬：Hodgkin-Huxley 神經元

電腦最早的開發階段在 20 世紀中期，起初的應用有一些是為了解答目前仍然棘手的微分方程組。

A. L Hodgkin 和 A. F. Huxley 兩人藉由開發神經細胞或神經元的真實模型，催生了**計算神經科學** (computational neuroscience) 領域，即便電腦在當時仍未成熟發展，他們卻能夠求得微分方程式模型的近似解，這使得他們因此在 1963 年獲得了諾貝爾生物獎。

這個模型是一個有四個**耦合微分方程** (coupled differential equation) 的系統，其中之一在細胞的內部與外部有電壓差異，而其他三個方程式則為離子通道的活化等級模型，這個通道用來在細胞內外交換鉀離子和鈉離子。**Hodgkin-Huxley 方程** (Hodgkin-Huxley equation) 為：

$$\begin{aligned}
Cv' &= -g_1 m^3 h(v - E_1) - g_2 n^4 (v - E_2) - g_3 (v - E_3) + I_{in} \\
m' &= (1-m)\alpha_m(v - E_0) - m\beta_m(v - E_0) \\
n' &= (1-m)\alpha_n(v - E_0) - n\beta_n(v - E_0) \\
h' &= (1-h)\alpha_h(v - E_0) - h\beta_h(v - E_0),
\end{aligned} \quad (6.52)$$

其中

$$\alpha_m(v) = \frac{2.5 - 0.1v}{e^{2.5 - 0.1v} - 1}, \; \beta_m(v) = 4e^{-v/18},$$

$$\alpha_n(v) = \frac{0.1 - 0.01v}{e^{1 - 0.1v} - 1}, \; \beta_n(v) = \frac{1}{8}e^{-v/80},$$

以及

$$\alpha_h(v) = 0.07 e^{-\frac{v}{20}}, \; \beta_h(v) = \frac{1}{e^{3 - 0.1v} + 1}.$$

係數 C 代表細胞的電容，I_{in} 則是從其他細胞的輸入電流大小。典型的係數值為電容 $C=1$ 微法拉 (百萬分之一法拉；microFarads)，電導率 $g_1=120$、$g_2=36$、$g_3=0.3$，且電壓 $E_0=-65$、$E_1=50$、$E_2=-77$、$E_3=-54.4$ 毫伏特 (millivolt)。

v' 方程為每單位面積的電流方程，單位為毫安培/平方公分 (milliamperes/cm^2)，而其他三個活化作用 m、n、h 為無單位的 (unitless)。係數 C 為神經元膜的電容量，g_1、g_2、g_3 為各離子的電導率，E_1、E_2、E_3 為**反轉電位** (reversal potential)，也就是可達電流平衡的膜電位。

Hodgkin 和 Huxley 謹慎選擇了方程式形式，以符合實驗資料，這些資料是由烏賊的巨大神經元軸突取得，而它們也符合此模型的參數。雖然烏賊神經元軸突的特性與哺乳動物的神經元並不同，但此模型舉出了**神經動力學** (neural dynamics) 的實際描述。更廣泛地來說，這是一個有用的激發介質範例，將連續的輸入轉換成非全有即全無的反應。下面為該模型的 MATLAB 碼：

```
% 程式 6.5 Hodgkin-Huxley 方程
% 輸入:[ a b]  時間區間，
% ic＝初始電壓 v 和 3 個開關變數(gating variable)，步長 h
% 輸出：解 y
% 叫用單步法，如 rk4step.m
% 使用範例：hh(0, 100], [-65, 0, 0.3, 0.6], 0.05);
function y=hh(inter,ic,h)
global pa pb pulse
inp=input('pulse start, end, muamps in [ ], e.g. [50 51 7]: ');
pa=inp(1);pb=inp(2);pulse=inp(3);
a=inter(1); b=inter(2); n=ceil((b-a)/h);  % 共繪製 n 個點
y(1,:)=ic;                                 % 代入初始條件
t(1)=a;
for i=1:n
  t(i+1)=t(i)+h;
  y(i+1,:)=rk4step(t(i),y(i,:),h);
end
subplot(3,1,1);
plot([a pa pa pb pb b],[0 0 pulse pulse 0 0]);
grid;axis([0 100 0 2*pulse])
ylabel('input pulse')
subplot(3,1,2);
plot(t,y(:,1));grid;axis([0 100 -100 100])
ylabel('voltage (mV)')
subplot(3,1,3);
plot(t,y(:,2),t,y(:,3),t,y(:,4));grid;axis([0 100 0 1])
ylabel('gating variables')
legend('m','n','h')
xlabel('time (msec)')

function y=rk4step(t,w,h)
```

```
%one step of the Runge-Kutta order 4 method
s1=ydot(t,w);
s2=ydot(t+h/2,w+h*s1/2);
s3=ydot(t+h/2,w+h*s2/2);
s4=ydot(t+h,w+h*s3);
y=w+h*(s1+2*s2+2*s3+s4)/6;

function z=ydot(t,w)
global pa pb pulse
c=1;g1=120;g2=36;g3=0.3;T=(pa+pb)/2;len=pb-pa;
e0=-65;e1=50;e2=-77;e3=-54.4;
in=pulse*(1-sign(abs(t-T)-len/2))/2;
% 區間 [pa,pb] 上的矩形脈波 (square pulse) 輸入
v=w(1);m=w(2);n=w(3);h=w(4);
z=zeros(1,4);
z(1)=(in-g1*m*m*m*h*(v-e1)-g2*n*n*n*n*(v-e2)-g3*(v-e3))/c;
v=v-e0;
z(2)=(1-m)*(2.5-0.1*v)/(exp(2.5-0.1*v)-1)-m*4*exp(-v/18);
z(3)=(1-n)*(0.1-0.01*v)/(exp(1-0.1*v)-1)-n*0.125*exp(-v/80);
z(4)=(1-h)*0.07*exp(-v/20)-h/(exp(3-0.1*v)+1);
```

如果沒有輸入值,那麼在電壓趨近於 E_0 時,Hodgkin-Huxley 神經元就會是靜止。設定 I_{in} 為長度 1 毫秒 (msec)、強度 7 微安培 (microamp; μA) 的矩形脈波,就足以造成尖突 (spike),也就是一個大的電壓去極化偏轉。圖 6.16 說明了這個現象。執行程式來確認 6.9 μA 不足以造成一個完整的尖突,也就是

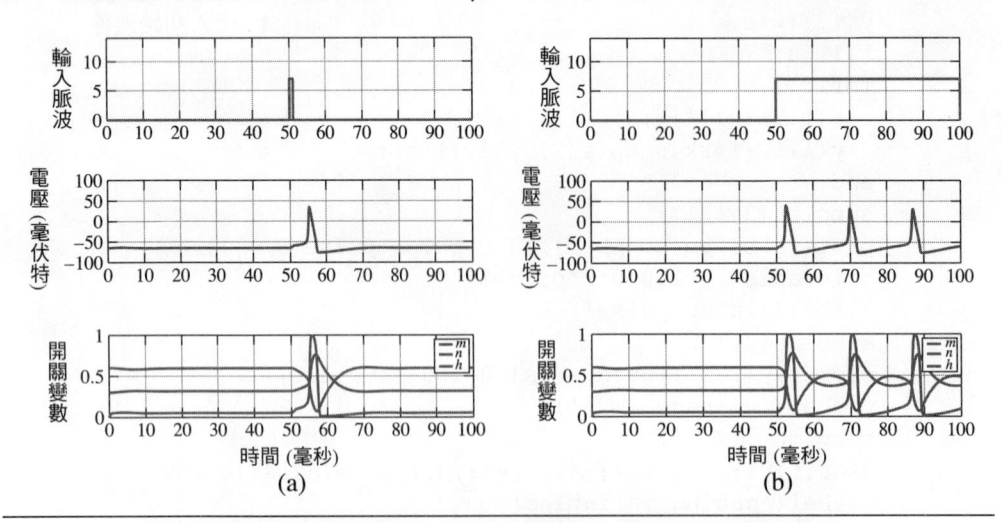

圖 6.16 Hodgkin-Huxley 程式的螢幕擷取畫面。(a) 在 50 毫秒時,方波輸入大小為 $I_{in}=7$ μA,持續 1 毫秒,導致神經元觸發一次。(b) 持續的方波,$I_{in}=7$ μA,導致神經元週期性觸發。

非全有即全無的反應。這個特性大幅擴大了輸入值中微小差異的影響，而這些差異性可以解釋神經元在資訊處理的成果。圖 6.16(b) 顯示若輸入電流為持續時，神經元會反射尖突的週期反應。電腦演算題 6 正是此虛擬神經元門檻能力的研究。

❖ 6.4.3　電腦模擬：Lorenz 方程

在 1950 年代後期，麻省理工學院 (MIT) 的氣象學者 E. Lorenz 獲得了一台首批在市場銷售的電腦，它有一個冰箱的大小，以及每秒 60 個乘法的運算速度。這個驚人的電腦快取能力，讓 E. Lorenz 開發並有意義地估算氣象模型，而這些模型包含了數個微分方程，在之前是無法求解析解的，例如 Hodgkin-Huxley 方程等。

　　Lorenz 方程 (Lorenz equation)是一個微型的大氣模型的簡化形式，Lorenz 設計這個模型，來研究 Rayleigh-Bénard 對流，也就是流體熱的移動 (例如空氣) 從較低的溫暖媒介 (例如地面) 流到較高的冷媒介 (例如較高的大氣層)。在二維空間大氣的模型中，空氣對流可以用下面三個方程組來描述。

$$\begin{aligned} x' &= -sx + sy \\ y' &= -xz + rx - y \\ z' &= xy - bz. \end{aligned} \tag{6.53}$$

變數 x 表示順時針的流速，y 計算空氣柱上升和下降的溫度差異，而 z 則計算垂直方向中的嚴格線性溫度曲線的導數。Prandtl 數 s、Reynolds 數 r 和 b 都是系統的參數。最常見的參數設定為 $s=10$、$r=28$、$b=8/3$，在圖 6.17 中的軌道就是利用這些設定，以四階 Runge-Kutta 法來計算，然後使用下面的程式碼來描述微分方程。

```
function z=ydot(t,y)
%Lorenz 方程式
s=10; r=28; b=8/3;
z(1)=-s*y(1)+s*y(2);
z(2)=-y(1)*y(3)+r*y(1)-y(2);
z(3)=y(1)*y(2)-b*y(3);
```

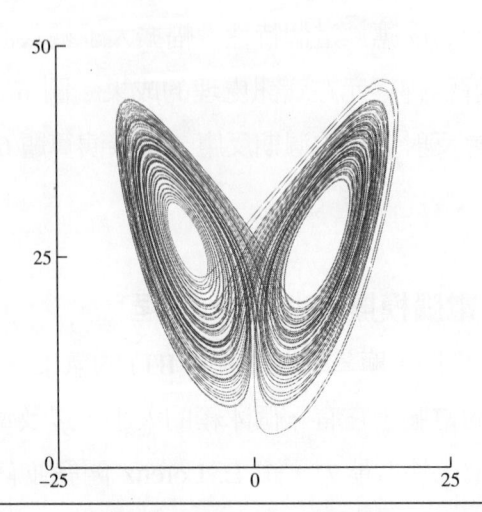

圖 6.17 Lorenz 方程 (6.53) 的軌道之一，投影到 *xz* 平面。參數設定為 $s=10$、$r=28$、$b=8/3$。

Lorenz 方程是一個重要的範例，因為軌道有很高的複雜度，儘管方程式為決定性的，而且相當簡單 (幾乎是線性)。針對複雜度的解釋類似雙擺或三體問題：也就是對初始條件的敏感依賴。電腦演算題 8 和 9，探討所謂**渾沌吸子 (chaotic attractor)** 的敏感依賴。

6.4 習題

1. 用中點法求解初始值問題

    (a) $y'=t$ (b) $y'=t^2 y$ (c) $y'=2(t+1)y$
    (d) $y'=5t^4 y$ (e) $y'=1/y^2$ (f) $y'=t^3/y^2$

    初始條件為 $y(0)=1$，步長 $h=1/4$，在 [0, 1] 間計算中點法的近似解。和 6.1 節習題 3 所得的正確解比較，並求 $t=1$ 時的整體截尾誤差。

2. 對初始值問題

    (a) $y'=t+y$ (b) $y'=t-y$ (c) $y'=4t-2y$

    完成習題 1 的要求，其中初始條件 $y(0)=0$。正確解請參考 6.1 節習題 4。

3. 對習題 1 改用四階 Runge-Kutta 法求解，步長 $h=1/4$，計算在區間 [0, 1] 的近似解。和 6.1 節習題 3 的正確解比較，並求在 $t=1$ 時的整體截尾誤差。

4. 對習題 2 的初始值問題完成習題 3 的要求。

5. 對任意 $\alpha \neq 0$，證明 (6.49) 式為二階法。

6. 初始值問題 $y' = \lambda y$ 的解為 $y(t) = y_0 e^{\lambda t}$。(a) 對此微分方程式，利用 w_0 以 RK4 求得 w_1。(b) 令 $w_0 = y_0 = 1$，求局部截尾誤差 $y_1 - w_1$，並證明該局部截尾誤差為 $O(h^5)$，如四階法所期待。

7. 假設 $f(t, y) = f(t)$ 的右側不依賴 y，證明四階 Runge-Kutta 法中 $s_2 = s_3$，且 RK4 與辛普森積分法 $\int_{t_i}^{t_i + h} f(s)\,ds$ 等價。

6.4 電腦演算題

1. 對區間 [0, 1] 及步長 $h = 0.1$，以中點法求解習題 1 的初始值問題。列表輸出每步的 t 值、近似解和整體截尾誤差。

2. 對區間 [0, 1] 及步長 $h = 0.1$，以四階 RK 法求解習題 1 的初始值問題。列表輸出每步的 t 值、近似解和整體截尾誤差。

3. 重做電腦演算題 2，但這回畫出 [0, 1] 間步長 $h = 0.1$、0.05 和 0.025 的近似解，以及正確解。

4. 對習題 2 的方程式重做電腦演算題 2。

5. 對習題 1 的初始值問題，畫出 RK4 法近似解在 $t = 1$ 的整體誤差與 h 的函數關係圖，如圖 6.4。

6. 對代入預設參數的 Hodgkin-Huxley 方程 (6.52)，(a) 盡可能找出正確的最小臨界電壓 (threshold voltage)，用微安培為單位，以產生一個 1 毫秒脈衝的尖突。(b) 如果脈衝為 5 毫秒長，那麼答案會改變嗎？(c) 以脈衝的形狀來作實驗，相同封閉區域的三角形脈衝和方波脈衝，會導致的相同影響嗎？(d) 討論對固定持續的輸入電壓是否存在臨界值。

7. 改寫 `orbit.m`，利用四階 Runge-Kutta 法及步長 $h = 0.001$，繪製 Lorenz 方程的解，以及初始條件 $(x_0, y_0, z_0) = (5, 5, 5)$ 的軌線。

8. 以兩個十分接近的初始條件所得軌線來計算 Lorenz 方程的條件數。用初始條件 $(x, y, z) = (5, 5, 5)$ 和另一個相距 $\Delta = 10^{-5}$ 的初始條件，以四階 Runge-Kutta 法、步長 $h = 0.001$ 來計算二者的軌線，並求經過 $t = 10$ 和 $t = 20$ 單位時間的誤差放大倍數。

9. 如電腦習題 8，以十分接近的初始條件所得 Lorenz 方程的兩條軌線。對每個軌線建立一組二進位符號序列，在圖 6.17 中，如果軌線是穿越「負數 x」的迴圈則填入 0，而如果是穿越正數的迴圈則填入 1。試問兩個軌線經過多少個時間單位後該符號序列會相符？

實作 6　塔科碼海峽吊橋

McKenna 和 Tuama [18] 最近提出了一個嘗試記錄塔科碼海峽吊橋事件的數學模型，目的是為了解釋扭力的或扭轉的振動，能夠被完全垂直的力加以放大。

假設一個寬 $2l$ 的路，吊在兩條懸索之間，如圖 6.18(a) 所示。我們將假設橋面的二維切面，忽略模型裡橋樑長度，因為我們只對邊到邊的運動有興趣。靜止時，地心引力使得路面懸掛在某個平衡高度，令 y 代表為路面中心在這個平衡位置之下的距離。

虎克定律 (Hooke's law) 假定一線性回應，意思是纜線回復力將會與其偏差 (deviation) 成正比。令 θ 為路面與水平線之間的角度，有兩條懸吊纜線，分別被平衡狀態拉長為 $y - l \sin \theta$ 和 $y + l \sin \theta$。假設有一個黏滯阻尼項與速度成正比，利用牛頓定律 $F = ma$ 及以 K 代表虎克常數，則 y 和 θ 的移動方程如下：

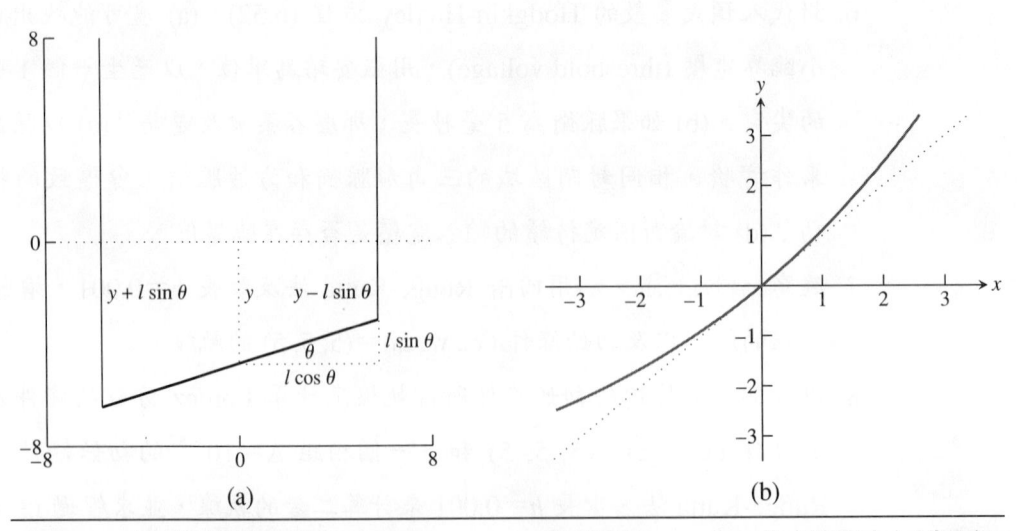

圖 6.18 塔科碼海峽吊橋的 McKenna-Tuama 模型圖解。(a) 令 y 代表路面中心到平衡位置的距離，橋面和水平面的夾角為 θ。(b) 指數的虎克定律曲線 $f(y) = (K/a)(e^{ay} - 1)$。

常微分方程

$$y'' = -dy' - \left[\frac{K}{m}(y - l\sin\theta) + \frac{K}{m}(y + l\sin\theta)\right]$$

$$\theta'' = -d\theta' + \frac{3\cos\theta}{l}\left[\frac{K}{m}(y - l\sin\theta) - \frac{K}{m}(y + l\sin\theta)\right].$$

然而，虎克定律是為彈簧所設計，當彈簧被壓縮或拉長時，回復力大約相同。McKenna 和 Tuama 假設纜線在拉長時，會比壓縮時以較多的力量拉回 (想像以一條繩子做為極端範例)。他們以非線性力 $f(y) = (K/a)(e^{ay} - 1)$，來代替線性虎克定律回復力 $f(y) = Ky$，如圖 6.18(b) 所示。兩個函數在 $y = 0$ 都有相同的斜率 K，但是在非線性力下，正數 y (拉長的纜線) 會比對應的負數 y (放鬆的纜線) 引起較強的回復力。將此代入先前的方程式會產生

$$y'' = -dy' - \frac{K}{ma}\left[e^{a(y - l\sin\theta)} - 1 + e^{a(y + l\sin\theta)} - 1\right]$$

$$\theta'' = -d\theta' + \frac{3\cos\theta}{l}\frac{K}{ma}\left[e^{a(y - l\sin\theta)} - e^{a(y + l\sin\theta)}\right]. \tag{6.54}$$

當方程式停滯，$y = y' = \theta = \theta' = 0$ 呈現平衡狀態。現在將風打開，增加 $0.2W \sin\omega t$ 動力項到 y 方程式的右式，其中 W 為風速，單位是公里/小時 (km/hr)，這會將完全垂直的振動加到橋上。

我們可以估算出一個有用的物理常數。一呎長的路面質量大約是 2500 公斤，而彈性常數 K 被預估為 1000 牛頓 (newtons)，路面大約是 12 公尺寬，在這樣的模擬環境下，阻尼係數被設定在 $d = 0.01$，虎克非線性係數 $a = 0.2$；而在橋倒塌之前，一名目擊者算出在一分鐘內橋面出現了 38 次垂直振動，設定 $\omega = 2\pi(38/60)$。這些係數只是猜測，但它們足夠顯示動作的範圍，這些範圍傾向符合橋面最後振動的攝影證據。模型 (6.54) 的 MATLAB 程式碼如下：

```
% 程式 6.6 以初始值問題解法計算橋樑問題的動畫程式
% 輸入：int=[ a b]  時間區間，
% ic=[ y(1,1) y(1,2) y(1,3) y(1,4)]，
% h=步長，p=每格幾次步進繪點
% 叫用單步法，如 trapstep.m
% 使用範例：tacoma([ 0 1000],[1 0 0.001 0],.04,3)
```

```
function tacoma(inter,ic,h,p)
clf                           % 清除繪圖視窗
a=inter(1);b=inter(2);n=ceil((b-a)/(h*p)); % plot n points
y(1,:)=ic;                    % 輸入初始條件到 y 陣列
t(1)=a;len=6;
set(gca,'XLim',[-8 8],'YLim',[-8 8], ...
    'XTick',[-8 0 8],'YTick',[-8 0 8], ...
    'Drawmode','fast','Visible','on','NextPlot','add');
cla;                          % 清除螢幕
axis square                   % 使座標比例1:1
road=line('color','b','LineStyle','-','LineWidth',5,...
    'erase','xor','xdata',[],'ydata',[]);
lcable=line('color','r','LineStyle','-','LineWidth',1,...
    'erase','xor','xdata',[],'ydata',[]);
rcable=line('color','r','LineStyle','-','LineWidth',1,...
    'erase','xor','xdata',[],'ydata',[]);
for k=1:n
  for i=1:p
    t(i+1)=t(i)+h;
    y(i+1,:)=trapstep(t(i),y(i,:),h);
  end
  y(1,:)=y(p+1,:);t(1)=t(p+1);
  z1(k)=y(1,1);z3(k)=y(1,3);
  c=len*cos(y(1,3));s=len*sin(y(1,3));
  set(road,'xdata',[-c c],'ydata',[-s-y(1,1) s-y(1,1)])
  set(lcable,'xdata',[-c -c],'ydata',[-s-y(1,1) 8])
  set(rcable,'xdata',[c c],'ydata',[s-y(1,1) 8])
  drawnow; pause(h)
end

function y=trapstep(t,x,h)
%one step of the Trapezoid Method
z1=ydot(t,x);
g=x+h*z1;
z2=ydot(t+h,g);
y=x+h*(z1+z2)/2;

function ydot=ydot(t,y)
len=6;a=0.2; W=80; omega=2*pi*38/60;
a1=exp(a*(y(1)-len*sin(y(3))));
a2=exp(a*(y(1)+len*sin(y(3))));
ydot(1)=y(2);
ydot(2)=-0.01*y(2)-0.4*(a1+a2-2)/a+0.2*W*sin(omega*t);
ydot(3)=y(4);
ydot(4)=-0.01*y(4)+1.2*cos(y(3))*(a1-a2)/(len*a);
```

建議活動：

1. 以風速 $W=80$ 公里/小時，及初始條件 $y=y'=\theta'=0$、$\theta=0.001$，執行

tacoma.m。如果對 θ 的微小擾動逐漸消失，對扭力大小來說橋是穩定的，如果它們遠超過原本的大小則變成不穩定的。在此風速 W 下會發生哪一種情況？

2. 將梯形法改成四階 Runge-Kutta 法以改善精確度。另外，增加新的繪圖視窗來畫出 $y(t)$ 和 $\theta(t)$。

3. 整個系統在 $W=50$ 公里/小時下，系統為扭力穩定的。對一個微小的初始角度求其放大倍數；意即，假定 $\theta(0)=10^{-3}$，求最大角度 $\theta(t)$ 和 $\theta(0)$ 的比例 $(0 \le t < \infty)$。對初始角度 $\theta(0)=10^{-4}, 10^{-5}, \cdots$，放大倍數是否大約一致？

4. 在微小擾動 $\theta(0)=10^{-3}$ 下，求使得放大倍數不小於 100 的最低風速 W。在此風速 W 下，放大倍數是否可保持固定？

5. 設計並執行在步驟 4 計算最低風速的方法，誤差需小於 0.5×10^{-3} 公里/小時。你可能會用到第 1 章的方程式求解法。

6. 試試比 W 大的風速，是否再小的初始角度最終都將演變為一場災難？

這項計畫是實驗性數學的一個範例，這些方程式非常困難，以至於無法導出閉式解，而且甚至很難證明性質上的結果。有了可靠的常微分方程解法，我們就能夠產生不同參數的數值軌線，這些軌線可用來說明模型現象的種類。使用這樣的方式，微分方程模型便能夠在科學和工程的問題上，闡述和預測機械裝置的行為。

6.5 可變步長方法

到目前為止，常微分方程求解過程中步長 h 皆被設為常數；然而，沒有任何原因要求不能在求解過程中改變 h 的大小。改變步長的一個好理由是為了讓解在快速變化區間與緩慢變化區間移動。若所設定的步長小到足以精確地追蹤快速變化的曲線，這可能意味著，其餘部分的解會慢到令人無法忍受才被找出來。

在本節中，我們將討論關於控制常微分方程解法步長的策略。最常見的方法，是使用兩個不同階數的解法，稱為**嵌入對** (embedded pair)。

❖ 6.5.1 Runge-Kutta 嵌入對

可變步長方法 (variable step-size method) 的主要概念是監控目前步進所產生的誤差，目前的步進必須滿足使用者設定的誤差容忍值。如此可把方法設計成：(1) 如果超過容忍值，那麼就將步長變小；或是 (2) 如果誤差在容忍值內，便接受此次步長，然後選擇一個應該適合下次步進的步長 h。而關鍵步驟在於，得找到某些方法去近似每步的誤差。首先，假設已經找出這個方法，我們來解釋如何改變步長。

修改步長最簡單方式是將其加倍或減半，這要看目前的誤差而定。將誤差預估值 e_i，或是相對誤差預估值 $e_i/|w_i|$，跟誤差容忍值比較 (在本節接下來的部分，我們將假設常微分方程組的求解包括一個方程式，要將本節的概念推論到較高階情況是很簡單的)。如果沒有達到容忍值要求，那麼就以 $h_i/2$ 的新步長來重複執行該次步進，而如果非常符合容忍值──例如，若誤差少於容忍值的 1/10──那麼在接受這次步進之後，在下次步進時便將步長加倍。

根據這個方法，步長將會被自動調整成一定的大小，以保持 (相對) 局部截尾誤差接近使用者要求的水準。至於要用絕對或相對誤差，則取決於所需。一個好的一般化技巧是結合二者，利用 $e_i/\max(|w_i|, \theta)$ 與誤差容忍值相比較，其中常數 $\theta > 0$ 則可避免 w_i 值非常小時所產生的問題。

有一個用來選取步長的精密方法是根據常微分方程解法的階數觀念而來，假設解法為 p 階，所以局部截尾誤差 $e_i = O(h^{p+1})$，令 T 為使用者所允許的相對誤差容忍值，這表示目標為保證 $e_i/|w_i| < T$。

如果達到 $e_i/|w_i| < T$ 的目標，則接受該次步進結果，並且需產生下次步進的步長。假設存在某常數 c，使得

$$e_i \approx c h_i^{p+1} \tag{6.55}$$

如此，符合容忍值 c 的最佳步長 h 將滿足

$$T|w_i| = ch^{p+1}. \tag{6.56}$$

求解方程式 (6.55) 和 (6.56) 的 h 可得

$$h_* = 0.8 * \left(\frac{T|w_i|}{e_i}\right)^{\frac{1}{p+1}} h_i, \tag{6.57}$$

為求謹慎，我們加了 0.8 的**安全係數** (safety factor) 於其中。因此，下一個步長為 $h_{i+1} = h_*$。

另一方面來說，如果未達相對誤差目標 $e_i/|w_i| < T$，那麼將 h_i 設定為 h_* 再試一次；因為有了安全係數，這樣應能滿足需求。然而，如果第二次測試仍不能達成目標，就直接把步長切半，持續此作法一直到達成目標為止。就一般用途來說，通常以 $e_i/\max(|w_i|, \theta)$ 來取代相對誤差。

不管是簡單和精密方法的描述，都非常依賴某種預估誤差的方式，也就是求常微分方程解法目前的步進誤差 $e_i = |w_{i+1} - y_{i+1}|$。有一個重要的限制是，必須在沒有大量的額外計算下便能取得此預估值。

要獲得這種誤差預估，最廣泛使用的方法，就是同時執行一個較高階的常微分方程解法。較高階方法對 w_{i+1} (稱作 z_{i+1}) 的預估，將會比原本的 w_{i+1} 正確得多，因此差異為：

$$e_i \approx |z_{i+1} - w_{i+1}| \tag{6.58}$$

被用為目前步進從 t_i 到 t_{i+1} 的誤差預估值。

隨著這個概念，Runge-Kutta 法的幾個「對」，一個 p 階和另一個 $p+1$ 階解法，被發展出來，而且共用許多必要的運算。以此方法，控制步長的額外代價會很低，這樣的組合通常被稱為 **Runge-Kutta 嵌入對** (embedded Runge-Kutta pair)。

範例 6.19

RK2/3，一個 Runge-Kutta 二階/三階嵌入對的範例。

顯式梯形法可以和一個三階 RK 法合為嵌入對以作為步長控制。令

$$w_{i+1} = w_i + h\frac{s_1 + s_2}{2}$$
$$z_{i+1} = w_i + h\frac{s_1 + 4s_3 + s_2}{6},$$

其中

$$s_1 = f(t_i, w_i)$$
$$s_2 = f(t_i + h, w_i + hs_1)$$
$$s_3 = f\left(t_i + \frac{1}{2}h, w_i + \frac{1}{2}h\frac{s_1 + s_2}{2}\right).$$

在之前的方程式中，w_{i+1} 為梯形步進結果，而 z_{i+1} 代表了三階法的結果，這需要三個級步 Runge-Kutta。三階法只是辛普森法的應用，是針對微分方程式內容的數值積分。從這兩個常微分方程解法，藉由兩近似值相減，就能夠預估誤差：

$$e_i \approx |w_{i+1} - z_{i+1}| = \left|h\frac{s_1 - 2s_3 + s_2}{3}\right|. \tag{6.59}$$

用局部截尾誤差的預估，便可進行先前所描述的步長控制規則。◆

雖然步長規則可適用於 w_{i+1}，但由於有較高階近似值 z_{i+1} 可用，以後者來推進步進會更好，這就稱為**局部外插法** (local extrapolation)。

範例 6.20

Bogacki-Shampine 二階/三階嵌入對。

MATLAB 在 ode23 指令中使用另一個不同的嵌入對。令

$$\begin{aligned}s_1 &= f(t_i, w_i)\\ s_2 &= f\left(t_i + \frac{1}{2}h, w_i + \frac{1}{2}hs_1\right)\\ s_3 &= f\left(t_i + \frac{3}{4}h, w_i + \frac{3}{4}hs_2\right)\\ z_{i+1} &= w_i + \frac{h}{9}(2s_1 + 3s_2 + 4s_3)\\ s_4 &= f(t + h, z_{i+1})\\ w_{i+1} &= w_i + \frac{h}{24}(7s_1 + 6s_2 + 8s_3 + 3s_4).\end{aligned} \tag{6.60}$$

常微分方程

驗證可發現 z_{i+1} 為三階近似解,而 w_{i+1} 需要四個級步計算,僅為二階。步長控制所需的誤差預估為

$$e_i = |z_{i+1} - w_{i+1}| = \frac{h}{72}|-5s_1 + 6s_2 + 8s_3 - 9s_4|. \tag{6.61}$$

需要注意的是,如果 s_4 能被接受,那麼在下一個步進中,s_4 會變成 s_1,所以不會有浪費的級步,但無論如何,對於三階 Runge-Kutta 法來說,至少會需要三個級步。這種二階法的設計稱為 FSAL (First Same As Last),意即第一和最後相同。

❖ 6.5.2 四/五階法

範例 6.21

Runge-Kutta-Fehlberg 四階/五階嵌入對。

$$s_1 = f(t_i, w_i)$$
$$s_2 = f\left(t_i + \frac{1}{4}h, w_i + \frac{1}{4}hs_1\right)$$
$$s_3 = f\left(t_i + \frac{3}{8}h, w_i + \frac{3}{32}hs_1 + \frac{9}{32}hs_2\right)$$
$$s_4 = f\left(t_i + \frac{12}{13}h, w_i + \frac{1932}{2197}hs_1 - \frac{7200}{2197}hs_2 + \frac{7296}{2197}hs_3\right)$$
$$s_5 = f\left(t_i + h, w_i + \frac{439}{216}hs_1 - 8hs_2 + \frac{3680}{513}hs_3 - \frac{845}{4104}hs_4\right)$$
$$s_6 = f\left(t_i + \frac{1}{2}h, w_i - \frac{8}{27}hs_1 + 2hs_2 - \frac{3544}{2565}hs_3 + \frac{1859}{4104}hs_4 - \frac{11}{40}hs_5\right)$$
$$w_{i+1} = w_i + h\left(\frac{25}{216}s_1 + \frac{1408}{2565}s_3 + \frac{2197}{4104}s_4 - \frac{1}{5}s_5\right)$$
$$z_{i+1} = w_i + h\left(\frac{16}{135}s_1 + \frac{6656}{12825}s_3 + \frac{28561}{56430}s_4 - \frac{9}{50}s_5 + \frac{2}{55}s_6\right). \tag{6.62}$$

可檢驗得 z_{i+1} 為五階近似解,而 w_{i+1} 為四階。步長控制所需誤差預估值為

$$e_i = |z_{i+1} - w_{i+1}| = h \left| \frac{1}{360}s_1 - \frac{128}{4275}s_3 - \frac{2197}{75240}s_4 + \frac{1}{50}s_5 + \frac{2}{55}s_6 \right|. \quad (6.63)$$

◆

Runge-Kutta-Fehlberg 法 (RKF45)，是目前最知名的可變步長的單步法。假如有前述的公式，執行起來很簡單。使用者必須設定一個相對誤差容忍值 T，以及初始步長 h，而當運算 w_1、z_1 和 e_0 之後，對 $i=0$ 檢驗相對誤差是否滿足

$$\frac{e_i}{|w_i|} < T \quad (6.64)$$

如果成立的話，新的 w_1 將會被局部外插法所得的 z_1 所取代，而程式就會向下一步前進。另一方面來說，如果相對誤差檢驗 (6.64) 不成立，那麼就以求得 w_i 的解法階數 ($p=4$) 代入 (6.57) 式所得新步長 h 重試一次 (雖然這不太可能，但若重複失敗，則改由步長減半直到成功為止)。不管何種情況下，都應該以 (6.57) 式計算結果作為下一個步長 h_1。

範例 6.22

Dormand-Prince 四階/五階嵌入對。

$$s_1 = f(t_i, w_i)$$
$$s_2 = f\left(t_i + \frac{1}{5}h, w_i + \frac{1}{5}hs_1\right)$$
$$s_3 = f\left(t_i + \frac{3}{10}h, w_i + \frac{3}{40}hs_1 + \frac{9}{40}hs_2\right)$$
$$s_4 = f\left(t_i + \frac{4}{5}h, w_i + \frac{44}{45}hs_1 - \frac{56}{15}hs_2 + \frac{32}{9}hs_3\right)$$
$$s_5 = f\left(t_i + \frac{8}{9}h, w_i + h\left(\frac{19372}{6561}s_1 - \frac{25360}{2187}s_2 + \frac{64448}{6561}s_3 - \frac{212}{729}s_4\right)\right)$$
$$s_6 = f\left(t_i + h, w_i + h\left(\frac{9017}{3168}s_1 - \frac{355}{33}s_2 + \frac{46732}{5247}s_3 + \frac{49}{176}s_4 - \frac{5103}{18656}s_5\right)\right)$$

$$z_{i+1} = w_i + h\left(\frac{35}{384}s_1 + \frac{500}{1113}s_3 + \frac{125}{192}s_4 - \frac{2187}{6784}s_5 + \frac{11}{84}s_6\right)$$

$$s_7 = f(t_i + h, z_{i+1})$$

$$w_{i+1} = w_i + h\left(\frac{5179}{57600}s_1 + \frac{7571}{16695}s_3 + \frac{393}{640}s_4 - \frac{92097}{339200}s_5 + \frac{187}{2100}s_6 + \frac{1}{40}s_7\right).$$

(6.65)

可檢驗得 z_{i+1} 為五階近似解，而 w_{i+1} 為四階。步長控制所需誤差預估值為

$$e_i = |z_{i+1} - w_{i+1}| = h\left|\frac{71}{57600}s_1 - \frac{71}{16695}s_3 + \frac{71}{1920}s_4 - \frac{17253}{339200}s_5 + \frac{22}{525}s_6 - \frac{1}{40}s_7\right|.$$

(6.66)

再一次使用局部外插法，意思是步進結果為 z_{i+1}，而不是 w_{i+1}。需要注意的是，實際上根本不需要計算 w_{i+1}：誤差控制只需要 e_i。這是一種 FSAL 方法，類似 Bogacki-Shampine 法，如果值被接受的話，在下次步進裡 s_7 就會變成 s_1。如此便不會有浪費的級步，它能夠說明五階 Runge-Kutta 法至少需要六個級步。

◆

MATLAB 指令 ode45 利用 Dormand-Prince 嵌入對以及步長控制技巧，類似剛剛所描述的，使用者能夠設定想要的相對容忍值 T；微分方程的右式可以在函式檔案裡指定。例如，定義一個包含兩行的檔案 f.m

```
function y=f(t,y)
y=t*y+t^3;
```

則，指令

```
>> opts=odeset('RelTol',1e-4,'Refine',1,'MaxStep',1);
>> [t,y]=ode45('f',[0 1],1,opts);
```

將可解範例 6.1 的初始值問題，初始條件為 $y_0 = 1$，相對誤差容忍值 $T = 0.0001$；若未指定參數 RelTol，預設值為 0.001。要注意 ode45 的輸入函式 f 必須是雙變數函數，在此例中為 t 和 y，就算函數定義中只有一個也必須如

此。可用「行內函式」定義函式 f 來取代附加函式檔案,指令成為:

```
>> [t,y]=ode45(inline('t*y+t^3','t','y'),[0 1],1,opts);
```

用前述參數代入 ode45 所得的輸出結果為

步數	t_i	w_i	y_i	e_i
0	0.00000000	1.00000000	1.00000000	0.00000000
1	0.54021287	1.17946818	1.17946345	0.00000473
2	1.00000000	1.94617812	1.94616381	0.00001431

如果相對誤差容忍值改為 10^{-6},則輸出結果為

步數	t_i	w_i	y_i	e_i
0	0.00000000	1.00000000	1.00000000	0.00000000
1	0.21506262	1.02393440	1.02393440	0.00000000
2	0.43012524	1.10574441	1.10574440	0.00000001
3	0.68607729	1.32535658	1.32535653	0.00000005
4	0.91192246	1.71515156	1.71515144	0.00000012
5	1.00000000	1.94616394	1.94616381	0.00000013

近似解誤差遠小於相對誤差容忍值,原因是局部外插;意思是即使選擇的步長對 w_{i+1} 來說已經足夠,但採用的是 z_{i+1} 而不是 w_{i+1}。這已經是我們能得到的最好結果,但如果我們能對 z_{i+1} 進行誤差預估,就可以用來將步長調整得更好,可惜我們沒有這樣做。要注意的是,方程式解法停止在區間 [0, 1] 的尾端,因為 ode45 偵測到區間的尾端,會在必要時將步驟截斷。

為了觀察 ode45 對步長的選擇,我們必須使用 odeset 指令關掉一些基本的預設值。如果需要圖表輸出,Refine 參數可以用內插法來增加解值的輸出數量,以繪製出更漂亮的圖表;預設值為 4,會得到原先步數 4 倍的輸出結果。MaxStep 參數對步長 h 做了較高的限制,而且預設為區間長度的十分之一。在這些參數中使用這幾個預設值,即表示將使用 $h=0.1$ 的步長,但經過 4 倍係數調整之後,變成每 0.025 步長顯示一個解。實際上,若不指定輸出變數來執行指令,程式碼如下

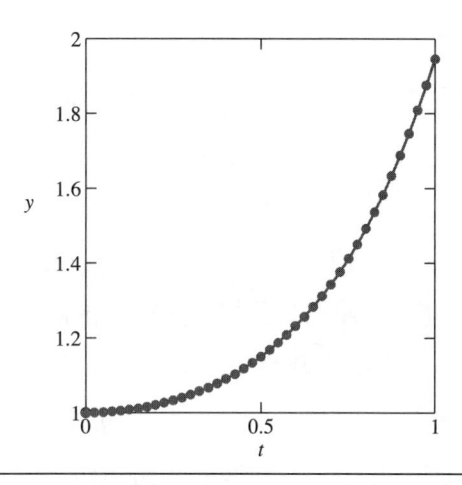

圖 6.19 MATLAB 的 ode45 指令。所得範例 6.1 初始值問題的解，誤差小於 10^{-6}。

```
>> opts=odeset('RelTol',1e-6);
>> ode45(inline('t*y+t^3','t','y'),[0 1],1,opts);
```

這會使得 MATLAB 在步長常數 0.025 的網格中，自動畫出解答，如圖 6.19。

當可變步長 Runge-Kutta 法，被加冕為常微分方程解法冠軍時，它卻也沒有辦法將某些方程式類型給處理好，這裡有個特別的簡單範例：

範例 6.23

用 ode45 求解初始值問題，相對誤差不得超過 10^{-4}：

$$\begin{cases} y' = 10(1-y) \\ y(0) = 1/2 \\ t \in [0, 100]. \end{cases} \tag{6.67}$$

我們以下列三行 MATLAB 程式碼來計算本題：

```
>> opts=odeset('RelTol',1e-4);
>> [t,y]=ode45(inline('10*(1-y)','t','y'),[0 100],.5,opts);
>> length(t)

ans=          1241
>>
```

我們輸出步數是因為它看起來似乎太大了。初始值問題的解可以簡單地求得為 $y(t)=1-e^{-10t}/2$；對 $t>1$ 時，解和**平衡解** (equilibrium solution) 1 的差不大於 4 位小數，而且不會遠離 1；然而 ode45 卻以平均步長小於 0.1 像蝸牛般緩步移動。為什麼對此單調無奇的解卻有如此保守的步長選擇呢？

從 ode45 的輸出結果圖 6.20 來看，可以清楚看到對此疑問的部分解答；雖然解非常靠近 1，但為了接近解，該解法卻持續地產生過衝現象 (overshoot)。該微分方程是**剛性** (stiff) 的，這個名詞會在下節中正式定義。對剛性方程來說，數值解的不同策略會大幅增加求解的效率。舉例來說，注意用不同的 MATLAB 剛性解法，所需要的步數也會不同。

```
>> opts=odeset('RelTol',1e-4);
>> [t,y]=ode23s(inline('10*(1-y)','t','y'),[0 100],.5,opts);
>> length(t)

ans=
      39
>>
```

圖 6.20(b) 畫出由 ode23s 所得的解，需要相對少的點就可讓數值解在誤差容忍值內。在下一節中，我們將會探討如何建構處理這類型難題的方法。

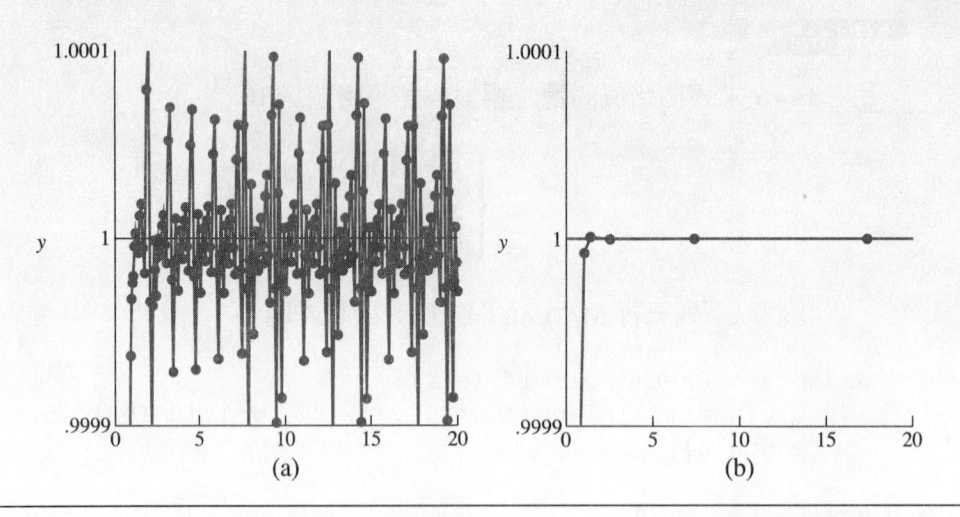

圖 6.20 範例 **6.23** 初始值問題的數值解。(a) 用 ode45 求解，每單位時間需超過 10 次步進以保持在誤差容忍值 10^{-4} 之內。(b) 改用 ode23s，所需步數明顯減少。

6.5 電腦演算題

1. 撰寫 RK23 (範例 6.19) 的 MATLAB 程式,以求解 6.1 節習題 3 的初始值問題,區間 [0, 1] 且相對誤差為 10^{-8}。程式需正好在端點 $t=1$ 時停止。並說明所使用的最大步長和步數。
2. 將電腦演算題 1 與 MATLAB 的 `ode23s` 對相同問題所得結果做比較。
3. 以 Runge-Kutta-Fehlberg 法 (RKF45) 重做電腦演算題 1。
4. 將電腦演算題 3 與 MATLAB 的 `ode45` 對相同問題所得結果做比較。
5. 撰寫 RK45 的 MATLAB 程式,以求解習題 6.3.1 的初始值問題,區間 [0, 1] 且相對誤差為 10^{-6}。並說明所使用的最大步長和步數。

6.6 隱式法和剛性方程

我們目前所提出的微分方程解法都是顯式的,也就是說,存在一個顯式公式,利用已知的資料 (如 h、t_i 和 w_i) 來求得新的近似值 w_{i+1}。但結果是,某些微分方程卻很難適用於顯式法,我們的首要目的是去解釋其原因。在範例 6.23 中,一個精細的可變步長解法,似乎總是超過修正範圍而花費了大多數的能量在做來回修正。

經由簡單的例子,比較容易了解何謂剛性現象。因此,我們以尤拉法來開始。

範例 6.24

以尤拉法求解範例 6.23。

右式為 $f(t, y) = 10(1-y)$,步長 h,用尤拉法求解可得

$$\begin{aligned} w_{i+1} &= w_i + hf(t_i, w_i) \\ &= w_i + h(10)(1 - w_i) \\ &= w_i(1 - 10h) + 10h. \end{aligned} \quad (6.68)$$

因為正確解為 $y(t) = 1 - e^{-10t}/2$,所以一直執行下去近似解應該得接近 1。這裡

我們可以用第 1 章的方法，由於 (6.68) 式可以看成定點迭代公式 $g(x)=x(1-10h)+10h$，此迭代的定點在 $x=1$，且只要 $|g'(1)|=|1-10h|<1$ 便保證收斂。求解此不等式可得 $0<h<0.2$，對任何更大的 h，附近猜測不會往定點 1 接近，所得解也必定不正確。

◆

圖 6.21 說明了範例 6.24 的結果，解是非常溫馴的：$y=1$ 為一個**吸引平衡** (attracting equilibrium)。步長 $h=0.3$ 的尤拉法很難找到平衡解，因為解附近的斜率在 h 區間開始和結束之間會有大幅的改變，而造成數值解的過衝現象。

吸引平衡解的附近圍繞著快速改變的解，有此性質的微分方程稱為**剛性** (stiff)。這通常是系統裡有數個時間標度的前兆，就數量上來說，它對應微分方程右式 f 變數 y 的線性部分是大的負數。(對微分方程組來說，這對應到線性部分的特徵值，是一個大的負數。) 這個定義有一點點的相關，但這就是剛性的本質——越大的負數，步長就必須越小，以避免過衝現象。對範例 6.24 來說，剛性可用 $\partial f/\partial y=-10$ 來量化，平衡解為 $y=1$。

圖 6.21 描繪出一個解決問題的方法，也就是設法從區間 $[t_i, t_i+h]$ 的右端得到資訊，而不是只依賴左端的資訊。這就是下面尤拉法變形的動機：

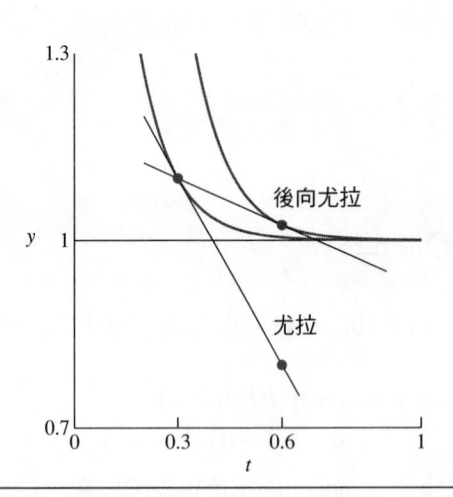

圖 6.21 尤拉和後向尤拉法的比較。範例 6.23 的微分方程為剛性的，平衡解 $y=1$ 被有大曲率 (快速改變斜率) 的其他解所圍繞。尤拉步進產生過衝，而後向尤拉步進則與系統動態較為一致。

後向尤拉法 (Backward Euler method)

$$w_0 = y_0$$
$$w_{i+1} = w_i + hf(t_{i+1}, w_{i+1}).$$ (6.69)

注意其差異：尤拉法使用左端點的斜率步進穿越區間，而後向尤拉法則是以右端點的斜率來穿越區間。

這樣的改善是需要付出代價的，後向尤拉法是我們對**隱式法** (implicit method) 的第一個範例，意味著此法不直接提供新的 w_{i+1} 近似值公式，我們反而必須多些工作才能得到，例如 $y'=10(1-y)$，後向尤拉法提出

$$w_{i+1} = w_i + 10h(1-w_{i+1}),$$

這需要經過一些代數運算後，才能夠被表示成

$$w_{i+1} = \frac{w_i + 10h}{1 + 10h}.$$

假設 $h=0.3$，舉例來說，後向尤拉法得 $w_{i+1}=(w_i+3)/4$。我們可以再次以定點迭代 $w \to g(w)=(w+3)/4$ 來求解，可得定點為 1，且 $g'(1)=1/4<1$，保證確實收斂到正確的平衡解 $y=1$。不像尤拉法在相同步長 $h=0.3$ 的結果，至少數值解跟隨著正確的性質行為。事實上，不管步長 h 有多大，後向尤拉法所得解都能收斂到 $y=1$ (見習題 3)。

因為隱式法有較好的結果，就像剛性方程採用後向尤拉法，即使沒有顯式可用，但仍值得我們做一些額外的工作，以計算下個步進結果。範例 6.24 在求解 w_{i+1} 上並不具挑戰性，因為微分方程是線性的，可以將原始隱式公式改成顯式來求解。總括來說，不管怎樣，當發生不可能時，我們便需要使用比較間接的方式來做。

如果隱式法留下一個非線性方程待解，我們就必須參考第 1 章，定點迭代法和牛頓法都常用來求解 w_{i+1}，意思是在用來推進微分方程的迴圈中，有一個解方程式的迴圈。下面的範例將說明這是如何做到的。

範例 6.25

以後向尤拉法求解初始值問題

$$\begin{cases} y' = y + 8y^2 - 9y^3 \\ y(0) = 1/2 \\ t \in [0, 3]. \end{cases}$$

本題和前個範例一樣，平衡解為 $y=1$。偏導數 $\partial f/\partial y = 1+16y-27y^2$ 在 $y=1$ 時等於 -10，表示恰為剛性方程。類似上個範例，h 應該會有個上界方能使尤拉法獲得有效解。因此我們可以試試後向尤拉法

$$\begin{aligned} w_{i+1} &= w_i + hf(t_{i+1}, w_{i+1}) \\ &= w_i + h(w_{i+1} + 8w_{i+1}^2 - 9w_{i+1}^3). \end{aligned}$$

這是 w_{i+1} 的非線性方程，我們必須設法對其求解以獲得更好的數值解。令 $z=w_{i+1}$，求解方程式 $z=w_i+h(z+8z^2-9z^3)$，或

$$9hz^3 - 8hz^2 + (1-h)z - w_i = 0 \tag{6.70}$$

的未知數 z，我們將以牛頓法來求解。

開始牛頓法前，需要一個初始猜測值。這裡有兩個選擇，也就是之前的近似值 w_i，以及尤拉法近似值 w_{i+1}。雖然後者看來較可行，因為尤拉為顯式，但它可能不是剛性問題的最好選擇，就像圖 6.21 所顯示的。在這個案例中，我們將以 w_i 當做初始猜測值。

對 (6.70) 套用牛頓法，可得：

$$z_{\text{new}} = z - \frac{9hz^3 - 8hz^2 + (1-h)z - w_i}{27hz^2 - 16hz + 1 - h}. \tag{6.71}$$

在求出 (6.71) 之值後，以 z_{new} 取代 z，然後重複執行。對每一個後向尤拉步進來說，牛頓法需一直執行到 $z_{\text{new}}-z$ 比預設容忍值小為止，此預設容忍值應該比微分方程解的近似值誤差還要小。

圖 6.22 呈現了兩種不同步長的結果；另外，尤拉法的數值解也在上面。

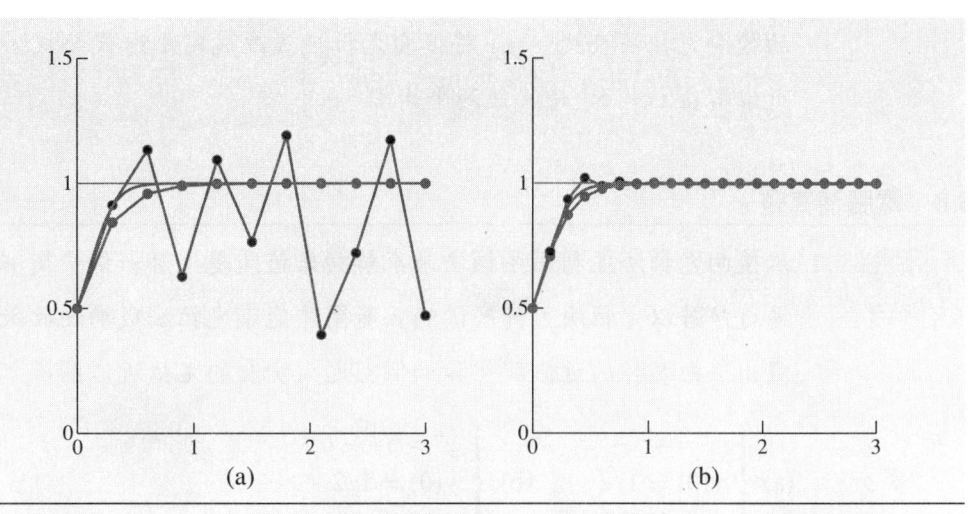

圖 6.22 範例 6.25 初始值問題的數值解。正確解為虛線曲線，黑色圓點為尤拉法近似解；藍色圓點則為後向尤拉法近似解。(a) $h=0.3$，(b) $h=0.15$。

顯而易見地，對此剛性問題，$h=0.3$ 對尤拉法顯然太大。另一方面，當 h 減半為 0.15，則兩個方法表現得差不多。

所謂剛性解法，類似後向尤拉，使得較大的步長仍能有足夠的誤差控制，以增加效率。MATLAB 的 `ode23s` 是一個較高階的版本，且內建可變步長策略。

6.6 習題

1. 用初始條件 $y(0)=0$ 和步長 $h=1/4$，對區間 $[0, 1]$ 求後向尤拉法的近似解。和 6.1 節習題 4 所得正確解比較，以求得 $t=1$ 時的誤差。
   (a) $y'=t+y$ (b) $y'=t-y$ (c) $y'=4t-2y$

2. 求所有平衡解，及平衡時的 Jacobian 值。是否為剛性方程？
   (a) $y'=y-y^2$ (b) $y'=10y-10y^2$ (c) $y'=-10\sin y$

3. 以範例 6.24 來說，證明對每個步長 h，當 $t_i \to \infty$，後向尤拉法的近似解會收斂到平衡解 $y=1$。

4. 對於線性微分方程 $y'=ay+b$ 及 $a<0$。(a) 求其平衡解。(b) 寫下該方程式

的後向尤拉法公式。(c) 將後向尤拉公式改成定點迭代公式，以證明所得近似解在 $t \to \infty$ 時收斂到平衡解。

6.6 電腦演算題

1. 以後向尤拉法並利用牛頓法來求解初始值問題。哪一個平衡解可被近似解逼近？若以尤拉法，什麼樣的 h 範圍才能讓尤拉法成功地收斂到平衡解？畫出後向尤拉的近似解，和一個有過大步長的尤拉近似解。

    (a) $\begin{cases} y' = y^2 - y^3 \\ y(0) = 1/2 \\ t \in [0, 20] \end{cases}$ (b) $\begin{cases} y' = 6y - 6y^2 \\ y(0) = 1/2 \\ t \in [0, 20] \end{cases}$

2. 對下列的初始值問題，重新完成電腦演算題 1 的要求。

    (a) $\begin{cases} y' = 6y - 3y^2 \\ y(0) = 1/2 \\ t \in [0, 20] \end{cases}$ (b) $\begin{cases} y' = 10y^3 - 10y^4 \\ y(0) = 1/2 \\ t \in [0, 20] \end{cases}$

6.7 多步法

我們研究過的 Runge-Kutta 家族，都是所謂的單步法，也就是利用微分方程和前次步進 w_i 的值來產生最新步進 w_{i+1} 的值。這是初始值問題的精神，定理 6.2 保證了對任意的初始值 w_0 都可得唯一解。

多步法 (multistep method) 則建議了一個不同的方法來求解：使用不只一個前項 w_i 來幫助產生下一個步進結果，這將使得常微分方程解法像單步法一樣高階的方法，但是有很多必要的計算將透過先前計算所得解路徑中的值內插求解。

❖ 6.7.1 多步法的產生

第一個範例，可參考下面的**二步法** (two-step method)：

Adams-Bashforth 二步法

$$w_{i+1} = w_i + h\left[\frac{3}{2}f(t_i, w_i) - \frac{1}{2}f(t_{i-1}, w_{i-1})\right]. \tag{6.72}$$

雖然二階中點法，

$$w_{i+1} = w_i + hf\left(t_i + \frac{h}{2}, w_i + \frac{h}{2}f(t_i, w_i)\right),$$

每次步進在常微分方程右側需要兩次函數值計算，Adams-Bashforth 二步法每次步進則只需一次計算 (另一個從前次步進中提供)。我們接著將會看到 (6.72) 式也是二階；因此，多步法能夠以較少的計算工作，來達成相同的階數——通常每次步進只要一次函數值計算。

因為多步法使用了不只一項先前所得的 w 值，所以它們需要點幫助才能開始。一個 s 步法的開始階段，通常包含了單步法，在多步法可以使用前，會利用 w_0 來產生 $s-1$ 個值 $w_1, w_2, ..., w_{s-1}$。Adam-Bashforth 二步法 (6.72) 式需要 w_1 以及所給的初始條件 w_0，才能開始求解。下面的 MATLAB 程式碼利用了梯形法，來提供開始值 w_1，而 ploy(t,y) 指令則用來畫出輸出值。

```
% 程式 6.7 多步法
% 輸入：[ inter(1),inter(2)] 時間區間，
%   ic=[ y0] 初始條件，
%   h=步長，s=多步法的步數，例如：二步法便為 2
% 輸出：時間 t，解 y
% 需叫用多步法，如 ab2step.m
% 使用範例：exmultistep ([ 0,1] ,1,0,0.05,2)
function [t,y]=exmultistep(inter,ic,h,s)
n=round((inter(2)-inter(1))/h);
% 開始階段
y(1,:)=ic;t(1)=int(1);
for i=1:s-1                    % 開始階段，利用單步法
  t(i+1)=t(i)+h;
  y(i+1,:)=trapstep(t(i),y(i,:),h);
  f(i,:)=ydot(t(i),y(i,:));
end
for i=s:n                      % 多步法迴圈
```

```
    t(i+1)=t(i)+h;
    f(i,:)=ydot(t(i),y(i,:));
    y(i+1,:)=ab2step(t(i),i,y,f,h);
end
function y=trapstep(t,x,h)
% 6.2 節梯形法的一次步進
z1=ydot(t,x);
g=x+h*z1;
z2=ydot(t+h,g);
y=x+h*(z1+z2)/2;

function z=ab2step(t,i,y,f,h)
% Adams-Bashforth 二步法的一次步進
z=y(i,:)+h*(3*f(i,:)/2-f(i-1,:)/2);

function z=unstable2step(t,i,y,f,h)
% 不穩定(unstable)二步法的一次步進
z=-y(i,:)+2*y(i-1,:)+h*(5*f(i,:)/2+f(i-1,:)/2);

function z=weaklystable2step(t,i,y,f,h)
% 弱穩定(weakly-stable)二步法的一次步進
z=y(i-1,:)+h*2*f(i,:);

function z=ydot(t,y)     % 6.1 節的初始值問題
z=t*y+t^3;
```

圖 6.23(a) 顯示了步長 $h=0.05$ 且在開始階段採用梯形法，再以Adams-Bashforth 二步法求解本章稍早所提初始值問題 (6.5) 所得結果。圖中的 (b) 部分，顯示不同的二步法結果。在下一節的穩定性分析中，這個方法的不穩定性將會是我們討論的主題。

一般的 s 步法形式為

$$w_{i+1} = a_1 w_i + a_2 w_{i-1} + \cdots + a_s w_{i-s+1} + h[b_0 f_{i+1} + b_1 f_i \\ + b_2 f_{i-1} + \cdots + b_s f_{i-s+1}]. \tag{6.73}$$

步長為 h，且為了方便而採用標記

$$f_i \equiv f(t_i, w_i).$$

如果 $b_0=0$，為顯式法；如果 $b_0 \neq 0$，則為隱式法。我們過一下再討論如何使用隱式法。

首先說明多步法是如何推導，以及如何決定採用哪一個最好。多步法所產

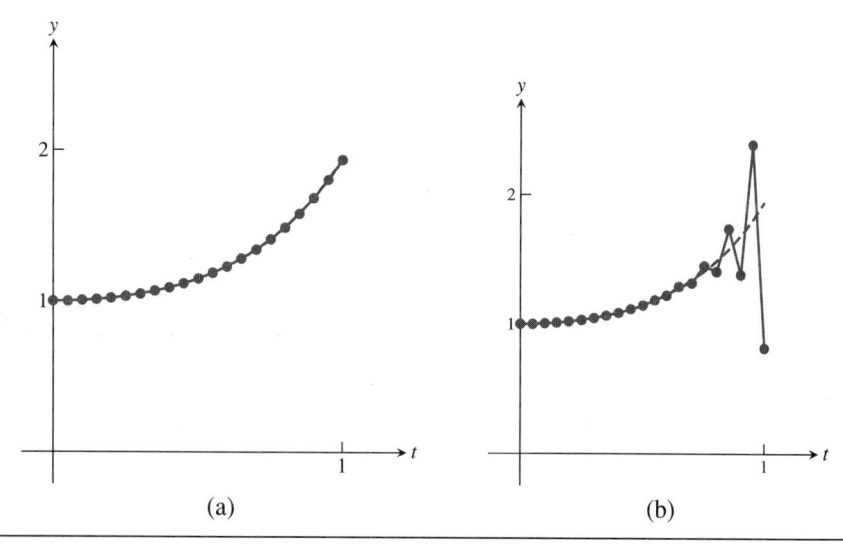

圖 6.23 以二步法求解 (6.5) 式初始值問題。虛線為正確解，步長 $h=0.05$。
(a) 圓點為 Adams-Bashforth 二步法結果。(b) 圓點為不穩定法 (6.81) 式。

生的主要問題，可利用相對簡單的二步法說明，因此我們就從二步法開始。一般的二步法 [在 (6.73) 式中設定 $s=2$] 形式為：

$$w_{i+1} = a_1 w_i + a_2 w_{i-1} + h[b_0 f_{i+1} + b_1 f_i + b_2 f_{i-1}]. \tag{6.74}$$

要發展一個多步法，我們需要參考泰勒定理。因為技巧還是讓解的泰勒展開式和解法的項符合得越多項越好，至於剩下的就是局部截尾誤差了。

我們假設所有前面的 w_i 均為正確，也就是說，在 (6.74) 式中的 $w_i = y_i$ 且 $w_{i-1} = y_{i-1}$。由微分方程式可得 $y_i' = f_i$，因此所有項均可由泰勒展開得到如下：

$$\begin{aligned}
w_{i+1} &= a_1 w_i + a_2 w_{i-1} + h[b_0 f_{i+1} + b_1 f_i + b_2 f_{i-1}] \\
&= a_1 [y_i] \\
&\quad + a_2 [y_i - h y_i' + \tfrac{h^2}{2} y_i'' - \tfrac{h^3}{6} y_i''' + \tfrac{h^4}{24} y_i'''' - \cdots] \\
&\quad + b_0 [\quad\quad h y_i' + h^2 y_i'' + \tfrac{h^3}{2} y_i''' + \tfrac{h^4}{6} y_i'''' + \cdots] \\
&\quad + b_1 [\quad\quad h y_i'] \\
&\quad + b_2 [\quad\quad h y_i' - h^2 y_i'' + \tfrac{h^3}{2} y_i''' - \tfrac{h^4}{6} y_i'''' + \cdots].
\end{aligned}$$

相加後變成

$$w_{i+1} = (a_1 + a_2)y_i + (b_0 + b_1 + b_2 - a_2)hy_i' + (a_2 - 2b_2 + 2b_0)\frac{h^2}{2}y_i''$$
$$+ (-a_2 + 3b_0 + 3b_2)\frac{h^3}{6}y_i''' + (a_2 + 4b_0 - 4b_2)\frac{h^4}{24}y_i'''' + \cdots. \tag{6.75}$$

適當地選取 a_i 和 b_i，局部截尾誤差 $y_{i+1} - w_{i+1}$ 便可以變得要多小有多小，其中

$$y_{i+1} = y_i + hy_i' + \frac{h^2}{2}y_i'' + \frac{h^3}{6}y_i''' + \cdots, \tag{6.76}$$

假設其中的導數均存在。接下來，我們要討論其可能性。

❖ 6.7.2 顯式多步法

要找顯式法，可設定 $b_0 = 0$。而要發展出一個二階法，則可使 (6.75) 和 (6.76) 式的各項一直到 h^2 項相等，使得部分截尾誤差為 $O(h^3)$。比較各項可得以下方程組：

$$\begin{aligned} a_1 + a_2 &= 1 \\ -a_2 + b_1 + b_2 &= 1 \\ a_2 - 2b_2 &= 1. \end{aligned} \tag{6.77}$$

這三個方程式有 4 個未知數 a_1、a_2、b_1、b_2，因此可以找出無限多個顯式二階法 (其中一組解可對應到三階法，見習題 3)。要注意的是，方程式可以用 a_1 為變數來改寫如下：

$$\begin{aligned} a_2 &= 1 - a_1 \\ b_1 &= 2 - \frac{1}{2}a_1 \\ b_2 &= -\frac{1}{2}a_1. \end{aligned} \tag{6.78}$$

局部截尾誤差則成為

$$
\begin{aligned}
y_{i+1} - w_{i+1} &= \frac{1}{6}h^3 y_i''' - \frac{3b_2 - a_2}{6}h^3 y_i''' + O(h^4) \\
&= \frac{1 - 3b_2 + a_2}{6}h^3 y_i''' + O(h^4) \\
&= \frac{4 + a_1}{12}h^3 y_i''' + O(h^4).
\end{aligned}
\tag{6.79}
$$

聚焦 複雜度

相較於單步法，多步法的優點非常清楚。在最初幾個步進之後，右式只需一個新的函數值計算。而對單步法來說，則需要好幾個函數值計算。例如四階 Runge-Kutta 法，每次步進需要 4 個函數值計算，而四階 Adams-Bashforth 法，則在開始階段後每步只需要 1 個。

我們可以任意指定 a_1，怎麼選都會得到一個二階法公式，正如剛剛所展示的。令 $a_1=1$ 可以得到二階 Adams-Bashforth 法 (6.72) 式；由方程式可得 $a_2=0$，$b_2=-1/2$ 及 $b_1=3/2$，依據 (6.79) 式，局部截尾誤差為 $5/12 h^3 y'''(t_i) + O(h^4)$。

或者，我們可以令 $a_1=1/2$ 以得到另一個二階的二步法，其中 $a_2=1/2$、$b_1=7/4$ 以及 $b_2=-1/4$：

$$
w_{i+1} = \frac{1}{2}w_i + \frac{1}{2}w_{i-1} + h\left[\frac{7}{4}f_i - \frac{1}{4}f_{i-1}\right]. \tag{6.80}
$$

這個方法的局部截尾誤差為 $3/8 h^3 y'''(t_i) + O(h^4)$。

第三個選擇，$a_1=-1$，則得到在圖 6.23(b) 中使用的二階二步法

$$
w_{i+1} = -w_i + 2w_{i-1} + h\left[\frac{5}{2}f_i + \frac{1}{2}f_{i-1}\right] \tag{6.81}
$$

(6.81) 式解法的失敗引出多步法所必須注意且重要的穩定性條件。即使對非常簡單的初始值問題

$$\begin{cases} y' = 0 \\ y(0) = 0 \\ t \in [0,1] \end{cases}. \qquad (6.82)$$

以 (6.81) 式求解可得

$$w_{i+1} = -w_i + 2w_{i-1} + h[0]. \qquad (6.83)$$

$w_i \equiv 0$ 為 (6.83) 式的一個解；不過，還有其他解。將代入 (6.83) 式可得

$$\begin{aligned} c\lambda^{i+1} + c\lambda^i - 2c\lambda^{i-1} &= 0 \\ c\lambda^{i-1}(\lambda^2 + \lambda - 2) &= 0. \end{aligned} \qquad (6.84)$$

此遞迴關係的**特徵多項式** (characteristic polynomial) $\lambda^2+\lambda-2=0$ 的解為 1 和 -2，後者是個問題——它的意思是，對任意常數 c，形式 $(-2)^i c$ 的解都是此法的解，這樣便使得原本很小的捨入誤差和截尾誤差快速成長到一個顯著的大小，然後覆沒計算結果，如圖 6.23 所示。要避免這樣的可能性，很重要的一點是，特徵多項式的根之絕對值不可超過 1。如此引導出下面的定義：

定義 6.6 對多步法 (6.73) 來說，若多項式 $P(x)=x^s-a_1x^{s-1}-\cdots-a_s$ 的根之絕對值不大於 1，且任何絕對值為 1 的根必為單根，則稱其為**穩定** (stable)。若一穩定法絕對值為 1 的根必為 1，則稱為**強穩定** (strongly stable)；否則為**弱穩定** (weakly stable)。

Adams-Bashforth 法 (6.72) 式的根為 0 和 1，所以它是強穩定，然而 (6.81) 式的根為 -2 和 1，所以是**不穩定** (unstable)。

一般二步法公式的特徵多項式，利用 (6.78) 式中的 $a_1=1-a_2$，為

$$\begin{aligned} P(x) &= x^2 - a_1 x - a_2 \\ &= x^2 - a_1 x - 1 + a_1 \\ &= (x-1)(x - a_1 + 1), \end{aligned}$$

它的根為 1 和 a_1-1。回到 (6.78) 式，若要得到一個弱穩定的二階法，可以令 $a_1=0$，如此根為 1 和 -1，可得下面的弱穩定二階二步法：

$$w_{i+1} = w_{i-1} + 2hf_i. \tag{6.85}$$

範例 6.26

分別以強穩定法 (6.72) 式、弱穩定法 (6.85) 式與不穩定法 (6.81) 式，求解初始值問題

$$\begin{cases} y' = -3y \\ y(0) = 1 \\ t \in [0,2] \end{cases}. \tag{6.86}$$

正確解為曲線 $y = e^{-3t}$。我們將用程式 6.7 來求解，其中 ydot.m 變更為

```
function z=ydot(t,y)
z=-3*y;
```

且 ab2step 換為 ab2step,weaklystable2step,unstable2step 其中之一。

圖 6.24 顯示了步長 $h=0.1$ 的三個近似解。對弱穩定和不穩定法，似乎緊密相隨一段時間後，便從正確解快速離開。降低步長雖然可以延緩不穩定的出現，但並不能解決問題。

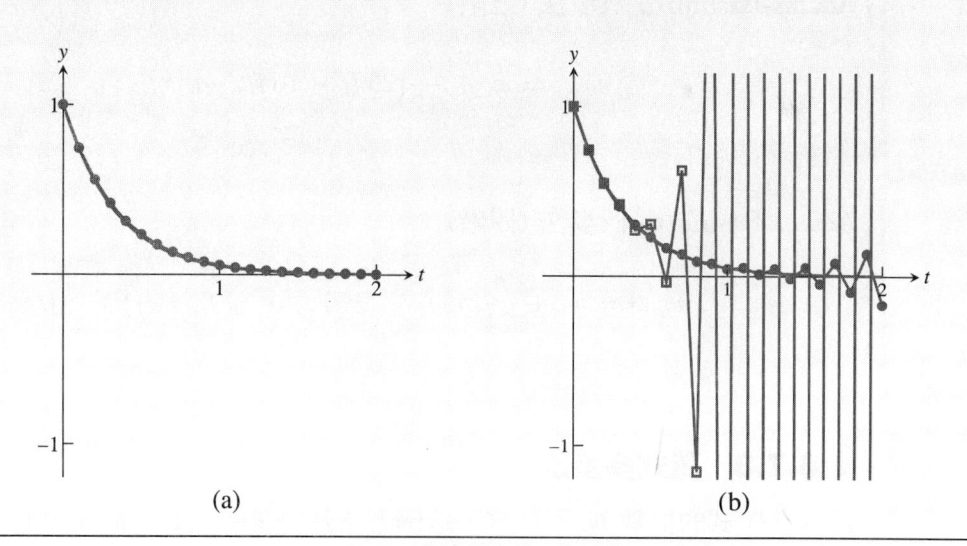

圖 6.24 二階二步法求解初始值問題 (6.86) 式的比較。(a) Adams-Bashforth 法。(b) 弱穩定法 (圓點) 和不穩定法 (小方格)。

再多兩個定義，我們就可以說明多步法的基本定理。

定義 6.7 若一多步法如果至少為 1 階，則稱為**相容的** (consistent)。當 $h \to 0$，每個 t 的近似解均可收斂到正確解，則稱該解法為**收斂的** (convergent)。

定理 6.8 **Dahlquist 定理** 假設開始值是正確的，那麼多步法 (6.73) 是收斂的，若且唯若它是穩定的且相容的。

Dahlquist 定理的證明請參考 [12]。定理 6.8 告訴我們，要避免像圖 6.24(b) 裡二階二步法的災難很簡單，只需檢驗一下方法的穩定性。

特徵多項式必須有個等於 1 的根 (見習題 6)，而 Adam-Bashforth 法正是如此且其他根都為 0。基於此理由，Adams-Bashforth 二步法，被視為是二步法中最穩定的。

要用較多的步進值推導較高階的解法，正好類似之前二步法的推導。習題 13 和 14 要求驗證下面的方法是強穩定的:

Adams-Bashforth 三步法 (三階)

$$w_{i+1} = w_i + \frac{h}{12}[23f_i - 16f_{i-1} + 5f_{i-2}]. \tag{6.87}$$

Adams-Bashforth 四步法 (四階)

$$w_{i+1} = w_i + \frac{h}{24}[55f_i - 59f_{i-1} + 37f_{i-2} - 9f_{i-3}]. \tag{6.88}$$

❖ 6.7.3 隱式多步法

當 (6.73) 式的係數 b_0 不為零，這個方法就會是隱式的。最簡單的二階隱式法 (見習題 5) 是**隱式梯形法** (Implicit Trapezoid Method)。

隱式梯形法 (二階)

$$w_{i+1} = w_i + \frac{h}{2}[f_{i+1} + f_i]. \tag{6.89}$$

如果以尤拉法所得「預估解」w_{i+1} 來計算 f 值以取代 f_{i+1} 項,就變成顯式梯形法。若以方法分類,隱式梯形法也被稱為 **Adams-Moulton 單步法** (Adams-Moulton One-Step Method)。二步隱式法的範例之一為 Adams-Moulton 二步法:

Adams-Moulton 二步法 (三階)

$$w_{i+1} = w_i + \frac{h}{12}[5f_{i+1} + 8f_i - f_{i-1}]. \tag{6.90}$$

在隱式和顯式法之間有非常顯著的差異。首先,只用兩步來得到穩定的三階隱式法是有可能的,但顯式法則不可能;再者,隱式法的局部截尾誤差比較小;而另一方面,隱式法所帶來的困難是,估算隱式部分時必須有額外的處理程序。

因為這些原因,隱式法通常被用為「預測-修正法」(predictor-corrector method) 的組合中的修正法。相同階數的隱式和顯式法通常會一併使用,每次步進都是顯式法預測與隱式法修正二者的組合,其中,隱式法使用預測的 w_{i+1} 來計算 f_{i+1}。預測-修正法大約需要兩倍的計算工作,因為微分方程右式 f 的計算,需透過預測和修正部分共同完成。無論如何,增加精確度和穩定性所付出的代價通常是值得的。

一個簡單的預測-修正法,組合方法是將 Adams-Bashforth 二步顯式法視為預測者,而 Adams-Moulton 單步隱式法視為修正者;二者都是二階法。MATLAB 程式碼類似之前所使用的 Adams-Bashforth 法程式碼,但是加入了修正的步驟:

```
% 程式 6.8 Adams-Bashforth-Moulton 二階預測-修正法
% 輸入:[ inter(1),inter(2)] 時間區間,
%   ic＝[ y0] 初始條件,
%   h＝步長,s＝多步法的步數,例如:二步法便為 2
% 需叫用多步法,如 ab2step.m 和 am1step.m
% 使用範例:predcorr([ 0,1] ,1,.05,2)
function [t,y]=predcorr(inter,ic,h,s)
n=round((inter(2)-inter(1))/h);
% 開始階段
y(1,:)=ic;t(1)=inter(1);
 for i=1:s-1                    % 開始階段,用單步法
   t(i+1)=t(i)+h;
   y(i+1,:)=trapstep(t(i),y(i,:),h);
   f(i,:)=ydot(t(i),y(i,:));
 end
 for i=s:n                      % 多步法迴圈
   t(i+1)=t(i)+h;
   f(i,:)=ydot(t(i),y(i,:));
   y(i+1,:)=ab2step(t(i),i,y,f,h);   % 預測
   f(i+1,:)=ydot(t(i+1),y(i+1,:));
   y(i+1,:)=am1step(t(i),i,y,f,h);   % 修正
 end

function y=trapstep(t,x,h)
% 6.2 節梯形法的一次步進
z1=ydot(t,x);
g=x+h*z1;
z2=ydot(t+h,g);
y=x+h*(z1+z2)/2;

function z=ab2step(t,i,y,f,h)
% Adams-Bashforth 二步法的一次步進
z=y(i,:)+h*(3*f(i,:)-f(i-1,:))/2;
function z=am1step(t,i,y,f,h)
% Adams-Moulton 單步法的一次步進
z=y(i,:)+h*(f(i+1,:)+f(i,:))/2;

function z=ydot(t,y)    % 初始值問題
z=t*y+t^3;
```

Adams-Moulton 二步法推導如顯式法的建立,重新建立方程式組 (6.77),但不要求 $b_0=0$。因為目前有一個額外參數 (b_0),而我們可用一個二步法,使 (6.75) 和 (6.76) 式的前三項相等,而局部截尾誤差為 h^4 項。類似 (6.77) 式可得為:

$$a_1 + a_2 = 1$$
$$-a_2 + b_0 + b_1 + b_2 = 1$$
$$a_2 + 2b_0 - 2b_2 = 1$$
$$-a_2 + 3b_0 + 3b_2 = 1. \tag{6.91}$$

滿足這些方程式可建立三階二步隱式法。

方程式可以 a_1 為變數改寫成：

$$a_2 = 1 - a_1$$
$$b_0 = \frac{1}{3} + \frac{1}{12}a_1$$
$$b_1 = \frac{4}{3} - \frac{2}{3}a_1$$
$$b_2 = \frac{1}{3} - \frac{5}{12}a_1. \tag{6.92}$$

局部截尾誤差為

$$y_{i+1} - w_{i+1} = \frac{1}{24}h^4 y_i'''' - \frac{4b_0 - 4b_2 + a_2}{24}h^4 y_i'''' + O(h^5)$$
$$= \frac{1 - a_2 - 4b_0 + 4b_2}{24}h^4 y_i'''' + O(h^5)$$
$$= -\frac{a_1}{24}h^4 y_i'''' + O(h^5).$$

只要 $a_1 \neq 0$，此方法的階數就會是三。因為 a_1 是一個自由參數，所以有無限多個三階二步隱式法，而 Adams-Moulton 二步法的選擇是 $a_1 = 1$。習題 8 要求驗證這個方法是強穩定的，習題 9 則探討其他 a_1 的選擇。

注意到一個特別的選擇，$a_1 = 0$，依據局部截尾誤差公式，可將此二階法成為四階法。

Milne-Simpson 法

$$w_{i+1} = w_{i-1} + \frac{h}{3}[f_{i+1} + 4f_i + f_{i-1}]. \tag{6.93}$$

習題 10 要求你驗證它只有弱穩定，基於此，它有可能產生誤差放大。

隱式梯形法 (6.89) 式以及 Milne-Simpson 法 (6.93) 式的名稱，應該讓讀者想起第 5 章的數值積分公式。事實上，雖然我們沒有強調這個方式，但我們曾經說明過的許多個多步公式，是可以用近似內插公式來求積分而得。

這個方法背後的基本概念是，微分方程 $y'=f(t,y)$ 可以對區間 $[t_i, t_{i+1}]$ 求積分得到

$$y(t_{i+1}) - y(t_i) = \int_{t_i}^{t_{i+1}} f(t, y)\, dt. \tag{6.94}$$

運用一個數值積分技巧來求 (6.94) 式的積分近似值，結果會是一個多步常微分方程解法。例如，使用第 5 章裡的梯形公式來求數值積分，則產生：

$$y(t_{i+1}) - y(t_i) = \frac{h}{2}(f_{i+1} + f_i) + O(h^2),$$

其為常微分方程解法的二階梯形法，如果我們以辛普森公式來求積分近似值，則結果為：

$$y(t_{i+1}) - y(t_i) = \frac{h}{3}(f_{i+1} + 4f_i + f_{i-1}) + O(h^4),$$

就是四階 Milne-Simpson 法 (6.93) 式，基本上，我們以多項式和積分來求常微分方程右式的近似值，就像在數值積分裡所做的一樣。這個方法可以延伸來找到許多個我們曾經說明過的多步法，經由改變內插法的階數以及內插點的位置之方式求得。雖然這種方式較偏向幾何方式，來衍生出一些多步法，但它在計算常微分方程解法的穩定性方面，並沒有提供特別的內在意義。

藉由之前方法的延伸，能夠衍生出較高階的 Adams-Moulton 法，每次都使用 $a_1=1$：

Adams-Moulton 三步法 (四階)

$$w_{i+1} = w_i + \frac{h}{24}[9f_{i+1} + 19f_i - 5f_{i-1} + f_{i-2}]. \tag{6.95}$$

Adams-Moulton 四步法 (五階)

$$w_{i+1} = w_i + \frac{h}{720}[251f_{i+1} + 646f_i - 264f_{i-1} + 106f_{i-2} - 19f_{i-3}]. \quad (6.96)$$

這些方法經常使用在預測修正法中，與相同階數的 Adams-Bashforth 預測法一同使用。電腦演算題 5 和 6 要求以 MATLAB 程式碼來完成這個概念。

6.7 習題

1. 以 Adams-Bashforth 二步法及初始條件 $y(0)=1$ 來求解初始值問題

   (a) $y'=t$ (b) $y'=t^2y$ (c) $y'=2(t+1)y$

   (d) $y'=5t^4y$ (e) $y'=1/y^2$ (f) $y'=t^3/y^2$

   其中步長 $h=1/4$ 且區間為 $[0, 1]$，並以顯式梯形法來得到 w_1。用 6.1 節習題 3 所得正確解來求得在 $t=1$ 的整體截尾誤差。

2. 以初始條件 $y(0)=0$ 對初始值問題

   (a) $y'=t+y$ (b) $y'=t-y$ (c) $y'=4t-2y$

   重新完成習題 1 的要求。用 6.1 節習題 4 所得正確解來求得在 $t=1$ 的整體截尾誤差。

3. 分別找出一個二步和三步顯式法，且說明是否為穩定的。

4. 找出特徵多項式在 1 為二重根的一個二階二步顯式法。

5. 證明隱式梯形法 (6.89) 式為二階法。

6. 說明為何顯式或隱式 s 步法 (其中 $s \geq 2$) 的特徵多項式必定有個根等於 1。

7. (a) a_1 應為多少以保證存在一個強穩定的二階二步顯式法？

   (b) 對弱穩定的二階二步顯式法，答案為何？

8. 證明 Adams-Moulton 二階隱式法的係數滿足 (6.92) 式，且該方法為強穩定的。

9. 求下列二步隱式法的階數和穩定性形式：

   (a) $w_{i+1} = 3w_i - 2w_{i-1} + \frac{h}{12}[13f_{i+1} - 20f_i - 5f_{i-1}]$

   (b) $w_{i+1} = \frac{4}{3}w_i - \frac{1}{3}w_{i-1} + \frac{2}{3}hf_{i+1}$

(c) $w_{i+1} = \frac{4}{3}w_i - \frac{1}{3}w_{i-1} + \frac{h}{9}[4f_{i+1} + 4f_i - 2f_{i-1}]$

(d) $w_{i+1} = 3w_i - 2w_{i-1} + \frac{h}{12}[7f_{i+1} - 8f_i - 11f_{i-1}]$

(e) $w_{i+1} = 2w_i - w_{i-1} + \frac{h}{2}[f_{i+1} - f_{i-1}]$

10. 從 (6.92) 式導出 Miline-Simpson 法 (6.93) 式，然後證明其為四階以及弱穩定。

11. 找出一個弱穩定的二階二步隱式法。

12. Milne-Simpson 法是一個弱穩定的四階二步隱式法，有沒有弱穩定的三階二步隱式法？

13. (a) 找出 a_i、b_i 的條件 [類似 (6.77) 式]，以求得一個三階三步的顯式法。(b) 說明 Adams-Bashforth 三步法滿足這些條件。(c) 說明 Adams-Bashforth 三步法是強穩定的。(d) 找出一個弱穩定的三階三步顯式法，並證明這些性質。

14. (a) 找出 a_i、b_i 的條件 [類似 (6.77) 式]，以求得一個四階四步的顯式法。(b) 說明 Adams-Bashforth 四步法滿足這些條件。(c) 說明 Adams-Bashforth 四步法是強穩定的。

15. (a) 找出 a_i、b_i 的條件 [類似 (6.77) 式]，以求得一個四階三步的隱式法。(b) 說明 Adams-Moulton 三步法滿足這些條件。(c) 說明 Adams-Moulton 三步法是強穩定的。

6.7 電腦演算題

1. 改寫 `exmultistep.m` 程式，將 Adams-Bashforth 二步法應用到習題 1 的初始值問題裡，以步長 $h=0.1$，計算區間 $[0, 1]$ 的近似解。印出一個表格，表格中包含每步的 t 值、近似解以及整體截尾誤差。

2. 改寫 `exmultistep.m` 程式，將 Adams-Bashforth 二步法應用到習題 2 的初始值問題裡，以步長 $h=0.1$，計算區間 $[0, 1]$ 的近似解。印出一個表格，表格中包含每步的 t 值、近似解以及整體截尾誤差。

3. 用不穩定二步法 (6.81) 式，重做電腦演算題 2。

4. 用 Adams-Bashforth 三步法，重做電腦演算題 2。請以四階 Runge-Kutta

來運算 w_1 和 w_2。

5. 用 Adams-Bashforth 三步法和 Adams-Moulton 二步法，以步長 0.05 將程式 6.8 改成一個三階的預測修正法。然後在區間 [0, 5] 畫出初始值問題 (6.5) 式的近似解和正確解。

6. 用 Adams-Bashforth 四步法和 Adams-Moulton 三步法，以步長 0.05 將程式 6.8 改成一個三階的預測修正法。然後在區間 [0, 5] 畫出初始值問題(6.5) 式的近似解和正確解。

軟體和延伸閱讀

常微分方程基礎的傳統來源為 [4, 5, 6, 10, 16]，有許多書籍在教導常微分方程基礎時，會用到很多計算以及圖像來輔助，常微分方程架構 [8] 可當作一個很好的範例，Polking 的 MATLAB 程式碼和手冊 [19]，是一個學習並具體化常微分方程概念的最好方式。

有許多中級和進階的書籍，可以用來補充說明，如何利用單步和多步數值法，來求解常微分方程，書目 [14, 11] 就是經典著作。而當代的 MATLAB 方式則在 [21] 中說明，其他推薦的書目有 [15, 20, 1, 17, 9, 7]，以及綜合的兩冊套裝書籍 [12, 13]。

有一個很精密的軟體可以用來求解常微分方程，在 [22, 2] 中以 MATLAB 詳細說明解法。Runge-Kutta 類型的可變步長顯式法，通常可成功用於非剛性或是微剛性的問題中。除了 Runge-Kutta-Fehlberg 和 Dorman-Prince 之外，可變的 Runge-Kutta-Verner 五/六階法，也經常被使用。後向差分法和外插法也常用在剛性問題上。

IMSL 程式庫包含了雙精準副程式 DIVPRK，它是以 Runge-Kutta-Verner 法為基本，而 DIVPAG 為能夠處理剛性問題的 Adams 類型多步法。NAG 程式庫提供了驅動程式 D02BJF，能夠用來執行標準的 Runge-Kutta 步進。多步驅動程式為 D02CJF，包含了 Adams 類型加上誤差控制的程式。對剛性問題，則推薦副程式 D02EJF，其中有一個選項讓使用者設定 Jacobian 來做更快的計算。

Netlib 程式庫包含了，給 Runge-Kutta-Fehlberg 法使用的 Fortran 副程式 RKF45，以及給 Runge-Kutta-Verner 法使用的 DVERK。Netlib 套件 ODE 則包含了數個多步法副程式，而 VODE 副程式則是用來處理剛性問題。

ODEPACK 是一個公用軟體組合，它是以 Fortran 程式碼來完成常微分方程解法，而這是由 Lawrence Livermore 國家實驗室 (LLNL) 所開發。基本解法 LSODE 和其變型，適合用於剛性和非剛性問題。這些副程式可以在 LLNL 網站 (http://www.llnl.gov/CASC/odepack) 免費下載。

CHAPTER 7

邊界值問題

地下和海底的管線，必須有能承受外界環境壓力的設計。然而管線埋得越深，因坍塌所造成工程損失的費用也就越高。連接北海平台到海岸的油管有 70 公尺深，隨著天然氣重要性的提高，加上船運的危險和花費，促成了陸地間的天然氣管線建造工程。大西洋中央的深度超過 5 公里，而 7000 psi 的靜水壓，使得在管線材質和建造方面必須有所革新，以避免彎曲。

從建築方面的支承到冠狀動脈支架，管線彎曲理論是許多應用的核心。當直接進行實驗是昂貴且困難時，彎曲的數值模型就顯出其價值。

在 462 頁的實作 7 表示一片管線切面 (如圓形環)，並用以檢視彎曲何時且如何發生。

第 6 章探討**初始值問題** (initial value problem；IVP)，這是微分方程式加上解區間左端點初始值的求解方法。我們所提出的方法都是採用「前進」的技巧，也就是近似解從左端點開始，依自變數 t 向前進展求解。另一種同樣重要的問題是微分方程式加上解區間兩端的邊界值，稱為**邊界值問題** (boundary value problem；BVP)。

第 7 章要探討的是邊界值問題的近似解求法。這些方法可分為三個類型，第一，**打靶法** (shooting method)，它是第 6 章的 IVP 解法和第 1 章方程式求解的組合。第二，有限差分法 (finite difference method)，它將微分方程式和邊界條件轉換為線性或非線性方程組來求解。最後一節的焦點是**配置法** (collocation method) 和 Galerkin 法，它解問題的方式是把解以基本基底函數的組合來表示。

7.1 打靶法

第一個方法是將邊界值問題轉換成初始值問題，使此問題右端點的解符合邊界值問題所給的右端邊界值。我們可以結合第 1 和第 6 章的方法來完成此做法。

❖ 7.1.1 邊界值問題的解

如圖 7.1 所示，一個常見的二階邊界值問題，對區間 $a \leq t \leq b$ 求解下列方程

式：

$$\begin{cases} y'' = f(t, y, y') \\ y(a) = y_a \\ y(b) = y_b \end{cases} \quad (7.1)$$

如我們在第 6 章所學的，在典型平滑條件下微分方程式有無限多的解，故需要額外的數據條件來確保一個**特殊解** (particular solution)。在 (7.1) 式裡，方程式為二階，需要兩個額外的限制，所給的是解 $y(t)$ 在 a 和 b 的值，稱為**邊界條件** (boundary condition)。

為了幫助你的直覺，考慮一個拋射物，當它移動時滿足二階微分方程式 $y''(t) = -g$，其中 y 是拋射物高度，而 g 是重力加速度。給定初始位置和速度，能決定唯一的**拋體運動** (projectile motion)，此為初始值問題；另一方面來說，也可給定時間區間 $[a, b]$ 與位置 $y(a)$ 和 $y((b)$，這是一個邊界值問題，在這個例子中也有唯一解。

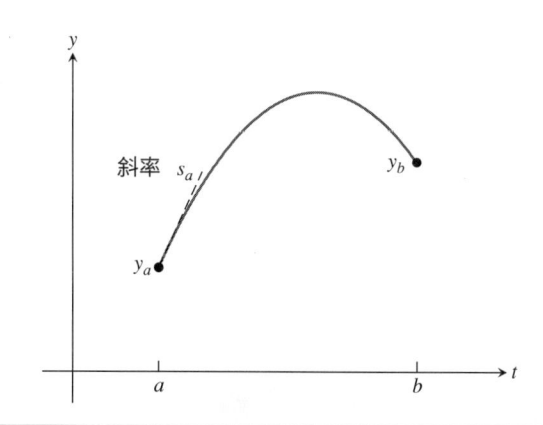

圖 7.1 初始值問題和邊界值問題的比較。 在初始值問題中，初始值 y_a 和初始斜率 $s_a = y'(a)$ 為問題給定的條件。在邊界值問題中，則變成給定邊界條件 y_a 和 y_b，s_a 則未知。

範例 7.1

求拋射物高度的軌跡，假設它開始於一個高 120 呎的建築物頂端，3 秒之後到達地面。

微分方程式可由牛頓第二定律 $F=ma$ 推導而得，其中重力為 $F=-mg$，且 $g=32$ 呎/秒^2。令 $y(t)$ 表示在時間 t 時的高度，則軌跡可寫成初始值問題

$$\begin{cases} y''=-g \\ y(0)=120 \\ y'(0)=v_0 \end{cases}$$

的解，或是邊界值問題的解

$$\begin{cases} y''=-g \\ y(0)=120. \\ y(3)=0 \end{cases}$$

因為我們不知道初始速率 v_0，所以我們求解邊界值問題。將微分方程式積分兩次後變成

$$y(t)=-\frac{1}{2}gt^2+v_0 t+y_0$$
$$=-16t^2+v_0 t+y_0$$

利用邊界條件可得

$$120=y(0)=y_0$$
$$0=y(3)=-144+3v_0+120,$$

可得 $v_0=8$ 呎/秒。所求解軌跡為 $y(t)=-16t^2+8t+120$。◆

範例 7.2

證明 $y(t)=t\sin t$ 為二階微分方程式

$$y''=-y+2\cos t \tag{7.2}$$

的解，其中邊界值為

$$y(0)=0$$
$$y(\pi)=0.$$

函數 $y(t)=t\sin t$ 如圖 7.2 所示，此函數為微分方程式的解是因為

$$y''(t)=(2\cos t-t\sin t)=-t\sin t+2\cos t$$

檢驗邊界條件如下，$y(0) = 0 \sin 0 = 0$ 且 $y(\pi) = \pi \sin \pi = 0$。 ◆

　　邊界值問題 (BVP) 的存在和唯一性定理，比初始值問題中相關的定理要複雜得多。表面上看起來合理的邊界值問題，可能無解，但也可能無限多解，而這樣的情況對初始值問題來說是很少見的。

　　存在和唯一性的結果，類似於砲彈飛入在地球重力作用下的弧形。假設砲彈有一個固定的砲口速率，但是砲口的角度是可變的，任何的原始位置和速率，都會受地球重力以決定彈道軌跡。初始值問題總會有唯一解，而邊界值問題則性質不同。如果接住表演者的安全網設在砲彈範圍之外，則沒有解能存在；此外，在砲彈範圍內的任何邊界條件都有兩個解，分別是短程 (砲彈發射角度小於 45 度) 和長程 (砲彈發射角度大於 45 度)，但卻違反了唯一性。接下來的兩個範例都以一個非常簡單的微分方程式分別說明其可能性。

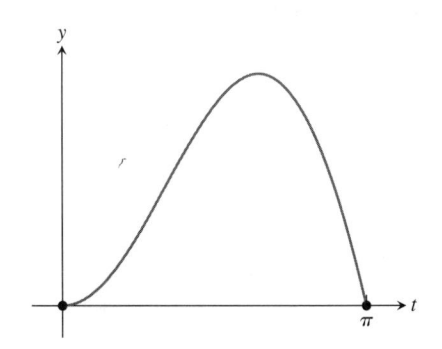

圖 7.2　邊界值問題 (7.2) 的解。 解 $y(t) = t \sin t$ 和邊界值 $y(0) = 0, y(\pi) = 0$ 的圖形。

範例 7.3

證明邊界值問題

$$\begin{cases} y'' = -y \\ y(0) = 0 \\ y(\pi) = 1 \end{cases}$$

無解。

　　此微分方程式有二維的**解族** (family of solutions)，由線性獨立解 $\cos t$ 和

sin t 組成。方程式的解形式必然為 $y(t) = a\cos t + b\sin t$，代入第一個邊界條件，$0 = y(0) = a$，可得 $a = 0$ 且 $y(t) = b\sin t$；第二個邊界條件 $1 = y(\pi) = b\sin\pi = 0$ 產生矛盾，故本題無解。

◆

範例 7.4

證明邊界值問題

$$\begin{cases} y'' = -y \\ y(0) = 0 \\ y(\pi) = 0 \end{cases}$$

有無限多解。

對每一個實數 k，很容易可檢驗 $y(t) = k\sin t$ 是微分方程式的解，而且滿足邊界條件。特別的是，此範例沒有解的唯一性。

◆

範例 7.5

求邊界值問題的所有解，

$$\begin{cases} y'' = 4y \\ y(0) = 1. \\ y(1) = 3 \end{cases} \quad (7.3)$$

這個範例非常簡單，能求得正確解，也非常地有趣，可作為邊界值問題解法遵循的範例。我們可以猜測微分方程式的兩個解為，$y = e^{2t}$ 和 $y = e^{-2t}$；因為兩個解不互為倍數，為線性獨立；因此，就基本微分方程式理論來看，微分方程式所有的解都是線性組合 $c_1 e^{2t} + c_2 e^{-2t}$。常數 c_1 和 c_2 是藉由檢驗兩個邊界條件來求值

$$1 = y(0) = c_1 + c_2$$

和

$$3 = y(1) = c_1 e^2 + c_2 e^{-2}$$

求解常數可得解為：

$$y(t) = \frac{3-e^{-2}}{e^2-e^{-2}} e^{2t} + \frac{e^2-3}{e^2-e^{-2}} e^{-2t} \tag{7.4}$$

❖ 7.1.2 打靶法實作

打靶法是利用一系列初始值問題來求解邊界值問題 (7.1)。首先，給定一個初始斜率 s_a 和其初始值 y_a，求解這個初始斜率所構生的初始值問題，並且與邊界值 y_b 比較。藉由反覆測試，改善初始斜率直到解等於邊界值。為提供此方法一個較正式的架構，故定義以下函數：

$$F(s) = \begin{cases} y_b \text{ 和 } y(b) \text{ 的差} \\ \text{其中 } y(t) \text{ 為初始值問題 } y(a)=y_a \\ \text{且 } y'(a)=s \text{ 的解。} \end{cases}$$

有了這個定義，邊界值問題便可簡化成解方程式

$$F(s) = 0, \tag{7.5}$$

如圖 7.3 所示。

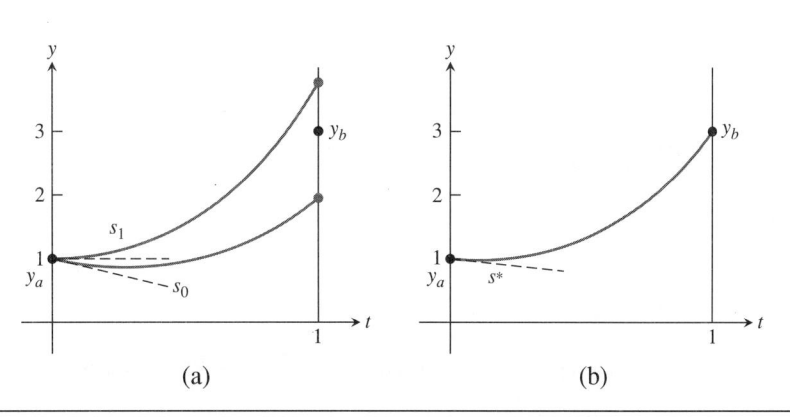

圖 7.3 打靶法。(a)為求解邊界值問題，先求解以初始條件 $y(a)=y_a$，$y'(a)=s_0$ 的初始值問題，其中 s_0 為初始猜測；$F(s_0)$ 的值為 $y(b)-y_b$。選擇新的 s_1 重新求解，直到找到 s 使得 $F(s)=0$。(b) 用 MATLAB 的 `ode45` 求解邊界值問題 (7.7) 所得根 s^* 之解的圖形。

第 1 章的解方程式方法現在可以派上用場了。假設我們選了二分法，必須找出兩個 s 值，分別稱為 s_0 和 s_1，符合 $F(s_0)\,F(s_1) < 0$，則 s_0 和 s_1 將 (7.5) 的根包圍起來。令 $s_2=(s_0+s_1)/2$，然後以二分法進行直到找出解 s^* 滿足要求的誤差容忍值，於是可求得解 (例如，以第 6 章裡的初始值問題解法) 等於初始值問題

$$\begin{cases} y'' = f(t, y, y') \\ y(a) = y_a \\ y'(a) = s^* \end{cases}. \tag{7.6}$$

的解。在下一個範例中，我們將以 MATLAB 來完成打靶法。

範例 7.6

以打靶法求解邊界值問題

$$\begin{cases} y'' = 4y \\ y(0) = 1. \\ y(1) = 3 \end{cases} \tag{7.7}$$

為了要使用 MATLAB 的初始值問題解法 `ode45`，必須將微分方程式改寫為一階微分方程組

$$\begin{aligned} y' &= v \\ v' &= 4y \end{aligned} \tag{7.8}$$

先完成函式檔 `de.m` 作為 `ode45` 的輸入：

```
function ydot=de(t,y)
ydot=[0;0];
ydot(1)=y(2);
ydot(2)=4*y(1);
```

及函式檔 `F.m` 作為 `bisect.m`(請參考第 1 章) 的輸入：

```
function z=F(s)
a=0; b=1; yb=3;
[t,y]=ode45('de',[a,b],[0,s])
z=y(end,1)-yb;  % end 表示解 y 的最後一個輸入
```

計算可得 $F(-1)\approx -1.05$ 和 $F(0)\approx 0.76$，如圖 7.3(a) 所示。因此，F 會有一個介於 -1 和 0 之間的根；利用第 1 章裡的 bisect.m，以起始區間 $[-1, 0]$ 依所需的精確度來找出 s，如此一來，此解就可以被畫成初始值問題的解答 (見圖 7.3(b))。(7.7) 的正確解請見 (7.4) 式，$s^* = y'(0) \approx -0.4203$。

◆

對常微分方程組來說，邊界值問題會以許多形式出現。為了給這個章節做個結論，我們探討了一個可能的形式，而更進一步的範例，讀者可以參考習題和實作 7。

範例 7.7

以打靶法求解邊界值問題

$$\begin{cases} y_1' = \frac{4-2y_2}{t^3} \\ y_2' = -e^{y_1} \\ y_1(1) = 0 \\ y_2(2) = 0 \\ t \in [1, 2] \end{cases} \tag{7.9}$$

如果也提供了初始條件 $y_2(1)$，這就會成為初始值問題。我們將以打靶法來求得未知數 $y_2(1)$，可以用 MATLAB 函式 ode45 來求解初始值問題。定義函數 $F(s)$ 為尾端點條件 $y_2(2)$，以初始條件 $y_1(1)=0$ 和 $y_2(1)=s$ 求解初始值問

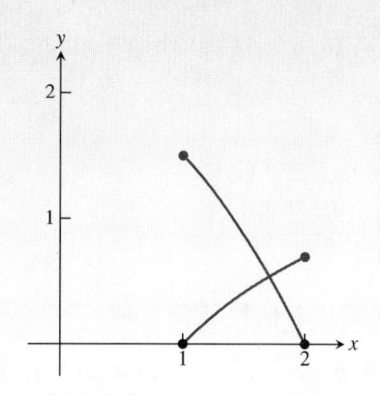

圖 7.4 範例 7.7 以打靶法所得的解。圖中顯示為曲線 $y_1(t)$ 和 $y_2(t)$，圓點就是題目所給的邊界值。

題，目標就是要求得 $F(s)=0$。

由於 $F(0)\approx-3.97$ 和 $F(2)\approx 0.87$，所以 [0, 2] 中必有解。利用初始猜測 $s_0=0$ 及 $s_1=2$，以割線法求解 $F(s)$，需要六次迭代即可收斂到 $s^*=1.5$，且有好幾位小數正確。以初始值 $y_1(1)=0$ 和 $y_2(1)=1.5$ 利用 `ode45` 所得解如圖 7.4 所示。正確解應為 $y_1(t)=\ln t$，$y_2(t)=2-t^2/2$。

7.1 習題

1. 對線性邊界值問題

    (a) $\begin{cases} y''=y+2e^t \\ y(0)=0 \\ y(1)=e \end{cases}$
    (b) $\begin{cases} y''=(2+4t^2)y \\ y(0)=1 \\ y(1)=e \end{cases}$

    (c) $\begin{cases} y''=-y+2\cos t \\ y(0)=0 \\ y(\frac{\pi}{2})=\frac{\pi}{2} \end{cases}$
    (d) $\begin{cases} y''=2-4y \\ y(0)=0 \\ y(\frac{\pi}{2})=1 \end{cases}$

    驗證其解分別為 (a) $y=te^t$，(b) $y=e^{t^2}$，(c) $y=t\sin t$，(d) $y=\sin^2 t$。

2. 對邊界值問題

    (a) $\begin{cases} y''=\frac{3}{2}y^2 \\ y(1)=4 \\ y(2)=1 \end{cases}$
    (b) $\begin{cases} y''=2yy' \\ y(0)=0 \\ y(\frac{\pi}{4})=1 \end{cases}$
    (c) $\begin{cases} y''=-e^{-2y} \\ y(1)=0 \\ y(e)=1 \end{cases}$
    (d) $\begin{cases} y''=6y^{\frac{1}{3}} \\ y(1)=1 \\ y(2)=8 \end{cases}$

    驗證其解分別為 (a) $y=4t^{-2}$，(b) $y=\tan t$，(c) $y=\ln t$，(d) $y=t^3$。

3. 對邊界值問題

    $\begin{cases} y''=-4y \\ y(a)=y_a \\ y(b)=y_b \end{cases}$

    (a) 求微分方程式的兩個線性獨立解。

    (b) 假設 $a=0$ 及 $b=\pi$，y_a 和 y_b 必須滿足什麼條件以保證解存在？

    (c) 若 $b=\pi/2$，重做 (b)。

    (d) 若 $b=\pi/4$，重做 (b)。

4. 以二階邊界值問題的解來表示，從 200 呎高的建築物丟擲拋射物且五秒鐘後落地的拋射物高度。接著求解邊界值問題，以及找出此丟擲拋射體的最大高度。

5. 求邊界值問題，$y'' = ky$，$y(0) = y_0$，$y(1) = y_1$ ($k \geq 0$) 的所有解。

7.1 電腦演算題

1. 以打靶法求解線性邊界值問題，首先需找出解區間 $[s_0, s_1]$，再利用二分法求解。並畫出該區間中近似解的圖形。

   (a) $\begin{cases} y'' = y + \frac{2}{3}e^t \\ y(0) = 0 \\ y(1) = \frac{1}{3}e \end{cases}$ (b) $\begin{cases} y'' = (2 + 4t^2)y \\ y(0) = 1 \\ y(1) = e \end{cases}$

2. 對下列邊界值問題重做電腦演算題 1。

   (a) $\begin{cases} 9y'' + \pi^2 y = 0 \\ y(0) = -1 \\ y\left(\frac{3}{2}\right) = 3 \end{cases}$ (b) $\begin{cases} y'' = 3y - 2y' \\ y(0) = e^3 \\ y(1) = 1 \end{cases}$

3. 以打靶法求解非線性邊界值問題。找出解區間 $[s_0, s_1]$ 後以割線法求解，並將所得解繪出。

   (a) $\begin{cases} y'' = 18y^2 \\ y(1) = \frac{1}{3} \\ y(2) = \frac{1}{12} \end{cases}$ (b) $\begin{cases} y'' = 2e^{-2y}(1 - t^2) \\ y(0) = 0 \\ y(1) = \ln 2 \end{cases}$

4. 對下列非線性邊界值問題重做電腦演算題 3。

   (a) $\begin{cases} y'' = e^y \\ y(0) = 1 \\ y(1) = 3 \end{cases}$ (b) $\begin{cases} y'' = \sin y' \\ y(0) = 1 \\ y(1) = -1 \end{cases}$

5. 以打靶法求解非線性系統的邊界值問題。請依據範例 7.7 的方法。

   (a) $\begin{cases} y_1' = 1/y_2 \\ y_2' = t + \tan y_1 \\ y_1(0) = 0 \\ y_2(1) = 2 \end{cases}$ (b) $\begin{cases} y_1' = y_1 - 3y_1 y_2 \\ y_2' = -6(ty_2 + \ln y_1) \\ y_1(0) = 1 \\ y_2(1) = -\frac{2}{3} \end{cases}$

實作 7 圓形環的彎曲問題

邊界值問題是結構計算的自然模型，一個包含七個方程式的微分方程組，可作為壓縮係數為 c 的圓形環模型，其承受了來自四面八方的靜水壓。我們將以**無因次化** (nondimensionalized) 模型來簡化問題，並且假設沒有外在壓力時環的半徑為 1 且水平和垂直對稱。雖然已被簡化，但此模型對於探討圓形環外型的**彎曲** (buckling) 和崩潰現象是很有用的。對此範例和其他更多結構上的邊界值問題可以參考 [4]。

此模型只說明**圓形環左上方四分之一** (upper left quarter of the ring)，剩下的部分可以用對稱假設來填補。自變數 s 代表了沿著圓形環原始中線的弧長，從 $s=0$ 到 $s=\pi/2$。而應變數在弧長 s 指定點如下：

$y_1(s)=$ 中線和水平線的夾角

$y_2(s)=x$-座標

$y_3(s)=y$-座標

$y_4(s)=$ 沿著圓形環中線的弧長

$y_5(s)=$ 內部徑向力

$y_6(s)=$ 內部正向力

$y_7(s)=$ 彎曲瞬間

圖 7.5(a) 說明了圓形環和前四個變數，邊界值問題 (可參考 [4]) 為：

$$\begin{aligned}
y_1' &= -1 - cy_5 + (c+1)y_7 & y_1(0) &= \tfrac{\pi}{2} & y_1(\tfrac{\pi}{2}) &= 0 \\
y_2' &= (1 + c(y_5 - y_7))\cos y_1 & & & y_2(\tfrac{\pi}{2}) &= 0 \\
y_3' &= (1 + c(y_5 - y_7))\sin y_1 & y_3(0) &= 0 \\
y_4' &= 1 + c(y_5 - y_7) & y_4(0) &= 0 \\
y_5' &= -y_6(-1 - cy_5 + (c+1)y_7) \\
y_6' &= y_7 y_5 - (1 + c(y_5 - y_7))(y_5 + p) & y_6(0) &= 0 & y_6(\tfrac{\pi}{2}) &= 0 \\
y_7' &= (1 + c(y_5 - y_7))y_6.
\end{aligned}$$

在無壓力下 ($p=0$)，解為 $y_1=\pi/2-s$、$(y_2, y_3)=(-\cos s, \sin s)$、$y_4=s$、$y_5=y_6=y_7=0$，此解為一個完整的四分之一圓，它對應到一個完整的對稱圓形環。

事實上，對任意參數 c 和 p 均存在下面的邊界值問題環形解：

$$y_1(s) = \frac{\pi}{2} - s$$
$$y_2(s) = \frac{c+1}{cp+c+1}(-\cos s)$$
$$y_3(s) = \frac{c+1}{cp+c+1}\sin s$$
$$y_4(s) = \frac{c+1}{cp+c+1}s$$
$$y_5(s) = -\frac{c+1}{cp+c+1}p$$
$$y_6(s) = 0$$
$$y_7(s) = -\frac{cp}{cp+c+1}. \tag{7.10}$$

當壓力從 0 開始增加時，圓形的半徑隨之減小。而當壓力參數 p 繼續增加時，圓形環的可能情況就會有**分歧** (bifurcation) 或改變。圓形環的圓形外觀維持數學上的可能，但卻不穩定；也就是說，只要輕微的擾動便會造成圓形環轉變到另一個可能的穩定結構(邊界值問題的解)。

若壓力 p 在分歧點之下，或稱**臨界壓力** (critical pressure) p_c 之下，只有解(7.10) 式存在。在 $p > p_c$ 情況下，邊界值問題存在三個不同的解，如圖 7.5(b) 所示。若超過了臨界壓力，圓形環便會成為不穩定的情況，這就類似倒轉的單

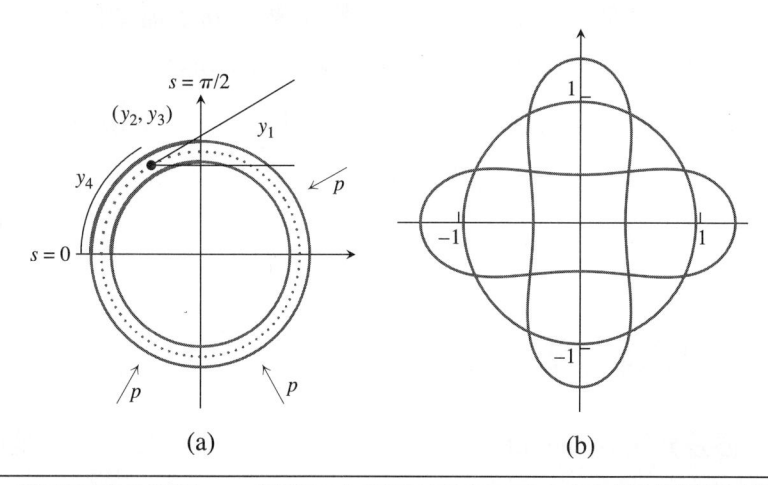

圖 7.5 圓形環彎曲圖解。(a) 變數 s 表示圓形環左上四分之一沿著點狀中線的弧長。(b) 以參數 $c=0.01$ 和 $p=3.8$ 的邊界值問題之三個不同解。兩個彎曲解是穩定的。

擺 (電腦演算題 6.3.6) 或是實作 6 中無扭力的橋。

臨界壓力決定於圓形環的可壓縮性；參數 c 越小，圓形環可壓縮性越小，此外，臨界壓力也會較低，在此壓力改變形狀而不是壓縮原本的形狀。你的工作就是使用打靶法搭配 Broyden 法，找出臨界壓力 p_c 和圓形環的彎曲外形。

建議活動：

1. 驗證 (7.10) 式是任意可壓縮性 c 和壓力 p 的邊界值問題之解。

2. 設定可壓縮性為適當值 $c=0.01$，當壓力 $p=0$ 和 3 時，以打靶法求解邊界值問題。在打靶法中的函數 F 應使用三個缺少的初始值 ($y_2(0)$、$y_5(0)$、$y_7(0)$) 來作為輸入值，並輸出三個最終值 ($y_1(\pi/2)$、$y_2(\pi/2)$、$y_6(\pi/2)$)。第 2 章中的多變量解法 Broyeden II，可被用來求解 F 的根；將其與 (7.10) 式正確解相比較，要注意就兩個 p 值來說，Broyden 法的不同初始條件，都會有相同軌跡的解。當 p 從 0 增加到 3 時，半徑會減少多少？

3. 畫出步驟 2 的解，曲線 ($y_2(s), y_3(s)$) 代表圓形環左上方四分之一，利用水平和垂直對稱來畫出整個環狀物。

4. 變更壓力為 $p=3.5$，然後重新求解邊界值問題；要注意所得的解受 Broyden 法所使用的初始條件影響，畫出每個找出的不同解答。

5. 找出當壓縮性 $c=0.01$ 時的臨界壓力 p_c，需準確到小數兩位。當 $p > p_c$ 時，有三個不同的解。而在 $p < p_c$ 時，只有一個解 (7.10) 式。

6. 降低壓縮性為 $c=0.001$，並重做步驟 5，圓形環變得較容易損壞。降低壓縮性改變 p_c，是否符合你的直覺？

7. 增加壓縮性為 $c=0.05$，並重做步驟 5。

7.2 有限差分法

有限差分法 (finite difference method) 所包含的基礎概念，是用離散的近似值來取代微分方程式中的導數，然後在網格點求值來產生一個聯立方程組。微分方程式的離散化方法也會被用於第 8 章的偏微分方程式上。

❖ 7.2.1 線性邊界值問題

令 $y(t)$ 為一個至少有四次連續微分的函數,在第 5 章裡,我們提出了一階導數的離散近似值:

$$y'(t) = \frac{y(t+h) - y(t-h)}{2h} - \frac{h^2}{6} y'''(c) \tag{7.11}$$

以及二階導數:

$$y''(t) = \frac{y(t+h) - 2y(t) + y(t-h)}{h^2} + \frac{h^2}{12} f^{(iv)}(c). \tag{7.12}$$

兩者正確度都至高到誤差與 h^2 成正比。

有限差分法包含了以離散形式來取代微分方程式裡的導數,以及求解所導出之簡單些的代數方程式。見圖 7.6,邊界條件在方程組中可以在需要時被替換。

替換後,會有兩個可能的狀況,如果原本的邊界值問題為線性,那麼產生之方程組就會是線性,而且能夠用高斯消去法來求解。如果原始問題不是線性的,那麼所得代數系統是非線性方程組,便需要較精密的方法來求解。我們以一個線性範例開始。

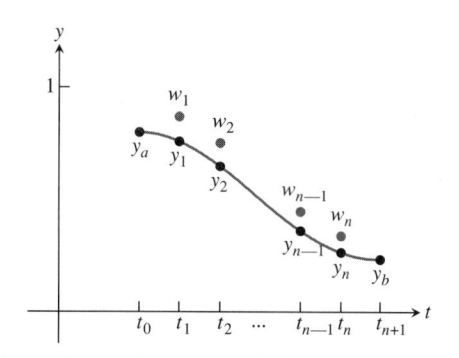

圖 7.6 邊界值問題的有限差分法。求解線性方程組以求得在離散點 t_i 上正確值 y_i 的近似解 w_i,$i=1, ..., n$。

範例 7.8

利用有限差分法求解邊界值問題 (7.7)

$$\begin{cases} y'' = 4y \\ y(0) = 1 \\ y(1) = 3 \end{cases}.$$

用二階導數的中央差分法來建立微分方程式 $y''=4y$ 的離散形式。在 t_i 點的有限差分版本為

$$\frac{w_{i+1} - 2w_i + w_{i-1}}{h^2} - 4w_i = 0$$

或等價於

$$w_{i-1} + (-4h^2 - 2)w_i + w_{i+1} = 0.$$

當 $n=3$ 時，區間大小 $h=1/(n+1)=1/4$ 且有三個方程式。代入邊界條件 $w_0=1$ 和 $w_4=3$，可得以下方程組用以求解 w_1, w_2, w_3：

$$\begin{aligned} 1 + (-4h^2 - 2)w_1 + w_2 &= 0 \\ w_1 + (-4h^2 - 2)w_2 + w_3 &= 0 \\ w_2 + (-4h^2 - 2)w_3 + 3 &= 0. \end{aligned}$$

將 h 代入後可得三對角線矩陣方程式

$$\begin{bmatrix} -\frac{9}{4} & 1 & 0 \\ 1 & -\frac{9}{4} & 1 \\ 0 & 1 & -\frac{9}{4} \end{bmatrix} \begin{bmatrix} w_1 \\ w_2 \\ w_3 \end{bmatrix} = \begin{bmatrix} -1 \\ 0 \\ -3 \end{bmatrix}$$

用高斯消去法來求解這個方程組，三個點的近似解為 1.0249、1.3061、1.9138。下表列出了在 t_i 的近似解 w_i 以及正確解 y_i 的比較 (注意邊界值 w_0 和 w_4 為已知，不需計算)。

i	t_i	w_i	y_i
0	0.00	1.0000	1.0000
1	0.25	1.0249	1.0181
2	0.50	1.3061	1.2961
3	0.75	1.9138	1.9049
4	1.00	3.0000	3.0000

二者的差大約在 10^{-2} 階，為了要得到更小的誤差，我們需要使用較大的 n。一般來說，$h=(b-a)/(n+1)=1/(n+1)$，三對角線矩陣方程式為：

$$\begin{bmatrix} -4h^2-2 & 1 & 0 & \cdots & 0 & 0 & 0 \\ 1 & -4h^2-2 & \ddots & & 0 & 0 & 0 \\ 0 & 1 & \ddots & \ddots & 0 & 0 & 0 \\ \vdots & & \ddots & \ddots & \ddots & & \vdots \\ 0 & 0 & 0 & \ddots & \ddots & 1 & 0 \\ 0 & 0 & 0 & & \ddots & -4h^2-2 & 1 \\ 0 & 0 & 0 & \cdots & 0 & 1 & -4h^2-2 \end{bmatrix} \begin{bmatrix} w_1 \\ w_2 \\ w_3 \\ \vdots \\ w_{n-1} \\ w_n \end{bmatrix} = \begin{bmatrix} -1 \\ 0 \\ 0 \\ \vdots \\ 0 \\ 0 \\ -3 \end{bmatrix}$$

當我們加入更多子區間時，我們就會期望近似解 w_i 更接近到正確解 y_i。

◆

有限差分法誤差的潛在來源，一是中央差分公式所產生的截尾誤差，以及解方程組時所產生的誤差。當步長 h 大於機器常數的平方根時，主要誤差會是前者。此誤差為 $O(h^2)$，所以當子區間 $n+1$ 的值變大時，誤差如 $O(n^{-2})$ 減少。

我們以問題 (7.7) 來做測試，圖 7.7 說明了對不同的子區間數個數 $n+1$，在 $t=3/4$ 時解的誤差 E 的大小。在對數作圖中，誤差當作子區間個數的函數時，基本上是一條斜率為 -2 的直線，意思是 $\log E \approx a+b \log n$，其中 $b=-2$，換句話說，誤差 $E \approx Kn^{-2}$，符合我們的預期。

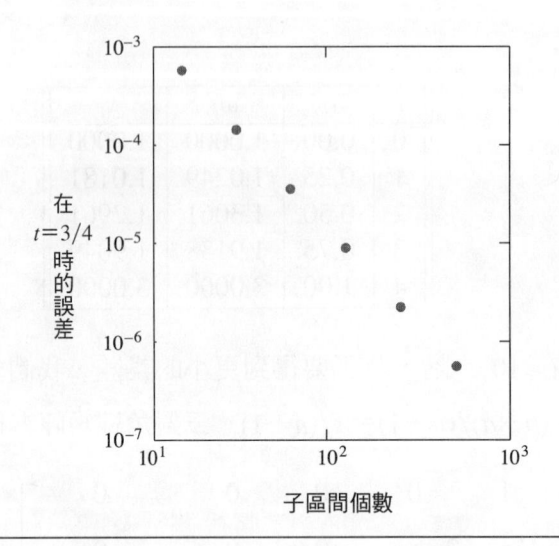

圖 7.7 有限差分法的收斂。範例 7.8 中 $t_i = 3/4$ 時的誤差 $|w_i - y_i|$ 相對於不同子區間個數 n 的關係圖，斜率為 -2，驗證誤差為 $O(n^{-2}) = O(h^2)$。

聚焦　收斂性

圖 7.7 說明了有限差分法的二階收斂，這是來自於二階公式 (7.11) 和 (7.12)。階 (order) 的知識允許我們用外插法。對於任意固定的 t 和步長 h，有限差分法的近似值 $w_h(t)$，對 h 為二階，而且可用簡單的外插公式。電腦演算題 7 和 8 探討這個可用來加速收斂的機會。

❖ 7.2.2　非線性邊界值問題

當有限差分法應用在非線性微分方程式時，結果會成為求解非線性代數方程組問題。在第 2 章中，我們用多變量牛頓法來求解這樣的系統；下面我們將示範用牛頓法來求**非線性邊界值問題** (nonlinear boundary value problem) 的近似解。

範例 7.9

以有限差分法求解非線性邊界值問題

$$\begin{cases} y'' = y - y^2 \\ y(0) = 1 \\ y(1) = 4 \end{cases} . \tag{7.13}$$

對 $2 \leq i \leq n-1$，微分方程式在 t_i 的離散形式為

$$\frac{w_{i+1} - 2w_i + w_{i-1}}{h^2} - w_i + w_i^2 = 0$$

或

$$w_{i-1} - (2 + h^2)w_i + h^2 w_i^2 + w_{i+1} = 0$$

加上第一和最後的方程式

$$y_a - (2 + h^2)w_1 + h^2 w_1^2 + w_2 = 0$$
$$w_{n-1} - (2 + h^2)w_n + h^2 w_n^2 + y_b = 0$$

如此邊界條件便已完整。

求解離散化邊界值問題的本意即以牛頓法求解 $F(w)=0$。多變量牛頓法的迭代公式為 $w^{k+1}=w^k-DF(w^k)^{-1}F(w^k)$，照例，改成求 $DF(w^k)\Delta w = -F(w^k)$ 的解 $\Delta w = w^{k+1}-w^k$ 是最好的方式。

函數 $F(w)$ 為

$$F\begin{bmatrix} w_1 \\ w_2 \\ \vdots \\ w_{n-1} \\ w_n \end{bmatrix} = \begin{bmatrix} y_a - (2+h^2)w_1 + h^2 w_1^2 + w_2 \\ w_1 - (2+h^2)w_2 + h^2 w_2^2 + w_3 \\ \vdots \\ w_{n-2} - (2+h^2)w_{n-1} + h^2 w_{n-1}^2 + w_n \\ w_{n-1} - (2+h^2)w_n + h^2 w_n^2 + y_b \end{bmatrix},$$

其中 $y_a=1$ 及 $y_b=4$。F 的 Jacobian 矩陣 $DF(w)$ 為

$$\begin{bmatrix} 2h^2w_1 - (2+h^2) & 1 & 0 & \cdots & 0 \\ 1 & 2h^2w_2 - (2+h^2) & \ddots & \ddots & \vdots \\ 0 & 1 & \ddots & 1 & 0 \\ \vdots & \ddots & \ddots & 2h^2w_{n-1} - (2+h^2) & 1 \\ 0 & \cdots & 0 & 1 & 2h^2w_n - (2+h^2) \end{bmatrix}.$$

Jacoian 矩陣的第 i 列是第 i 個方程式 (F 的第 i 個組成元素) 對每個 w_j 的偏導數所構成。

圖 7.8(a) 顯示了當 $n=40$ 時，利用多變量牛頓法解 $F(w)=0$ 的結果。MATLAB 碼請參考程式 7.1，牛頓法只需迭代二十次，就足以在機器精準度的範圍內達到收斂。

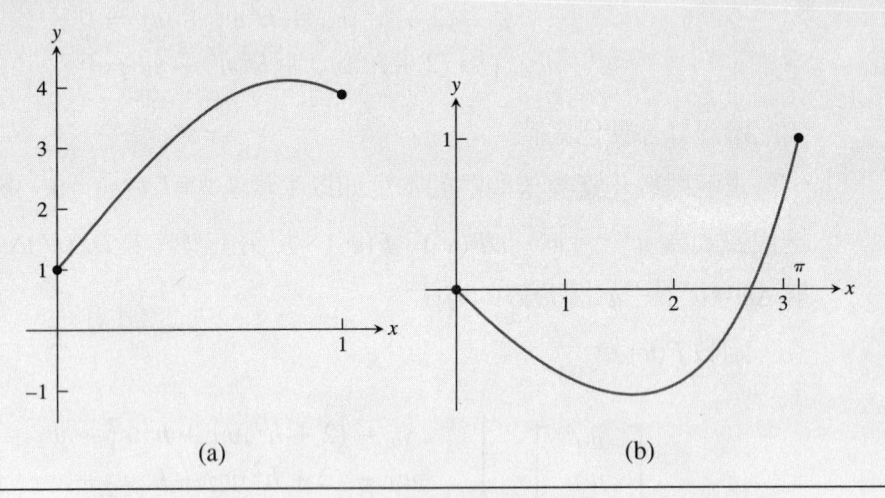

圖 7.8 以有限差分法所得非線性邊界值問題的解。(a) 範例 7.9 在 $n=40$ 時牛頓法收斂所得的解。(b) 以範例 7.10 為例時。

```
% 程式 7.1 有限差分法求解非線性邊界值問題
% 以多變量牛頓法求解非線性方程組
% 輸入：區間 inter，邊界值 bv，步數 n
% 輸出：解 w
% 使用範例：w=nlbvpfd([ 0 1],[ 1 4],40)
function w=nlbvpfd(inter,bv,n);
global h n ya yb            % f 和 jac 函式中所需變數
a=inter(1); b=inter(2); ya=bv(1); yb=bv(2)
```

```
h=(b-a)/(n+1);                    % h 為步長
w=zeros(n,1);                     % 初始化解向量 w
for i=1:20                        % 牛頓法迭代迴圈
  w=w-jac(w)\f(w);
end
plot([ a (1:n)*h b],[ ya w' yb]); % 繪製具邊界值的 w

function y=f(w)
global h n ya yb
y=zeros(n,1);
y(1)=ya-(2+h^2)*w(1)+h^2*W(1)^2+w(2);
y(n)=w(n-1)-(2+h^2)*w(n)+h^2*W(n)^2+yb;
for i=2:n-1
  y(i)=w(i+1)-(2+h^2)*w(i)+h^2*W(i)^2+w(i+1);
end

function a=jac(w)
global h n ya yb
a=zeros(n,n);
for i=1:n
  a(i,i)=2*h^2*W(i)-2-h^2;
end
for i=1:n-1
  a(i,i+1)=1
  a(i+1,i)=1;
end
```

◆

範例 7.10

以有限差分法求解非線性邊界值問題

$$\begin{cases} y'' = y' + \cos y \\ y(0) = 0 \\ y(\pi) = 1 \end{cases} \tag{7.14}$$

對 $z \leq \pi \leq n-1$，微分方程式在 t_i 的離散形式為

$$\frac{w_{i+1} - 2w_i + w_{i-1}}{h^2} - \frac{w_{i+1} - w_{i-1}}{2h} - \cos(w_i) = 0,$$

或

$$(1 + h/2)w_{i-1} - 2w_i + (1 - h/2)w_{i+1} - h^2 \cos w_i = 0,$$

加上第一和最後的方程式

$$(1 + h/2)y_a - 2w_1 + (1 - h/2)w_2 - h^2 \cos w_1 = 0$$
$$(1 + h/2)w_{n-1} - 2w_n + (1 - h/2)y_b - h^2 \cos w_n = 0,$$

其中 $y_a = 0$ 及 $y_b = 1$。方程組的左側，寫成向量值函數

$$F(w) = \begin{bmatrix} (1 + h/2)y_a - 2w_1 + (1 - h/2)w_2 - h^2 \cos w_1 \\ \vdots \\ (1 + h/2)w_{i-1} - 2w_i + (1 - h/2)w_{i+1} - h^2 \cos w_i \\ \vdots \\ (1 + h/2)w_{n-1} - 2w_n + (1 - h/2)y_b - h^2 \cos w_n \end{bmatrix}.$$

F 的 Jacobian 矩陣 $DF(w)$ 為

$$\begin{bmatrix} -2 + h^2 \sin w_1 & 1 - h/2 & 0 & \cdots & 0 \\ 1 + h/2 & -2 + h^2 \sin w_2 & \ddots & \ddots & \vdots \\ 0 & 1 + h/2 & \ddots & 1 - h/2 & 0 \\ \vdots & \ddots & \ddots & -2 + h^2 \sin w_{n-1} & 1 - h/2 \\ 0 & \cdots & 0 & 1 + h/2 & -2 + h^2 \sin w_n \end{bmatrix}.$$

下面的程式碼可加入程式 7.1 中，且適當改變邊界值條件資訊，可處理此非線性邊界值問題：

```
function y=f(w)
global h n ya yb
  y=zeros(n,1);
  y(1)=-2*w(1)+(1+h/2)*ya+(1-h/2)*w(2)-h*h*cos(w(1));
  y(n)=(1+h/2)*w(n-1)-2*w(n)-h*h*cos(w(n))+(1-h/2)*yb;
  for j=2:n-1
    y(j)=-2*w(j)+(1+h/2)*w(j-1)+(1-h/2)*w(j+1)-h*h*cos(w(j));
```

```
end

function a=jac(w)
global h n ya yb
  a=zeros(n,n);
  for j=1:n
    a(j,j)=-2+h*h*sin(w(j));
end
for j=1:n-1
  a(j,j+1)=1-h/2;
  a(j+1,j)=1+h/2;
end
```

圖 7.8(b) 顯示所得解曲線 $y(t)$。

7.2 電腦演算題

1. 對 $n=9$、19、39，使用有限差分法求解線性邊界值問題。

   (a) $\begin{cases} y'' = y + \frac{2}{3}e^t \\ y(0) = 0 \\ y(1) = \frac{1}{3}e \end{cases}$ (b) $\begin{cases} y'' = (2 + 4t^2)y \\ y(0) = 1 \\ y(1) = e \end{cases}$

   畫出近似解及正確解 (a) $y(t)=te^t/3$ 和 (b) $y(t)=e^{t^2}$，並以半對數圖 (semilog plot) 顯示 t 的誤差函數。

2. 對 $n=9$、19、39，使用有限差分法求解線性邊界值問題。

   (a) $\begin{cases} 9y'' + \pi^2 y = 0 \\ y(0) = -1 \\ y(\frac{3}{2}) = 3 \end{cases}$ (b) $\begin{cases} y'' = 3y - 2y' \\ y(0) = e^3 \\ y(1) = 1 \end{cases}$

   畫出近似解及正確解 (a) $y(t)=3\sin\frac{\pi t}{3} - \cos\frac{\pi t}{3}$ 和 (b) $y(t)=e^{3-3t}$，並以半對數圖顯示 t 的誤差函數。

3. 對 $n=9$、19、39，使用有限差分法求解非線性邊界值問題。

   (a) $\begin{cases} y'' = 18y^2 \\ y(1) = \frac{1}{3} \\ y(2) = \frac{1}{12} \end{cases}$ (b) $\begin{cases} y'' = 2e^{-2y}(1 - t^2) \\ y(0) = 0 \\ y(1) = \ln 2 \end{cases}$

畫出近似解及正確解 (a) $y(t)=1/(3t^2)$ 和 (b) $y(t)=\ln(t^2+1)$，並以半對數圖顯示 t 的誤差函數。

4. 對 $n=9$、19、39，使用有限差分法求解非線性邊界值問題。

   (a) $\begin{cases} y''=e^y \\ y(0)=1 \\ y(1)=3 \end{cases}$ (b) $\begin{cases} y''=\sin y \\ y(0)=1 \\ y(1)=-1 \end{cases}$

5. (a) 以解析方式求解邊界值問題，$y''=y$，$y(0)=0$，$y(1)=1$。

   (b) 改寫問題成有限差分版本，並繪製 $n=15$ 之近似解圖形。

   (c) 對 $n=2^p-1$，$p=2,...,7$，在 $t=1/2$ 時，利用誤差相對 n 的對數作圖來比較近似解和正確解。

6. 以有限差分求解非線性邊界值問題，$4y''=ty^4$，$y(1)=2$，$y(2)=1$。繪製 $n=15$ 之近似解圖形。對 $n=2^p-1$，$p=2,...,7$，在 $t=1/2$ 時，利用誤差相對 n 的對數作圖來比較近似解和正確解 $y(t)=2/t$。

7. 用外插法求電腦演算題 5 的近似解。以 Richardson 外插法 (5.1 節) 應用到 $N(h)=w_h(1/2)$，即步長 h 的有限差分近似解。只利用 $h=1/4$、1/8 和 1/16 的近似解，以外插法所得解和正確解 $y(1/2)$ 的誤差有多小？

8. 以外插法求電腦演算題 6 的近似解。使用公式 $N(h)=w_h(3/2)$，即步長 h 的有限差分近似解。只利用 $h=1/4$、1/8 和 1/16 的近似解，以外插法所得解和正確解 $y(3/2)$ 的誤差有多小？

9. 用有限差分求解非線性邊界值問題，$y''=\sin y$，$y(0)=1$，$y(\pi)=0$。對 $n=9$、19、39 繪出近似解。

10. 用有限差分求解方程式

$$\begin{cases} y''=10y(1-y) \\ y(0)=0 \\ y(1)=1 \end{cases}.$$

對 $n=9$、19、39 繪出近似解。

11. 解

$$\begin{cases} y'' = cy(1 - y) \\ y(0) = 0 \\ y(1/2) = 1/4 \\ y(1) = 1 \end{cases}$$

到三位小數正確，其中 $c > 0$。(提示：將三個邊界條件的其中兩個固定，成為邊界值問題形式，令 $G(c)$ 為所得在第三個邊界條件的差異，再以二分法求解 $G(c)=0$。)

7.3 配置法和有限元法

如同有限差分法，配置法以及有限元法的概念是將邊界值問題簡化到一組可解的方程式。然而，不用有限差分取代導數來離散化微分方程式，而是改用函數的形式，其參數可以用特殊方法來擬合。

選擇一組基底函數 $\phi_1(t),..., \phi_n(t)$，它們可以是多項式、三角函數、樣條函數或其他簡單的函數。然後考慮可能的解答：

$$y(t) = c_1\phi_1(t) + \cdots + c_n\phi_n(t). \tag{7.15}$$

求近似解問題簡化成尋找適合的 c_i 值，我們將考慮兩個不同的方式來求得係數。

配置法 (collocation method) 是將 (7.15) 式代入邊界值問題中，然後計算網格點之值。這求解法很直接，將問題簡化成方程組求解，如果原始問題為線性，則方程組亦為線性。每個點提供一個方程式，並以內插法來求解 c_i。

第二個方法是**有限元法** (finite element method)，不採用內插法，而是以擬合最小平方問題來進行。有限元法利用 **Galerkin 射影** (Galerkin projection) 來最小化 (7.15) 式和正確解之間的誤差平方，我們將在下兩節中探討這兩種解題方式。

❖ 7.3.1 配置法

以邊界點 a 和 b 為起始選定 n 個點，例如：

$$a = t_1 < \cdots < t_n = b \tag{7.16}$$

配置法是將候選解答 (7.15) 式代入微分方程式，然後求微分方程式在 (7.16) 式各點的值，得到有 n 個未知數 $c_1, ..., c_n$ 的 n 個方程式。

範例 7.11

以配置法求解邊界值問題

$$\begin{cases} y'' = 4y \\ y(0) = 1 \\ y(1) = 3 \end{cases}$$

一開始我們盡可能地簡單，選擇基底函數 $\phi_j(t) = t^{j-1}$，其中 $1 \leq j \leq n$，並假設解的形式為

$$y(t) = \sum_{j=1}^{n} c_j \phi_j(t) = \sum_{j=1}^{n} c_j t^{j-1}. \tag{7.17}$$

接下來我們需要對 n 個未知數 $c_1, ..., c_n$ 建立 n 個方程式。第一和最後一個可由邊界條件得到：

$$i = 1: \quad c_1 = \sum_{j=1}^{n} c_j \phi_j(0) = y(0) = 1$$

$$i = n: \quad c_1 + \cdots + c_n = \sum_{j=1}^{n} c_j \phi_j(1) = y(1) = 3.$$

剩下的 $n-2$ 個方程式則由求微分方程式在 t_i 的值來建立，其中 $2 \leq i \leq n-1$。將 $y(t) = \sum_{j=1}^{n} c_j t^{j-1}$ 代入微分方程式得到

$$\sum_{j=1}^{n} (j-1)(j-2) c_j t^{j-3} - 4 \sum_{j=1}^{n} c_j t^{j-1} = 0.$$

對每個 i 代入 t_i 可得

$$\sum_{j=1}^{n}[(j-1)(j-2)t_i^{j-3}-4t_i^{j-1}]c_j=0.$$

這 n 個方程式成為一線性系統 $Ac=g$，其中係數矩陣 A 被定義為

$$A_{ij}=\begin{cases} 1\ 0\ 0\ \ldots\ 0 & i=1 \text{ 列} \\ (j-1)(j-2)t_i^{j-3}-4t_i^{j-1} & i=2 \text{ 到 } n-1 \text{ 列} \\ 1\ 1\ 1\ \ldots\ 1 & i=n \text{ 列} \end{cases}$$

且 $g=(1,0,0,\ldots,0,3)^T$。通常用等距的網格點

$$t_i=a+\frac{i-1}{n-1}(b-a)=\frac{i-1}{n-1}.$$

求解 c_j 後，我們可得近似解為 $y(t)=\sum c_j t^{j-1}$。

若 $n=2$，系統 $Ac=g$ 為

$$\begin{bmatrix}1 & 0 \\ 1 & 1\end{bmatrix}\begin{bmatrix}c_1 \\ c_2\end{bmatrix}=\begin{bmatrix}1 \\ 3\end{bmatrix},$$

且解為 $c=(1,2)^T$，近似解 (7.17) 式為直線 $y(t)=c_1+c_2 t=1+2t$；若 $n=4$，則可得近似解 $y(t)\approx 1-0.1886t+1.0273t^2+1.1613t^3$。$n=2$ 和 $n=4$ 的解請見圖 7.9，$n=4$ 時的近似解已經非常接近正確解 (7.4) 式，見圖 7.3(b)，而增加 n 值可以得到更高的精準度。

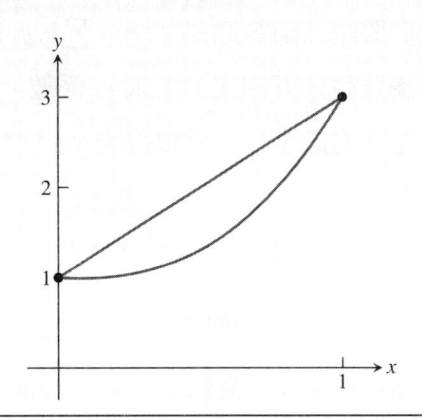

圖 7.9 範例 7.11 中線性邊界值問題以配置法所得的解。顯示為 $n=2$ 和 $n=4$ 的解。

在範例 7.11 中用來求解 c_i 的方程式為線性，這是因為微分方程式為線性。非線性邊界值問題同樣可用和配置法類似的步驟來求解；而牛頓法便可用來求解非線性方程組，就和有限差分法中方式一樣。

雖然我們已經介紹了一種簡單的配置法，即使用單項式基底函數，然而還有其他許多較好的選擇。一般來說並不推薦多項式基底函數，因為配置法基本上是以內插方式求解，使用多項式基底函數容易受到 Runge 現象 (見第 3 章) 的影響。事實上，單項式基底元素 t^j 並不互為正交函數，當 n 夠大時，會造成線性方程組係數矩陣成為病態的。用 Chebyshev 多項式的根為求值點，而非等間隔點，可改善條件性。

以三角函數為基底函數，會導出傅立葉分析和**譜方法** (spectral method)，經常使用於邊界值問題和**偏微分方程式** (partial differential equatians; PDF)。這是一種「整體」逼近的方法，其中的基底函數是非零於大範圍的 t，但有非常好的正交性，我們將在第 10 章再來討論離散型傅立葉近似。

若以樣條函數為基底函數，則會導出**有限元法** (finite element method)；在此方法中，每個基底函數只是非零於小範圍的 t。有限元法經常使用於高維度的邊界值問題和偏微分方程，尤其當不規則的邊界使得標準基底函數參數化不方便時。

❖ 7.3.2　有限元法和 Galerkin 法

在配置法中，我們假設一函數形式 $y(t) = \sum c_i \phi_i(t)$，且強迫解滿足邊界條件，同時在各離散點滿足微分方程式，來求 c_i 係數。另一方面，Galerkin 法將微分方程式和解的誤差平方最小化，這會得到不同的 c_i 方程組。

考慮邊界值問題

$$\begin{cases} y'' = f(t, y, y') \\ y(a) = y_a \\ y(b) = y_b \end{cases}.$$

我們的目標是選擇近似解 y，讓**剩餘數** (residual) $r = y'' - f$（意即微分方程式左右兩側的差）盡可能地小。類似第 4 章的最小平方法，藉由選擇 y 來讓剩餘數正交於可能解的向量空間。

對一區間 $[a, b]$，定義**平方可積函數** (square integrable function) 的向量空間為

$$L^2[a,b] = \left\{ \text{在 } [a, b] \text{ 上函數 } y(t) \ \middle| \ \int_a^b y(t)^2 \text{ 存在且有限} \right\}$$

L^2 函數空間的**內積** (inner product) 定義為

$$\langle y_1, y_2 \rangle = \int_a^b y_1(t) y_2(t) \, dt$$

擁有以下的性質：

1. $\langle y_1, y_1 \rangle > 0$；等號成立，若且唯若 $y_1 = 0$；
2. 對純量 α、β，$\langle \alpha y_1 + \beta y_2, z \rangle = \alpha \langle y_1, z \rangle + \beta \langle y_2, z \rangle$；
3. $\langle y_1, y_2 \rangle = \langle y_2, y_1 \rangle$。

若兩函數 y_1 和 y_2 在 $L^2[a, b]$ 中滿足 $\langle y_1, y_2 \rangle = 0$，則稱其為**正交** (orthogonal)，因為 $L^2[a, b]$ 為無限維向量空間，我們無法用有限計算來使得剩餘數 $r = y'' - f$ 和 $L^2[a, b]$ 所有函數正交。無論如何，我們可以用所擁有的計算能力選一個基底來盡可能生成 L^2。令 $n+2$ 個基底函數寫成 $\phi_0(t), ..., \phi_{n+1}(t)$，稍後我們將具體說明之。

Galerkin 法包含兩個主要概念，第一個是強迫 r 和基底函數正交，即以 L^2 內積觀點來使之最小化。這表示使 $\int_a^b (y'' - f) \phi_i \, dt = 0$，或對所有 $0 \leq i \leq h+1$ 使

$$\int_a^b y''(t) \phi_i(t) \, dt = \int_a^b f(t, y, y') \phi_i(t) \, dt. \tag{7.18}$$

(7.18) 式稱為邊界值問題的**弱式** (weak form)。

Galerkin 法的第二個概念是利用部分積分來消去二階導數。由於

$$\int_a^b y''(t) \phi_i(t) \, dt = \phi_i(t) y'(t) \Big|_a^b - \int_a^b y'(t) \phi_i'(t) \, dt$$

$$= \phi_i(b) y'(b) - \phi_i(a) y'(a) - \int_a^b y'(t) \phi_i'(t) \, dt. \tag{7.19}$$

結合 (7.18) 和 (7.19) 式可以得到一組方程式

$$\int_a^b f(t, y, y')\phi_i(t)\, dt = \phi_i(b)y'(b) - \phi_i(a)y'(a) - \int_a^b y'(t)\phi_i'(t)\, dt \quad (7.20)$$

對每個 i 可用以求解下列函數形式的 c_i：

$$y(t) = \sum_{i=0}^{n+1} c_i \phi_i(t). \quad (7.21)$$

Galerkin 的兩個概念使它能方便地使用極簡單的函數，做為有限元 $\phi_i(t)$。我們將只介紹分段線性 B 樣條函數，並引導讀者閱讀其他書籍，以得到更詳盡的選擇。

以 t 軸上的網格點 $t_0 < t_1 < \cdots < t_n < t_{n+1}$ 開始，對 $i = 1, \cdots, n$ 定義

$$\phi_i(t) = \begin{cases} \dfrac{t - t_{i-1}}{t_i - t_{i-1}} & \text{對} \quad t_{i-1} < t \leq t_i \\ \dfrac{t_{i+1} - t}{t_{i+1} - t_i} & \text{對} \quad t_i < t < t_{i+1}. \\ 0 & \text{其他} \end{cases}$$

同時定義

$$\phi_0(t) = \begin{cases} \dfrac{t_1 - t}{t_1 - t_0} & \text{對} \quad t_0 < t < t_1 \\ 0 & \text{其他} \end{cases} \quad \text{及} \quad \phi_{n+1}(t) = \begin{cases} \dfrac{t - t_n}{t_{n+1} - t_n} & \text{對} \quad t_n < t \leq t_{n+1} \\ 0 & \text{其他} \end{cases}.$$

分段線性「帳篷」函數 ϕ_i，如圖 7.10 所示，滿足下列有趣的性質：

$$\phi_i(t_j) = \begin{cases} 1 & \text{若} \; i = j \\ 0 & \text{若} \; i \neq j \end{cases}. \quad (7.22)$$

對一組數據點 (t_i, c_i)，定義**分段線性 B 樣條函數** (piecewise-linear B-spline)

$$S(t) = \sum_{i=0}^{n+1} c_i \phi_i(t).$$

依據 (7.22) 式立即可得 $S(t_j) = \sum_{i=0}^{n+1} c_i \phi_i(t_j) = c_j$，因此，$S(t)$ 是一個分段線性

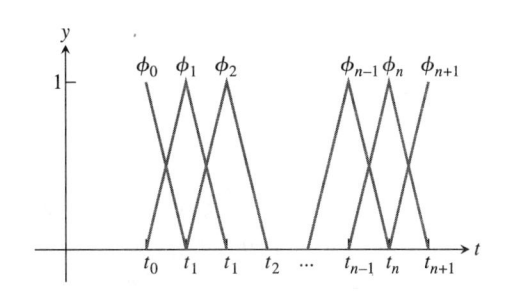

圖 7.10 用分段線性 B 樣條函數當作有限元。每個 $\phi_i(t)$，$1 \leq i \leq n$，支撐於 t_{i-1} 到 t_{i+1} 的區間。

函數內插數據點 (t_i, c_i)。換句話說，y 座標就是係數，而這將會簡化內插解 (7.21)，c_i 不僅是係數，也是在網格點 t_i 所對應的解。

> **聚焦　正交性**
>
> 我們在第 4 章中，藉由畫出點到平面的垂直線段，可得點到平面的最小距離。平面代表了近似點的許多候選者；而它們之間的距離則是近似誤差。這個正交性的簡單現象瀰漫於數值分析，卻是最小平方近似值的核心和 Galerkin 法的基礎，用以求解邊界值問題以及偏微分方程式；也是第 5 章的高斯積分法、第 10 和 11 章的壓縮法和第 12 章特徵值問題的基礎。

範例 7.12

以有限元法求解邊界值問題

$$\begin{cases} y'' = 4y \\ y(0) = 1 \\ y(1) = 3 \end{cases}$$

令 $\phi_0, ..., \phi_{n+1}$ 為在 $[a, b]$ 網格上的分段線性 B 樣條函數，如圖 7.10。它們可作為 Galerkin 法的基底函數。

第一和最後一個 c_i 可以配置法求得：

$$1 = y(0) = \sum_{i=0}^{n+1} c_i \phi_i(0) = c_0 \phi_0(0) = c_0$$

$$3 = y(1) = \sum_{i=0}^{n+1} c_i \phi_i(1) = c_{n+1} \phi_{n+1}(1) = c_{n+1}.$$

對 $i=1, ..., n$，用有限元方程式 (7.20)：

$$\int_0^1 f(t, y, y') \phi_i(t)\, dt + \int_0^1 y'(t) \phi_i'(t)\, dt = 0.$$

這是由於 (7.20) 式對 $i=1, ..., n$ 時，邊界項為零。

然後將函數形式 $y(t) = \sum c_i \phi_i(t)$ 代入，以及微分方程式 $f(t, y, y') = 4y$，可得

$$0 = \int_0^1 \left(4\phi_i(t) \sum_{j=0}^{n+1} c_j \phi_j(t) + \sum_{j=0}^{n+1} c_j \phi_j'(t) \phi_i'(t) \right) dt$$

$$= \sum_{j=0}^{n+1} c_j \left[4 \int_0^1 \phi_i(t) \phi_j(t)\, dt + \int_0^1 \phi_j'(t) \phi_i'(t)\, dt \right].$$

在這假設網格為等距且步長為 h。另外我們需要下列的積分結果，對 $i=1, ..., n$ 時：

$$\int_a^b \phi_i(t) \phi_{i+1}(t)\, dt = \int_0^h \frac{t}{h} \left(1 - \frac{t}{h}\right) dt = \int_0^h \left(\frac{t}{h} - \frac{t^2}{h^2}\right) dt$$

$$= \left. \frac{t^2}{2h} - \frac{t^3}{3h^2} \right|_0^h = \frac{h}{6} \tag{7.23}$$

$$\int_a^b (\phi_i(t))^2\, dt = 2 \int_0^h \left(\frac{t}{h}\right)^2 dt = \frac{2}{3} h \tag{7.24}$$

$$\int_a^b \phi_i'(t) \phi_{i+1}'(t)\, dt = \int_0^h \frac{1}{h} \left(-\frac{1}{h}\right) dt = -\frac{1}{h} \tag{7.25}$$

$$\int_a^b (\phi_i'(t))^2 \, dt = 2 \int_0^h \left(\frac{1}{h}\right)^2 dt = \frac{2}{h}. \tag{7.26}$$

對 $i=1,...,n$，將以上 (7.23-7.26) 式代入 B 樣條函數，可得方程組

$$\left[\frac{2}{3}h - \frac{1}{h}\right]c_0 + \left[\frac{8}{3}h + \frac{2}{h}\right]c_1 + \left[\frac{2}{3}h - \frac{1}{h}\right]c_2 = 0$$

$$\left[\frac{2}{3}h - \frac{1}{h}\right]c_1 + \left[\frac{8}{3}h + \frac{2}{h}\right]c_2 + \left[\frac{2}{3}h - \frac{1}{h}\right]c_3 = 0$$

$$\vdots$$

$$\left[\frac{2}{3}h - \frac{1}{h}\right]c_{n-1} + \left[\frac{8}{3}h + \frac{2}{h}\right]c_n + \left[\frac{2}{3}h - \frac{1}{h}\right]c_{n+1} = 0. \tag{7.27}$$

由於已知 $c_0=y_a=1$ 及 $c_{n+1}=y_b=3$，所以方程組的矩陣形式為對稱的三對角線方陣

$$\begin{bmatrix} \alpha & \beta & 0 & \cdots & 0 \\ \beta & \alpha & \ddots & \ddots & \vdots \\ 0 & \beta & \ddots & \beta & 0 \\ \vdots & \ddots & \ddots & \alpha & \beta \\ 0 & \cdots & 0 & \beta & \alpha \end{bmatrix} \begin{bmatrix} c_1 \\ c_2 \\ \vdots \\ c_{n-1} \\ c_n \end{bmatrix} = \begin{bmatrix} -y_a\beta \\ 0 \\ \vdots \\ 0 \\ -y_b\beta \end{bmatrix}$$

其中

$$\alpha = \frac{8}{3}h + \frac{2}{h} \quad \text{且} \quad \beta = \frac{2}{3}h - \frac{1}{h}.$$

再次利用第 2 章曾用過的 MATLAB 指令 `spdiags`，我們可以非常精簡地完成此稀疏矩陣的計算。

```
% 程式 7.2 線性邊界值問題的有限元解
% 輸入：區間 inter，邊界值 bv，步進數 n
% 輸出：解 c
% 使用範例：c=bvpfem([ 0 1][ 1 3],9);
function c=bvpfem(inter,bv,n)
a=inter(1); b=inter(2); ya=bv(1); yb=bv(2);
h=(b-a)/(n+1);
```

```
alpha=(8/3)*h+2/h; beta=(2/3)*h-1/h;
e=ones(n-1);
M=spdiags([ beta*e alpha*e beta*e],-1:1,n,n);
d=zeros(n-1);
d(1)=-ya*beta;
d(n)=-yb*beta;
c=M\d;
```

當 $n=3$ 時，MATLAB 程式碼所得 c_i 如下：

i	t_i	$w_i = c_i$	y_i
0	0.00	1.0000	1.0000
1	0.25	1.0109	1.0181
2	0.50	1.2855	1.2961
3	0.75	1.8955	1.9049
4	1.00	3.0000	3.0000

注意在 t_i 的近似解 w_i 值為 c_i，且用來和正確值 y_i 比較。

誤差大約為 10^{-2}，和有限差分法的誤差相同大小。事實上，圖 7.11 說明了以較大的 n 值執行有限元法，所得的收斂曲線幾乎等同於圖 7.7 裡的有限差分法的曲線，可得 $O(n^{-2})$ 收斂。

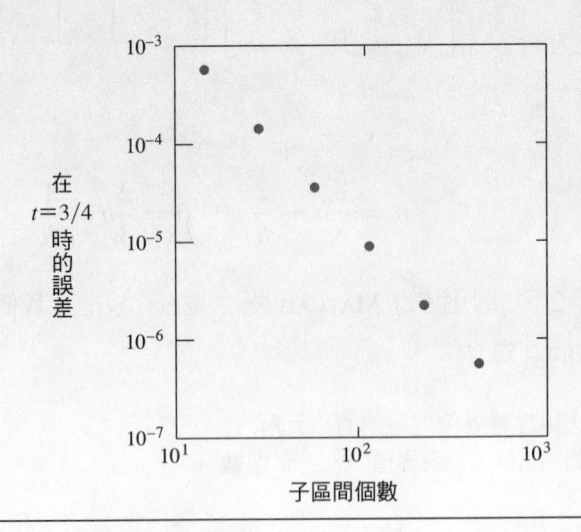

圖 7.11　有限元法的收斂性。範例 7.12 在 $t_i = 3/4$ 時的誤差 $|w_i - y_i|$ 和子區間個數 n 的函數圖形。根據斜率，誤差為 $O(n^{-2}) = O(h^2)$。

7.3 電腦演算題

1. 用配置法，分別以 $n=8$ 和 16 求解下列線性邊界值問題。

   (a) $\begin{cases} y'' = y + \frac{2}{3}e^t \\ y(0) = 0 \\ y(1) = \frac{1}{3}e \end{cases}$
   (b) $\begin{cases} y'' = (2 + 4t^2)y \\ y(0) = 1 \\ y(1) = e \end{cases}$

   繪出近似解，以及正確解 (a) $y(t) = te^t/3$ 和 (b) $y(t) = e^{t^2}$，且另外畫出 t 的誤差函數之半對數圖形。

2. 用配置法，分別以 $n=8$ 和 16 求解下列線性邊界值問題。

   (a) $\begin{cases} 9y'' + \pi^2 y = 0 \\ y(0) = -1 \\ y(\frac{3}{2}) = 3 \end{cases}$
   (b) $\begin{cases} y'' = 3y - 2y' \\ y(0) = e^3 \\ y(1) = 1 \end{cases}$

   繪出近似解，以及正確解 (a) $y(t) = 3\sin \pi t/3 - \cos \pi t/3$ 和 (b) $y(t) = e^{3-3t}$，且另外畫出 t 的誤差函數之半對數圖形。

3. 以有限元法重做電腦演算題 1。

4. 以有限元法重做電腦演算題 2。

軟體和延伸閱讀

大部分有關常微分方程式的書籍都會討論邊界值問題。參考書籍 [1] 是常微分方程式邊界值問題技巧的綜合介紹，包含了本章沒有涵蓋到的**多重打靶法** (multiple-shooting method)。關於解邊界值問題的打靶法以及有限差分法更多好的參考可見 [5, 6, 7]。

IMSL 程式庫的 BVPMS 和 BVPFD 副程式，分別以打靶法和有限差分法求解兩點邊界值問題。BVPFD 同時是可變階數和可變步長的有限差分法。

NAG 程式 D02HAF 以打靶法求解兩點邊界值問題，用到 Runge-Kutta-Merson 法和牛頓迭代法。D02GAF 副程式用牛頓迭代法及有限差分技巧來求解所得方程式，並以數值微分來計算 Jacobian 矩陣。最後，D02JAF 則以配置法求解單一 n 階常微分方程式的線性邊界值問題。

Netlib 程式庫包含了兩個供使用者叫用的 Fortran 副程式：線性問題的 MUSL 以及非線性問題的 MUSN，每一個都以打靶法為基礎。

CHAPTER 8

偏微分方程

英特爾 (Intel) 公司在 1970 年代所生產的 8086 中央處理器，速度為 5MHz，只需要不到 5 瓦 (watt) 的電力。時至今日，處理器的速度增加了數百倍，晶片消耗的電力超過了 50 瓦，為了避免處理器因高溫而受損，必須使用散熱器和風扇來協助散熱。要延伸 Moore 定律到更快的處理速度，冷卻考量將是一個永遠不變的障礙。

散熱時間進程是以拋物型 (parabolic) 偏微分方程 (partial differential equation；PDE) 為模型；當熱到達均衡時，這個穩態分布的模型為橢圓型 (elliptic) 偏微分方程。

第 8.3 節結尾的實作 8，說明了如何用橢圓型偏微分方程與熱對流邊界條件，來做一個簡單散熱器結構的模型。

偏微分方程是超過一個獨立變數的微分方程。雖然此課題範圍非常廣大，但我們的討論將侷限於兩個獨立變數的方程式，形式如下：

$$Au_{xx}+Bu_{xy}+Cu_{yy}+F(u_x, u_y, u, x, y)=0 \tag{8.1}$$

其中以下標符號 x 和 y 表示對該獨立變數的**偏導數** (partial derivative)，以 u 代表解。當方程式裡的變數之一代表時間時，例如**熱方程** (heat equation)，我們則習慣將獨立變數表示為 x 和 t。

依據 (8.1) 式的前幾項，解的性質會相當不同。有兩個獨立變數的**二階偏微分方程** (second order PDE) 被分類如下：

(1) 拋物型，若 $B^2-4AC=0$

(2) 雙曲型 (hyper bolic)，若 $B^2-4AC>0$

(3) 橢圓型，若 $B^2-4AC<0$

實際上的差異是拋物型和雙曲型方程定義在一個**開區域** (open region)。一個變數的邊界條件 (在大部分的例子中為時間變數)，被指定在區域的一端，系統解則是離開此邊界逐步求解。另一方面，橢圓型方程通常在整個**閉區域** (closed region) 的邊界均指定邊界條件。我們將討論每種類型的一些範例，以及說明可以用來求近似解的數值方法。

8.1 拋物型方程

熱方程

$$u_t = cu_{xx} \tag{8.2}$$

代表從一維均勻桿測量出的溫度 x；常數 $c > 0$ 稱為**擴散係數** (diffusion coefficient)，代表桿子組成物質的熱擴散參數。熱方程模擬了從高濃度區域到低濃度區域的熱散播；獨立變數為 x 和 t。

在 (8.2) 式中用變數 t 來取代變數 y，是因為它代表時間。從前面的分類來看，由於 $B^2 - 4AC = 0$，因此熱方程為拋物型。所謂的熱方程是**擴散方程** (diffusion equation) 的一種，模擬物質的擴散。在材料科學中，同樣的方程式稱之為 Fick 第二定律 (Fick's second law)，描述在媒介物裡的物質擴散。

類似於常微分方程 (ODE) 的情形，偏微分方程 (PDE)(8.2) 式有無限多解，需要額外的條件來進一步確定一個特殊解。第 6 和第 7 章裡的常微分方程解，分別用了初始條件或邊界條件。為了要正確地提出一個偏微分方程，有多種組合的初始條件和邊界條件可以使用。

對於熱方程，我們可以透過常識以直覺決定需要什麼樣的條件。為了保證所得唯一，我們需要知道沿著桿子的最初溫度分布，以及隨時間進行中，桿子兩端的情況。在有限區間正確地提出熱方程的形式如下：

$$\begin{cases} u_t = cu_{xx} & \text{對所有 } a \leq x \leq b,\ t \geq 0 \\ u(x,0) = f(x) & \text{對所有 } a \leq x \leq b \\ u(a,t) = l(t) & \text{對所有 } t \geq 0 \\ u(b,t) = r(t) & \text{對所有 } t \geq 0 \end{cases} \tag{8.3}$$

其中，桿子範圍定義在區間 $a \leq x \leq b$。擴散係數 c 決定熱傳導速率。函數 $f(x)$ 在 $[a, b]$ 間提供沿著桿子的最初溫度分布，而 $l(t)$ 和 $r(t)$ 在 $t \geq 0$ 時，則提供了兩端的溫度。我們在這裡利用初始條件 $f(x)$ 以及邊界條件 $l(t)$ 和 $r(t)$ 的組合，來指定偏微分方程的唯一解。

❖ 8.1.1 前向差分法

依循前兩章所建立的方向，利用有限差分法求偏微分方程式的近似解。概念是在獨立變數上建立一個網格 (grid)，離散化偏微分方程。原本連續的問題會變成有限個方程式的離散問題。如果偏微分方程為線性，那麼離散方程式亦為線性，且能夠以第 2 章的方法求解。

要在時間區間 $[0, T]$ 離散化熱方程，我們可考慮圖 8.1 裡的網格上的點。圖中實心圓點代表 $u(x, t)$ 的值已從初始和邊界條件得知；而中空圓點為網格點 (mesh point)，將會藉由某種方法來填滿。我們將以 $u(x_i, t_j)$ 來代表在 (x_i, t_j) 的**精確解** (exact solution)，而以 w_{ij} 代表其近似解。令 M 和 N 為 x 和 t 方向裡的步進總數，則 $h=(b-a)/M$ 和 $k=T/N$ 為 x 和 t 方向裡的步長。

第 5 章裡的離散公式，可以被用來近似 x 和 t 方向的導數。舉例來說，對 x 變數的二階導數應用中央差分公式可得：

$$u_{xx}(x,t) \approx \frac{1}{h^2}(u(x+h,t) - 2u(x,t) + u(x-h,t)), \tag{8.4}$$

其誤差為 $h^2 u_{xxxx}(c_1, t)/12$；對時間變數一階導數的前向差分公式為

$$u_t(x,t) \approx \frac{1}{k}(u(x,t+k) - u(x,t)), \tag{8.5}$$

其誤差為 $ku_{tt}(x, c_2)/2$；其中 $x-h<c_1<x+h$ 且 $t<c_2<t+k$。在點 (x_i, t_j) 代入熱方程可得

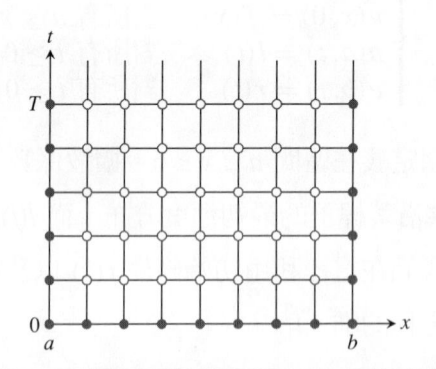

圖 8.1 有限差分法的網格。實心圓點表示已知初始和邊界條件。中空圓點表示待解的未知數。

$$\frac{c}{h^2}(w_{i+1,j} - 2w_{ij} + w_{i-1,j}) \approx \frac{1}{k}(w_{i,j+1} - w_{ij}), \tag{8.6}$$

其局部截尾誤差為 $O(k)+O(h^2)$。正如我們對常微分方程的探討，只要方法是穩定的，將可由局部截尾誤差來推估總誤差。在詳細說明方法後，我們將探討有限差分法的穩定性。

由於初始和邊界條件已經給定已知量 w_{i0} ($i=0, ..., M$)、w_{0j} 及 w_{Mj} ($j=0, ..., N$)，也就是在圖 8.1 中矩形的底部和兩邊。可以時間變數逐步前向來求離散版本 (8.6) 的解。將 (8.6) 式重新整理成

$$\begin{aligned} w_{i,j+1} &= w_{ij} + \frac{ck}{h^2}(w_{i+1,j} - 2w_{ij} + w_{i-1,j}) \\ &= \sigma w_{i+1,j} + (1-2\sigma)w_{ij} + \sigma w_{i-1,j}, \end{aligned} \tag{8.7}$$

其中我們定義 $\sigma = ck/h^2$。圖 8.2 顯示了 (8.7) 中所用到的網格點，經常被稱為解法的**網格樣板** (stencil)。

前向差分法 (8.7) 為**顯式** (explicit)，因為可以直接從先前的已知結果，來判定新的值(對時間來說)；非顯式的方法則稱為**隱式** (implicit)。本解法的網格樣板說明此為顯式法。若以矩陣形式，我們能藉由矩陣乘法運算 $w_{j+1} = Aw_j + s_j$，得到在時間 t_{j+1} 的 $w_{i,j+1}$ 值。即：

$$\begin{bmatrix} w_{1,j+1} \\ \vdots \\ w_{m,j+1} \end{bmatrix} = \begin{bmatrix} 1-2\sigma & \sigma & 0 & \cdots & 0 \\ \sigma & 1-2\sigma & \sigma & \ddots & \vdots \\ 0 & \sigma & 1-2\sigma & \ddots & 0 \\ \vdots & \ddots & \ddots & \ddots & \sigma \\ 0 & \cdots & 0 & \sigma & 1-2\sigma \end{bmatrix} \begin{bmatrix} w_{1j} \\ \vdots \\ w_{mj} \end{bmatrix} + \sigma \begin{bmatrix} w_{0,j} \\ 0 \\ \vdots \\ 0 \\ w_{m+1,j} \end{bmatrix} \tag{8.8}$$

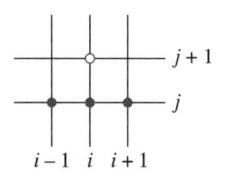

圖 8.2　前向差分法的網格樣板。中空圓點 $w_{i,j+1}$ 取決於實心圓點 $w_{i-1,j}$、w_{ij} 和 $w_{i+1,j}$ 用 (8.7) 式。

A 為 $m \times m$ 矩陣，其中 $m = M - 1$。右邊的向量 s_j 代表問題所加的附帶條件，在此為桿子兩端的溫度。

可得解法被簡化成矩陣迭代公式，這使得我們可以一列一列地填滿圖 8.1 裡的中空圓點。矩陣迭代公式 $w_{j+1} = Aw_j + s_j$，類似於第 2 章所描述的線性系統迭代法，當時我們學到迭代收斂與否決定於矩陣的特徵值，而在目前的狀況，我們對特徵值感到興趣是基於另一個略為不同的原因，及對誤差放大或不穩定性的分析。

要知道誤差放大會帶來問題，考慮熱方程 $c = 1$ 和初始條件 $f(x) = \sin^2 2\pi x$，以及對所有時間 t 的邊界條件 $u(0, t) = u(1, t) = 0$。初始溫度的高峰應該會隨著時間擴散，產生如圖 8.3(a) 所示。此圖是用 (8.8) 式利用沿著桿子的步長 $h = 0.1$，和時間步長 $k = 0.004$。顯式前向差分法 (8.7) 式提供了一個近似解，如圖 8.3(a)，顯示在不到一個時間單位之後，熱量平順地流向一個接近均衡的狀態。這符合桿子的溫度，當 $t \to \infty$ 時，$u \to 0$。

在圖 8.3(b) 裡，用一個稍微大一點的時間步長 $k = 0.0055$。起初，熱量如預期逐漸降低，但經過幾次時間步進後，近似解的微小誤差被前向差分法放大，造成解偏離了正確平衡的零。這是一個人工的解答過程，也顯示了這個方法是不穩定的。如果繼續使用此方法進行模擬，這些誤差會被無限擴大。因此，我們被限制以相當小的時間步長 k，來確保收斂。程式 8.1 提供了完成 (8.8) 式計算的 MATLAB 程式碼，在時間從 $t = 0$ 到 $t = 1$ 時，步長 $k = 0.004$ 對應到步進次數 $N = 250$。

```
% 程式 8.1 熱方程的前向差分法
% 輸入：位置區間 [ xl,xr ]，時間區間 [ yb,yt ]，
%        位置步進次數 M，時間步進次數 N
% 輸出：解 w
% 使用範例：w=heatfd(0,1,0,1,10,250)
Function w=heatfd(xl,xr,yb,yt,M,N)
c=1;                              % 擴散係數
h=(xr-xl)/M; k=(yt-yb)/N; m=M-1; n=N;
sigma=c*k/(h*h);
a=diag(1-2*sigma*ones(m-1))+diag(sigma*ones(m-1,1),1);
```

(a)

(b)

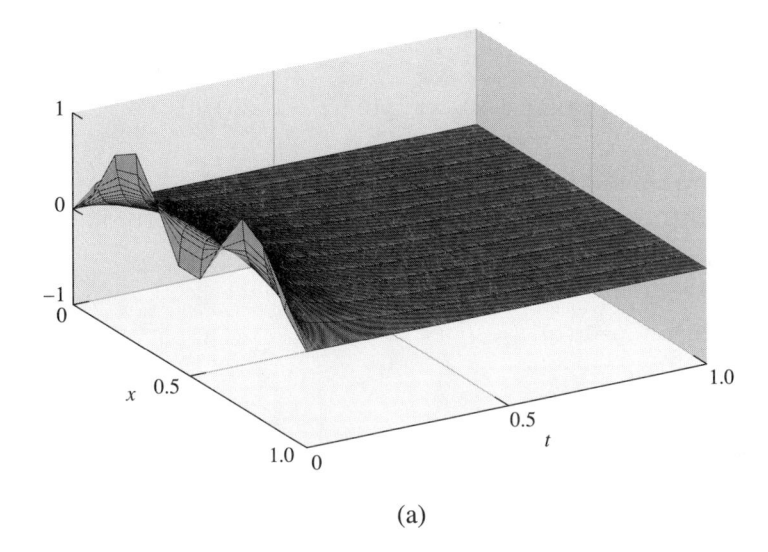

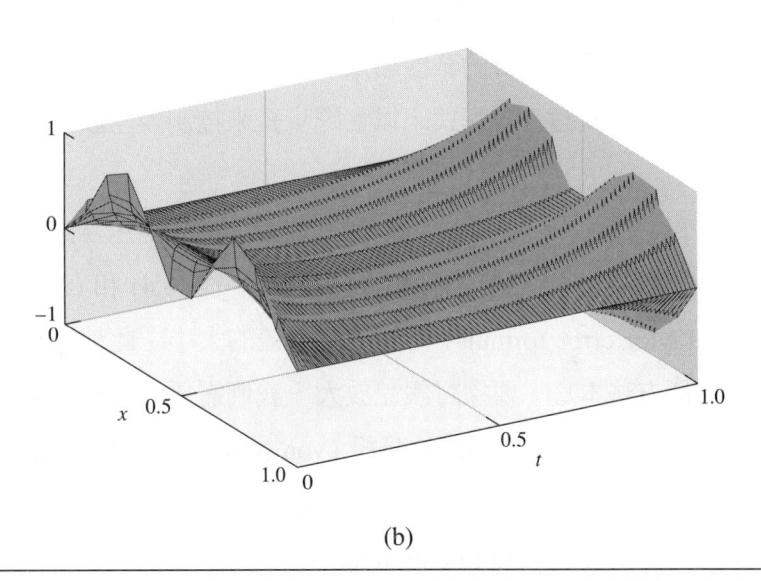

圖 8.3 以程式 8.1 的前向有限差分法求熱方程 (8.2) 的近似解。參數為 $c=1$ 和初始條件 $f(x)=\sin^2 2\pi x$，位置步長為 $h=0.1$。前向差分法為 (a) 穩定的，時間步長 $k=.0040$，(b) 不穩定的，$k=.0055$。

```
a=a+diag(sigma*ones(m-1,1),-1);          % 定義矩陣 a
lside=l(yb+(0:n)*k); rside=r(yb+(0:n)*k);
w(:,1)=f(x1+(1:m)*h)';                    % 初始條件
for j=1:n
  w(:,j+1)=a*w(:,j)+sigma*[lside(j);zeros(m-2,1);rside(j)];
w=[lside;w;rside];                        % 加上邊界條件
```

```
x=(0:m+1)*h;t=(0:n)*k;
mesh(x,t,w')                          % 所得解 w 的 3D 繪圖
view(60,30);axis([ xl xr yb yt -1 2])

function u=f(x)
% 在函式 f,l,和 r 中用點運算符號 (dot notation)
u=sin(2*pi*x).^2;

function u=l(t)
u=0*t;

function u=r(t)
u=0*t;
```

❖ 8.1.2　前向差分法的穩定性分析

先前熱方程模擬所得的奇怪結果，能使我們看到問題的核心所在。當用前向差分法來求解偏微分方程式，以實際步長來控制誤差放大，是有效解答的重要觀點。

　　和之前所學的常微分方程情況類似，在此也包含兩種誤差。因為取導數近似值，離散化本身會產生截尾誤差。我們從 (8.4) 和 (8.5) 式裡，以**泰勒誤差公式** (Taylor error formula) 得知這些誤差的大小；此外，有一種誤差的放大來自於這個方法本身。要探討誤差放大，我們需要更仔細地觀察有限差分法在做什麼。**Von Neumann 穩定性分析** (Von Neumann stability analysis) 能測量**誤差放大** (error magnification ; error amplification)。對穩定法來說，必須選擇適當的步長使得**放大因數** (amplification factor) 不大於 1。

　　令 y_j 為滿足 (8.8) 式中 $y_{j+1}=Ay_j+s_j$ 的精確解，且令 w_j 為計算所得的近似解，滿足 $w_{j+1}=Aw_j+s_j$。二者的差 $e_j=w_j-y_j$ 滿足

$$\begin{aligned} e_j = w_j - y_j &= Aw_{j-1} + s_{j-1} - (Ay_{j-1} + s_{j-1}) \\ &= A(w_{j-1} - y_{j-1}) \\ &= Ae_{j-1}. \end{aligned} \tag{8.9}$$

按附錄 A 的定理 A.7 說明，為了要確保誤差 e_j 沒有被放大，我們必須要求**譜**

半徑 (spectral radius) $\rho(A) < 1$。這個要求限制了有限差分法的步長 h 和 k，想求得這些限制，我們需要更多關於三對角線矩陣特徵值的知識。

考慮底下的基本範例：

$$T = \begin{bmatrix} 1 & -1 & 0 & \cdots & 0 \\ -1 & 1 & -1 & \ddots & \vdots \\ 0 & -1 & 1 & \ddots & 0 \\ \vdots & \ddots & \ddots & \ddots & -1 \\ 0 & \cdots & 0 & -1 & 1 \end{bmatrix}. \tag{8.10}$$

定理 8.1 (8.10) 式中矩陣 T 的特徵向量為 (8.12) 式的 v_j，$j=1,...,m$，且對應於特徵值 $\lambda_j = 1 - 2\cos \pi j/(m+1)$，$j=1,...,m$。

證明： 首先，回想一下三角函數的正弦加法公式。對任意整數 i 和實數 x，我們可以加總下列方程式

$$\sin(i-1)x = \sin ix \cos x - \cos ix \sin x$$
$$\sin(i+1)x = \sin ix \cos x + \cos ix \sin x$$

得到

$$\sin(i-1)x + \sin(i+1)x = 2\sin ix \cos x$$

並可改寫為

$$-\sin(i-1)x + \sin ix - \sin(i+1)x = (1-2\cos x)\sin ix \tag{8.11}$$

方程式 (8.11) 可以被視為被矩陣 T 乘的結果。選定一整數 j，然後定義向量：

$$v_j = \left[\sin\frac{j\pi}{m+1}, \sin\frac{2\pi j}{m+1}, \ldots, \sin\frac{m\pi j}{m+1}\right]. \tag{8.12}$$

注意到此模式：其元素和 (8.11) 式同樣為 $\sin ix$ 形式，其中 $x = \pi j/(m+1)$。則 (8.11) 式可寫成

$$Tv_j = \left(1 - 2\cos\frac{\pi j}{m+1}\right)v_j, \tag{8.13}$$

其中 $j=1,...,m$，即得 m 組特徵向量和特徵值。

❉

若 j 從 $m+1$ 開始，向量 v_j 便會重複，所以一如預期，恰有 m 個特徵向量（請見習題 6）。T 的特徵值則全部落在 -1 和 3 之間。

可利用定理 8.1 求得任意對稱三對角線矩陣的特徵值，其主對角線和上對角線 (superdiagonal) 為常數。舉例來說，(8.8) 式中矩陣 A 可以寫成 $A=-\sigma T +(1-\sigma)I$。根據定理 8.1，A 的特徵值為 $-\sigma(1-2\cos\pi j/(m+1))+1-\sigma=2\sigma(\cos\pi j/(m+1)-1)+1$，$j=1,...,m$。在這我們利用了一個矩陣特徵值性質，就是當矩陣加上 α 倍單位矩陣時，其特徵值也會加上 α。

現在我們可以利用定理 A.7 的判則，因為對給定的參數 $x=\pi j/(m+1)$，其中 $1\leq j\leq m$，均滿足 $-2<\cos x-1<0$，所以 A 的特徵值範圍為 $-4\sigma+1$ 到 1 之間。假設擴散係數 $c>0$，我們必須要求 $\sigma<1/2$，以確保所有 A 的特徵值絕對值小於 1，也就是說 $\rho(A)<1$。

我們可以將 Von Neumann 穩定性分析的結果寫成：

定理 8.2 以前向差分法求解熱方程 (8.2)，其中 $c>0$，且 h 為位置步長以及 k 為時間步長。若 $2ck<h^2$，則前向差分法為穩定的。

❉

我們的分析證實了圖 8.3 中所觀察到的。依據定義，圖 8.3(a) 的 $\sigma=ck/h^2=(1)(0.004)/(0.1)^2=0.4<1/2$，但圖 8.3(b) 的 $\sigma=(1)(0.0055)/(0.1)^2=0.55>1/2$，便發生誤差放大的問題。顯式前向差分法因其穩定性取決於步長，被稱為**條件穩定** (conditionally stable)。

❖ 8.1.3　後向差分法

有限差分法的另一個選擇，是利用有較好的誤差放大性質之隱式法重做一次。

跟之前一樣，我們用中央差分公式來替代熱方程裡的 u_{xx}，但這次我們使用的是後向差分公式來近似 u_t，

$$u_t = \frac{1}{k}(u(x,t) - u(x,t-k)) + \frac{k}{2}u_{tt}(x,c_0),$$

其中 $t-k < c_0 < t$。我們的動機來自於第 6 章，當時我們以隱式後向尤拉法來改善顯式尤拉法的穩定特性，用的便是後向差分法。

對點 (x_i, t_j) 以差分公式代入熱方程，可得

$$\frac{1}{k}(w_{ij} - w_{i,j-1}) = \frac{c}{h^2}(w_{i+1,j} - 2w_{ij} + w_{i-1,j}) \tag{8.14}$$

其局部截尾誤差為 $O(k)+O(h^2)$，與前向差分法相同。(8.14) 式可以重新整理為：

$$-\sigma w_{i+1,j} + (1+2\sigma)w_{ij} - \sigma w_{i-1,j} = w_{i,j-1}$$

其中 $\sigma = ck/h^2$，進一步可寫成 $m \times m$ 的矩陣方程式

$$\begin{bmatrix} 1+2\sigma & -\sigma & 0 & \cdots & 0 \\ -\sigma & 1+2\sigma & -\sigma & \ddots & \vdots \\ 0 & -\sigma & 1+2\sigma & \ddots & 0 \\ \vdots & \ddots & \ddots & \ddots & -\sigma \\ 0 & \cdots & 0 & -\sigma & 1+2\sigma \end{bmatrix} \begin{bmatrix} w_{1j} \\ \vdots \\ w_{mj} \end{bmatrix} = \begin{bmatrix} w_{1,j-1} \\ \vdots \\ w_{m,j-1} \end{bmatrix} + \sigma \begin{bmatrix} w_{0j} \\ 0 \\ \vdots \\ 0 \\ w_{m+1,j} \end{bmatrix} \tag{8.15}$$

即為**後向差分法** (backward difference method)。

範例 8.1

以後向差分法求解熱方程

$$\begin{cases} u_t = u_{xx} & \text{對所有 } 0 \leq x \leq 1,\ t \geq 0 \\ u(x,0) = \sin^2 2\pi x & \text{對所有 } 0 \leq x \leq 1 \\ u(a,t) = 0 & \text{對所有 } t \geq 0 \\ u(b,t) = 0 & \text{對所有 } t \geq 0 \end{cases}$$

程式 8.1 可改寫成使用後向差分法 (見電腦演算題 3)。利用步長 $h=k=$

0.1，我們可以求得圖 8.4 裡的近似解。將此解與圖 8.3 的前向差分法結果相比較，其 $h=0.1$，但 k 必須要小很多才能避免產生不穩定性。

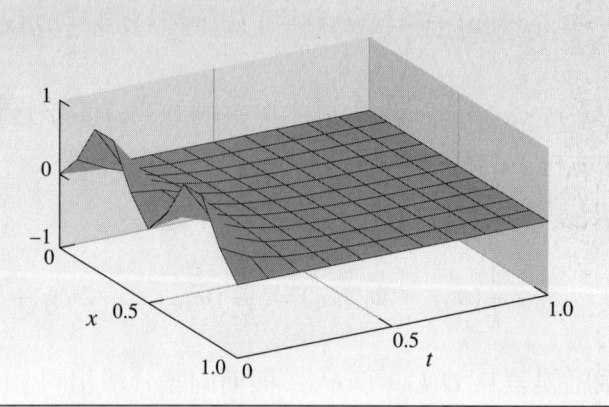

圖 8.4　後向差分法所得熱方程 (8.2) 式的近似解。
擴大係數為 $c=1$，步長為 $h=0.1$、$k=0.1$。

　　是什麼原因讓隱式法改進了結果？後向差分法的穩定性分析類似於顯式法，後向差分法 (8.15) 式可以看成矩陣的迭代計算

$$w_j = A^{-1} w_{j-1} + b$$

其中

$$A = \begin{bmatrix} 1+2\sigma & -\sigma & 0 & \cdots & 0 \\ -\sigma & 1+2\sigma & -\sigma & \ddots & \vdots \\ 0 & -\sigma & 1+2\sigma & \ddots & 0 \\ \vdots & \ddots & \ddots & \ddots & -\sigma \\ 0 & \cdots & 0 & -\sigma & 1+2\sigma \end{bmatrix}. \tag{8.16}$$

如同前向差分法的 Von Neumann 穩定性分析，相關的量是 A^{-1} 的特徵值。因為 $A=\sigma T+(1+\sigma)I$，由定理 8.1 可得 A 的特徵值為

$$\sigma\left(1 - 2\cos\frac{\pi j}{m+1}\right) + 1 + \sigma = 1 + 2\sigma - 2\sigma\cos\frac{\pi j}{m+1},$$

而 A^{-1} 的特徵值為其倒數。為了保證 A^{-1} 的譜半徑小於 1，我們需要

$$|1+2\sigma(1-\cos x)| > 1, \tag{8.17}$$

這對所有的 σ 都成立，因為 $1-\cos x > 0$ 且 $\sigma = ck/h^2 > 0$。因此，隱式法對所有的 σ 及任意的步長 h 和 k 都是穩定的，此即**無條件穩定** (unconditionally stable) 的定義。如此步長可以變大許多，只需考慮局部截尾誤差的限制。

定理 8.3 若以後向差分法求解熱方程 (8.2)，其中 $c > 0$，且以 h 為位置步長以及 k 為時間步長。對任意的 h、k，後向差分法都是穩定的。

範例 8.2

以後向差分法求解熱方程

$$\begin{cases} u_t = 4u_{xx} & \text{對所有 } 0 \le x \le 1,\ 0 \le t \le 1 \\ u(x,0) = e^{-x/2} & \text{對所有 } 0 \le x \le 1 \\ u(0,t) = e^t & \text{對所有 } 0 \le t \le 1 \\ u(1,t) = e^{t-1/2} & \text{對所有 } 0 \le t \le 1 \end{cases}$$

檢驗其正確解為 $u(x,t) = e^{t-x/2}$。令 $h = k = 0.1$ 及 $c = 4$ 可得 $\sigma = ck/h^2 = 40$。矩陣 A 為 9×9，每趟 10 次時間步進，並以高斯消去法求解 (8.15)。所得解如圖 8.5 所示。

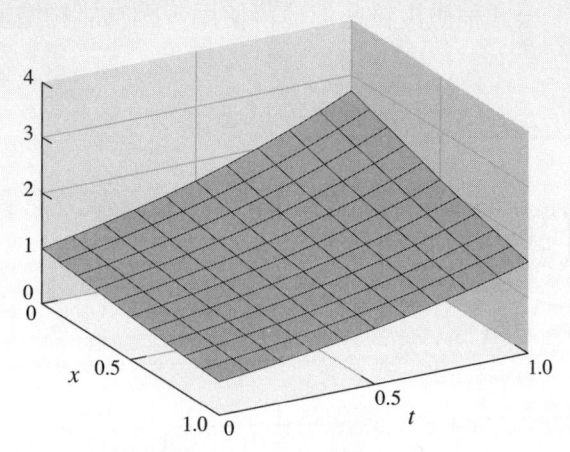

圖 8.5 以後向差分法解範例 8.2 所得近似解。步長為 $h = 0.1$ 及 $k = 0.1$。

因為後向差分法在任何步長都是穩定的，所以我們可以討論時間和空間的離散化所造成的截尾誤差大小。由於時間離散化產生的誤差為 $O(k)$ 階，而空間離散化的誤差為 $O(h^2)$ 階，這意味著，對小的步長 $h \approx k$ 時，時間步進的誤差會是誤差主要來源，因為跟 $O(k)$ 比較起來，$O(h^2)$ 將會變得微不足道。換句話說，後向差分法的誤差可以粗略地描述為 $O(k)+O(h^2) \approx O(k)$。

要證明這個結論，我們利用隱式有限差分法以固定的 $h=0.1$ 和一系列逐步減少的 k 來產生範例 8.2 的解。下表說明在 $(x, t)=(0.5, 1)$ 測量到的誤差和 k 同樣地呈線性減少，也就是當 k 被減為一半時，誤差也變為一半。如果 h 的大小減少，運算量則會增加，但對給定的 k 來說誤差看起來差不多一樣。

h	k	$u(0.5, 1)$	$w(0.5, 1)$	誤差
0.10	0.10	2.11700	2.12015	0.00315
0.10	0.05	2.11700	2.11861	0.00161
0.10	0.01	2.11700	2.11733	0.00033

❖ 8.1.4　Crank-Nicolson 法

到目前為止，我們對熱方程的解法，包含了有時穩定的顯式法，和永遠穩定的隱式法。當穩定時，兩者都有 $O(k+h^2)$ 大小的誤差。時間步長 k 必須要相當小以獲得良好的精確度。

Crank-Nicolson 法是一個顯式和隱式法的組合且無條件穩定，其誤差為 $O(h^2+k^2)$。公式稍微複雜些但值得使用，因為能夠增加精確度，也有穩定性的保證。

在熱方程裡，以混合差分來代替 u_{xx}：

$$\frac{1}{h^2}\left(\frac{1}{2}(w_{i+1,j} - 2w_{ij} + w_{i-1,j}) + \frac{1}{2}(w_{i+1,j-1} - 2w_{i,j-1} + w_{i-1,j-1})\right)$$

以及 u_t 用後向差分公式

$$\frac{1}{k}(w_{ij} - w_{i,j-1}).$$

同樣令 $\sigma = ck/h^2$，我們可以重新整理熱方程近似問題成為

$$2w_{ij} - 2w_{i,j-1} = \sigma[w_{i+1,j} - 2w_{ij} + w_{j-1,j} + w_{i+1,j-1} - 2w_{i,j-1} + w_{i-1,j-1}]$$

或

$$-\sigma w_{i-1,j} + (2+2\sigma)w_{ij} - \sigma w_{i+1,j} = \sigma w_{i-1,j-1} + (2-2\sigma)w_{i,j-1} + \sigma w_{i+1,j-1}$$

這可得圖 8.6 所示的關係。

令 $w_j = (w_{1j}, \cdots, w_{mj})^T$。Crank-Nicolson 法可以矩陣形式表示為

$$Aw_j = Bw_{j-1} + \sigma(s_{j-1} + s_j)，$$

其中

$$A = \begin{bmatrix} 2+2\sigma & -\sigma & 0 & \cdots & 0 \\ -\sigma & 2+2\sigma & -\sigma & \ddots & \vdots \\ 0 & -\sigma & 2+2\sigma & \ddots & 0 \\ \vdots & \ddots & \ddots & \ddots & -\sigma \\ 0 & \cdots & 0 & -\sigma & 2+2\sigma \end{bmatrix},$$

$$B = \begin{bmatrix} 2-2\sigma & \sigma & 0 & \cdots & 0 \\ \sigma & 2-2\sigma & \sigma & \ddots & \vdots \\ 0 & \sigma & 2-2\sigma & \ddots & 0 \\ \vdots & \ddots & \ddots & \ddots & \sigma \\ 0 & \cdots & 0 & \sigma & 2-2\sigma \end{bmatrix},$$

且 $s_j = (w_{0j}, 0, ..., 0, w_{mj})^T$。以 Crank-Nicolson 法求解熱方程所得結果如圖 8.7 所示，其中步長 $h = 0.1$ 及 $k = 0.1$。MATLAB 程式碼請見程式 8.2。

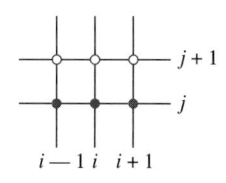

圖 8.6 Crank-Nicolson 法的網格點。對每次時間步進，空心圓點為未知，實心圓點則由前次步進得到。

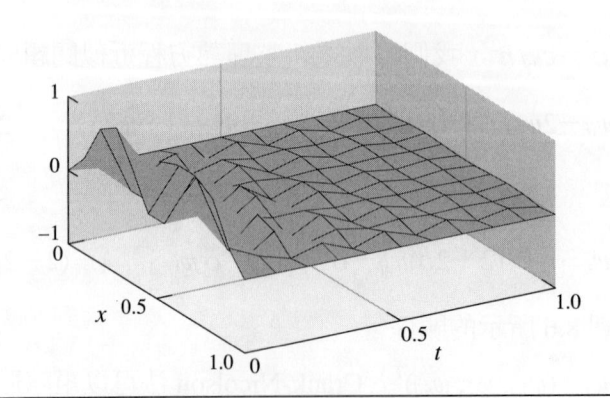

圖 8.7 以 Crank-Nicolson 法所得熱方程的近似解。步長 $h=0.1$ 及 $k=0.1$。

```
% 程式 8.2 Crank-Nicolson 法
% 輸入：位置區間 [xl,xr],時間區間 [yb,yt],
% 位置步進次數  M,時間步進次數 N
% 輸出：解  w
% 使用範例：  w=crank(0,1,0,1,10,10)
function w=crank(xl,xr,yb,yt,M,N)
c=1;                                 % 固定係數
h=(xr-xl)/M;k=(yt-yb)/N;             % 步長
sigma=c*k/(h*h); m=M-1; n=N;
a=diag(2+2*sigma*ones(m,1))+diag(-sigma*ones(m-1,1),1);
a=a+diag(-sigma*ones(m-1,1),-1);     % 定義三對角線矩陣 a
b=diag(2-2*sigma*ones(m,1))+diag(sigma*ones(m-1,1),1);
b=b+diag(sigma*ones(m-1,1),-1);      % 定義三對角線矩陣 b
lside=l(yb+(0:n)*k); rside=r(yb+(0:n)*k);
w(:,1)=f(xl+(1:m)*h)';               % 初始條件
for j=1:n
    sides=[lside(j)+lside(j+1);zeros(m-2,1);rside(j)+rside(j+1)];
    w(:,j+1)=a\(b*w(:,j)+sigma*sides);
end
w=[lside;w;rside];
x=xl+(0:M)*h;t=yb+(0:N)*k;
mesh(x,t,w');
xlabel('x');ylabel('t');
axis([xl xr yb yt -1 2])

function u=f(x)
u=sin(2*pi*x).^2;

function u=l(t)
u=0*t;

function u=r(t)
u=0*t;
```

偏微分方程

為探討 Crank-Nicolson 法的穩定性，我們必須求得 $A^{-1}B$ 的譜半徑，而 A 和 B 如前一小段所定義。再一次，問題中的矩陣可以用 T 來表示。由於 $A = \sigma T + (2+\sigma)I$ 且 $B = -\sigma T + (2-\sigma)I$，將 $A^{-1}B$ 乘上 T 的第 j 個特徵向量 v_j 可得

$$A^{-1}Bv_j = (\sigma T + (2+\sigma)I)^{-1}(-\sigma\lambda_j v_j + (2-\sigma)v_j)$$
$$= \frac{1}{\sigma\lambda_j + 2 + \sigma}(-\sigma\lambda_j + 2 - \sigma)v_j,$$

其中 λ_j 為 T 對應於 v_j 的特徵值，所以 $A^{-1}B$ 的特徵值為

$$\frac{-\sigma\lambda_j + 2 - \sigma}{\sigma\lambda_j + 2 + \sigma} = \frac{4 - (\sigma(\lambda_j+1) + 2)}{\sigma(\lambda_j+1) + 2} = \frac{4}{L} - 1, \tag{8.18}$$

其中 $L = \sigma(\lambda_j+1) + 2 > 2$，因為 $\lambda_j > -1$。因此，特徵值 (8.18) 介於 -1 和 1 之間。那麼和隱式有限差分法一樣，Crank-Nicolson 法為無條件穩定。

定理 8.4 對任意的步長 h、$k > 0$ 及 $c > 0$，Crank-Nicolson 法求解熱方程 (8.2) 式為穩定的。

我們將證明 Crank-Nicolson 法的截尾誤差為 $O(h^2) + O(k^2)$，作為本小節的結束。除了它的無條件穩定性之外，對於解熱方程 $u_t = cu_{xx}$，這個方法優於前向和後向差分法。

推導時需要下列四個方程式，我們假設解 u 存在所需要的高階導數，利用 5.1 節習題 22，我們可得後向差分公式：

$$u_t(x,t) = \frac{u(x,t) - u(x,t-k)}{k} + \frac{k}{2}u_{tt}(x,t) - \frac{k^2}{6}u_{ttt}(x,t_1) \tag{8.19}$$

其中 $t-k < t_1 < t$，且假設其偏導數存在。u_{xx} 以泰勒級數對 t 展開可得

$$u_{xx}(x,t-k) = u_{xx}(x,t) - ku_{xxt}(x,t) - \frac{k^2}{2}u_{xxtt}(x,t_2),$$

其中 $t-k < t_2 < t$，或

$$u_{xx}(x,t) = u_{xx}(x,t-k) + ku_{xxt}(x,t) + \frac{k^2}{2}u_{xxtt}(x,t_2) \tag{8.20}$$

由二階導數的中央差分公式可得

$$u_{xx}(x,t) = \frac{u(x+h,t) - 2u(x,t) + u(x-h,t)}{h^2} + \frac{h^2}{12}u_{xxxx}(x_1,t) \tag{8.21}$$

和

$$\begin{aligned}u_{xx}(x,t-k) &= \frac{u(x+h,t-k) - 2u(x,t-k) + u(x-h,t-k)}{h^2} \\ &\quad + \frac{h^2}{12}u_{xxxx}(x_2,t-k),\end{aligned} \tag{8.22}$$

其中 x_1 和 x_2 介於 x 和 $x+h$ 之間。

以前述四個方程式代入熱方程

$$u_t = c\left(\frac{1}{2}u_{xx} + \frac{1}{2}u_{xx}\right),$$

注意到我們在此將右式一分為二，這個策略是要利用 (8.19) 式來取代左式，以 (8.21) 取代右式的前半部，而右式的後半部則用 (8.20) 和 (8.22) 式來取代。結果為：

聚焦　收斂性

Crank Nicolson 法是較適合熱方程的有限差分法，因其為無條件穩定(定理 8.4) 和二階收斂，見 (8.23) 式。因為在方程式裡有一階偏導數 u_t，所以要推導出這樣的方法並不直接。稍後在本章中將討論的波動方程和 Poisson 方程式裡，只出現二階導數，且要找穩定的二階方法簡單得多。

$$\frac{u(x,t) - u(x,t-k)}{k} + \frac{k}{2}u_{tt}(x,t) - \frac{k^2}{6}u_{ttt}(x,t_1)$$
$$= \frac{1}{2}c\left[\frac{u(x+h,t) - 2u(x,t) + u(x-h,t)}{h^2} + \frac{h^2}{12}u_{xxxx}(x_1,t)\right]$$
$$+ \frac{1}{2}c\left[ku_{xxt}(x,t) + \frac{k^2}{2}u_{xxtt}(x,t_2)\right.$$
$$+ \frac{u(x+h,t-k) - 2u(x,t-k) + u(x-h,t-k)}{h^2} + \left.\frac{h^2}{12}u_{xxxx}(x_2,t-k)\right].$$

因此，誤差即為讓**差商** (difference quotient) 相等後的剩餘項：

$$-\frac{k}{2}u_{tt}(x,t) + \frac{k^2}{6}u_{ttt}(x,t_1) + \frac{ch^2}{24}[u_{xxxx}(x_1,t) + u_{xxxx}(x_2,t-k)]$$
$$+ \frac{ck}{2}u_{xxt}(x,t) + \frac{ck^2}{4}u_{xxtt}(x,t_2).$$

這個算式可以利用 $u_t = cu_{xx}$ 來簡化，例如，$cu_{xxt} = (cu_{xx})_t = u_{tt}$ 可使得算式中的第一和第四項的誤差相消，所以截尾誤差為：

$$\frac{k^2}{6}u_{ttt}(x,t_1) + \frac{ck^2}{4}u_{xxtt}(x,t_2) + \frac{ch^2}{24}[u_{xxxx}(x_1,t) + u_{xxxx}(x_2,t-k)]$$
$$= \frac{k^2}{6}u_{ttt}(x,t_1) + \frac{k^2}{4}u_{ttt}(x,t_2) + \frac{h^2}{24c}[u_{tt}(x_1,t) + u_{tt}(x_2,t-k)].$$

對變數 t 的泰勒展式為

$$u_{tt}(x_2, t-k) = u_{tt}(x_2, t) - ku_{ttt}(x_2, t_4)$$

使得截尾誤差等於

$$\frac{5}{12}k^2 u_{ttt}(x,t_3) + \frac{h^2}{12c}u_{tt}(x_3,t) - \frac{h^2 k}{24c}u_{ttt}(x_2,t_4)$$
$$= O(h^2) + O(k^2) + \text{高階項} \tag{8.23}$$

我們可由此斷定 Crank-Nicolson 法對熱方程來說是二階且無條件穩定的方法。

我們將回到範例 8.2 的方程式來說明 Crank-Nicolson 法的快速收斂，也在習題 5 和 6 中探討收斂速率。

範例 8.3

以 Crank-Nicolson 法求解熱方程

$$\begin{cases} u_t = 4u_{xx} & \text{對所有 } 0 \leq x \leq 1, 0 \leq t \leq 1 \\ u(x,0) = e^{-x/2} & \text{對所有 } 0 \leq x \leq 1 \\ u(0,t) = e^t & \text{對所有 } 0 \leq t \leq 1 \\ u(1,t) = e^{t-1/2} & \text{對所有 } 0 \leq t \leq 1 \end{cases} \quad (8.24)$$

下面的表格證明了先前的計算可得預期的誤差收斂速率 $O(h^2)+O(k^2)$。正確解為 $u(x,t)=e^{t-2/x}$，在 $(x,t)=(0.5, 1)$ 時可算得 $u=e^{3/4}$。注意當步長 h 和 k 減半時誤差減少為四分之一。請和範例 8.2 所得誤差比較。

h	k	u(0.5, 1)	w(0.5, 1)	誤差
0.10	0.10	2.11700002	2.11706765	0.00006763
0.05	0.05	2.11700002	2.11701689	0.00001687
0.01	0.01	2.11700002	2.11700069	0.00000067

8.1 習 題

1. 證明函數 (a) $u(x,t)=e^{2t+x}+e^{2t-x}$，(b) $u(x,t)=e^{2t+x}$ 為熱方程 $u_t=2u_{xx}$ 的解，其中指定初始邊界條件為：

   (a) $\begin{cases} u(x,0) = 2\cosh x & \text{對 } 0 \leq x \leq 1 \\ u(0,t) = 2e^{2t} & \text{對 } 0 \leq t \leq 1 \\ u(1,t) = (e^2+1)e^{2t-1} & \text{對 } 0 \leq t \leq 1 \end{cases}$ (b) $\begin{cases} u(x,0) = e^x & \text{對 } 0 \leq x \leq 1 \\ u(0,t) = e^{2t} & \text{對 } 0 \leq t \leq 1 \\ u(1,t) = e^{2t+1} & \text{對 } 0 \leq t \leq 1 \end{cases}$

2. 證明函數 (a) $u(x,t)=e^{-\pi t}\sin \pi x$，(b) $u(x,t)=e^{-\pi t}\cos \pi x$ 為熱方程 $\pi u_t=u_{xx}$ 的解，其中指定初始邊界條件為：

   (a) $\begin{cases} u(x,0) = \sin \pi x & \text{對 } 0 \leq x \leq 1 \\ u(0,t) = 0 & \text{對 } 0 \leq t \leq 1 \\ u(1,t) = 0 & \text{對 } 0 \leq t \leq 1 \end{cases}$ (b) $\begin{cases} u(x,0) = \cos \pi x & \text{對 } 0 \leq x \leq 1 \\ u(0,t) = e^{-\pi t} & \text{對 } 0 \leq t \leq 1 \\ u(1,t) = -e^{-\pi t} & \text{對 } 0 \leq t \leq 1 \end{cases}$

3. 若 $f(x)$ 為三次多項式，證明 $u(x,t)=f(x)+ctf''(x)$ 為初始值問題 $u_t=cu_{xx}$ 且 $u(x,0)=f(x)$ 的解。

4. 如果 $c < 0$，後向差分法對於熱方程是否仍為無條件穩定？請解釋之。

5. 證明特徵值方程式 (8.13)。

6. 證明 (8.12) 式中的非零向量 v_j，對所有整數 m，只包含 m 個相異向量，正負號的變化不算。

8.1 電腦演算題

1. 以前向差分法及步長 $h=0.1$ 和 $k=0.002$ 解方程式 $u_t = 2u_{xx}$，其中 $0 \le x \le 1$ 及 $0 \le t \le 1$，初始和邊界條件列於下面。以 MATLAB 的 mesh 指令繪出近似解。如果 $k > 0.003$ 時會發生什麼現象？和習題 1 所給的精確解比較。

   (a) $\begin{cases} u(x,0) = 2\cosh x & \text{對 } 0 \le x \le 1 \\ u(0,t) = 2e^{2t} & \text{對 } 0 \le t \le 1 \\ u(1,t) = (e^2+1)e^{2t-1} & \text{對 } 0 \le t \le 1 \end{cases}$ (b) $\begin{cases} u(x,0) = e^x & \text{對 } 0 \le x \le 1 \\ u(0,t) = e^{2t} & \text{對 } 0 \le t \le 1 \\ u(1,t) = e^{2t+1} & \text{對 } 0 \le t \le 1 \end{cases}$

2. 對方程式 $\pi u_t = u_{xx}$，其中 $0 \le x \le 1$ 及 $0 \le t \le 1$，初始和邊界條件列於下面。令步長為 $h=0.1$，要使前向差分法穩定則步長 k 應等於多少？以步長 $h=0.1$ 及 $k=0.01$ 用前向差分法求解，並和習題 2 所給精確解做比較。

   (a) $\begin{cases} u(x,0) = \sin \pi x & \text{對 } 0 \le x \le 1 \\ u(0,t) = 0 & \text{對 } 0 \le t \le 1 \\ u(1,t) = 0 & \text{對 } 0 \le t \le 1 \end{cases}$ (b) $\begin{cases} u(x,0) = \cos \pi x & \text{對 } 0 \le x \le 1 \\ u(0,t) = e^{-\pi t} & \text{對 } 0 \le t \le 1 \\ u(1,t) = -e^{-\pi t} & \text{對 } 0 \le t \le 1 \end{cases}$

3. 以後向差分法求解電腦演算題 1。對步長 $h=0.02$ 及 $k=0.02, 0.01, 0.005$ 以表格列出其在 $(x,t)=(0.5, 1)$ 的精確值、近似值以及誤差。

4. 以後向差分法求解電腦演算題 2。對步長 $h=0.1$ 及 $k=0.02, 0.01, 0.005$ 以表格列出其在 $(x,t)=(0.3, 1)$ 的精確值、近似值以及誤差。

5. 以 Crank-Nicolson 法求解電腦演算題 1。對步長 $h=k=0.02, 0.01, 0.005$ 以表格列出其在 $(x,t)=(0.5, 1)$ 的精確值、近似值以及誤差。

6. 以 Crank-Nicolson 法求解電腦演算題 2。對步長 $h=k=0.1, 0.05, 0.025$ 以表格列出其在 $(x,t)=(0.3, 1)$ 的精確值、近似值以及誤差。

8.2 雙曲型方程

雙曲型方程對顯式法的限制較為寬鬆。在本節中，將以一個稱為波動方程的雙曲型方程式代表，來探討有限差分法的穩定性。也將會介紹 CFL 條件，一般來說，這是一個偏微分方程解法穩定性的必要條件。

❖ 8.2.1 波動方程

對偏微分方程式

$$u_{tt} = c^2 u_{xx} \tag{8.25}$$

其中 $a \leq x \leq b$ 及 $t \geq 0$。和標準形式 (8.1) 式比較，可得 $AC - B^2 = -c^2 < 0$，所以此方程式為雙曲型。這個範例可稱為波動速率為 c 的**波動方程** (wave equation)，使其有唯一解的典型初始及邊界條件為

$$\begin{cases} u(x,0) = f(x) & \text{對所有 } a \leq x \leq b \\ u_t(x,0) = g(x) & \text{對所有 } a \leq x \leq b \\ u(a,t) = l(t) & \text{對所有 } t \geq 0 \\ u(b,t) = r(t) & \text{對所有 } t \geq 0 \end{cases} \tag{8.26}$$

跟熱方程範例比較起來，因為方程式裡有較高階的時間導數，因此需要額外的初始數據。直覺地說，波動方程描述沿著 x 方向波傳導的時間進展。要特別描述所發生的情況，我們需要得知波的初始形狀，以及在每個點的初始速度。

波動方程可以模擬許多現象，從太陽大氣裡的電磁波，到小提琴的弦振動。此方程式有一個振幅 u，在小提琴上代表琴弦的物理位移；而對於空氣間傳遞的聲波來說，u 則代表局部空氣壓力。

我們將在波動方程 (8.25) 式裡應用有限差分法，並分析其穩定性。和拋物型範例一樣，有限差分法可在如圖 8.1 裡的網格上運算。網格點為 (x_i, t_j)，對步長 h 和 k，$x_i = a + ih$ 而 $t_j = jk$。像前面一樣，我們將以 w_{ij} 來代表解 $u(x_i, t_j)$ 的近似值。

為了離散化波動方程，同時對 x 和 t 方向以中央差分公式 (8.4) 代替二階

偏導數:

$$\frac{w_{i,j+1} - 2w_{ij} + w_{i,j-1}}{k^2} - c^2 \frac{w_{i-1,j} - 2w_{ij} + w_{i+1,j}}{h^2} = 0.$$

令 $\sigma = ck/h$,我們可以對下個時間步進求解,並將離散化方程寫成

$$w_{i,j+1} = (2 - 2\sigma^2)w_{ij} + \sigma^2 w_{i-1,j} + \sigma^2 w_{i+1,j} - w_{i,j-1} \tag{8.27}$$

因為需要兩個先前時間 $j-1$ 和 j 的函數值,所以方程式 (8.27) 不能被用在第一次時間步進;這類似常微分方程**多步法** (multistep method) 一開始的問題。為了要解決這個問題,我們可以用**三點中央差分公式** (three-point centered-difference formula),來近似 u 的一階時間導數值:

$$u_t(x_i, t_j) \approx \frac{w_{i,j+1} - w_{i,j-1}}{2k}.$$

在首次時間步進 (x_i, t_1) 代入初始數據可得

$$g(x_i) = u_t(x_i, t_0) \approx \frac{w_{i1} - w_{i,-1}}{2k},$$

換句話說,

$$w_{i,-1} \approx w_{i1} - 2kg(x_i) \tag{8.28}$$

當 $j=0$,將 (8.28) 式代入有限差分公式 (8.27) 可得

$$w_{i1} = (2 - 2\sigma^2)w_{i0} + \sigma^2 w_{i-1,0} + \sigma^2 w_{i+1,0} - w_{i1} + 2kg(x_i),$$

可用以解得 w_{i1},變成

$$w_{i1} = (1 - \sigma^2)w_{i0} + kg(x_i) + \frac{\sigma^2}{2}(w_{i-1,0} + w_{i+1,0}) \tag{8.29}$$

公式 (8.29) 是用在第一時間步進,這方法需要加入計算初始速度 g。(8.27) 式被用在之後所有的時間步進,因為二階公式被用在時間和空間導數,所以此有限差分法的誤差是 $O(h^2) + O(k^2)$ (見電腦演算題 3 和 4)。

為了將有限差分法寫成矩陣形式,定義:

$$A = \begin{bmatrix} 2-2\sigma^2 & \sigma^2 & 0 & \cdots & 0 \\ \sigma^2 & 2-2\sigma^2 & \sigma^2 & \ddots & \vdots \\ 0 & \sigma^2 & 2-2\sigma^2 & \ddots & 0 \\ \vdots & \ddots & \ddots & \ddots & \sigma^2 \\ 0 & \cdots & 0 & \sigma^2 & 2-2\sigma^2 \end{bmatrix}. \quad (8.30)$$

初始方程式 (8.29) 可寫成

$$\begin{bmatrix} w_{11} \\ \vdots \\ w_{m1} \end{bmatrix} = \frac{1}{2}A \begin{bmatrix} w_{10} \\ \vdots \\ w_{m0} \end{bmatrix} + k \begin{bmatrix} g(x_1) \\ \vdots \\ g(x_m) \end{bmatrix} + \frac{1}{2}\sigma^2 \begin{bmatrix} w_{00} \\ 0 \\ \vdots \\ 0 \\ w_{m+1,0} \end{bmatrix},$$

且隨後的步進由 (8.27) 可得

$$\begin{bmatrix} w_{1,j+1} \\ \vdots \\ w_{m,j+1} \end{bmatrix} = A \begin{bmatrix} w_{1j} \\ \vdots \\ w_{mj} \end{bmatrix} - \begin{bmatrix} w_{1,j-1} \\ \vdots \\ w_{m,j-1} \end{bmatrix} + \sigma^2 \begin{bmatrix} w_{0j} \\ 0 \\ \vdots \\ 0 \\ w_{m+1,j} \end{bmatrix}.$$

插入其餘的額外數據，此二方程式可寫成

$$\begin{bmatrix} w_{11} \\ \vdots \\ w_{m1} \end{bmatrix} = \frac{1}{2}A \begin{bmatrix} f(x_1) \\ \vdots \\ f(x_m) \end{bmatrix} + k \begin{bmatrix} g(x_1) \\ \vdots \\ g(x_m) \end{bmatrix} + \frac{1}{2}\sigma^2 \begin{bmatrix} l(t_0) \\ 0 \\ \vdots \\ 0 \\ r(t_0) \end{bmatrix},$$

且隨後的步進 (8.27) 式則為

$$\begin{bmatrix} w_{1,j+1} \\ \vdots \\ w_{m,j+1} \end{bmatrix} = A \begin{bmatrix} w_{1j} \\ \vdots \\ w_{mj} \end{bmatrix} - \begin{bmatrix} w_{1,j-1} \\ \vdots \\ w_{m,j-1} \end{bmatrix} + \sigma^2 \begin{bmatrix} l(t_j) \\ 0 \\ \vdots \\ 0 \\ r(t_j) \end{bmatrix}. \quad (8.31)$$

範例 8.4

以顯式有限差分法求解波動方程,其中波速 $c=2$ 以及初始條件 $f(x)=\sin \pi x$ 和 $g(x)=l(x)=r(x)=0$。

圖 8.8 顯示了 $c=2$ 的波動方程近似解,顯式有限差分法是條件穩定的,必須謹慎選擇步長,以避免解法的不穩定性。圖中的 (a) 部分說明了 $h=0.05$ 和 $k=0.025$ 的穩定情形,而 (b) 部分說明了 $h=0.05$ 和 $k=0.032$ 是個不穩定的選擇。相較於空間步長 h,當時間步長 k 太大時,以顯式有限差分法求解波動方程就會是不穩定的。◆

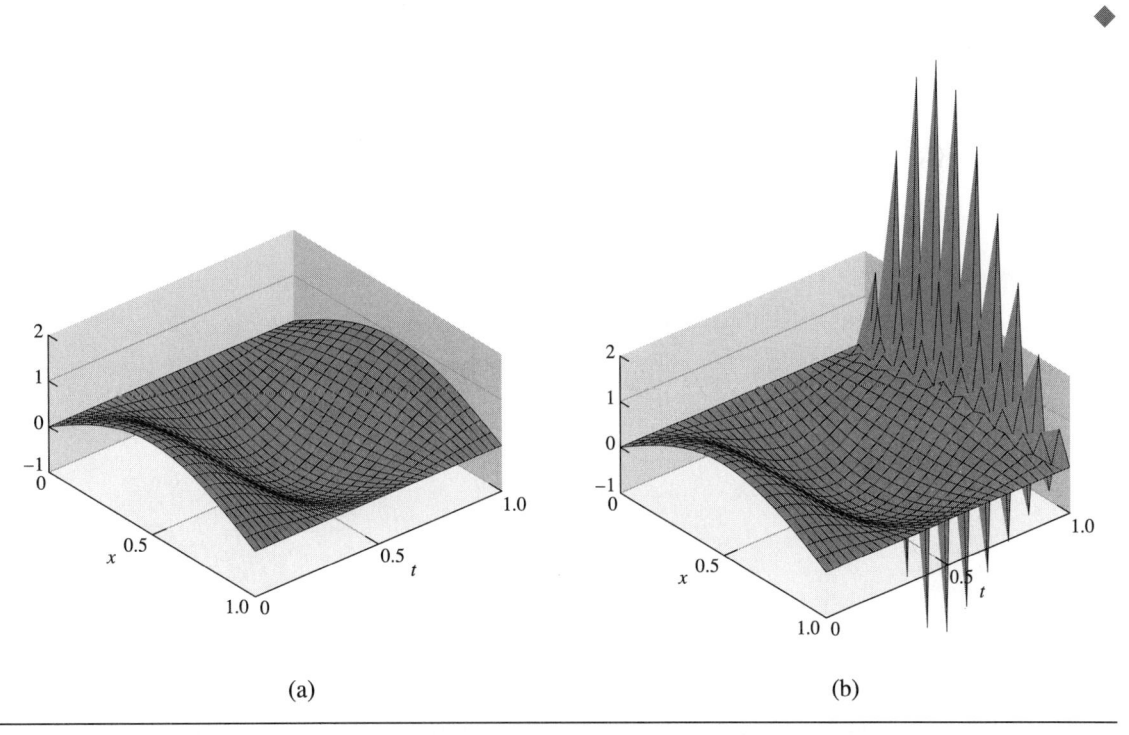

圖 8.8 範例 8.4 中以顯式有限差分法所得波動方程的近似解。空間步長為 $h=0.05$。(a) 時間步長 $k=0.025$ 時方法為穩定的,(b) $k=0.032$ 時便不穩定。

❖ 8.2.2 CFL 條件

矩陣形式讓我們能夠分析以顯式有限差分法求解波動方程時的穩定性特質,分析的結果如定理 8.5,這解釋了圖 8.8。

定理 8.5 以有限差分法求解波速 $c>0$ 的波動方程，若 $\sigma=ck/h\leq 1$ 則為穩定的。若 $\sigma=ck/h\leq 1$，則以有限差分法求解波速 $c>0$ 的波動方程為穩定的。

證明：方程式 (8.31) 可改寫成向量形式

$$w_{j+1}=Aw_j-w_{j-1}+\sigma^2 s_j, \tag{8.32}$$

其中 s_j 為**邊側條件** (side condition)，因為 w_{j+1} 需依賴 w_j 和 w_{j-1}，為研究誤差放大問題，我們改寫 (8.32) 式成為

$$\begin{bmatrix} w_{j+1} \\ w_j \end{bmatrix} = \begin{bmatrix} A & -I \\ I & 0 \end{bmatrix} \begin{bmatrix} w_j \\ w_{j-1} \end{bmatrix} + \sigma^2 \begin{bmatrix} s_j \\ 0 \end{bmatrix}, \tag{8.33}$$

將解法視為一次步進遞迴式。只要

$$A' = \begin{bmatrix} A & -I \\ I & 0 \end{bmatrix}$$

的特徵值的絕對值不超過 1，誤差就不會被放大。

令 $\lambda\neq 0$，$(y,z)^T$ 為 A' 的特徵值與特徵向量，因此

$$\lambda y = Ay - z$$
$$\lambda z = y$$

這表示

$$Ay = \left(\frac{1}{\lambda}+\lambda\right)y,$$

因此 $\mu=1/\lambda+\lambda$ 為 A 的特徵值。但 A 的特徵值將介於 $2-4\sigma^2$ 和 2 之間 (習題 5)；$\sigma\leq 1$ 的假設將保證 $-2\leq\mu\leq 2$；最後，只剩 λ 為複數時，但由於 $1/\lambda+\lambda$ 為實數且放大係數不大於 2，這保證了 $|\lambda|=1$ (習題 6)。

在 R. Couran、K. Friedrichs 和 H. Levy [5] 論文之後，ck/h 被稱為該方法的 **CFL 數** (CFL number)。一般來說，為了讓偏微分方程 (PDE) 解法穩定，CFL 數最多是 1。因為 c 是波速，這表示，解在一次時間步進所移動的距離 ck，不應該超過空間步長 h。圖 8.8(a) 和 (b) 分別以圖形說明了 CFL 數 1 和 1.28 的結果。$ck \leq h$ 之限制稱為波動方程的 **CFL 條件** (CFL condition)。

定理 8.5 說明了，就波動方程來說，CFL 條件導致有限差分法的穩定性。對一般雙曲型方程來說，CFL 條件是必要的，但並非穩定性的充分條件。更多細節請見 [14]。

波動方程裡的波速參數 c，控制了波傳導的速度。圖 8.9 說明在 $c=6$ 時，正弦波之初始條件，在一個時間單位中振動三次，這是 $c=2$ 時的三倍快。

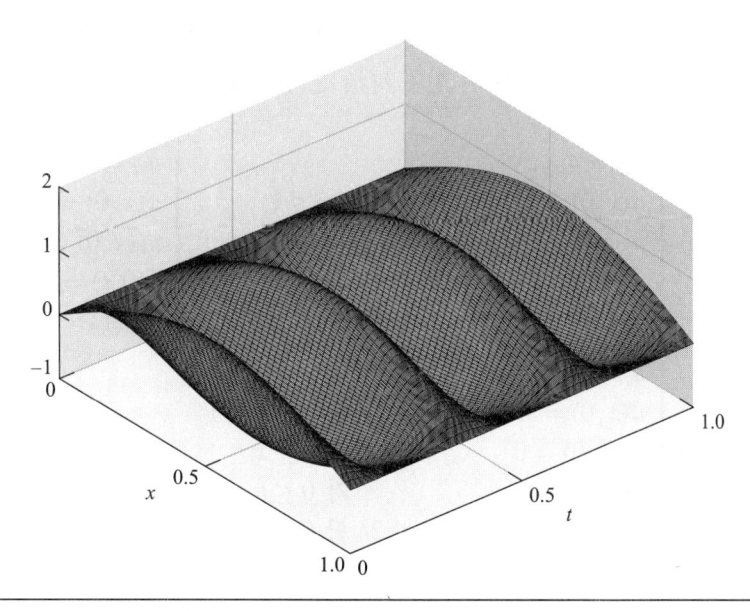

圖 8.9 以顯式有限差分法求解 $c=6$ 的波動方程。步長 $h=0.05$，$k=0.008$，滿足 CFL 條件。

8.2 習題

1. 證明函數 (a) $u(x,t)=\sin\pi x\cos 4\pi t$，(b) $u(x,t)=e^{-x-2t}$，(c) $u(x,t)=\ln(1+x+t)$，分別為下列指定初始及邊界條件的波動方程的解。

(a) $\begin{cases} u_{tt}=16u_{xx} \\ u(x,0)=\sin\pi x & \text{對 } 0\le x\le 1 \\ u_t(x,0)=0 & \text{對 } 0\le x\le 1 \\ u(0,t)=0 & \text{對 } 0\le t\le 1 \\ u(1,t)=0 & \text{對 } 0\le t\le 1 \end{cases}$

(b) $\begin{cases} u_{tt}=4u_{xx} \\ u(x,0)=e^{-x} & \text{對 } 0\le x\le 1 \\ u_t(x,0)=-2e^{-x} & \text{對 } 0\le x\le 1 \\ u(0,t)=e^{-2t} & \text{對 } 0\le t\le 1 \\ u(1,t)=e^{-1-2t} & \text{對 } 0\le t\le 1 \end{cases}$

(c) $\begin{cases} u_{tt}=u_{xx} \\ u(x,0)=\ln(1+x) & \text{對 } 0\le x\le 1 \\ u_t(x,0)=1/(1+x) & \text{對 } 0\le x\le 1 \\ u(0,t)=\ln(1+t) & \text{對 } 0\le t\le 1 \\ u(1,t)=\ln(2+t) & \text{對 } 0\le t\le 1 \end{cases}$

2. 證明函數 (a) $u(x,t)=\sin\pi x\sin 2\pi t$，(b) $u(x,t)=(x+2t)^5$，(c) $u(x,t)=\sinh x\cosh 2t$，分別為下列指定初始及邊界條件的波動方程的解。

(a) $\begin{cases} u_{tt}=4u_{xx} \\ u(x,0)=0 & \text{對 } 0\le x\le 1 \\ u_t(x,0)=2\pi\sin\pi x & \text{對 } 0\le x\le 1 \\ u(0,t)=0 & \text{對 } 0\le t\le 1 \\ u(1,t)=0 & \text{對 } 0\le t\le 1 \end{cases}$

(b) $\begin{cases} u_{tt}=4u_{xx} \\ u(x,0)=x^5 & \text{對 } 0\le x\le 1 \\ u_t(x,0)=10x^4 & \text{對 } 0\le x\le 1 \\ u(0,t)=32t^5 & \text{對 } 0\le t\le 1 \\ u(1,t)=(1+2t)^5 & \text{對 } 0\le t\le 1 \end{cases}$

(c) $\begin{cases} u_{tt}=4u_{xx} \\ u(x,0)=\sinh x & \text{對 } 0\le x\le 1 \\ u_t(x,0)=0 & \text{對 } 0\le x\le 1 \\ u(0,t)=0 & \text{對 } 0\le t\le 1 \\ u(1,t)=\frac{1}{2}(e-\frac{1}{e})\cosh 2t & \text{對 } 0\le t\le 1 \end{cases}$

3. 證明函數 $u_1(x,t)=\sin\alpha x\cos c\alpha t$ 和 $u_2(x,t)=e^{x+ct}$ 為波動方程 (8.25) 的解。

4. 證明如果 $s(x)$ 為二次可微，則 $u(x,t)=s(\alpha x+c\alpha t)$ 為波動方程 (8.25) 的解。

5. 證明 (8.30) 式矩陣 A 的特徵值介於 $2-4\sigma^2$ 和 2 之間。

6. 若 λ 為複數。(a) 證明若 $\lambda+1/\lambda$ 為實數，則 $|\lambda|=1$ 或 λ 為實數。(b) 證明若 λ 為實數且 $|\lambda+1/\lambda|\le 2$，則 $|\lambda|=1$。

8.2 電腦演算題

1. 以有限差分法（步長 $h=0.05$，$k=h/c$）求解習題 1 的初始-邊界值問題，範圍為 $0 \le x \le 1$ 與 $0 \le t \le 1$。用 MATLAB 的 `mesh` 指令繪出所得解圖形。

2. 以有限差分法（步長 $h=0.05$ 及滿足 CFL 條件夠小的 k 值）求解習題 2 的初始邊界值問題，範圍為 $0 \le x \le 1$ 與 $0 \le t \le 1$。並繪出所得解圖形。

3. 對習題 1 的波動方程，以表格形式列出在 $(x, t)=(1/4, 3/4)$ 的近似解和誤差，其中步長分別 $h=ck=2^{-p}$，$p=4, ..., 8$。

4. 對習題 2 的波動方程，以表格形式列出在 $(x, t)=(1/4, 3/4)$ 的近似解和誤差，其中步長分別 $h=ck=2^{-p}$，$p=4, ..., 8$。

8.3 橢圓型方程

前一節討論的是時間相依方程式，擴散方程是以時間函數模擬熱的流動，而波動方程則是追蹤波的移動。橢圓型方程，也就是本節的焦點，模擬穩定的狀態。例如，在一個平面區域的穩定狀態熱分布，且區域邊界保持一個特定的溫度，即可以橢圓型方程來模擬。因為在橢圓方程裡，時間通常不是變數因子，我們將用 x 和 y 來代表獨立變數。

定義 8.6 若 $u(x,y)$ 是一個二次可微函數，定義 u 的 Laplacian 為

$$\Delta u = u_{xx} + u_{yy}$$

對一連續函數 $f(x, y)$，偏微分方程式

$$\Delta u(x, y) = f(x, y) \tag{8.34}$$

稱為 **Poisson 方程** (Poisson equation)。$f(x, y)=0$ 的 Poisson 方程稱為 **Laplace 方程** (Laplace equation)。Laplace 方程的解稱為**調和函數** (harmonic functiom)。

和標準形式 (8.1) 比較，我們可得 $AC-B^2 > 0$，因此 Poisson 方程為橢圓型。用來確保單一解答的額外條件是典型的邊界條件。有兩種邊界條件常被拿

來應用，**Dirichlet 邊界條件** (Dirichlet boundary condition) 指定區域 R 的邊界 R 上解 $u(x, y)$ 值。而 **Neumann 邊界條件** (Neumann boundary condition) 則指定在邊界上的**方向導數** (directional derivative) $\partial u/\partial n$ 之值，其中 n 代表了外向**單位法向量** (outward unit normal vector)。

範例 8.5

證明 $u(x, y) = x^2 - y^2$ 為 Laplace 方程在 $[0, 1] \times [0, 1]$ 上的解，其 Dirichlet 邊界條件為

$$u(x, 0) = x^2$$
$$u(x, 1) = x^2 - 1$$
$$u(0, y) = -y^2$$
$$u(1, y) = 1 - y^2$$

Laplacian 等於 $\Delta u = u_{xx} + u_{yy} = 2 - 2 = 0$。邊界條件分別為單位正方形的底部、頂部、左和右側，驗證十分簡單，只需代入檢查。◆

Poisson 和 Laplace 方程在古典物理學中到處存在，因為它們的解代表了**位能** (potential)。舉例來說，電場 E 是靜電位能 u 的**梯度** (gradient)，或說

$$E = -\nabla u。$$

電場的梯度和電荷密度 ρ 的關係為 **Maxwell 方程** (Maxwell's equation)

$$\nabla E = \frac{\rho}{\epsilon},$$

其中 ϵ 為導電率。將這兩個方程式放在一起，可得

$$\Delta u = \nabla(\nabla u) = -\frac{\rho}{\epsilon},$$

位能 u 的 Poisson 方程。對電荷為零的特例時，位能將符合 Laplace 方程 $\Delta u = 0$。

許多其他位能的例子可用 Poisson 方程模擬。機翼在低速時的空氣動力學

(aerodynamics)，是不可壓縮、不旋流的氣流，為 Laplace 方程的解。重力位能 u 由質量密度 ρ 的分布而產生，滿足 Poisson 方程

$$\Delta u = 4\pi G\rho,$$

其中 G 代表了重力常數。一個穩態熱分布，例如，當時間 $t \to \infty$ 時，Poisson 方程可模擬熱方程解的極限。在實作 8 裡，Poisson 方程的變形被用來模擬散熱片的熱分布。

本節其餘的部分將介紹求解橢圓型方程的兩個方法，第一個是有限差分法，這個方法密切跟隨前面解拋物型和雙曲型方程的方式。第二個則是推廣了求解第 7 章邊界值問題的有限元法。

❖ 8.3.1　橢圓型方程的有限差分法

假設 Dirichlet 邊界條件於平面上一矩形 $[x_l, x_r] \times [y_b, y_t]$，令 M 和 N 分別為在 x 和 y 方向的網格步進數，則 $h = (x_r - x_l)/M$ 和 $k = (y_t - y_b)/N$ 是 x 和 y 方向的網格長 (mesh size)。方程式將可在矩形網格點上求解，見圖 8.10(a)。在邊界上的邊界條件已知，因此解將需要在 mn 個點上計算，其中 $m = M-1$、$n = N-1$。圖 8.10(b) 說明相同解值的另一個編號系統，這是我們的解法裡將使用的編號系統，其設定：

$$v_{i+(j-1)m} = u_{ij}. \tag{8.35}$$

有限差分法以差商來近似導數值，中央差分公式 (8.4) 可以應用在 Laplacian 算子裡的兩個二階導數，Poisson 方程 $\Delta u = f$ 的有限差分形式為

$$\frac{u(x-h, y) - 2u(x, y) + u(x+h, y)}{h^2} + \frac{u(x, y-h) - 2u(x, y) + u(x, y+h)}{k^2} = f(x, y).$$

定義 $r \equiv h^2/k^2$，我們可以改寫方程式為

$$u(x-h, y) + u(x+h, y) - 2(1+r)u(x, y) + r[u(x, y-k) + u(x, y+k)] = h^2 f(x, y) \tag{8.36}$$

轉換成離散形式為

$$u_{i-1,j}+u_{i+1,j}-2(1+r)u_{ij}+r(u_{i,j-1}+u_{i,j+1})=h^2 f(x_i, y_j) \qquad (8.37)$$

其中 $x_i=x_l+ih$ 及 $y_j=y_b+jk$。這等同於

$$v_{i-1+(j-1)m}+v_{i+1+(j-1)m}-2(1+r)v_{i+(j-1)m}$$
$$+r(v_{i+(j-2)m}+v_{i+jm})=h^2 f(x_i, y_j) \qquad (8.38)$$

使用圖 8.10(b) 的第二種標記法。

為了有助於方程式的建立，完全依據其相鄰水平和垂直四邊的網格點，將網格點依照特殊處理漸增的順序分成三類：

內核 (inner core) 點，u_{ij}，其中 $1<i<m$ 且 $1<j<n$，其四個相鄰點均不會落在內部網格之外。

外環 (outer ring) 點，以下條件正好有一成立：$i=1$、$i=m$、$j=1$ 和 $j=n$。這些點會有一個鄰點在邊界上。

剩下的點是**四角點** (four corners) u_{11}、u_{1n}、u_{m1}、u_{mn}，這些點有兩個鄰點在邊界上。

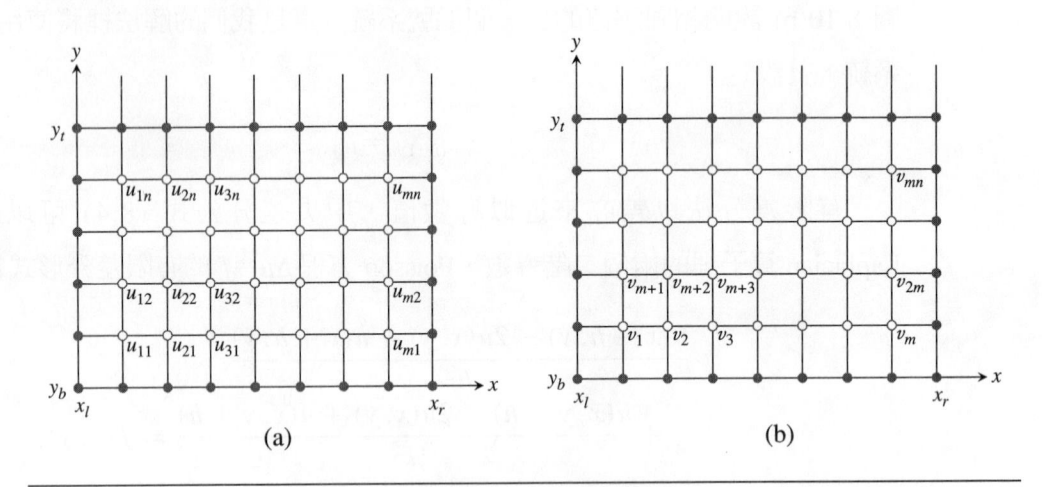

圖 8.10 以有限差分法解具 Dirichlet 邊界條件的 Poisson 方程網格圖。
(a) 空心圓點為未知數，實心圓點為給定邊界值數據。
(b) 編號系統 (8.35) 式使線性方程網格點依列方向排序。

求解矩陣方程 $Av=b$ 可得 v_k。對內核點來說，(8.38) 式說明了結構矩陣 A 的第 $i+(j-1)m$ 列為

```
[ zeros(1,i-1+(j-2)m) r zeros(1,m-2) 1
-2(1+r) 1 zeros(1,m-2) r zeros(1,(n-j)m-i)],
```

其中 MATLAB 表示法 `zeros(1,p)` 用來代表 p 個連續的零。邊界點的值由 Dirichlet 條件給定，當需要外環點和四角點時，可以代入 (8.37) 式。

所得方程式形成了一個線性系統，可以用第 2 章裡適合的方法來求解。我們用圖 8.10 的編號系統將網格點從左至右一列列定序。利用這樣的假設，**結構矩陣** (structure matrix) A 和**載重矩陣** (load matrix) b 可以直接填入，見下列範例：

範例 8.6

應用有限差分法以 $M=N=4$ 和下列 Dirichlet 邊界條件，來求在 $[0, 1]\times[1, 2]$ 上 Laplace 方程 $\Delta u=0$ 的近似解：

$$u(x, 1)=\ln(x^2+1)$$
$$u(x, 2)=\ln(x^2+4)$$
$$u(0, y)=2\ln y$$
$$u(1, y)=\ln(y^2+1)$$

我們將利用正確解 $u(x, y)=\ln(x^2+y^2)$ 來比較在正方形中九個網格點的近似解。因為 $M=N=4$，網格長為 $h=k=1/4$ 及 $r=h^2/k^2=1$。唯一的內核點為 $u_{22}=u(1/2, 3/2)$，即為 v_5。依據 (8.37) 式為

$$u_{12}+u_{32}-2(1+r)u_{22}+r(u_{21}+u_{23})=0 \tag{8.39}$$

若用第二種編號系統，此方程式則寫成

$$v_4+v_6-2(1+r)v_5+rv_2+rv_8=0,$$

且 9×9 結構矩陣 A 的對應列為

$$[0 \ r \ 0 \ 1 \ -2(1+r) \ 1 \ 0 \ r \ 0].$$

四個外環點的值為 u_{21}、u_{12}、u_{32}、u_{23}，分別對應為 v_2、v_4、v_6、v_8，每一個在方程式裡都需要一個邊界值。這些方程式為：

$$u_{11}+u_{31}-2(1+r)u_{21}+r(u_{20}+u_{22})=0 \ \ (i=2, j=1)$$
$$u_{02}+u_{22}-2(1+r)u_{12}+r(u_{11}+u_{13})=0 \ \ (i=1, j=2)$$
$$u_{22}+u_{42}-2(1+r)u_{32}+r(u_{31}+u_{33})=0 \ \ (i=3, j=2)$$
$$u_{13}+u_{33}-2(1+r)u_{23}+r(u_{22}+u_{24})=0 \ \ (i=2, j=3), \tag{8.40}$$

其中邊界條件為

$$u_{20} = u\left(\frac{1}{2},1\right) = \ln\frac{5}{4}$$
$$u_{02} = u\left(0,\frac{3}{2}\right) = \ln\frac{9}{4}$$
$$u_{42} = u\left(1,\frac{3}{2}\right) = \ln\frac{13}{4}$$
$$u_{24} = u\left(\frac{1}{2},2\right) = \ln\frac{17}{4}.$$

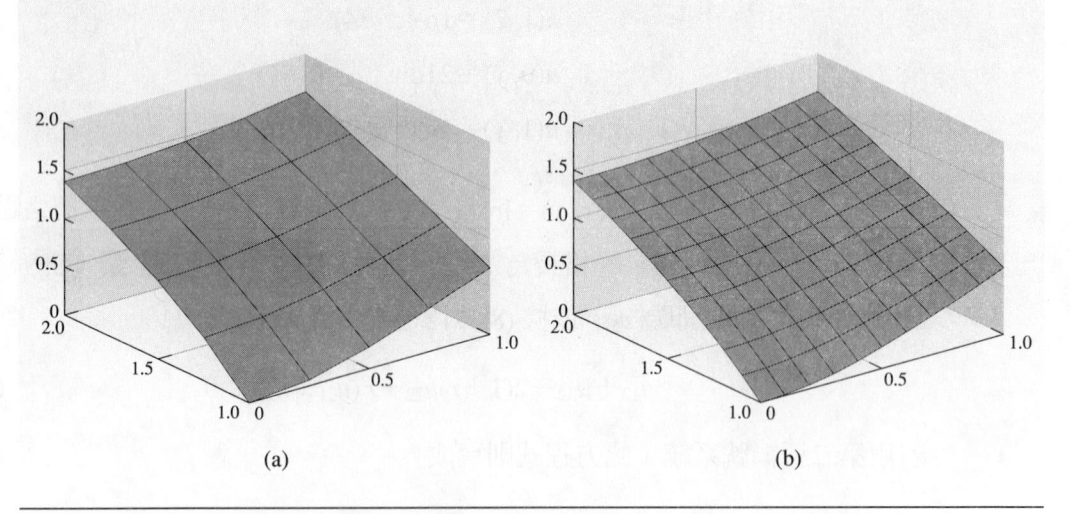

圖 8.11 範例 8.6 橢圓型偏微分方程 (PDE) 的有限差分法所得解。
(a) $M=N=4$，網格長為 $h=k=0.25$。(b) $M=N=10$，網格長 $h=k=0.1$。

四角點 u_{11}、u_{31}、u_{13}、u_{33} 分別需要兩個邊界值來求得，u_{11} 的方程式為

$$u_{21} - 4u_{11} + u_{12} = -u_{01} - u_{10} = -2\ln\frac{5}{4} - \ln\left(\left(\frac{1}{4}\right)^2 + 1\right), \quad (8.41)$$

其中右側可由已知的邊界值組成。結合 (8.39)、(8.40) 和 (8.41) 式，我們可整理得求解 u_{ij} 的矩陣方程式

$$\begin{bmatrix} -4 & 1 & 0 & 1 & 0 & 0 & 0 & 0 & 0 \\ 1 & -4 & 1 & 0 & 1 & 0 & 0 & 0 & 0 \\ 0 & 1 & -4 & 0 & 0 & 1 & 0 & 0 & 0 \\ 1 & 0 & 0 & -4 & 1 & 0 & 1 & 0 & 0 \\ 0 & 1 & 0 & 1 & -4 & 1 & 0 & 1 & 0 \\ 0 & 0 & 1 & 0 & 1 & -4 & 0 & 0 & 1 \\ 0 & 0 & 0 & 1 & 0 & 0 & -4 & 1 & 0 \\ 0 & 0 & 0 & 0 & 1 & 0 & 1 & -4 & 1 \\ 0 & 0 & 0 & 0 & 0 & 1 & 0 & 1 & -4 \end{bmatrix} \begin{bmatrix} u_{11} \\ u_{21} \\ u_{31} \\ u_{12} \\ u_{22} \\ u_{32} \\ u_{13} \\ u_{23} \\ u_{33} \end{bmatrix} = \begin{bmatrix} -0.5069 \\ -0.2231 \\ -1.3873 \\ -0.8109 \\ 0 \\ -1.1787 \\ -2.5210 \\ -1.4469 \\ -2.9197 \end{bmatrix}, \quad (8.42)$$

其解 u 為下列 9 個值：

$$\begin{array}{lll} u_{13} = 1.1390 & u_{23} = 1.1974 & u_{33} = 1.2878 \\ u_{12} = 0.8376 & u_{22} = 0.9159 & u_{32} = 1.0341 \\ u_{11} = 0.4847 & u_{21} = 0.5944 & u_{31} = 0.7539 \end{array}$$

近似解 u_{ij} 繪於圖 8.11(a)，其和正確解 $u(x, y) = \ln(x^2 + y^2)$ 在相同點比較起來差距不大：

$$\begin{array}{lll} u(\tfrac{1}{4}, \tfrac{7}{4}) = 1.1394 & u(\tfrac{2}{4}, \tfrac{7}{4}) = 1.1977 & u(\tfrac{3}{4}, \tfrac{7}{4}) = 1.2879 \\ u(\tfrac{1}{4}, \tfrac{6}{4}) = 0.8383 & u(\tfrac{2}{4}, \tfrac{6}{4}) = 0.9163 & u(\tfrac{3}{4}, \tfrac{6}{4}) = 1.0341 \\ u(\tfrac{1}{4}, \tfrac{5}{4}) = 0.4855 & u(\tfrac{2}{4}, \tfrac{5}{4}) = 0.5947 & u(\tfrac{3}{4}, \tfrac{5}{4}) = 0.7538 \end{array}$$

◆

有限差分法的 Matlab 程式碼：

```
% 程式 8.3 有限差分法求解 2D Poisson 方程
%        具備定義在矩形域的 Dirichlet 邊界條件
% 輸入：矩形域 [xl,xr]x[yb,yt]，及其上 MxN 的網格點數
% 輸出：矩陣 w 包含 MxN 網格點的近似解
function w=poisson(xl,xr,yb,yt,M,N)
m=M-1;n=N-1;
h=(xr-xl)/M;h2=h^2;k=(yt-yb)/N;
r=h2/k^2;s=2*(1+r);
x=xl+(xr-xl)*(0:M)/M;                   % 設定網格點座標值
y=yb+(yt-yb)*(0:N)/N;
z=zeros(1,m-2);
a=zeros(m*n,m*n);b=zeros(m*n,1);        % 初始化結構矩陣
% 設定結構矩陣 a
% 內核點
for i=2:m-1
  for j=2:n-1
    a(i+(j-1)*m,:)=[zeros(1,i-1+(j-2)*m) r z 1 -s 1 z r ...
     zeros(1,(n-j)*m-i)];
    b(i+(j-1)*m)=h2*f(x(i+1),y(j+1));
  end
end
% 外環點
j=1;                            % 最下方一列
for i=2:m-1
  a(i+(j-1)*m,:)=[zeros(1,i-2) 1 -s 1 z r zeros(1,(n-j)*m-i)];
  b(i+(j-1)*m)=h2*f(x(i+1),y(j+1))-r*gbottom(x(i+1));
end
j=n;                            % 最上方一列
for i=2:m-1
  a(i+(j-1)*m,:)=[zeros(1,i-1+(j-2)*m) r z 1 -s 1 zeros(1,m-i-1)];
  b(i+(j-1)*m)=h2*f(x(i+1),y(j+1))-r*gtop(x(i+1));
end
i=1;                            % 最左邊
for j=2:n-1
  a(i+(j-1)*m,:)=[zeros(1,i-1+(j-2)*m) r z 0 -s 1 z r ...
    zeros(1,(n-j)*m-i)];
  b(i+(j-1)*m)=h2*f(x(i+1),y(j+1))-gleft(y(j+1));
end
i=m;                            % 最右邊
for j=2:n-1
  a(i+(j-1)*m,:)=[zeros(1,(j-1)*m-1) r z 1 -s 0 z r ...
    zeros(1,(n-j)*m-i)];
  b(i+(j-1)*m)=h2*f(x(i+1),y(j+1))-gright(y(j+1));
end
% 四角點
i=1;j=1;                        % 左下
```

```
a(i+(j-1)*m,:)=[-s 1 z r zeros(1,(n-1)*m-1)];
b(i+(j-1)*m)=h2*f(x(i+1),y(j+1))-r*gbottom(x(i+1))-gleft(y(j+1));
i=m;j=1;                     % 右下
a(i+(j-1)*m,:)=[z 1 -s 0 z r zeros(1,(n-2)*m)];
b(i+(j-1)*m)=h2*f(x(i+1),y(j+1))-r*gbottom(x(i+1))-gright(y(j+1));
i=1;j=n;                     % 左上
a(i+(j-1)*m,:)=[zeros(1,(n-2)*m) r z 0 -s 1 zeros(1,m-2)];
b(i+(j-1)*m)=h2*f(x(i+1),y(j+1))-r*gtop(x(i+1))-gleft(y(j+1));
i=m;j=n;                     % 右上
a(i+(j-1)*m,:)=[zeros(1,(n-1)*m-1) r z 1 -s];
b(i+(j-1)*m)=h2*f(x(i+1),y(j+1))-r*gtop(x(i+1))-gright(y(j+1));
v=a\b;                       % 求解
w=zeros(m,n);
for i=1:m                    % 將解存入網格點中
  for j=1:n
    w(i,j)=v(i+(j-1)*m);
  end
end
w1=[gbottom(x(2:M))' w gtop(x(2:M))']; % 加入邊界條件
w1=[gleft(y);w1;gright(y)];
mesh(x,y,w1')
function u=f(x,y)            % 方程式的右側
u=0;

function u=gbottom(x)        % 矩形域的下邊界值
% Use dot notation
u=log(x.^2+1);

function u=gtop(x)           % 矩形域的上邊界值
u=log(x.^2+4);

function u=gleft(y)          % 矩形域的左邊界值
u=2*log(y);

function u=gright(y)         % 矩形域的右邊界值
u=log(y.^2+1);
```

因為使用二階有限差分公式，所以有限差分法 poisson.m 的誤差對 h 和 k 都是二階。圖 8.11(b) 展示了當 $h=k=0.1$ 時比較精確的近似解。MATLAB 程式碼 poisson.m 是為了矩形域所寫，但可以做一些改變以轉換到一般的區域。

在另一個範例中，我們使用 Laplace 方程來計算位能。

範例 8.7

找出正方形區域 [0, 1]×[0, 1] 上的靜電位能，假設內部沒有充電，並假設下列邊界條件：

$$u(x, 0) = \sin \pi x$$
$$u(x, 1) = \sin \pi x$$
$$u(0, y) = 0$$
$$u(1, y) = 0 \circ$$

位能 u 符合具 Dirichlet 邊界條件的 Laplace 方程，以網格長 $h=k=0.1$ 或 $M=N=10$，用 poisson.m 求解，所畫出的圖如 8.12 所示。

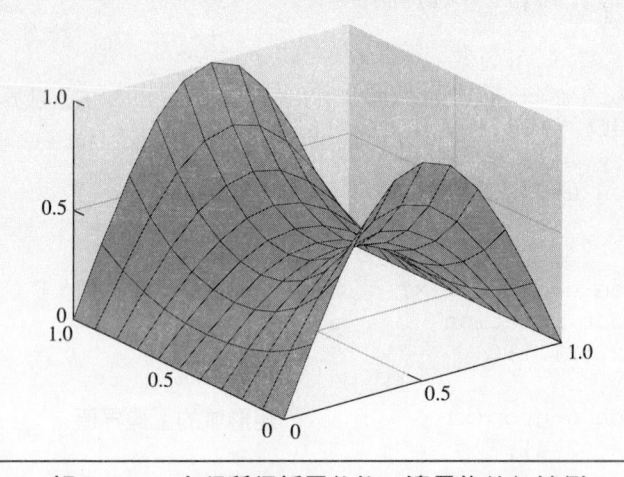

圖 8.12 解 Laplace 方程所得靜電位能。邊界條件如範例 8.7 所設定。

◆

實作 8 散熱片的熱分布

散熱器是用來將多餘的熱從其產生的地方移除。在這個主題中，將模擬散熱器的矩形散熱片中熱的穩態分布，熱能將從一邊進入散熱片。而主要目的是為了設計散熱片的尺寸，以維持溫度在安全範圍內。

散熱片的形狀是一個矩形薄片，大小為 $L_x \times L_y$，厚度 δ 公厘 (mm)。為了簡化過程，我們將以 $u(x, y)$ 代表溫度，並且忽略厚度對溫度的影響與差異。

熱量以三種方式傳遞：**傳導** (conduction)、**對流** (convection) 和**輻射** (radiation)。傳導指的是在鄰近分子間能量的傳遞，可能是因為電子的活動；對流則表示分子本身的移動；幅射是能量經由光子的傳遞，在此不考慮。

通過傳導物質的傳導能量是依據**傳立葉第一定律** (Fourier's first law)

$$q = -KA\nabla u, \tag{8.43}$$

其中 q 為每單位時間的熱能，以**瓦** (watt) 為測量單位，A 是物質的橫切面面積，而 ∇u 是溫度的梯度，常數 K 被稱為物質的**熱傳導係數** (thermal conductivity)。對流則是由**牛頓冷卻定律** (Newton's law of cooling) 所控制，

$$q = -HA(u - u_b), \tag{8.44}$$

其中 H 是比例常數，稱為**對流熱傳係數** (convective heat transfer coefficient)，u_b 為周圍流體 (在此為空氣) 的**周遭溫度** (ambient temperature) 或稱**容積溫度** (bulk temperature)。

散熱片為一 $[0, L_x] \times [0, L_y]$ 的矩形物體其 z 方向厚 δ 公厘，如圖 8.13(a) 所示。散熱片內典型的 $\Delta x \times \Delta y \times \delta$ 區塊，沿著 x 和 y 座標排列，若單位時間內進入的能量等於離開的能量，則稱其為能量平衡。對該區塊的熱變遷，通過兩面 $\Delta y \times \delta$ 和 $\Delta x \times \delta$ 兩面者為傳導，通過兩面 $\Delta x \times \Delta y$ 則是對流，可得穩態方程 (steady state equation)：

$$-K \Delta y \, \delta u_x(x, y) + K \Delta y \, \delta u_x(x + \Delta x, y) - K \Delta x \, \delta u_y(x, y)$$
$$+ K \Delta x \, \delta u_y(h, y + \Delta y) - 2H \Delta x \, \Delta y u(x, y) = 0. \tag{8.45}$$

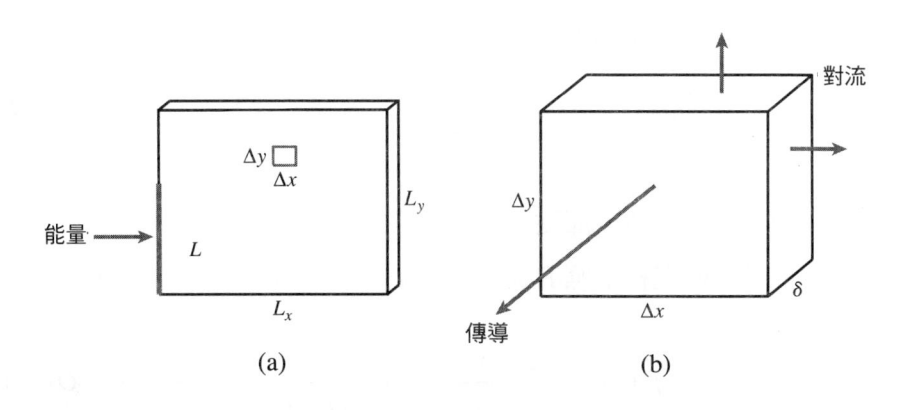

圖 8.13 實作 8 的散熱片。(a) 能量由散熱片左側的 $[0, L]$ 進入。(b) 在一個小小的內部區塊之能量傳遞在 x 和 y 方向為傳導，而和空氣接觸的一面為對流。

在此，我們設定容積溫度 $u_b = 0$ 以求簡便；因此，u 表示散熱片與周遭溫度的差。

將上式除以 $\Delta x \, \Delta y$ 可得

$$K\delta \frac{u_x(x + \Delta x, y) - u_x(x, y)}{\Delta x} + K\delta \frac{u_y(x, y + \Delta y) - u_y(x, y)}{\Delta y} = 2Hu(x, y),$$

加上 $\Delta x, \Delta y \to 0$ 的極限條件，可得橢圓偏微分方程

$$u_{xx} + u_{yy} = \frac{2H}{K\delta} u \tag{8.46}$$

類似說理可得對流或 Robin 邊界條件，沿著垂直方向為

$$K\, u_x + Hu = 0$$

以及沿著水平方向的

$$K\, u_y + Hu = 0.$$

能量從左邊進入散熱片，依據傅立葉定律，

$$\delta K u_x = -\frac{P}{L},$$

其中 P 為總能量且 L 為輸入的長度。

對一步長分別為 h 和 k 的離散網格，有限差分近似公式 (5.8) 可用來近似偏微分方程 (8.46)，得

$$\frac{u_{i+1,j} - 2u_{ij} + u_{i-1,j}}{h^2} + \frac{u_{i,j+1} - 2u_{ij} + u_{i,j-1}}{k^2} = \frac{2H}{K\delta} u_{ij}$$

此離散化用於內部點 (x_i, y_i)，其中 $0 < i < M$、$0 < j < N$，且 M 及 N 為整數。散熱片的邊緣依照 Robin 條件 (Robin condition)，一階導數可用下式近似

$$f'(x) = \frac{-3f(x) + 4f(x+h) - f(x+2h)}{2h} + O(h^2).$$

應用到四個邊,可得近似方程式為

$$\frac{-3u_{i0} + 4u_{i1} - u_{i2}}{2k} = -\frac{H}{K}u_{i0} \quad (\text{下緣})$$

$$\frac{u_{i,N-2} - 4u_{i,N-1} + 3u_{iN}}{2k} = -\frac{H}{K}u_{iN} \quad (\text{上緣})$$

$$\frac{-3u_{0j} + 4u_{1j} - u_{2j}}{2h} = -\frac{H}{K}u_{0j} \quad (\text{左側})$$

$$\frac{u_{M-2,j} - 4u_{M-1,j} + 3u_{Mj}}{2h} = -\frac{H}{K}u_{Mj} \quad (\text{右側})$$

由於能量從左側進入,可得方程式

$$\frac{-3u_{0j} + 4u_{1j} - u_{2j}}{2h} = -\frac{P}{LK\delta} \tag{8.47}$$

於是共有 $(M+1)(N+1)$ 個方程式用以求解 $(M+1)(N+1)$ 個未知數 u_{ij},$0 \leq i \leq M$,$0 \leq j \leq N$。

假設散熱片由鋁製成,其熱傳導係數為 $K=1.68$ W/cm °C (每公分及攝氏度的瓦數);又假設對流熱傳係數 $H=0.005$ W/cm² °C,且室溫為 $u_b=20$°C。

建議活動:

1. 以一個 2×2 公分,厚度 1 公厘的散熱片開始;假設沿著整個左緣輸入的熱量為 5 瓦,若散熱片是用來消除邊長 $L=2$ 公分的 CPU 晶片熱量。試求解在 x 和 y 方向裡 $M=N=10$ 的偏微分方程 (8.46)。利用 mesh 指令來畫出在 xy 平面上熱分布的結果。散熱片的最高溫度為何?以攝氏表示。

2. 增加散熱片面積成 4×4 公分,跟前一個步驟一樣,沿著左緣的 [0, 2] 區間輸入 5 瓦熱量。畫出熱分布的結果,以及找出最高溫度。增加 M 和 N 的值來進行實驗,解會有多少改變?

3. 找出 4×4 公分散熱片在最高溫度不超過 80°C 下,能夠消除的最大熱

量。假設容積溫度為 20°C 且熱量輸入沿 2 公分長,如前兩步所示。
4. 以熱傳導係數為 $K=3.85$ W/cm°C 的銅製散熱片來代替鋁製散熱片。若此散熱片有最理想的 2 公分熱量輸入位置,且同時要維持最高溫度低於 80°C,請計算該 4×4 公分散熱片能夠消除的最大熱量。

桌上型和筆記型電腦散熱器設計是一個迷人的工程問題。要消除大量的熱,在一個小空間裡需要好幾個散熱片,而靠近散熱片邊緣需要使用風扇來加強對流。加上風扇使散熱片幾何學複雜化,進一步將此模擬推到計算流體力學的領域,也就是現代應用數學一個重要的領域。

❖ 8.3.2　橢圓型方程的有限元法

以**有限元法** (finite element method) 解偏微分方程式比有限差分法有關鍵性的優點。舉例來說,即使當基本的幾何很複雜,所構成的線性方程組仍有對稱的結構矩陣。

有限元法是利用 Galerkin 法,如第 7 章介紹的解常微分方程邊界值問題。雖然需要較多的初始值,但和解偏微分方程的方法步驟其實相同。對平面上以**分段平滑** (piecewise smooth) 封閉曲線 S 為邊界的區域 R,考慮在 R 上的函數 $u(x, y)$ 的橢圓型方程:

$$\Delta u + r(x, y)u = f(x, y) \tag{8.48}$$

邊界 $S = S_1 \cup S_2$ 的典型條件在 S_1 上為 Dirichlet 條件 $u(x, y) = g_1(x, y)$,而在 S_2 上為 Neumann 條件 $\frac{\partial u}{\partial n}(x, y) = g_2(x, y)$,其中 n 表示外向單位法向量。

和第 7 章一樣,我們將使用在區域 R 上的 L^2 函數空間。令

$$L^2(R) = \left\{ \text{定義在 } R \text{ 上的函數 } \phi(x, y) \;\middle|\; \int\int_R \phi(x, y)^2 \, dx\, dy \text{ 存在並有限} \right\}.$$

目標是利用剩餘數 $r = \Delta u(x, y) + r(x, y)u(x, y) - f(x, y)$ 對 $L^2(R)$ 的子空間正交,使橢圓型方程 (8.48) 的平方誤差最小化。令 $\phi_1(x, y), ..., \phi_p(x, y)$ 為 $L^2(R)$ 的子集合,在邊界集合 S_1 上每一個值都是零。正交性的假設可得對所有 $1 \leq i \leq p$

$$\iint_R (\Delta u + ru - f)\phi_i \, dx \, dy = 0,$$

或

$$\iint_R (\Delta u + ru)\phi_i \, dx \, dy = \iint_R f\phi_i \, dx \, dy. \tag{8.49}$$

(8.49) 式稱為橢圓型方程 (8.48) 的**弱式** (weak form)。

其部分積分尚需要利用下面所提到的 Galerkin 法。

定理 8.7 Green 第一定理 (Greens's First Identity)　令 R 為分段平滑曲線 S 所包圍的有界區域，而 u 和 v 為分段平滑函數，且 n 為邊界上外向單位法向量，則

$$\iint_R v\Delta u = \int_S v\frac{\partial u}{\partial n} - \iint_R \nabla u \cdot \nabla v.$$

※

方向導數可計算如

$$\frac{\partial u}{\partial n} = \nabla u \cdot (n_x, n_y),$$

其中 (n_x, n_y) 表示 R 邊界的外向法向量。應用 Green 第一定理於 (8.49) 式產生

$$\int_{S_2} \phi_i g_2 \, dS - \iint_R (\nabla u \cdot \nabla \phi_i) \, dx \, dy + \iint_R ru\phi_i \, dx \, dy = \iint_R f\phi_i \, dx \, dy \tag{8.50}$$

對 $i=1,...,p$，其中我們用了在 S_1 上 ϕ_i 為零的性質。

有限元法的精髓是代換

$$u(x, y) = \sum_{i=1}^{q} c_i \phi_i(x, y) \tag{8.51}$$

到偏微分方程式的弱式中以求 c_i，其中 $p \leq q$。再次利用 $\phi_i (1 \leq i \leq p)$ 在邊界上為零的性質，當 $p+1 \leq i \leq q$ 時函數 ϕ_i 將用配置法來擬合在 S_1 的 Dirichlet 邊界條件，一旦得到常數 $c_{p+1}, ..., c_q$，便可求解剩下的 $c_1, ..., c_p$。

將 (8.51) 代入 (8.50) 式中得

$$\int_{S_2} \phi_i g_2 \, dS - \int\int_R \left(\sum_{j=1}^{q} c_j \nabla \phi_j \right) \cdot \nabla \phi_i \, dx \, dy + \int\int_R r \left(\sum_{j=1}^{q} c_j \phi_j \right) \phi_i \, dx \, dy$$
$$= \int\int_R f \phi_i \, dx \, dy$$

對 $i=1, ..., p$。提出常數 c_j，並且先解前 p 項可得

$$\sum_{j=1}^{q} c_j \left[\int\int_R \nabla \phi_j \cdot \nabla \phi_i \, dx \, dy - \int\int_R r \phi_j \phi_i \, dx \, dy \right] = \int_{S_2} \phi_i g_2 \, dS - \int\int_R f \phi_i \, dx \, dy,$$

或

$$\sum_{j=1}^{p} c_j \left[\int\int_R \nabla \phi_j \cdot \nabla \phi_i \, dx \, dy - \int\int_R r \phi_j \phi_i \, dx \, dy \right] = \int_{S_2} \phi_i g_2 \, dS$$
$$- \int\int_R f \phi_i \, dx \, dy - \sum_{j=p+1}^{q} c_j \left[\int\int_R \nabla \phi_j \cdot \nabla \phi_i \, dx \, dy - \int\int_R f \phi_j \phi_i \, dx \, dy \right] \quad (8.52)$$

對 $i=1, ..., p$。至此我們已得到未知數 $c_1, ..., c_p$ 的 p 個線性方程式；以矩陣形式表示為 $Ac=b$，其中 A 和 b 的元素分別為

$$a_{ij} = \int\int_R \nabla \phi_j \cdot \nabla \phi_i \, dx \, dy - \int\int_R r \phi_j \phi_i \, dx \, dy \quad (8.53)$$

和

$$b_i = \int_{S_2} \phi_i g_2 \, dS - \int\int_R f \phi_i \, dx \, dy$$
$$- \sum_{j=p+1}^{q} c_j \left[\int\int_R \nabla \phi_j \cdot \nabla \phi_i \, dx \, dy - \int\int_R f \phi_j \phi_i \, dx \, dy \right]. \quad (8.54)$$

注意結構矩陣 A 為對稱。

最後，我們已做好準備選取有限元 ϕ_i 的顯式函數並進行計算。我們依著第 7 章選取線性 B 樣條函數，它是定義在平面上三角形的 x、y 分段線性函數。區域 R 的**三角剖分** (triangulation) 包含內部點 $v_1, ..., v_p$ 和邊界點 $v_{p+1}, ..., v_q$。

更具體地描述，我們將令 S_2 為空集合，只考慮在區域 R 內單純的 Dirichlet 問題。如圖 8.14 考慮 $M\times N$ 個網格，且令 $m=M-1$ 及 $n=N-1$。圖 8.14(a) 說明了一矩形區域 A 三角剖分的可能方式之一；對該些三角形所建議的編號系統是，從左至右，且由下往上。

令 $\phi_1, ..., \phi_q$ 為分段線性函數且滿足 $\phi_i(v_i)=1$ 及 $j\neq i$ 時 $\phi_i(v_j)=0$，並在圖 8.14(a) 中每個三角形上為線性的。結果每一個 $\phi_i(x, y)$ 除了在三角形的邊線上，都是可微的，因此為**黎曼可積分** (Riemann-integrable) 函數。依據定義，對 $j=1, ..., q$，其滿足

$$\sum_{i=1}^{q}c_i\phi_i(v_j)=c_j.$$

根據假設，頂點 v_j 的近似解 $u(v_j)$ 等於 c_j，一旦求得系統 $Ac=b$ 的解，則可得該近似解。

要求得常數 $c_{p+1}, ..., c_q$，首先可以利用 S_1 上之 Dirchlet 邊界條件：

$$c_j=g_1(v_j) \text{ 對 } p+1\leq j\leq q.$$

然後，將這些值代入 (8.52) 式的右側以求解 $c_1, ..., c_p$ 的 p 個方程式。接下來只剩計算矩陣元素 (8.53) 和 (8.54) 式，然後求解 $Ac=b$。

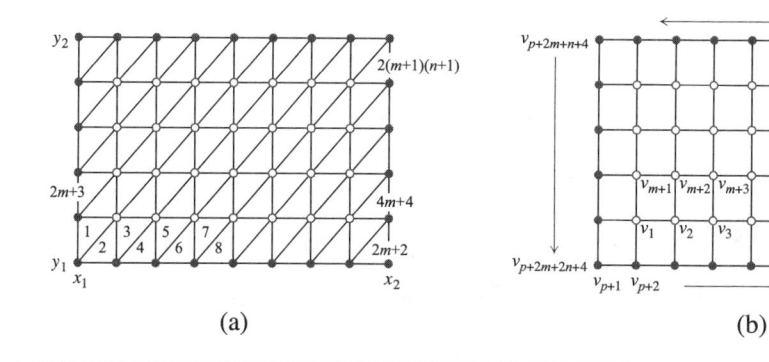

圖 8.14 以有限元法解具 Dirchlet 邊界條件的橢圓型方程。(a) 矩形區域的三角剖分及其編號系統。(b) 頂點的編號系統。空心圓點為頂點 $v_1, ..., v_p$；實心圓點為邊界頂點 $v_{p+1}, ..., v_q$，其中 $q=(m+2)(n+2)$。

矩形 R 是三角形的聯集，在圖 8.14(a) 裡有 $2(m+1)(n+1)$ 個三角形，矩陣元素能夠藉著圖中所顯示的三角形順序來計算。我們依序求其積分然後將值加進 a_{ij} 和 b_i。

分段線性函數的積分可用二維的中點法來求近似值。定義平面上一區域的**重心** (barycenter) 為點 $(\overline{x}, \overline{y})$，其中：

$$\overline{x} = \frac{\iint_R x\,dx\,dy}{\iint_R 1\,dx\,dy}, \quad \overline{y} = \frac{\iint_R y\,dx\,dy}{\iint_R 1\,dx\,dy}.$$

如果 R 是一個頂點為 (x_1, y_1)、(x_2, y_2)、(x_3, y_3) 的三角形，則重心為 (見習題 6)

$$\overline{x} = \frac{x_1 + x_2 + x_3}{3}, \quad \overline{y} = \frac{y_1 + y_2 + y_3}{3}.$$

引理 8.8 在一平面區域 R 的線性函數 $L(x, y)$，其平均值為重心上的值 $L(\overline{x}, \overline{y})$。換句話說，$\iint_R L(x, y)\,dx\,dy = L(\overline{x}, \overline{y}) \cdot$ 面積 (R)。

證明：令 $L(x, y) = a + bx + cy$。則

$$\begin{aligned}\iint_R L(x,y)\,dx\,dy &= \iint_R (a + bx + cy)\,dx\,dy \\ &= a\iint_R dx\,dy + b\iint_R x\,dx\,dy + c\iint_R y\,dx\,dy \\ &= \text{面積}(R) \cdot (a + b\overline{x} + c\overline{y}).\end{aligned}$$

引理 8.8 將第 5 章的中點法做進一步的推導，這對於求元素 (8.53) 和 (8.54) 式的近似值是有幫助的。雙變數函數的泰勒定理如下：

$$\begin{aligned}f(x, y) &= f(\overline{x}, \overline{y}) + \frac{\partial f}{\partial x}(\overline{x}, \overline{y})(x - \overline{x}) + \frac{\partial f}{\partial y}(\overline{x}, \overline{y})(y - \overline{y}) + O((x - \overline{x})^2, (y - \overline{y})^2) \\ &= L(x, y) + O((x - \overline{x})^2, (y - \overline{y})^2).\end{aligned}$$

因此，

$$\iint_R f(x,y)\,dx\,dy = \iint_R L(x,y)\,dx\,dy + \iint_R O((x-\overline{x})^2, (y-\overline{y})^2)\,dx\,dy$$
$$= \text{面積}(R) \cdot L(\overline{x},\overline{y}) + O(h^2) = \text{面積}(R) \cdot f(\overline{x},\overline{y}) + O(h^2),$$

其中 h 為 R 的**直徑** (diameter)，即 R 中兩點間的最大距離，並利用了引理 8.8。這即是二維的中點法。

二維的中點法 (Midpoint Rule in Two Dimensions)

$$\iint_R f(x,y)\,dx\,dy = \text{面積}(R) \cdot f(\overline{x},\overline{y}) + O(h^2), \tag{8.55}$$

其中 $(\overline{x},\overline{y})$ 為有界區域 R 的重心，且 $h = \text{直徑}(R)$。

中點法說明了有限元法的 $O(h^2)$ 收斂，我們只需藉由計算三角形重心的值來求得 (8.53) 和 (8.54) 式的積分近似值。對 B 樣條函數 ϕ_i 來說，這特別簡單。對於下兩個引理的證明則留在習題讓讀者自行練習。

引理 8.9 若三角形 T 的頂點為 (x_1, y_1)、(x_2, y_2)、(x_3, y_3)，令 $\phi(x,y)$ 為在 T 上的線性函數且滿足 $\phi(x_1, y_1)=1$、$\phi(x_2, y_2)=0$ 及 $\phi(x_3, y_3)=0$，則保證 $\phi(\overline{x}, \overline{y})=1/3$。

引理 8.10 若三角形 T 的頂點為 (x_1, y_1)、(x_2, y_2)、(x_3, y_3)，令 $\phi_1(x,y)$ 和 $\phi_2(x,y)$ 為在 T 上的線性函數且滿足 $\phi_1(x_1, y_1)=1$、$\phi_1(x_2, y_2)=0$ 及 $\phi_1(x_3, y_3)=0$；$\phi_2(x_1, y_1)=0$、$\phi_2(x_2, y_2)=1$ 及 $\phi_2(x_3, y_3)=0$。假設 $f(x,y)$ 為一可積函數，令

$$d = \det\begin{bmatrix} 1 & 1 & 1 \\ x_1 & x_2 & x_3 \\ y_1 & y_2 & y_3 \end{bmatrix}.$$

則

(a) 三角形 T 的面積為 $|d|/2$

(b) $\nabla\phi_1(x_1, y_1) = \left(\dfrac{y_2 - y_3}{d}, \dfrac{x_3 - x_2}{d}\right)$

(c) $\iint_T \nabla\phi_1 \cdot \nabla\phi_1 \, dx\, dy = \dfrac{(x_2 - x_3)^2 + (y_2 - y_3)^2}{2|d|}$

(d) $\iint_T \nabla\phi_1 \cdot \nabla\phi_2 \, dx\, dy = \dfrac{-(x_1 - x_3)(x_2 - x_3) - (y_1 - y_3)(y_2 - y_3)}{2|d|}$

(e) $\iint_T f\phi_1\phi_2 \, dx\, dy = f(\overline{x}, \overline{y})|d|/18 + O(h^2)$

(f) $\iint_T f\phi_1 \, dx\, dy = f(\overline{x}, \overline{y})|d|/6 + O(h^2)$

其中 $(\overline{x}, \overline{y})$ 為 T 的重心，且 $h = \text{diam}(T)$。

範例 8.8

以有限元法且 $M = N = 4$ 求解 Laplace 方程式，範圍為 $[0, 1] \times [1, 2]$ 以及 Dirichlet 邊界條件如下：

$$u = (x, 1) = \ln(x^2 + 1)$$
$$u = (x, 2) = \ln(x^2 + 4)$$
$$u = (0, y) = 2\ln y$$
$$u = (1, y) = \ln(y^2 + 1)$$

因為 $m = n = 3$，因此需要求解 $q = (m+2)(n+2) = 25$ 個係數，其中 16 個 $(c_{10}, ..., c_{25})$ 得由配置法求得，在此例中只需計算邊界條件在 $v_{10}, ..., v_{25}$ 的值。由 (8.53) 和 (8.54) 式建立 $c_1, ..., c_9$ 的矩陣方程式，可簡化為

$$a_{ij} = \iint_R \nabla\phi_i \nabla\phi_j \, dx\, dy$$

$$b_i = -\sum_{j=10}^{25} c_j \iint_R \nabla\phi_i \nabla\phi_j \, dx\, dy$$

對 $1 \le i, j \le 9$。根據引理 8.10 的計算公式，矩陣 A 和 b 結果是 (8.42) 式加上負號，求解 $Ac = b$ 可得

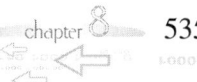

$$c_{13}=1.1390 \quad c_{23}=1.1974 \quad c_{33}=1.2878$$
$$c_{12}=0.8376 \quad c_{22}=0.9159 \quad c_{32}=1.0341$$
$$c_{11}=0.4847 \quad c_{21}=0.5944 \quad c_{31}=0.7539$$

和範例 8.6 的結果相同。

◆

接下來，我們將以 MATLAB 執行有限元法解一個有 Dirichlet 邊界條件的矩形上的問題。引理 8.10 則提供了計算 (8.53) 和 (8.54) 式各項所需的資訊。

程式的前半部設定了後半部所需的各項預備值，頂點 v_i 的座標定義如圖 8.14。三角形/頂點的包含矩陣 (inclusion matrix) nc 是一個 $2(m+1)(n+1)\times 3$ 矩陣，其第 i 列的三個整數代表第 i 個三角形的頂點。在包含矩陣定義後，c_{p+1}, $\cdots$, c_q 可由 Dirichlet 邊界條件決定，然後用一個迴圈經過所有的三角形，利用包含矩陣和引理 8.10，將每個值加到 (8.53) 和 (8.54) 式。一旦 A 和 b 形成後，剩下的 $c_1, ..., c_p$ 可透過解線性系統求得。雖然在程式碼中使用了 MATLAB 反斜線除法 (backslash)，但在實際的應用中，反斜線除法可被第 2 章曾經提到的稀疏對稱矩陣解法所取代。

```
% 程式 8.4 有限元法解橢圓型方程
% 輸入：矩形域 [ xl,xr] x[ yb,yt] ，及遮蓋的 MxN 網格
% 輸出：矩陣 w 包含 MxN 網格上的解
function w=ellfem(xl,xr,yb,yt,M,N)
m=M-1;n=N-1;
x=xl+(xr-xl)*(0:M)/M;                    % 設定網格值
y=yb+(yt-yb)*(0:N)/N;
a=zeros(m*n,m*n);b=zeros(m*n,1);         % 初始化結構矩陣和右側
% 設定頂點的 (x,y) 座標
for i=1:m
  for j=1:n
    v(m*(j-1)+i,:)=[x(i+1) y(j+1)];
  end
end
for i=1:m+2
  v(m*n+i,:)=[x(i) y(1)];
  v((m+1)*(n+1)+i+1,:)=[x(m+3-i) y(n+2)];
end
for j=1:n
```

```
      v(m*(n+1)+j+2,:)=[x(m+2) y(j+1)];
      v((m+1)*(n+2)+j+2,:)=[x(1) y(n+2-j)];
end
% 定義三角形/頂點之包含矩陣 nc
nc=zeros((m+2)*(n+2),3);
for i=2:m   % 中心部分
   for j=1:n-1
      nc(2*j*(m+1)+2*i-1,:)=[m*(j-1)+i-1 m*j+i-1 m*j+i];
      nc(2*j*(m+1)+2*i,:)=[m*(j-1)+i-1 m*(j-1)+i m*j+i];
   end
end
for i=2:m   % 下緣
   nc(2*i-1,:)=[i-1 i m*n+i];
   nc(2*i,:)=[i m*n+i m*n+i+1];
end
for j=2:n   % 右側
   nc(2*j*(m+1)-1,:)=[(j-1)*m j*m m*(n+1)+j+2];
   nc(2*j*(m+1),:)=[(j-1)*m m*(n+1)+j+1 m*(n+1)+j+2];
end
for i=2:m   % 上緣
   nc(2*n*(m+1)+2*i-1,:)=[(n-1)*m+i-1 m*(n+2)+n+4-i m*(n+2)+...
      n+5-i];
   nc(2*n*(m+1)+2*i,:)=[(n-1)*m+i-1 (n-1)*m+i m*(n+2)+n+4-i];
end
for j=2:n   % 左側
   nc(2*(j-1)*(m+1)+1,:)=[(j-1)*m+1 m*(n+2)+2*n+5-j m*(n+2)+...
      2*n+6-j];
   nc(2*(j-1)*(m+1)+2,:)=[(j-2)*m+1 (j-1)*m+1 m*(n+2)+2*n+6-j];
end
% 角落
nc(1,:)=[1 m*n+1 m*(n+2)+2*n+4];
nc(2,:)=[1 m*n+1 m*n+2];
nc(2*m+1,:)=[m m*(n+1)+1 m*(n+1)+3];
nc(2*m+2,:)=[m*(n+1)+1 m*(n+1)+2 m*(n+1)+3];
nc(2*n*(m+1)+1,:)=[m*(n+2)+n+3 m*(n+2)+n+4 m*(n+2)+n+5];
nc(2*n*(m+1)+2,:)=[m*(n-1)+1 m*(n+2)+n+3 m*(n+2)+n+5];
nc(2*(n+1)*(m+1)-1,:)=[m*n m*(n+1)+n+3 m*(n+1)+ n+4];
nc(2*(n+1)*(m+1),:)=[m*n m*(n+1)+n+2 m*(n+1)+n+3];
for i=1:m+2                           % 用 Dirichlet 條件
   c(m*n+i)=gbottom(v(m*n+i,1));
   c((m+1)*(n+1)+1+i)=gtop(v((m+1)*(n+1)+1+i,1));
end
for j=1:n
   c(m*(n+1)+2+j)=gright(v(m*(n+1)+2+j,2));
   c((m+1)*(n+2)+2+j)=gleft(v((m+1)*(n+2)+2+j,2));
end
mn=m*n;
% 使迴圈經過所有三角形
for t=1:2*(m+1)*(n+1)
```

```
            d=abs(det([1 1 1;v(nc(t,1),:)' v(nc(t,2),:)' v(nc(t,3),:)']));
            bary=(v(nc(t,1),:)+v(nc(t,2),:)+v(nc(t,3),:))/3;
            for i=1:3
               j=mod(i,3)+1;
               k=mod(i+1,3)+1;
               if(nc(t,i)<=mn)
                  a(nc(t,i),nc(t,i))=a(nc(t,i),nc(t,i))...
                     +((v(nc(t,j),2)-v(nc(t,k),2))^2 ...
                     +(v(nc(t,j),1)-v(nc(t,k),1))^2)/(2*d)-r(bary)*d/18;
                  b(nc(t,i))=b(nc(t,i))-f(bary)*d/6;
               end
            end
            for i=1:3
               j=mod(i,3)+1;
               k=mod(i+1,3)+1;
               if(nc(t,i)<=mn & nc(t,j)<=mn)
                  a(nc(t,i),nc(t,j))=a(nc(t,i),nc(t,j))...
                     -((v(nc(t,i),1)-v(nc(t,k),1))...
                     *(v(nc(t,j),1)-v(nc(t,k),1))...
                     +(v(nc(t,i),2)-v(nc(t,k),2))...
                     *(v(nc(t,j),2)-v(nc(t,k),2)))/(2*d)-r(bary)*d/18;
                  a(nc(t,j),nc(t,i))=a(nc(t,i),nc(t,j));
               end
               if(nc(t,i)<=mn & nc(t,j)>mn)
                  b(nc(t,i))=b(nc(t,i))+c(nc(t,j))...
                     *((v(nc(t,i),1)-v(nc(t,k),1))...
                     *(v(nc(t,j),1)-v(nc(t,k),1))...
                     +(v(nc(t,i),2)-v(nc(t,k),2))...
                     *(v(nc(t,j),2)-v(nc(t,k),2)))/(2*d)+r(bary)*d/18;
               end
               if(nc(t,i)<=mn & nc(t,k)>mn)
                  b(nc(t,i))=b(nc(t,i))+c(nc(t,k))...
                     *((v(nc(t,i),1)-v(nc(t,j),1))...
                     *(v(nc(t,k),1)-v(nc(t,j),1))...
                     +(v(nc(t,i),2)-v(nc(t,j),2))...
                     *(v(nc(t,k),2)-v(nc(t,j),2)))/(2*d)+r(bary)*d/18;
               end
            end
         end
         u=a\b;
         for i=1:m
            for j=1:n
               w1(i+(j-1)*m)=log(x(i+1)^2+y(j+1)^2);
               w(i,j)=u(i+(j-1)*m);
            end
         end
         w1=[gbottom(x(2:M))' w gtop(x(2:M))'];  % 繪圖
         w1=[gleft(y);w1;gright(y)];
         mesh(x,y,w1')
```

```
function u=f(x)
u=0;

function u=r(x)
u=0;

function u=gbottom(x)
% 利用 dot 乘法符號
u=log(x.^2+1);

function u=gtop(x)
u=log(x.^2+4);

function u=gleft(y)
u=2*log(y);

function u=gright(y)
u=log(y.^2+1);
```

偏微分方程式用來模擬工程和科學上的時間和空間現象。 Navier-Strokes 方程模擬不可壓縮的液體流動，用來探討的議題從底片塗層和潤滑、動脈的血液動力學到星氣體擾動皆有。改善有限差分和有限元法，在計算研究中是最活躍的領域之一。

8.3 習題

1. 對範例 8.6 中具 Dirchlet 邊界條件的 Laplace 方程，證明 $u(x, y) = \ln(x^2 + y^2)$ 為其解。

2. 證明 (a) $u(x, y) = x^2 y - 1/3\, y^3$ 和 (b) $u(x, y) = 1/6\, x^4 - x^2 y^2 + 1/6 y^4$ 為調和函數。

3. 證明函數 (a) $u(x, y) = e^{-\pi y} \sin \pi x$ 和 (b) $u(x, y) = \sinh \pi x \sin \pi y$ 為 Laplace 方程的解，其指定的邊界條件為：

(a) $\begin{cases} u(x,0) = \sin \pi x & \text{對 } 0 \leq x \leq 1 \\ u(x,1) = e^{-\pi} \sin \pi x & \text{對 } 0 \leq x \leq 1 \\ u(0,y) = 0 & \text{對 } 0 \leq y \leq 1 \\ u(1,y) = 0 & \text{對 } 0 \leq y \leq 1 \end{cases}$ (b) $\begin{cases} u(x,0) = 0 & \text{對 } 0 \leq x \leq 1 \\ u(x,1) = 0 & \text{對 } 0 \leq x \leq 1 \\ u(0,y) = 0 & \text{對 } 0 \leq y \leq 1 \\ u(1,y) = \sinh \pi \sin \pi y & \text{對 } 0 \leq y \leq 1 \end{cases}$

4. 證明函數 (a) $u(x, y) = e^{-xy}$ 和 (b) $u(x, y) = (x^2 + y^2)^{2/3}$ 為特定 Poisson 方程的

解，其指定的邊界條件為：

(a) $\begin{cases} \Delta u = e^{-xy}(x^2 + y^2) \\ u(x,0) = 1 & \text{對 } 0 \leq x \leq 1 \\ u(x,1) = e^{-x} & \text{對 } 0 \leq x \leq 1 \\ u(0,y) = 1 & \text{對 } 0 \leq y \leq 1 \\ u(1,y) = e^{-y} & \text{對 } 0 \leq y \leq 1 \end{cases}$ (b) $\begin{cases} \Delta u = 9\sqrt{x^2 + y^2} \\ u(x,0) = x^3 & \text{對 } 0 \leq x \leq 1 \\ u(x,1) = (1+x^2)^{3/2} & \text{對 } 0 \leq x \leq 1 \\ u(0,y) = y^3 & \text{對 } 0 \leq y \leq 1 \\ u(1,y) = (1+y^2)^{3/2} & \text{對 } 0 \leq y \leq 1 \end{cases}$

5. 證明函數 (a) $u(x,y) = \sin\frac{\pi}{2}xy$ 和 (b) $u(x,y) = e^{xy}$ 為特定橢圓型方程的解，其指定的 Dirchlet 邊界條件為：

(a) $\begin{cases} \Delta u + \frac{\pi^2}{4}(x^2+y^2)u = 0 \\ u(x,0) = 0 & \text{對 } 0 \leq x \leq 1 \\ u(x,1) = \sin\frac{\pi}{2}x & \text{對 } 0 \leq x \leq 1 \\ u(0,y) = 0 & \text{對 } 0 \leq y \leq 1 \\ u(1,y) = \sin\frac{\pi}{2}y & \text{對 } 0 \leq y \leq 1 \end{cases}$ (b) $\begin{cases} \Delta u = (x^2+y^2)u \\ u(x,0) = 1 & \text{對 } 0 \leq x \leq 1 \\ u(x,1) = e^x & \text{對 } 0 \leq x \leq 1 \\ u(0,y) = 1 & \text{對 } 0 \leq y \leq 1 \\ u(1,y) = e^y & \text{對 } 0 \leq y \leq 1 \end{cases}$

6. 證明頂點為 (x_1, y_1)、(x_2, y_2)、(x_3, y_3) 的三角形重心為 $\overline{x} = (x_1+x_2+x_3)/3$，$\overline{y} = (y_1+y_2+y_3)/3$。

7. 證明引理 8.9。

8. 證明引理 8.10。

8.3 電腦演算題

1. 以有限差分法求解習題 3 的 Laplace 方程，其中 $h=k=0.1$，區域為 $0 \leq x \leq 1$，$0 \leq y \leq 1$。使用 MATLAB 的 mesh 指令來畫出解。

2. 以有限差分法求解習題 4 的 Poisson 方程，其中 $h=k=0.1$，區域為 $0 \leq x \leq 1$，$0 \leq y \leq 1$。並將解畫出。

3. 使用有限差分法，$h=k=0.1$，來近似方形區域 $0 \leq x \leq 1$，$0 \leq y \leq 1$ 中 Laplace 方程的靜電位能，並畫出解。其指定邊界條件為：

(a) $\begin{cases} u(x,0) = 0 & \text{對 } 0 \leq x \leq 1 \\ u(x,1) = \sin\pi x & \text{對 } 0 \leq x \leq 1 \\ u(0,y) = 0 & \text{對 } 0 \leq y \leq 1 \\ u(1,y) = 0 & \text{對 } 0 \leq y \leq 1 \end{cases}$ (b) $\begin{cases} u(x,0) = \sin\frac{\pi}{2}x & \text{對 } 0 \leq x \leq 1 \\ u(x,1) = \cos\frac{\pi}{2}x & \text{對 } 0 \leq x \leq 1 \\ u(0,y) = \sin\frac{\pi}{2}y & \text{對 } 0 \leq y \leq 1 \\ u(1,y) = \cos\frac{\pi}{2}y & \text{對 } 0 \leq y \leq 1 \end{cases}$

4. 使用有限法，$h=k=0.1$，來近似方形區域 $0 \leq x \leq 1$，$0 \leq y \leq 1$ 中 Laplace 方程的靜電位能，並畫出解。其指定邊界條件為：

(a) $\begin{cases} u(x,0) = 0 & \text{對 } 0 \leq x \leq 1 \\ u(x,1) = x^3 & \text{對 } 0 \leq x \leq 1 \\ u(0,y) = 0 & \text{對 } 0 \leq y \leq 1 \\ u(1,y) = y^2 & \text{對 } 0 \leq y \leq 1 \end{cases}$ (b) $\begin{cases} u(x,0) = 0 & \text{對 } 0 \leq x \leq 1 \\ u(x,1) = x\sin\frac{\pi}{2}x & \text{對 } 0 \leq x \leq 1 \\ u(0,y) = 0 & \text{對 } 0 \leq y \leq 1 \\ u(1,y) = y & \text{對 } 0 \leq y \leq 1 \end{cases}$

5. 靜水壓可用水頭 (hydraulic head) 來表示，定義為一行有相同高度 u 的水柱之壓力。在一個地下水庫，穩態的地下水流滿足 Laplace 方程 $\Delta u = 0$。假設水庫的大小為 2 公里×1 公里，在水庫邊緣的地下水位高度為：

$$\begin{cases} u(x,0) = 0.01 & \text{對 } 0 \leq x \leq 2 \\ u(x,1) = 0.01 + 0.003x & \text{對 } 0 \leq x \leq 2 \\ u(0,y) = 0.01 & \text{對 } 0 \leq y \leq 1 \\ u(1,y) = 0.01 + 0.006y^2 & \text{對 } 0 \leq y \leq 1 \end{cases}$$

單位為公里。計算水庫中心點的水頭 $u(1, 1/2)$。

6. 加熱銅板穩態溫度 u 滿足 Poisson 方程

$$\Delta u = -\frac{D(x,y)}{K}$$

其中 $D(x,y)$ 為在 (x,y) 的功率密度，K 為熱傳導係數。假設板子的外型為 $[0,4]\times[0,2]$ 公分且其邊緣保持在 30°C，而能量以固定速率 $D(x,y)=5$ watts/cm^3 產生。銅的熱傳導係數為 $K=3.85$ watts/cm°C。(a) 畫出板子的溫度分布圖形。(b) 求得中心點 $(x,y)=(2,1)$ 的溫度。

7. 對習題 3 的 Laplace 方程，分別對步長 $h=k=2^{-p}$，$p=2,...,5$，列表比較有限差分法在點 $(x,y)=(1/4,3/4)$ 的近似解和誤差。

8. 對習題 4 的 Possion 方程，分別對步長 $h=k=2^{-p}$，$p=2,...,5$，列表比較有限差分法在點 $(x,y)=(1/4,3/4)$ 的近似解和誤差。

9. 以有限元法求解習題 3 的 Laplace 方程，其中 $h=k=0.1$，區域為 $0 \leq x \leq 1$，$0 \leq y \leq 1$。利用 MATLAB 的 mesh 指令繪出解。

10. 以有限元法求解習題 4 的 Possion 方程，其中 $h=k=0.1$，區域為 $0 \leq x \leq 1$，$0 \leq y \leq 1$，並畫出解。

11. 以有限元法，$h=k=0.1$，求解習題 5 的橢圓型偏微分方程，並畫出解。

12. 以有限元法，$h=k=0.1$，求解具 Dirichlet 邊界條件的橢圓型偏微分方程，並畫出解。

(a) $\begin{cases} \Delta u + \sin \pi xy = (x^2 + y^2)u \\ u(x,0) = 0 \text{ 對 } 0 \leq x \leq 1 \\ u(x,1) = 0 \text{ 對 } 0 \leq x \leq 1 \\ u(0,y) = 0 \text{ 對 } 0 \leq y \leq 1 \\ u(1,y) = 0 \text{ 對 } 0 \leq y \leq 1 \end{cases}$
(b) $\begin{cases} \Delta u + (\sin \pi xy)u = e^{2xy} \\ u(x,0) = 0 \text{ 對 } 0 \leq x \leq 1 \\ u(x,1) = 0 \text{ 對 } 0 \leq x \leq 1 \\ u(0,y) = 0 \text{ 對 } 0 \leq y \leq 1 \\ u(1,y) = 0 \text{ 對 } 0 \leq y \leq 1 \end{cases}$

13. 對習題 5 的橢圓型方程，分別對步長 $h=k=2^{-p}$，$p=2,...,5$，列表比較有限元法在 $(x,y)=(1/4, 3/4)$ 點的近似解和誤差。

軟體和延伸閱讀

偏微分方程和其在工程與科學上的應用，有豐富的文獻可供參考。最近的教科書裡有一些應用的觀點，包含了 [9, 12, 7, 18, 8]。許多教科書提供了關於 (偏微分方程) 數值解法更深入的資料，例如，有限差分法和有限元法，包含了 [17, 11, 10, 14]。而書目 [3, 1, 16] 則主要講解有限元法。

MATLAB 的偏微分方程工具箱非常值得推薦，它在偏微分方程和工程數學課程中廣受歡迎且視為不可或缺的工具。Maple 有一個類似的套件稱為 PDEtools。有幾個獨立的套裝軟體是專為數值偏微分方程而開發，作為一般用途或是針對特殊問題使用。ELLPACK [15] 和 PLTMG [2] 則是免費的套件，用來求解在平面上一般區域的橢圓型偏微分方程。兩者都可在 Netlib 取得。

有限元法軟體包含了免費的 FEAST (有限元和求解工具；Finite Element and Solution Tools)、FreeFEM 和 PETSc (科學計算的可攜式可擴展的工具組；Portable Extensible Toolkit for Scientific Computing)，以及商業軟體 FEMLAB、NASTRAN 和 DIFFPACK 等。IMSL 程式庫包含了副程式 DFPS2H (可用來求解在矩形上的 Poisson 方程) 以及 DFPS3H (用在 3D 長方體上)。這些方法都是

基於有限差分法。

NAG 程式庫包含了數個有限差分和有限元法的副程式。程式 D03EAF 用一個積分方程法求解二維的 Laplace 方程；D03EEF 用七點有限差分公式並處理許多不同類型的邊界條件；而副程式 D03PCF 和 D03PFF 則分別處理拋物型和雙曲型方程。

Index

索引

1-範數 (1-norm)　123
2-範數 (2-norm)　251
Adams-Moulton 單步法 (Adams-Moulton One-Step Method)　443
Broyden 法 (Broyden's method)　171
CFL 條件 (CFL condition)　513
CFL 數 (CFL number)　513
Chebyshev 內插多項式 (Chebyshev interpolating polynomial)　207
Chebyshev 內插法 (Chebyshev interpolation)　205
Dirichlet 邊界條件 (Dirichlet boundary condition)　516
Galerkin 射影 (Galerkin projection)　475
Gram-Schmidt 正交化 (Gram-Schmidt orthogonalization)　276
Green 第一定理 (Greens's First Identity)　529
Gronwall 不等式 (Gronwall inequality)　373
Hessenberg (upper Hessenberg)　286
Heun 法 (Heun metod)　384
Hodgkin-Huxley 方程 (Hodgkin-Huxley equation)　410
Horner 法 (Hone's method)　4
Householder 反映 (Householder reflection)　276
Householder 反映矩陣 (Householder reflector)　284, 285
Jacobi 法 (Jacobi method)　140
Jacobian 矩陣 (Jacobian matrix)　168
k 次泰勒多項式 (degree k Taylor polynomial)　28
k 階泰勒法 (Tylor Method of Order k)　388
Laplace 方程 (Laplace equation)　515
Lipschitz 常數 (Lipschitz constant)　371
Lipschitz 條件 (Lipschitz condition)　371
Lorenz 方程 (Lorenz equation)　413
m 重根 (root of multiplicity m)　62
Maxwell 方程 (Maxwell擬 equation)　516
n 階外插公式 (Extrapolation for order n formula)　317
n 階近似 (order n approximation)　309
Neumann 邊界條件 (Neumann boundary condition)　516

Poisson 方程 (Poisson equation)　515

PostScript 字型 (PostScript font)　240

QR 分解 (QR factorization)　173, 279

Richardson 外插 (Richardson extrapolation)　317

Robin 條件 (Robin condition)　526

Rolle 定理 (Rolle擬 Theorem)　28

Romberg 積分法 (Romberg integration)　339

Runge 現象 (Runge phenomenon)　202

Runge 範例 (Runge example)　203

Runge-Kutta 嵌入對 (embedded Runge-Kutta pair)　421

Van der Monde 矩陣 (Van der Monde matrix)　258

Von Neumann 穩定性分析 (Von Neumann stability analysis)　494

一 劃

一步誤差 (one-step error)　378

一致的 (consistent)　124

一階方法 (first-order method)　309

一階導數 (first derivative)　309

二 劃

二次收斂 (quadratically convergent)　73

二步法 (two-step method)　434

二進制數系 (binary number system)　8

二階偏微分方程 (second order PDE)　488

二階導數 (second derivative)　313

二維的中點法 (Midpoint Rule in Two Dimensions)　533

十六進制數 (hexadecimal number)　10

十進制數 (decimal number)　8

三 劃

三次樣條函數 (cubic spline)　178, 217

三角剖分 (triangulation)　530

三個圓的近似交點 (near-intersection)　294

三點中央差分公式 (Three-point centered-difference formula)　312, 509

三體問題 (three-body problem)　402
下三角 (lower triangle)　100, 107, 143
下對角線 (subdiagonal)　152
上三角 (upper triangle)　102, 107, 143
上界 (upper bound)　196
上對角線 (superdiagonal)　152
上線 (overbar)　9

四劃

不相容 (inconsistent)　247
不相容方程組 (inconsistent equations)　221
不穩定 (unstable)　440
中間值定理 (Intermediate Value Theorem)　27
中點法 (Midpoint Method)　335, 406
內核 (inner core)　518
內插 (interpolate)　178
內插誤差 (interpolation error)　196
內積 (dot product)　248, 479
分歧 (bifurcation)　463
分段平滑 (piecewise smooth)　528
分段線性 B 樣條函數 (piecewise-linear B-spline)　480
分格 (panel)　330
反曲點 (inflection point)　221
反映矩陣 (reflector)　284
反矩陣 (inverse matrix)　143
反轉電位 (reversal potential)　411
尤拉方程式 (Euler-Bernoulli equation)　156
尤拉-伯努利模型 (Euler-Bernoulli model)　96
尤拉法 (Euler method)　362
尤拉樑 (Euler-Bernoulli beam)　156
方向場 (direction field)　363
方向導數 (directional derivative)　516
欠定方程組 (undetermined system of equations)　221

牛頓冷卻定律 (Newton's law of cooling)　525
牛頓均差 (Newton's divided differences)　182
牛頓均差公式 (Newton's divided difference formula)　183
牛頓-拉普森法 (Newton-Raphson Method)　70
牛頓法 (Newton's Method)　70
牛頓第二運動定律 (Newton's second law)　399

五劃

主對角線 (main diagonal)　100, 143
凸集 (convex set)　371
加性 (additive)　330
半衰期 (half-life)　271
可移去奇異點 (removable singularity)　334
可微 (differentiable)　27
可積分 (integrable)　29
可變步長方法 (variable step-size method)　420
右側 (right-hand side)　107
史都華平台 (Stewart platform)　91
四角點 (four corners)　518
外施荷載 (applied load)　156
外插 (extrapolation)　317
外環 (outer ring)　518
布蘭特法 (Brent's Method)　83, 89
平方可積函數 (square integrable function)　479
平方誤差 (squared error; SE)　251
平面史都華平台 (planar stewart platform)　92
平衡解 (equilibrium solution)　428
打靶法 (shooting method)　452
正交 (orthogonal)　162, 279, 351, 479
正交函數 (orthogonal function)　351
正交補餘 (orthogonal complement)　172
正定 (positive-definite)　160
正規化 (normalized)　12

正規方程 (normal equation) 246, 249
正運動學問題 (direct kinematics problem) 91
瓦 (watt) 525
生長方程 (logistic equation) 363

六劃

全矩陣 (full matrix) 151
全球定位系統 (Global Positioning System；GPS) 246
全導數 (total derivative) 388
全錄 (Xerox) 178
共軛式 (conjugate expression) 23
共軛梯度法 (Conjugate Gradient Method) 160
再參數化 (reparametrization) 360
向量值函數 (vector-valued function) 168
地理資訊系統 (Global Information System；GIS) 302
多步法 (multistep method) 362, 434, 509
多重打靶法 (multiple-shooting method) 485
多徑干擾 (multipath interference) 302
多變數牛頓法 (multivariate Newton method) 167
字元 (word) 12
安全係數 (safety factor) 421
收斂的 (convergent) 442
曲率調整三次樣條函數 (curvature-adjusted cubic spline) 228
有限元法 (finite element method) 475, 478, 528
有限差分公式 (finite difference formula) 308
有限差分法 (finite difference method) 464
有效尺寸 (effective dimension) 271
有效位失去 (loss of significance) 22
米勒法 (Muller's Method) 83, 87
自律系統 (autonomous system) 398
自律性 (autonomous) 363
自然三次樣條函數 (natural cubic spline) 221
自然樣條函數 (natural spline) 221

行內函式 (inline function) 39

七劃

位元 (bit) 8

位能 (potential) 516

吸引平衡 (attracting equilibrium) 430

均方根誤差 (root mean squared error ; RMSE) 251

均值定理 (Mean Value Theorem) 27

局部外插法 (local extrapolation) 422

局部收斂 (locally convergent) 50

局部截尾誤差 (local truncation error) 378

希爾伯特矩陣 (Hilbert matrix) 42

投影矩陣 (projection matrix) 285

改良尤拉法 (improved Euler's method) 384

求積分 (quadrature) 323

良態的 (well-conditioned) 68

角速度 (angular velocity) 395

貝茲曲線 (Bézier curve) 234

貝茲樣條函數 (Bézier spline) 178, 234

辛普森 3y8 法 (Simpson's 3y8 Rule) 330

辛普森法 (Simpson's Rule) 327

八劃

兩點前向差分公式 (Two-point forward difference formula) 309

周遭溫度 (ambient temperature) 525

奇異的 (singular) 132

奇異值分解 (singular value decomposition) 304

定點迭代法 (Fixed-Point Iteration; FPI) 42

延伸精準 (extended precision) 12

拉格朗奇內插多項式 (Lagrange interpolating polynomial) 180

拉格朗奇內插法 (Lagrange interpolation) 88

拋物型 (parabolic) 488

拋物端點樣條函數 (parabolically terminated cubic spline) 229

拋體運動 (projectile motion) 453

放大因數 (amplification factor)　494
波動方程 (wave equation)　508
直徑 (diameter)　533
直動關節 (prismatic joints)　91
直接解法 (direct method)　140
虎克定律 (Hooke撳 law)　416
初始值問題 (initial value problem ; IVP)　452
初始值問題 (initial value problem)　363
表列形式 (tableau form)　98
長倍精準 (long-double precision)　12
非自律系統 (nonautonomous system)　398
非奇異矩陣 (nonsingular matrix)　142
非結點三次樣條函數 (not-a-knot cubic splin)　229
非線性邊界值問題 (nonlinear boundary value problem)　468

九　劃

係數矩陣 (coefficient matrix)　107, 157
前向運動學問題 (forward kinematics problem)　91
前向誤差 (forward error)　61, 117
威金森多項式 (Wilkinson polynomial)　64
建模 (modeling)　363
後向尤拉法 (Backward Euler method)　431
後向差分法 (backward difference method)　497
後向誤差 (backward error)　42, 117
後置法 (back substitution)　99
後驗 (a posteriori)　53
指數 (exponent)　12
指數偏差 (exponent bias)　16
指數模型 (exponential model)　266
相容的 (consistent)　442
相對前向誤差 (relative forward error)　119
相對後向誤差 (relative backward error)　118
相對捨入誤差 (relative rounding error)　15

相對誤差 (relative error) 15
英特爾 (Intel) 488
計算神經科學 (computational neuroscience) 410
迭代法 (iterative method) 140
重心 (barycenter) 532
重根 (multiple root) 62
重數 (multiplicity) 62
面積慣性矩 (area moment of inertia) 156

十劃

修正牛頓法 (Modified Newton's Method) 78
剛性 (stiff) 362, 428
容積溫度 (bulk temperature) 525
差商 (difference quotient) 84, 505
弱式 (weak form) 479, 529
弱穩定 (weakly stable) 440
泰勒定理 (Taylor Theorem) 28, 309
泰勒法 (Taylor method) 388
泰勒展開式 (Taylor expansion) 312
泰勒誤差公式 (Taylor error formula) 494
泰勒餘項 (Taylor remainder) 28
浮點數 (floating point number) 11
特殊解 (particular solution) 453
特徵多項式 (characteristic polynomial) 440
病態 (ill-conditioning) 116
病態的 (ill-conditioned) 68
矩陣 y 向量乘積法則 (matrix y vector product rule) 292
矩陣範數 (matrix norm) 120, 123
神經動力學 (neural dynamics) 411
級步 (stage) 407
逆二次插值法 (Inverse Quadratic Interpolation; IQI) 83, 87
逆運動學問題 (inverse kinematics problem) 92
配置法 (collocation method) 452, 475

高斯-牛頓法 (Gauss-Newton method)　291
高斯消去法 (Gaussian elimination)　96
高斯積分法 (Gaussian quadrature)　324, 351
高斯-賽德法 (Gauss-Seidel method)　144
弳度 (radian)　42

十一劃

停止準則 (stopping criterion)　40, 55
假位法 (Method of False Position；Regula Falsi Method)　86
假數 (mantissa；包含一串有效的二位元)　12
偏微分方程式 (partial differential equatians; PDF)　478, 488
偏導數 (partial derivative)　488
基本函數 (elementary function)　364
基本域 (fundamental domain)　192
基數點 (radix)　8
基點 (base points)　4
巢狀多項式 (nested polynomial)　183
巢狀乘法 (nested multiplication)　4
常微分方程 (ordinary differential equation; ODE)　362
帶狀矩陣 (banded matrix)　158
帶寬 (bandwidth)　158
張成 (span)　276
強穩定 (strongly stable)　440
捨入法 (rounding)　13
捨入誤差 (rounding error)　11, 14
捨取最近數規則 (Rounding to Nearest Rule)　13
敏感的 (sensitive)　65
敏感度 (sensitivity)　65
斜率場 (slope field)　363
梯度 (gradient)　516
條件數 (condition number)　120
條件數 (condition number)　65
條件數 (condition number)　68

條件穩定 (conditionally stable) 496
淹沒 (swamping) 125
混沌軌道 (chaotic trajectory) 398
淨正值面積 (net positive area) 324
符號 (sign；＋ 或 －) 12
符號運算 (symbolic math) 64
連續極限 (Continuous Limits) 27
逐次超鬆弛法 (Successive Over-Relaxation method; SOR method) 146
部分換軸法 (partial pivoting) 116, 129
閉式 (closed) 330
閉式解 (closed-form solution) 362
閉區域 (closed region) 488

十二劃

傅立葉第一定律 (Fourier's first law) 525
最大值範數 (maximum norm) 117
最小平方 (least squares) 246
最小平方解 (least squares solution) 247
割線法 (secant method) 84
剩餘數 (residual) 478
單步法 (one-step method) 406
單精準 (single-precision) 11
單變數牛頓法 (one-variable Newton 搦 method) 167
單體問題 (one-body problem) 399
嵌入對 (embedded pair) 419
渾沌吸子 (chaotic attractor) 414
無因次化 (nondimensionalized) 462
無阻尼單擺 (undamped pendulum) 395
無限範數 (infinity norm) 116, 117
無條件穩定 (unconditionally stable) 499
發散 (diuerge) 142
稀疏矩陣 (sparse matrix) 151
等分割 (equipartition) 358

結構矩陣 (structure matrix)　157, 519
絕對誤差 (absolute error)　15
蛛網圖 (cobweb diagram)　46
超鬆弛 (over-relaxation)　146
開式 (open)　330
開區域 (open region)　488
階 (order)　79, 117
階次 (order)　17
階數 (order)　391

十三劃

傳導 (conduction)　524
圓形環左上方四分之一 (upper left quarter of the ring)　462
填入 (fill-in)　151
奧多比 (Adobe)　178
微分方程式 (differential equation)　362
極小極大問題 (minimax problem)　206
極限平衡解 (limiting equilibrium solution)　398
楊氏係數 (Young's modulus)　96, 156
準牛頓法 (quasi-Netwon method)　293
準確度 (accuracy)　59
瑕積分 (improper integral)　330
稠密矩陣 (dense matrix)　173
置換矩陣 (permutation matrix)　132
置換矩陣基本定理 (Fundamental Theorem of Permutation Matrices)　133
解方程式器 (equation-solver)　246
解族 (family of solutions)　455
解耦 (decoupling)　222
載重矩陣 (load matrix)　519
運算個數 (operation counts)　99
電腦輔助建模 (computer-aided modeling)　358
電腦輔助製造 (computer-aided manufacturing)　358
預條件化 (preconditioning)　165

十四劃

對角矩陣 (diagonal matrix)　143
對初始條件的敏感依賴 (sensitive dependence on initial conditions)　402
對流 (convection)　524
對流熱傳係數 (convective heat transfer coefficient)　525
對稱 (symmetric)　160
截去法 (chopping)　13
端點條件 (end condition)　221
算子範數 (operator norm)　124
箝夾三次樣條函數 (clamped cubic spline)　228
精密度 (degree of precision)　329
精確解 (exact solution)　490
網格樣板 (stencil)　491
誤差放大 (error magnification ; error amplification)　494
誤差放大倍數 (error magnification factor)　65, 119
誤差界 (error bound)　196
誤差容忍值 (tolerance)　55
鉸接樑 (pinned beam)　157

十五劃

廣義中間值定理 (Generalized Intermediate Value Theorem)　311
數值積分 (numerical integration)　323
樣條函數 (spline)　217
模型 (model)　363
歐氏距離 (Euclidean distance)　247
歐氏範數 (Euclidean norm)　252
熱方程 (heat equation)　488
熱傳導係數 (thermal conductivity)　525
範數 (norm)　116
耦合微分方程 (coupled differential equation)　410
複合中點法 (Composite Midpoint Rule)　335
複合辛普森法 (composite Simpson撋 rule)　332
複合梯形法 (Composite Trapezoid Rule)　332

複合數值積分法 (composite numerical integration)　330
調和函數 (harmonic functiom)　515
適應積分法 (adaptive quadrature)　308
適應積分法 (adaptive quadrature)　345
鄰域 (neighborhood)　27
餘向量 (residual)　117
黎曼可積分 (Riemann-integrable)　531

十六劃

冪定律 (power law)　270
整體截尾誤差 (global truncation error)　378
橢圓型 (elliptic)　488
機器 y 物質介面 (machine-material interface)　358
機器常數 (machine epsilon)　13
機器數 (machine number)　18
磨光 (polishing)　151
積分因子 (integrating factor)　375
積分均值定理 (Mean Value Theorem for Integrals)　29
輻射 (radiation)　525

十七劃

擬合 (fitting)　224
臨界壓力 (critical pressure)　463
隱式 (implicit)　491
隱式法 (implicit method)　362, 431
隱式梯形法 (Implicit Trapezoid Method)　442
點斜式 (point-slope formula)　70

十八劃

擴散方程 (diffusion equation)　489
擴散係數 (diffusion coefficient)　489
簡支樑 (pinned beam)　96
轉置 (transpose)　248
雙精準 (double-precision)　11

雙體問題 (two-body problem) 402
鬆弛參數 (relaxation parameter) 146

十九劃

穩定 (stable) 440
譜方法 (spectral method) 478
譜半徑 (spectral radius) 149, 494
邊界值問題 (boundary value problem ; BVP) 452
邊界條件 (boundary condition) 453
邊側條件 (side condition) 512
鏈鎖律 (chain rule) 386

二十劃

嚴格對角優勢 (strictly diagonally dominant) 142
懸臂樑 (cantilever beam) 96, 159
彎曲 (buckling) 462

二十三劃

變數分離法 (separation of variables) 370
顯式 (explicit) 491
顯式梯形法 (Explicit Trapezoid Method) 384